위험물기능사 필기 합격플래너

1회독 [illegible]

		1회독 [illegible]스	2주 집중코스	일주일 속성코스
Part 1. 필기 핵심이론	핵심요점 **1~3**	☐ DAY **1**	☐ DAY **1**	☐ DAY **1**
	핵심요점 **4~6**	☐ DAY **2**		
	핵심요점 **7~9**	☐ DAY **3**	☐ DAY **2**	
	핵심요점 **10~12**	☐ DAY **4**		
	핵심요점 **13~15**	☐ DAY **5**	☐ DAY **3**	☐ DAY **2**
	핵심요점 **16~18**	☐ DAY **6**		
	핵심요점 **19~21**	☐ DAY **7**	☐ DAY **4**	
	핵심요점 **22~24**	☐ DAY **8**		
	핵심요점 **25~27**	☐ DAY **9**	☐ DAY **5**	☐ DAY **3**
	핵심요점 **28~30**	☐ DAY **10**		
	핵심요점 **31~33**	☐ DAY **11**		
Part 2. 과년도 출제문제	1200제 - **제1~2회** 기출문제	☐ DAY **12**	☐ DAY **6**	☐ DAY **4**
	1200제 - **제3~4회** 기출문제	☐ DAY **13**		
	1200제 - **제5~6회** 기출문제	☐ DAY **14**	☐ DAY **7**	
	1200제 - **제7~8회** 기출문제	☐ DAY **15**		
	1200제 - **제9~10회** 기출문제	☐ DAY **16**	☐ DAY **8**	
	1200제 - **제11~12회** 기출문제	☐ DAY **17**		☐ DAY **5**
	1200제 - **제13~14회** 기출문제	☐ DAY **18**	☐ DAY **9**	
	1200제 - **제15~16회** 기출문제	☐ DAY **19**		
	1200제 - **제17~18회** 기출문제	☐ DAY **20**	☐ DAY **10**	
	1200제 - **제19~20회** 기출문제	☐ DAY **21**		
Part 3. CBT 핵심기출 100선	CBT **핵심기출 1~50**	☐ DAY **22**	☐ DAY **11**	☐ DAY **6**
	CBT **핵심기출 51~100**	☐ DAY **23**		
실전연습	CBT **온라인 모의고사 제1회**	☐ DAY **24**	☐ DAY **12**	
	CBT **온라인 모의고사 제2회**	☐ DAY **25**		
	CBT **온라인 모의고사 제3회**	☐ DAY **26**	☐ DAY **13**	☐ DAY **7**
	CBT **온라인 모의고사 제4회**	☐ DAY **27**		
복습	Part 1. 필기 핵심이론 복습	☐ DAY **28**	☐ DAY **14**	
	Part 2. 과년도 출제문제 복습	☐ DAY **29**		
	Part 3. CBT 핵심기출 100선 복습	☐ DAY **30**		

위험물기능사 필기 합격플래너

유일무이 나만의 합격 플랜

구분	내용	나만의 합격코스	1회독	2회독	3회독	MEMO
Part 1. 필기 핵심이론	핵심요점 1~3	월 일	☐	☐	☐	
	핵심요점 4~6	월 일	☐	☐	☐	
	핵심요점 7~9	월 일	☐	☐	☐	
	핵심요점 10~12	월 일	☐	☐	☐	
	핵심요점 13~15	월 일	☐	☐	☐	
	핵심요점 16~18	월 일	☐	☐	☐	
	핵심요점 19~21	월 일	☐	☐	☐	
	핵심요점 22~24	월 일	☐	☐	☐	
	핵심요점 25~27	월 일	☐	☐	☐	
	핵심요점 28~30	월 일	☐	☐	☐	
	핵심요점 31~33	월 일	☐	☐	☐	
Part 2. 과년도 출제문제	1200제 - **제1~2회** 기출문제	월 일	☐	☐	☐	
	1200제 - **제3~4회** 기출문제	월 일	☐	☐	☐	
	1200제 - **제5~6회** 기출문제	월 일	☐	☐	☐	
	1200제 - **제7~8회** 기출문제	월 일	☐	☐	☐	
	1200제 - **제9~10회** 기출문제	월 일	☐	☐	☐	
	1200제 - **제11~12회** 기출문제	월 일	☐	☐	☐	
	1200제 - **제13~14회** 기출문제	월 일	☐	☐	☐	
	1200제 - **제15~16회** 기출문제	월 일	☐	☐	☐	
	1200제 - **제17~18회** 기출문제	월 일	☐	☐	☐	
	1200제 - **제19~20회** 기출문제	월 일	☐	☐	☐	
Part 3. CBT 핵심기출 100선	CBT **핵심기출 1~50**	월 일	☐	☐	☐	
	CBT **핵심기출 51~100**	월 일	☐	☐	☐	
실전연습	CBT **온라인 모의고사 제1회**	월 일	☐	☐	☐	
	CBT **온라인 모의고사 제2회**	월 일	☐	☐	☐	
	CBT **온라인 모의고사 제3회**	월 일	☐	☐	☐	
	CBT **온라인 모의고사 제4회**	월 일	☐	☐	☐	
복습	Part 1. 필기 핵심이론 복습	월 일	☐	☐	☐	
	Part 2. 과년도 출제문제 복습	월 일	☐	☐	☐	
	Part 3. CBT 핵심기출 100선 복습	월 일	☐	☐	☐	

주기율표 (Periodic table)

원자번호 / 원자기호 / 원자명 / 원자량

1 H
수소
Hydrogen
1.00794

녹색 : 기체원소
청색 : 액체원소
검은색 : 고체원소
붉은색 : 인공원소

금속원소
- 알칼리 금속
- 알칼리 토금속
- 전이금속
- 그 외
- 란타넘족
- 악티늄족

비금속
- 비활성 기체
- 할로겐
- 칼코겐
- 그 외

주기 \ 족	1	2	3	4	5	6	7	8	9	10	11	12	13	14	15	16	17	18
1	1 H 수소 Hydrogen 1.00794																	2 He 헬륨 Helium 4.002602
2	3 Li 리튬 Lithium 6.941	4 Be 베릴륨 Beryllium 9.012182											5 B 붕소 Boron 10.811	6 C 탄소 Carbon 12.0107	7 N 질소 Nitrogen 14.0067	8 O 산소 Oxygen 15.9994	9 F 플루오린 Fluorine 18.9984032	10 Ne 네온 Neon 20.1797
3	11 Na 나트륨 Natrium/Sodium 22.989770	12 Mg 마그네슘 Magnesium 24.3050											13 Al 알루미늄 Aluminium 26.9815386	14 Si 규소 Silicon 28.0855	15 P 인 Phosphorus 30.973761	16 S 황 Sulfur 32.065	17 Cl 염소 Chlorine 35.453	18 Ar 아르곤 Argon 39.948
4	19 K 칼륨 Kalium/Potassium 39.0983	20 Ca 칼슘 Calcium 40.078	21 Sc 스칸듐 Scandium 44.955910	22 Ti 타이타늄(티탄) Titanium 47.867	23 V 바나듐 Vanadium 50.9415	24 Cr 크로뮴(크롬) Chromium 51.9961	25 Mn 망가니즈(망간) Manganese 54.938049	26 Fe 철 Iron 55.845	27 Co 코발트 Cobalt 58.933200	28 Ni 니켈 Nickel 58.6934	29 Cu 구리 Copper 63.546	30 Zn 아연 Zinc 65.409	31 Ga 갈륨 Gallium 69.723	32 Ge 저마늄(게르마늄) Germanium 72.64	33 As 비소 Arsenic 74.92160	34 Se 셀레늄(셀렌) Selenium 78.96	35 Br 브로민(브롬) Bromine 79.904	36 Kr 크립톤 Krypton 83.798
5	37 Rb 루비듐 Rubidium 85.4678	38 Sr 스트론튬 Strontium 87.62	39 Y 이트륨 Yttrium 88.90585	40 Zr 지르코늄 Zirconium 91.224	41 Nb 나이오븀(니오브) Niobium 92.90638	42 Mo 몰리브데넘(몰리브덴) Molybdenum 95.94	43 Tc 테크네튬 Technetium [98]	44 Ru 루테늄 Ruthenium 101.07	45 Rh 로듐 Rhodium 102.90550	46 Pd 팔라듐 Palladium 106.42	47 Ag 은 Silver 107.8682	48 Cd 카드뮴 Cadmium 112.411	49 In 인듐 Indium 114.818	50 Sn 주석 Tin 118.710	51 Sb 안티모니(안티몬) Antimony 121.760	52 Te 텔루륨(텔루르) Tellurium 127.60	53 I 아이오딘(요오드) Iodine 126.90447	54 Xe 제논 Xenon 131.293
6	55 Cs 세슘 Cesium 132.90545	56 Ba 바륨 Barium 137.327	란타넘족	72 Hf 하프늄 Hafnium 178.49	73 Ta 탄탈럼(탄탈) Tantalum 180.9479	74 W 텅스텐 Tungsten 183.84	75 Re 레늄 Rhenium 186.207	76 Os 오스뮴 Osmium 190.23	77 Ir 이리듐 Iridium 192.217	78 Pt 백금 Platinum 195.078	79 Au 금 Gold 196.96655	80 Hg 수은 Mercury 200.59	81 Tl 탈륨 Thallium 204.3833	82 Pb 납 Lead 207.2	83 Bi 비스무트 Bismuth 208.98038	84 Po 폴로늄 Polonium [209]	85 At 아스타틴 Astatine [211]	86 Rn 라돈 Radon [222]
7	87 Fr 프랑슘 Francium [223]	88 Ra 라듐 Radium [226]	악티늄족	104 Rf 러더퍼듐 Rutherfordium [261]	105 Db 더브늄 Dubnium [262]	106 Sg 시보귬 Seaborgium [266]	107 Bh 보륨 Bohrium [267]	108 Hs 하슘 Hassium [273]	109 Mt 마이트너륨 Meitnerium [268]	110 Ds 다름슈타튬 Darmstadtium [281]	111 Rg 뢴트게늄 Roentgenium [272]	112 Uub 코페르니슘(우눈븀) Ununbium [285]	113 Uut 우눈트륨 Ununtrium [278]	114 Uuq 우눈쿼듐 Ununquadium [289]	115 Uup 우눈펜튬 Ununpentium [288]	116 Uuh 우눈헥슘 Ununhexium [292]	117 Uus 우눈셉튬 Ununseptium —	118 Uuo 우눈옥튬 Ununoctium [293]

비금속 / 금속

란타넘족	57 La 란타넘(란탄) Lanthanum 138.9055	58 Ce 세륨 Cerium 140.116	59 Pr 프라세오디뮴 Praseodymium 140.90765	60 Nd 네오디뮴 Neodymium 144.24	61 Pm 프로메튬 Promethium [145]	62 Sm 사마륨 Samarium 150.36	63 Eu 유로퓸 Europium 151.964	64 Gd 가돌리늄 Gadolinium 157.25	65 Tb 터븀 Terbium 158.92534	66 Dy 디스프로슘 Dysprosium 162.500	67 Ho 홀뮴 Holmium 164.93032	68 Er 어븀 Erbium 167.259	69 Tm 툴륨 Thulium 168.93421	70 Yb 이터븀 Ytterbium 173.04	71 Lu 루테튬 Lutetium 174.967
악티늄족	89 Ac 악티늄 Actinium [227]	90 Th 토륨 Thorium 232.0381	91 Pa 프로트악티늄 Protactinium 231.03588	92 U 우라늄 Uranium 238.02891	93 Np 넵투늄 Neptunium [237]	94 Pu 플루토늄 Plutonium [244]	95 Am 아메리슘 Americium [243]	96 Cm 퀴륨 Curium [247]	97 Bk 버클륨 Berkelium [247]	98 Cf 캘리포늄 Californium [251]	99 Es 아인슈타이늄 Einsteinium [252]	100 Fm 페르뮴 Fermium [257]	101 Md 멘델레븀 Mendelevium [258]	102 No 노벨륨 Nobelium [259]	103 Lr 로렌슘 Lawrencium [262]

전형원소 주기율표(암기법)

무료강의

전자배치

화학적 성질 같음

전이원소

전자가 부족하지도 남지도 않는 안정한 원소들 (단원자 분자)

규칙적으로 반복

비금속 ↑ 금속 ↓

원자가	+1	+2	+3	±4	−3 / +5	−2 / +6	−1	0
족	Ⅰ	Ⅱ	Ⅲ	Ⅳ	Ⅴ	Ⅵ	Ⅶ	Ⅷ
주기	ns^1	ns^2	ns^2np^1	ns^2np^2	ns^2np^3	ns^2np^4	ns^2np^5	ns^2np^6
1	수 1 1 H 수소							헤! 4 2 He 헬륨
2	리 7 3 Li 리튬	베 9 4 Be 베릴륨	붕 11 5 B 붕소	탄 12 6 C 탄소	질 14 7 N 질소	오 16 8 O 산소	불 19 9 F 불소	네 20 10 Ne 네온
3	나 23 11 Na 나트륨	마 24 12 Mg 마그네슘	알 27 13 Al 알루미늄	실(이) 28 14 Si 규소	인 31 15 P 인	스 32 16 S 황	염 35.5 17 Cl 염소	알 40 18 Ar 아르곤
4	카 39 19 K 칼륨	카(라) 40 20 Ca 칼슘	전 갈 31 Ga 갈륨	게 32 Ge 게르마늄	비(서) 33 As 비소	세 34 Se 셀렌	브 80 35 Br 브롬	크 36 Kr 크립톤
5	루비(ㅂ) 37 Rb 루비듐	스트롱 38 Sr 스트론튬	이 인 49 In 인듐	주 50 Sn 주석	안 51 Sb 안티몬	테 52 Te 텔루르	(V)이 127 53 I 요오드	기 54 Xe 크세논
6	세(다) 55 Cs 세슘	빤(찌) 56 Ba 바륨	원 다 81 Tl 탈륨	납 82 Pb 납	비(서) 83 Bi 비스무스	포 84 Po 폴로늄	아! 210 85 At 아스타틴	라 86 Rn 라돈
7	프랑스(식으로) 87 Fr 프랑슘	라 88 Ra 라듐	소					
족의 일반명	알칼리금속	알칼리토금속	붕소족	탄소족	질소족	산소족	할로겐족	불활성가스족

(주기별 원소 수: 2, 8, 8, 18, 18, 32)

※ 원자번호 암기법 : 수소 원자번호 1에 2를 더하면 3번인 Li, 3번에 8을 더하면 11번인 Na, 11번에 8을 더하면 19번인 K, ….

원자번호=양성자수=전자수
질량수=양성자수+중성자수

질량수 암기법(1~20번까지만)
홀수 번호×2+1
짝수 번호×2
예외) ${}^{1}_{1}H$ ${}^{9}_{4}Be$ ${}^{14}_{7}N$ ${}^{35.5}_{17}Cl$ ${}^{40}_{18}Ar$
암기법) 수 베 질 염 알

단기완성

위험물기능사 필기

공학박사 현성호 지음

BM (주)도서출판 성안당

■ 도서 A/S 안내

성안당에서 발행하는 모든 도서는 저자와 출판사, 그리고 독자가 함께 만들어 나갑니다.

좋은 책을 펴내기 위해 많은 노력을 기울이고 있습니다. 혹시라도 내용상의 오류나 오탈자 등이 발견되면 "좋은 책은 나라의 보배"로서 우리 모두가 함께 만들어 간다는 마음으로 연락주시기 바랍니다. 수정 보완하여 더 나은 책이 되도록 최선을 다하겠습니다.

성안당은 늘 독자 여러분들의 소중한 의견을 기다리고 있습니다. 좋은 의견을 보내주시는 분께는 성안당 쇼핑몰의 포인트(3,000포인트)를 적립해 드립니다.

잘못 만들어진 책이나 부록 등이 파손된 경우에는 교환해 드립니다.

저자 문의 e-mail : shhyun063@hanmail.net(현성호)
본서 기획자 e-mail : coh@cyber.co.kr(최옥현)
홈페이지 : http://www.cyber.co.kr 전화 : 031) 950-6300

머리말

고도의 산업화와 과학기술의 발전으로 현대사회는 화학물질 및 위험물의 종류가 다양해졌고, 사용량의 증가로 인한 안전사고도 증가되어 많은 인명 및 재산 상의 손실이 발생하고 있다. 이에 따라 위험물 안전관리 · 취급자에 대한 수요가 급증하는 현 시점에서 위험물 자격증에 대한 관심이 더불어 높아지고 있기에 본 저자는 위험물기능사 필기시험에 대비하여 좀 더 쉽게 시험 준비를 할 수 있는 수험서를 집필하게 되었다.

이 책은 한국산업인력공단에서 제시하고 있는 출제기준 및 NCS(국가직무능력표준) 위험물 분야 학습모듈의 필요지식과 최근 자격시험 출제경향 및 출제기준을 비교 분석 · 연구하여 각 항목별 필수이론을 중심으로 33개의 핵심요점을 정리하고 이에 대한 무료 동영상을 준비하였으며, 최근 출제된 10개년 기출문제를 CBT 시험에 대비한 20회분의 1200제로 구성하여 정확하고 상세한 해설을 덧붙였다. 특히 실제 시험과 같은 형태의 CBT 온라인 모의고사를 제공하여 본인의 실력을 점검하고, 실전감각을 익힐 수 있도록 하였다.

저자는 위험물 학문에 대한 오랜 강의경험을 통하여 이해하기 쉽게 체계적으로 이론을 요약 집필하고자 하였으며, 다소 기초실력이 부족한 학생도 본 교재만으로도 위험물 학문에 대한 이론을 정립하고 위험물기능사 필기시험에 만전을 기할 수 있도록 하였다. 특히 요약별로 시험 출제 포인트를 제시함으로써 학습방향을 정하여 단기간에도 정확하고 체계적으로 시험 준비를 할 수 있게 하였을 뿐만 아니라, 요점별 문제유형 맛보기 문제를 실어 이론(핵심요점) 습득 후 바로 문제로 이어지는 학습을 하고 시험 전 마무리로 "최근 자주 출제되는 시험 유형 100선"을 풀어봄으로써 체계적이고 철저히 시험 준비를 할 수 있게 하여 시험에 자신감을 가질 수 있도록 구성하였다.

이 책의 특징은 다음과 같다.

1. **새롭게 바뀐 한국산업인력공단의 출제기준에 맞게 교재 구성**
2. **최근 출제된 문제들에 대한 분석 및 NCS(국가직무능력표준) 위험물 분야에 대한 학습모듈의 필요지식을 반영하여 이론 정리**
3. **기본 요약 33개와 이에 대한 무료 동영상 제공과 더불어 관련 최근 유사 출제문제를 병행함으로써 출제방향을 정확하게 이해할 수 있도록 구성**
4. **과년도 기출문제 20회분에 해당하는 1200제 기출문제 풀이와 CBT 온라인 모의고사 4회분을 통해 CBT 시험에 충분히 대비할 수 있도록 구성**

정성을 다하여 만들었지만 오류가 있을까 걱정된다. 본 교재 내용의 오류 부분에 대해서는 여러분의 지적을 바라며, shhyun063@hanmail.net으로 알려주시면 다음 개정판 때 반영하여 보다 정확성 있는 교재로 거듭날 것을 약속드린다.

마지막으로 이 책이 출간되도록 많은 지원을 해 주신 성안당 임직원 여러분께 감사의 말씀을 드린다.

저자 **현성호**

시험 안내

✦ 자격명 : 위험물기능사(Craftsman Hazardous material)
✦ 관련부처 : 소방청
✦ 시행기관 : 한국산업인력공단(q-net.or.kr)

1 기본 정보

(1) 개요

위험물 취급은 위험물안전관리법 규정에 의거 위험물의 제조 및 저장하는 취급소에서 각 유별 위험물 규모에 따라 위험물과 시설물을 점검하고, 일반 작업자를 지시 · 감독하며 재해 발생 시 응급조치와 안전관리 업무를 수행하는 것이다.

(2) 수행 직무

위험물을 저장 · 취급 · 제조하는 제조소 등에서 위험물을 안전하게 저장 · 취급 · 제조하고 일반 작업자를 지시 · 감독하며, 각 설비에 대한 점검과 재해 발생 시 응급조치 등의 안전관리 업무를 수행한다.

(3) 진로 및 전망

① 위험물 제조 · 저장 · 취급 전문업체, 도료 제조, 고무 제조, 금속 제련, 유기합성물 제조, 염료 제조, 화장품 제조, 인쇄잉크 제조 등 지정수량 이상의 위험물 취급업체 및 위험물 안전관리 대행기관에 종사할 수 있다.
② 상위직으로 승진하기 위해서는 관련분야의 상위 자격을 취득하거나 기능을 인정받을 수 있는 경험이 있어야 한다.
③ 유사 직종의 자격을 취득하여 독극물 취급, 소방설비, 열관리, 보일러 환경 분야로 전직할 수 있다.

※ 관련학과 : 전문계고 고등학교 화공과, 화학공업과 등 관련학과

(4) 연도별 검정현황

연도	필기			실기		
	응시	합격	합격률	응시	합격	합격률
2021	16,322명	7,150명	43.8%	9,188명	4,070명	44.3%
2020	13,464명	6,156명	45.7%	9,140명	3,482명	38.1%
2019	19,498명	8,433명	43.3%	12,342명	4,656명	37.7%
2018	17,658명	7,432명	42.1%	11,065명	4,226명	38.2%
2017	17,426명	7,133명	40.9%	9,266명	3,723명	40.2%
2016	17,615명	5,472명	31.1%	7,380명	3,109명	42.1%
2015	17,107명	4,951명	28.9%	7,380명	3,578명	48.5%
2014	16,873명	4,902명	29.1%	6,801명	2,907명	42.7%

2 시험 정보

(1) 시험 일정

회별	필기 원서접수 (인터넷)	필기시험	필기 합격 (예정자) 발표	실기 원서접수 (인터넷)	실기시험	최종 합격자 발표
제1회	1월 초	1월 말	시험 종료 (답안 제출) 즉시 합격 여부 확인	2월 중	3월 말	4월말
제2회	3월 초	3월 말		4월 말	5월 말	7월 초
제3회	5월 말	6월 중		7월 중	8월 중	9월 중
제4회	8월 초	8월 말		9월 말	11월 초	12월 초

[비고] 최종 합격자 발표시간 : 해당 발표일 09:00

※ 해마다 시험 일정이 조금씩 상이하니 정확한 시험 일정은 Q-net 홈페이지(q-net.or.kr)를 참고하시기 바랍니다.

(2) 원서접수

① 원서접수방법 : 시행처인 한국산업인력공단이 운영하는 홈페이지(q-net.or.kr)에서 온라인 원서접수

② 원서접수시간 : 원서접수 첫날 10:00부터 마지막 날 18:00까지

(3) 시험 수수료

① 필기 : 14,500원

② 실기 : 17,200원

(4) 시험 과목

① 필기 : 화재예방과 소화방법, 위험물의 화학적 성질 및 취급

② 실기 : 위험물 취급 실무

(5) 검정방법

① 필기 : CBT 형식 - 객관식(사지선다), 60문제(1시간)

② 실기 : 필답형(1시간 30분)

(6) 합격기준

① 필기 : 100점 만점으로 하여 60점 이상

② 실기 : 100점 만점으로 하여 60점 이상

3 자격증 취득과정

(1) 원서 접수 유의사항

① 원서 접수는 온라인(인터넷, 모바일앱)에서만 가능하다.
(스마트폰, 태블릿 PC 사용자는 모바일앱 프로그램을 설치한 후 접수 및 취소/환불 서비스를 이용할 수 있다.)

② 원서 접수 확인 및 수험표 출력기간은 접수 당일부터 시험 시행일까지이다.
(이외 기간에는 조회가 불가하며, 출력장애 등을 대비하여 사전에 출력하여 보관하여야 한다.)

③ 원서 접수 시 반명함 사진 등록이 필요하다.
(사진은 6개월 이내 촬영한 3.5cm×4.5cm 컬러사진으로, 상반신 정면, 탈모, 무 배경을 원칙으로 한다.)

※ 접수 불가능 사진 : 스냅사진, 스티커사진, 측면사진, 모자 및 선글라스 착용 사진, 혼란한 배경사진, 기타 신분확인이 불가한 사진

STEP 01 필기시험 원서 접수
- 필기시험은 온라인 접수만 가능
- Q-net(q-net.or.kr) 사이트 회원가입 및 응시자격 자가진단 확인 후 접수 진행

STEP 02 필기시험 응시
- 입실시간 미준수 시 시험 응시 불가
(시험 시작 20분 전까지 입실)
- 수험표, 신분증, 필기구 지참
(공학용 계산기 지참 시 반드시 포맷)

STEP 03 필기시험 합격자 확인
- 문자메시지, SNS 메신저를 통해 합격 통보
(합격자만 통보)
- Q-net 사이트 또는 ARS(1666-0100)를 통해서 확인 가능
- CBT 형식으로 시행되므로 시험 완료 즉시 합격 여부 확인 가능

STEP 04 실기시험 원서 접수
- Q-net 사이트에서 원서 접수
- 응시자격서류 제출 후 심사에 합격 처리된 사람에 한하여 원서 접수 가능
(응시자격서류 미제출 시 필기시험 합격예정 무효)

(2) 시험문제와 가답안 공개

① **필기**

위험물기능사 필기는 CBT(Computer Based Test)로 시행되므로 시험문제와 가답안은 공개되지 않는다.

② **실기**

필답형 실기시험 시 특별한 시설과 장비가 필요하지 않고 시험장만 있으면 시험을 치를 수 있기 때문에 전 수험자를 대상으로 토요일 또는 일요일에 검정을 시행하고 있으며, 시험 종료 후 본인 문제지를 가지고 갈 수 없으며 별도로 시험문제지 및 가답안은 공개하지 않는다.

STEP 05 실기시험 응시

- 수험표, 신분증, 필기구, 공학용 계산기, 종목별 수험자 준비물 지참 (공학용 계산기는 허용된 종류에 한하여 사용 가능하며, 지참 시 반드시 포맷)

STEP 06 실기시험 합격자 확인

- 문자메시지, SNS 메신저를 통해 합격 통보 (합격자만 통보)
- Q-net 사이트 또는 ARS(1666-0100)를 통해서 확인 가능

STEP 07 자격증 교부 신청

- Q-net 사이트에서 신청 가능
- 상장형 자격증, 수첩형 자격증 형식 신청 가능

STEP 08 자격증 수령

- 상장형 자격증은 합격자 발표 당일부터 인터넷으로 발급 가능 (직접 출력하여 사용)
- 수첩형 자격증은 인터넷 신청 후 우편 수령만 가능

CBT 안내

1 CBT란?

CBT란 Computer Based Test의 약자로, 컴퓨터 기반 시험을 의미한다. 컴퓨터로 시험을 보는 만큼 수험자가 답안을 제출함과 동시에 합격 여부를 확인할 수 있다.

※ 위험물기능사 필기시험은 2016년 5회 시험부터 CBT 방식으로 시행되었다.

2 CBT 시험과정

한국산업인력공단에서 운영하는 홈페이지 큐넷(Q-net)에서는 누구나 쉽게 CBT 시험을 볼 수 있도록 실제 자격시험 환경과 동일하게 구성한 가상 웹 체험 서비스를 제공하고 있으며, 그 과정을 요약한 내용은 아래와 같다.

(1) 시험시작 전 신분 확인절차

수험자가 자신에게 배정된 좌석에 앉아 있으면 신분 확인절차가 진행되며, 시험장 감독위원이 컴퓨터에 나온 수험자 정보와 신분증이 일치하는지를 확인한다.

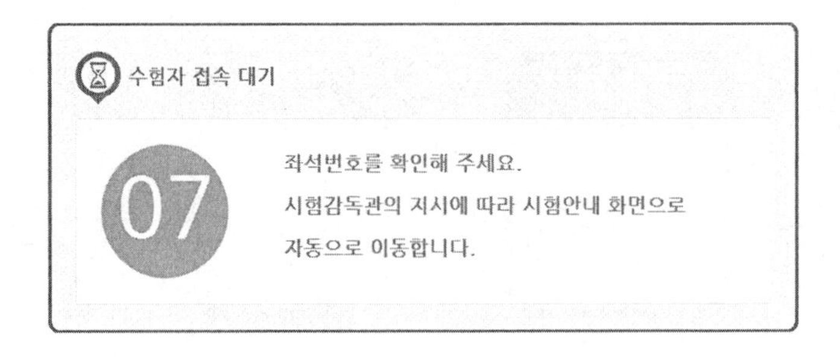

(2) CBT 시험안내 진행

신분 확인이 끝난 후 시험시작 전 CBT 시험안내가 진행된다.

안내사항 > 유의사항 > 메뉴 설명 > 문제풀이 연습 > 시험준비 완료

① 시험 [**안내사항**]을 확인한다.

- 응시하는 시험의 문제 수와 진행시간이 안내된다.
- 시험도중 수험자 PC 장애 발생 시 손을 들어 시험감독관에게 알리면 긴급장애조치 또는 자리이동을 할 수 있다.
- 시험이 끝나면 합격 여부를 바로 확인할 수 있다.

② 시험 [**유의사항**]을 확인한다.

시험 중 금지되는 행위 및 저작권 보호에 관한 유의사항이 제시된다.

③ 문제풀이 [**메뉴 설명**]을 확인한다.

문제풀이 기능 설명을 유의해서 읽고 기능을 숙지해야 한다.

④ 자격검정 CBT [**문제풀이 연습**]을 진행한다.

실제 시험과 동일한 방식의 문제풀이 연습을 통해 CBT 시험을 준비한다.

- CBT 시험 문제 화면의 글자가 크거나 작을 경우 크기를 변경할 수 있다.
- 화면배치는 1단 배치가 기본 설정이며, 2단 배치와 한 문제씩 보기 설정이 가능하다.

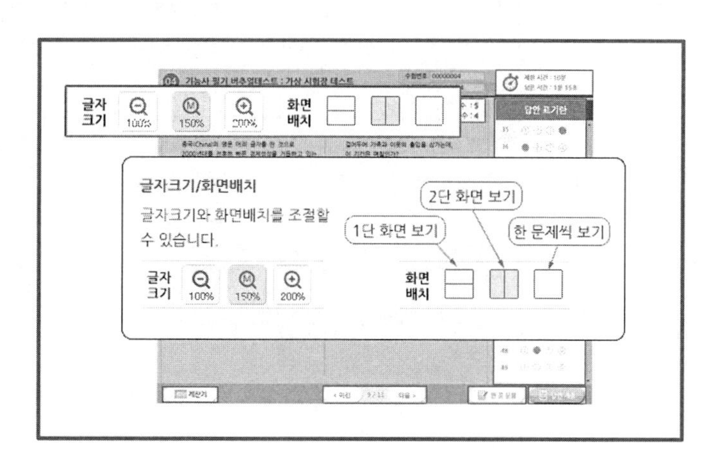

- 답안은 문제의 보기번호를 클릭하거나 답안표기 칸의 번호를 클릭하여 입력할 수 있다.
- 입력된 답안은 문제화면 또는 답안표기 칸의 보기번호를 클릭하여 변경할 수 있다.

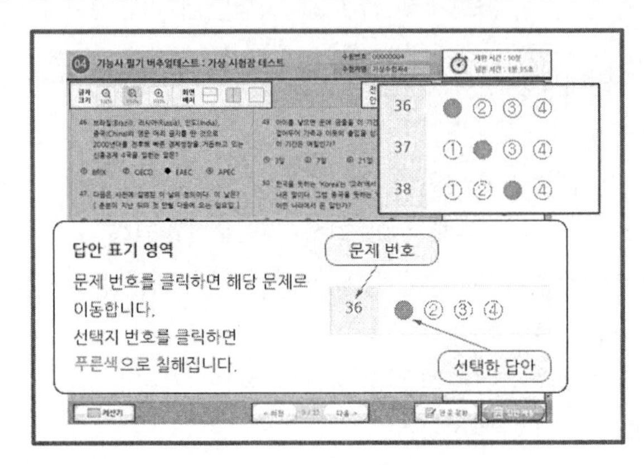

- 페이지 이동은 아래의 페이지 이동 버튼 또는 답안표기 칸의 문제번호를 클릭하여 할 수 있다.

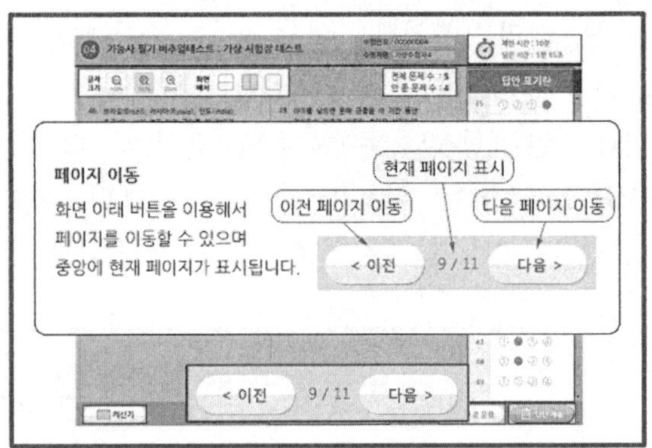

- 응시종목에 계산문제가 있을 경우 좌측 하단의 계산기 기능을 이용할 수 있다.

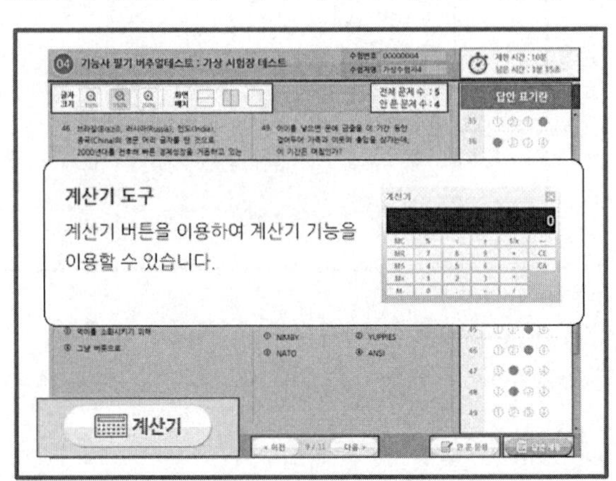

- 안 푼 문제 확인은 답안 표기란 좌측에 안 푼 문제 수를 확인하거나 답안표기 칸 하단 [안 푼 문제] 버튼을 클릭하여 확인할 수 있다. 안 푼 문제 번호 보기 팝업창에 안 푼 문제 번호가 표시된다. 번호를 클릭하면 해당 문제로 이동한다.

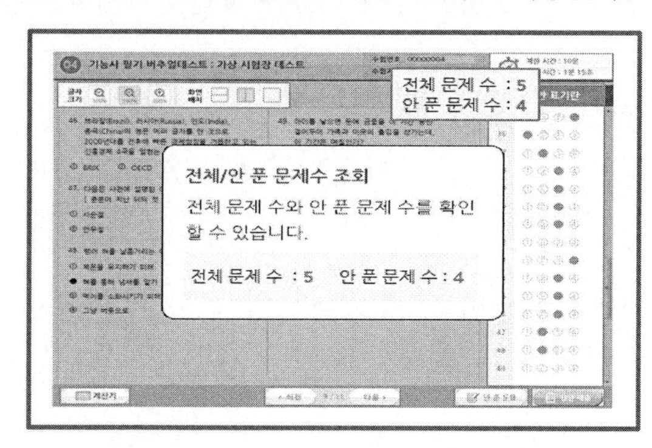

- 시험문제를 다 푼 후 답안 제출을 하거나 시험시간이 모두 경과되었을 경우 시험이 종료되며 시험결과를 바로 확인할 수 있다.
- [답안 제출] 버튼을 클릭하면 답안 제출 승인 알림창이 나온다. 시험을 마치려면 [예] 버튼을 클릭하고 시험을 계속 진행하려면 [아니오] 버튼을 클릭하면 된다. 답안 제출은 실수 방지를 위해 두 번의 확인 과정을 거친다.

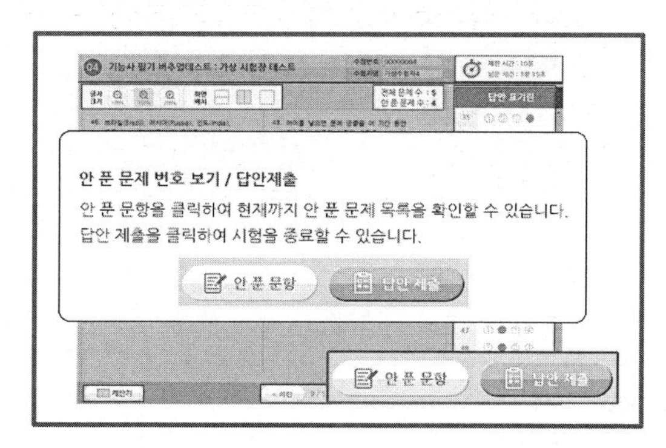

⑤ 시험 안내사항 및 문제풀이 연습까지 모두 마친 수험자는 [**시험준비 완료**] 버튼을 클릭한 후 잠시 대기한다.

(3) CBT 시험 시행

(4) 답안 제출 및 합격 여부 확인

★ 좀 더 자세한 내용에 대해서는 Q-Net 홈페이지(q-net.or.kr)를 참고해 주시기 바랍니다. ★

NCS 안내

1 국가직무능력표준(NCS)이란?

국가직무능력표준(NCS, National Competency Standards)은 산업현장에서 직무를 행하기 위해 요구되는 지식 · 기술 · 태도 등의 내용을 국가가 체계화한 것이다.

(1) 국가직무능력표준(NCS) 개념도

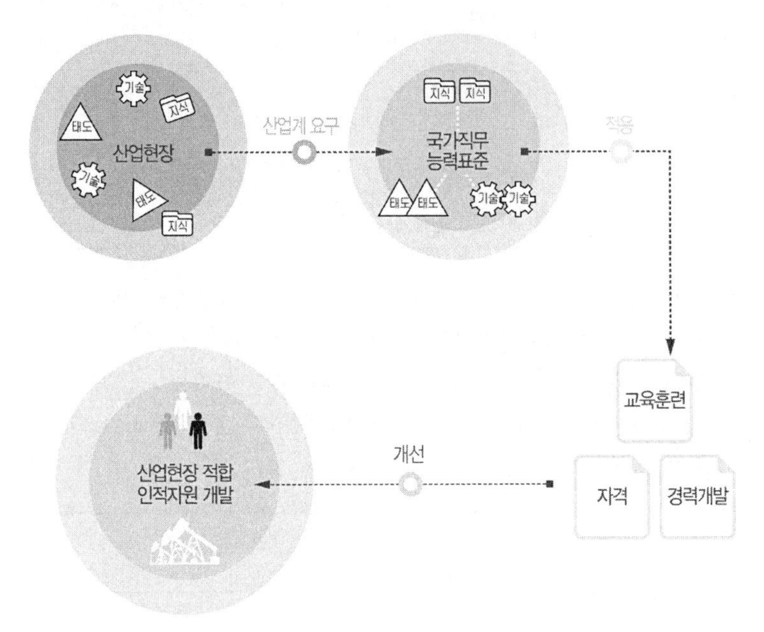

〈직무능력〉

능력=직업기초능력+직무수행능력

① **직업기초능력** : 직업인으로서 기본적으로 갖추어야 할 공통능력

② **직무수행능력** : 해당 직무를 수행하는 데 필요한 역량(지식, 기술, 태도)

〈보다 효율적이고 현실적인 대안 마련〉

① 실무 중심의 교육 · 훈련 과정 개편

② 국가자격의 종목 신설 및 재설계

③ 산업현장 직무에 맞게 자격시험 전면 개편

④ NCS 채용을 통한 기업의 능력중심 인사관리 및 근로자의 평생경력 개발 · 관리 · 지원

(2) 국가직무능력표준(NCS) 학습모듈

국가직무능력표준(NCS)이 현장의 '**직무 요구서**'라고 한다면, NCS **학습모듈**은 NCS **능력단위를 교육훈련에서 학습할 수 있도록 구성한 '교수 · 학습 자료'**이다. NCS 학습모듈은 구체적 직무를 학습할 수 있도록 이론 및 실습과 관련된 내용을 상세하게 제시하고 있다.

2 국가직무능력표준(NCS)이 왜 필요한가?

능력 있는 인재를 개발해 핵심 인프라를 구축하고, 나아가 국가경쟁력을 향상시키기 위해 국가직무능력표준이 필요하다.

(1) 국가직무능력표준(NCS) 적용 전/후

지금은,

- 직업 교육 · 훈련 및 자격제도가 산업현장과 불일치
- 인적자원의 비효율적 관리 운용

이렇게 바뀝니다.

- 각각 따로 운영되었던 교육 · 훈련, 국가직무능력표준 중심 시스템으로 전환(일 – 교육 · 훈련 – 자격 연계)
- 산업현장 직무 중심의 인적자원 개발
- 능력중심사회 구현을 위한 핵심 인프라 구축
- 고용과 평생 직업능력개발 연계를 통한 국가경쟁력 향상

(2) 국가직무능력표준(NCS) 활용범위

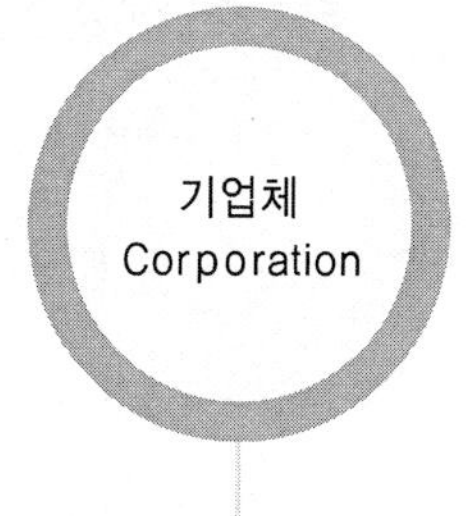

- 현장 수요 기반의 인력채용 및 인사관리 기준
- 근로자 경력개발
- 직무기술서

교육훈련기관
Education and training

- 직업교육 훈련과정 개발
- 교수계획 및 매체, 교재 개발
- 훈련기준 개발

- 자격종목의 신설 · 통합 · 폐지
- 출제기준 개발 및 개정
- 시험문항 및 평가방법

3 위험물 분야 NCS 및 학습모듈 안내

위험물 분야의 직무에는 '위험물 운송 · 운반 관리'와 '위험물안전관리'가 있다.

대분류	중분류	소분류	세분류(직무)
법률 · 경찰 · 소방 · 교도 · 국방	소방방재	소방	위험물 운송 · 운반 관리 위험물안전관리

(1) 위험물 운송 · 운반 관리

위험물을 안전하게 출하 · 수송 · 저장하기 위하여 위험물 관련법규 검토, 유별 위험물질의 위험성과 취급기준을 파악하고, 운송 · 운반 시 사고대응조치와 교육훈련을 실시하는 일이다.

〈NCS 학습모듈 및 능력단위〉

순번	학습모듈명	능력단위명
1	관련법규 적용	관련법규 적용
2	위험물 분류	위험물 분류
3	제4류 위험물 취급	제4류 위험물 취급
4	제1 · 6류 위험물 취급	제1 · 6류 위험물 취급
5	제2 · 5류 위험물 취급	제2 · 5류 위험물 취급
6	제3류 위험물 취급	제3류 위험물 취급
7	위험물 운송 · 운반 시설기준 파악	위험물 운송 · 운반 시설기준 파악
8	위험물 운송 · 운반 실행	위험물 운송 · 운반 관리
9	사고대응 조치	사고대응 조치
10	교육훈련	교육훈련

(2) 위험물안전관리

위험물안전관리는 위험물을 안전하게 관리하기 위하여 안전관리계획 수립, 위험물의 특성에 따른 유별 분류, 저장 · 취급, 위험물시설의 유지관리, 안전감독, 비상시에 대한 대응과 교육훈련을 위험물안전관리법의 행정체계에 따라 위험물안전관리 업무를 실시하는 일이다.

〈NCS 학습모듈 및 능력단위〉

순번	학습모듈명	능력단위명
1	위험물 안전계획 수립	위험물 안전계획 수립
2	저장 · 취급 위험물 분류	저장 · 취급 위험물 분류
3	위험물 저장 · 취급	위험물 저장 위험물 취급
4	위험물제조소 유지관리	위험물제조소 유지관리
5	위험물저장소 유지관리	위험물저장소 유지관리
6	위험물취급소 유지관리	위험물취급소 유지관리
7	위험물안전관리 감독	위험물안전관리 감독
8	위험물안전관리 교육훈련	위험물안전관리 교육훈련
9	위험물 사고 시 비상대응	위험물 사고 시 비상대응
10	위험물 행정처리	위험물 행정처리

★ 좀 더 자세한 내용에 대해서는 NCS 국가직무능력표준 National Competency Standards 홈페이지(ncs.go.kr)를 참고해 주시기 바랍니다. ★

출제기준 및 출제경향 분석

✦ 자격종목 : 위험물기능사
✦ 직무/중직무 분야 : 화학/위험물
✦ 직무내용 : 위험물을 저장 · 취급 · 제조하는 제조소 등에서 위험물을 안전하게 저장 · 취급 · 제조하고 일반 작업자를 지시 · 감독하며, 각 설비에 대한 점검과 재해 발생 시 응급조치 등의 안전관리 업무를 수행하는 직무
✦ 해당 출제기준 적용기간 : 2020. 1. 1. ~ 2024. 12. 31.

1 필기 출제기준

필기 과목명	주요 항목	세부 항목	세세 항목
화재 예방과 소화방법, 위험물의 화학적 성질 및 취급	1. 화재 예방 및 소화 방법	(1) 화학의 이해	① 물질의 상태 및 성질 ② 화학의 기초법칙 ③ 유기 · 무기 화합물의 특성
		(2) 화재 및 소화	① 연소이론 ② 소화이론 ③ 폭발의 종류 및 특성 ④ 화재의 분류 및 특성
		(3) 화재 예방 및 소화 방법	① 위험물의 화재 예방 ② 위험물의 화재 발생 시 조치방법
	2. 소화약제 및 소화기	(1) 소화약제	① 소화약제의 종류 ② 소화약제별 소화원리 및 효과
		(2) 소화기	① 소화기의 종류 및 특성 ② 소화기별 원리 및 사용법
	3. 소방시설의 설치 및 운영	(1) 소화설비의 설치 및 운영	① 소화설비의 종류 및 특성 ② 소화설비 설치기준 ③ 위험물별 소화설비의 적응성 ④ 소화설비 사용법
		(2) 경보 및 피난설비의 설치기준	① 경보설비 종류 및 특징 ② 경보설비 설치기준 ③ 피난설비의 설치기준
	4. 위험물의 종류 및 성질	(1) 제1류 위험물	① 제1류 위험물의 종류 ② 제1류 위험물의 성질 ③ 제1류 위험물의 위험성 ④ 제1류 위험물의 화재 예방 및 진압 대책
		(2) 제2류 위험물	① 제2류 위험물의 종류 ② 제2류 위험물의 성질 ③ 제2류 위험물의 위험성 ④ 제2류 위험물의 화재 예방 및 진압 대책
		(3) 제3류 위험물	① 제3류 위험물의 종류 ② 제3류 위험물의 성질 ③ 제3류 위험물의 위험성 ④ 제3류 위험물의 화재 예방 및 진압 대책

필기 과목명	주요 항목	세부 항목	세세 항목
		(4) 제4류 위험물	① 제4류 위험물의 종류 ② 제4류 위험물의 성질 ③ 제4류 위험물의 위험성 ④ 제4류 위험물의 화재 예방 및 진압 대책
		(5) 제5류 위험물	① 제5류 위험물의 종류 ② 제5류 위험물의 성질 ③ 제5류 위험물의 위험성 ④ 제5류 위험물의 화재 예방 및 진압 대책
		(6) 제6류 위험물	① 제6류 위험물의 종류 ② 제6류 위험물의 성질 ③ 제6류 위험물의 위험성 ④ 제6류 위험물의 화재 예방 및 진압 대책
	5. 위험물안전관리 기준	(1) 위험물 저장 · 취급 · 운반 · 운송 기준	① 위험물의 저장 기준 ② 위험물의 취급 기준 ③ 위험물의 운반 기준 ④ 위험물의 운송 기준
	6. 기술기준	(1) 제조소 등의 위치 · 구조 · 설비 기준	① 제조소의 위치 · 구조 · 설비 기준 ② 옥내저장소의 위치 · 구조 · 설비 기준 ③ 옥외탱크저장소의 위치 · 구조 · 설비 기준 ④ 옥내탱크저장소의 위치 · 구조 · 설비 기준 ⑤ 지하탱크저장소의 위치 · 구조 · 설비 기준 ⑥ 간이탱크저장소의 위치 · 구조 · 설비 기준 ⑦ 이동탱크저장소의 위치 · 구조 · 설비 기준 ⑧ 옥외저장소의 위치 · 구조 · 설비 기준 ⑨ 암반탱크저장소의 위치 · 구조 · 설비 기준 ⑩ 주유취급소의 위치 · 구조 · 설비 기준 ⑪ 판매취급소의 위치 · 구조 · 설비 기준 ⑫ 이송취급소의 위치 · 구조 · 설비 기준 ⑬ 일반취급소의 위치 · 구조 · 설비 기준
		(2) 제조소 등의 소화설비, 경보설비 및 피난설비 기준	① 제조소 등의 소화난이도 등급 및 그에 따른 소화설비 ② 위험물의 성질에 따른 소화설비의 적응성 ③ 소요단위 및 능력단위 산정법 ④ 옥내소화전의 설치기준 ⑤ 옥외소화전의 설치기준 ⑥ 스프링클러의 설치기준 ⑦ 물분무소화설비의 설치기준 ⑧ 포소화설비의 설치기준 ⑨ 불활성가스소화설비의 설치기준 ⑩ 할로겐화합물소화설비의 설치기준 ⑪ 분말소화설비의 설치기준 ⑫ 수동식 소화기의 설치기준 ⑬ 경보설비의 설치기준 ⑭ 피난설비의 설치기준

필기 과목명	주요 항목	세부 항목	세세 항목
	7. 위험물안전관리법상 행정사항	(1) 제조소 등 설치 및 후속절차	① 제조소 등 허가 ② 제조소 등 완공검사 ③ 탱크 안전성능검사 ④ 제조소 등 지위승계 ⑤ 제조소 등 용도폐지
		(2) 행정처분	① 제조소 등 사용정지, 허가취소 ② 과징금 처분
		(3) 안전관리 사항	① 유지 · 관리 ② 예방규정 ③ 정기점검 ④ 정기검사 ⑤ 자체소방대
		(4) 행정감독	① 출입 검사 ② 각종 행정명령 ③ 벌칙 및 과태료

2 실기 출제기준

수행준거

1. 위험물 성상에 대한 기초지식과 기능을 가지고 작업을 수행할 수 있다.
2. 위험물 시설, 저장 · 취급 기준에 대한 기초 지식과 기능을 가지고 작업을 수행할 수 있다.
3. 위험물 관련 법규에 대한 기초사항을 적용하여 작업을 수행할 수 있다.
4. 위험물 운송 · 운반에 대한 기초지식과 기능을 가지고 작업을 수행할 수 있다.

실기 과목명	주요 항목	세부 항목
위험물 취급 실무	1. 위험물 성상	(1) 각 유별 위험물의 특성을 파악하고 취급하기 (2) 위험물의 소화 및 화재 예방하기
	2. 위험물 시설, 저장 · 취급 기준	(1) 위험물 시설 파악하기 (2) 위험물의 저장 · 취급에 관한 사항 파악하기
	3. 관련법규 적용	(1) 위험물안전관리법규 적용하기
	4. 위험물 운송 · 운반 시설 기준 파악	(1) 운송 · 운반 기준 파악하기 (2) 운송시설의 위치 · 구조 · 설비 기준 파악하기 (3) 운반시설 파악하기
	5. 위험물 운송 · 운반 관리	(1) 운송 · 운반 안전 조치하기

3 위험물기능사 필기 출제경향 분석

내용 \ 연도		2012년				2013년				2014년				2015년				2016년			2016년 5회 ~	합계	비율 (%)
		1회	2회	4회	5회	1회	2회	4회	5회	1회	2회	4회	5회	1회	2회	4회	5회	1회	2회	4회			
1. 위험물의 기초화학		1		1			2	1	2	1	3	2	2		2	2	2		2			23	2.02
2. 화재예방		7	5	3	3	4	2	5	4	3	5	3	6	3	4	2	2	6	6	4		77	6.75
3. 소화방법		8	3	7	3	5	6	8	7		9	8	4	10	8	4	7	3	5	13		118	10.35
4. 소방시설의 설치 및 운영		2	4	1	1	2	3	1	5	7		4	1	2	2		2		1	1		39	3.42
5. 위험물의 종류 및 성질	제1류	6	7	3	5	5	4	5	6	5	4	4	6	7	5	4	5	6	4	5		96	8.42
	제2류	5	6	3	5	1	4	4	1	5	5	5	6	5	4	3	6	3	4	3	CBT 시행	78	6.84
	제3류	6	6	4	8	10	2	5	7	5	4	3	4	7	5	6	2	3	3	3		93	8.16
	제4류	8	6	12	13	9	6	10	7	7	7	9	8	7	10	10	9	9	7	6		160	14.04
	제5류	3	4	7	4	4	3	6	7	6	5	6	8	1	5	2	5	2	4	4		86	7.54
	제6류	5	4	2	3	3	3	1	2		2	2		5	4	5	1	2	2	2		48	4.21
6. 위험물안전관리법		9	15	17	15	17	25	14	12	21	16	14	15	13	11	22	19	26	22	19		322	28.25
합계		60	60	60	60	60	60	60	60	60	60	60	60	60	60	60	60	60	60	60		1,140	100

위험물기능사 내용에 따라 최근 출제경향을 살펴보면, '**위험물의 종류 및 성질**'에서 약 49%, '**위험물안전관리법**'에서 약 28%로, 전체 구성 중 약 77% 정도가 위험물의 종류 및 성질과 위험물안전관리법에서 집중 출제되었음을 알 수 있다. 특히, 위험물의 종류 및 성질 중 학습범위가 비교적 적은 '제6류 위험물'의 경우 학습량에 비해 출제되는 빈도가 매우 높기 때문에 반드시 학습해 두도록 한다.

'**위험물의 기초화학**'은 관련 문제가 시험에 직접적으로 출제되는 비중이 적다 해서 소홀히 해서는 안 된다. 기초화학 분야는 위험물의 종류 및 성질과 관련하여 병행 출제된 사례가 많기 때문에 위험물기능사 필기시험을 준비하는 데 선행학습되어야 할 부분으로, 오히려 더 중점을 두고 학습해야 한다는 사실을 인식해야 한다.

따라서, 전체적으로 학습해야 하겠지만, 위험물의 기초화학에 대한 숙지와 더불어 위험물의 종류 및 성질과 위험물안전관리법에 비중을 두고 전략적으로 준비한다면 평균 80점 이상의 고득점도 가능하리라 생각한다.

※ 이 출제경향 분석은 복합적인 문제의 경우 비중이 높은 쪽으로 분류하였다. 예를 들어, 위험물의 종류 및 성질과 위험물안전관리법의 내용이 복합되어 출제된 문제의 경우 비중이 높은 쪽으로 분류하였다.

차 례

★ CBT 온라인 모의고사 무료 응시권

Part 1 필기 핵심이론 33개 핵심요점 정리

Part 2 과년도 출제문제 1200제 기출문제 풀이

Part 3 CBT 핵심기출 100선 100선 핵심문제 풀이

위험물기능사는 2016년 5회 시험부터 CBT(Computer Based Test) 방식으로 시행되었습니다.
성안당 문제은행서비스(exam.cyber.co.kr)에서 제공되는 실제 CBT 형태의 위험물기능사 온라인 모의고사를 통해 실전감각을 익혀 보세요.
※ 온라인 모의고사 응시방법은 이 책의 표지 안쪽 면에서 확인하실 수 있습니다.

꿈을 이루지 못하게 만드는 것은 오직하나
실패할지도 모른다는 두려움일세...
-파울로 코엘료(Paulo Coelho)-

☆

해 보지도 않고 포기하는 것보다는 된다는 믿음을 가지고
열심히 해 보는 건 어떨까요?
말하는 대로 이루어지는 당신의 미래를 응원합니다.^^

Craftsman Hazardous material

PART 1

필기 핵심이론

위험물기능사 필기 33개 핵심요점 정리

1. 기초화학
2. 화재예방
3. 소화방법
4. 소방시설
5. 위험물의 지정수량, 게시판
6. 중요 화학반응식
7. 제1류 위험물(산화성 고체)
8. 제2류 위험물(가연성 고체)
9. 제3류 위험물(자연발화성 물질 및 금수성 물질)
10. 제4류 위험물(인화성 액체)
11. 제5류 위험물(자기반응성 물질)
12. 제6류 위험물(산화성 액체)
13. 위험물시설의 안전관리(1)
14. 위험물시설의 안전관리(2)
15. 위험물의 저장기준
16. 위험물의 취급기준
17. 위험물의 운반기준
18. 소화난이도 등급 Ⅰ(제조소 등 및 소화설비)
19. 소화난이도 등급 Ⅱ(제조소 등 및 소화설비)
20. 소화난이도 등급 Ⅲ(제조소 등 및 소화설비)
21. 경보설비
22. 피난설비
23. 소화설비의 적응성
24. 위험물제조소의 시설기준
25. 옥내저장소의 시설기준
26. 옥외저장소의 시설기준
27. 옥내탱크저장소의 시설기준
28. 옥외탱크저장소의 시설기준
29. 지하탱크저장소의 시설기준
30. 간이탱크저장소의 시설기준
31. 이동탱크저장소의 시설기준
32. 주유취급소의 시설기준
33. 판매취급소의 시설기준

위험물기능사 필기
www.cyber.co.kr

기초화학

출제 Point 이것만은 꼭 알고 넘어가자!

기초화학은 위험물기능사 시험을 준비함에 있어 가장 먼저 반드시 알고 넘어가야 하는 분야로, 매회 시험마다 기본개념과 그에 관련된 다양한 문제들이 출제되고 있다. 밀도, 비중, 열량 등의 식을 숙지하여 구할 수 있어야 하며, 특히 이상기체 상태방정식에 대한 여러 유형의 문제를 풀어보도록 해야 한다.

1 밀도	$밀도 = \frac{질량}{부피}$ 또는 $\rho = \frac{M}{V}$ (암기법) $\frac{M}{V}$ (사랑하는 감정이 생기면 큐피트의 화살을 쏴라!)
2 증기비중	$증기의\ 비중 = \frac{증기의\ 분자량}{공기의\ 평균\ 분자량} = \frac{증기의\ 분자량}{28.84(또는\ 29)}$ ※ $액체\ 또는\ 고체의\ 비중 = \frac{물질의\ 밀도}{4℃\ 물의\ 밀도} = \frac{물질의\ 중량}{동일\ 체적의\ 물의\ 중량}$
3 기체밀도	$기체의\ 밀도 = \frac{분자량}{22.4}$ (g/L) (단, 0℃, 1기압)
4 열량	$Q = mc\Delta T$ 여기서, m : 질량, c : 비열, T : 온도
5 보일의 법칙	일정한 온도에서 일정량의 기체의 부피는 압력에 반비례한다. $P_1V_1 = P_2V_2$ (기체의 몰수와 온도는 일정)
6 샤를의 법칙	일정한 압력에서 일정량의 기체의 부피는 절대온도에 비례한다. $\frac{V_1}{T_1} = \frac{V_2}{T_2}$ (T(K)$= t$(℃)$+273.15$)
7 보일-샤를의 법칙	일정량의 기체의 부피는 절대온도에 비례하고 압력에 반비례한다. $\frac{P_1V_1}{T_1} = \frac{P_2V_2}{T_2} = k$

8 이상기체의 상태방정식	$PV = nRT$ 여기서, P : 압력, V : 부피, n : 몰수, R : 기체상수, T : 절대온도 기체상수 $R = \frac{PV}{nT}$ $= \frac{1\,atm \times 22.4\,L}{1\,mol \times (0℃ + 273.15)K}$ (아보가드로의 법칙에 의해) $= 0.082\,L \cdot atm/K \cdot mol$ 기체의 체적(부피) 결정 $PV = nRT$ 에서 몰수$(n) = \frac{질량(w)}{분자량(M)}$ 이므로 $PV = \frac{w}{M}RT \quad \therefore V = \frac{w}{PM}RT$
9 그레이엄의 확산법칙	같은 온도와 압력에서 두 기체의 분출속도는 그들 기체의 분자량의 제곱근에 반비례한다. $\frac{V_A}{V_B} = \sqrt{\frac{M_B}{M_A}} = \sqrt{\frac{d_B}{d_A}}$ 여기서, M_A, M_B : 기체 A, B의 분자량, d_A, d_B : 기체 A, B의 밀도
10 화학식 만들기와 명명법	① 분자식과 화합물의 명명법 $M^{\lvert +m \rvert}\ N^{\lvert -n \rvert} = M_nN_m$ $\qquad$ $Al^{\lvert +3 \rvert}\ O^{\lvert -2 \rvert} = Al_2O_3$ ② 라디칼(radical=원자단) 화학변화 시 분해되지 않고 한 분자에서 다른 분자로 이동하는 원자의 집단 $Zn + H_2SO_4 \longrightarrow ZnSO_4 + H_2$ ㉮ 암모늄기 : NH_4^+ ㉯ 수산기 : OH^- ㉰ 질산기 : NO_3^- ㉱ 염소산기 : ClO_3^- ㉲ 과망간산기 : MnO_4^- ㉳ 황산기 : SO_4^{2-} ㉴ 탄산기 : CO_3^{2-} ㉵ 크롬산기 : CrO_4^{2-} ㉶ 중크롬산기 : $Cr_2O_7^{2-}$ ㉷ 인산기 : PO_4^{3-} ㉸ 시안산기 : CN^- ㉹ 아세트산기 : CH_3COO^-

11 산화수

① 산화 · 환원 정도를 나타내기 위해 원자의 양성, 음성 정도를 고려하여 결정된 수

② 산화수 구하는 법

㉮ 산화수를 구할 때 기준이 되는 원소는 다음과 같다.
H=+1, O=−2, 1족=+1, 2족=+2
(예외 : H_2O_2에서는 산소 −1, OF_2에서는 산소 +2, NaH에서는 수소 −1)

㉯ 홑원소 물질에서 그 원자의 산화수는 0이다.
예 H_2, C, Cu, P_4, S, Cl_2, … 에서 H, C, Cu, P, S, Cl의 산화수는 0이다.

㉰ 이온의 산화수는 그 이온의 가수와 같다.
예 Cl^- : −1, Cu^{2+} : +2
SO_4^{2-}에서 S의 산화수
$x+(-2)\times 4=-2$
$\therefore\ x=+6$

㉱ 중성 화합물에서 그 화합물을 구성하는 각 원자의 산화수의 합은 0이다.
예 $KMnO_4 \rightarrow (+1)+x+(-2)\times 4=0$
$\therefore\ x=+7$
$MnO_2^- \rightarrow x+(-2)\times 2=-1$
$\therefore\ x=+3$

12 산화수와 산화, 환원

① 산화 : 산화수가 증가하는 반응
(전자를 잃음)
② 환원 : 산화수가 감소하는 반응
(전자를 얻음)

13 주요 사슬모양 알칸(C_nH_{2n+2})과 알킬(C_nH_{2n+1})

어미 변화 (Alkane → Alkyl)

	Alkane (C_nH_{2n+2})	명칭	Alkyl (R) (C_nH_{2n+1})	명칭
기체	CH_4	Methane	CH_3-	Methyl
기체	C_2H_6	Ethane	C_2H_5-	Ethyl
기체	C_3H_8	Propane	C_3H_7-	Propyl
기체	C_4H_{10}	Butane	C_4H_9-	Butyl
	C_5H_{12}	Pentane	$C_5H_{11}-$	Pentyl
액체	C_6H_{14}	Hexane	$C_6H_{13}-$	Hexyl
액체	C_7H_{16}	Heptane	$C_7H_{15}-$	Heptyl
액체	C_8H_{18}	Octane	$C_8H_{17}-$	Octyl
액체	C_9H_{20}	Nonane	$C_9H_{19}-$	Nonyl
	$C_{10}H_{22}$	Decane	$C_{10}H_{21}-$	Decyl

14 몇 가지 작용기와 화합물

작용기	이름	작용기를 가지는 화합물의 일반식	일반명	화합물의 예
$-OH$	히드록시기	$R-OH$	알코올	CH_3OH, C_2H_5OH
$-O-$	에테르 결합	$R-O-R'$	에테르	CH_3OCH_3, $C_2H_5OC_2H_5$
$-C(=O)H$	포르밀기	$R-C(=O)H$	알데히드	$HCHO$, CH_3CHO
$-C(=O)-$	카르보닐기 (케톤기)	$R-C(=O)-R'$	케톤	$CH_3COC_2H_5$
$-C(=O)-O-H$	카르복시기	$R-C(=O)-O-H$	카르복시산	$HCOOH$, CH_3COOH
$-C(=O)-O-$	에스테르 결합	$R-C(=O)-O-R'$	에스테르	$HCOOCH_3$, CH_3COOCH_3
$-NH_2$	아미노기	$R-NH_2$	아민	CH_3NH_2, $CH_3CH_2NH_2$

출제 Example 자주 출제되는 문제 유형 맛보기!

01 에틸알코올의 증기비중은 약 얼마인가?

① 0.72　② 0.91
③ 1.13　④ 1.59

해설 에틸알코올(C_2H_5OH)의 분자량은 46이며, 증기비중은 46/28.84 = 1.595이다.

답 ④

02 15℃의 기름 100g에 8,000J의 열량을 주면 기름의 온도는 몇 ℃가 되겠는가? (단, 기름의 비열은 2J/g · ℃이다.)

① 25　② 45
③ 50　④ 55

해설 $Q = mc\Delta T = mc(T_2 - T_1)$에서

$$T_2 = \frac{8,000\text{J}}{100\text{g}} \times \frac{\text{g} \cdot ℃}{2\text{J}} + 15℃ = 55℃$$

답 ④

03 액화 이산화탄소 1kg이 25℃, 2atm에서 방출되어 모두 기체가 되었다. 방출된 기체상의 이산화탄소 부피는 약 몇 L인가?

① 238
② 278
③ 308
④ 340

해설 **이상기체 상태방정식**

$$PV = nRT \rightarrow PV = \frac{wRT}{M}$$

$$V = \frac{wRT}{PM} = \frac{1 \cdot 10^3 \text{g} \cdot 0.082 \text{atm} \cdot \text{L/K} \cdot \text{mol} \cdot (25 + 273.15)\text{K}}{2\text{atm} \cdot 44\text{g/mol}} \fallingdotseq 278\text{L}$$

여기서, P : 압력(atm), V : 부피(L),
n : 몰수(mol), M : 분자량(g/mol),
w : 질량(g), R : 기체상수(0.082atm · L/K · mol),
T : 절대온도(K)

답 ②

이상기체 상태방정식을 이용하여 기체의 체적을 구하는 방법은 반드시 알고 넘어가는 게 좋다. 계산식을 꼭 암기하자!

화재예방

출제 Point 이것만은 꼭 알고 넘어가자!

연소의 3요소와 기체, 액체 및 고체에 대한 연소형태에 대해 알아야 하며, 정전기 에너지 구하는 식은 암기하는 것이 좋다. 또한, 시험에서는 자연발화의 원인별 형태 및 자연발화를 예방할 수 있는 방법에 대해 자주 출제되며, 그 외 유류탱크 및 가스탱크에서 발생하는 현상에 대한 용어를 꼭 알고 넘어가야 한다.

1 연소	열과 빛을 동반하는 급격한 산화반응
2 연소의 3요소	가연성 물질, 산소 공급원(조연성 물질), 점화원
3 연소의 4요소 (연쇄반응 추가 시)	① 가연성 물질 ㉮ 산소와의 친화력이 클 것 ㉯ 열전도율이 작을 것 (단, 기체의 경우 분자구조가 단순할수록 가볍기 때문에 확산속도가 빠르고 열분해가 쉬워서 열전도율이 클수록 연소폭발의 위험이 있다.) ㉰ **활성화에너지가 적을 것** ㉱ 연소열이 클 것 ㉲ 크기가 작아 접촉면적이 클 것 ② 산소 공급원(조연성 물질) 가연성 물질의 산화반응을 도와주는 물질로, 공기, 산화제(제1류 위험물, 제6류 위험물 등), 자기반응성 물질(제5류 위험물), 할로겐 원소 등이 대표적인 조연성 물질이다. ③ 점화원(열원, heat energy sources) ㉮ **화학적 에너지원** : 반응열 등으로 산화열, 연소열, 분해열, 융해열 등 ㉯ **전기적 에너지원** : 저항열, 유도열, 유전열, 정전기열(정전기 불꽃), 낙뢰에 의한 열, 아크방전(전기불꽃 에너지) 등 ㉰ **기계적 에너지원** : 마찰열, 마찰스파크열(충격열), 단열압축열 등 ④ 연쇄반응 가연성 물질이 유기화합물인 경우 불꽃 연소가 개시되어 열을 발생하는 경우 발생된 열은 가연성 물질의 형태를 연소가 용이한 중간체(화학에서 자유 라디칼이라 함)를 형성하여 연소를 촉진시킨다. 이와 같이 에너지에 의해 연소가 용이한 라디칼의 형성은 연쇄적으로 이루어지며, 점화원이 제거되어도 생성된 라디칼이 완전하게 소실되는 시점까지 연소를 지속시킬 수 있는 현상

4 온도에 따른 불꽃의 색상

불꽃 온도	불꽃 색깔	불꽃 온도	불꽃 색깔
700℃	암적색	1,100℃	황적색
850℃	적색	1,300℃	백적색
950℃	휘적색	1,500℃	휘백색

5 연소의 형태

① 기체의 연소

㉮ **확산연소**(불균일연소) : 가연성 가스와 공기를 미리 혼합하지 않고 산소의 공급을 가스의 확산에 의하여 주위에 있는 공기와 혼합하여 연소하는 것

㉯ **예혼합연소**(균일연소) : 가연성 가스와 공기를 혼합하여 연소시키는 것

② 액체의 연소

㉮ **분무연소**(액적연소) : 점도가 높고, 비휘발성인 액체를 안개상으로 분사하여 액체의 표면적을 넓혀 연소시키는 것

㉯ **증발연소** : 가연성 액체를 외부에서 가열하거나 연소열이 미치면 그 액표면에 가연가스(증기)가 증발하여 연소되는 것

㉰ **분해연소** : 비휘발성이거나 끓는점이 높은 가연성 액체가 연소할 때는 먼저 열분해하여 탄소가 석출되면서 연소하는 것

예 중유, 타르 등

③ **고체의 연소**★★★

㉮ **표면연소**(직접연소) : 열분해에 의하여 가연성 가스를 발생치 않고 그 자체가 연소하는 형태로서 연소반응이 고체의 표면에서 이루어지는 것

예 목탄, 코크스, 금속분 등

㉯ **분해연소** : 가연성 가스가 공기 중에서 산소와 혼합되어 연소하는 것

예 목재, 석탄 등

㉰ **증발연소** : 가연성 고체에 열을 가하면 융해되어 여기서 생긴 액체가 기화되고 이로 인한 연소가 이루어지는 것

예 유황, 나프탈렌, 양초, 장뇌 등

㉱ **내부연소**(자기연소) : 물질 자체의 분자 안에 산소를 함유하고 있는 물질이 연소 시 외부에서의 산소 공급을 필요로 하지 않고 물질 자체가 갖고 있는 산소를 소비하면서 연소하는 것

예 질산에스테르류, 니트로화합물류 등

6 연소에 관한 물성

① 인화점(flash point) : 가연성 액체를 가열하면서 액체의 표면에 점화원을 주었을 때 증기가 인화하는 액체의 최저온도를 인화점 혹은 인화온도라 한다. 즉 인화가 일어나는 액체의 최저온도

② 연소점(fire point) : 상온에서 액체상태로 존재하는 가연성 물질의 연소상태를 5초 이상 유지시키기 위한 온도

③ 발화점(발화온도, 착화점, 착화온도, ignition point) : 점화원을 부여하지 않고 가연성 물질을 조연성 물질과 공존하는 상태에서 가열하여 발화하는 최저온도

7 정전기에너지 구하는 식

$$E=\frac{1}{2}CV^2=\frac{1}{2}QV$$

여기서, E : 정전기에너지(J), C : 정전용량(F), V : 전압(V), Q : 전기량(C)

8 자연발화의 분류

자연발화 원인	자연발화 형태
산화열	건성유(정어리기름, 아마인유, 들기름 등), 반건성유(면실유, 대두유 등)가 적셔진 다공성 가연물, 원면, 석탄, 금속분, 고무조각 등
분해열	니트로셀룰로오스, 셀룰로이드류, 니트로글리세린 등의 질산에스테르류
흡착열	탄소분말(유연탄, 목탄 등), 가연성 물질+촉매
중합열	아크릴로니트릴, 스티렌, 비닐아세테이트 등의 중합반응
미생물발열	퇴비, 먼지, 퇴적물, 곡물 등

9 자연발화 예방대책

① 통풍, 환기, 저장방법 등을 고려하여 **열의 축적을 방지**한다.
② 반응속도를 낮추기 위하여 **온도 상승을 방지**한다.
③ **습도를 낮게** 유지한다(습도가 높은 경우 열의 축적이 용이함).

10 르 샤틀리에(Le Chatelier)의 혼합가스 폭발범위를 구하는 식

$$\frac{100}{L}=\frac{V_1}{L_1}+\frac{V_2}{L_2}+\frac{V_3}{L_3}+\cdots$$

$$\therefore\ L=\frac{100}{\left(\frac{V_1}{L_1}+\frac{V_2}{L_2}+\frac{V_3}{L_3}+\cdots\right)}$$

여기서, L : 혼합가스의 폭발 한계치
L_1, L_2, L_3 : 각 성분의 단독폭발 한계치(vol%)
V_1, V_2, V_3 : 각 성분의 체적(vol%)

11 위험도(H)

가연성 혼합가스의 연소범위에 의해 결정되는 값이다.

$$H=\frac{U-L}{L}$$

여기서, H : 위험도, U : 연소 상한치(UEL), L : 연소 하한치(LEL)

⑫ 폭굉유도거리(DID)가 짧아지는 경우

① 정상연소속도가 큰 혼합가스일수록
② 관 속에 방해물이 있거나 관 지름이 가늘수록
③ 압력이 높을수록
④ 점화원의 에너지가 강할수록

⑬ 피뢰 설치대상

지정수량 10배 이상의 위험물을 취급하는 제조소(제6류 위험물을 취급하는 제조소는 제외)

⑭ 화재의 분류

화재 분류	명칭	비고	소화
A급 화재	일반화재	연소 후 재를 남기는 화재	냉각소화
B급 화재	유류화재	연소 후 재를 남기지 않는 화재	질식소화
C급 화재	전기화재	전기에 의한 발열체가 발화원이 되는 화재	질식소화
D급 화재	금속화재	금속 및 금속의 분, 박, 리본 등에 의해서 발생되는 화재	피복소화
F급 화재 (또는 K급 화재)	주방화재	가연성 튀김기름을 포함한 조리로 인한 화재	냉각·질식소화

⑮ 유류탱크 및 가스탱크에서 발생하는 폭발현상

① 보일오버(boil-over) : 연소유면으로부터 100℃ 이상의 열파가 탱크 저부에 고여 있는 물을 비등하게 하면서 연소유를 탱크 밖으로 비산시키며 연소하는 현상

② 슬롭오버(slop-over) : 물이 연소유의 뜨거운 표면에 들어갈 때 기름 표면에서 화재가 발생하는 현상

③ 블레비(Boiling Liquid Expanding Vapor Explosion, BLEVE) : 액화가스탱크 주위에서 화재 등이 발생하여 기상부의 탱크 강판이 국부적으로 가열되면 그 부분의 강도가 약해져 그로 인해 탱크가 파열된다. 이때 내부에서 가열된 액화가스가 급격히 유출, 팽창되어 화구(fire ball)를 형성하며 폭발하는 현상

④ 증기운폭발(Unconfined Vapor Cloud Explosion, UVCE) : 대기 중에 대량의 가연성 가스나 인화성 액체가 유출되어 그것으로부터 발생되는 증기가 대기 중의 공기와 혼합하여 폭발성인 증기운(vapor cloud)을 형성하고 이때 착화원에 의해 화구(firc ball)형태로 착화, 폭발하는 현상

⑯ 위험장소의 분류

① 0종 장소 : 위험분위기가 정상상태에서 장시간 지속되는 장소
② 1종 장소 : 정상상태에서 위험분위기를 생성할 우려가 있는 장소
③ 2종 장소 : 이상상태에서 위험분위기를 생성할 우려가 있는 장소
④ 준위험장소 : 예상사고로 폭발성 가스가 대량 유출되어 위험분위기가 되는 장소

출제 Example 자주 출제되는 문제 유형 맛보기!

01 다음 중 유류저장탱크 화재에서 일어나는 현상으로 거리가 먼 것은?

① 보일오버 ② 플래시오버 ③ 슬롭오버 ④ BLEVE

해설 ① 보일오버 : 연소유면으로부터 100℃ 이상의 열파가 탱크 저부에 고여 있는 물을 비등하게 하면서 연소유를 탱크 밖으로 비산시키며 연소하는 현상
② 플래시오버 : 화재로 인하여 실내의 온도가 급격히 상승하여 가연물이 일시에 폭발적으로 착화현상을 일으켜 화재가 순간적으로 실내 전체에 확산되는 현상(=순발연소, 순간연소)
③ 슬롭오버 : 물이 연소유의 뜨거운 표면에 들어갈 때 기름 표면에서 화재가 발생하는 현상
④ BLEVE : 액화가스탱크 주위에서 화재 등이 발생하여 기상부의 탱크 강판이 국부적으로 가열되면 그 부분의 강도가 약해져 그로 인해 탱크가 파열된다. 이때 내부에서 가열된 액화가스가 급격히 유출, 팽창되어 화구(fire ball)를 형성하며 폭발하는 현상

답 ②

02 다음 중 D급 화재에 해당하는 것은?

① 플라스틱화재 ② 나트륨화재 ③ 휘발유화재 ④ 전기화재

해설 **D급 화재** : 금속화재를 의미하므로 나트륨화재가 해당된다.
① 플라스틱화재 – A급 화재
③ 휘발유화재 – B급 화재
④ 전기화재 – C급 화재

답 ②

03 다음 점화에너지 중 물리적 변화에서 얻어지는 것은?

① 압축열 ② 산화열 ③ 중합열 ④ 분해열

해설 압축열은 기계적 에너지원이며, 나머지 산화열, 중합열, 분해열은 화학적 에너지원에 해당한다.

답 ①

04 주된 연소 형태가 증발연소인 것은?

① 나트륨 ② 코크스
③ 양초 ④ 니트로셀룰로오스

해설 **증발연소** : 가연성 고체에 열을 가하면 융해되어 여기서 생긴 액체가 기화되고 이로 인한 연소가 이루어지는 형태이다.

답 ③

05 연소가 잘 이루어지는 조건으로 거리가 먼 것은?

① 가연물의 발열량이 클 것
② 가연물의 열전도율이 클 것
③ 가연물과 산소와의 접촉표면적이 클 것
④ 가연물의 활성화에너지가 작을 것

해설 **가연성 물질의 조건**
㉮ 산소와의 친화력이 클 것
㉯ 열전도율이 작을 것
㉰ 활성화에너지가 적을 것
㉱ 연소열이 클 것
㉲ 크기가 작아 접촉면적이 클 것

답 ②

06 위험물의 자연발화를 방지하는 방법으로 가장 거리가 먼 것은?

① 통풍을 잘 시킬 것
② 저장실의 온도를 낮출 것
③ 습도가 높은 곳에 저장할 것
④ 정촉매작용을 하는 물질과의 접촉을 피할 것

해설 습도가 높은 경우 열의 축적이 용이하다.

답 ③

07 폭굉유도거리(DID)가 짧아지는 경우는?

① 정상 연소속도가 작은 혼합가스일수록 짧아진다.
② 압력이 높을수록 짧아진다.
③ 관 지름이 넓을수록 짧아진다.
④ 점화원 에너지가 약할수록 짧아진다.

해설 **폭굉유도거리** : 관 내에 폭굉성 가스가 존재할 경우 최초의 완만한 연소가 격렬한 폭굉으로 발전할 때까지의 거리이다. 일반적으로 짧아지는 경우는 다음과 같다.
㉮ 정상 연소속도가 큰 혼합가스일수록
㉯ 관 속에 방해물이 있거나 관 지름이 가늘수록
㉰ 압력이 높을수록
㉱ 점화원 에너지가 강할수록

답 ②

소화방법

출제 Point 이것만은 꼭 알고 넘어가자!

소화약제별 소화능력단위 및 소요단위에 대해서는 매년 시험에 자주 출제되며, 그 외에 할론소화약제 번호를 화학식으로 전환하는 문제가 자주 출제된다. 또한 분말소화약제의 경우 종별 주요 화학성분, 색깔 및 열분해 반응식까지 알아두도록 한다.

1 소화방법의 종류	① 제거소화 : 연소에 필요한 가연성 물질을 제거하여 소화시키는 방법 ② 질식소화 : 공기 중의 산소의 양을 15% 이하가 되게 하여 산소 공급원의 양을 변화시켜 소화하는 방법 ③ 냉각소화 : 연소 중인 가연성 물질의 온도를 인화점 이하로 냉각시켜 소화하는 방법 ④ 부촉매(화학)소화 : 가연성 물질의 연소 시 연속적인 연쇄반응을 억제·방해 또는 차단시켜 소화하는 방법 ⑤ 희석소화 : 수용성 가연성 물질의 화재 시 다량의 물을 일시에 방사하여 연소범위의 하한계 이하로 희석하여 화재를 소화시키는 방법
2 할로겐화합물 및 불활성기체 소화약제 관련 용어	① NOAEL(No Observed Adverse Effect Level) 농도를 증가시킬 때 아무런 악영향도 감지할 수 없는 최대허용농도 → 최대허용설계농도 ② LOAEL(Lowest Observed Adverse Effect Level) 농도를 감소시킬 때 어떠한 악영향도 감지할 수 있는 최소허용농도 ③ ODP(오존층파괴지수) $=\dfrac{\text{물질 1kg에 의해 파괴되는 오존량}}{\text{CFC-11 1kg에 의해 파괴되는 오존량}}$ 여기서, CFC-11이란 삼염화불화탄소($CFCl_3$)이다. ④ GWP(지구온난화지수) $=\dfrac{\text{물질 1kg이 영향을 주는 지구온난화 정도}}{CO_2\text{ 1kg이 영향을 주는 지구온난화 정도}}$ ⑤ ALT(대기권 잔존수명) 물질이 방사된 후 대기권 내에서 분해되지 않고 체류하는 잔류기간 (단위 : 년) ⑥ LC50 4시간 동안 쥐에게 노출했을 때 그 중 50%가 사망하는 농도 ⑦ ALC 사망에 이르게 할 수 있는 최소농도

3 전기설비의 소화설비

제조소 등에 전기설비(전기배선, 조명기구 등은 제외)가 설치된 경우에는 해당 장소의 면적 $100m^2$마다 소형 수동식 소화기를 1개 이상 설치해야 한다.

4 능력단위(소방기구의 소화능력)

소화설비	용량	능력단위
마른모래	50L(삽 1개 포함)	0.5
팽창질석, 팽창진주암	160L(삽 1개 포함)	1
소화전용 물통	8L	0.3
수조	190L(소화전용 물통 6개 포함)	2.5
	80L(소화전용 물통 3개 포함)	1.5

5 소요단위

소화설비의 설치대상이 되는 건축물의 규모 또는 위험물 양에 대한 기준 단위이다.

소요단위		
1단위	**제조소 또는 취급소용** 건축물의 경우	내화구조 외벽을 갖춘 연면적 $100m^2$
		내화구조 외벽이 아닌 연면적 $50m^2$
	저장소 건축물의 경우	내화구조 외벽을 갖춘 연면적 $150m^2$
		내화구조 외벽이 아닌 연면적 $75m^2$
	위험물의 경우	지정수량의 10배

6 소화기의 사용방법

① 각 소화기는 **적응화재에만** 사용할 것
② 성능에 따라 **화점 가까이** 접근하여 사용할 것
③ 소화 시에는 **바람을 등지고** 소화할 것
④ 소화작업은 좌우로 **골고루** 소화약제를 방사할 것

7 소화기 외부 표시사항

① 소화기의 명칭
② 적응화재 표시
③ 용기 합격 및 중량 표시
④ 사용방법
⑤ 능력단위
⑥ 취급상 주의사항
⑦ 제조 년월일

8 소화약제 총정리

소화약제	소화효과	종류	성상	주요내용
물	• 냉각 • 질식(수증기) • 유화(에멀션) • 희석 • 타격	동결방지제(에틸렌글리콜, 염화칼슘, 염화나트륨, 프로필렌글리콜)	• 값이 싸고, 구하기 쉬움 • 표면장력=72.7dyne/cm, 용융열=79.7cal/g • 증발잠열=539.63cal/g • 증발 시 체적 : 1,700배 • 밀폐장소 : 분무희석소화효과	• 극성분자 • 수소결합 • 비압축성 유체
강화액	• 냉각 • 부촉매	• 축압식 • 가스가압식	• 물의 소화능력 개선 • 알칼리금속염의 탄산칼륨, 인산암모늄 첨가 • $K_2CO_3 + H_2O \rightarrow K_2O + CO_2 + H_2O$	• 침투제, 방염제 첨가로 소화능력 향상 • −30℃ 사용 가능
산–알칼리	질식+냉각	–	$2NaHCO_3 + H_2SO_4 \rightarrow Na_2SO_4 + 2CO_2 + 2H_2O$	방사압력원 : CO_2

<table>
<tr><th>소화약제</th><th>소화효과</th><th colspan="2">종류</th><th>성상</th><th>주요내용</th></tr>
<tr><td rowspan="7">포소화</td><td rowspan="4">질식+냉각</td><td rowspan="6">기계포</td><td>단백포
(3%, 6%)</td><td>• 동식물성 단백질의 가수분해생성물
• 철분(안정제)으로 인해 포의 유동성이 나쁘며, 소화속도 느림
• 재연방지효과 우수(5년 보관)</td><td>Ring fire 방지</td></tr>
<tr><td>불화단백포
(3%, 6%)</td><td>• 단백포에 불소계 계면활성제를 첨가한 개량형
• 유동성, 열안정성 보완(8~10년 보관)</td><td>• Ring fire 방지
• SSI 방식 가능</td></tr>
<tr><td>합성계면활성제포
(1%, 1.5%, 2%, 3%, 6%)</td><td>• 유동성 우수, 내유성은 약하고 소포 빠름
• 유동성이 좋아 소화속도 빠름
(유출유화재에 적합)</td><td>• 고팽창, 저팽창 가능
• Ring fire 발생</td></tr>
<tr><td>수성막포(AFFF)
(3%, 6%)</td><td>• 유류화재에 가장 탁월(일명 라이트워터)
• 단백포에 비해 1.5 내지 4배 소화효과
• Twin agent system(with 분말약제)
• 유출유화재에 적합</td><td>Ring fire 발생으로 탱크화재에 부적합</td></tr>
<tr><td rowspan="2">희석</td><td>내알코올포
(3%, 6%)</td><td>• 내화성 우수
• 거품이 파포된 불용성 겔(gel) 형성</td><td>• 내화성 좋음
• 경년기간 짧고, 고가</td></tr>
<tr><td colspan="3">* 성능 비교 : 수성막포 > 계면활성제포 > 단백포</td></tr>
<tr><td>질식+냉각</td><td colspan="2">화학포</td><td>• A제 : $NaHCO_3$, B제 : $Al_2(SO)_4$
• $6NaHCO_3 + Al_2SO_4 \cdot 18H_2O$
$\rightarrow 3Na_2SO_4 + 2Al(OH)_3 + 6CO_2 + 18H_2O$</td><td>• Ring fire 방지
• 소화속도 느림</td></tr>
<tr><td>CO_2</td><td>질식+냉각</td><td colspan="2">–</td><td>• 표준설계농도 : 34%(산소농도 15% 이하)
• 삼중점 : 5.1kg/cm^2, −56.5℃</td><td>• ODP=0
• 동상 우려, 피난 불편
• 줄−톰슨 효과</td></tr>
<tr><td rowspan="6">할론</td><td rowspan="3">• 부촉매작용
• 냉각효과
• 질식작용
• 희석효과</td><td colspan="2">할론 104
(CCl_4)</td><td>• 최초 개발 약제
• 포스겐 발생으로 사용 금지
• 불꽃연소에 강한 소화력</td><td>법적으로 사용 금지</td></tr>
<tr><td colspan="2">할론 1011
($CClBrH_2$)</td><td>• 2차대전 후 출현
• 불연성, 증발성 및 부식성 액체</td><td>–</td></tr>
<tr><td colspan="2">할론 1211(ODP=2.4)
(CF_2ClBr)</td><td>• 소화농도 : 3.8%
• 밀폐공간 사용 곤란</td><td>• 증기비중 5.7
• 방사거리 4~5m, 소화기용</td></tr>
<tr><td rowspan="2">* 소화력
F<Cl<Br<I
* 화학안정성
F>Cl>Br>I</td><td colspan="2">할론 1301(ODP=14)
(CF_3Br)</td><td>• 5%의 농도에서 소화(증기비중=5.11)
• 인체에 가장 무해한 할론 약제</td><td>• 증기비중 5.1
• 방사거리 3~4m, 소화설비용</td></tr>
<tr><td colspan="2">할론 2402(ODP=6.6)
($C_2F_4Br_2$)</td><td>• 할론 약제 중 유일한 에탄의 유도체
• 상온에서 액체</td><td>독성으로 인해 국내외 생산 무</td></tr>
<tr><td colspan="5">※ 할론 소화약제 명명법 : 할론 XABCD
D → I원자의 개수
C → Br원자의 개수
B → Cl원자의 개수
A → F원자의 개수
X → C원자의 개수</td></tr>
</table>

소화약제	소화효과	종류	성상	주요내용
분말	• 냉각효과 (흡열반응) • 질식작용 (CO_2 발생) • 희석효과 • 부촉매작용	1종 ($NaHCO_3$)	• (B · C급) • **비누화효과(식용유화재 적응)** • 방습가공제 : 스테아린산 Zn, Mg • 열분해반응식 $2NaHCO_3 \rightarrow Na_2CO_3+CO_2+H_2O$	• 가압원 : N_2, CO_2 • 소화입도 : 10~75μm • 최적입도 : 20~25μm • Knock down 효과 : 10~20초 이내 소화
		2종 ($KHCO_3$)	• 담회색(B · C급) • 1종보다 2배 소화효과 • 1종 개량형 • 열분해반응식 2KHCO3 → K2CO3+CO2+H2O	
		3종 ($NH_4H_2PO_4$)	• 담홍색 또는 황색(A · B · C급) • 방습가공제 : 실리콘 오일 • 열분해반응식 NH4H2PO4 → HPO3+NH3+H2O	
		4종 [$CO(NH_2)_2$ $+KHCO_3$]	• (B · C급) • 2종 개량 • 국내생산 무 • 열분해반응식 $2KHCO_3+CO(NH_2)_2 \rightarrow K_2CO_3+2NH_3+2CO_2$	
	※ 소화능력 : 할론 1301=3 > 분말=2 > 할론 2402=1.7 > 할론 1211=1.4 > 할론 104=1.1 > CO_2=1			

할로겐 화합물

소화약제	화학식
펜타플루오로에탄(HFC-125)	CHF_2CF_3
헵타플루오로프로판(HFC-227ea)	CF_3CHFCF_3
트리플루오로메탄(HFC-23)	CHF_3
도데카플루오로-2-메틸펜탄-3-원(FK-5-1-12)	$CF_3CF_2C(O)CF(CF_3)_2$

※ 명명법(첫째 자리 반올림)

HFC X Y Z
- Z → 분자 내 불소수
- Y → 분자 내 수소수+1
- X → 분자 내 탄소수-1 (메탄계는 0이지만 표기안함)

불활성 가스

소화약제	화학식
불연성 · 불활성 기체 혼합가스(IG-01)	Ar
불연성 · 불활성 기체 혼합가스(IG-100)	N_2
불연성 · 불활성 기체 혼합가스(IG-541)	N_2 : 52%, Ar : 40%, CO_2 : 8%
불연성 · 불활성 기체 혼합가스(IG-55)	N_2 : 50%, Ar : 50%

※ 명명법(첫째 자리 반올림)

IG-A B C
- C → CO_2의 농도
- B → Ar의 농도
- A → N_2의 농도

출제 Example 자주 출제되는 문제 유형 맛보기!

01 제3종 분말소화약제의 열분해 시 생성되는 메타인산의 화학식은?

① H_3PO_4 ② HPO_3
③ $H_4O_2O_7$ ④ $CO(NH_2)_2$

해설 **제3종 분말소화약제의 열분해 반응식**
$NH_4H_2PO_4$ → NH_3 + H_2O + HPO_3
(제1인산암모늄) (암모니아) (물) (메타인산)

답 ②

02 다음 중 공기포 소화약제가 아닌 것은?

① 단백포 소화약제
② 합성계면활성제포 소화약제
③ 화학포 소화약제
④ 수성막포 소화약제

해설
- **공기포(기계포) 소화약제** : 기계적 방법으로 공기를 유입시켜 공기로 포 형성
- **화학포 소화약제** : 화학물질을 반응시켜 이로 인해 나오는 기체가 포 형성

답 ③

03 소화설비의 설치기준에서 유기과산화물 1,000kg은 몇 소요단위에 해당하는가?

① 10 ② 20
③ 100 ④ 200

해설 $\text{소요단위} = \frac{\text{저장량}}{\text{저정수량} \times 10\text{배}} = \frac{1,000\text{kg}}{10\text{kg} \times 10\text{배}} = 10$

답 ①

04 Halon 1211에 해당하는 물질의 분자식은?

① CBr_2FCl ② CF_2ClBr
③ CCl_2FBr ④ FC_2BrCl

해설 Halon 1211 : CF_2ClBr
※ Halon No. : C(탄소), F(불소), Cl(염소), Br(브롬)

답 ②

05 다음 중 소화약제로서 물의 단점인 동결현상을 방지하기 위하여 주로 사용되는 물질은 어느 것인가?

① 에틸알코올
② 글리세린
③ 에틸렌글리콜
④ 탄산칼슘

해설 **동결방지제** : 에틸렌글리콜, 염화칼슘, 염화나트륨, 프로필렌글리콜

답 ③

06 다음 중 소화약제 강화액의 주성분에 해당하는 것은?

① K_2CO_3
② K_2O_2
③ CaO_2
④ $KBrO_3$

해설 강화액소화약제는 물소화약제의 성능을 강화시킨 소화약제로서 물에 탄산칼륨(K_2CO_3)을 용해시킨 소화약제이다.

답 ①

07 분말소화약제 중 제1종과 제2종 분말이 각각 열분해될 때 공통적으로 생성되는 물질은 어느 것인가?

① N_2, CO_2
② N_2, O_2
③ H_2O, CO_2
④ H_2O, N_2

해설
- **제1종 분말소화약제 열분해 반응식**
  $2NaHCO_3 \rightarrow Na_2CO_3 + H_2O + CO_2$
- **제2종 분말소화약제 열분해 반응식**
  $2KHCO_3 \rightarrow K_2CO_3 + H_2O + CO_2$

답 ③

08 Halon 1001의 화학식에서 수소원자의 수는?

① 0
② 1
③ 2
④ 3

해설 화학식은 $CBrH_3$이므로 수소원자는 3개이다.

답 ④

09 질소와 아르곤과 이산화탄소의 용량비가 52대40대8인 혼합물 소화약제에 해당하는 것은?

① IG-541

② HCFC BLEND A

③ HFC-125

④ HFC-23

해설 요약본의 "⑩ **불활성기체 소화약제의 종류**" 참조

 ①

- 소요단위에서 제조소 및 취급소 대비 저장소의 경우 1.5배

  예 내화구조 외벽의 제조소 및 취급소는 $100m^2$, 저장소는 $150m^2$

- 강화액 : -30℃ 한랭지에서 사용, 수성막포 : 유류화재 탁월, 라이트워터

  IG-541은 N_2, Ar, CO_2를 5248 조성으로!

소방시설

출제 Point 이것만은 꼭 알고 넘어가자!

옥내 및 옥외 소화전 소화설비에서 수원의 양을 구하는 공식을 이용하는 문제는 매번 출제되며, 포소화약제 혼합장치 또는 이산화탄소 저장용기 설치기준과 이산화탄소를 저장하는 저압식 저장용기 기준에 대한 문제가 자주 출제된다.

1 소화설비의 종류

① 소화기구(소화기, 자동소화장치, 간이소화용구)
② 옥내소화전설비
③ 옥외소화전설비
④ 스프링클러소화설비
⑤ **물분무 등 소화설비**(물분무소화설비, 포소화설비, 불활성가스소화설비, 할로겐화합물소화설비, 분말소화설비)

2 소화기의 설치기준

각 층마다 설치하되, 특정소방대상물의 각 부분으로부터 1개의 소화기까지의 보행거리가 **소형 소화기의 경우에는 20m 이내, 대형 소화기의 경우에는 30m 이내**가 되도록 배치할 것

3 옥내 · 옥외 소화전 설비의 설치기준

구분	옥내소화전설비	옥외소화전설비
방호대상물에서 호스접속구까지의 거리	25m	40m
개폐밸브 및 호스접속구	지반면으로부터 1.5m 이하	지반면으로부터 1.5m 이하
수원의 양(Q, m^3)	**$N \times 7.8m^3$ (N은 5개 이상인 경우 5개)**	**$N \times 13.5m^3$ (N은 4개 이상인 경우 4개)**
노즐선단의 방수압력	0.35MPa	0.35MPa
분당 방수량	260L	450L

4 스프링클러설비의 장 · 단점

장점	단점
① 초기진화에 특히 절대적인 효과가 있다. ② 약제가 물이라서 값이 싸고, 복구가 쉽다. ③ 오동작, 오보가 없다. (감지부가 기계적) ④ 조작이 간편하고 안전하다. ⑤ 야간이라도 자동으로 화재감지경보, 소화할 수 있다.	① **초기시설비**가 많이 든다. ② 다른 설비와 비교했을 때 **시공이 복잡**하다. ③ **물로 인한 피해**가 크다.

5 폐쇄형 스프링클러헤드 부착장소의 평상시 최고주위온도에 따른 표시온도

최고주위온도(℃)	표시온도(℃)
28 미만	58 미만
28 이상 39 미만	58 이상 79 미만
39 이상 64 미만	79 이상 121 미만
64 이상 106 미만	121 이상 162 미만
106 이상	162 이상

6 포소화약제의 혼합장치

① 펌프혼합방식(펌프 프로포셔너 방식)
농도조절밸브에서 조정된 포소화약제의 필요량을 포소화약제 탱크에서 펌프흡입측으로 보내어 이를 혼합하는 방식

② 차압혼합방식(프레셔 프로포셔너 방식)
벤투리관의 벤투리작용과 펌프 가압수의 포소화약제 저장탱크에 대한 압력에 의하여 포소화약제를 흡입 · 혼합하는 방식

③ 관로혼합방식(라인 프로포셔너 방식)
펌프와 발포기 중간에 설치된 벤투리관의 벤투리작용에 의해 포소화약제를 흡입하여 혼합하는 방식

④ 압입혼합방식(프레셔 사이드 프로포셔너 방식)
펌프의 토출관에 압입기를 설치하여 포소화약제 압입용 펌프로 포소화약제를 압입시켜 혼합하는 방식

7 이산화탄소 저장용기의 설치기준

① 방호구역 외의 장소에 설치할 것
② 온도가 40℃ 이하이고, 온도 변화가 적은 장소에 설치할 것
③ 직사일광 및 빗물이 침투할 우려가 적은 장소에 설치할 것
④ 저장용기에는 안전장치를 설치할 것
⑤ 저장용기의 외면에 소화약제의 종류와 양, 제조연도 및 제조자를 표시할 것

8 이산화탄소를 저장하는 저압식 저장용기의 기준

① 이산화탄소를 저장하는 저압식 저장용기에는 액면계 및 압력계를 설치할 것
② 이산화탄소를 저장하는 저압식 저장용기에는 **2.3MPa 이상의 압력 및 1.9MPa 이하의 압력에서 작동하는 압력경보장치**를 설치할 것
③ 이산화탄소를 저장하는 저압식 저장용기에는 용기 내부의 온도를 -20℃ **이상, -18℃ 이하로 유지할 수 있는 자동냉동기**를 설치할 것
④ 이산화탄소를 저장하는 저압식 저장용기에는 파괴판을 설치할 것
⑤ 이산화탄소를 저장하는 저압식 저장용기에는 방출밸브를 설치할 것

9 경보설비	① 경보설비란 화재발생 초기단계에서 가능한 한 빠른 시간에 정확하게 화재를 감지하는 기능은 물론, 불특정 다수인에게 화재의 발생을 통보하는 기계, 기구 또는 설비 ② 종류 ㉮ 자동화재탐지설비 ㉯ 자동화재속보설비 ㉰ 비상경보설비 – 비상벨, 자동식 사이렌, 단독형 화재경보기, 확성장치 ㉱ 비상방송설비 ㉲ 누전경보설비 ㉳ 가스누설경보설비
10 피난설비	① 피난설비란 화재발생 시 화재구역 내에 있는 불특정 다수인을 안전한 장소로 피난 및 대피시키기 위해 사용하는 설비 ② 종류 ㉮ 피난기구 ㉯ 인명구조기구 : 방열복, 공기호흡기, 인공소생기 등 ㉰ 유도등 및 유도표시 ㉱ 비상조명설비

출제 Example 자주 출제되는 문제 유형 맛보기!

01 위험물제조소 등에 옥외소화전을 6개 설치할 경우 수원의 수량은 몇 m^3 이상이어야 하는가?

① $48m^3$ 이상　② $54m^3$ 이상　③ $60m^3$ 이상　④ $81m^3$ 이상

해설 $Q(m^3) = N \times 13.5m^3$($N$, 4개 이상인 경우 4개)
$= 4 \times 13.5m^3$
$= 54m^3$

답 ②

02 위험물안전관리법령에서 정한 "물분무 등 소화설비"의 종류에 속하지 않는 것은?

① 스프링클러설비　② 포소화설비
③ 분말소화설비　④ 불활성가스소화설비

해설 **물분무 등 소화설비** : 물분무소화설비, 포소화설비, 불활성가스소화설비, 할로겐화합물소화설비, 분말소화설비, 청정소화설비

답 ①

03 이산화탄소소화설비의 기준에서 전역방출방식의 분사헤드의 방사압력은 저압식의 것에 있어서는 1.05MPa 이상이어야 한다고 규정하고 있다. 이때 저압식의 것은 소화약제가 몇 ℃ 이하의 온도로 용기에 저장되어 있는 것을 말하는가?

① −18℃ ② 0℃
③ 10℃ ④ 25℃

해설 ① **저압식 이산화탄소소화설비의 분사헤드 방사압력** : 1.05MPa 이상(소화약제가 −18℃ 이하의 온도로 용기에 저장되어 있어야 한다.)
② **고압식 이산화탄소소화설비의 분사헤드 방사압력** : 2.1MPa 이상

답 ①

04 위험물안전관리법령상 옥내소화전설비의 기준에 따르면 펌프를 이용한 가압송수장치에서 펌프의 토출량은 옥내소화전의 설치개수가 가장 많은 층에 대해 해당 설치개수(5개 이상인 경우에는 5개)에 얼마를 곱한 양 이상이 되도록 하여야 하는가?

① 260L/min ② 360L/min
③ 460L/min ④ 560L/min

해설 **옥내소화전** : 수원의 수량은 옥내소화전이 가장 많이 설치된 층의 옥내소화전 설치개수(설치개수가 5개 이상인 경우는 5개)에 $7.8m^3$를 곱한 양 이상이 되도록 설치할 것

수원의 양(Q) : $Q(m^3)=N\times7.8m^3$(N, 5개 이상인 경우 5개)

즉, $7.8m^3$란 법정 방수량 260L/min으로 30min 이상 기동할 수 있는 양

답 ①

옥내소화전과 옥외소화전의 수원의 양을 계산하는 것을 반드시 알고 넘어가야 한다.
화재안전기준의 수원의 양을 계산하는 것과는 다르다는 것을 인지하고 혼동하지 않도록 주의하자!

위험물의 지정수량, 게시판

무료강의

출제 Point 이것만은 꼭 알고 넘어가자!

위험물기능사 시험에서 가장 개괄적인 부분에 해당하며, 매회 시험에 반복적으로 출제되고 있다. 특히, 유별 위험물의 품명 및 위험 등급, 지정수량 등은 기본적으로 암기하고 시험준비를 해야 하며, 그 외 유별 위험물에 대한 공통주의사항 및 그에 따른 게시판 내용 등도 확인해야 한다.

유별 / 구분	1류 산화성 고체	2류 가연성 고체	3류 자연발화성 및 금수성 물질	4류 인화성 액체	5류 자기반응성 물질	6류 산화성 액체
10kg		Ⅰ등급	Ⅰ 칼륨 나트륨 알킬알루미늄 알킬리튬		• 제1종 : 10kg • 제2종 : 100kg 유기과산화물 질산에스터류 나이트로화합물 나이트로소화합물 아조화합물 다이아조화합물 하이드라진 유도체 하이드록실아민 하이드록실아민염류	
20kg			Ⅰ 황린			
50kg	Ⅰ 아염소산염류 염소산염류 과염소산염류 무기과산화물		Ⅱ 알칼리금속 및 알칼리토금속 유기금속화합물	Ⅰ 특수인화물 (50L)		
100kg		Ⅱ 황화린 적린 유황				
200kg		Ⅱ등급		Ⅱ 제1석유류 (200~400L) 알코올류 (400L)		
300kg	Ⅱ 브롬산염류 요오드산염류 질산염류		Ⅲ 금속의 수소화물 금속의 인화물 칼슘 또는 알루미늄의 탄화물			Ⅰ 과염소산 과산화수소 질산
500kg		Ⅲ 철분 금속분 마그네슘				
1,000kg	Ⅲ 과망간산염류 중크롬산염류	Ⅲ 인화성 고체		Ⅲ 제2석유류 (1,000~2,000L)		
		Ⅲ등급		Ⅲ 제3석유류 (2,000~4,000L)		
				Ⅲ 제4석유류 (6,000L)		
				Ⅲ 동·식물유류 (10,000L)		

유별 구분	1류 산화성 고체	2류 가연성 고체	3류 자연발화성 및 금수성 물질	4류 인화성 액체	5류 자기반응성 물질	6류 산화성 액체
공통 주의사항	화기·충격주의, 가연물접촉주의	화기주의	(자연발화성) 화기엄금 및 공기접촉엄금	화기엄금	화기엄금 및 충격주의	가연물접촉주의
예외 주의사항	무기과산화물 : 물기엄금	•철분, 금속분, 마그네슘분 : 물기엄금 •인화성 고체 : 화기엄금	(금수성) 물기엄금			
방수성 덮개	무기과산화물	철분, 금속분, 마그네슘	금수성 물질	×	×	×
차광성 덮개	○	×	자연발화성 물질	특수인화물	○	○
소화방법	주수에 의한 냉각소화(단, 과산화물의 경우 모래 또는 소다재에 의한 질식소화)	주수에 의한 냉각소화(단, 황화린, 철분, 금속분, 마그네슘의 경우 건조사에 의한 질식소화)	건조사, 팽창질석 및 팽창진주암으로 질식소화(물, CO_2, 할론 소화 일체금지)	질식소화(CO_2, 할론, 분말, 포) 및 안개상의 주수소화(단, 수용성 알코올의 경우 내알코올포)	다량의 주수에 의한 냉각소화	건조사 또는 분말소화약제(단, 소량의 경우 다량의 주수에 의한 희석소화)

위험물 취급소 (백색바탕 흑색문자)	화기엄금 (적색바탕 백색문자)	물기엄금 (청색바탕 백색문자)	주유중 엔진정지 (황색바탕 흑색문자)
위험물 (흑색바탕 황색문자)	위험물의 ㊰명 위험물의 위험 ㊫급 위험물의 ㊫학명 위험물의 ㊌용성 위험물의 ㊌량 게시판 ㊟의사항	위험물 제조소 (백색바탕 흑색문자)	위험물의 ㊒별 위험물의 ㊰명 취급 최대㊌량 지정수량 ㊫수 위험물안전관리㊴

* 한 변의 길이 0.3m 이상, 다른 한 변의 길이 0.6m 이상

1. 액상 : 수직으로 된 시험관(안지름 30밀리미터, 높이 120밀리미터의 원통형 유리관을 말한다)에 시료를 55밀리미터까지 채운 다음 당해 시험관을 수평으로 하였을 때 시료액면의 선단이 30밀리미터를 이동하는 데 걸리는 시간이 90초 이내에 있는 것을 말한다.
2. 유황 : 순도가 **60중량퍼센트 이상**인 것을 말한다. 이 경우 순도측정에 있어서 불순물은 활석 등 불연성 물질과 수분에 한한다.
3. 철분 : 철의 분말로서 **53마이크로미터의 표준체를 통과하는 것이 50중량퍼센트 미만인 것은 제외**한다.

4. 금속분 : 알칼리금속 · 알칼리토류금속 · 철 및 마그네슘 외의 금속의 분말을 말하고, **구리분 · 니켈분** 및 **150마이크로미터의 체를 통과하는 것이 50중량퍼센트 미만인 것은 제외**한다.
5. 마그네슘 및 마그네슘을 함유한 것에 있어서 다음에 해당하는 것은 제외
   ① 2밀리미터의 체를 통과하지 아니하는 덩어리상태의 것
   ② 직경 2밀리미터 이상의 막대모양의 것
6. 인화성 고체 : **고형 알코올**, 그 밖에 1기압에서 인화점이 섭씨 40도 미만인 고체를 말한다.
7. 인화성 액체 : 액체(제3석유류, 제4석유류 및 동 · 식물유류에 있어서는 1기압과 섭씨 20도에서 액상인 것에 한한다)로서 인화의 위험성이 있는 것을 말한다.
8. 특수인화물 : **이황화탄소, 디에틸에테르**, 그 밖에 1기압에서 **발화점이 섭씨 100도 이하**인 것 또는 **인화점이 섭씨 영하 20도 이하**이고 **비점이 섭씨 40도 이하**인 것을 말한다.
9. 제1석유류 : **아세톤, 휘발유**, 그 밖에 1기압에서 **인화점이 섭씨 21도 미만**인 것을 말한다.
10. 알코올류 : 1분자를 구성하는 탄소원자의 수가 1개부터 3개까지인 포화1가 알코올(변성 알코올을 포함한다)을 말한다.
11. 제2석유류 : **등유, 경유**, 그 밖에 1기압에서 **인화점이 섭씨 21도 이상 70도 미만**인 것을 말한다.
12. 제3석유류 : **중유, 크레오소트유**, 그 밖에 1기압에서 **인화점이 섭씨 70도 이상 섭씨 200도 미만**인 것을 말한다.
13. 제4석유류 : **기어유, 실린더유**, 그 밖에 1기압에서 **인화점이 섭씨 200도 이상 섭씨 250도 미만**의 것을 말한다.
14. 동 · 식물유류 : 동물의 지육 등 또는 식물의 종자나 과육으로부터 추출한 것으로서 1기압에서 인화점이 섭씨 250도 미만인 것을 말한다.
15. 과산화수소 : 그 농도가 **36중량퍼센트 이상**인 것
16. 질산 : 그 **비중이 1.49 이상**인 것
17. **복수성상물품(2가지 이상 포함하는 물품)의 판단기준**은 **보다 위험한 경우로 판단**한다.
   ① **제1류**(산화성 고체) 및 **제2류**(가연성 고체)의 경우 **제2류**
   ② **제1류**(산화성 고체) 및 **제5류**(자기반응성 물질)의 경우 **제5류**
   ③ **제2류**(가연성 고체) 및 **제3류**(자연발화성 및 금수성 물질)의 **제3류**
   ④ **제3류**(자연발화성 및 금수성 물질) 및 **제4류**(인화성 액체)의 경우 **제3류**
   ⑤ **제4류**(인화성 액체) 및 **제5류**(자기반응성 물질)의 경우 **제5류**

출제 Example 자주 출제되는 문제 유형 맛보기!

01 위험물안전관리법령상 위험 등급 I의 위험물에 해당하는 것은?

① 무기과산화물 ② 황화린
③ 제1석유류 ④ 유황

해설 황화린, 제1석유류, 유황 : II등급

답 ①

02 위험물안전관리법령상 위험물 운반 시 방수성 덮개를 하지 않아도 되는 위험물은 어느 것인가?

① 나트륨　② 적린
③ 철분　④ 과산화칼륨

해설 **적재하는 위험물에 따른 피복방법**

차광성이 있는 것으로 피복해야 하는 경우	방수성이 있는 것으로 피복해야 하는 경우
제1류 위험물 제3류 위험물 중 자연발화성 물질 제4류 위험물 중 특수인화물 제5류 위험물 제6류 위험물	제1류 위험물 중 알칼리금속의 과산화물 제2류 위험물 중 철분, 금속분, 마그네슘 제3류 위험물 중 금수성 물질

답 ②

03 다음은 위험물제조소 표지 및 게시판에 대한 설명이다. 위험물안전관리법령상 옳지 않은 것은?

① 표지는 한 변의 길이 0.3m, 다른 한 변의 길이 0.6m 이상으로 하여야 한다.
② 표지의 바탕은 백색, 문자는 흑색으로 하여야 한다.
③ 취급하는 위험물에 따라 규정에 의한 주의사항을 표시한 게시판을 설치하여야 한다.
④ 제2류 위험물(인화성 고체 제외)은 "화기엄금" 주의사항 게시판을 설치하여야 한다.

해설 제2류 위험물은 인화성 고체의 경우 "화기엄금", 그 밖의 것은 "화기주의"이다.

답 ④

04 다음의 분말은 모두 150μm의 체를 통과하는 것이 50wt% 이상이 된다. 이들 분말 중 위험물안전관리법령상 품명이 "금속분"으로 분류되는 것은?

① 철분　② 구리분
③ 알루미늄분　④ 니켈분

해설 "금속분"이라 함은 알칼리금속 · 알칼리토류금속 · 철 및 마그네슘 외의 금속의 분말을 말하고, 구리분 · 니켈분 및 150μm의 체를 통과하는 것이 50wt% 미만인 것은 제외한다.

답 ③

05 위험물안전관리법령상 위험 등급의 종류가 나머지 셋과 다른 하나는?

① 제1류 위험물 중 중크롬산염류
② 제2류 위험물 중 인화성 고체
③ 제3류 위험물 중 금속의 인화물
④ 제4류 위험물 중 알코올류

해설 ① 제1류 위험물 중 중크롬산염류 : Ⅲ
② 제2류 위험물 중 인화성 고체 : Ⅲ
③ 제3류 위험물 중 금속의 인화물 : Ⅲ
④ 제4류 위험물 중 알코올류 : Ⅱ

답 ④

06 분말의 형태로서 150마이크로미터의 체를 통과하는 것이 50중량퍼센트 이상인 것만 위험물로 취급되는 것은?

① Zn
② Fe
③ Ni
④ Cu

해설 "금속분"이라 함은 알칼리금속 · 알칼리토류금속 · 철 및 마그네슘 외의 금속분말을 말하고, 구리분 · 니켈분 및 150마이크로미터의 체를 통과하는 것이 50중량퍼센트 미만인 것은 제외한다.

답 ①

07 위험물안전관리법령상 제3류 위험물 중 금수성 물질의 제조소에 설치하는 주의사항 게시판의 바탕색과 문자색을 옳게 나타낸 것은?

① 청색바탕에 황색문자
② 황색바탕에 청색문자
③ 청색바탕에 백색문자
④ 백색바탕에 청색문자

해설 물기엄금에 해당하므로 청색바탕에 백색문자이다.

답 ③

유별 위험물의 품명 및 지정수량은 반드시 암기해야 하며, 더불어 위험물 품명에 대한 정의도 잘 숙지하자!

중요 화학반응식

무료강의

출제 Point 이것만은 꼭 알고 넘어가자!

중요 화학반응식 부분은 유별 위험물과 관련된 여러 형태의 화학방정식에 대해 도표로 정리한 것이다. 유별 위험물이 물과 반응하는 경우 금속의 수산화물과 가스가 생성되는데 이때 발생하는 가스의 종류 등에 대해 잘 파악해야 하며, 그 외 연소하는 경우에 대한 화학방정식과 열분해반응식에 대해서도 놓쳐서는 안 된다.

물과의 반응식 (물질 + H_2O → 금속의 수산화물 + 가스)

① 반응물질 중 금속(M)을 찾는다. 금속과 수산기(OH^-)와의 화합물을 생성물로 적는다.

$M^+ + OH^- \rightarrow MOH$

M이 1족 원소(Li, Na, K)인 경우 MOH, M이 2족 원소(Mg, Ca)인 경우 $M(OH)_2$, M이 3족 원소(Al)인 경우 $M(OH)_3$가 된다.

② 제1류 위험물은 수산화금속+산소(O_2), 제2류 위험물은 수산화금속+수소(H_2), 제3류 위험물은 품목에 따라 생성되는 가스는 H_2, C_2H_2, PH_3, CH_4, C_2H_6 등 다양하게 생성된다.

제1류	제3류
(과산화칼륨) $2K_2O_2+2H_2O \rightarrow 4KOH+O_2$	(칼륨) $2K+2H_2O \rightarrow 2KOH+H_2$
(과산화나트륨) $2Na_2O_2+2H_2O \rightarrow 4NaOH+O_2$	(나트륨) $2Na+2H_2O \rightarrow 2NaOH+H_2$
(과산화마그네슘) $2MgO_2+2H_2O \rightarrow 2Mg(OH)_2+O_2$	(트리에틸알루미늄) $(C_2H_5)_3Al+3H_2O \rightarrow Al(OH)_3+3C_2H_6$
(과산화바륨) $2BaO_2+2H_2O \rightarrow 2Ba(OH)_2+O_2$	(리튬) $2Li+2H_2O \rightarrow 2LiOH+H_2$
제2류	(칼슘) $Ca+2H_2O \rightarrow Ca(OH)_2+H_2$
(오황화린) $P_2S_5+8H_2O \rightarrow 5H_2S+2H_3PO_4$	(수소화리튬) $LiH+H_2O \rightarrow LiOH+H_2$
(철분) $2Fe+3H_2O \rightarrow Fe_2O_3+3H_2$	(수소화나트륨) $NaH+H_2O \rightarrow NaOH+H_2$
(마그네슘) $Mg+2H_2O \rightarrow Mg(OH)_2+H_2$	(수소화칼슘) $CaH_2+2H_2O \rightarrow Ca(OH)_2+2H_2$
(알루미늄) $2Al+6H_2O \rightarrow 2Al(OH)_3+3H_2$	(탄화칼슘) $CaC_2+2H_2O \rightarrow Ca(OH)_2+C_2H_2$
(아연) $Zn+2H_2O \rightarrow Zn(OH)_2+H_2$	(인화칼슘) $Ca_3P_2+6H_2O \rightarrow 3Ca(OH)_2+2PH_3$
제4류	(인화알루미늄) $AlP+3H_2O \rightarrow Al(OH)_3+PH_3$
(이황화탄소) $CS_2+2H_2O \rightarrow CO_2+2H_2S$	(탄화알루미늄) $Al_4C_3+12H_2O \rightarrow 4Al(OH)_3+3CH_4$

연소반응식

① 반응물 중 산소와의 화합물을 생성물로 적는다.

$C^{|+4|}\ O^{|-2|} \rightarrow C_2O_4 \rightarrow CO_2$

$H^{|+1|}\ O^{|-2|} \rightarrow H_2O$

$P^{|+5|}\ O^{|-2|} \rightarrow P_2O_5$

$Mg^{|+2|}\ O^{|-2|} \rightarrow Mg_2O_2 \rightarrow MgO$

$Al^{|+3|}\ O^{|-2|} \rightarrow Al_2O_3$

$S^{|+4|}\ O^{|-2|} \rightarrow SO_2$

② 예상되는 생성물을 적고나면 화학반응식 개수를 맞춘다.

연소반응식

물질	반응식	구분
(삼황화린)	$P_4S_3+8O_2 \rightarrow 2P_2O_5+3SO_2$	제2류
(오황화린)	$2P_2S_5+15O_2 \rightarrow 2P_2O_5+10SO_2$	
(적린)	$4P+5O_2 \rightarrow 2P_2O_5$	
(마그네슘)	$2Mg+O_2 \rightarrow 2MgO$	
(알루미늄)	$4Al+3O_2 \rightarrow 2Al_2O_3$	
(황)	$S+O_2 \rightarrow SO_2$	
(트리에틸알루미늄)	$2(C_2H_5)_3Al+21O_2 \rightarrow 12CO_2+Al_2O_3+15H_2O$	제3류
(황린)	$P_4+5O_2 \rightarrow 2P_2O_5$	
(에탄올)	$C_2H_5OH+3O_2 \rightarrow 2CO_2+3H_2O$	제4류
(이황화탄소)	$CS_2+3O_2 \rightarrow CO_2+2SO_2$	
(벤젠)	$2C_6H_6+15O_2 \rightarrow 12CO_2+6H_2O$	
(아세트산)	$CH_3COOH+2O_2 \rightarrow 2CO_2+2H_2O$	
(아세톤)	$CH_3COCH_3+4O_2 \rightarrow 3CO_2+3H_2O$	
(디에틸에테르)	$C_2H_5OC_2H_5+6O_2 \rightarrow 4CO_2+5H_2O$	

열분해반응식

물질	반응식	구분
(염소산칼륨)	$2KClO_3 \rightarrow 2KCl+3O_2$	제1류
(과산화칼륨)	$2K_2O_2 \rightarrow 2K_2O+O_2$	
(과산화나트륨)	$2Na_2O_2 \rightarrow 2Na_2O+O_2$	
(질산암모늄)	$2NH_4NO_3 \rightarrow 4H_2O+2N_2+O_2$	
(질산칼륨)	$2KNO_3 \rightarrow 2KNO_2+O_2$	
(과망간산칼륨)	$2KMnO_4 \rightarrow K_2MnO_4+MnO_2+O_2$	
(중크롬산암모늄)	$(NH_4)_2Cr_2O_7 \rightarrow Cr_2O_3+N_2+4H_2O$	
(삼산화크롬)	$4CrO_3 \rightarrow 2Cr_2O_3+3O_2$	
(과염소산)	$HClO_4 \rightarrow HCl+2O_2$	제6류
(과산화수소)	$2H_2O_2 \rightarrow 2H_2O+O_2$	
(질산)	$4HNO_3 \rightarrow 4NO_2+2H_2O+O_2$	
(니트로글리세린)	$4C_3H_5(ONO_2)_3 \rightarrow 12CO_2+10H_2O+6N_2+O_2$	제5류
(니트로셀룰로오스)	$2C_{24}H_{29}O_9(ONO_2)_{11} \rightarrow 24CO_2+24CO+12H_2O+11N_2+17H_2$	
(트리니트로톨루엔)	$2C_6H_2CH_3(NO_2)_3 \rightarrow 12CO+2C+3N_2+5H_2$	
(트리니트로페놀)	$2C_6H_2(NO_2)_3OH \rightarrow 4CO_2+6CO+3N_2+2C+3H_2$	

기타 반응식

(과산화나트륨+염산) $Na_2O_2+2HCl \rightarrow 2NaCl+H_2O_2$

(과산화나트륨+초산) $Na_2O_2+CH_3COOH \rightarrow 2CH_3COONa+H_2O_2$

(과산화나트륨+이산화탄소) $Na_2O_2+2CO_2 \rightarrow 2Na_2CO_3+O_2$

(과산화바륨+염산) $BaO_2+2HCl \rightarrow BaCl_2+H_2O_2$

(철분+염산) $2Fe+6HCl \rightarrow 2FeCl_3+3H_2$

(마그네슘+염산) $Mg+2HCl \rightarrow MgCl_2+H_2$

(칼륨+이산화탄소) $4K+3CO_2 \rightarrow 2K_2CO_3+C$

(칼륨+에탄올) $2K+2C_2H_5OH \rightarrow 2C_2H_5OK+H_2$

(인화칼슘+염산) $Ca_3P_2+6HCl \rightarrow 3CaCl_2+2PH_3$

(과산화수소+히드라진) $2H_2O_2+N_2H_4 \rightarrow 4H_2O+N_2$

출제 Example 자주 출제되는 문제 유형 맛보기!

01 인화칼슘, 탄화알루미늄, 나트륨이 물과 반응하였을 때 발생하는 가스에 해당하지 않는 것은?

① 포스핀가스 ② 수소 ③ 이황화탄소 ④ 메탄

해설
- **인화칼슘** : $Ca_3P_2+6H_2O \rightarrow 3Ca(OH)_2+2PH_3$(포스핀)
- **탄화알루미늄** : $Al_4C_3+12H_2O \rightarrow 4Al(OH)_3+3CH_4$(메탄)
- **나트륨** : $2Na+2H_2O \rightarrow 2NaOH+H_2$(수소)

답 ③

02 인화칼슘이 물과 반응하였을 때 발생하는 가스는?

① 수소 ② 포스겐 ③ 포스핀 ④ 아세틸렌

해설 물 또는 약산과 반응하여 가연성이며 독성이 강한 인화수소(PH_3, 포스핀)가스를 발생한다.
$Ca_3P_2+6H_2O \rightarrow 3Ca(OH)_2+2PH_3$

답 ③

03 연소 시 발생하는 가스를 옳게 나타낸 것은?

① 황린 – 황산가스 ② 황 – 무수인산가스
③ 적린 – 아황산가스 ④ 삼황화사인(삼황화린) – 아황산가스

해설 ① 황린 : $P_4+5O_2 \rightarrow 2P_2O_5$
② 황 : $S+O_2 \rightarrow SO_2$
③ 적린 : $4P+5O_2 \rightarrow 2P_2O_5$
④ 삼황화사인(삼황화린) : $P_4S_3+8O_2 \rightarrow 2P_2O_5+3SO_2$

답 ④

04 다음은 P_2S_5과 물의 화학반응이다. ( )에 알맞은 숫자를 차례대로 나열한 것은?

$$P_2S_5 + (\ \ )H_2O \rightarrow (\ \ )H_2S + (\ \ )H_3PO_4$$

① 2, 8, 5 ② 2, 5 ,8 ③ 8, 5, 2 ④ 8, 2, 5

해설 **오황화린(P2S5)** : 알코올이나 이황화탄소(CS_2)에 녹으며, 물이나 알칼리와 반응하면 분해하여 황화수소(H_2S)와 인산(H_3PO_4)으로 된다.
$P_2S +8H_2O \rightarrow 5H_2S+2H_3PO_4$

답 ③

제1류 위험물(산화성 고체)

출제 Point 이것만은 꼭 알고 넘어가자!

제1류 위험물에서는 염소산칼륨의 열분해반응식과 분해온도 등에 대해 알아야 하며, 제1류 위험물 중 금수성 물질에 해당하는 무기과산화물의 경우 과산화나트륨과 과산화칼륨에 대한 물과의 반응식을 통해 생성되는 물질에 대해 잘 알고 넘어가야 한다.

위험등급	품명	품목별 성상	지정수량
Ⅰ	아염소산염류 ($MClO_2$)	아염소산나트륨($NaClO_2$) : 산과 접촉 시 이산화염소(ClO_2) 가스 발생 $3NaClO_2+2HCl \rightarrow 3NaCl+2ClO_2+H_2O_2$	50kg
	염소산염류 ($MClO_3$)	염소산칼륨($KClO_3$) : 분해온도 400℃. 찬물, 알코올에는 잘 녹지 않고, 온수, 글리세린 등에는 잘 녹는다. $2KClO_3 \rightarrow 2KCl+3O_2$ 염소산나트륨($NaClO_3$) : 분해온도 300℃, $2NaClO_3 \rightarrow 2NaCl+3O_2$ 산과 반응이나 분해반응으로 독성이 있으며, 폭발성이 강한 이산화염소(ClO_2)를 발생, $2NaClO_3+2HCl \rightarrow 2NaCl+2ClO_2+H_2O_2$	50kg
	과염소산염류 ($MClO_4$)	과염소산칼륨($KClO_4$) : 분해온도 400℃. 완전분해온도/융점 610℃ $KClO_4 \rightarrow KCl+2O_2$	50kg
	무기과산화물 (M_2O_2, MO_2)	과산화나트륨(Na_2O_2) : 물과 접촉 시 수산화나트륨(NaOH)과 산소(O_2)를 발생 $2Na_2O_2+2H_2O \rightarrow 4NaOH+O_2$ 산과 접촉 시 과산화수소 발생, $Na_2O_2+2HCl \rightarrow 2NaCl+H_2O_2$ 과산화칼륨(K_2O_2) : 물과 접촉 시 수산화칼륨(KOH)과 산소(O_2) 발생 $2K_2O_2+2H_2O \rightarrow 4KOH+O_2$	50kg
Ⅱ	브롬산염류 ($MBrO_3$)	–	300kg
	질산염류 (MNO_3)	질산칼륨(KNO_3) : 흑색화약(질산칼륨 75%+유황 10%+목탄 15%)의 원료로 이용 질산나트륨($NaNO_3$) : $2NaNO_3 \rightarrow 2NaNO_2$(아질산나트륨)$+O_2$ 질산암모늄(NH_4NO_3) : 가열 또는 충격으로 폭발, $2NH_4NO_3 \rightarrow 4H_2O+2N_2+O_2$ 질산은($AgNO_3$) : $2AgNO_3 \rightarrow 2Ag+2NO_2+O_2$	300kg
	요오드산염류 (MIO_3)	–	300kg
Ⅲ	과망간산염류 ($M'MnO_4$)	과망간산칼륨($KMnO_4$) : 흑자색 결정, 열분해반응식 : $2KMnO_4 \rightarrow K_2MnO_4+MnO_2+O_2$	1,000kg
	중크롬산염류 (MCr_2O_7)	중크롬산칼륨($K_2Cr_2O_7$) : 등적색	1,000kg
Ⅰ~Ⅲ	그 밖에 행정안전부령이 정하는 것	① 과요오드산염류(KIO_4) ② 과요오드산(HIO_4) ③ 크롬, 납 또는 요오드의 산화물(CrO_3) ④ 아질산염류($NaNO_2$)	300kg
		⑤ 차아염소산염류(MClO)	50kg
		⑥ 염소화이소시아눌산(OCNClONClCONCl) ⑦ 퍼옥소이황산염류($K_2S_2O_8$) ⑧ 퍼옥소붕산염류($NaBO_3$)	300kg

1. 공통성질
   ① 무색결정 또는 백색분말이며, 비중이 1보다 크고 **수용성**인 것이 많다(단, 과망간산칼륨은 흑자색, 중크롬산칼륨은 등적색).
   ② **불연성**이며, **산소 다량 함유**, **지연성 물질**, 대부분 무기화합물이다.
   ③ 반응성이 풍부하여 열, 타격, 충격, 마찰 및 다른 약품과의 접촉으로 분해하여 많은 산소를 방출하며 다른 가연물의 연소를 돕는다.

2. 저장 및 취급 방법
   ① **조해성이 있으므로 습기에 주의**하며, 용기는 밀폐하고 환기가 잘되는 찬곳에 저장할 것
   ② 열원이나 산화되기 쉬운 물질과 산 또는 화재 위험이 있는 곳으로부터 멀리 할 것
   ③ 용기의 파손에 의한 위험물의 누설에 주의하고, 다른 약품류 및 가연물과의 접촉을 피할 것

3. 소화방법
   불연성 물질이므로 원칙적으로 소화방법은 없으나 가연성 물질의 성질에 따라 주수에 의한 냉각소화(단, 과산화물은 모래 또는 소다재)

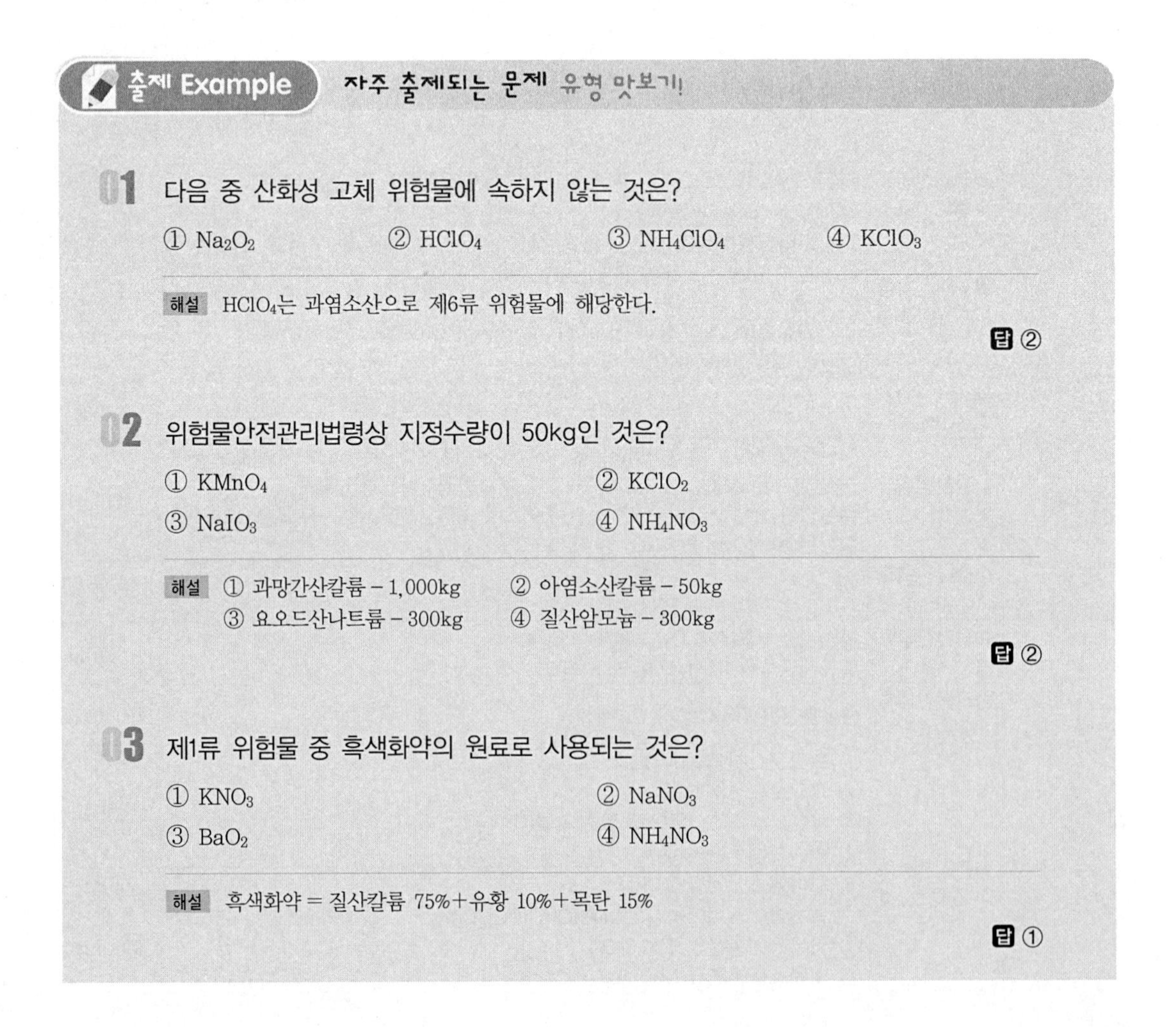

출제 Example 자주 출제되는 문제 유형 맛보기!

01 다음 중 산화성 고체 위험물에 속하지 않는 것은?

① Na_2O_2　② $HClO_4$　③ NH_4ClO_4　④ $KClO_3$

해설 $HClO_4$는 과염소산으로 제6류 위험물에 해당한다.

답 ②

02 위험물안전관리법령상 지정수량이 50kg인 것은?

① $KMnO_4$　② $KClO_2$
③ $NaIO_3$　④ NH_4NO_3

해설 ① 과망간산칼륨 – 1,000kg　② 아염소산칼륨 – 50kg
③ 요오드산나트륨 – 300kg　④ 질산암모늄 – 300kg

답 ②

03 제1류 위험물 중 흑색화약의 원료로 사용되는 것은?

① KNO_3　② $NaNO_3$
③ BaO_2　④ NH_4NO_3

해설 흑색화약 = 질산칼륨 75%+유황 10%+목탄 15%

답 ①

04 염소산칼륨의 성질에 대한 설명으로 옳은 것은?

① 가연성 고체이다.
② 강력한 산화제이다.
③ 물보다 가볍다.
④ 열분해하면 수소를 발생한다.

해설 염소산칼륨은 제1류 위험물로서 산화성 고체에 해당한다.

답 ②

05 질산암모늄에 대한 설명으로 옳은 것은?

① 물에 녹을 때 발열반응을 한다.
② 가열하면 폭발적으로 분해하여 산소와 암모니아를 생성한다.
③ 소화방법으로 질식소화가 좋다.
④ 단독으로도 급격한 가열, 충격으로 분해 · 폭발할 수 있다.

해설 ① 물에 녹을 때 흡열반응을 한다.
② 가열하면 폭발적으로 분해하여 수증기, 질소, 산소가스를 생성한다.
$2NH_4NO_3 \rightarrow 4H_2O + 2N_2 + O_2$
③ 소화방법으로 냉각소화가 좋다.

답 ④

06 염소산나트륨에 대한 설명으로 틀린 것은?

① 조해성이 크므로 보관용기는 밀봉하는 것이 좋다.
② 무색, 무취의 고체이다.
③ 산과 반응하여 유독성의 이산화나트륨 가스가 발생한다.
④ 물, 알코올, 글리세린에 녹는다.

해설 염소산나트륨은 산과 접촉 시 이산화염소(ClO_2) 가스 발생
$3NaClO_2 + 2HCl \rightarrow 3NaCl + 2ClO_2 + H_2O_2$

답 ③

07 질산칼륨을 약 400℃에서 가열하여 열분해시킬 때 주로 생성되는 물질은?

① 질산과 산소
② 질산과 칼륨
③ 아질산칼륨과 산소
④ 아질산칼륨과 질소

해설 질산칼륨은 약 400℃로 가열하면 분해하여 아질산칼륨(KNO_2)과 산소(O_2)가 발생하는 강산화제
$2KNO_3 \rightarrow 2KNO_2 + O_2$

답 ③

제2류 위험물(가연성 고체)

출제 Point 이것만은 꼭 알고 넘어가자!

제2류 위험물에서는 황화린, 유황, 적린의 연소반응 시 생성되는 물질에 대해 잘 파악해야 하며, 특히, 금수성 물질에 해당하는 마그네슘, 철분, 금속분에 대한 물과의 반응식도 잘 알아야 한다. 그 외 철분, 금속분, 인화성 고체에 대한 위험물안전관리법상 정의도 자주 출제된다.

위험등급	품명	품목별 성상	지정수량
Ⅱ	황화린	삼황화린(P_4S_3) : 착화점 100℃. 물, 황산, 염산 등에는 녹지 않고, ㉢산이나 ㉠황화탄소(CS_2), ㉡칼리 등에 녹음 $P_4S_3+8O_2 \rightarrow 2P_2O_5+3SO_2$ 오황화린(P_2S_5) : ㉡코올이나 ㉠황화탄소(CS_2)에 녹으며, 물이나 알칼리와 반응하면 분해하여 황화수소(H_2S)와 인산(H_3PO_4)으로 됨 $P_2S_5+8H_2O \rightarrow 5H_2S+2H_3PO_4$ 칠황화린(P_4S_7) : ㉠황화탄소(CS_2), 물에는 약간 녹으며, 더운 물에서는 급격히 분해하여 황화수소(H_2S)와 인산(H_3PO_4)을 발생	100kg
	적린 (P)	착화점 260℃. 조해성이 있으며, 물, 이황화탄소, 에테르, 암모니아 등에는 녹지 않음. 연소하면 황린이나 황화린과 같이 유독성이 심한 백색의 오산화인을 발생 $4P+5O_2 \rightarrow 2P_2O_5$	100kg
	유황 (S)	물, 산에는 녹지 않으며, 알코올에는 약간 녹고, 이황화탄소(CS_2)에는 잘 녹음(단, 고무상황은 녹지 않음). 연소 시 아황산가스를 발생 $S+O_2 \rightarrow SO_2$ 수소와 반응해서 황화수소(달걀 썩는 냄새) 발생 $S+H_2 \rightarrow H_2S$	100kg
Ⅲ	철분 (Fe)	$Fe+2HCl \rightarrow FeCl_2+H_2$ $2Fe+3H_2O \rightarrow Fe_2O_3+3H_2$	500kg
	금속분	알루미늄분(Al) : 물과 반응하면 수소가스를 발생 $2Al+6H_2O \rightarrow 2AlOH_3+3H_2$ 아연분(Zn) : 아연이 염산과 반응하면 수소가스를 발생 $Zn+2HCl \rightarrow ZnCl_2+H_2$	500kg
	마그네슘 (Mg)	산 및 온수와 반응하여 수소(H_2)를 발생 $Mg+2HCl \rightarrow MgCl_2+H_2$ $Mg+2H_2O \rightarrow Mg(OH)_2+H_2$ 질소기체 속에서 연소 시 $3Mg+N_2 \rightarrow Mg_3N_2$	500kg
	인화성 고체	–	1,000kg

1. 공통성질
   ① 이연성(연소하기 쉬운 성질), 속연성(연소속도가 빠른 성질) 물질이다.
   ② 산소를 함유하고 있지 않기 때문에 강력한 환원제(산소결합 용이)이다.
   ③ 연소열이 크고, 연소온도가 높다.
   ④ 유독한 것 또는 연소 시 유독가스를 발생하는 것도 있다.
   ⑤ 철분, 마그네슘, 금속분류는 물과 산의 접촉으로 발열한다.

2. 저장 및 취급 방법
   ① 점화원으로부터 멀리하고 가열을 피할 것
   ② 용기의 파손으로 위험물의 누설에 주의할 것
   ③ 산화제와의 접촉을 피할 것
   ④ 철분, 마그네슘, 금속분류는 산 또는 물과의 접촉을 피할 것

3. 소화방법
   주수에 의한 냉각소화(단, 황화린, 철분, 마그네슘, 금속분류의 경우 건조사에 의한 질식소화)

4. 유황은 순도가 60wt% 이상인 것을 말한다. 이 경우 순도측정에 있어서 불순물은 활석 등 불연성 물질과 수분에 한한다.

5. "철분" 이라 함은 철의 분말로서 53μm의 표준체를 통과하는 것이 50wt% 미만인 것은 제외한다.

6. "금속분" 이라 함은 알칼리금속 · 알칼리토류금속 · 철 및 마그네슘 외의 금속의 분말을 말하고, 구리분 · 니켈분 및 150μm의 체를 통과하는 것이 50wt% 미만인 것은 제외한다.

7. 마그네슘 및 마그네슘을 함유한 것에 있어서는 다음의 하나에 해당하는 것은 제외한다.
   ① 2mm의 체를 통과하지 아니하는 덩어리상태의 것
   ② 직경 2mm 이상의 막대모양의 것

8. "인화성 고체" 라 함은 고형 알코올, 그 밖에 1기압에서 인화점이 40℃ 미만인 고체

출제 Example 자주 출제되는 문제 유형 맛보기!

01 적린이 연소하였을 때 발생하는 물질은?

① 인화수소　　② 포스겐
③ 오산화인　　④ 이산화황

해설 적린이 연소하면 황린이나 황화린과 같이 유독성이 심한 백색의 오산화인을 발생하며, 일부 포스핀도 발생한다.
$4P + 5O_2 \rightarrow 2P_2O_5$

답 ③

02 위험물의 저장방법에 대한 설명 중 틀린 것은?

① 황린은 공기와의 접촉을 피해 물속에 저장한다.
② 황은 정전기의 축적을 방지하여 저장한다.
③ 알루미늄 분말은 건조한 공기 중에서 분진폭발의 위험이 있으므로 정기적으로 분무상의 물을 뿌려야 한다.
④ 황화린은 산화제와의 혼합을 피해 격리해야 한다.

해설 알루미늄 분말은 물과 반응하면 수소가스를 발생한다.
$2Al+6H_2O \rightarrow 2Al(OH)_3+3H_2$

답 ③

03 금속분의 연소 시 주수소화하면 위험한 원인으로 옳은 것은?

① 물에 녹아 산이 된다.
② 물과 작용하여 유독가스를 발생한다.
③ 물과 작용하여 수소가스를 발생한다.
④ 물과 작용하여 산소가스를 발생한다.

해설 금속분의 경우 물과 접촉하면 가연성의 수소가스를 발생한다.
예를 들어, 알루미늄이 물과 반응하는 경우의 반응식은 다음과 같다.
$2Al+6H_2O \rightarrow 2Al(OH)_3+3H_2$

답 ③

04 주수소화를 할 수 없는 위험물은?

① 금속분
② 적린
③ 유황
④ 과망간산칼륨

해설 금속분은 물과 접촉 시 가연성의 수소가스를 발생한다.

답 ①

05 위험물의 성질에 대한 설명 중 틀린 것은?

① 황린은 공기 중에서 산화할 수 있다.
② 적린은 $KClO_3$와 혼합하면 위험하다.
③ 황은 물에 매우 잘 녹는다.
④ 황화린은 가연성 고체이다.

해설 황은 물, 산에는 녹지 않으며, 알코올에는 약간 녹고, 이황화탄소(CS_2)에는 잘 녹는다(단, 고무상 황은 녹지 않는다).

답 ③

제3류 위험물(자연발화성 물질 및 금수성 물질)

무료강의

출제 Point 이것만은 꼭 알고 넘어가자!

제3류 위험물 중 특히 금수성 물질로서 칼륨, 나트륨, 트리에틸알루미늄, 인화칼슘, 탄화칼슘, 탄화알루미늄 등에 대한 물과의 반응식이 매우 중요하다. 또한 자연발화성 물질 중 황린의 경우 연소생성물에 대한 것뿐만 아니라 보관방법까지 잘 숙지하고 있어야 한다.

위험등급	품명	품목별 성상	지정수량
Ⅰ	칼륨(K) 석유 속 저장	$2K+2H_2O \rightarrow 2KOH$(수산화칼륨)$+H_2$ $4K+3CO_2 \rightarrow 2K_2CO_3+C$(연소·폭발) $4K+CCl_4 \rightarrow 4KCl+C$(폭발)	10kg
	나트륨(Na) 상동	$2Na+2H_2O \rightarrow 2NaOH$(수산화나트륨)$+H_2$ $2Na+2C_2H_5OH \rightarrow 2C_2H_5ONa+H_2$	10kg
	알킬알루미늄 (RAl 또는 RAlX : C_1~C_4) 희석액은 벤젠 또는 톨루엔	$(C_2H_5)_3Al+3H_2O \rightarrow Al(OH)_3$(수산화알루미늄)$+3C_2H_6$(에탄) $(C_2H_5)_3Al+HCl \rightarrow (C_2H_5)_2AlCl$(디에틸알루미늄클로라이드)$+C_2H_6$	10kg
	알킬리튬(RLi)	–	
	황린(P_4) 보호액은 물	황색 또는 담황색의 왁스상 가연성, 자연발화성 고체. 마늘냄새. 융점 44℃. 비중 1.82. 증기는 공기보다 무거우며, 자연발화성(발화점 34℃)이 있어 물속에 저장하며, 매우 자극적이고 맹독성 물질 $P_4+5O_2 \rightarrow 2P_2O_5$ **인화수소(PH_3)의 생성을 방지하기 위해 보호액은 약알칼리성 pH 9로 유지하기 위하여 알칼리제(석회 또는 소다회 등)로 pH 조절**	20kg
Ⅱ	알칼리금속 (K 및 Na 제외) 및 알칼리토금속류	$2Li+2H_2O \rightarrow 2LiOH+H_2$ $Ca+2H_2O \rightarrow Ca(OH)_2+H_2$	50kg
	유기금속화합물류 (알킬알루미늄 및 알킬리튬 제외)	대부분 자연발화성이 있으며, 물과 격렬하게 반응(예외, 사에틸납 $[(C_2H_5)_4Pb]$은 인화점 93℃로 제3석유류(비수용성)에 해당하며, 물로 소화 가능. 유연휘발유의 안티녹크제로 이용됨)	50kg
Ⅲ	금속의 수소화물	수소화리튬(LiH) : 수소화합물 중 안정성이 가장 큼. $LiH+H_2O \rightarrow LiOH+H_2$ 수소화나트륨(NaH) : 회백색의 결정 또는 분말 $NaH+H_2O \rightarrow NaOH+H_2$ 수소화칼슘(CaH_2) : 백색 또는 회백색의 결정 또는 분말 $CaH_2+2H_2O \rightarrow Ca(OH)_2+2H_2$	300kg
	금속의 인화물	인화칼슘(Ca_3P_2)=인화석회 : 적갈색 고체 $Ca_3P_2+6H_2O \rightarrow 3Ca(OH)_2+2PH_3$	300kg

위험등급	품명	품목별 성상	지정수량
Ⅲ	칼슘 또는 알루미늄의 탄화물류	탄화칼슘(CaC_2) = 카바이드 $CaC_2 + 2H_2O \rightarrow Ca(OH)_2 + C_2H_2$ 습기가 없는 밀폐용기에 저장하고, 용기에는 질소가스 등 불연성 가스를 봉입. 질소와는 약 700℃ 이상에서 질화되어 칼슘시안나이드($CaCN_2$, 석회질소)가 생성된다. $CaC_2 + N_2 \rightarrow CaCN_2 + C$ 탄화알루미늄(Al_4C_3) : 황색의 결정 $Al_4C_3 + 12H_2O \rightarrow 4Al(OH)_3 + 3CH_4$	300kg
	그 밖에 행정안전부령이 정하는 것	염소화규소화합물	300kg

1. 공통성질
   ① 공기와 접촉하여 **발열, 발화**한다.
   ② 물과 접촉하여 발열 또는 발화하는 물질, 물과 접촉하여 가연성 가스를 발생하는 물질이 있다.
   ③ 황린(자연발화온도 : 34℃)을 제외한 모든 물질이 물에 대해 위험한 반응을 일으킨다.

2. 저장 및 취급 방법
   ① 용기의 파손 및 부식을 막으며 **공기 또는 수분의 접촉을 방지**할 것
   ② 보호액 속에 위험물을 저장할 경우 위험물이 **보호액 표면에 노출되지 않게 할 것**
   ③ 다량을 저장할 경우는 소분하여 저장하며, 화재발생에 대비하여 희석제를 혼합하거나 수분의 침입이 없도록 할 것
   ④ 물과 접촉하여 가연성 가스를 발생하므로 화기로부터 멀리할 것

3. 소화방법
   건조사, 팽창진주암 및 팽창질석으로 질식소화(물, CO_2, 할론소화 일체금지)
   ※ 불꽃 반응색 : K(보라색), Na(노란색), Li(빨간색), Ca(주황색)

출제 Example 자주 출제되는 문제 유형 맛보기!

01 제3류 위험물에 해당하는 것은?

① NaH　　② Al
③ Mg　　④ P_4S_3

해설 ① NaH : 수소화나트륨으로서 제3류 위험물에 해당한다.
② Al, ③ Mg, ④ P_4S_3는 제2류 위험물에 해당한다.

답 ①

02 탄화칼슘의 성질에 대하여 옳게 설명한 것은?

① 공기 중에서 아르곤과 반응하여 불연성 기체를 발생한다.
② 공기 중에서 질소와 반응하여 유독한 기체를 낸다.
③ 물과 반응하면 탄소가 생성된다.
④ 물과 반응하여 아세틸렌가스가 생성된다.

해설 물과 심하게 반응하여 수산화칼슘과 아세틸렌을 만들며 공기 중 수분과 반응하여도 아세틸렌을 발생한다.
$CaC_2+2H_2O \rightarrow Ca(OH)_2+C_2H_2$

답 ④

03 인화칼슘이 물과 반응할 경우에 대한 설명 중 틀린 것은?

① 발생가스는 가연성이다.
② 포스겐가스가 발생한다.
③ 발생가스는 독성이 강하다.
④ $Ca(OH)_2$가 생성된다.

해설 물과 반응하여 가연성이며 독성이 강한 인화수소(PH_3, 포스핀)가스를 발생한다.
$Ca_3P_2+6H_2O \rightarrow 3Ca(OH)_2+2PH_3$

답 ②

04 탄화칼슘은 물과 반응 시 위험성이 증가하는 물질이다. 주수소화 시 물과 반응하면 어떤 가스가 발생하는가?

① 수소
② 메탄
③ 에탄
④ 아세틸렌

해설 물과 심하게 반응하여 수산화칼슘과 아세틸렌을 만들며 공기 중 수분과 반응하여도 아세틸렌을 발생한다.
$CaC_2+2H_2O \rightarrow Ca(OH)_2+C_2H_2$

답 ④

제4류 위험물(인화성 액체)

출제 Point 이것만은 꼭 알고 넘어가자!

제4류 위험물의 경우 물질별 인화점 및 연소범위는 반드시 암기해야 한다. 또한, 품명별 물질을 분류하는 방법(예를 들어, 석유류의 분류기준)을 통해 각각의 품목들에 대한 품명 분류를 할 줄 알아야 하며, 암기법에 따라 반드시 암기하기 바란다. 더불어 동·식물유의 경우 요오드값의 정의 및 분류기준 등에 대해 학습하는 것도 잊지 말아야 한다.

<table>
<tr><th>위험등급</th><th>품명</th><th colspan="2">품목별 성상</th><th>지정수량</th></tr>
<tr><td rowspan="2">Ⅰ</td><td rowspan="2">특수인화물류
(1atm에서 발화점이 100℃ 이하인 것 또는 인화점이 −20℃ 이하로서 비점이 40℃ 이하인 것)</td><td colspan="2">디에틸에테르($C_2H_5OC_2H_5$) : ㉧−40℃, ㉧1.9~48%, 제4류 위험물 중 인화점이 가장 낮다. 직사광선에 분해되어 과산화물을 생성하므로 갈색병을 사용하여 밀전하고 냉암소 등에 보관하며 용기의 공간용적은 2% 이상으로 해야 한다. 정전기 방지를 위해 $CaCl_2$를 넣어 두고, 폭발성의 과산화물 생성 방지를 위해 40mesh의 구리망을 넣어 둔다. 과산화물의 검출은 10% 요오드화칼륨(KI) 용액과의 반응으로 확인
이황화탄소(CS_2) : ㉧−30℃, ㉧1~50%, 황색, 물보다 무겁고 물에 녹지 않으나, 알코올, 에테르, 벤젠 등에는 잘 녹는다. 가연성 증기의 발생을 억제하기 위하여 물(수조) 속에 저장
$CS_2+3O_2 \rightarrow CO_2+2SO_2$, $CS_2+2H_2O \rightarrow CO_2+2H_2S$
아세트알데히드(CH_3CHO) : ㉧−40℃, ㉧4.1~57%, 수용성, 은거울반응, 펠링반응, 구리, 마그네슘, 수은, 은 및 그 합금으로 된 취급설비는 중합반응을 일으켜 구조불명의 폭발성 물질 생성. 불활성 가스 또는 수증기를 봉입하고 냉각장치 등을 이용하여 저장온도를 비점 이하로 유지
산화프로필렌(CH_3CHOCH_2) : ㉧−37℃, ㉧2.8~37%, ㉥34℃, 반응성이 풍부하여 구리, 철, 알루미늄, 마그네슘, 수은, 은 및 그 합금과 중합반응을 일으켜 발열하고 용기 내에서 폭발</td><td>50L</td></tr>
<tr><td>암기법</td><td colspan="2">디이아산</td></tr>
<tr><td rowspan="3">Ⅱ</td><td rowspan="3">제1석유류
(인화점 21℃ 미만)</td><td>비수용성 액체</td><td>가솔린(C_5~C_9) : ㉧−43℃, ㉥300℃, ㉧1.2~7.6%
벤젠(C_6H_6) : ㉧−11℃, ㉧1.4~8.0%,
연소반응식 $2C_6H_6+15O_2 \rightarrow 12CO_2+6H_2O$
톨루엔($C_6H_5CH_3$) : ㉧4℃, ㉧1.4~6.7%, 진한질산과 진한황산을 반응시키면 니트로화하여 TNT의 제조
시클로헥산 : ㉧−18℃, ㉧1.3~8.0%
콜로디온 : ㉧−18℃, 질소 함유율 11~12%의 낮은 질화도의 질화면을 에탄올과 에테르 3 : 1 비율의 용제에 녹인 것
메틸에틸케톤($CH_3COC_2H_5$) : ㉧−7℃, ㉧1.8~10%
초산메틸(CH_3COOCH_3) : ㉧−10℃, ㉧3.1~16%
초산에틸($CH_3COOC_2H_5$) : ㉧−3℃, ㉧2.2~11.5%
의산에틸($HCOOC_2H_5$) : ㉧−19℃, ㉧2.7~16.5%, 헥산 : ㉧−22℃</td><td>200L</td></tr>
<tr><td>수용성 액체</td><td>아세톤(CH_3COCH_3) : ㉧−18.5℃, ㉧2.5~12.8%, 무색투명, 과산화물 생성(황색), 탈지작용, 피리딘(C_5H_5N) : ㉧16℃, 아크롤레인($CH_2=CHCHO$) : ㉧−29℃, 의산메틸 : ㉧ −19℃, 시안화수소(HCN) : ㉧−17℃</td><td>400L</td></tr>
<tr><td>암기법</td><td colspan="2">가벤톨시콜메초초의 / 아피아의시</td></tr>
</table>

위험등급	품명		품목별 성상	지정수량
Ⅱ	알코올류 (탄소원자 1~3개까지의 포화1가 알코올)		메틸알코올(CH_3OH) : (인)11℃, (연)6.0~36%, 1차 산화 시 포름알데히드($HCHO$), 최종 포름산($HCOOH$), 독성이 강하여 30mL의 양으로도 치명적! 에틸알코올(C_2H_5OH) : (인)13℃, (연)4.3~19%, 1차 산화 시 아세트알데히드(CH_3CHO)가 되며, 최종적 초산(CH_3COOH) 프로필알코올(C_3H_7OH) : (인)15℃, (연)2.1~13.5% 이소프로필알코올 : (인)12℃, (연)2~12%	400L
Ⅲ	제2석유류 (인화점 21~70℃)	비수용성 액체	등유(C_9~C_{18}) : (인)39℃ 이상, (발)210℃, (연)0.7~5.0% 경유(C_{10}~C_{20}) : (인)41℃ 이상, (발)257℃, (연)1~6% 스티렌 : (인)32℃, o-자일렌 : (인)32℃, m-자일렌, p-자일렌 : (인)25℃, 클로로벤젠 : (인)27℃, 장뇌유 : (인)32℃, 부틸알코올(C_4H_9OH) : (인)35℃, (연)1.4~11.2%, 알릴알코올 : (인)22℃, 아밀알코올 : (인)33℃아니솔 : (인)52℃, 큐멘 : (인)36℃	1,000L
		수용성 액체	포름산($HCOOH$) : (인)55℃ 초산(CH_3COOH) : (인)40℃, $CH_3COOH+2O_2 \rightarrow 2CO_2+2H_2O$ 히드라진(N_2H_4) : (인)38℃, (연)4.7~100%, 무색의 가연성 고체 아크릴산 : (인)46℃	2,000L
		암기법	등경테스크클장부알아 / 포초히아	
	제3석유류 (인화점 70~200℃)	비수용성 액체	중유 : (인)70℃ 이상 크레오소트유 : (인)74℃, 자극성의 타르냄새가 나는 황갈색 액체 아닐린($C_6H_5NH_2$) : (인)70℃, (발)615℃ 니트로벤젠($C_6H_5NO_2$) : (인)88℃, 담황색 또는 갈색의 액체, (발)482℃ 니트로톨루엔 : (인)102~106℃, 디클로로에틸렌 : (인)97~102℃	2,000L
		수용성 액체	에틸렌글리콜($C_2H_4(OH)_2$) : (인)120℃, 무색무취의 단맛이 나고 흡습성이 있는 끈끈한 액체로서 **2가 알코올**, 물, 알코올, 에테르, 글리세린 등에는 잘 녹고 사염화탄소, 이황화탄소, 클로로포름에는 녹지 않는다. 글리세린($C_3H_5(OH)_3$) : (인)160℃, (발)370℃, 물보다 무겁고 단맛이 나는 무색 액체, **3가의 알코올**, 물, 알코올에테르에 잘 녹으며 벤젠, 클로로포름 등에는 녹지 않는다.	4,000L
		암기법	중크아니니 / 에글	
	제4석유류 (인화점 200℃ 이상 ~250℃ 미만)		기어유 : (인)230℃ 실린더유 : (인)250℃	6,000L
	동식물유류 (1atm, 인화점이 250℃ 미만인 것)		요오드값 : 유지 100g에 부가되는 요오드의 g수, 불포화도가 증가할수록 요오드값이 증가하며, 자연발화의 위험이 있다. ① 건성유 : 요오드값이 130 이상(예 **아**마인유, **들**기름, **동**유, **정**어리기름, **해**바라기유 등) 이중결합이 많아 불포화도가 높기 때문에 공기 중에서 산화되어 액 표면에 피막을 만드는 기름 ② 반건성유 : 요오드값이 100~130인 것(예 **참**기름, **옥**수수기름, **청**어기름, **채**종유, **면**실유(**목**화씨유), **콩**기름, **쌀**겨유 등) 공기 중에서 건성유보다 얇은 피막을 만드는 기름 ③ 불건성유 : 요오드값이 100 이하인 것(예 **올**리브유, **피**마자유, **야**자유, **땅**콩기름, **동**백유 등) 공기 중에서 피막을 만들지 않는 안정된 기름	10,000L

※ (인)은 인화점, (발)은 발화점, (연)은 연소범위, (비)는 비점

1. 공통성질
   ① 인화되기 매우 쉽다.
   ② 착화온도가 낮은 것은 위험하다.
   ③ 증기는 공기보다 무겁다.
   ④ 물보다 가볍고 물에 녹기 어렵다.
   ⑤ 증기는 공기와 약간 혼합되어도 연소의 우려가 있다.
2. 제4류 위험물 화재의 특성
   ① 유동성 액체이므로 연소의 확대가 빠르다.
   ② 증발연소하므로 불티가 나지 않는다.
   ③ 인화성이므로 풍하의 화재에도 인화된다.
3. 소화방법
   질식소화 및 안개상의 주수소화 가능
4. 인화성 액체 : 액체(제3석유류, 제4석유류 및 동식물유류에 있어서는 1기압과 20℃에서 액상인 것에 한한다)로서 인화의 위험성이 있는 것을 말한다.
5. 특수인화물 : **이황화탄소, 디에틸에테르**, 그 밖에 1기압에서 발화점이 100℃ 이하인 것 또는 인화점이 −20℃ 이하이고 비점이 40℃ 이하인 것을 말한다.
6. 제1석유류 : **아세톤, 휘발유**, 그 밖에 1기압에서 **인화점이 21℃ 미만인 것**을 말한다.
7. 알코올류 : 1분자를 구성하는 탄소원자의 수가 1개부터 3개까지인 포화1가 알코올(변성 알코올을 포함한다)을 말한다. 다만, 다음의 하나에 해당하는 것은 제외한다.
   ① 1분자를 구성하는 탄소원자의 수가 1개 내지 3개의 포화1가 알코올의 함유량이 60wt% 미만인 수용액
   ② 가연성 액체량이 60wt% 미만이고 인화점 및 연소점(태그개방식 인화점측정기에 의한 연소점을 말한다. 이하 같다)이 에틸알코올 60wt% 수용액의 인화점 및 연소점을 초과하는 것
8. 제2석유류 : **등유, 경유**, 그 밖에 1기압에서 **인화점이 21℃ 이상 70℃ 미만인 것**을 말한다. 다만, 도료류, 그 밖의 물품에 있어서 가연성 액체량이 40wt% 이하이면서 인화점이 40℃ 이상인 동시에 연소점이 60℃ 이상인 것은 제외한다.
9. 제3석유류 : **중유, 크레오소트유**, 그 밖에 1기압에서 **인화점이 70℃ 이상 200℃ 미만인 것**. 다만, 도료류, 그 밖의 물품은 가연성 액체량이 40wt% 이하인 것은 제외한다.
10. 제4석유류 : **기어유, 실린더유**, 그 밖에 1기압에서 **인화점이 200℃ 이상 250℃ 미만인 것**. 다만, 도료류, 그 밖의 물품은 가연성 액체량이 40wt% 이하인 것은 제외한다.
11. 동・식물유류 : 동물의 지육 등 또는 식물의 종자나 과육으로부터 추출한 것으로서 1기압에서 인화점이 250℃ 미만인 것을 말한다.

※ **인화성 액체의 인화점 시험방법**
   ① 인화성 액체의 인화점 측정기준
      ㉠ 측정결과가 0℃ 미만인 경우에는 당해 측정결과를 인화점으로 할 것
      ㉡ 측정결과가 0℃ 이상 80℃ 이하인 경우에는 동점도 측정을 하여 동점도가 $10mm^2/S$ 미만인 경우에는 당해 측정결과를 인화점으로 하고, 동점도가 $10mm^2/S$ 이상인 경우에는 다시 측정할 것
      ㉢ 측정결과가 80℃를 초과하는 경우에는 다시 측정할 것
   ② 인화성 액체 중 수용성 액체란 온도 20℃, 기압 1기압에서 동일한 양의 증류수와 완만하게 혼합하여, 혼합액의 유동이 멈춘 후 당해 혼합액이 균일한 외관을 유지하는 것을 말한다.

출제 Example 자주 출제되는 문제 유형 맛보기!

01 연소할 때 연기가 거의 나지 않아 밝은 곳에서 연소상태를 잘 느끼지 못하는 물질로 독성이 매우 강해, 먹으면 실명 또는 사망에 이를 수 있는 것은?

① 메틸알코올 ② 에틸알코올
③ 등유 ④ 경유

해설 메틸알코올은 독성이 강하여 먹으면 실명하거나 사망에 이른다. (30mL의 양으로도 치명적!)

답 ①

02 가솔린의 연소범위(vol%)에 가장 가까운 것은?

① 1.2~7.6 ② 8.3~11.4
③ 12.5~19.7 ④ 22.3~32.8

해설 가솔린은 발화점 300℃, 연소범위 1.2~7.6%이다.

답 ①

03 동·식물유에 대한 설명 중 틀린 것은?

① 연소하면 열에 의해 액온이 상승하여 화재가 커질 위험이 있다.
② 요오드값이 낮을수록 자연발화의 위험이 높다.
③ 동유는 건성유이므로 자연발화의 위험이 있다.
④ 요오드값이 100~130인 것을 반건성유라고 한다.

해설 **요오드값** : 유지 100g에 부가되는 요오드의 g수, 불포화도가 증가할수록 요오드값이 증가하며, 자연발화의 위험이 있다.
② 요오드값이 증가할수록 자연발화의 위험이 높다.

답 ②

04 위험물의 인화점에 대한 설명으로 옳은 것은?

① 톨루엔이 벤젠보다 낮다. ② 피리딘이 톨루엔보다 낮다.
③ 벤젠이 아세톤보다 낮다. ④ 아세톤이 피리딘보다 낮다.

해설

위험물	톨루엔	벤젠	피리딘	아세톤
인화점	4℃	−11℃	16℃	−18.5℃

※ 인화점 : 아세톤 < 벤젠 < 톨루엔 < 피리딘

답 ④

05 포름산에 대한 설명으로 옳지 않은 것은?

① 물, 알코올, 에테르에 잘 녹는다.
② 개미산이라고도 한다.
③ 강한 산화제이다.
④ 녹는점이 상온보다 낮다.

해설 포름산(HCOOH)은 제4류 위험물 중 제2석유류(수용성)에 해당한다. 강한 자극성 냄새가 있고 강한 산성을 가지고 있으며, 환원성을 나타낸다.

답 ③

06 다음 중 제4류 위험물에 해당하는 것은?

① $Pb(N_3)_2$ ② CH_3ONO_2
③ N_2H_4 ④ NH_2OH

해설 히드라진(N_2H_4)은 제4류 위험물로서 제2석유류에 해당한다.

답 ④

07 디에틸에테르에 대한 설명으로 틀린 것은?

① 일반식은 R-CO-R′이다.
② 연소범위는 약 1.9~48%이다.
③ 증기비중 값이 비중 값보다 크다.
④ 휘발성이 높고, 마취성을 가진다.

해설 디에틸에테르($C_2H_5OC_2H_5$)는 R-O-R′에 해당한다.

답 ①

08 위험물안전관리법령에서는 특수인화물을 1기압에서 발화점이 100℃ 이하인 것 또는 인화점은 얼마 이하이고 비점이 40℃ 이하인 것으로 정의하는가?

① −10℃ ② −20℃
③ −30℃ ④ −40℃

해설 "특수인화물"이라 함은 이황화탄소, 디에틸에테르, 그 밖에 1기압에서 발화점이 100℃ 이하인 것 또는 인화점이 −20℃ 이하이고 비점이 40℃ 이하인 것을 말한다.

답 ②

제5류 위험물(자기반응성 물질)

무료강의

출제 Point 이것만은 꼭 알고 넘어가자!

제5류 위험물의 경우 유기과산화물과 질산에스테르류 및 니트로화합물에 대한 품목들이 무엇인지 분류할 수 있어야 한다. 또한 니트로셀룰로오스, 니트로글리세린, 트리니트로톨루엔, 트리니트로페놀의 열분해반응식은 복잡하더라도 반복적으로 출제되므로 반드시 알아야 한다.

위험등급	품명	품목	지정수량
Ⅰ	유기과산화물 (-O-O-)	벤조일퍼옥사이드($(C_6H_5CO)_2O_2$, 과산화벤조일) : 무미, 무취의 백색분말. 비활성 희석제(프탈산디메틸, 프탈산디부틸 등)를 첨가되어 폭발성 낮춤. ⌬-C(=O)-O-O-C(=O)-⌬ 메틸에틸케톤퍼옥사이드($(CH_3COC_2H_5)_2O_2$, MEKPO, 과산화메틸에틸케톤) : 인화점 58℃. 희석제(DMP, DBP를 40%) 첨가로 농도가 60% 이상 되지 않게 하며, 저장온도는 30℃ 이하를 유지 $CH_3-C(=O)-O-O-C(=O)-CH_3$ 아세틸퍼옥사이드 : 인화점 45℃. 발화점 121℃. 희석제 DMF를 75% 첨가	시험결과에 따라 위험성 유무와 등급을 결정하여 제1종과 제2종으로 분류한다. • 제1종 : 10kg • 제2종 :100kg
	질산에스테르류 ($R-ONO_2$)	니트로셀룰로오스($[C_6H_7O_2(ONO_2)_3]_n$, 질화면) : 인화점 13℃. 발화점 160~170℃. 분해온도 130℃. 비중 1.7 $2C_{24}H_{29}O_9(ONO_2)_{11} \rightarrow 24CO_2+24CO+12H_2O+11N_2+17H_2$ 니트로글리세린($C_3H_5(ONO_2)_3$) : 다이너마이트, 로켓, 무연화약의 원료로 순수한 것은 무색 투명하나 공업용 시판품은 담황색. 다공질 물질을 규조토에 흡수시켜 다이너마이트 제조 $4C_3H_5(ONO_2)_3 \rightarrow 12CO_2+10H_2O+6N_2+O_2$ 질산메틸(CH_3ONO_2) : 분자량 약 77. 비중 1.2(증기비중 2.65). 비점 66℃. 무색투명한 액체이며, 향긋한 냄새가 있고 단맛 질산에틸($C_2H_5ONO_2$) : 비중 1.11. 융점 -112℃. 비점 88℃. 인화점 -10℃ 니트로글리콜($C_2H_4(ONO_2)_2$) : 순수한 것 무색, 공업용은 담황색. 폭발속도 7,800m/s	
Ⅱ	니트로화합물 ($R-NO_2$)	트리니트로톨루엔(TNT, $C_6H_2CH_3(NO_2)_3$) : 순수한 것은 무색 결정이나 **담황색**의 결정. 직사광선에 의해 다갈색으로 변하며 중성으로 금속과는 반응이 없으며 장기 저장해도 자연발화의 위험 없이 안정하다. 분자량 227. 발화온도 약 300℃ $2C_6H_2CH_3(NO_2)_3 \rightarrow 12CO+2C+3N_2+5H_2$ 트리니트로페놀(TNP, 피크르산) : 순수한 것은 무색이나 보통 공업용은 **휘황색**의 침전 결정. 폭발온도 3,320℃. 폭발속도 약 7,000m/s $2C_6H_2OH(NO_2)_3 \rightarrow 6CO+2C+3N_2+3H_2+4CO_2$	
	니트로소화합물	-	
	아조화합물	-	
	디아조화합물	-	
	히드라진 유도체	-	
	히드록실아민	-	
	히드록실아민염류	-	
	그 밖에 행정안전부령이 정하는 것	① 금속의 아지화합물 ② 질산구아니딘	

1. 공통성질
   ① 가연성 물질이다.
   ② 자기연소를 일으키며 연소의 속도가 매우 빠르다.
   ③ 모두 유기질화물이므로 가열, 충격, 마찰 등으로 인한 폭발의 위험이 있다.
   ④ 장기간 저장 시 산화반응이 일어나 열분해되어 자연발화의 위험성을 갖는다.

2. 저장 및 취급 방법
   ① 점화원 및 분해를 촉진시키는 물질로부터 멀리할 것
   ② 용기의 파손 및 균열에 주의하며, 실온, 습기, 통풍에 주의할 것
   ③ 화재발생 시 소화가 곤란하므로 소분하여 저장할 것
   ④ 용기는 밀전, 밀봉하고 포장 외부에 화기엄금, 충격주의 등 주의사항 표시를 할 것

3. 소화방법
   다량의 주수에 의한 냉각소화

출제 Example 자주 출제되는 문제 유형 맛보기!

01 제5류 위험물의 화재예방상 유의사항 및 화재 시 소화방법에 관한 설명으로 옳지 않은 것은?

① 대량의 주수에 의한 소화가 좋다.
② 화재초기에는 질식소화가 효과적이다.
③ 일부 물질의 경우 운반 또는 저장 시 안정제를 사용해야 한다.
④ 가연물과 산소공급원이 같이 있는 상태이므로 점화원의 방지에 유의하여야 한다.

해설 제5류 위험물은 자기반응성 물질로서 자체 내에 산소를 함유하고 있으므로 질식소화는 효과가 없다.

답 ②

02 위험물안전관리법령상 품명이 다른 하나는?

① 니트로글리콜 ② 니트로글리세린
③ 셀룰로이드 ④ 테트릴

해설 ①, ②, ③은 질산에스테르류에 해당하며, ④ 테트릴은 니트로화합물에 해당한다.

답 ④

03 다음 중 제5류 위험물로만 나열되지 않은 것은?

① 과산화벤조일, 질산메틸
② 과산화초산, 디니트로벤젠
③ 과산화요소, 니토로글리콜
④ 아세토니트릴, 트리니트로톨루엔

해설 아세토니트릴(CH_3CN)은 제4류 위험물 중 제1석유류에 해당하며, 인화점 20℃, 발화점 524℃, 연소범위 3~16vol%이다.

답 ④

04 다음 중 제5류 위험물의 화재 시 가장 적당한 소화방법은?

① 물에 의한 냉각소화
② 질소에 의한 질식소화
③ 사염화탄소에 의한 부촉매소화
④ 이산화탄소에 의한 질식소화

해설 제5류 위험물은 자기반응성 물질로서 주수에 의한 냉각소화가 유효하다.

답 ①

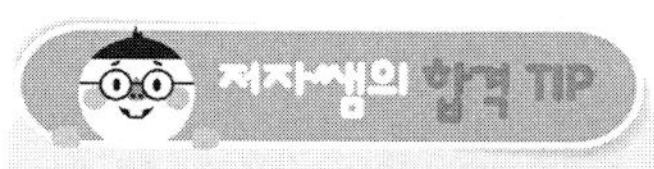

TNT와 TNP의 열분해반응식은 반드시 암기하자!

제6류 위험물(산화성 액체)

출제 Point 이것만은 꼭 알고 넘어가자!

제6류 위험물의 경우 전부 지정수량이 300kg으로서 품명이 몇 개 안되더라도 매회 반복적으로 출제된다. 특히, 과산화수소의 저장방법, 질산의 열분해반응식 및 질산의 크산토프로테인반응과 부동태반응에 대해 꼭 알아야 하며, 또한 공통성질, 저장 및 취급 방법에 대한 문제가 많이 출제되는 점에 유의해야 한다.

위험등급	품명	품목별 성상	지정수량
I	과염소산 ($HClO_4$)	무색무취의 유동성 액체. 92℃ 이상에서는 폭발적으로 분해 $HClO_4 \rightarrow HCl + 2O_2$ $HClO < HClO_2 < HClO_3 < HClO_4$	300kg
	과산화수소 (H_2O_2)	순수한 것은 청색을 띠며, 점성이 있고, 무취, 투명하고 질산과 유사한 냄새. 농도 60% 이상인 것은 충격에 의해 단독폭발의 위험. 분해방지 안정제(인산, 요산 등)를 넣어 발생기 산소의 발생을 억제. 용기는 밀봉하되 작은 구멍이 뚫린 마개를 사용. 가열 또는 촉매(KI)에 의해 산소 발생 $2H_2O_2 \rightarrow 2H_2O + O_2$	300kg
	질산 (HNO_3)	직사광선에 의해 분해되어 이산화질소(NO_2)를 생성시킨다. $4HNO_3 \rightarrow 4NO_2 + 2H_2O + O_2$ **크산토프로테인 반응**(피부에 닿으면 노란색), **부동태 반응**(Fe, Ni, Al 등과 반응 시 산화물피막 형성)	300kg
	그 밖에 행정안전부령이 정하는 것	할로겐간화합물(ICl, IBr, BrF_3, BrF_5, IF_5 등)	300kg

1. 공통성질
   ① 불연성 물질이다.
   ② 부식성 및 유독성이 강한 강산화제이다.
   ③ 산소를 많이 포함하여 다른 가연물의 연소를 돕는다.
   ④ 비중이 1보다 크며, 물에 잘 녹는다.
   ⑤ 물과 만나면 발열한다.
   ⑥ 가연물 및 분해를 촉진하는 약품과 분해 폭발한다.
2. 저장 및 취급 방법
   ① 저장용기는 내산성일 것
   ② 물, 가연물, 무기물 및 고체의 산화제와의 접촉을 피할 것
   ③ 용기는 밀전, 밀봉하여 누설에 주의할 것
3. 소화방법
   불연성 물질이므로 원칙적으로 소화방법이 없으나 가연성 물질에 따라 마른모래나 분말소화약제
4. 과산화수소는 농도 36wt% 이상인 것, 질산은 비중이 1.49 이상인 것

※ 황산(H_2SO_4) : 2003년까지는 비중 1.82 이상이면 위험물로 분류하였으나, 현재는 위험물안전관리법상 위험물에 해당하지 않는다.

출제 Example 자주 출제되는 문제 유형 맛보기!

01 질산과 과산화수소의 공통적인 성질을 옳게 설명한 것은?

① 물보다 가볍다. ② 물에 녹는다.
③ 점성이 큰 액체로서 환원제이다. ④ 연소가 매우 잘 된다.

해설 둘다 제6류 위험물로서 물에 잘 녹는다.

답 ②

02 과염소산의 화재 예방에 요구되는 주의사항에 대한 설명으로 옳은 것은?

① 유기물과 접촉 시 발화의 위험이 있기 때문에 가연물과 접촉시키지 않는다.
② 자연발화의 위험이 높으므로 냉각시켜 보관한다.
③ 공기 중 발화하므로 공기와의 접촉을 피해야 한다.
④ 액체상태는 위험하므로 고체상태로 보관한다.

해설 과염소산은 제6류 위험물(산화성 액체)로서 순수한 것은 농도가 높으면 모든 유기물과 폭발적으로 반응하고 알코올류와 혼합하면 심한 반응을 일으켜 발화 또는 폭발한다.

답 ①

03 위험물안전관리법령상 다음 ( )에 알맞은 수치를 모두 합한 값은?

- 과염소산의 지정수량은 ( )kg이다.
- 과산화수소는 농도가 ( )wt% 미만인 것은 위험물에 해당하지 않는다.
- 질산은 비중이 ( ) 이상인 것만 위험물로 규정한다.

① 349.36 ② 549.36 ③ 337.49 ④ 537.49

해설 과염소산의 지정수량은 300kg, 농도는 36wt%, 질산의 비중은 1.49 이상인 것이므로
$300+36+1.49=337.49$

답 ③

04 다음 중 제6류 위험물이 아닌 것은?

① 할로겐간화합물 ② 과염소산 ③ 아염소산 ④ 과산화수소

해설 아염소산은 제1류 위험물로서 산화성 고체에 해당한다.

답 ③

위험물시설의 안전관리(1)

출제 Point 이것만은 꼭 알고 넘어가자!

위험물시설에 대한 행정사항으로 설치 및 변경 시 시·도지사에게 신고하는 기일과, 위험물안전관리자가 해임 또는 퇴임한 경우 다시 선임해야 하는 기간 및 신고기일에 대해서도 알고 있어야 한다. 또한 예방규정을 작성해야 하는 제조소에 대해 파악해야 하며, 정기점검대상 제조소가 어디인지 기억해두길 바란다.

1 설치 및 변경	① 제조소 등의 위치·구조 또는 설비의 변경 없이 위험물의 품명·수량 또는 지정수량의 배수를 변경 시에는 **1일 전까지** 행정안전부령이 정하는 바에 따라 시·도지사에게 신고 ② 제조소 등의 설치자의 지위를 승계한 자는 **30일 이내에** 시·도지사에게 신고 ③ 제조소 등의 용도를 폐지한 날부터 **14일 이내에** 시·도지사에게 신고 ④ 허가 및 신고가 필요 없는 경우 ㉮ 주택의 난방시설(공동주택의 중앙난방시설을 제외한다)을 위한 저장소 또는 취급소 ㉯ 농예용·축산용 또는 수산용으로 필요한 난방시설 또는 건조시설을 위한 지정수량 20배 이하의 저장소 ⑤ 허가취소 또는 6월 이내의 사용정지 경우 ㉮ 규정에 따른 변경허가를 받지 아니하고 제조소 등의 위치·구조 또는 설비를 변경한 때 ㉯ 완공검사를 받지 아니하고 제조소 등을 사용한 때 ㉰ 규정에 따른 수리·개조 또는 이전의 명령을 위반한 때 ㉱ 규정에 따른 위험물안전관리자를 선임하지 아니한 때 ㉲ 대리자를 지정하지 아니한 때 ㉳ 정기점검을 하지 아니한 때 ㉴ 정기검사를 받지 아니한 때 ㉵ 저장·취급기준 준수명령을 위반한 때
2 위험물안전관리자	① 해임하거나 퇴직한 때에는 해임하거나 퇴직한 날부터 30일 이내에 다시 안전관리자를 선임 ② 선임한 경우에는 **선임한 날부터 14일 이내에** 소방본부장 또는 소방서장에게 신고 ③ 대리자가 안전관리자의 **직무를 대행하는 기간은 30일을 초과할 수 없음**

3 예방규정을 정하여야 하는 제조소 등	① 지정수량의 10배 이상의 위험물을 취급하는 제조소 ② 지정수량의 100배 이상의 위험물을 저장하는 옥외저장소 ③ 지정수량의 150배 이상의 위험물을 저장하는 옥내저장소 ④ 지정수량의 200배 이상의 위험물을 저장하는 옥외탱크저장소 ⑤ **암반탱크저장소** ⑥ **이송취급소** ⑦ 지정수량의 10배 이상의 위험물을 취급하는 일반취급소(다만, 제4류 위험물(특수인화물을 제외한다)만을 지정수량의 50배 이하로 취급하는 일반취급소(제1석유류 · 알코올류의 취급량이 지정수량의 10배 이하인 경우에 한한다))로서 다음의 어느 하나에 해당하는 것은 제외 ㉮ 보일러 · 버너 또는 이와 비슷한 것으로서 위험물을 소비하는 장치로 이루어진 일반취급소 ㉯ 위험물을 용기에 옮겨 담거나 차량에 고정된 탱크에 주입하는 일반취급소
4 정기점검대상 제조소 등	① 예방규정을 정하여야 하는 제조소 등 ② 지하탱크저장소 ③ 이동탱크저장소 ④ 제조소(지하탱크) · 주유취급소 또는 일반취급소
5 정기검사대상 제조소 등	액체 위험물을 저장 또는 취급하는 50만L 이상의 옥외탱크저장소

출제 Example 자주 출제되는 문제 유형 맛보기!

01 제조소 등의 위치 · 구조 또는 설비의 변경 없이 해당 제조소 등에서 저장하거나 취급하는 위험물의 품명 · 수량 또는 지정수량의 배수를 변경하고자 하는 자는 변경하고자 하는 날의 며칠 전까지 행정안전부령이 정하는 바에 따라 시 · 도지사에게 신고하여야 하는가?

① 1일 ② 14일
③ 21일 ④ 30일

해설 제조소 등의 위치 · 구조 또는 설비의 변경 없이 해당 제조소 등에서 저장하거나 취급하는 위험물의 품명 · 수량 또는 지정수량의 배수를 변경하고자 하는 자는 변경하고자 하는 날의 1일 전까지 행정안전부령이 정하는 바에 따라 시 · 도지사에게 신고하여야 한다.

답 ①

02 정기점검대상 제조소 등에 해당하지 않는 것은?

① 이동탱크저장소
② 지정수량 120배의 위험물을 저장하는 옥외저장소
③ 지정수량 120배의 위험물을 저장하는 옥내저장소
④ 이송취급소

해설 옥내저장소의 경우 지정수량의 150배 이상의 위험물을 저장하는 경우 정기점검대상 제조소에 해당한다.

답 ③

03 위험물안전관리법령상 제조소 등의 관계인이 정기적으로 점검하여야 할 대상이 아닌 것은?

① 지정수량의 10배 이상의 위험물을 취급하는 제조소
② 지하탱크저장소
③ 이동탱크저장소
④ 지정수량의 100배 이상의 위험물을 취급하는 옥외탱크저장소

해설 옥외탱크저장소의 경우 지정수량의 200배 이상을 저장하는 경우 정기점검대상에 해당한다.

답 ④

위험물시설의 안전관리(2)

출제 Point 이것만은 꼭 알고 넘어가자!

탱크시험자가 갖추어야 할 필수장비의 목록과 위험물의 압력이 상승하는 경우 필요한 안전장치의 종류를 파악해야 한다. 또한 자체소방대의 설치대상을 알아야 하며, 화학소방자동차에 갖추어야 하는 소화능력 및 소화설비의 기준에 대해서도 알고 있어야 한다.

1 탱크시험자	① 필수장비 : 방사선투과시험기, 초음파탐상시험기, 자기탐상시험기, 초음파두께측정기 ② 시설 : 전용사무실 ③ 규정에 따라 등록한 사항 가운데 행정안전부령이 정하는 중요사항을 변경한 경우에는 그 날부터 30일 이내에 시 · 도지사에게 변경 신고
2 압력계 및 안전장치	위험물의 압력이 상승할 우려가 있는 설비에 설치해야 하는 안전장치 ① 자동적으로 압력의 상승을 정지시키는 장치 ② 감압측에 안전밸브를 부착한 감압밸브 ③ 안전밸브를 병용하는 경보장치 ④ 파괴판(위험물의 성질에 따라 안전밸브의 작동이 곤란한 가압설비에 한함)
3 화학소방자동차에 갖추어야 하는 소화능력 및 소화설비의 기준	(아래 표)

화학소방자동차 구분	소화능력 및 소화설비의 기준
포수용액 방사차	㉮ 포수용액의 방사능력이 2,000L/분 이상일 것 ㉯ 소화약액 탱크 및 소화약액 혼합장치를 비치할 것 ㉰ 10만L 이상의 포수용액을 방사할 수 있는 양의 소화약제를 비치할 것
분말 방사차	㉮ 분말의 방사능력이 35kg/초 이상일 것 ㉯ 분말탱크 및 가압용 가스설비를 비치할 것 ㉰ 1,400kg 이상의 분말을 비치할 것
할로겐화합물 방사차	㉮ 할로겐화합물의 방사능력이 40kg/초 이상일 것 ㉯ 할로겐화합물 탱크 및 가압용 가스설비를 비치할 것 ㉰ 1,000kg 이상의 할로겐화합물을 비치할 것
이산화탄소 방사차	㉮ 이산화탄소의 방사능력이 40kg/초 이상일 것 ㉯ 이산화탄소 저장용기를 비치할 것 ㉰ 3,000kg 이상의 이산화탄소를 비치할 것
제독차	가성소다 및 규조토를 각각 50kg 이상 비치할 것

4 자체소방대

① 설치대상 : 제4류 위험물을 지정수량의 3천배 이상 취급하는 제조소 또는 일반취급소와 50만배 이상 저장하는 옥외탱크저장소에 설치

② 자체소방대에 두는 화학소방자동차 및 인원

사업소의 구분	화학소방자동차의 수	자체소방대원의 수
제조소 또는 일반취급소에서 취급하는 제4류 위험물의 최대수량의 합이 지정수량의 **3천배 이상 12만배 미만**인 사업소	1대	5인
제조소 또는 일반취급소에서 취급하는 제4류 위험물의 최대수량의 합이 지정수량의 **12만배 이상 24만배 미만**인 사업소	2대	10인
제조소 또는 일반취급소에서 취급하는 제4류 위험물의 최대수량의 합이 지정수량의 **24만배 이상 48만배 미만**인 사업소	3대	15인
제조소 또는 일반취급소에서 취급하는 제4류 위험물의 최대수량의 합이 지정수량의 **48만배 이상**인 사업소	4대	20인
옥외탱크저장소에 저장하는 제4류 위험물의 최대수량이 지정수량의 **50만배** 이상인 사업소	2대	10인

출제 Example 자주 출제되는 문제 유형 맛보기!

01 위험물안전관리법령상 제조소에서 취급하는 제4류 위험물의 최대수량의 합이 지정수량의 12만배 미만인 사업소에 두어야 하는 화학소방자동차 및 자체소방대원의 수는?

① 1대, 5인 ② 2대, 10인 ③ 3대, 15인 ④ 4대, 20인

해설 ②는 제조소 등에서 취급하는 제4류 위험물의 최대수량이 지정수량의 12만배 이상 24만배 미만인 사업소
③은 제조소 등에서 취급하는 제4류 위험물의 최대수량이 지정수량의 24만배 이상 48만배 미만인 사업소
④는 제조소 등에서 취급하는 제4류 위험물의 최대수량이 지정수량의 48만배 이상인 사업소

답 ①

02 위험물안전관리법령상 사업소의 관계인이 자체소방대를 설치하여야 할 제조소 등의 기준으로 옳은 것은?

① 제4류 위험물을 지정수량의 3천배 이상 취급하는 제조소 또는 일반취급소와 50만배 이상 저장하는 옥외탱크저장소
② 제4류 위험물을 지정수량의 5천배 이상 취급하는 제조소 또는 일반취급소
③ 제4류 위험물 중 특수인화물을 지정수량의 3천배 이상 취급하는 제조소 또는 일반취급소
④ 제4류 위험물 중 특수인화물을 지정수량의 5천배 이상 취급하는 제조소 또는 일반취급소

해설 **자체소방대 설치대상** : 제4류 위험물을 지정수량의 3천배 이상 취급하는 제조소 또는 일반취급소와 50만배 이상 저장하는 옥외탱크저장소에 설치

답 ①

위험물의 저장기준

출제 Point 이것만은 꼭 알고 넘어가자!

유별을 달리하는 위험물을 함께 저장할 수 있는 경우와 옥내저장소에 저장하는 위험물의 규정높이는 시험에 자주 출제되므로 필히 암기해야 한다. 또한 위험물 저장탱크의 용량을 계산하기 위한 내용적 또는 공간용적에 대해 파악해야 하며, 타원형 탱크와 원통형 탱크의 형태별 내용적을 계산하는 공식도 알아야 한다.

1 저장기준	① 유별을 달리하더라도 서로 1m **이상 간격을 둘 때 저장 가능한 경우**는 다음과 같다. ㉮ 제1류 위험물(알칼리금속의 과산화물 또는 이를 함유한 것을 제외한다)과 제5류 위험물을 저장하는 경우 ㉯ 제1류 위험물과 제6류 위험물을 저장하는 경우 ㉰ 제1류 위험물과 제3류 위험물 중 자연발화성 물질(황린 또는 이를 함유한 것에 한한다)을 저장하는 경우 ㉱ 제2류 위험물 중 인화성 고체와 제4류 위험물을 저장하는 경우 ㉲ 제3류 위험물 중 알킬알루미늄 등과 제4류 위험물(알킬알루미늄 또는 알킬리튬을 함유한 것에 한한다)을 저장하는 경우 ㉳ 제4류 위험물과 제5류 위험물 중 유기과산화물 또는 이를 함유한 것을 저장하는 경우 ② 옥내저장소에서 동일 품명의 위험물이더라도 자연발화할 우려가 있는 위험물 또는 재해가 현저하게 증대할 우려가 있는 위험물을 다량 저장하는 경우에는 지정수량의 10배 이하마다 구분하여 상호간 0.3m 이상의 간격을 두어 저장하여야 한다. 다만, 위험물 또는 기계에 의하여 하역하는 구조로 된 용기에 수납한 위험물에 있어서는 그러하지 아니하다. ★★★ ③ 옥내저장소에 저장하는 경우 규정높이 이상으로 용기를 겹쳐 쌓지 않아야 한다. ㉮ **기계에 의하여 하역하는 구조로 된 용기만을 겹쳐 쌓는 경우에 있어서는 6m** ㉯ **제4류 위험물 중 제3석유류, 제4석유류 및 동·식물유류를 수납하는 용기만을 겹쳐 쌓는 경우에 있어서는 4m** ㉰ 그 밖의 경우에 있어서는 3m ④ 옥내저장소에서는 용기에 수납하여 저장하는 위험물의 온도가 55℃를 넘지 아니하도록 필요한 조치를 강구하여야 한다(중요기준). ⑤ 옥외저장소에서 위험물을 수납한 용기를 선반에 저장하는 경우에는 6m를 초과하여 저장하지 아니하여야 한다.

2 위험물 저장탱크의 용량	① 위험물을 저장 또는 취급하는 탱크의 용량은 해당 탱크의 내용적에서 공간용적을 뺀 용적으로 한다. 단, 이동탱크저장소의 탱크인 경우에는 내용적에서 공간용적을 뺀 용적이 자동차관리관계법령에 의한 최대적재량 이하이어야 한다. ② 탱크의 공간용적 ㉮ **일반탱크** : 탱크 내용적의 100분의 5 이상 100분의 10 이하로 한다. ㉯ **소화설비(소화약제 방출구를 탱크 안의 윗부분에 설치하는 것에 한한다)를 설치하는 탱크** : 해당 소화설비의 소화약제 방출구 아래의 0.3미터 이상 1미터 미만 사이의 면으로부터 윗부분의 용적으로 한다. ㉰ **암반탱크** : 해당 탱크 내에 용출하는 7일간의 지하수의 양에 상당하는 용적과 해당탱크의 내용적의 100분의 1의 용적 중에서 보다 큰 용적을 공간용적으로 한다.
3 탱크의 내용적	① 타원형 탱크의 내용적 ㉮ 양쪽이 볼록한 것 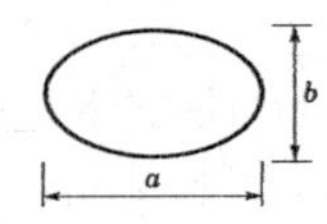 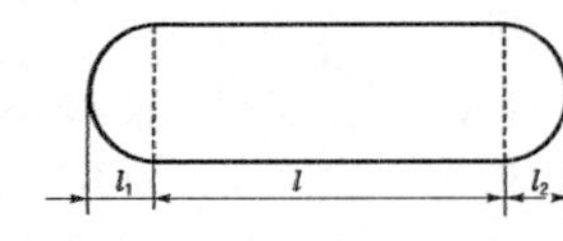 내용적 $= \frac{\pi ab}{4}\left(l + \frac{l_1 + l_2}{3}\right)$ ㉯ 한쪽이 볼록하고 다른 한쪽은 오목한 것 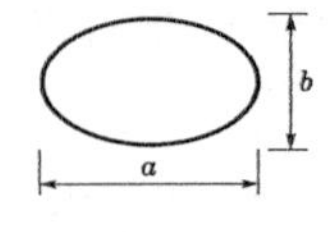 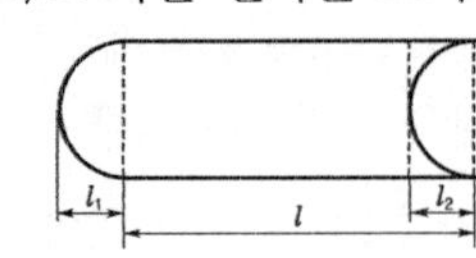 내용적 $= \frac{\pi ab}{4}\left(l + \frac{l_1 - l_2}{3}\right)$ ② 원형 탱크의 내용적 ㉮ 횡으로 설치한 것 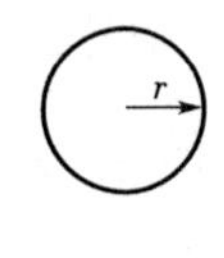 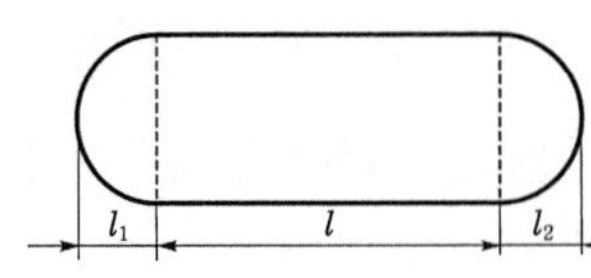 내용적 $= \pi r^2\left(l + \frac{l_1 + l_2}{3}\right)$ ㉯ 종으로 설치한 것 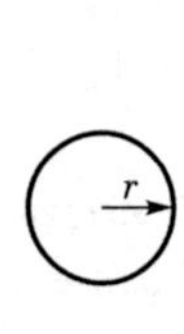 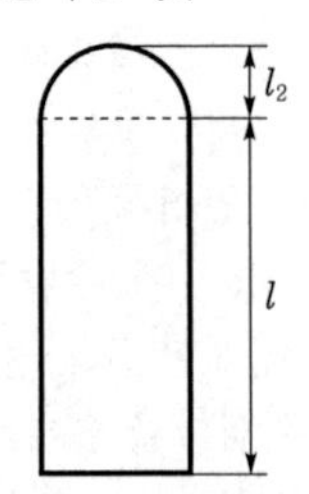 내용적 $= \pi r^2 l$

출제 Example 자주 출제되는 문제 유형 맛보기!

01 그림과 같이 횡으로 설치한 원통형 위험물탱크에 대하여 탱크의 용량을 구하면 약 몇 m^3인가? (단, 공간용적은 탱크 내용적의 100분의 5로 한다.)

① 52.4
② 261.6
③ 994.8
④ 1047.5

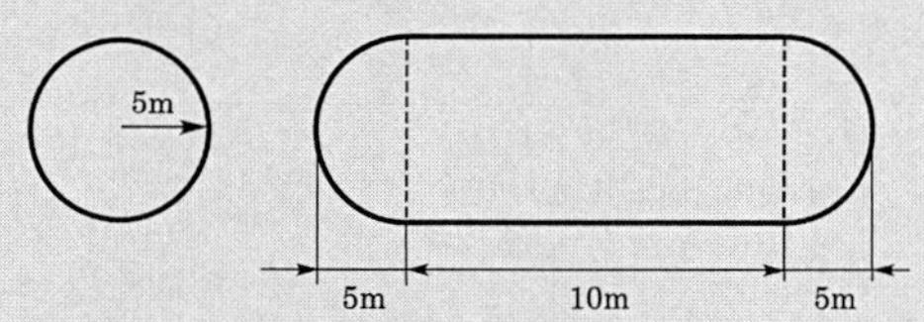

해설 $V=\pi r^2\left[l+\frac{l_1+l_2}{3}\right]=\pi\times5^2\left[10+\frac{5+5}{3}\right]=1,041.19\times0.95=994.83\text{m}^3$

답 ③

02 위험물안전관리법령상 위험물의 탱크 내용적 및 공간용적에 관한 기준으로 틀린 것은?

① 위험물을 저장 또는 취급하는 탱크의 용량은 해당 탱크의 내용적에서 공간용적을 뺀 용적으로 한다.
② 탱크의 공간용적은 탱크의 내용적의 100분의 5 이상 100분의 10 이하의 용적으로 한다.
③ 소화설비(소화약제 방출구를 탱크 안의 윗부분에 설치하는 것에 한한다)를 설치하는 탱크의 공간용적은 해당 소화설비의 소화약제 방출구 아래의 0.3m 이상 1m 미만 사이의 면으로부터 윗부분의 용적으로 한다.
④ 암반탱크에 있어서는 해당 탱크 내에 용출하는 30일간의 지하수의 양에 상당하는 용적과 해당 탱크의 내용적의 100분의 1의 용적 중에서 보다 큰 용적을 공간용적으로 한다.

해설 ④ '30일간'이 아니라 '7일간'이다.

답 ④

03 위험물안전관리법령상 옥내저장소에서 기계에 의하여 하역하는 구조로 된 용기만을 겹쳐 쌓아 위험물을 저장하는 경우 그 높이는 몇 미터를 초과하지 않아야 하는가?

① 2 ② 4 ③ 6 ④ 8

해설 옥내저장소에 저장하는 경우 규정높이 이상으로 용기를 겹쳐 쌓지 않아야 한다.
㉮ 기계에 의하여 하역하는 구조로 된 용기만을 겹쳐 쌓는 경우에 있어서는 6m
㉯ 제4류 위험물 중 제3석유류, 제4석유류 및 동·식물유류를 수납하는 용기만을 겹쳐 쌓는 경우에 있어서는 4m
㉰ 그 밖의 경우에 있어서는 3m

답 ③

04 위험물안전관리법령에 따라 위험물을 유별로 정리하여 서로 1m 이상의 간격을 두었을 때 옥내저장소에서 함께 저장하는 것이 가능한 경우가 아닌 것은?

① 제1류 위험물(알칼리금속의 과산화물 또는 이를 함유한 것을 제외한다)과 제5류 위험물을 저장하는 경우
② 제3류 위험물 중 알킬알루미늄과 제4류 위험물(알킬알루미늄 또는 알킬리튬을 함유한 것에 한한다)을 저장하는 경우
③ 제1류 위험물과 제3류 위험물 중 금수성 물질을 저장하는 경우
④ 제2류 위험물 중 인화성 고체와 제4류 위험물을 저장하는 경우

해설 ③ 제1류 위험물과 제3류 위험물 중 자연발화성 물질(황린 또는 이를 함유한 것에 한한다)을 저장하는 경우이다.

답 ③

05 그림과 같은 위험물 저장탱크의 내용적은 약 몇 m^3인가?

① 4,681
② 5,482
③ 6,283
④ 7,080

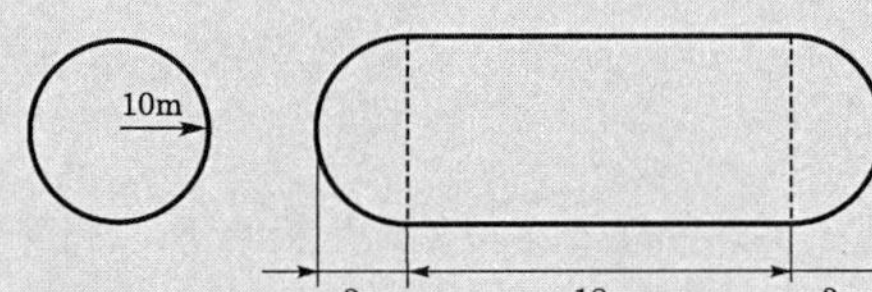

해설 횡(수평)으로 설치한 것

$$V=\pi r^2\left[l+\frac{l_1+l_2}{3}\right]=\pi\times 10^2\left[18+\frac{3+3}{3}\right]=6,283\text{m}^3$$

답 ③

위험물의 취급기준

무료강의

출제 Point 이것만은 꼭 알고 넘어가자!

유별 위험물 적재 시 수납하는 위험물에 따른 주의사항 표시방법과 위험물 지정수량의 합계를 계산하는 방법에 대해 알고 있어야 한다. 또한 위험물 제조과정, 소비하는 작업에서의 취급기준 및 위험물을 취급하는 경우 표지와 게시판에 대해서도 알아두도록 한다.

1 적재방법

① 위험물의 ㊫명 · 위험 ⓓ급 · ㊫학명 및 ㊬용성
('수용성' 표시는 제4류 위험물로서 수용성인 것에 한한다.)

② 위험물의 ㊬량

③ 수납하는 위험물에 따른 ㊟의사항

유별	구분	주의사항
제1류 위험물 (산화성 고체)	알칼리금속의 무기과산화물	"화기 · 충격주의", "물기엄금", "가연물접촉주의"
	그 밖의 것	"화기 · 충격주의", "가연물접촉주의"
제2류 위험물 (가연성 고체)	철분 · 금속분 · 마그네슘	"화기주의", "물기엄금"
	인화성 고체	"화기엄금"
	그 밖의 것	"화기주의"
제3류 위험물 (자연발화성 및 금수성 물질)	자연발화성 물질	"화기엄금", "공기접촉엄금"
	금수성 물질	"물기엄금"
제4류 위험물 (인화성 액체)	–	"화기엄금"
제5류 위험물 (자기반응성 물질)	–	"화기엄금" 및 "충격주의"
제6류 위험물 (산화성 액체)	–	"가연물접촉주의"

2 지정수량의 배수	지정수량 배수의 합 $= \frac{\text{A품목 저장수량}}{\text{A품목 지정수량}} + \frac{\text{B품목 저장수량}}{\text{B품목 지정수량}} + \frac{\text{C품목 저장수량}}{\text{C품목 지정수량}} + \cdots$
3 제조과정 취급기준	① **증류공정** : 설비의 내부압력의 변동 등에 의하여 액체 또는 증기가 새지 아니하도록 할 것 ② **추출공정** : 추출관의 내부압력이 비정상으로 상승하지 아니하도록 할 것 ③ **건조공정** : 온도가 국부적으로 상승하지 않는 방법으로 가열 또는 건조할 것 ④ **분쇄공정** : 분말이 현저하게 기계 · 기구 등에 부착되어 있는 상태로 그 기계 · 기구를 취급하지 아니할 것
4 소비하는 작업에서 취급기준	① **분사도장작업**은 방화상 유효한 격벽 등으로 구획된 안전한 장소에서 실시할 것 ② **담금질** 또는 **열처리작업**은 위험물이 위험한 온도에 이르지 아니하도록 하여 실시할 것 ③ **버너를 사용하는 경우**에는 버너의 역화를 방지하고 위험물이 넘치지 아니하도록 할 것
5 표지 및 게시판	① **표지** : 한 변의 길이가 0.3m 이상, 다른 한 변의 길이가 0.6m 이상인 직사각형 ② **게시판** : 저장 또는 취급하는 위험물의 유별 · 품명 및 저장최대수량 또는 취급최대수량, 지정수량의 배수 및 안전관리자의 성명 또는 직명을 기재

출제 Example 자주 출제되는 문제 유형 맛보기!

01 특수인화물 200L와 제4석유류 12,000L를 저장할 때 각각의 지정수량 배수의 합은 얼마인가?

① 3 ② 4
③ 5 ④ 6

해설 지정수량 배수의 합 $= \frac{\text{A품목 저장수량}}{\text{A품목 지정수량}} + \frac{\text{B품목 저장수량}}{\text{B품목 지정수량}}$

$= \frac{200L}{50L} + \frac{12,000L}{6,000L}$

$= 4 + 2$

$= 6$

답 ④

02 위험물안전관리법령상 제4류 위험물 운반용기의 외부에 표시하여야 하는 주의사항을 모두 옳게 나타낸 것은?

① 화기엄금 및 충격주의
② 가연물접촉주의
③ 화기엄금
④ 화기주의 및 충격주의

해설 ① 화기엄금 및 충격주의 – 제5류
② 가연물접촉주의 – 제1류, 제6류
④ 화기주의 및 충격주의 – 제1류

답 ③

03 아조화합물 800kg, 히드록실아민 300kg, 유기과산화물 40kg의 총 양은 지정수량의 몇 배에 해당하는가?

① 7배
② 9배
③ 10배
④ 11배

해설

$$\text{지정수량 배수의 합} = \frac{\text{A품목 저장수량}}{\text{A품목 지정수량}} + \frac{\text{B품목 저장수량}}{\text{B품목 지정수량}} + \frac{\text{C품목 저장수량}}{\text{C품목 지정수량}} + \cdots$$

$$= \frac{800\text{kg}}{200\text{kg}} + \frac{300\text{kg}}{100\text{kg}} + \frac{40\text{kg}}{10\text{kg}}$$

$$= 11$$

답 ④

위험물의 운반기준

출제 Point 이것만은 꼭 알고 넘어가자!

위험물의 운반기준에 따른 고체, 액체에 대한 수납률과 적재하는 위험물에 따라 차광성 또는 방수성으로 피복해야 하는 유별 위험물에 대해 파악해야 한다. 또한, 위험물운송자에 대한 운송기준과 유별 위험물의 혼재기준은 반복적으로 출제되므로 암기해야 한다.

1 운반기준	① **고체는 95% 이하의 수납률, 액체는 98% 이하의 수납률** 유지 및 55℃ 온도에서 누설되지 않도록 유지할 것 ② 제3류 위험물의 운반용기 기준 ㉮ 자연발화성 물질에 있어서는 불활성 기체를 봉입하여 밀봉하는 등 공기와 접하지 아니하도록 할 것 ㉯ 자연발화성 물질 외의 물품에 있어서는 파라핀 · 경유 · 등유 등의 보호액으로 채워 밀봉하거나 불활성 기체를 봉입하여 밀봉하는 등 수분과 접하지 아니하도록 할 것 ㉰ 자연발화성 물질 중 알킬알루미늄 등은 **운반용기 내용적의 90% 이하의 수납률**로 수납하되, **50℃의 온도에서 5% 이상의 공간용적을 유지**하도록 할 것
2 운반용기 재질	금속판, 강판, 삼, 합성섬유, 고무류, 양철판, 짚, 알루미늄판, 종이, 유리, 나무, 플라스틱, 섬유판
3 운반용기	① 고체위험물 유리 또는 플라스틱 용기 10L, 금속제 용기 30L ② 액체위험물 유리용기 5L 또는 10L, 플라스틱 10L, 금속제 용기 30L

4 적재하는 위험물에 따른 조치사항

차광성이 있는 것으로 피복해야 하는 경우	방수성이 있는 것으로 피복해야 하는 경우
제1류 위험물 제3류 위험물 중 자연발화성 물질 제4류 위험물 중 특수인화물 제5류 위험물 제6류 위험물	제1류 위험물 중 알칼리금속의 과산화물 제2류 위험물 중 철분, 금속분, 마그네슘 제3류 위험물 중 금수성 물질

<table>
<tr><td>5 위험물의 운송</td><td>① 운송책임자의 감독 · 지원을 받아 운송하여야 하는 물품 : 알킬알루미늄, 알킬리튬
② 위험물 운송자는 장거리(고속국도에 있어서는 340km 이상, 그 밖의 도로에 있어서는 200km 이상을 말한다)에 걸치는 운송을 하는 때에는 2명 이상의 운전자로 할 것. 다만, 다음의 하나에 해당하는 경우에는 그러하지 아니하다.
㉮ 운송책임자를 동승시킨 경우
㉯ 운송하는 위험물이 제2류 위험물 · 제3류 위험물(칼슘 또는 알루미늄의 탄화물과 이것만을 함유한 것에 한한다) 또는 제4류 위험물(특수인화물을 제외한다)인 경우
㉰ 운송도중에 2시간 이내마다 20분 이상씩 휴식하는 경우
③ 위험물(제4류 위험물에 있어서는 특수인화물 및 제1석유류에 한한다)을 운송하게 하는 자는 위험물안전카드를 위험물운송자로 하여금 휴대하게 할 것</td></tr>
<tr><td>6 혼재기준</td><td>

위험물의 구분	제1류	제2류	제3류	제4류	제5류	제6류
제1류		×	×	×	×	○
제2류	×		×	○	○	×
제3류	×	×		○	×	×
제4류	×	○	○		○	×
제5류	×	○	×	○		×
제6류	○	×	×	×	×	

</td></tr>
</table>

출제 Example 자주 출제되는 문제 유형 맛보기!

01 위험물안전관리법령상 위험물 운반 시 방수성 덮개를 하지 않아도 되는 위험물은 어느 것인가?

① 나트륨　　② 적린
③ 철분　　④ 과산화칼륨

해설 적린의 경우 제2류 위험물에 해당하며, 방수성 덮개를 하지 않아도 된다.
방수성이 있는 것으로 피복해야 하는 경우
㉮ 제1류 위험물 중 알칼리금속의 과산화물
㉯ 제2류 위험물 중 철분, 금속분, 마그네슘
㉰ 제3류 위험물 중 금수성 물질

답 ②

02 위험물안전관리법령상 위험물의 운반에 관한 기준에서 적재 시 혼재가 가능한 위험물을 옳게 나타낸 것은? (단, 각각 지정수량의 10배 이상인 경우이다.)

① 제1류와 제4류 ② 제3류와 제6류
③ 제1류와 제5류 ④ 제2류와 제4류

해설 **혼재 가능 위험물** : 제1류와 제6류, 제2류와 제4류, 제2류와 제5류, 제3류와 제4류, 제4류와 제5류

답 ④

03 위험물안전관리법령상 운송책임자의 감독 · 지원을 받아 운송하여야 하는 위험물에 해당하는 것은?

① 특수인화물 ② 알킬리튬
③ 질산구아니딘 ④ 히드라진 유도체

해설 알킬알루미늄, 알킬리튬은 운송책임자의 감독 · 지원을 받아 운송하여야 한다.

답 ②

04 다음 중 위험물안전관리법령에 명기된 위험물의 운반용기 재질에 포함되지 않는 것은 어느 것인가?

① 고무류 ② 유리
③ 도자기 ④ 종이

해설 **운반용기 재질** : 금속판, 강판, 삼, 합성섬유, 고무류, 양철판, 짚, 알루미늄판, 종이, 유리, 나무, 플라스틱, 섬유판

답 ③

05 각각 지정수량의 10배인 위험물을 운반할 경우 제5류 위험물과 혼재 가능한 위험물에 해당하는 것은?

① 제1류 위험물 ② 제2류 위험물
③ 제3류 위험물 ④ 제6류 위험물

해설 요약본 **"혼재기준"** 도표 참조
① 제1류 위험물 – 제6류
③ 제3류 위험물 – 제4류
④ 제6류 위험물 – 제1류

답 ②

06 위험물안전관리법령상 이동탱크저장소에 의한 위험물 운송 시 위험물 운송자는 장거리에 걸치는 운송을 하는 때에는 2명 이상의 운전자로 하여야 한다. 다음 중 그러하지 않아도 되는 경우가 아닌 것은?

① 적린을 운송하는 경우
② 알루미늄의 탄화물을 운송하는 경우
③ 이황화탄소를 운송하는 경우
④ 운송도중에 2시간 이내마다 20분 이상씩 휴식하는 경우

해설 위험물 운송자는 장거리(고속국도에 있어서는 340km 이상, 그 밖의 도로에 있어서는 200km 이상을 말한다)에 걸치는 운송을 하는 때에는 2명 이상의 운전자로 할 것. 다만, 다음의 어느 하나에 해당하는 경우에는 그러하지 아니하다.
㉮ 운송책임자를 동승시킨 경우
㉯ 운송하는 위험물이 제2류 위험물 · 제3류 위험물(칼슘 또는 알루미늄의 탄화물과 이것만을 함유한 것에 한한다) 또는 제4류 위험물(특수인화물을 제외한다)인 경우
㉰ 운송도중에 2시간 이내마다 20분 이상씩 휴식하는 경우

답 ③

07 위험물안전관리법령상 위험물의 운반 시 운반용기는 다음의 기준에 따라 수납 적재하여야 한다. 다음 중 틀린 것은?

① 수납하는 위험물과 위험한 반응을 일으키지 않아야 한다.
② 고체 위험물은 운반용기 내용적의 95% 이하로 수납하여야 한다.
③ 액체 위험물은 운반용기 내용적의 95% 이하로 수납하여야 한다.
④ 하나의 외장용기에는 다른 종류의 위험물을 수납하지 않는다.

해설 액체 위험물은 운반용기 내용적의 98% 이하의 수납률로 수납하되, 55℃의 온도에서 누설되지 아니하도록 충분한 공간용적을 유지하도록 한다.

답 ③

08 다음 중 위험물안전관리법령상 지정수량의 1/10을 초과하는 위험물을 운반할 때 혼재할 수 없는 경우는?

① 제1류 위험물과 제6류 위험물
② 제2류 위험물과 제4류 위험물
③ 제4류 위험물과 제5류 위험물
④ 제5류 위험물과 제3류 위험물

해설 요약본 "**혼재기준**" 도표 참조

답 ④

소화난이도 등급 Ⅰ(제조소 등 및 소화설비)

출제 Point 이것만은 꼭 알고 넘어가자!

소화난이도 등급 Ⅰ의 위험물제조소, 옥내저장소, 옥외탱크저장소, 옥외저장소의 규모, 저장 또는 취급하는 위험물의 품명 및 최대수량 등을 파악하며, 각 제조소 등에 해당하는 소화설비에 대해 알고 있어야 한다. 특히, 제조소 및 일반취급소와 옥내·옥외 탱크저장소에 대해 자주 출제되니 특히 학습에 소홀함이 없어야 한다.

1 소화난이도 등급 Ⅰ에 해당하는 제조소 등

제조소 등의 구분	제조소 등의 규모, 저장 또는 취급하는 위험물의 품명 및 최대수량 등
제조소, 일반취급소	• **연면적 1,000m² 이상인 것** • **지정수량의 100배 이상인 것** • **지반면으로부터 6m 이상**의 높이에 위험물 취급설비가 있는 것 • 일반취급소로 사용되는 부분 외의 부분을 갖는 건축물에 설치된 것
옥내저장소	• **지정수량의 150배 이상인 것** • **연면적 150m²를 초과하는 것** • **처마높이가 6m 이상인 단층건물의 것** • 옥내저장소로 사용되는 부분 외의 부분이 있는 건축물에 설치된 것
옥외탱크저장소	• **액표면적이 40m² 이상인 것** • 지반면으로부터 탱크 옆판의 상단까지 높이가 6m 이상인 것 • 지중탱크 또는 해상탱크로서 지정수량의 100배 이상인 것 • 고체 위험물을 저장하는 것으로서 지정수량의 100배 이상인 것
옥내탱크저장소	• **액표면적이 40m² 이상인 것** • 바닥면으로부터 탱크 옆판의 상단까지 높이가 6m 이상인 것 • 탱크 전용실이 단층건물 외의 건축물에 있는 것으로서 인화점 38℃ 이상 70℃ 미만의 위험물을 지정수량의 5배 이상 저장하는 것
옥외저장소	• **덩어리상태의 유황을 저장하는 것으로서 경계표시 내부의 면적**(2 이상의 경계표시가 있는 경우에는 각 경계표시의 내부의 면적을 합한 면적)**이 100m² 이상인 것** • 인화성 고체, 제1석유류 또는 알코올류의 위험물을 저장하는 것으로서 지정수량의 100배 이상인 것
암반탱크저장소	• **액표면적이 40m² 이상인 것**(제6류 위험물을 저장하는 것 및 고인화점 위험물만을 100℃ 미만의 온도에서 저장하는 것은 제외) • 고체 위험물만을 저장하는 것으로서 지정수량의 100배 이상인 것
이송취급소	**모든 대상**

2 소화난이도 등급 Ⅰ의 제조소 등에 설치하여야 하는 소화설비

<table>
<tr><th colspan="3">제조소 등의 구분</th><th>소화설비</th></tr>
<tr><td colspan="3">제조소 및 일반취급소</td><td>옥내소화전설비, 옥외소화전설비, 스프링클러설비 또는 물분무 등 소화설비(화재발생 시 연기가 충만할 우려가 있는 장소에는 스프링클러설비 또는 이동식 외의 물분무 등 소화설비에 한한다)</td></tr>
<tr><td rowspan="2">옥내
저장소</td><td colspan="2">처마높이가 6m 이상인 단층건물
또는 다른 용도의 부분이 있는
건축물에 설치한 옥내저장소</td><td>스프링클러설비 또는 이동식 외의 물분무 등 소화설비</td></tr>
<tr><td colspan="2">그 밖의 것</td><td>옥외소화전설비, 스프링클러설비, 이동식 외의 물분무 등 소화설비 또는 이동식 포소화설비(포소화전을 옥외에 설치하는 것에 한한다)</td></tr>
<tr><td rowspan="5">옥외
탱크
저장소</td><td rowspan="3">지중탱크
또는
해상탱크
외의 것</td><td>유황만을 저장, 취급하는 것</td><td>물분무소화설비</td></tr>
<tr><td>인화점 70℃ 이상의 제4류
위험물만을 저장, 취급하는 것</td><td>물분무소화설비 또는 고정식 포소화설비</td></tr>
<tr><td>그 밖의 것</td><td>고정식 포소화설비(포소화설비가 적응성이 없는 경우에는 분말소화설비)</td></tr>
<tr><td colspan="2">지중탱크</td><td>고정식 포소화설비, 이동식 이외의 불활성가스소화설비 또는 이동식 이외의 할로겐화합물소화설비</td></tr>
<tr><td colspan="2">해상탱크</td><td>고정식 포소화설비, 물분무포소화설비, 이동식 이외의 불활성가스소화설비 또는 이동식 이외의 할로겐화합물소화설비</td></tr>
<tr><td rowspan="3">옥내
탱크
저장소</td><td colspan="2">유황만을 저장, 취급하는 것</td><td>물분무소화설비</td></tr>
<tr><td colspan="2">인화점 70℃ 이상의 제4류 위험물만을
저장, 취급하는 것</td><td>물분무소화설비, 고정식 포소화설비, 이동식 이외의 불활성가스소화설비, 이동식 이외의 할로겐화합물소화설비 또는 이동식 이외의 분말소화설비</td></tr>
<tr><td colspan="2">그 밖의 것</td><td>고정식 포소화설비, 이동식 이외의 불활성가스소화설비, 이동식 이외의 할로겐화합물소화설비 또는 이동식 이외의 분말소화설비</td></tr>
<tr><td colspan="3">옥외저장소 및 이송취급소</td><td>옥내소화전설비, 옥외소화전설비, 스프링클러설비 또는 물분무 등 소화설비(화재발생 시 연기가 충만할 우려가 있는 장소에는 스프링클러설비 또는 이동식 이외의 물분무 등 소화설비에 한한다)</td></tr>
<tr><td rowspan="3">암반
탱크
저장소</td><td colspan="2">유황만을 저장, 취급하는 것</td><td>물분무소화설비</td></tr>
<tr><td colspan="2">인화점 70℃ 이상의 제4류 위험물만을
저장, 취급하는 것</td><td>물분무소화설비 또는 고정식 포소화설비</td></tr>
<tr><td colspan="2">그 밖의 것</td><td>고정식 포소화설비(포소화설비가 적응성이 없는 경우에는 분말소화설비)</td></tr>
</table>

출제 Example 자주 출제되는 문제 유형 맛보기!

01 다음 중 소화난이도 등급 Ⅰ의 옥내저장소에 설치하여야 하는 소화설비에 해당하지 않는 것은?

① 옥외소화전설비 ② 연결살수설비
③ 스프링클러설비 ④ 물분무소화설비

해설

제조소 등의 구분		소화설비
옥내 저장소	처마높이가 6m 이상인 단층건물 또는 다른 용도의 부분이 있는 건축물에 설치한 옥내저장소	스프링클러설비 또는 이동식 외의 물분무 등 소화설비
	그 밖의 것	옥외소화전설비, 스프링클러설비, 이동식 외의 물분무 등 소화설비 또는 이동식 포소화설비(포소화전을 옥외에 설치하는 것에 한한다)

답 ②

특히 제조소, 옥내저장소, 옥외저장소, 옥외탱크저장소에 대한 소화난이도 등급 및 소화설비에 대한 내용이 중요하다. 소화난이도 등급 Ⅰ, Ⅱ, Ⅲ의 내용을 혼동하지 말고 구분하여 정확히 숙지하자!

소화난이도 등급 Ⅱ(제조소 등 및 소화설비)

출제 Point 이것만은 꼭 알고 넘어가자!

소화난이도 등급 Ⅱ의 위험물제조소, 옥내저장소, 옥외탱크저장소, 옥외저장소의 규모, 저장 또는 취급하는 위험물의 품명 및 최대수량 등을 파악하며, 각 제조소 등에 해당하는 소화설비에 대해 알고 있어야 한다. 특히, 제조소 및 일반취급소와 옥내·옥외 탱크저장소에 대해 자주 출제되니 특히 학습에 소홀함이 없어야 한다.

1 소화난이도 등급 Ⅱ에 해당하는 제조소 등

제조소 등의 구분	제조소 등의 규모, 저장 또는 취급하는 위험물의 품명 및 최대수량 등
제조소, 일반취급소	• **연면적 $600m^2$ 이상인 것** • **지정수량의 10배 이상인 것** • 일반취급소로서 소화난이도 등급 Ⅰ의 제조소 등에 해당하지 아니하는 것
옥내저장소	• **단층건물 이외의 것** • 제2류 또는 제4류의 위험물만을 저장·취급하는 단층건물 또는 지정수량의 50배 이하인 소규모 옥내저장소 • **지정수량의 10배 이상인 것** • **연면적 $150m^2$ 초과인 것** • 지정수량 20배 이하의 옥내저장소로서 소화난이도 등급 Ⅰ의 제조소 등에 해당하지 아니하는 것
옥외탱크저장소, 옥내탱크저장소	• 소화난이도 등급 Ⅰ의 제조소 등 외의 것
옥외저장소	• 덩어리상태의 유황을 저장하는 것으로서 경계표시 내부의 면적(2 이상의 경계표시가 있는 경우에는 각 경계표시의 내부의 면적을 합한 면적)이 $5m^2$ 이상 $100m^2$ 미만인 것 • 인화성 고체, 제1석유류, 알코올류의 위험물을 저장하는 것으로서 지정수량의 10배 이상 100배 미만인 것 • 지정수량의 100배 이상인 것(덩어리상태의 유황 또는 고인화점 위험물을 저장하는 것은 제외)
주유취급소	• **옥내주유취급소**
판매취급소	• **제2종 판매취급소**

2 소화난이도 등급 Ⅱ의 제조소 등에 설치하여야 하는 소화설비

제조소 등의 구분	소화설비
제조소, 옥내저장소, 옥외저장소, 주유취급소, 판매취급소, 일반취급소	방사능력범위 내에 해당 건축물, 그 밖의 공작물 및 위험물이 포함되도록 대형 수동식 소화기를 설치하고, 해당 위험물의 소요단위의 1/5 이상에 해당되는 능력단위의 소형 수동식 소화기 등을 설치할 것
옥외탱크저장소, 옥내탱크저장소	대형 수동식 소화기 및 소형 수동식 소화기 등을 각각 1개 이상 설치할 것

출제 Example 자주 출제되는 문제 유형 맛보기!

01 소화난이도 등급 Ⅱ의 제조소에 소화설비를 설치할 때 대형 수동식 소화기와 함께 설치하여야 하는 소형 수동식 소화기 등의 능력단위에 관한 설명으로 옳은 것은?

① 위험물의 소요단위에 해당하는 능력단위의 소형 수동식 소화기 등을 설치할 것
② 위험물의 소요단위의 1/2 이상에 해당하는 능력단위의 소형 수동식 소화기 등을 설치할 것
③ 위험물의 소요단위의 1/5 이상에 해당하는 능력단위의 소형 수동식 소화기 등을 설치할 것
④ 위험물의 소요단위의 10배 이상에 해당하는 능력단위의 소형 수동식 소화기 등을 설치할 것

해설 방사능력범위 내에 해당 건축물, 그 밖의 공작물 및 위험물이 포함되도록 대형 수동식 소화기를 설치하고, 해당 위험물의 소요단위의 1/5 이상에 해당되는 능력단위의 소형 수동식 소화기 등을 설치할 것

답 ③

02 제6류 위험물을 저장하는 옥내탱크저장소로서 단층건물에 설치된 것의 소화난이도 등급은?

① Ⅰ등급 ② Ⅱ등급
③ Ⅲ등급 ④ 해당 없음

해설 제6류 위험물을 저장하는 것 및 고인화점 위험물만을 100℃ 미만의 온도에서 저장하는 것은 소화난이도 등급에 해당하지 않는다.

답 ④

03 소화난이도 등급 Ⅱ의 옥내탱크저장소에는 대형 수동식 소화기 및 소형 수동식 소화기를 각각 몇 개 이상 설치하여야 하는가?

① 4 ② 3
③ 2 ④ 1

해설 **소화난이도 등급 Ⅱ의 제조소 등에 설치하여야 하는 소화설비**
- 옥외탱크저장소 : 대형 수동식 소화기 및 소형 수동식 소화기 등을 각각 1개 이상 설치할 것
- 옥내탱크저장소 : 대형 수동식 소화기 및 소형 수동식 소화기 등을 각각 1개 이상 설치할 것

답 ④

소화난이도 등급 Ⅲ (제조소 등 및 소화설비)

출제 Point 이것만은 꼭 알고 넘어가자!

소화난이도 등급 Ⅲ의 위험물제조소, 옥내저장소, 옥외탱크저장소, 옥외저장소의 규모, 저장 또는 취급하는 위험물의 품명 및 최대수량 등을 파악하며, 각 제조소 등에 해당하는 소화설비에 대해 알고 있어야 한다. 특히, 제조소 및 일반취급소와 옥내·옥외 탱크저장소에 대해 자주 출제되니 특히 학습에 소홀함이 없어야 한다.

1 소화난이도 등급 Ⅲ에 해당하는 제조소 등

제조소 등의 구분	제조소 등의 규모, 저장 또는 취급하는 위험물의 품명 및 최대수량 등
제조소, 일반취급소	• 화약류에 해당하는 위험물을 취급하는 것 • 화약류에 해당하는 위험물 외의 것을 취급하는 것으로서 소화난이도 등급 I 또는 소화난이도 등급 II의 제조소 등에 해당하지 아니하는 것
옥내저장소	• 화약류에 해당하는 위험물을 취급하는 것 • 화약류에 해당하는 위험물 외의 것을 취급하는 것으로서 소화난이도 등급 I 또는 소화난이도 등급 II의 제조소 등에 해당하지 아니하는 것
지하탱크저장소, 간이탱크저장소, 이동탱크저장소	• 모든 대상
옥외저장소	• 덩어리상태의 유황을 저장하는 것으로서 경계표시 내부의 면적(2 이상의 경계표시가 있는 경우에는 각 경계표시의 내부의 면적을 합한 면적)이 $5m^2$ 미만인 것 • 덩어리상태의 유황 외의 것을 저장하는 것으로서 소화난이도 등급 I 또는 소화난이도 등급 II의 제조소 등에 해당하지 아니하는 것
주유취급소	• 옥내주유취급소 외의 것
제1종 판매취급소	• 모든 대상

2 소화난이도 등급 Ⅲ의 제조소 등에 설치하여야 하는 소화설비

제조소 등의 구분	소화설비	설치기준	
지하탱크저장소	소형 수동식 소화기 등	능력단위의 수치가 3 이상	2개 이상
이동탱크저장소	자동차용 소화기	• **무상의 강화액 8L 이상** • **이산화탄소 3.2kg 이상** • 일브롬화일염화이플루오르화메탄(CF_2ClBr) 2L 이상 • 일브롬화삼플루오르화메탄(CF_3Br) 2L 이상 • 이브롬화사플루오르화메탄($C_2F_4Br_2$) 1L 이상 • **소화분말 3.3kg 이상**	2개 이상
	마른모래 및 팽창질석 또는 팽창진주암	• 마른모래 150L 이상 • 팽창질석 또는 팽창진주암 640L 이상	

제조소 등의 구분	소화설비	설치기준
그 밖의 제조소 등	소형 수동식 소화기 등	능력단위의 수치가 건축물, 그 밖의 공작물 및 위험물의 소요단위의 수치에 이르도록 설치할 것. 다만, 옥내소화전설비, 옥외소화전설비, 스프링클러설비, 물분무 등 소화설비 또는 대형 수동식 소화기를 설치한 경우에는 해당 소화설비의 방사능력범위 내의 부분에 대하여는 수동식 소화기 등을 그 능력단위의 수치가 해당 소요단위의 수치의 1/5 이상이 되도록 하는 것으로 족하다.

출제 Example 자주 출제되는 문제 유형 맛보기!

01 다음 중 이동탱크저장소의 소화설비 설치기준으로 옳지 않은 것은?

① 무상의 강화액 8L 이상　　② 이산화탄소 3.2kg 이상
③ 마른모래 150L 이상　　④ 소화분말 3.0kg 이상

해설 ④ 소화분말 3.3kg 이상

답 ④

경보설비

무료강의

출제 Point 이것만은 꼭 알고 넘어가자!

제조소 등의 구분에 따른 제조소 등의 규모, 저장 또는 취급하는 위험물의 종류 및 최대수량 등에 대해 설치하여야 하는 경보설비의 종류를 알아야 한다. 특히, 제조소 및 일반취급소로서 연면적 500m^2 이상, 지정수량 100배 이상 취급하는 경우 등에 대해 파악해야 하며, 자동화재탐지설비의 설치기준에 대해서도 알고 있어야 한다.

1 제조소 등별로 설치하여야 하는 경보설비의 종류

제조소 등의 구분	제조소 등의 규모, 저장 또는 취급하는 위험물의 종류 및 최대수량 등	경보설비
① 제조소 및 일반취급소	• **연면적 500m^2 이상인 것** • 옥내에서 지정수량의 100배 이상을 취급하는 것 • 일반취급소로 사용되는 부분 외의 부분이 있는 건축물에 설치된 일반취급소	자동화재탐지설비
② 옥내저장소	• **지정수량의 100배 이상을 저장 또는 취급**하는 것 • 저장창고의 연면적이 150m^{2}를 초과하는 것 • 처마높이가 6m 이상인 단층건물의 것 • 옥내저장소로 사용되는 부분 외의 부분이 있는 건축물에 설치된 옥내저장소	
③ 옥내탱크저장소	단층건물 외의 건축물에 설치된 옥내탱크저장소로서 소화난이도등급 I에 해당하는 것	
④ 주유취급소	옥내주유취급소	
⑤ ① 내지 ④의 자동화재탐지설비 설치대상에 해당하지 아니하는 제조소 등	**지정수량의 10배 이상을 저장 또는 취급하는 것**	**자동화재탐지설비, 비상경보설비, 확성장치 또는 비상방송설비 중 1종 이상**

2 자동화재탐지설비의 설치기준	① 자동화재탐지설비의 경계구역은 건축물, 그 밖의 공작물의 2 이상의 층에 걸치지 아니하도록 할 것. 다만, 하나의 경계구역의 면적이 500m^2 이하이면서 해당 경계구역이 두 개의 층에 걸치는 경우이거나 계단·경사로·승강기의 승강로, 그 밖에 이와 유사한 장소에 연기감지기를 설치하는 경우에는 그러하지 아니하다. ② **하나의 경계구역의 면적은 600m^2 이하로 하고 그 한 변의 길이는 50m(광전식 분리형 감지기를 설치할 경우에는 100m) 이하로 할 것**. 다만, 해당 건축물, 그 밖의 공작물의 주요한 출입구에서 그 내부의 전체를 볼 수 있는 경우에 있어서는 그 면적을 1,000m^2 이하로 할 수 있다. ③ 자동화재탐지설비의 감지기는 지붕(상층이 있는 경우에는 상층의 바닥) 또는 벽의 옥내에 면한 부분(천장이 있는 경우에는 천장 또는 벽의 옥내에 면한 부분 및 천장의 뒷부분)에 유효하게 화재의 발생을 감지할 수 있도록 설치할 것 ④ 자동화재탐지설비에는 비상전원을 설치할 것

출제 Example 자주 출제되는 문제 유형 맛보기!

01 위험물제조소의 경우 연면적이 최소 몇 m^2이면 자동화재탐지설비를 설치해야 하는가? (단, 원칙적인 경우에 한한다.)

① 100 ② 300
③ 500 ④ 1,000

답 ③

02 위험물안전관리법령상 이송취급소에 설치하는 경보설비의 기준에 따라 이송기지에 설치하여야 하는 경보설비로만 이루어진 것은?

① 확성장치, 비상벨장치
② 비상방송설비, 비상경보설비
③ 확성장치, 비상방송설비
④ 비상방송설비, 자동화재탐지설비

해설 이송취급소에는 다음의 기준에 의하여 경보설비를 설치하여야 한다.
㉮ 이송기지에는 비상벨장치 및 확성장치를 설치할 것
㉯ 가연성 증기를 발생하는 위험물을 취급하는 펌프실 등에는 가연성 증기 경보설비를 설치할 것

답 ①

03 지정수량의 몇 배 이상의 위험물을 취급하는 제조소에는 화재발생 시 이를 알릴 수 있는 경보설비를 설치하여야 하는가?

① 5 ② 10
③ 20 ④ 100

해설 지정수량의 10배 이상을 저장 또는 취급하는 것

답 ②

04 위험물안전관리법령상 자동화재탐지설비의 설치기준으로 옳지 않은 것은?

① 경계구역은 건축물의 최소 2개 이상의 층에 걸치도록 할 것
② 하나의 경계구역의 면적은 $600m^2$ 이하로 할 것
③ 감지기는 지붕 또는 벽의 옥내에 면한 부분에 유효하게 화재의 발생을 감지할 수 있도록 설치할 것
④ 비상전원을 설치할 것

해설 ① 경계구역은 건축물, 그 밖의 공작물의 2 이상의 층에 걸치지 않도록 할 것

답 ①

저자쌤의 합격 TIP

자동화재탐지설비의 설치기준은 반복적으로 출제되는 경향이 있으므로 정확히 알고 넘어가자!

피난설비

출제 Point 이것만은 꼭 알고 넘어가자!

피난설비의 종류를 파악해야 하며, 피난설비 설치기준으로 주유취급소 및 옥내주유취급소에 대한 설치기준에 대해 숙지해야 한다. 특히, 주유취급소의 설치기준 중 해당 건축물의 2층 이상으로부터 직접 주유취급소의 부지 밖으로 통하는 출입구와 해당 출입구로 통하는 통로 · 계단 및 출입구에 유도등을 설치하여야 한다는 것을 알아두도록 한다.

1 종류	① 피난기구 : 피난사다리, 완강기, 간이완강기, 공기안전매트, 피난밧줄, 다수인피난장비, 승강식 피난기, 하향식 피난구용 내림식 사다리, 구조대, 미끄럼대, 피난교, 피난로프, 피난용 트랩 등 ② 인명구조기구, 유도등, 유도표지, 비상조명등
2 설치기준	① 주유취급소 중 건축물의 2층 이상의 부분을 점포 · 휴게음식점 또는 전시장의 용도로 사용하는 것에 있어서는 해당 건축물의 2층 이상으로부터 직접 주유취급소의 부지 밖으로 통하는 출입구와 해당 출입구로 통하는 통로 · 계단 및 출입구에 **유도등**을 설치하여야 한다. ② 옥내주유취급소에 있어서는 해당 사무소 등의 출입구 및 피난구와 해당 피난구로 통하는 통로 · 계단 및 출입구에 **유도등**을 설치하여야 한다. ③ 유도등에는 비상전원을 설치하여야 한다.

출제 Example 자주 출제되는 문제 유형 맛보기!

01 피난설비를 설치하여야 하는 위험물 제조소 등에 해당하는 것은?

① 건축물의 2층 부분을 자동차 정비소로 사용하는 주유취급소
② 건축물의 2층 부분을 전시장으로 사용하는 주유취급소
③ 건축물의 1층 부분을 주유사무소로 사용하는 주유취급소
④ 건축물의 1층 부분을 관계자의 주거시설로 사용하는 주유취급소

해설 **피난설비 설치기준** : 주유취급소 중 건축물의 2층 이상의 부분을 점포 · 휴게음식점 또는 전시장의 용도로 사용하는 것에 있어서는 당해 건축물의 2층 이상으로부터 직접 주유취급소의 부지 밖으로 통하는 출입구와 당해 출입구로 통하는 통로 · 계단 및 출입구에 유도등을 설치하여야 한다.

답 ②

02 다음은 위험물안전관리법령에서 정한 피난설비에 관한 내용이다. ( ) 안에 알맞은 것은 어느 것인가?

> 주유취급소 중 건축물의 2층 이상의 부분을 점포・휴게음식점 또는 전시장의 용도로 사용하는 것에 있어서는 해당 건축물의 2층 이상으로부터 주유취급소의 부지 밖으로 통하는 출입구와 해당 출입구로 통하는 통로・계단 및 출입구에 ( )을(를) 설치하여야 한다.

① 피난사다리 ② 유도등
③ 공기호흡기 ④ 시각경보기

해설 주유취급소 중 건축물의 2층 이상의 부분을 점포・휴게음식점 또는 전시장의 용도로 사용하는 것에 있어서는 해당 건축물의 2층 이상으로부터 직접 주유취급소의 부지 밖으로 통하는 출입구와 해당 출입구로 통하는 통로・계단 및 출입구에 유도등을 설치하여야 한다.

답 ②

피난설비 설치기준에 대해서도 시험에 반복적으로 출제되고 있으니 반드시 정확히 알고 넘어가자!

소화설비의 적응성

출제 Point 이것만은 꼭 알고 넘어가자!

유별 위험물에 대한 소화설비의 적응성 기준은 매회 필기와 실기 시험에 반복적으로 출제되고 있다. 유별 위험물에 대한 소화설비 적응성을 파악해야 하며, 특히, 금수성 물질(제1류 알칼리금속의 과산화물, 제2류 철분, 금속분, 마그네슘, 제3류 칼륨, 나트륨 등)과 그 밖의 것에 대한 소화설비 적응성은 물과의 반응성을 중심으로 구분할 수 있도록 학습해야 한다.

소화설비의 구분 \ 대상물의 구분			건축물·그 밖의 공작물	전기설비	제1류 위험물		제2류 위험물			제3류 위험물		제4류 위험물	제5류 위험물	제6류 위험물
					알칼리금속과산화물 등	그 밖의 것	철분·금속분·마그네슘 등	인화성 고체	그 밖의 것	금수성 물품	그 밖의 것			
옥내소화전 또는 옥외소화전설비			○			○		○	○		○		○	○
스프링클러설비			○			○		○	○		○	△	○	○
물분무 등 소화설비	물분무소화설비		○	○		○		○	○		○	○	○	○
물분무 등 소화설비	포소화설비		○			○		○	○		○	○	○	○
물분무 등 소화설비	불활성가스소화설비			○				○				○		
물분무 등 소화설비	할로겐화합물소화설비			○				○				○		
물분무 등 소화설비	분말소화설비	인산염류 등	○	○		○		○	○			○		○
물분무 등 소화설비	분말소화설비	탄산수소염류 등		○	○		○	○		○		○		
물분무 등 소화설비	분말소화설비	그 밖의 것			○		○			○				
대형·소형 수동식 소화기	봉상수(棒狀水)소화기		○			○		○	○		○		○	○
대형·소형 수동식 소화기	무상수(霧狀水)소화기		○	○		○		○	○		○		○	○
대형·소형 수동식 소화기	봉상강화액소화기		○			○		○	○		○		○	○
대형·소형 수동식 소화기	무상강화액소화기		○	○		○		○	○		○	○	○	○
대형·소형 수동식 소화기	포소화기		○			○		○	○		○	○	○	○
대형·소형 수동식 소화기	이산화탄소소화기			○				○				○		△
대형·소형 수동식 소화기	할로겐화합물소화기			○				○				○		
대형·소형 수동식 소화기	분말소화기	인산염류소화기	○	○		○		○	○			○		○
대형·소형 수동식 소화기	분말소화기	탄산수소염류소화기		○	○		○	○		○		○		
대형·소형 수동식 소화기	분말소화기	그 밖의 것			○		○			○				
기타	물통 또는 수조		○			○		○	○		○		○	○
기타	건조사				○	○	○	○	○	○	○	○	○	○
기타	팽창질석 또는 팽창진주암				○	○	○	○	○	○	○	○	○	○

※ 소화설비는 크게 물주체(옥내·옥외, 스프링클러, 물분무, 포)와 가스주체(불활성가스소화설비, 할로겐화합물소화설비)로 구분하여 대상물별로 물을 사용하면 되는 곳과 안 되는 곳을 구분해서 정리하면 쉽게 분류할 수 있다. 다만, 제6류 위험물의 경우 소규모 누출시를 가정하여 다량의 물로 희석소화한다는 관점으로 정리하는 것이 좋다.

출제 Example 자주 출제되는 문제 유형 맛보기!

01 제3류 위험물 중 금수성 물질을 제외한 위험물에 적응성이 있는 소화설비가 아닌 것은?

① 분말소화설비 ② 스프링클러설비 ③ 옥내소화전설비 ④ 포소화설비

해설 "소화설비의 적응성" 도표 참조

답 ①

02 다음 중 위험물안전관리법령상 철분, 금속분, 마그네슘에 적응성이 있는 소화설비는 어느 것인가?

① 불활성가스소화설비 ② 할로겐화합물소화설비
③ 포소화설비 ④ 탄산수소염류소화설비

해설 "소화설비의 적응성" 도표 참조

답 ④

03 위험물안전관리법령상 제4류 위험물에 적응성이 없는 소화설비는?

① 옥내소화전설비 ② 포소화설비
③ 불활성가스소화설비 ④ 할로겐화합물소화설비

해설 "소화설비의 적응성" 도표 참조

답 ①

04 위험물안전관리법령상 알칼리금속과산화물에 적응성이 있는 소화설비는?

① 할로겐화합물소화설비 ② 탄산수소염류분말소화설비
③ 물분무소화설비 ④ 스프링클러설비

해설 "소화설비의 적응성" 도표 참조

답 ②

소화설비는 크게 물주체(옥내·옥외 스프링클러, 물분무, 포)와 가스주체로 구분하여 대상물별로 물을 사용하면 되는 곳과 안 되는 곳을 구분해서 정리하면 쉽게 분류할 수 있다.

위험물제조소의 시설기준

출제 Point 이것만은 꼭 알고 넘어가자!

위험물제조소별 건축물과의 안전거리 기준은 매회 반복적으로 출제되고 있다. 또한, 위험물제조소 건축물에 대한 구조기준으로 망입유리를 사용하고, 바닥은 위험물이 스며들지 못하는 재료를 사용하며, 최저부에 집유설비를 하는 것은 매우 중요하다. 환기설비는 바닥면적 150m²마다 1개 이상 설치하며, 급기구의 크기에 따른 급기구의 면적 기준, 배출설비 기준, 정전기 제거설비 기준에 대해 알아두도록 한다.

1 안전거리

구분	안전거리	구분	안전거리
사용전압 7,000V 초과 35,000V 이하	3m 이상	고압가스, 액화석유가스, 도시가스	20m 이상
사용전압 35,000V 초과	5m 이상	학교·병원·극장	30m 이상
주거용	10m 이상	유형문화재, 지정문화재	50m 이상

2 단축기준 적용 방화격벽 높이

방화상 유효한 담의 높이

① $H \leq pD^2 + a$인 경우 $h = 2$

② $H > pD^2 + a$인 경우 $h = H - p(D^2 - d^2)$

(p : 목조=0.04, 방화구조=0.15)

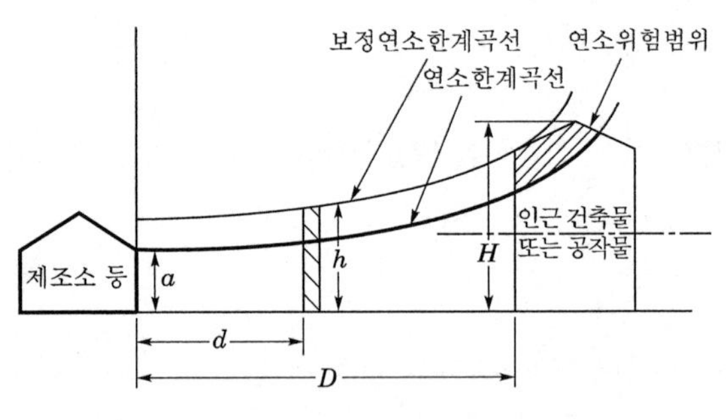

여기서, H : 건축물의 높이, D : 제조소와 건축물과의 거리,
a : 제조소의 높이, d : 제조소와 방화격벽과의 거리,
h : 방화격벽의 높이

3 보유공지

지정수량 10배 이하 : 3m 이상, 지정수량 10배 초과 : 5m 이상

4 표지 및 게시판

① 백색바탕 흑색문자

② 유별, 품명, 수량, 지정수량 배수, 안전관리자 성명 및 직명

③ 규격 : 한 변의 길이 0.3m 이상, 다른 한 변의 길이 0.6m 이상

<table>
<tr><td>5 건축물 구조기준</td><td>① 지하층이 없도록 한다.
② 벽, 기둥, 바닥, 보, 서까래 및 계단은 불연재료로 하고, 연소의 우려가 있는 외벽은 개구부가 없는 내화구조의 벽으로 하여야 한다.
③ 지붕은 폭발력이 위로 방출될 정도의 가벼운 불연재료로 덮어야 한다.
④ 출입구와 비상구는 갑종방화문 또는 을종방화문을 설치하며, 연소의 우려가 있는 외벽에 설치하는 출입구에는 수시로 열 수 있는 자동폐쇄식의 갑종방화문을 설치한다.
⑤ 위험물을 취급하는 건축물의 창 및 출입구에 유리를 이용하는 경우에는 망입유리로 한다.
⑥ 액체의 위험물을 취급하는 건축물의 바닥은 위험물이 스며들지 못하는 재료를 사용하고, 적당한 경사를 두어 그 최저부에 집유설비를 한다.</td></tr>
<tr><td>6 환기설비</td><td>① 자연배기방식
② 급기구는 낮은 곳에 설치하며, 바닥면적 150m^{2}마다 1개 이상으로 하되 급기구의 크기는 800cm^2 이상으로 한다. 다만, 바닥면적이 150m^2 미만인 경우에는 다음의 크기로 하여야 한다.
<table><tr><th>바닥면적</th><th>급기구의 면적</th></tr><tr><td>60m^2 미만</td><td>150cm^2 이상</td></tr><tr><td>60m^2 이상 90m^2 미만</td><td>300cm^2 이상</td></tr><tr><td>90m^2 이상 120m^2 미만</td><td>450cm^2 이상</td></tr><tr><td>120m^2 이상 150m^2 미만</td><td>600cm^2 이상</td></tr></table>③ 인화방지망 설치
④ 환기구는 지상 2m 이상의 회전식 고정 벤틸레이터 또는 루프팬 방식 설치</td></tr>
<tr><td>7 배출설비</td><td>① 국소방식
② 강제배출, 배출능력 : 1시간당 배출장소 용적의 20배 이상
③ 전역방식의 바닥면적 1m^{2}당 18m^3 이상
④ 급기구는 높은 곳에 설치
⑤ 인화방지망 설치</td></tr>
<tr><td>8 정전기제거설비</td><td>① 접지
② 공기 중의 상대습도를 70% 이상
③ 공기를 이온화</td></tr>
<tr><td>9 방유제 설치</td><td>① 옥내 ┌ 1기일 때 : 탱크용량 이상
　　　 └ 2기 이상일 때 : 최대 탱크용량 이상
② 옥외 ┌ 1기일 때 : 당해 탱크용량의 50% 이상
　　　 └ 2기 이상일 때 : 최대용량의 50%+나머지 탱크용량의 10%를 가산한 양 이상</td></tr>
<tr><td>10 자동화재탐지설비 설치대상 제조소</td><td>① 연면적 500m^2 이상인 것
② 옥내에서 지정수량의 100배 이상을 취급하는 것(고인화점 위험물만을 100℃ 미만의 온도에서 자동화재취급하는 것을 제외한다)
③ 일반취급소로 사용되는 부분 외의 부분이 있는 건축물에 설치된 일반취급소</td></tr>
<tr><td>11 히드록실아민 등을 취급하는 제조소 안전거리(D)</td><td>$D=51.1\times\sqrt[3]{N}$
여기서, N : 해당 제조소에서 취급하는 히드록실아민 등의 지정수량의 배수
　　　 D : 안전거리</td></tr>
</table>

출제 Example 자주 출제되는 문제 유형 맛보기!

01 위험물을 취급함에 있어서 정전기를 유효하게 제거하기 위한 설비를 설치하고자 한다. 위험물안전관리법령상 공기 중의 상대습도를 몇 % 이상 되게 하여야 하는가?

① 50 ② 60 ③ 70 ④ 80

해설 정전기제거설비는 접지, 공기 이온화, 공기 중의 상대습도를 70% 이상 되게 하여야 한다.

답 ③

02 다음 중 정전기 방지대책으로 가장 거리가 먼 것은?

① 접지를 한다.
② 공기를 이온화한다.
③ 21% 이상의 산소농도를 유지하도록 한다.
④ 공기의 상대습도를 70% 이상으로 한다.

해설 문제 1 해설 참조

답 ③

03 위험물안전관리법령상 위험물제조소의 옥외에 있는 하나의 액체위험물 취급탱크 주위에 설치하는 방유제의 용량은 해당 탱크용량의 몇 % 이상으로 하여야 하는가?

① 50% ② 60% ③ 100% ④ 110%

해설 하나의 취급탱크 주위에 설치하는 방유제의 용량은 해당 탱크용량의 50% 이상으로 하고, 2 이상의 취급탱크 주위에 하나의 방유제를 설치하는 경우 그 방유제의 용량은 해당 탱크 중 용량이 최대인 것의 50%에 나머지 탱크용량 합계의 10%를 가산한 양 이상이 되게 할 것

답 ①

04 위험물안전관리법령상 위험물제조소에 설치하는 배출설비에 대한 내용으로 틀린 것은?

① 배출설비는 예외적인 경우를 제외하고는 국소방식으로 하여야 한다.
② 배출설비는 강제배출 방식으로 한다.
③ 급기구는 낮은 장소에 설치하고, 인화방지망을 설치한다.
④ 배출구는 지상 2m 이상 높이에 연소의 우려가 없는 곳에 설치한다.

해설 급기구는 높은 곳에 설치하고, 가는 눈의 구리망 등으로 인화방지망을 설치할 것

답 ③

옥내저장소의 시설기준

출제 Point 이것만은 꼭 알고 넘어가자!

옥내저장소의 안전거리 제외대상을 파악하며, 저장창고에 대한 보유공지 기준을 알아야 한다. 또한 저장창고의 기준으로 6m 미만의 단층건물이어야 하며, 위험물을 저장하는 창고에 보관하는 위험물에 따른 바닥면적은 1,000m^2 이내에 보관해야 하는 위험물은 위험 등급 Ⅰ에 해당하며(단, 4류 위험물은 Ⅱ등급군까지 포함), 그 외 위험물은 2,000m^2 이하로 제한하고 있다는 것을 파악해야 한다.

1 안전거리 제외대상

① **제4석유류 또는 동·식물유류의 위험물**을 저장 또는 취급하는 옥내저장소로서 그 최대수량이 **지정수량의 20배 미만인 것**

② 제6류 위험물을 저장 또는 취급하는 옥내저장소

③ 지정수량 20배 이하의 위험물을 저장 또는 취급기준

㉮ 저장창고의 벽 · 기둥 · 바닥 · 보 및 지붕이 내화구조인 것

㉯ 저장창고의 출입구에 수시로 열 수 있는 자동폐쇄방식의 갑종방화문이 설치되어 있을 것

㉰ 저장창고에 창을 설치하지 아니할 것

2 보유공지

저장 또는 취급하는 위험물의 최대수량	공지의 너비	
	벽 · 기둥 및 바닥이 내화구조로 된 건축물	그 밖의 건축물
지정수량의 5배 이하	–	0.5m 이상
지정수량의 5배 초과 10배 이하	1m 이상	1.5m 이상
지정수량의 10배 초과 20배 이하	2m 이상	3m 이상
지정수량의 20배 초과 50배 이하	3m 이상	5m 이상
지정수량의 50배 초과 200배 이하	5m 이상	10m 이상
지정수량의 200배 초과	10m 이상	15m 이상

3 저장창고 기준

① 지면에서 처마까지의 높이(이하 "처마높이"라 한다)가 **6m 미만인 단층건물**로 하고 그 바닥을 지반면보다 높게 하여야 한다. 다만, 제2류 또는 제4류 위험물만 저장하는 경우 다음의 조건에서는 20m 이하로 가능하다.

㉮ 벽 · 기둥 · 바닥 · 보는 내화구조

㉯ 출입구는 갑종방화문

㉰ 피뢰침 설치

② **벽 · 기둥 · 보 및 바닥 : 내화구조, 보와 서까래 : 불연재료**

③ **지붕은** 폭발력이 위로 방출될 정도의 가벼운 **불연재료**

④ **출입구에는 갑종방화문** 또는 **을종방화문**을 설치할 것

⑤ 저장창고의 창 또는 출입구에 유리를 이용하는 경우에는 **망입유리**를 설치할 것

⑥ 액상위험물의 저장창고의 **바닥은 위험물이 스며들지 아니하는 구조**로 하고, 적당하게 경사지게 하여 그 최저부에 **집유설비**를 할 것

⑦ **지정수량의 10배 이상의 저장창고**(제6류 위험물의 저장창고를 제외한다)에는 **피뢰침을 설치할 것**

4 저장창고의 바닥면적

위험물을 저장하는 창고	바닥면적
① 제1류 위험물 중 아염소산염류, 염소산염류, 과염소산염류, 무기과산화물, 그 밖에 지정수량이 50kg인 위험물 ② 제3류 위험물 중 칼륨, 나트륨, 알킬알루미늄, 알킬리튬, 그 밖에 지정수량이 10kg인 위험물 및 황린 ③ 제4류 위험물 중 특수인화물, 제1석유류 및 알코올류 ④ 제5류 위험물 중 유기과산화물, 질산에스테르류, 그 밖에 지정수량이 10kg인 위험물 ⑤ 제6류 위험물	1,000m^2 이하
①~⑤ 외의 위험물을 저장하는 창고	2,000m^2 이하
내화구조의 격벽으로 완전히 구획된 실에 각각 저장하는 창고	1,500m^2 이하

5 담/토제 설치기준

① 담 또는 토제는 저장창고의 외벽으로부터 2m 이상 떨어진 장소에 설치할 것

② 담 또는 토제의 높이는 저장창고의 처마높이 이상으로 할 것

③ 담은 두께 15cm 이상의 철근콘크리트조나 철골철근콘크리트조 또는 두께 20cm 이상의 보강콘크리트블록조로 할 것

④ **토제의 경사면의 경사도는 60° 미만**으로 할 것

6 다층건물 옥내저장소 기준

① 저장창고는 각층의 바닥을 지면보다 높게 하고, 바닥면으로부터 상층의 바닥(상층이 없는 경우에는 처마)까지의 높이(이하 "층고"라 한다)를 6m 미만으로 하여야 한다.

② **하나의 저장창고의 바닥면적 합계는 1,000m^2 이하로 하여야 한다.**

③ 저장창고의 벽 · 기둥 · 바닥 및 보를 내화구조로 하고, 계단을 불연재료로 하며, 연소의 우려가 있는 외벽은 출입구 외의 개구부를 갖지 아니하는 벽으로 하여야 한다.

④ 2층 이상의 층의 바닥에는 개구부를 두지 아니하여야 한다. 다만, 내화구조의 벽과 갑종방화문 또는 을종방화문으로 구획된 계단실에 있어서는 그러하지 아니하다.

출제 Example 자주 출제되는 문제 유형 맛보기!

01 위험물안전관리법령상 옥내저장소 저장창고의 바닥은 물이 스며 나오거나 스며들지 아니하는 구조로 하여야 한다. 다음 중 반드시 이 구조로 하지 않아도 되는 위험물은?

① 제1류 위험물 중 알칼리금속의 과산화물 ② 제4류 위험물
③ 제5류 위험물 ④ 제2류 위험물 중 철분

해설 **물이 스며 나오거나 스며들지 아니하는 바닥구조로 해야 하는 위험물**
㉮ 제1류 위험물 중 알칼리금속의 과산화물 또는 이를 함유하는 것
㉯ 제2류 위험물 중 철분 · 금속분 · 마그네슘 또는 이 중 어느 하나 이상을 함유하는 것
㉰ 제3류 위험물 중 금수성 물질
㉱ 제4류 위험물

답 ③

02 저장하는 위험물의 최대수량이 지정수량의 15배일 경우, 건축물의 벽 · 기둥 및 바닥이 내화구조로 된 위험물 옥내저장소의 보유공지는 몇 m 이상이어야 하는가?

① 0.5 ② 1 ③ 2 ④ 3

해설 저장 또는 취급하는 위험물의 최대수량이 지정수량의 10배 초과 20배 이하인 경우 벽 · 기둥 및 바닥이 내화구조로 된 건축물은 2m 이상, 그 밖의 건축물은 3m 이상으로 한다.

답 ③

03 옥내저장소에 제3류 위험물인 황린을 저장하면서 위험물안전관리법령에 의한 최소한의 보유공지로 3m를 옥내저장소 주위에 확보하였다. 이 옥내저장소에 저장하고 있는 황린의 수량은? (단, 옥내저장소의 구조는 벽 · 기둥 및 바닥이 내화구조로 되어 있고 그 외의 다른 사항은 고려하지 않는다.)

① 100kg 초과 500kg 이하 ② 400kg 초과 1,000kg 이하
③ 500kg 초과 5,000kg 이하 ④ 1,000kg 초과 40,000kg 이하

해설 황린은 제3류 위험물로서 지정수량은 20kg이다. 따라서, 보유공지가 3m 이상인 경우는 20배 초과 50배 이하이므로 20kg×20배~20kg×50배=400kg 초과 1,000kg 이하에 해당한다.

답 ②

저장창고의 바닥면적 기준에 대해서도 반복적으로 출제되므로 유별, 품명별 기준을 잘 숙지하자!
위험등급 Ⅰ등급은 1,000m^2 이하(단, 제4류 위험물은 Ⅱ등급 포함)

옥외저장소의 시설기준

출제 Point 이것만은 꼭 알고 넘어가자!

옥외저장소에 저장할 수 있는 위험물에 대해 파악해야 하며, 덩어리상태의 유황 저장기준에 대해서 알아야 한다. 특히, 덩어리상태 유황의 옥외저장소는 하나의 경계표시 내부의 면적을 $100m^2$ 이내로 해야 하며, 경계표시의 높이는 1.5m 이하로 해야 한다는 것과, 그 외 선반의 높이는 6m를 초과하지 않아야 한다는 것을 숙지해야 한다.

1 설치기준	① 안전거리를 둘 것 ② 습기가 없고 배수가 잘 되는 장소에 설치할 것 ③ 위험물을 저장 또는 취급하는 장소의 주위에는 **경계표시**를 할 것
2 보유공지	(아래 표 참조) 제4류 위험물 중 제4석유류와 제6류 위험물을 저장 또는 취급하는 보유공지는 공지너비의 $\frac{1}{3}$ 이상으로 할 수 있다.
3 선반 설치기준	① 선반은 불연재료로 만들고 견고한 지반면에 고정할 것 ② 선반은 해당 선반 및 그 부속설비의 자중 · 저장하는 위험물의 중량 · 풍하중 · 지진의 영향 등에 의하여 생기는 응력에 대하여 안전할 것 ③ **선반의 높이는 6m를 초과하지 아니할 것** ④ 선반에는 위험물을 수납한 용기가 쉽게 낙하하지 아니하는 조치를 할 것
4 옥외저장소에 저장할 수 있는 위험물	① **제2류 위험물 중 유황, 인화성 고체**(인화점이 0℃ 이상인 것에 한함) ② **제4류 위험물 중 제1석유류**(인화점이 0℃ 이상인 것에 한함), **제2석유류, 제3석유류, 제4석유류, 알코올류, 동 · 식물유류** ③ **제6류 위험물**
5 덩어리상태의 유황 저장기준	① **하나의 경계표시의 내부의 면적은 $100m^2$ 이하일 것** ② 2 이상의 경계표시를 설치하는 경우에 있어서는 각각의 경계표시 내부의 면적을 합산한 면적은 $1,000m^2$ 이하로 하고, 인접하는 경계표시와 경계표시와의 간격은 공지의 너비의 2분의 1 이상으로 할 것

2 보유공지

저장 또는 취급하는 위험물의 최대수량	공지의 너비
지정수량의 10배 이하	3m 이상
지정수량의 10배 초과 20배 이하	5m 이상
지정수량의 20배 초과 50배 이하	9m 이상
지정수량의 50배 초과 200배 이하	12m 이상
지정수량의 200배 초과	15m 이상

	③ 경계표시는 불연재료로 만드는 동시에 유황이 새지 아니하는 구조로 할 것 ④ **경계표시의 높이는 1.5m 이하로 할 것** ⑤ 경계표시에는 유황이 넘치거나 비산하는 것을 방지하기 위한 천막 등을 고정하는 장치를 설치하되, 천막 등을 고정하는 장치는 경계표시의 길이 2m마다 한 개 이상 설치할 것 ⑥ 유황을 저장 또는 취급하는 장소의 주위에는 **배수구**와 **분리장치**를 설치할 것
6 기타 기준	① 과산화수소 또는 과염소산을 저장하는 옥외저장소에는 불연성 또는 난연성의 천막 등을 설치하여 햇빛을 가릴 것 ② 눈·비 등을 피하거나 차광 등을 위하여 옥외저장소에 캐노피 또는 지붕을 설치하는 경우에는 환기 및 소화활동에 지장을 주지 아니하는 구조로 할 것. 이 경우 기둥은 내화구조로 하고, 캐노피 또는 지붕을 불연재료로 하며, 벽을 설치하지 아니하여야 한다.

출제 Example 자주 출제되는 문제 유형 맛보기!

01 옥외저장소에서 저장 또는 취급할 수 있는 위험물이 아닌 것은? (단, 국제해상위험물규칙에 적합한 용기에 수납된 위험물의 경우는 제외한다.)

① 제2류 위험물 중 유황
② 제1류 위험물 중 과염소산염류
③ 제6류 위험물
④ 제2류 위험물 중 인화점이 10℃인 인화성 고체

해설 **옥외저장소에 저장할 수 있는 위험물**
㉮ 제2류 위험물 중 유황, 인화성 고체(인화점이 0℃ 이상인 것에 한함)
㉯ 제4류 위험물 중 제1석유류(인화점이 0℃ 이상인 것에 한함), 제2석유류, 제3석유류, 제4석유류, 알코올류, 동·식물유류
㉰ 제6류 위험물

답 ②

02 위험물안전관리법령상 옥외저장소 중 덩어리상태의 유황만을 지반면에 설치한 경계표시의 안쪽에서 저장 또는 취급할 때 경계표시의 높이는 몇 m 이하로 하여야 하는가?

① 1
② 1.5
③ 2
④ 2.5

해설 뒤의 4번 문제 해설 참조

답 ②

03 다음 위험물 중에서 옥외저장소에서 저장·취급할 수 없는 것은? (단, 특별시·광역시 또는 도의 조례에서 정하는 위험물과 IMDG Code에 적합한 용기에 수납된 위험물의 경우는 제외한다.)

① 아세트산　　② 에틸렌글리콜
③ 크레오소트유　　④ 아세톤

해설 아세톤은 제4류 위험물 중 제1석유류로서 인화점이 −18℃이므로 옥외저장소에 저장할 수 없다.
옥외저장소에 저장할 수 있는 위험물
㉮ 제2류 위험물 중 유황, 인화성 고체(인화점이 0℃ 이상인 것에 한함)
㉯ 제4류 위험물 중 제1석유류(인화점이 0℃ 이상인 것에 한함), 제2석유류, 제3석유류, 제4석유류, 알코올류, 동·식물유류
㉰ 제6류 위험물

답 ④

04 옥외저장소에 덩어리상태의 유황만을 지반면에 설치한 경계표시의 안쪽에서 저장할 경우 하나의 경계표시의 내부 면적은 몇 m^2 이하이어야 하는가?

① 75　　② 100
③ 150　　④ 300

해설 **옥외저장소 중 덩어리상태의 유황만을 지반면에 설치한 경계표시의 안쪽에서 저장 또는 취급하는 것에 대한 기준**
㉮ 하나의 경계표시의 내부의 면적은 $100m^2$ 이하일 것
㉯ 2 이상의 경계표시를 설치하는 경우에 있어서는 각각의 경계표시 내부의 면적을 합산한 면적은 $1,000m^2$ 이하로 하고, 인접하는 경계표시와 경계표시와의 간격은 공지 너비의 2분의 1 이상으로 할 것. 다만, 저장 또는 취급하는 위험물의 최대수량이 지정수량의 200배 이상인 경우에는 10m 이상으로 하여야 한다.
㉰ 경계표시는 불연재료로 만드는 동시에 유황이 새지 아니하는 구조로 할 것
㉱ 경계표시의 높이는 1.5m 이하로 할 것
㉲ 경계표시에는 유황이 넘치거나 비산하는 것을 방지하기 위한 천막 등을 고정하는 장치를 설치하되, 천막 등을 고정하는 장치는 경계표시의 길이 2m마다 한 개 이상 설치할 것
㉳ 유황을 저장 또는 취급하는 장소의 주위에는 배수구와 분리장치를 설치할 것

답 ②

옥내탱크저장소의 시설기준

무료강의

출제 Point 이것만은 꼭 알고 넘어가자!

옥내저장탱크의 용량은 지정수량의 40배 이하이며, 이때 제4석유류 및 동·식물유류를 제외한 제4류 위험물은 최대 20,000L인 것을 파악해야 한다. 또한 제2류 위험물 중 황화린, 적린 및 덩어리유황, 제3류 위험물 중 황린, 제6류 위험물 중 질산의 탱크전용실은 건축물의 1층 또는 지하층에 설치해야 한다는 것을 알아두도록 한다.

1 옥내탱크저장소의 구조	① 단층건축물에 설치된 탱크전용실에 설치할 것 ② 옥내저장탱크와 탱크전용실의 벽과의 사이 및 옥내저장탱크의 **상호간에는 0.5m 이상의 간격**을 유지할 것 ③ 옥내저장탱크의 용량(동일한 탱크전용실에 옥내저장탱크를 2 이상 설치하는 경우에는 각 탱크의 용량의 합계를 말한다)은 **지정수량의 40배**(제4석유류 및 동·식물유류 외의 제4류 위험물에 있어서 해당 수량이 **20,000L를 초과할 때에는 20,000L) 이하**일 것 ④ 압력탱크(최대상용압력이 부압 또는 정압 5kPa을 초과하는 탱크를 말한다) 외의 탱크에 있어서는 밸브 없는 통기관을 설치하고, 압력탱크에 있어서는 안전장치를 설치할 것
2 탱크전용실의 구조	① 탱크전용실은 **벽·기둥 및 바닥을 내화구조**로 하고, **보를 불연재료**로 하며, 연소의 우려가 있는 외벽은 출입구 외에는 개구부가 없도록 할 것 ② 탱크전용실은 **지붕을 불연재료**로 하고, 천장을 설치하지 아니할 것 ③ 탱크전용실의 창 및 출입구에는 갑종방화문 또는 을종방화문을 설치할 것 ④ 탱크전용실의 창 또는 출입구에 유리를 이용하는 경우에는 **망입유리**로 할 것 ⑤ 액상의 위험물의 옥내저장탱크를 설치하는 탱크전용실의 **바닥은 위험물이 침투하지 아니하는 구조**로 하고, 적당한 경사를 두는 한편, **집유설비**를 설치할 것 ⑥ 탱크전용실의 출입구의 턱의 높이를 해당 탱크전용실 내의 옥내저장탱크(옥내저장탱크가 2 이상인 경우에는 최대용량의 탱크)의 용량을 수용할 수 있는 높이 이상으로 하거나 옥내저장탱크로부터 누설된 위험물이 탱크전용실 외의 부분으로 유출하지 아니하는 구조로 할 것

3 단층건물 외의 건축물	① 옥내저장탱크는 탱크전용실에 설치할 것. 이 경우 제2류 위험물 중 황화린, 적린 및 덩어리유황, 제3류 위험물 중 황린, 제6류 위험물 중 질산의 탱크전용실은 건축물의 1층 또는 지하층에 설치해야 한다. ② 주입구 부근에는 해당 탱크의 위험물의 양을 표시하는 장치를 설치할 것 ③ 탱크전용실이 있는 건축물에 설치하는 옥내저장탱크의 펌프설비 ㉮ 탱크전용실 외의 장소에 설치하는 경우 ㉠ 펌프실은 **벽 · 기둥 · 바닥 및 보를 내화구조**로 할 것 ㉡ 펌프실은 상층이 있는 경우에 있어서는 상층의 바닥을 내화구조로 하고, 상층이 없는 경우에 있어서는 **지붕을 불연재료**로 하며, 천장을 설치하지 아니할 것 ㉢ 펌프실에는 창을 설치하지 아니할 것 ㉣ 펌프실의 출입구에는 **갑종방화문을 설치**할 것 ㉤ 펌프실의 환기 및 배출의 설비에는 방화상 유효한 댐퍼 등을 설치할 것 ㉯ 탱크전용실에 펌프설비를 설치하는 경우에는 견고한 기초 위에 고정한 다음 그 주위에는 불연재료로 된 **턱을 0.2m 이상의 높이**로 설치하는 등 누설된 위험물이 유출되거나 유입되지 아니하도록 하는 조치를 할 것
4 기타	① 안전거리와 보유공지에 대한 기준이 없으며, 규제 내용 역시 없다. ② 원칙적으로 옥내탱크저장소의 탱크는 단층건물의 탱크전용실에 설치해야 한다.

출제 Example 자주 출제되는 문제 유형 맛보기!

01 옥내탱크저장소 중 탱크전용실을 단층건물 외의 건축물에 설치하는 경우 탱크전용실을 건축물 1층 또는 지하층에만 설치하여야 하는 위험물이 아닌 것은?

① 제2류 위험물 중 덩어리유황
② 제3류 위험물 중 황린
③ 제4류 위험물 중 인화점이 38℃ 이상인 위험물
④ 제6류 위험물 중 질산

해설 제4류 위험물 중 인화점이 40℃ 이상인 위험물이다.

답 ③

02 단층건물에 설치하는 옥내탱크저장소의 탱크전용실에 비수용성의 제2석유류 위험물을 저장하는 탱크 1개를 설치할 경우, 설치할 수 있는 탱크의 최대용량은?

① 10,000L ② 20,000L
③ 40,000L ④ 80,000L

해설 옥내저장탱크의 용량(동일한 탱크전용실에 옥내저장탱크를 2 이상 설치하는 경우에는 각 탱크의 용량의 합계를 말한다)은 지정수량의 40배(제4석유류 및 동·식물유류 외의 제4류 위험물에 있어서 해당 수량이 20,000L를 초과할 때에는 20,000L) 이하일 것

답 ②

03 위험물안전관리법령상 옥내탱크저장소의 기준에서 옥내저장탱크 상호간에는 몇 m 이상의 간격을 유지하여야 하는가?

① 0.3 ② 0.5
③ 0.7 ④ 1.0

해설 옥내저장탱크와 탱크전용실 벽과의 사이 및 옥내저장탱크 상호간에는 0.5m 이상의 간격을 유지해야 한다.

답 ②

옥외탱크저장소의 시설기준

무료강의

출제 Point 이것만은 꼭 알고 넘어가자!

옥외탱크저장소의 경우 저장 또는 취급하는 위험물의 최대수량에 따른 보유공지 기준을 반드시 학습해야 하며, 제6류 위험물은 당해 보유공지의 1/3로 할 수 있다는 것을 파악해야 한다. 그 외 방유제 설치기준 중 높이 및 면적기준과 방유제의 용량에 대해서도 알고 넘어가야 한다.

1 보유공지

저장 또는 취급하는 위험물의 최대수량	공지의 너비
지정수량의 500배 이하	3m 이상
지정수량의 500배 초과 1,000배 이하	5m 이상
지정수량의 1,000배 초과 2,000배 이하	9m 이상
지정수량의 2,000배 초과 3,000배 이하	12m 이상
지정수량의 3,000배 초과 4,000배 이하	15m 이상

▣ 특례 : **제6류 위험물**을 저장, 취급하는 옥외탱크저장소의 경우

- **해당 보유공지의 $\frac{1}{3}$ 이상의 너비**로 할 수 있다(단, 1.5m 이상일 것).
- 동일대지 내에 2기 이상의 탱크를 인접하여 설치하는 경우에는 해당 보유공지 너비의 $\frac{1}{3}$ 이상에 다시 $\frac{1}{3}$ 이상의 너비로 할 수 있다(단, 1.5m 이상일 것).

2 탱크 통기장치의 기준

구분	기준
밸브 없는 통기관	① **통기관의 직경 : 30mm 이상** ② **통기관의 선단은 45° 이상 구부려** 빗물 등의 침투를 막는 구조 ③ 인화점이 38℃ 미만인 위험물만을 저장·취급하는 탱크의 통기관에는 화염방지장치를 설치하고, 인화점이 38℃ 이상 70℃ 미만인 위험물을 저장·취급하는 탱크의 통기관에는 40mesh 이상의 구리망으로 된 인화방지장치를 설치할 것
대기밸브부착 통기관	① 5kPa 이하의 압력 차이로 작동할 수 있을 것 ② 가는 눈의 구리망 등으로 인화방지장치를 설치

3 방유제 설치기준

① 용량 : 방유제 안에 설치된 탱크가 하나인 때에는 그 **탱크 용량의 110% 이상**, 2기 이상인 때에는 그 탱크 용량 중 용량이 **최대인 것의 용량의 110% 이상**으로 한다. 다만, 인화성이 없는 액체 위험물의 옥외저장탱크의 주위에 설치하는 방유제는 "110%"를 "100%"로 본다.

② 높이 및 면적 : **0.5m 이상 3.0m 이하, 두께 0.2m 이상, 지하매설 깊이 1m 이상으로 할 것. 면적 80,000m² 이하**

	③ 방유제와 탱크 측면과의 이격거리 ㉮ 탱크 지름이 15m 미만인 경우 : 탱크 높이의 $\frac{1}{3}$ 이상 ㉯ 탱크 지름이 15m 이상인 경우 : 탱크 높이의 $\frac{1}{2}$ 이상
4 방유제의 구조	① 방유제는 철근콘크리트로 하고, 방유제와 옥외저장탱크 사이의 지표면은 불연성과 불침윤성이 있는 구조(철근콘크리트 등)로 할 것 ② 내부에 고인 물을 외부로 배출하기 위한 **배수구**를 설치하고 이를 **개폐하는 밸브** 등을 방유제의 외부에 설치할 것 ③ 용량이 100만L 이상인 위험물을 저장하는 옥외저장탱크에 있어서는 밸브 등에 그 개폐상황을 쉽게 확인할 수 있는 장치를 설치할 것 ④ **높이가 1m를 넘는 방유제** 및 칸막이 둑의 안팎에는 방유제 내에 출입하기 위한 계단 또는 경사로를 **약 50m마다** 설치할 것
5 이황화탄소의 옥외탱크저장소 설치기준	탱크전용실(수조)의 구조 ① 재질 : 철근콘크리트조(바닥에 물이 새지 않는 구조) ② 벽, 바닥의 두께 : 0.2m 이상

출제 Example 자주 출제되는 문제 유형 맛보기!

01 위험물안전관리법령상 옥외탱크저장소의 기준에 따라 다음의 인화성 액체 위험물을 저장하는 옥외저장탱크 1~4호를 동일의 방유제 내에 설치하는 경우 방유제에 필요한 최소 용량으로서 옳은 것은? (단, 암반탱크 또는 특수액체 위험물탱크의 경우는 제외한다.)

• 1호 탱크 – 등유 1,500kL	• 2호 탱크 – 가솔린 100kL
• 3호 탱크 – 경유 500kL	• 4호 탱크 – 중유 250kL

① 1,650kL　② 1,500kL
③ 500kL　④ 250kL

해설 **방유제의 용량** : 방유제 안에 설치된 탱크가 하나인 때에는 그 탱크 용량의 110% 이상, 2기 이상인 때에는 그 탱크 용량 중 용량이 최대인 것의 용량의 110% 이상으로 한다. 다만, 인화성이 없는 액체 위험물의 옥외저장탱크의 주위에 설치하는 방유제는 "110%"를 "100%"로 본다. 따라서 본 문제에서는 최대용량이 1,500kL이므로 방유제에 필요한 최소 용량은 1,500kL×0.1=1,650kL이다.

답 ①

02 저장 또는 취급하는 위험물의 최대수량이 지정수량의 500배 이하일 때 옥외저장탱크의 측면으로부터 몇 m 이상의 보유공지를 유지하여야 하는가? (단, 제6류 위험물은 제외한다.)

① 1　　② 2
③ 3　　④ 4

해설 "보유공지" 도표 참조

답 ③

03 위험물안전관리법령상 제4류 위험물 지정수량의 3천배 초과 4천배 이하로 저장하는 옥외탱크저장소의 보유공지는 얼마인가?

① 5m 이상　　② 9m 이상
③ 12m 이상　　④ 15m 이상

해설 ① 5m 이상 – 지정수량의 500배 초과 1,000배 이하
② 9m 이상 – 지정수량의 1,000배 초과 2,000배 이하
③ 12m 이상 – 지정수량의 2,000배 초과 3,000배 이하

답 ④

04 위험물 옥외저장탱크의 통기관에 관한 사항으로 옳지 않은 것은?

① 밸브 없는 통기관의 직경은 30mm 이상으로 한다.
② 대기밸브부착 통기관은 항시 열려 있어야 한다.
③ 밸브 없는 통기관의 선단은 수평면보다 45도 이상 구부려 빗물 등의 침투를 막는 구조로 한다.
④ 대기밸브부착 통기관은 5kPa 이하의 압력 차이로 작동할 수 있어야 한다.

해설 대기밸브부착 통기관은 5kPa 이하의 압력 차이로 작동할 수 있어야 한다.

답 ②

방유제 설치기준 중 용량, 높이, 면적 등은 필기뿐만 아니라 실기 시험에도 자주 출제되고 있으므로 정확히 암기하자!

지하탱크저장소의 시설기준

출제 Point 이것만은 꼭 알고 넘어가자!

지하저장탱크의 윗부분은 지면으로부터 0.6m 이상 아래에 위치하며, 2 이상 설치 시 상호간에 1m 이상 간격을 유지해야 한다는 것을 파악해야 한다. 또한 탱크전용실의 경우 탱크주위에 입자지름 5mm 이하의 마른자갈분을 채워야 한다는 것도 알고 있어야 한다.

1 저장소 구조	① 지하저장탱크의 윗부분은 **지면으로부터 0.6m 이상 아래**에 있어야 한다. ② 지하저장탱크를 2 이상 인접해 설치하는 경우에는 그 **상호간에 1m 이상의 간격을 유지**하여야 한다. ③ 액체 위험물의 지하저장탱크에는 위험물의 양을 자동적으로 표시하는 장치 또는 계량구를 설치하여야 한다. ④ 지하저장탱크는 용량에 따라 압력탱크(최대상용압력이 46.7kPa 이상인 탱크를 말한다) 외의 탱크에 있어서는 70kPa의 압력으로, 압력탱크에 있어서는 최대상용압력의 1.5배의 압력으로 각각 10분간 수압시험을 실시하여 새거나 변형되지 아니하여야 한다.
2 과충전 방지장치	① 탱크 용량을 초과하는 위험물이 주입될 때 자동으로 그 주입구를 폐쇄하거나 위험물의 공급을 자동으로 차단하는 방법 ② 탱크 용량의 **90%가 찰 때 경보음**을 울리는 방법
3 탱크전용실 구조	① 탱크전용실은 지하의 가장 가까운 벽 · 피트 · 가스관 등의 시설물 및 대지경계선으로부터 0.1m 이상 떨어진 곳에 설치하고, 지하저장탱크와 탱크전용실의 안쪽과의 사이는 0.1m 이상의 간격을 유지하도록 하며, 해당 탱크의 주위에 마른모래 또는 습기 등에 의하여 응고되지 아니하는 **입자지름 5mm 이하의 마른자갈분**을 채워야 한다. ② 탱크전용실은 벽 · 바닥 및 뚜껑을 다음 기준에 적합한 철근콘크리트구조 또는 이와 동등 이상의 강도가 있는 구조로 설치하여야 한다. ㉮ 벽 · 바닥 및 뚜껑의 두께는 0.3m 이상일 것 ㉯ 벽 · 바닥 및 뚜껑의 내부에는 직경 9mm부터 13mm까지의 철근을 가로 및 세로로 5cm부터 20cm까지의 간격으로 배치할 것 ㉰ 벽 · 바닥 및 뚜껑의 재료에 수밀콘크리트를 혼입하거나 벽 · 바닥 및 뚜껑의 중간에 아스팔트층을 만드는 방법으로 적정한 방수조치를 할 것

출제 Example 자주 출제되는 문제 유형 맛보기!

01 위험물안전관리법령상 지하탱크저장소 탱크전용실의 안쪽과 지하저장탱크와의 사이는 몇 m 이상의 간격을 유지하여야 하는가?

① 0.1　　② 0.2
③ 0.3　　④ 0.5

해설 탱크전용실은 지하의 가장 가까운 벽 · 피트 · 가스관 등의 시설물 및 대지경계선으로부터 0.1m 이상 떨어진 곳에 설치하고, 지하저장탱크와 탱크전용실의 안쪽과의 사이는 0.1m 이상의 간격을 유지하도록 하며, 해당 탱크의 주위에 마른 모래 또는 습기 등에 의하여 응고되지 아니하는 입자지름 5mm 이하의 마른 자갈분을 채워야 한다.

답 ①

02 지하탱크저장소에 대한 설명으로 옳지 않은 것은?

① 탱크전용실 벽의 두께는 0.3m 이상이어야 한다.
② 지하저장탱크의 윗부분은 지면으로부터 0.6m 이상 아래에 있어야 한다.
③ 지하저장탱크와 탱크전용실 안쪽과의 간격은 0.1m 이상의 간격을 유지한다.
④ 지하저장탱크에는 두께 0.1m 이상의 철근콘크리트조로 된 뚜껑을 설치한다.

해설 탱크전용실은 벽 · 바닥 및 뚜껑을 다음 기준에 적합한 철근콘크리트구조 또는 이와 동등 이상의 강도가 있는 구조로 설치하여야 한다.

㉮ 벽 · 바닥 및 뚜껑의 두께는 0.3m 이상일 것
㉯ 벽 · 바닥 및 뚜껑의 내부에는 직경 9mm부터 13mm까지의 철근을 가로 및 세로로 5cm부터 20cm까지의 간격으로 배치할 것
㉰ 벽 · 바닥 및 뚜껑의 재료에 수밀콘크리트를 혼입하거나 벽 · 바닥 및 뚜껑의 중간에 아스팔트층을 만드는 방법으로 적정한 방수조치를 할 것

답 ④

간이탱크저장소의 시설기준

출제 Point 이것만은 꼭 알고 넘어가자!

간이저장탱크의 경우 설비기준에서 하나의 탱크 용량은 600L 이하로 하며, 설치하는 탱크의 수는 3기 이하로 해야 한다는 것이 가장 많이 출제된다. 그 외에도 탱크의 구조기준으로 탱크의 두께는 3.2mm 이상, 탱크는 70kPa의 압력으로 10분간 수압시험을 실시하도록 한다는 것을 꼭 알아두도록 한다.

1 설비기준	① 옥외에 설치한다. ② 전용실 안에 설치하는 경우 채광, 조명, 환기 및 배출의 설비를 한다. ③ 탱크의 구조기준 ㉮ **두께 3.2mm 이상의 강판**으로 흠이 없도록 제작할 것 ㉯ 시험방법 : **70kPa의 압력으로 10분간 수압시험을 실시**하여 새거나 변형되지 아니할 것 ㉰ 하나의 탱크 용량은 600L **이하**로 할 것
2 탱크 설치방법	① 하나의 간이탱크저장소에 설치하는 **탱크의 수는 3기 이하**로 할 것 ② 옥외에 설치하는 경우 그 탱크주위에 **너비 1m 이상의 공지를 보유**할 것 ③ 탱크를 전용실 안에 설치하는 경우에는 **탱크와 전용실 벽과의 사이에 0.5m 이상의 간격을 유지**할 것
3 통기관 설치	① 밸브 없는 통기관 ㉮ 지름 : 25mm 이상 ㉯ 옥외 설치, 선단높이는 1.5m 이상 ㉰ 선단은 수평면에 의하여 45° 이상 구부려 빗물 침투 방지 ㉱ 가는 눈의 구리망으로 인화방지장치를 할 것 ② 대기밸브부착 통기관은 옥외탱크저장소에 준함

출제 Example 자주 출제되는 문제 유형 맛보기!

01 위험물안전관리법령상 간이탱크저장소에 대한 설명 중 틀린 것은?

① 간이저장탱크의 용량은 600L 이하여야 한다.
② 하나의 간이탱크저장소에 설치하는 간이저장탱크는 5개 이하여야 한다.
③ 간이저장탱크는 두께 3.2mm 이상의 강판으로 흠이 없도록 제작하여야 한다.
④ 간이저장탱크는 70kPa의 압력으로 10분간의 수압시험에 새거나 변형되지 않아야 한다.

해설 하나의 간이탱크저장소에 설치하는 탱크의 수는 3기 이하로 할 것(단, 동일한 품질의 위험물 탱크를 2기 이상 설치하지 말 것)

답 ②

이동탱크저장소의 시설기준

출제 Point 이것만은 꼭 알고 넘어가자!

이동저장탱크의 경우 탱크의 구조기준에 대해 본체를 비롯한 각 부속품에 대한 두께기준을 파악해야 하며, 안전장치의 작동압력에 대해서도 알아야 한다. 또한 설치기준으로 안전칸막이는 3.2mm 이상의 강철판으로 제작하며 4,000L 이하마다 구분하여 설치한다는 것이 자주 출제되고 있다.

1 탱크 구조기준	① 본체 : 3.2mm 이상 ② 측면틀 : 3.2mm 이상 ③ 안전칸막이 : 3.2mm 이상 ④ 방호틀 : 2.3mm 이상 ⑤ 방파판 : 1.6mm 이상
2 안전장치 작동압력	① 상용압력이 20kPa 이하 : **20kPa 이상 24kPa 이하의 압력** ② 상용압력이 20kPa 초과 : **상용압력의 1.1배 이하의 압력**
3 설치기준	

측면틀	① 탱크 상부 네 모퉁이에 전단 또는 후단으로부터 1m 이내의 위치 ② 최외측선의 수평면에 대하여 내각이 75° 이상
안전칸막이	① 재질은 두께 3.2mm 이상의 강철판 ② **4,000L 이하마다 구분하여 설치**
방호틀	① 재질은 두께 2.3mm 이상의 강철판으로 제작 ② 정상부분은 부속장치보다 50mm 이상 높게 설치
방파판	① 재질은 두께 1.6mm 이상의 강철판 ② 하나의 구획부분에 2개 이상의 방파판을 진행방향과 평형으로 설치

4 표지판 기준	① 차량의 전 · 후방에 설치할 것 ② 규격 : 한 변의 길이 0.3m 이상, 다른 한 변의 길이 0.6m 이상 ③ 색깔 : **흑색바탕에 황색반사도료**로 '위험물'이라고 표시
5 게시판 기준	탱크의 뒷면 보기 쉬운 곳에 위험물의 **유별**, **품명**, 최대**수량** 및 적재**중량** 표시

6 외부도장	(see table below)

유별	도장의 색상	비고
제1류	회색	① 탱크의 앞면과 뒷면을 제외한 면적의 40% 이내의 면적은 다른 유별의 색상 외의 색상으로 도장하는 것이 가능하다. ② 제4류에 대해서는 도장의 색상 제한이 없으나 적색을 권장한다.
제2류	적색	
제3류	청색	
제5류	황색	
제6류	청색	

7 기타

① 아세트알데히드 등을 저장 또는 취급하는 이동탱크저장소는 해당 위험물의 성질에 따라 강화되는 기준은 다음에 의하여야 한다.
   ㉮ 이동저장탱크는 **불활성의 기체를 봉입**할 수 있는 구조로 할 것
   ㉯ 이동저장탱크 및 그 설비는 **은·수은·동·마그네슘** 또는 이들을 성분으로 하는 합금으로 만들지 아니할 것

② 이동저장탱크의 상부로부터 위험물을 주입할 때에는 위험물의 액표면이 주입관의 선단을 넘는 높이가 될 때까지 그 주입관 내의 유속을 초당 1m 이하로 할 것

출제 Example 자주 출제되는 문제 유형 맛보기!

01 다음은 위험물안전관리법령에 따른 이동탱크저장소에 대한 기준이다. ( ) 안에 알맞은 수치를 차례대로 나열한 것은?

> 이동저장탱크는 그 내부에 ( )L 이하마다 ( )mm 이상의 강철판 또는 이와 동등 이상의 강도·내열성 및 내식성이 있는 금속성의 것으로 칸막이를 해야 한다.

① 2,500, 3.2　② 2,500, 4.8　③ 4,000, 3.2　④ 4,000, 4.8

해설 **이동탱크저장소의 안전칸막이 설치기준**
㉮ 재질은 두께 3.2mm 이상의 강철판
㉯ 4,000L 이하마다 구분하여 설치

답 ③

02 이동저장탱크에 알킬알루미늄을 저장하는 경우에 불활성 기체를 봉입하는데 이때의 압력은 몇 kPa 이하이어야 하는가?

① 10　② 20　③ 30　④ 40

해설 상용압력은 20kPa 이하이어야 한다.

답 ②

03 위험물안전관리법령에 따른 이동저장탱크의 구조기준에 대한 설명으로 틀린 것은?

① 압력탱크는 최대상용압력의 1.5배의 압력으로 10분간 수압시험을 하여 새지 말 것
② 상용압력이 20kPa을 초과하는 탱크의 안전장치는 상용압력의 1.5배 이하의 압력에서 작동할 것
③ 방파판은 두께 1.6mm 이상의 강철판 또는 이와 동등 이상의 강도, 내식성 및 내열성이 있는 금속성의 것으로 할 것
④ 탱크는 두께 3.2mm 이상의 강철판 또는 이와 동등 이상의 강도, 내식성 및 내열성을 갖는 재질로 할 것

해설 상용압력이 20kPa을 초과하는 탱크에 있어서는 상용압력의 1.1배 이하의 압력에서 작동하는 것으로 할 것

위험물안전관리법 시행규칙 [별표 10](이동탱크저장소의 위치 · 구조 및 설비의 기준)

㉮ 탱크(맨홀 및 주입관의 뚜껑을 포함한다)는 두께 3.2mm 이상의 강철판 또는 이와 동등 이상의 강도 · 내식성 및 내열성이 있다고 인정하여 소방청장이 정하여 고시하는 재료 및 구조로 위험물이 새지 아니하게 제작할 것

㉯ 압력탱크(최대상용압력이 46.7kPa 이상인 탱크를 말한다) 외의 탱크는 70kPa의 압력으로, 압력탱크는 최대상용압력의 1.5배의 압력으로 각각 10분간의 수압시험을 실시하여 새거나 변형되지 아니할 것. 이 경우 수압시험은 용접부에 대한 비파괴시험과 기밀시험으로 대신할 수 있다.

㉰ 안전장치는 상용압력이 20kPa 이하인 탱크에 있어서는 20kPa 이상 24kPa 이하의 압력에서, 상용압력이 20kPa을 초과하는 탱크에 있어서는 상용압력의 1.1배 이하의 압력에서 작동하는 것으로 할 것

㉱ 방파판

㉠ 두께 1.6mm 이상의 강철판 또는 이와 동등 이상의 강도 · 내열성 및 내식성이 있는 금속성의 것으로 할 것

㉡ 하나의 구획부분에 2개 이상의 방파판을 이동탱크저장소의 진행방향과 평행으로 설치하되, 각 방파판은 그 높이 및 칸막이로부터의 거리를 다르게 할 것

㉢ 하나의 구획부분에 설치하는 각 방파판의 면적의 합계는 해당 구획부분의 최대 수직단면적의 50% 이상으로 할 것. 다만, 수직단면이 원형이거나 짧은 지름이 1m 이하의 타원형일 경우에는 40% 이상으로 할 수 있다.

답 ②

주유취급소의 시설기준

출제 Point 이것만은 꼭 알고 넘어가자!

주유 및 급유 공지 기준으로 너비 15m 이상, 길이 6m 이상의 콘크리트 포장공지라는 것을 학습하며, 탱크의 용량기준은 반드시 암기해야 한다. 그 외 셀프용 고정주유설비 기준으로 휘발유, 경유 등의 주유량 상한과 주유시간 상한에 대해서도 알아두도록 한다.

<table>
<tr><td>1 주유 및 급유 공지</td><td>① 자동차 등에 직접 주유하기 위한 설비로서(현수식 포함) 너비 15m 이상, 길이 6m 이상의 콘크리트 등으로 포장한 공지를 보유한다.
② 공지의 기준
㉮ 바닥은 주위 지면보다 높게 한다.
㉯ 그 표면을 적당하게 경사지게 하여 새어나온 기름, 그 밖의 액체가 공지의 외부로 유출되지 아니하도록 배수구·집유설비 및 유분리 장치를 한다.</td></tr>
<tr><td>2 게시판</td><td><table><tr><td>화기엄금</td><td>적색바탕 백색문자</td></tr><tr><td>주유 중 엔진정지</td><td>황색바탕 흑색문자</td></tr></table></td></tr>
<tr><td>3 탱크 용량기준</td><td>① 자동차 등에 주유하기 위한 고정주유설비에 직접 접속하는 전용탱크는 50,000L 이하이다.
② 고정급유설비에 직접 접속하는 전용탱크는 50,000L 이하이다.
③ 보일러 등에 직접 접속하는 전용탱크는 10,000L 이하이다.
④ 자동차 등을 점검·정비하는 작업장 등에서 사용하는 폐유·윤활유 등의 위험물을 저장하는 탱크는 2,000L 이하이다.
⑤ 고속국도 도로변에 설치된 주유취급소의 탱크용량은 60,000L이다.</td></tr>
<tr><td>4 고정주유설비</td><td>고정주유설비 또는 고정급유설비의 중심선을 기점으로
① 도로경계면으로 : 4m 이상
② 부지경계선·담 및 건축물의 벽까지 : 2m 이상
③ 개구부가 없는 벽으로부터 : 1m 이상
④ 고정주유설비와 고정급유설비 사이 : 4m 이상</td></tr>
<tr><td>5 설치가능 건축물</td><td>작업장, 사무소, 정비를 위한 작업장, 세정작업장, 점포, 휴게음식점 또는 전시장, 관계자 주거시설 등</td></tr>
</table>

6 셀프용 고정주유설비	① 1회의 연속주유량 및 주유시간의 상한을 미리 설정할 수 있는 구조일 것 ② 주유량의 상한은 **휘발유는 100L 이하, 경유는 200L 이하**로 하며, **주유시간의 상한은 4분 이하**로 할 것
7 셀프용 고정급유설비	① 1회의 연속급유량 및 급유시간의 상한을 미리 설정할 수 있는 구조일 것 ② **급유량의 상한은 100L 이하, 급유시간의 상한은 6분 이하**로 할 것
8 담 또는 벽 기준	① 자동차 등이 출입하는 쪽 외의 부분에 높이 2m 이상의 내화구조 또는 불연재료의 담 또는 벽을 설치해야 한다. ② 담 또는 벽의 일부분에 방화상 유효한 구조의 유리를 부착할 수 있다. ㉮ 유리를 부착하는 위치는 주입구, 고정주유설비 및 고정급유설비로부터 4m 이상 이격될 것 ㉯ 유리를 부착하는 방법 ㉠ 주유취급소 내의 지반면으로부터 70cm를 초과하는 부분에 한하여 유리를 부착할 것 ㉡ 하나의 유리판의 가로의 길이는 2m 이내일 것 ㉢ 유리판의 테두리를 금속제의 구조물에 견고하게 고정하고 해당 구조물을 담 또는 벽에 견고하게 부착할 것 ㉣ 유리의 구조는 접합유리(두 장의 유리를 두께 0.76mm 이상의 폴리비닐부티랄 필름으로 접합한 구조를 말한다)로 하되, "유리구획 부분의 내화시험방법(KS F 2845)"에 따라 시험하여 비차열 30분 이상의 방화성능이 인정될 것 ㉰ **유리를 부착하는 범위는 전체의 담 또는 벽의 길이의 10분의 2**를 초과하지 아니할 것

출제 Example 자주 출제되는 문제 유형 맛보기!

01 위험물안전관리법령에서 정한 주유취급소의 고정주유설비 주위에 보유하여야 하는 주유공지의 기준은?

① 너비 10m 이상, 길이 6m 이상
② 너비 15m 이상, 길이 6m 이상
③ 너비 10m 이상, 길이 10m 이상
④ 너비 15m 이상, 길이 10m 이상

해설 **주유공지 및 급유공지**

㉮ 자동차 등에 직접 주유하기 위한 설비로서(현수식 포함) 너비 15m 이상, 길이 6m 이상의 콘크리트 등으로 포장한 공지를 보유한다.

㉯ 공지의 기준

㉠ 바닥은 주위 지면보다 높게 한다.

㉡ 그 표면을 적당하게 경사지게 하여 새어나온 기름, 그 밖의 액체가 공지의 외부로 유출되지 아니하도록 배수구 · 집유설비 및 유분리장치를 한다.

답 ②

02 다음 중 주유취급소의 벽(담)에 유리를 부착할 수 있는 기준에 대한 설명으로 옳은 것은 어느 것인가?

① 유리 부착위치는 주입구, 고정주유설비로부터 2m 이상 이격되어야 한다.
② 지반면으로부터 50cm를 초과하는 부분에 한하여 설치하여야 한다.
③ 하나의 유리판 가로의 길이는 2m 이내로 한다.
④ 유리의 구조는 기준에 맞는 강화유리로 하여야 한다.

해설 **유리를 부착하는 방법**
㉮ 주유취급소 내의 지반면으로부터 70cm를 초과하는 부분에 한하여 유리를 부착할 것
㉯ 하나의 유리판의 가로의 길이는 2m 이내일 것
㉰ 유리판의 테두리를 금속제의 구조물에 견고하게 고정하고 해당 구조물을 담 또는 벽에 견고하게 부착할 것
㉱ 유리의 구조는 접합유리(두 장의 유리를 두께 0.76mm 이상의 폴리비닐부티랄 필름으로 접합한 구조를 말한다)로 하되, "유리 구획부분의 내화시험방법(KS F 2845)"에 따라 시험하여 비차열 30분 이상의 방화성능이 인정될 것

답 ③

03 위험물안전관리법령상 주유취급소에 설치·운영할 수 없는 건축물 또는 시설은 어느 것인가?

① 주유취급소를 출입하는 사람을 대상으로 하는 그림전시장
② 주유취급소를 출입하는 사람을 대상으로 하는 일반음식점
③ 주유원 주거시설
④ 주유취급소를 출입하는 사람을 대상으로 하는 휴게음식점

해설 **주유취급소에 설치할 수 있는 건축물**
㉮ 주유 또는 등유·경유를 옮겨 담기 위한 작업장
㉯ 주유취급소의 업무를 행하기 위한 사무소
㉰ 자동차 등의 점검 및 간이정비를 위한 작업장
㉱ 자동차 등의 세정을 위한 작업장
㉲ 주유취급소에 출입하는 사람을 대상으로 한 점포·휴게음식점 또는 전시장
㉳ 전기자동차용 충전설비(전기를 동력원으로 하는 자동차에 직접 전기를 공급하는 설비를 말한다. 이하 같다)
㉴ 그 밖의 소방청장이 정하여 고시하는 건축물 또는 시설
㉵ 상기 ㉯, ㉰ 및 ㉲의 용도에 제공하는 부분의 면적의 합은 1,000m^2를 초과할 수 없다.

답 ②

판매취급소의 시설기준

출제 Point 이것만은 꼭 알고 넘어가자!

제1종 판매취급소는 지정수량의 20배 이하, 제2종 판매취급소는 지정수량의 40배 이하로 구분한다는 것을 파악해야 하며, 배합실의 경우 바닥면적은 $6m^2$ 이상 $15m^2$ 이하로 한다는 것을 알아두도록 한다.

1 종류별	제1종: 저장 또는 취급하는 위험물의 수량이 지정수량의 **20배 이하인 취급소** 제2종: 저장 또는 취급하는 위험물의 수량이 지정수량의 **40배 이하인 취급소**
2 배합실 기준	① **바닥면적은 $6m^2$ 이상 $15m^2$ 이하이며,** 내화구조의 벽으로 구획할 것 ② 바닥은 위험물이 침투하지 아니하는 구조로 하여 적당한 경사를 두고 집유설비를 하며, 출입구에는 갑종방화문을 설치할 것 ③ **출입구 문턱의 높이는 바닥면으로 0.1m 이상**으로 하며, 내부에 체류한 가연성 증기 또는 가연성의 미분을 지붕 위로 방출하는 시설을 설치할 것
3 제2종 판매취급소에서 배합할 수 있는 위험물의 종류	① 황 ② 도료류 ③ 제1류 위험물 중 염소산염류 및 염소산염류만을 함유한 것

출제 Example 자주 출제되는 문제 유형 맛보기!

01 위험물안전관리법령상 판매취급소에 관한 설명으로 옳지 않은 것은?

① 건축물의 1층에 설치하여야 한다.
② 위험물을 저장하는 탱크시설을 갖추어야 한다.
③ 건축물의 다른 부분과는 내화구조의 격벽으로 구획하여야 한다.
④ 제조소와 달리 안전거리 또는 보유공지에 관한 규제를 받지 않는다.

해설 탱크시설은 판매취급소에 설치하지 않는다.

답 ②

02 다음은 위험물안전관리법령에 따른 제2종 판매취급소에 대한 정의이다. (　　)에 알맞은 말은?

> 제2종 판매취급소라 함은 점포에서 위험물을 용기에 담아 판매하기 위하여 지정수량의 (㉮)배 이하의 위험물을 (㉯)하는 장소

① ㉮ 20, ㉯ 취급　　② ㉮ 40, ㉯ 취급
③ ㉮ 20, ㉯ 저장　　④ ㉮ 40, ㉯ 저장

해설
- 제1종 판매취급소는 저장 또는 취급하는 위험물의 수량이 지정수량의 20배 이하인 취급소
- 제2종 판매취급소는 저장 또는 취급하는 위험물의 수량이 지정수량의 40배 이하인 취급소

답 ②

이상 33개의 핵심요점은 위험물기능사 필기시험을 준비하는 데 꼭 알아야 하는 이론을 요약 정리한 것이며, 좀더 심도있게 공부하거나 위험물기능사 자격시험에서 고득점을 얻고자 하는 수험생은 저자의 「위험물기능사 필기+실기(성안당)」 책을 참고하길 바란다~^^

빨리 성장하는 것은 쉬 시들고,

서서히 성장하는 것은 영원히 존재한다.

- 호란드 -

'급히 먹는 밥이 체한다'는 말이 있지요. '급하다고 바늘허리에 실 매어 쓸까'라는 속담도 있고요.

그래요, 속성으로 성장한 것은 부실해지기 쉽습니다.

사과나무가 한 알의 영롱한 열매를 맺기 위해서는 꾸준하게 비바람을 맞고 적당하게 햇볕도 쪼여야 하지요.

빠른 것만이 꼭 좋은 것이 아닙니다. 주위를 두리번거리면서 느릿느릿, 서서히 커나가야 인생이 알차지고 단단해집니다.

이른바 "느림의 미학"이지요.

PART 2

과년도 출제문제

위험물기능사 필기 1200 기출문제 풀이

- 제1회 위험물기능사
- 제2회 위험물기능사
- 제3회 위험물기능사
- 제4회 위험물기능사
- 제5회 위험물기능사
- 제6회 위험물기능사
- 제7회 위험물기능사
- 제8회 위험물기능사
- 제9회 위험물기능사
- 제10회 위험물기능사
- 제11회 위험물기능사
- 제12회 위험물기능사
- 제13회 위험물기능사
- 제14회 위험물기능사
- 제15회 위험물기능사
- 제16회 위험물기능사
- 제17회 위험물기능사
- 제18회 위험물기능사
- 제19회 위험물기능사
- 제20회 위험물기능사

위험물기능사 필기
www.cyber.co.kr

1200제

제 1 회 과년도 출제문제

위험물기능사

01 위험물안전관리법에서 정하는 용어의 정의로 옳지 않은 것은?

① "위험물"이라 함은 인화성 또는 발화성 등의 성질을 가지는 것으로서 대통령령이 정하는 물품을 말한다.
② "제조소"라 함은 위험물을 제조할 목적으로 지정수량 이상의 위험물을 취급하기 위하여 규정에 따른 허가를 받은 장소를 말한다.
③ "저장소"라 함은 지정수량 이상의 위험물을 저장하기 위한 대통령령이 정하는 장소로서 규정에 따른 허가를 받은 장소를 말한다.
④ "취급소"라 함은 지정수량 이상의 위험물을 제조 외의 목적으로 취급하기 위한 관할 지자체장이 정하는 장소로서 허가를 받은 장소를 말한다.

해설

위험물안전관리법 제2조(정의)

㉮ "위험물"이라 함은 인화성 또는 발화성 등의 성질을 가지는 것으로서 대통령령이 정하는 물품을 말한다.
㉯ "지정수량"이라 함은 위험물의 종류별로 위험성을 고려하여 대통령령이 정하는 수량으로서 제조소 등의 설치허가 등에 있어서 최저의 기준이 되는 수량을 말한다.
㉰ "제조소"라 함은 위험물을 제조할 목적으로 지정수량 이상의 위험물을 취급하기 위하여 허가를 받은 장소를 말한다.
㉱ "저장소"라 함은 지정수량 이상의 위험물을 저장하기 위한 대통령령이 정하는 장소
㉲ "취급소"라 함은 지정수량 이상의 위험물을 제조 외의 목적으로 취급하기 위한 대통령령이 정하는 장소
㉳ "제조소 등"이라 함은 ㉰ 내지 ㉲의 제조소·저장소 및 취급소를 말한다.

답 ④

02 다음 중 위험물안전관리법령에서 정한 이산화탄소소화약제의 저장용기 설치기준으로 옳은 것은?

① 저압식 저장용기의 충전비 : 1.0 이상 1.3 이하
② 고압식 저장용기의 충전비 : 1.3 이상 1.7 이하
③ 저압식 저장용기의 충전비 : 1.1 이상 1.4 이하
④ 고압식 저장용기의 충전비 : 1.7 이상 2.1 이하

해설

이산화탄소소화약제의 저장용기 충전비

㉮ 저압식 : 1.1 이상 1.4 이하
㉯ 고압식 : 1.5 이상 1.9 이하

답 ③

03 지정과산화물을 저장하는 옥내저장소의 저장창고를 일정면적마다 구획하는 격벽의 설치기준에 해당하지 않는 것은?

① 저장창고 상부의 지붕으로부터 50cm 이상 돌출하게 하여야 한다.
② 저장창고 양측의 외벽으로부터 1m 이상 돌출하게 하여야 한다.
③ 철근콘크리트조의 경우 두께가 30cm 이상이어야 한다.
④ 바닥면적 $250m^2$ 이내마다 완전하게 구획하여야 한다.

해설

옥내저장소의 특례 중 지정과산화물을 저장하는 옥내저장소의 경우 저장창고는 바닥면적 $150m^2$ 이내마다 격벽으로 완전하게 구획하여야 한다.

답 ④

04 다음 중 폭굉유도거리(DID)가 짧아지는 경우는?

① 정상연소속도가 작은 혼합가스일수록 짧아진다.
② 압력이 높을수록 짧아진다.
③ 관 지름이 넓을수록 짧아진다.
④ 점화원 에너지가 약할수록 짧아진다.

해설

폭굉유도거리(DID)가 짧아지는 경우
① 정상연소속도가 큰 혼합가스일수록
② 압력이 높을수록
③ 관 속에 방해물이 있거나 관 지름이 가늘수록
④ 점화원의 에너지가 강할수록

답 ②

05 옥내저장소에서 지정수량의 몇 배 이상을 저장 또는 취급할 때 자동화재탐지설비를 설치하여야 하는가? (단, 원칙적인 경우에 한한다.)

① 지정수량의 10배 이상을 저장 또는 취급할 때
② 지정수량의 50배 이상을 저장 또는 취급할 때
③ 지정수량의 100배 이상을 저장 또는 취급할 때
④ 지정수량의 150배 이상을 저장 또는 취급할 때

해설

옥내저장소에 자동화재탐지설비를 설치하여야 하는 대상물
㉮ 지정수량의 100배 이상을 저장 또는 취급하는 것
㉯ 저장창고의 연면적이 150m²를 초과하는 것
㉰ 처마높이가 6m 이상인 단층건물의 것
㉱ 옥내저장소로 사용되는 부분 외의 부분이 있는 건축물에 설치된 옥내저장소

답 ③

06 A·B·C급에 모두 적용할 수 있는 분말소화약제는?

① 제1종 분말
② 제2종 분말
③ 제3종 분말
④ 제4종 분말

해설

분말소화약제

종류	주성분	분자식	착색	적응화재
제1종	탄산수소나트륨(중탄산나트륨)	$NaHCO_3$	–	B, C급
제2종	탄산수소칼륨(중탄산칼륨)	$KHCO_3$	담회색	B, C급
제3종	제1인산암모늄	$NH_4H_2PO_4$	담홍색 또는 황색	A, B, C급
제4종	탄산수소칼륨+요소	$KHCO_3+CO(NH_2)_2$	–	B, C급

답 ③

07 할로겐화합물의 소화약제 중 할론 2402의 화학식은?

① $C_2Br_4F_2$　② $C_2Cl_4F_2$
③ $C_2Cl_4Br_2$　④ $C_2F_4Br_2$

해설

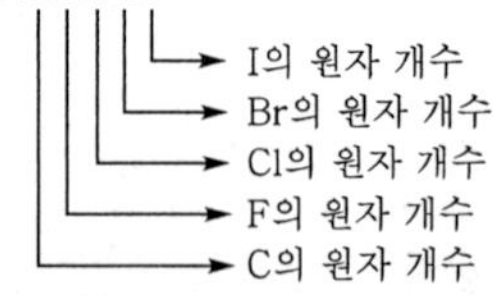

할론소화약제	화학식	화학명
할론 104	CCl_4	사염화탄소
할론 1301	CF_3Br	브로모트리플루오로메탄
할론 1211	CF_2ClBr	브로모클로로디플루오로메탄
할론 2402	$C_2F_4Br_2$	1,2-디브로모-1,1,2,2-테트라플루오로에탄

답 ④

08 톨루엔 화재 시 가장 적합한 소화방법은?

① 산·알칼리소화기에 의한 소화
② 포에 의한 소화
③ 다량의 강화액에 의한 소화
④ 다량의 주수에 의한 냉각소화

해설

톨루엔($C_6H_5CH_3$)은 제4류 위험물(인화성 액체)이므로 포에 의한 질식소화가 적응성이 있다.
산·알칼리와 강화액소화기, 주수소화는 물이 주성분이므로 제4류 위험물의 화재에 사용하면 화재면을 확대할 위험이 있다.

답 ②

09 제2류 위험물 중 지정수량이 500kg인 물질에 의한 화재는?

① A급 화재 ② B급 화재
③ C급 화재 ④ D급 화재

해설

제2류 위험물의 지정수량이 500kg인 것은 철분, 금속분, 마그네슘이므로 D(금속)급 화재이다.

답 ④

10 피난동선의 특징이 아닌 것은?

① 가급적 지그재그의 복잡한 형태가 좋다.
② 수평동선과 수직동선으로 구분한다.
③ 2개 이상의 방향으로 피난할 수 있어야 한다.
④ 가급적 상호 반대방향으로 다수의 출구와 연결되는 것이 좋다.

해설

피난동선의 특징
① 가급적 단순한 형태로 한다.
② 수평동선과 수직동선으로 구분한다.
③ 어느 곳에서도 2개 이상의 방향으로 피난할 수 있으며 그 말단은 안전한 장소이어야 한다.
④ 가급적 상호 반대방향으로 다수의 출구와 연결되는 것이 좋다.

답 ①

11 정전기의 발생요인에 대한 설명으로 틀린 것은?

① 접촉면적이 클수록 정전기의 발생량은 많아진다.
② 분리속도가 빠를수록 정전기의 발생량은 많아진다.
③ 대전서열에서 먼 위치에 있을수록 정전기의 발생량이 많아진다.
④ 접촉과 분리가 반복됨에 따라 정전기의 발생량은 증가한다.

해설

정전기의 발생요인
㉮ 대전서열에서 두 물질이 가까운 위치에 있으면 정전기의 발생량이 적고 반대로 먼 위치에 있으면 발생량이 증가하게 된다.
㉯ 물질의 표면이 원활하면 정전기 발생이 적어지고 표면이 기름과 같은 부도체에 의해 오염되면 산화, 부식에 의해 정전기 발생이 많아진다.
㉰ 접촉면의 면적이 클수록, 접촉압력이 증가할수록 정전기의 발생량도 증가한다.
㉱ 분리속도가 빠를수록, 전하의 완화시간이 길면 전하분리에 주는 에너지도 커져서 발생량이 증가한다.

답 ④

12 제거소화의 예가 아닌 것은?

① 가스화재 시 가스공급을 차단하기 위해 밸브를 닫아 소화시킨다.
② 유전화재 시 폭약을 사용하여 폭풍에 의하여 가연성 증기를 날려 보내 소화시킨다.
③ 연소하는 가연물을 밀폐시켜 공기공급을 차단하여 소화한다.
④ 촛불소화 시 입으로 바람을 불어서 소화시킨다.

해설

연소하는 가연물을 밀폐시켜 공기공급을 차단하여 소화하는 방법은 질식소화이다.

답 ③

13 제3종 분말소화약제의 열분해반응식을 옳게 나타낸 것은?

① $NH_4H_2PO_4 \rightarrow HPO_3+NH_3+H_2O$
② $2KNO_3 \rightarrow 2KNO_2+O_2$
③ $KClO_4 \rightarrow KCl+2O_2$
④ $2CaHCO_3 \rightarrow 2CaO+H_2CO_3$

해설

- 제1종 분말소화약제
  $2NaHCO_3 \rightarrow Na_2CO_3+H_2O+CO_2$
- 제2종 분말소화약제
  $2KHCO_3 \rightarrow K_2CO_3+H_2O+CO_2$
- 제3종 분말소화약제
  $NH_4H_2PO_4 \rightarrow NH_3+H_2O+HPO_3$
- 제4종 분말소화약제
  $2KHCO_3+CO(NH_2)_2 \rightarrow K_2CO_3+NH_3+CO_2$

답 ①

14 옥외탱크저장소에 보유공지를 두는 목적과 가장 거리가 먼 것은?

① 위험물시설의 화염이 인근의 시설이나 건축물 등으로의 연소확대방지를 위한 완충공간 기능을 하기 위함
② 위험물시설의 주변에 장애물이 없도록 공간을 확보함으로써 소화활동이 쉽도록 하기 위함
③ 위험물시설의 주변에 있는 시설과 50m 이상을 이격하여 폭발발생 시 피해를 방지하기 위함
④ 위험물시설의 주변에 장애물이 없도록 공간을 확보함으로써 피난자가 피난이 쉽도록 하기 위함

해설

옥외탱크저장소에 보유공지를 두는 목적
㉮ 위험물시설의 화재 시 다른 곳으로 연소확대 방지
㉯ 소방활동의 공간 제공 및 확보
㉰ 피난상 필요한 공간 확보
㉱ 점검 및 보수 등의 공간 확보

보유공지 너비는 제조소 등에 따라, 그리고 저장·취급하는 위험물의 최대수량 등에 따라 달라진다.

답 ③

15 위험물제조소 등에 설치하여야 하는 자동화재탐지설비의 설치기준에 대한 설명 중 틀린 것은?

① 자동화재탐지설비의 경계구역은 건축물, 그 밖의 인공구조물의 2 이상의 층에 걸치도록 할 것
② 하나의 경계구역에서 그 한 변의 길이는 50m(광전식 분리형 감지기를 설치할 경우에는 100m) 이하로 할 것
③ 자동화재탐지설비의 감지기는 지붕 또는 벽의 옥내에 면한 부분에 유효하게 화재의 발생을 감지할 수 있도록 설치할 것
④ 자동화재탐지설비에는 비상전원을 설치할 것

해설

자동화재탐지설비의 경계구역은 건축물, 그 밖의 공작물의 2 이상의 층에 걸치지 아니하도록 할 것. 다만, 하나의 경계구역의 면적이 $500m^2$ 이하이면서 당해 경계구역이 두 개의 층에 걸치는 경우이거나 계단·경사로·승강기의 승강로, 그 밖에 이와 유사한 장소에 연기감지기를 설치하는 경우에는 그러하지 아니하다.

답 ①

16 목조건축물의 일반적인 화재현상에 가장 가까운 것은?

① 저온단시간형 ② 저온장시간형
③ 고온단시간형 ④ 고온장시간형

해설

건축물의 화재성상
㉮ 목조건축물 : 고온단기형
㉯ 내화구조건축물 : 저온장기형

답 ③

17 할론 1301의 증기비중은? (단, 불소의 원자량은 19, 브롬의 원자량은 80, 염소의 원자량은 35.5이고, 공기의 분자량은 29이다.)

① 2.14 ② 4.15
③ 5.14 ④ 6.15

해설

할론 1301의 증기비중

$= \frac{1301\text{의 분자량}}{29} = \frac{12+(19\times3)+80}{29} = 5.14$

답 ③

18 다음 중 탄화알루미늄을 저장하는 저장고에 스프링클러소화설비를 하면 안 되는 이유는?

① 물과 반응 시 메탄가스를 발생하기 때문
② 물과 반응 시 수소가스를 발생하기 때문
③ 물과 반응 시 에탄가스를 발생하기 때문
④ 물과 반응 시 프로판가스를 발생하기 때문

해설

물과 반응하여 가연성, 폭발성의 메탄가스를 만들며 밀폐된 실내에서 메탄이 축적되는 경우 인화성 혼합기를 형성하여 2차 폭발의 위험이 있다.
$Al_4C_3+12H_2O \rightarrow 4Al(OH)_3+3CH_4+360kcal$

답 ①

19 소화효과를 증대시키기 위하여 분말소화약제와 병용하여 사용할 수 있는 것은?

① 단백포
② 알코올형포
③ 합성계면활성제포
④ 수성막포

해설

분말소화약제는 수성막포와 병용하여 소화효과를 증대시킬 수 있다.

답 ④

20 위험물은 지정수량의 몇 배를 1소요단위로 하는가?

① 1 ② 10
③ 50 ④ 100

해설

소요단위 : 소화설비의 설치대상이 되는 건축물의 규모 또는 위험물 양에 대한 기준단위

1단위	제조소 또는 취급소용 건축물의 경우	내화구조 외벽을 갖춘 연면적 $100m^2$
		내화구조 외벽이 아닌 연면적 $50m^2$
	저장소 건축물의 경우	내화구조 외벽을 갖춘 연면적 $150m^2$
		내화구조 외벽이 아닌 연면적 $75m^2$
	위험물의 경우	지정수량의 10배

답 ②

21 낮은 온도에서도 잘 얼지 않는 다이너마이트를 제조하기 위해 니트로글리세린의 일부를 대체하여 첨가하는 물질은?

① 니트로셀룰로오스
② 니트로글리콜
③ 트리니트로톨루엔
④ 디니트로벤젠

해설

니트로글리콜[$C_2H_4(ONO_2)_2$]은 융점이 −22℃로 다이너마이트 제조 시 니트로글리세린의 일부를 대체시켜 낮은 온도에서 얼지 않게 하는 용도로 사용한다.

답 ②

22 제조소 등의 소화설비 설치 시 소요단위 산정에 관한 내용으로 다음 ( ) 안에 알맞은 수치를 차례대로 나열한 것은?

> 제조소 또는 취급소의 건축물은 외벽이 내화구조인 것은 연면적 ( )m^2를 1소요단위로 하며, 외벽이 내화구조가 아닌 것은 연면적 ( )m^2를 1소요단위로 한다.

① 200, 100 ② 150, 100
③ 150, 50 ④ 100, 50

해설

소요단위 : 소화설비의 설치대상이 되는 건축물의 규모 또는 위험물 양에 대한 기준단위

1 단위	제조소 또는 취급소용 건축물의 경우	내화구조 외벽을 갖춘 연면적 $100m^2$
		내화구조 외벽이 아닌 연면적 $50m^2$
	저장소 건축물의 경우	내화구조 외벽을 갖춘 연면적 $150m^2$
		내화구조 외벽이 아닌 연면적 $75m^2$
	위험물의 경우	지정수량의 10배

답 ④

23 제조소 등의 허가청이 제조소 등의 관계인에게 제조소 등의 사용정지 처분 또는 허가취소 처분을 할 수 있는 사유가 아닌 것은?

① 소방서장으로부터 변경 허가를 받지 아니하고 제조소 등의 위치·구조 또는 설비를 변경한 때
② 소방서장의 수리·개조 또는 이전의 명령을 위반한 때
③ 정기점검을 하지 아니한 때
④ 소방서장의 출입검사를 정당한 사유 없이 거부한 때

해설

위험물안전관리법 제12조(제조소 등 설치허가의 취소와 사용정지 등)
시·도지사는 제조소 등의 관계인이 다음의 어느 하나에 해당하는 때에는 행정안전부령이 정하는 바에 따라 허가를 취소하거나 6월 이내의 기간을 정하여 제조소 등의 전부 또는 일부의 사용정지를 명할 수 있다.
㉮ 변경허가를 받지 아니하고 제조소 등의 위치·구조 또는 설비를 변경한 때
㉯ 완공검사를 받지 아니하고 제조소 등을 사용한 때
㉰ 수리·개조 또는 이전의 명령을 위반한 때
㉱ 위험물안전관리자를 선임하지 아니한 때
㉲ 대리자를 지정하지 아니한 때
㉳ 정기점검을 하지 아니한 때
㉴ 정기검사를 받지 아니한 때
㉵ 저장·취급기준 준수명령을 위반한 때

답 ④

24 제6류 위험물을 수납한 용기에 표시하여야 하는 주의사항은?

① 가연물접촉주의
② 화기엄금
③ 화기·충격주의
④ 물기엄금

해설

제6류 위험물 수납용기의 주의사항 : 가연물접촉주의

답 ①

25 운송책임자의 감독·지원을 받아 운송하여야 하는 위험물에 해당하는 것은 어느 것인가?

① 칼륨, 나트륨
② 알킬알루미늄, 알킬리튬
③ 제1석유류, 제2석유류
④ 니트로글리세린, 트리니트로톨루엔

해설

운송책임자의 감독·지원을 받아 운송하여야 하는 것으로 대통령령이 정하는 위험물
㉮ 알킬알루미늄
㉯ 알킬리튬
㉰ 알킬알루미늄, 알킬리튬을 함유하는 위험물

답 ②

26 다음 중 황린에 대한 설명으로 틀린 것은 어느 것인가?

① 환원력이 강하다.
② 담황색 또는 백색의 고체이다.
③ 벤젠에는 불용이나 물에 잘 녹는다.
④ 마늘 냄새와 같은 자극적인 냄새가 난다.

해설

황린(P_4)은 제3류 위험물 중 자연발화성 물질로 벤젠에 극히 적게 녹으며, 물에는 녹지 않는다. 그러므로 물을 보호액으로 사용한다.

답 ③

27 질산과 과염소산의 공통성질에 대한 설명 중 틀린 것은?

① 산소를 포함한다.
② 산화제이다.
③ 물보다 무겁다.
④ 쉽게 연소한다.

해설

제6류 위험물(질산, 과염소산, 과산화수소) : 불연성, 산화성

답 ④

28 이산화탄소소화설비의 기준에서 저장용기 설치기준에 관한 내용으로 틀린 것은 어느 것인가?

① 방호구역 외의 장소에 설치할 것
② 온도가 50℃ 이하이고 온도변화가 적은 장소에 설치할 것
③ 직사일광 및 빗물이 침투할 우려가 적은 장소에 설치할 것
④ 저장용기에는 안전장치를 설치할 것

해설

이산화탄소소화설비의 기준에서 저장용기의 설치기준

㉮ 방호구역 외의 장소에 설치할 것. 다만, 방호구역 내에 설치할 경우에는 피난 및 조작이 용이하도록 피난구 부근에 설치하여야 한다.
㉯ 온도가 40℃ 이하이고, 온도변화가 적은 곳에 설치할 것
㉰ 직사광선 및 빗물이 침투할 우려가 없는 곳에 설치할 것
㉱ 방화문으로 구획된 실에 설치할 것
㉲ 용기의 설치장소에는 당해 용기가 설치된 곳임을 표시하는 표지를 할 것
㉳ 용기간의 간격은 점검에 지장이 없도록 3cm 이상의 간격을 유지할 것

답 ②

29 다음 중 HO-CH_2CH_2-OH의 지정수량은 몇 L인가?

① 1,000 ② 2,000
③ 4,000 ④ 6,000

해설

HO-CH_2CH_2-OH(에틸렌글리콜)은 제4류 위험물(인화성 액체) 중 제3석유류이며, 수용성이므로 지정수량은 4,000L이다.

답 ③

30 다음 중 위험물에 대한 설명으로 옳은 것은 어느 것인가?

① 칼륨은 수은과 격렬하게 반응하며 가열하면 청색의 불꽃을 내며 연소하고 열과 전기의 부도체이다.
② 나트륨은 액체 암모니아와 반응하여 수소를 발생하고 공기 중 연소 시 황색불꽃을 발생한다.
③ 칼슘은 보호액인 물속에 저장하고 알코올과 반응하여 수소를 발생한다.
④ 리튬은 고온의 물과 격렬하게 반응해서 산소를 발생한다.

해설

① 칼륨(K)은 연소 시 보라색 불꽃을 내며 연소한다.
② 나트륨(Na)은 액체 암모니아와 반응하여 수소를 발생하고 공기 중 연소 시 황색불꽃을 발생한다.
③ 칼슘(Ca)은 물과 반응하면 수소를 발생하므로 위험하다.
④ 리튬(Li)은 고온의 물과 격렬하게 반응해서 수소를 발생한다.

답 ②

31 옥내저장소에서 위험물을 유별로 정리하고 서로 1m 이상의 간격을 두는 경우 유별을 달리하는 위험물을 동일한 저장소에 저장할 수 있는 것은?

① 과산화나트륨과 벤조일퍼옥사이드
② 과염소산나트륨과 질산
③ 황린과 트리에틸알루미늄
④ 유황과 아세톤

해설

유별을 달리하는 위험물은 동일한 저장소(내화구조의 격벽으로 완전히 구획된 실이 2 이상 있는 저장소에 있어서는 동일한 실)에 저장하지 아니하여야 한다. 다만, 옥내저장소 또는 옥외저장소에 있어서 다음의 규정에 의한 위험물을 저장하는 경우로서 위험물을 유별로 정리하여 저장하는 한편 서로 1m 이상의 간격을 두는 경우에는 그러하지 아니하다(중요기준).

㉮ 제1류 위험물(알칼리금속의 과산화물 또는 이를 함유한 것을 제외한다)과 제5류 위험물을 저장하는 경우
㉯ 제1류 위험물과 제6류 위험물을 저장하는 경우
㉰ 제1류 위험물과 제3류 위험물 중 자연발화성물질(황린 또는 이를 함유한 것에 한한다)을 저장하는 경우
㉱ 제2류 위험물 중 인화성 고체와 제4류 위험물을 저장하는 경우
㉲ 제3류 위험물 중 알킬알루미늄 등과 제4류 위험물(알킬알루미늄 또는 알킬리튬을 함유한 것에 한한다)을 저장하는 경우
㉳ 제4류 위험물 중 유기과산화물 또는 이를 함유하는 것과 제5류 위험물 중 유기과산화물 또는 이를 함유한 것을 저장하는 경우
  ㉠ 과산화나트륨(1류 중 과산화물에 속함)과 벤조일퍼옥사이드(5류)
  ㉡ 과염소산나트륨(1류)과 질산(6류)
  ㉢ 황린(3류)과 트리에틸알루미늄(3류)
  ㉣ 유황(2류)과 아세톤(4류)

답 ②

32 다음 중 인화점이 가장 낮은 것은?

① 산화프로필렌
② 벤젠
③ 디에틸에테르
④ 이황화탄소

해설

① 산화프로필렌 : −37℃
② 벤젠 : −11℃
③ 디에틸에테르 : −40℃
④ 이황화탄소 : −30℃

답 ③

33 디에틸에테르의 안전관리에 관한 설명 중 틀린 것은?

① 증기는 마취성이 있으므로 증기흡입에 주의하여야 한다.
② 폭발성의 과산화물 생성을 요오드화칼륨 수용액으로 확인한다.
③ 물에 잘 녹으므로 대규모 화재 시 집중 주수하여 소화한다.
④ 정전기 불꽃에 의한 발화에 주의하여야 한다.

해설

디에틸에테르는 인화성 액체로서 물에 잘 녹지 않으며 주수소화를 하면 연소면이 확대되어 위험하고 질식소화로 화재를 진압하여야 한다.

답 ③

34 위험물의 운반에 관한 기준에서 다음 위험물 중 혼재가능한 것끼리 연결된 것은? (단, 지정수량의 10배이다.)

① 제1류−제6류
② 제2류−제3류
③ 제3류−제5류
④ 제5류−제1류

해설

유별 위험물의 혼재기준

구분	제1류	제2류	제3류	제4류	제5류	제6류
제1류		×	×	×	×	○
제2류	×		×	○	○	×
제3류	×	×		○	×	×
제4류	×	○	○		○	×
제5류	×	○	×	○		×
제6류	○	×	×	×	×	

답 ①

35 경유 옥외탱크저장소에서 10,000L 탱크 1기가 설치된 곳의 방유제 용량은 얼마 이상이 되어야 하는가?

① 5,000L
② 10,000L
③ 11,000L
④ 20,000L

해설

방유제 용량

㉮ 탱크가 하나일 때 : 탱크 용량의 110% 이상(인화성이 없는 액체위험물은 100%)
㉯ 탱크가 2기 이상일 때 : 탱크 중 용량이 최대인 것의 용량의 110% 이상(인화성이 없는 액체위험물은 100%)

∴ 방유제 용량=10,000L · 1.1=11,000L

답 ③

36 벤젠, 톨루엔의 공통된 성상이 아닌 것은 어느 것인가?

① 비수용성의 무색 액체이다.
② 인화점은 0℃ 이하이다.
③ 액체의 비중은 1보다 작다.
④ 증기의 비중은 1보다 크다.

해설

인화점

㉮ 벤젠 : −11℃
㉯ 톨루엔 : 4℃

답 ②

37 위험물안전관리법상 품명이 유기금속화합물에 속하지 않는 것은?

① 트리에틸갈륨
② 트리에틸알루미늄
③ 트리에틸인듐
④ 디에틸아연

해설

트리에틸알루미늄은 알킬알루미늄에 속한다.

• 디에틸텔르륨 : $Te(C_2H_5)_2$
• 디메틸아연 : $Zn(CH_3)_2$
• 사에틸납 : $Pb(C_2H_5)_4$
• 디에틸아연 : $Zn(C_2H_5)_2$

답 ②

38 다음 중 니트로셀룰로오스에 대한 설명으로 옳은 것은?

① 물에 녹지 않으며 물보다 무겁다.
② 수분과 접촉하는 것은 위험하다.
③ 질화도와 폭발위험성은 무관하다.
④ 질화도가 높을수록 폭발위험성이 낮다.

해설

니트로셀룰로오스는 물에 녹지 않으며 물보다 무겁다.

답 ①

39 다음 ( ) 안에 알맞은 수치를 차례대로 옳게 나열한 것은?

> 위험물 암반탱크의 공간용적은 당해 탱크 내에 하는 ( )일간의 지하수 양에 상당하는 용적과 당해 탱크 내용적의 100분의 ( )의 용적 중에서 보다 큰 것을 공간용적으로 한다.

① 1, 7　　② 3, 5
③ 5, 3　　④ 7, 1

해설

위험물안전관리에 관한 세부기준 제25조(탱크의 내용적 및 공간용적)

㉮ 탱크의 공간용적은 탱크의 내용적의 100분의 5 이상 100분의 10 이하의 용적으로 한다. 다만, 소화설비를 설치하는 탱크의 공간용적은 당해 소화설비의 소화약제 방출구 아래의 0.3미터 이상 1미터 사이의 면으로부터 윗부분의 용적으로 한다.
㉯ ㉮의 규정에 불구하고 암반탱크에 있어서는 당해 탱크 내에 용출하는 7일간의 지하수의 양에 상당하는 용적과 당해 탱크의 내용적의 100분의 1의 용적 중에서 보다 큰 용적을 공간용적으로 한다.

답 ④

40 서로 접촉하였을 때 발화하기 쉬운 물질을 연결한 것은?

① 무수크롬산과 아세트산
② 금속나트륨과 석유
③ 니트로셀룰로오스와 알코올
④ 과산화수소와 물

해설

무수크롬산(CrO_3)은 삼산화크롬이라 하며 제1류 위험물(산화성 고체)로서 아세트산(CH_3COOH)과 같은 제4류 위험물(인화성 액체)과 접촉하면 순간적으로 발화한다.

답 ①

41 HNO_3에 대한 설명으로 틀린 것은?

① Al, Fe은 진한 질산에서 부동태를 생성해 녹지 않는다.
② 질산과 염산을 3 : 1 비율로 제조한 것을 왕수라고 한다.
③ 부식성이 강하고 흡습성이 있다.
④ 직사광선에서 분해하여 NO_2를 발생한다.

해설

• HNO_3(질산)은 제6류 위험물(산화성 액체)이며 금이나 백금을 녹이는 왕수를 만든다.
• 왕수란 질산 1 : 염산 3의 혼합산을 말한다.

답 ②

42 위험물 제1종 판매취급소의 위치, 구조 및 설비의 기준으로 틀린 것은?

① 천장을 설치하는 경우에는 천장을 불연재료로 할 것
② 창 및 출입구에는 갑종방화문 또는 을종방화문을 설치할 것
③ 건축물의 지하 또는 1층에 설치할 것
④ 위험물을 배합하는 실의 바닥면적은 $6m^2$ 이상 $15m^2$ 이하로 할 것

해설

③ 건축물의 1층에 설치한다.

배합실

㉮ 바닥면적은 $6m^2$ 이상 $15m^2$ 이하이다.
㉯ 내화구조로 된 벽으로 구획한다.
㉰ 바닥은 위험물이 침투하지 아니하는 구조로 하여 적당한 경사를 두고 집유설비를 한다.
㉱ 출입구에는 수시로 열 수 있는 자동폐쇄식의 갑종방화문을 설치한다.
㉲ 출입구 문턱의 높이는 바닥면으로 0.1m 이상으로 한다.
㉳ 내부에 체류한 가연성 증기 또는 가연성의 미분을 지붕 위로 방출하는 설치를 한다.

답 ③

43 다음 중 제5류 위험물에 대한 설명으로 옳지 않은 것은?

① 대표적인 성질은 자기반응성 물질이다.
② 피크린산은 니트로화합물이다.
③ 모두 산소를 포함하고 있다.
④ 니트로화합물은 니트로기가 많을수록 폭발력이 커진다.

해설

제5류 위험물(자기반응성 물질)은 대부분 가연물이면서 산소를 포함하나 아조화합물, 디아조화합물, 히드라진유도체 등은 산소를 포함하지 않는 것도 있다. 제5류 위험물은 모두 산소를 포함하고 있지는 않다.

답 ③

44 제2류 위험물의 화재발생 시 소화방법 또는 주의할 점으로 적합하지 않은 것은?

① 마그네슘의 경우 이산화탄소를 이용한 질식소화는 위험하다.
② 철은 비산에 주의하여 분무주수로 냉각소화한다.
③ 적린의 경우 물을 이용한 냉각소화는 위험하다.
④ 인화성 고체는 이산화탄소로 질식소화를 할 수 있다.

해설

제2류 위험물(가연성 고체)인 적린(P)의 화재발생 시 소화방법은 주수에 의한 냉각소화가 적응성이 있다.

답 ③

45 다음 위험물 중 저장할 때 보호액으로 물을 사용하는 것은?

① 삼산화크롬　② 아연
③ 나트륨　④ 황린

해설

- **나트륨의 보호액** : 석유류(등유, 경유, 유동파라핀)
- **황린의 보호액** : 물

답 ④

46 과산화나트륨에 대한 설명으로 틀린 것은?

① 알코올에 잘 녹아서 산소와 수소를 발생시킨다.
② 상온에서 물과 격렬하게 반응한다.
③ 비중은 약 2.8이다.
④ 조해성 물질이다.

해설

과산화나트륨(Na_2O_2)은 제1류 위험물(산화성 고체) 중 알칼리금속의 과산화물이며 알코올에는 녹지 않으나 묽은 산과 반응하여 과산화수소(H_2O_2)를 생성한다.
$Na_2O_2+2CH_3COOH \rightarrow 2CH_3COONa+H_2O_2$

답 ①

47 위험물안전관리법령상 셀룰로이드의 품명과 지정수량을 옳게 연결한 것은?

① 니트로화합물－200kg
② 니트로화합물－10kg
③ 질산에스테르류－200kg
④ 질산에스테르류－10kg

해설

셀룰로이드는 제5류 위험물 질산에스테르류에 속하며, 무색 또는 반투명 고체이나 열이나 햇빛에 의해 황색으로 변색된다. 또한 질산셀룰로오스와 장뇌의 균일한 콜로이드 분산액으로부터 개발한 최초의 합성플라스틱 물질이다.

답 ④

48 위험물의 운반기준에 있어서 차량 등에 적재하는 위험물의 성질에 따라 강구하여야 하는 조치로 적합하지 않은 것은?

① 제5류 위험물 또는 제6류 위험물은 방수성이 있는 피복으로 덮는다.
② 제2류 위험물 중 철분·금속분·마그네슘은 방수성이 있는 피복으로 덮는다.
③ 제1류 위험물 중 알칼리금속의 과산화물 또는 이를 함유한 것은 차광성과 방수성이 모두 있는 피복으로 덮는다.
④ 제5류 위험물 중 55℃ 이하의 온도에서 분해될 우려가 있는 것은 보냉 컨테이너에 수납하는 등의 방법으로 적정한 온도관리를 한다.

해설

제1류 위험물 중 알칼리금속의 과산화물 또는 이를 함유한 것, 제2류 위험물 중 철분, 금속분, 마그네슘 또는 이들 중 어느 하나 이상을 함유한 것 또는 제3류 위험물 중 금수성 물질은 방수성이 있는 피복으로 덮을 것

답 ①

49 다음 중 위험 등급이 다른 하나는 어느 것인가?

① 아염소산염류
② 질산에스테르류
③ 알킬리튬
④ 질산염류

해설

위험 등급

종류	아염소산염류	알킬리튬	질산에스테르류	질산염류
지정수량	50kg	10kg	10kg	300kg
위험등급	Ⅰ	Ⅰ	Ⅰ	Ⅱ

답 ④

50 0.99atm, 55℃에서 이산화탄소의 밀도는 약 몇 g/L인가?

① 0.62　② 1.62
③ 9.65　④ 12.65

해설

$PV=\frac{wRT}{M}$에서 $P=\frac{wRT}{VM}$, $\frac{w}{V}=\frac{PM}{RT}$

$\frac{w}{V}$는 밀도(ρ)이므로 $\rho=\frac{PM}{RT}$

- ρ(CO_2의 밀도) : ?g/L
- P(압력) : 0.99atm
- M(CO_2 1g 분자량) : 12+16 · 2=44
- R(기체상수) : 0.082atm · L/mol · K
- T(절대온도) : (55℃+273)K

$\rho=\frac{0.99\times44}{0.082\times(55+273)}=1.619$

∴ 1.62g/L

답 ②

51 다음 중 물에 가장 잘 녹는 물질은?

① 아닐린
② 벤젠
③ 아세트알데히드
④ 이황화탄소

해설

③ 아세트알데히드 : 수용성
① 아닐린, ② 벤젠, ④ 이황화탄소 : 비수용성

답 ③

52 1기압, 20℃에서 액체인 미상의 위험물에 대하여 인화점과 발화점을 측정한 결과 인화점이 32.2℃, 발화점이 257℃로 측정되었다. 위험물안전관리법상 이 위험물의 유별과 품명의 지정으로 옳은 것은?

① 제4류 특수인화물
② 제4류 제1석유류
③ 제4류 제2석유류
④ 제4류 제3석유류

해설

제2석유류 : 인화점이 21℃ 이상 70℃ 미만

답 ③

53 다음 중 과산화수소의 저장용기로 가장 적합한 것은?

① 뚜껑에 작은 구멍을 뚫은 갈색용기
② 뚜껑을 밀전한 투명용기
③ 구리로 만든 용기
④ 요오드화칼륨을 첨가한 종이 용기

해설

과산화수소 저장 시 유리는 알칼리성으로 분해를 촉진하므로 피하고 가열, 화기, 직사광선을 차단하며 농도가 높을수록 위험성이 크므로 분해 방지 안정제(인산, 요산 등)를 넣어 발생기 산소의 발생을 억제한다. 용기는 밀봉하되 작은 구멍이 뚫린 마개를 사용한다.

답 ①

54 제5류 위험물이 아닌 것은?

① 염화벤조일
② 아지화나트륨
③ 질산구아니딘
④ 아세틸퍼옥사이드

해설

염화벤조일(C_6H_5COCl)은 제4류 위험물 제3석유류로서 자극성 냄새가 나는 무색의 액체이며, 비점 74℃, 인화점 72.2℃, 발화점 197℃이고, 산화성 물질과 혼합 시 폭발할 우려가 있다.

답 ①

55 그림의 원통형 종으로 설치된 탱크에서 공간용적을 내용적의 10%라고 하면 탱크 용량(허가 용량)은 약 몇 m^3인가?

① 113.04
② 124.34
③ 129.06
④ 138.16

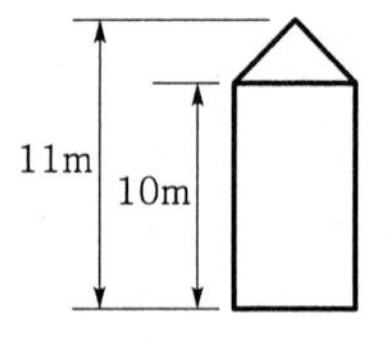

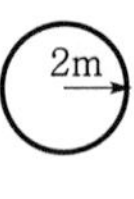

해설

탱크의 용량
$=3.14\times r^2\times10$
$=3.14\times(2m)^2\times10m=125.6m^3$
공간용적이 10%이므로 $125.6\times0.1=12.56m^3$
∴ 탱크용량$=125.6-12.56=113.04m^3$

답 ①

56 제6류 위험물의 화재예방 및 진압대책으로 옳은 것은?

① 과산화수소는 화재 시 주수소화를 절대 금한다.
② 질산은 소량의 화재 시 다량의 물로 희석한다.
③ 과염소산은 폭발방지를 위해 철제용기에 저장한다.
④ 제6류 위험물의 화재에는 건조사만 사용하여 진압할 수 있다.

해설

질산은 초기화재 시 다량의 물로 희석하여 소화한다.

답 ②

57 제2류 위험물의 위험성에 대한 설명 중 틀린 것은?

① 삼황화린은 약 100℃에서 발화한다.
② 적린은 공기 중에 방치하면 상온에서 자연발화한다.
③ 마그네슘은 과열 수증기와 접촉하면 격렬하게 반응하여 수소를 발생한다.
④ 은(Ag)분은 고농도의 과산화수소와 접촉하면 폭발위험이 있다.

해설

적린(P)은 제2류 위험물(가연성 고체) 중 공기 중에서 안정한 물질로 자연발화하지 않는다.
적린(P)과 동소체 관계인 황린(P_4)은 제3류 위험물 중 자연발화성 물질로 공기 중에서 자연발화한다.

답 ②

58 마그네슘이 염산과 반응할 때 발생하는 기체는?

① 수소 ② 산소
③ 이산화탄소 ④ 염소

해설

마그네슘은 산 및 온수와 반응하여 수소(H_2)를 발생한다.

$Mg+2HCl \rightarrow MgCl_2+H_2$
$Mg+2H_2O \rightarrow Mg(OH)_2+H_2$

답 ①

59 위험물저장소에서 다음과 같이 제4류 위험물을 저장하고 있는 경우 지정수량의 몇 배가 보관되어 있는가?

> ㉠ 디에틸에테르 : 50L
> ㉡ 이황화탄소 : 150L
> ㉢ 아세톤 : 800L

① 4배 ② 5배
③ 6배 ④ 8배

해설

지정수량 배수의 합

$$= \frac{\text{A품목의 저장수량}}{\text{A품목의 지정수량}} + \frac{\text{B품목의 저장수량}}{\text{B품목의 지정수량}} + \cdots$$

지정수량 ┌ 디에틸에테르 : 50L
├ 이황화탄소 : 50L
└ 아세톤 : 400L

$$\therefore \text{지정수량의 배수} = \frac{50}{50} + \frac{150}{50} + \frac{800}{400} = 6\text{배}$$

답 ③

60 중크롬산칼륨의 화재예방 및 진압대책에 관한 설명 중 틀린 것은?

① 가열, 충격, 마찰을 피한다.
② 유기물, 가연물과 격리하여 저장한다.
③ 화재 시 물과 반응하여 폭발하므로 주수소화를 금한다.
④ 소화작업 시 폭발우려가 있으므로 충분한 안전거리를 확보한다.

해설

무기과산화물류 삼산화크롬을 제외하고는 다량의 물을 사용하는 것이 유효하다.
무기과산화물류(주수소화는 절대 금지)는 물과 반응하여 산소와 열을 발생하므로 건조분말소화약제나 건조사를 사용한 질식소화가 유효하다.

답 ③

01 자연발화의 방지법이 아닌 것은?

① 습도를 높게 유지할 것
② 저장실의 온도를 낮출 것
③ 퇴적 및 수납 시 열축적이 없을 것
④ 통풍을 잘 시킬 것

해설

자연발화의 방지방법
㉮ 습도를 낮게 유지한다.
㉯ 저장실의 온도를 저온으로 유지한다.
㉰ 통풍이 잘 되게 한다.
㉱ 불활성 가스를 주입하여 공기와의 접촉을 피한다.

답 ①

02 다음 중 화학식과 Halon 번호를 옳게 연결한 것은?

① CBr_2F_2 − 1202
② $C_2Br_2F_2$ − 2422
③ $CBrClF_2$ − 1102
④ $C_2Br_2F_4$ − 1242

해설

① CBr_2F_2−Halon 1202
② $C_2Br_2F_2$−Halon 2202
③ $CBrClF_2$−Halon 1211
④ $C_2Br_2F_4$−Halon 2402
할론 XABCD

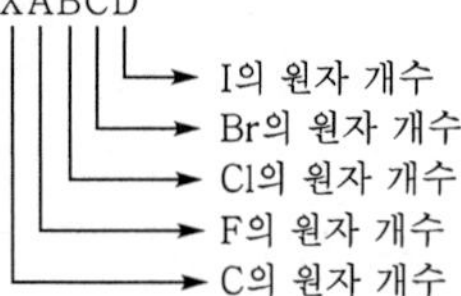

답 ①

03 액체연료의 연소형태가 아닌 것은?

① 확산연소 ② 증발연소
③ 액면연소 ④ 분무연소

해설

확산연소는 기체의 연소형태에 해당된다.
액체연료의 연소형태
㉮ 액면연소 : 열원으로부터 연료 표면에 열이 전달되어 증발이 일어나고 발생된 증기가 공기와 접촉하여 유면의 상부에서 확산연소를 하지만 화염 시에 볼 수 있을 뿐 실용 예는 거의 없는 연소형태
㉯ 심화연소 : 모세관현상에 의해 심지의 일부분으로부터 연료를 빨아 올려서 다른 부분으로 전달되어 거기서 연소열을 받아 증발된 증기가 확산연소하는 형태
㉰ 분무연소(액적연소) : 점도가 높고, 비휘발성인 액체를 안개상으로 분사하여 액체의 표면적을 넓혀 연소시키는 형태
㉱ 증발연소 : 가연성 액체를 외부에서 가열하거나 연소열이 미치면 그 액표면에 가연가스(증기)가 증발하여 연소되는 현상을 말한다. 예를 들어, 등유에 점화하면 등유의 상층 액면과 화염 사이에는 어느 정도의 간격이 생기는데, 이 간격은 바로 등유에서 발생한 증기의 층이다.
㉲ 분해연소 : 비휘발성이거나 끓는점이 높은 가연성 액체가 연소할 때는 먼저 열분해하여 탄소가 석출되면서 연소되는데, 이와 같은 연소를 말한다(예 중유, 타르 등의 연소).

답 ①

04 소화설비의 설치기준에서 유기과산화물 1,000kg은 몇 소요단위에 해당하는가?

① 10 ② 20
③ 30 ④ 40

해설

$$\text{소요단위} = \frac{\text{저장수량}}{\text{지정수량} \times 10\text{배}} = \frac{1{,}000\text{kg}}{10\text{kg} \times 10\text{배}} = 10\text{단위}$$

답 ①

05 다음 중 분진폭발의 원인물질로 작용할 위험성이 가장 낮은 것은?

① 마그네슘 분말
② 밀가루
③ 담배 분말
④ 시멘트 분말

해설

분진폭발은 가연성 분진이 공기 중에 부유하다 점화원을 만나면서 폭발하는 현상이다.
분진폭발의 위험성이 없는 물질
㉮ 생석회(CaO)(시멘트의 주성분)
㉯ 석회석 분말
㉰ 시멘트
㉱ 수산화칼슘(소석회 : $Ca(OH)_2$)

답 ④

06 다음 중 소화작용에 대한 설명으로 옳지 않은 것은?

① 가연물의 온도를 낮추는 소화는 냉각작용이다.
② 물의 주된 소화작용 중 하나는 냉각작용이다.
③ 연소에 필요한 산소의 공급원을 차단하는 소화는 제거작용이다.
④ 가스화재 시 밸브를 차단하는 것은 제거작용이다.

해설

③ 산소공급을 차단하여 소화하는 방법은 질식소화에 해당한다.

답 ③

07 소화설비의 기준에서 이산화탄소소화설비가 적응성이 있는 대상물은?

① 알칼리금속 과산화물
② 철분
③ 인화성 고체
④ 제3류 위험물의 금수성 물질

해설

인화성 고체는 제2류 위험물(가연성 고체)이지만 대부분 유기화합물이며 반고체상태이므로 성질은 제4류 위험물(인화성 액체)과 유사하다. 따라서 이산화탄소(CO_2)와 할론소화약제를 사용한 질식소화가 효과적이다.

답 ③

08 분자 내의 니트로기와 같이 산소를 쉽게 유리할 수 있는 기를 가지고 있는 화합물의 연소형태는?

① 표면연소
② 분해연소
③ 증발연소
④ 자기연소

해설

제5류 위험물(자기반응성 물질)
㉮ 가연물인 동시에 분자 내에 산소공급원을 함유하기 때문에 스스로 연소한다(자기연소, 내부연소).
㉯ 자기연소성 물질이기 때문에 질식소화는 효과가 없으며 다량의 주수로 냉각소화한다.

답 ④

09 위험물안전관리법상 소화설비에 해당하지 않는 것은?

① 옥외소화전설비
② 스프링클러설비
③ 할로겐화합물소화설비
④ 연결살수설비

해설

④ 연결살수설비는 소화활동설비에 속한다.
- **소화설비** : 소화기구, 옥내소화전설비, 옥외소화전설비, 스프링클러설비, 물분무 등 소화설비(물분무소화설비, 포소화설비, 불활성가스소화설비, 할로겐화합물소화설비, 분말소화설비)
- **소화활동설비** : 연결송수관설비, 연결살수설비, 비상콘센트설비, 무선통신보조설비, 연소방지설비

답 ④

10 유기과산화물의 화재예방상 주의사항으로 틀린 것은?

① 열원으로부터 멀리한다.
② 직사광선을 피해야 한다.
③ 용기의 파손에 의해서 누출되면 위험하므로 정기적으로 점검하여야 한다.
④ 산화제와 격리하고 환원제와 접촉시켜야 한다.

해설

유기과산화물은 제5류 위험물(자기반응성 물질)로서 자기연소(내부연소)하기 때문에 산화제 및 환원제와의 접촉을 금지해야 한다.

답 ④

11 물질의 발화온도가 낮아지는 경우는 어느 것인가?

① 발열량이 작을 때
② 산소의 농도가 작을 때
③ 화학적 활성도가 클 때
④ 산소와 친화력이 작을 때

해설

발화온도가 낮아지는 경우
① 발열량이 클 때
② 산소의 농도가 클 때
③ 화학적 활성도가 클 때
④ 산소와 친화력이 클 때

답 ③

12 어떤 소화기에 "ABC"라고 표시되어 있다. 다음 중 사용할 수 없는 화재는 어느 것인가?

① 금속화재
② 유류화재
③ 전기화재
④ 일반화재

해설

종류	주성분	분자식	착색	적응화재
제1종	탄산수소나트륨(중탄산나트륨)	$NaHCO_3$	–	B, C급
제2종	탄산수소칼륨(중탄산칼륨)	$KHCO_3$	담회색	B, C급
제3종	제1인산암모늄	$NH_4H_2PO_4$	담홍색 또는 황색	A, B, C급
제4종	탄산수소칼륨+요소	$KHCO_3+CO(NH_2)_2$	–	B, C급

답 ①

13 연소 위험성이 큰 휘발유 등은 배관을 통하여 이송할 경우 안전을 위하여 유속을 느리게 해 주는 것이 바람직하다. 이는 배관 내에서 발생할 수 있는 어떤 에너지를 억제하기 위함인가?

① 유도에너지 ② 분해에너지
③ 정전기에너지 ④ 아크에너지

해설

위험물 이송 시 배관 내 유속을 느리게 하면 정전기 발생을 방지할 수 있다.

답 ③

14 1몰의 이황화탄소와 고온의 물이 반응하여 생성되는 유독한 기체 물질의 부피는 표준상태에서 얼마인가?

① 22.4L ② 44.8L
③ 67.2L ④ 134.4L

해설

고온의 물(150℃)과 반응하면 이산화탄소와 황화수소를 발생한다.

$CS_2+2H_2O \rightarrow CO_2+2H_2S$

$$\frac{1mol-\cancel{CS_2}}{} \left| \frac{2mol-\cancel{H_2S}}{1mol-\cancel{CS_2}} \right| \frac{22.4L-H_2S}{1mol-\cancel{H_2S}}$$

$= 44.8L-H_2S$

답 ②

15 전기설비에 적응성이 없는 소화설비는?

① 불활성가스소화설비
② 물분무소화설비
③ 포소화설비
④ 할로겐화합물소화설비

해설

포소화설비는 A, B급 소화설비이다.

답 ③

16 제3종 분말소화약제의 주요 성분에 해당하는 것은?

① 인산암모늄 ② 탄산수소나트륨
③ 탄산수소칼륨 ④ 요소

해설

분말소화약제의 종류

종류	주성분	분자식	착색	적응화재
제1종	탄산수소나트륨(중탄산나트륨)	$NaHCO_3$	–	B, C급
제2종	탄산수소칼륨(중탄산칼륨)	$KHCO_3$	담회색	B, C급
제3종	제1인산암모늄	$NH_4H_2PO_4$	담홍색 또는 황색	A, B, C급
제4종	탄산수소칼륨+요소	$KHCO_3+CO(NH_2)_2$	–	B, C급

답 ①

17 휘발유의 소화방법으로 옳지 않은 것은?

① 분말소화약제를 사용한다.
② 포소화약제를 사용한다.
③ 물통 또는 수조로 주수소화를 한다.
④ 이산화탄소에 의한 질식소화를 한다.

해설

물로 소화하는 경우 비중이 작아 연소면이 확대되어 위험성이 커진다.

- 휘발유는 제4류 위험물(인화성 액체) 제1석유류
- 비수용성인 석유류화재에 주수소화를 시도하면 연소면이 확대되어 위험성이 커진다.
- 포소화약제, 물분무소화약제가 적합하다.

답 ③

18 팽창질석(삽 1개 포함) 160L의 소화능력 단위는?

① 0.5 ② 1.0
③ 1.5 ④ 2.0

해설

소화기구의 소화능력

소화설비	용량	능력단위
마른모래	50L (삽 1개 포함)	0.5
팽창질석, 팽창진주암	160L (삽 1개 포함)	1
소화전용 물통	8L	0.3
수조	190L (소화전용 물통 6개 포함)	2.5
	80L (소화전용 물통 3개 포함)	1.5

답 ②

19 플래시오버(flash over)에 관한 설명이 아닌 것은?

① 실내 화재에서 발생하는 현상
② 순발적인 연소확대 현상
③ 발생시점은 초기에서 성장기로 넘어가는 분기점
④ 화재로 인하여 온도가 급격히 상승하여 화재가 순간적으로 실내 전체에 확산되어 연소되는 현상

해설

플래시오버(flash over) : 화재로 인하여 실내의 온도가 급격히 상승하여 가연물이 일시에 폭발적으로 착화현상을 일으켜 화재가 순간적으로 실내 전체에 확산되는 현상(=순발연소, 순간연소)

답 ③

20 화재 시 이산화탄소를 방출하여 산소의 농도를 13vol%로 낮추어 소화를 하려면 공기 중의 이산화탄소는 몇 vol%가 되어야 하는가?

① 28.1 ② 38.1
③ 42.86 ④ 48.36

해설

이산화탄소의 농도 산출 공식

$CO_2(\%) : \dfrac{21 - O_2(\%)}{21} \times 100$

O_2=13%일 때

$\therefore CO_2(\%) = \dfrac{21-13}{21} \times 100 = 38.1\%$

답 ②

21 다음 중 과산화마그네슘에 대한 설명으로 옳은 것은?

① 산화제, 표백제, 살균제 등으로 사용이 된다.
② 물에 녹지 않기 때문에 습기와 접촉해도 무방하다.
③ 물과 반응하여 금속마그네슘을 생성한다.
④ 염산과 반응하면 산소와 수소를 발생한다.

해설

과산화마그네슘(MgO_2)은 제1류 위험물(산화성 고체)로서 무기과산화물류(지정수량 : 50kg)이다. 또한 물에 녹지 않으며, 산(HCl)에 녹아 과산화수소(H_2O_2)를 발생한다.

$MgO_2 + 2HCl \rightarrow MgCl_2 + H_2O_2$

습기 또는 물과 반응하여 산소(O)를 발생한다.

$MgO_2 + H_2O \rightarrow Mg(OH)_2 + [O]$

답 ①

22 위험물안전관리법령에 따라 제조소 등의 관계인이 예방규정을 정하여야 하는 제조소 등에 해당하지 않는 것은?

① 지정수량의 200배 이상의 위험물을 저장하는 옥외탱크저장소
② 지정수량의 10배 이상의 위험물을 취급하는 제조소
③ 암반탱크저장소
④ 지하탱크저장소

해설

위험물안전관리법 시행령 제15조(관계인이 예방규정을 정하여야 하는 제조소 등)

㉮ 지정수량의 10배 이상의 위험물을 취급하는 제조소
㉯ 지정수량의 100배 이상의 위험물을 저장하는 옥외저장소
㉰ 지정수량의 150배 이상의 위험물을 저장하는 옥내저장소
㉱ 지정수량의 200배 이상의 위험물을 저장하는 옥외탱크저장소
㉲ 암반탱크저장소
㉳ 이송취급소
㉴ 지정수량의 10배 이상의 위험물을 취급하는 일반취급소. 다만, 제4류 위험물(특수인화물을 제외한다)만을 지정수량의 50배 이하로 취급하는 일반취급소(제1석유류·알코올류의 취급량이 지정수량의 10배 이하인 경우에 한한다)로서 다음의 어느 하나에 해당하는 것을 제외한다.
 ㉠ 보일러·버너 또는 이와 비슷한 것으로서 위험물을 소비하는 장치로 이루어진 일반취급소
 ㉡ 위험물을 용기에 옮겨 담거나 차량에 고정된 탱크에 주입하는 일반취급소

답 ④

23 같은 위험 등급의 위험물로만 이루어지지 않은 것은?

① Fe, Sb, Mg
② Zn, Al, S
③ 황화린, 적린, 칼슘
④ 메탄올, 에탄올, 벤젠

해설

성질	위험등급	품명	대표품목	지정수량
산화성 고체	Ⅱ	1. 황화린 2. 적린(P) 3. 유황(S)	P_4S_3, P_2S_5, P_4S_7	100kg
	Ⅲ	4. 철분(Fe) 5. 금속분 6. 마그네슘(Mg)	Al, Zn	500kg
		7. 인화성 고체	고형 알코올	1,000kg

답 ②

24 다음 위험물 중 지정수량이 가장 큰 것은 어느 것인가?

① 질산에틸
② 과산화수소
③ 트리니트로톨루엔
④ 피크르산

해설

① 질산에틸(제5류 위험물 질산에스테르류) : 10kg
② 과산화수소(제6류 위험물) : 300kg
③ 트리니트로톨루엔(제5류 위험물 중 니트로화합물류) : 200kg
④ 피크르산(제5류 위험물 중 니트로화합물류) : 200kg

답 ②

25 지정수량 10배의 위험물을 운반할 때 혼재가 가능한 것은?

① 제1류 위험물과 제2류 위험물
② 제1류 위험물과 제4류 위험물
③ 제4류 위험물과 제5류 위험물
④ 제5류 위험물과 제3류 위험물

해설

유별을 달리하는 위험물의 혼재기준

구분	제1류	제2류	제3류	제4류	제5류	제6류
제1류		×	×	×	×	○
제2류	×		×	○	○	×
제3류	×	×		○	×	×
제4류	×	○	○		○	×
제5류	×	○	×	○		×
제6류	○	×	×	×	×	

답 ③

26 제4류 위험물 중 특수인화물로만 나열된 것은 어느 것인가?

① 아세트알데히드, 산화프로필렌, 염화아세틸
② 산화프로필렌, 염화아세틸, 부틸알데히드
③ 부틸알데히드, 이소프로필아민, 디에틸에테르
④ 이황화탄소, 황화디메틸, 이소프로필아민

해설

① 아세트알데히드(특수인화물), 산화프로필렌(특수인화물), 염화아세틸(제1석유류)
② 산화프로필렌(특수인화물), 염화아세틸(제1석유류), 부틸알데히드(제1석유류)
③ 부틸알데히드(제1석유류), 이소프로필아민(특수인화물), 디에틸에테르(특수인화물)
④ 이황화탄소(특수인화물), 황화디메틸(특수인화물), 이소프로필아민(특수인화물)

답 ④

27 건축물 외벽이 내화구조이며 연면적 300m^{2}인 위험물 옥내저장소의 건축물에 대하여 소화설비의 소화능력 단위는 최소한 몇 단위 이상이 되어야 하는가?

① 1단위
② 2단위
③ 3단위
④ 4단위

해설

$$\text{소요단위} = \frac{\text{연면적}(m^2)}{\text{기준면적}(m^2)} = \frac{300}{150} = 2\text{단위}$$

소요단위 : 소화설비의 설치대상이 되는 건축물의 규모 또는 위험물 양에 대한 기준단위

<table>
<tr><td rowspan="5">1 단위</td><td rowspan="2">제조소 또는 취급소용 건축물의 경우</td><td>내화구조 외벽을 갖춘 연면적 100m²</td></tr>
<tr><td>내화구조 외벽이 아닌 연면적 50m²</td></tr>
<tr><td rowspan="2">저장소 건축물의 경우</td><td>내화구조 외벽을 갖춘 연면적 150m²</td></tr>
<tr><td>내화구조 외벽이 아닌 연면적 75m²</td></tr>
<tr><td>위험물의 경우</td><td>지정수량의 10배</td></tr>
</table>

답 ②

28 다음 중 수소화칼슘이 물과 반응하였을 때의 생성물은?

① 칼슘과 수소
② 수산화칼슘과 수소
③ 칼슘과 산소
④ 수산화칼슘과 산소

해설

수소화칼슘(CaH_2)은 제3류 위험물(자연발화성 및 금수성 물질) 중 금속의 수소화물로서 백색 또는 회백색의 결정 또는 분말이며, 건조 공기 중에 안정하며 환원성이 강하다. 물과 격렬하게 반응하여 수소를 발생하고 발열한다. 물 및 포 소화약제 사용은 금지하며 마른모래 등으로 피복소화한다.
$CaH_2+2H_2O \rightarrow Ca(OH)_2+2H_2+48kcal$

답 ②

29 과염소산칼륨과 아염소산나트륨의 공통성질이 아닌 것은?

① 지정수량이 50kg이다.
② 열분해 시 산소를 방출한다.
③ 강산화성 물질이며 가연성이다.
④ 상온에서 고체의 형태이다.

해설

제1류 위험물(산화성 고체)과 제6류 위험물(산화성 액체)은 산화반응이 끝난 고체 및 액체(포화산화물)이기 때문에 더 이상 산화하지 않는다. (=불연성)

답 ③

30 위험성 예방을 위해 물속에 저장하는 것은?

① 칠황화린 ② 이황화탄소
③ 오황화린 ④ 톨루엔

해설

이황화탄소는 제4류 위험물(인화성 액체) 중 특수인화물류로서 인화점 −30℃, 착화점 100℃(제4류 위험물 중 착화점이 가장 낮다). 물에 녹지 않고 물보다 비중이 크기 때문에 물속에 저장한다(가연성 증기의 발생을 억제하기 위해).

답 ②

31 위험물을 유별로 정리하여 상호 1m 이상의 간격을 유지하는 경우에도 동일한 옥내저장소에 저장할 수 없는 것은?

① 제1류 위험물(알칼리금속의 과산화물 또는 이를 함유한 것은 제외)과 제5류 위험물
② 제1류 위험물과 제6류 위험물
③ 제1류 위험물과 제3류 위험물 중 황린
④ 인화성 고체를 제외한 제2류 위험물과 제4류 위험물

해설

제2류 위험물 중 인화성 고체와 제4류 위험물을 저장하는 경우이다.

답 ④

32 다음 중 화재 시 내알코올포 소화약제를 사용하는 것이 가장 적합한 위험물은?

① 아세톤 ② 휘발유
③ 경유 ④ 등유

해설

- 아세톤, 알코올류 등 : 수용성 위험물
- 내알코올용 포소화약제는 제4류 위험물(인화성 액체) 중 수용성 위험물에 적합하다.

답 ①

33 다음 중 무색 또는 옅은 청색의 액체로 농도가 36wt% 이상인 것을 위험물로 간주하는 것은?

① 과산화수소
② 과염소산
③ 질산
④ 초산

해설

과산화수소(H_2O_2) : 제6류 위험물(산화성 액체)
㉮ 순수한 것은 점성이 있는 무색투명한 액체로 다량인 경우는 청색을 띤다.
㉯ 농도가 36wt% 이상인 것만 위험물에 해당한다.

답 ①

34 위험물안전관리법령의 규정에 따라 다음과 같이 예방조치를 하여야 하는 위험물은?

- 운반용기의 외부에 "화기엄금" 및 "충격주의"를 표시한다.
- 적재하는 경우 차광성 있는 피복으로 가린다.
- 55℃ 이하에서 분해될 우려가 있는 경우는 보냉 컨테이너에 수납하여 적정한 온도관리를 한다.

① 제1류 ② 제2류
③ 제3류 ④ 제5류

해설

제5류 위험물(자기반응성 물질)에 해당하는 예방조치이다.

답 ④

35 질산의 비중이 1.5일 때, 1소요단위는 몇 L인가?

① 150 ② 200
③ 1,500 ④ 2,000

해설

위험물의 소요단위=지정수량×10배이므로
300kg×10=3,000kg이다.
그리고 질산의 액비중이 1.5이므로 밀도는 1.5kg/L이다.
따라서 밀도=질량/부피 이므로
부피는 질량/밀도 이므로
∴ 3,000kg÷1.5kg/L=2,000kg

답 ④

36 경유에 대한 설명으로 틀린 것은?

① 품명은 제3석유류이다.
② 디젤기관의 연료로 사용할 수 있다.
③ 원유의 증류 시 등유와 중유 사이에서 유출된다.
④ K, Na의 보호액으로 사용할 수 있다.

해설

경유 : 제4류 위험물(인화성 액체) 제2석유류

답 ①

37 위험물제조소 등에 경보설비를 설치해야 하는 경우가 아닌 것은? (단, 지정수량의 10배 이상을 저장 또는 취급하는 경우이다.)

① 이동탱크저장소
② 단층건물로 처마높이가 6m인 옥내저장소
③ 단층건물 외의 건축물에 설치된 옥내탱크저장소로서 소화난이도 등급 Ⅰ에 해당하는 것
④ 옥내주유취급소

해설

제조소 등의 구분	제조소 등의 규모, 저장 또는 취급하는 위험물의 종류 및 최대수량 등	경보설비
제조소 및 일반취급소	• 연면적 $500m^2$ 이상인 것 • 옥내에서 지정수량의 100배 이상을 취급하는 것 • 일반취급소로 사용되는 부분 외의 부분이 있는 건축물에 설치된 일반취급소	자동화재탐지설비
옥내저장소	• 지정수량의 100배 이상을 저장 또는 취급하는 것 • 저장창고의 연면적이 $150m^2$를 초과하는 것[당해 저장창고가 연면적 $15m^2$ 이내마다 불연재료의 격벽으로 개구부 없이 완전히 구획된 것과 제2류 또는 제4류의 위험물(인화성 고체 및 인화점이 70℃ 미만인 제4류 위험물을 제외한다)만을 저장 또는 취급하는 것에 있어서는 저장창고의 연면적이 $500m^2$ 이상의 것에 한한다.] • 처마높이가 6m 이상인 단층건물의 것 • 옥내저장소로 사용되는 부분 외의 부분이 있는 건축물에 설치된 옥내저장소[옥내저장소와 옥내저장소 외의 부분이 내화구조의 바닥 또는 벽으로 개구부 없이 구획된 것과 제2류 또는 제4류 위험물(인화성 고체 및 인화점이 70℃ 미만인 제4류 위험물을 제외한다)만을 저장 또는 취급하는 것을 제외한다.]	
옥내탱크저장소	단층건물 외의 건축물에 설치된 옥내탱크저장소로서 소화난이도 등급 Ⅰ에 해당하는 것	
주유취급소	옥내주유취급소	

답 ①

38 다음은 위험물 탱크의 공간용적에 관한 내용이다. ( ) 안에 숫자를 차례대로 올바르게 나열한 것은? (단, 소화설비를 설치하는 경우와 암반탱크는 제외한다.)

> 탱크의 공간용적은 탱크 내용적의 100분의 ( ) 이상 100분의 ( ) 이하의 용적으로 한다.

① 5, 10　② 5, 15
③ 10, 15　④ 10, 20

해설

위험물안전관리에 관한 세부기준 제25조(탱크의 내용적 및 공간용적)

㉮ 탱크의 공간용적은 탱크의 내용적의 100분의 5 이상 100분의 10 이하의 용적으로 한다. 다만, 소화설비를 설치하는 탱크의 공간용적은 당해 소화설비의 소화약제방출구 아래의 0.3미터 이상 1미터 사이의 면으로부터 윗부분의 용적으로 한다.

㉯ ㉮의 규정에 불구하고 암반탱크에 있어서는 당해 탱크 내에 용출하는 7일간의 지하수의 양에 상당하는 용적과 당해탱크의 내용적의 100분의 1의 용적 중에서 보다 큰 용적을 공간용적으로 한다.

답 ①

39 다음 중 제4류 위험물에 속하지 않는 것은 어느 것인가?

① 아세톤
② 실린더유
③ 과산화벤조일
④ 니트로벤젠

해설

① 아세톤 – 제4류 위험물(인화성 액체) – 제1석유류
② 실린더유 – 제4류 위험물(인화성 액체) – 제4석유류
③ 과산화벤조일 – 제5류 위험물(자기반응성 물질) – 유기과산화물
④ 니트로벤젠 – 제4류 위험물(인화성 액체) – 제3석유류

답 ③

40 다음 중 니트로셀룰로오스에 대한 설명으로 틀린 것은?

① 다이너마이트의 원료로 사용된다.
② 물과 혼합하면 위험성이 감소된다.
③ 셀룰로오스에 진한질산과 진한황산을 작용시켜 만든다.
④ 품명이 니트로화합물이다.

해설

니트로셀룰로오스$[C_6H_7O_2(ONO_2)_3]_n$는 제5류 위험물(자기반응성 물질) 중 질산에스테르류로서 지정수량은 10kg이며, 건조한 상태에서는 폭발하기 쉬우나 물이 혼합될수록 위험성이 감소되기 때문에 저장・운반 시에는 물(20%), 알코올(30%)을 첨가하여 습면시킨다. 인화점 13℃, 발화점 160~170℃, 끓는점 83℃, 분해온도 130℃, 비중 1.7이다.

답 ④

41 다음 중 착화점이 232℃에 가장 가까운 위험물은?

① 삼황화린
② 오황화린
③ 적린
④ 유황

해설

① 삼황화린 : 100℃
② 오황화린 : 142℃
③ 적린 : 260℃
④ 유황 : 232℃

답 ④

42 $NaClO_3$에 대한 설명으로 옳은 것은?

① 물, 알코올에 녹지 않는다.
② 가연성 물질로 무색, 무취의 결정이다.
③ 유리를 부식시키므로 철제용기에 저장한다.
④ 산과 반응하여 유독성의 ClO_2를 발생한다.

해설

$NaClO_3$는 무색무취의 입방정계 주상결정으로 조해성, 흡습성이 있고 물, 알코올, 글리세린, 에테르 등에 잘 녹는다. 흡습성이 좋아 강한 산화제로서 철제용기를 부식시키며, 산과의 반응이나 분해반응으로 독성이 있으며 폭발성이 강한 이산화염소(ClO_2)를 발생시킨다.
$3NaClO_3 \rightarrow NaClO_4+Na_2O+2ClO_2$

답 ④

43 물과 접촉하면 위험성이 증가하므로 주수소화를 할 수 없는 물질은?

① $KClO_3$
② $NaNO_3$
③ Na_2O_2
④ $(C_6H_5CO)_2O_2$

해설

제1류 위험물(산화성 고체) 중 무기과산화물은 분자 내에 불안정한 과산화물(-O-O-)을 가지고 있기 때문에 물과 쉽게 반응하여 산소가스(O_2)를 방출하며 발열을 동반한다.(주수소화 불가)

답 ③

44 다음 중 금속나트륨에 관한 설명으로 옳은 것은?

① 물보다 무겁다.
② 융점이 100℃보다 높다.
③ 물과 격렬히 반응하여 산소를 발생하고 발열한다.
④ 등유는 반응이 일어나지 않아 저장액으로 이용된다.

해설

나트륨(Na)은 제3류 위험물(자연발화성 및 금수성 물질)로 보호액으로는 산소원자(O)가 없는 석유류(등유, 경유, 휘발유 등)에 보관한다.
물과 격렬히 반응하여 발열하고 수소를 발생하며, 산과는 폭발적으로 반응한다.
$2Na+2H_2O \rightarrow 2NaOH+H_2$

답 ④

45 메탄올과 에탄올의 공통점에 대한 설명으로 틀린 것은?

① 증기비중이 같다.
② 무색, 투명한 액체이다.
③ 비중이 1보다 작다.
④ 물에 잘 녹는다.

해설

물질	분자량	증기비중	인화점
메탄올(CH_3OH)	32g/mol	1.10	11℃
에탄올(C_2H_5OH)	46g/mol	1.59	13℃

답 ①

46 동·식물유류에 대한 설명으로 틀린 것은?

① 아마인유는 건성유이다.
② 불포화 결합이 적을수록 자연발화의 위험이 커진다.
③ 요오드값이 100 이하인 것을 불건성유라 한다.
④ 건성유는 공기 중 산화중합으로 생긴 고체가 도막을 형성할 수 있다.

해설

동·식물유류의 경우 요오드값에 따라 건성유, 반건성유, 불건성유로 구분한다. 요오드값은 유지 100g에 부가되는 요오드의 g수로서 불포화도가 증가할수록 요오드값이 증가하며, 자연발화의 위험이 있다.

답 ②

47 물과 반응하여 아세틸렌을 발생하는 것은?

① NaH
② Al_4C_3
③ CaC_2
④ $(C_2H_5)_3Al$

해설

① $NaH+H_2O \rightarrow NaOH+H_2$
② $Al_4C_3+12H_2O \rightarrow 4Al(OH)_3+3CH_4$
③ $CaC_2+2H_2O \rightarrow Ca(OH)_2+C_2H_2$
④ $(C_2H_5)_3Al+3H_2O \rightarrow Al(OH)_3+3C_2H_6$

답 ③

48 지정수량이 나머지 셋과 다른 하나는?

① 칼슘
② 나트륨아미드
③ 인화아연
④ 바륨

해설

① 50kg
② 50kg
③ 300kg
④ 50kg

답 ③

49 위험물제조소에 설치하는 안전장치 중 위험물의 성질에 따라 안전밸브의 작동이 곤란한 가압설비에 한하여 설치하는 것은?

① 파괴판
② 안전밸브를 병용하는 경보장치
③ 감압측에 안전밸브를 부착한 감압밸브
④ 연성계

해설

위험물안전관리법 시행규칙 제28조 별표 4(제조소의 위치 구조 및 설비의 기준)
㉮ 자동적으로 압력의 상승을 정지시키는 장치
㉯ 감압측에 안전밸브를 부착한 감압밸브
㉰ 안전밸브를 병용하는 경보장치
㉱ 파괴판(위험물의 성질에 따라 안전밸브의 작동이 곤란한 가압설비에 한한다.)

답 ①

50 제6류 위험물에 대한 설명으로 틀린 것은?

① 위험 등급 Ⅰ에 속한다.
② 자신이 산화되는 산화성 물질이다.
③ 지정수량은 300kg이다.
④ 오불화브롬은 제6류 위험물이다.

해설

위험물안전관리법상 산화성 액체에 해당하며, 다른 물질을 산화시키는 물질이다.

답 ②

51 분말의 형태로서 150μm의 체를 통과하는 50wt% 이상인 것만 위험물로 취급되는 것은?

① Fe
② Sn
③ Ni
④ Cu

해설

"금속분"이라 함은 알칼리금속·알칼리토류금속·철 및 마그네슘 외의 금속의 분말을 말하고, 구리분·니켈분 및 150마이크로미터의 체를 통과하는 것이 50중량퍼센트 미만인 것은 제외한다.

답 ②

52 상온에서 액체인 물질로만 조합된 것은?

① 질산에틸, 니트로글리세린
② 피크린산, 질산메틸
③ 트리니트로톨루엔, 디니트로벤젠
④ 니트로글리콜, 테트릴

해설

① 질산에틸 : 액체
니트로글리세린 : 액체
② 피크린산 : 휘황색의 침상결정(고체)
질산메틸 : 액체
③ 트리니트로톨루엔 : 담황색의 결정(고체)
디니트로벤젠 : 담황색의 결정(고체)
④ 니트로글리콜 : 액체
테트릴(트리니트로페놀니트로아민) : 황백색의 결정(고체)

답 ①

53 다음 중 인화점이 가장 낮은 것은?

① 이소펜탄
② 아세톤
③ 디에틸에테르
④ 이황화탄소

해설

① −51℃ ② −18℃
③ −40℃ ④ −30℃

답 ①

54 위험물안전관리에 관한 세부기준에서 정한 위험물의 유별에 따른 위험성 시험방법을 옳게 연결한 것은?

① 제1류－가열분해성 시험
② 제2류－작은불꽃착화 시험
③ 제5류－충격민감성 시험
④ 제6류－낙구식 타격감도 시험

해설

유별 위험성 실험방법

① 제1류 : 연소 시험, 낙구식 타격감소 시험, 대량연소 시험, 철관 시험
② 제2류 : 소가스염 착화성 시험
③ 제5류 : 열분석 시험, 압력용기 시험, 내열 시험, 낙추감도 시험, 순폭 시험, 마찰감도 시험, 폭속 시험, 탄동구포 시험, 탄동진자 시험
④ 제6류 : 연소 시험, 액체비중측정 시험

답 ②

55 다음 중 과염소산의 저장 및 취급 방법으로 틀린 것은?

① 종이, 나무 부스러기 등과의 접촉을 피한다.
② 직사광선을 피하고, 통풍이 잘 되는 장소에 보관한다.
③ 금속분과의 접촉을 피한다.
④ 분해 방지제로 NH_3 또는 $BaCl_2$를 사용한다.

해설

염화바륨($BaCl_2$)과 발열, 발화하며 암모니아(NH_3)와 접촉 시 격렬하게 반응하여 폭발, 비산한다.

답 ④

56 다음 중 CaC_2의 저장장소로서 적합한 곳은 어느 것인가?

① 가스가 발생하므로 밀전을 하지 않고 공기 중에 보관한다.
② HCl 수용액 속에 저장한다.
③ CCl_4 분위기의 수분이 많은 장소에 보관한다.
④ 건조하고 환기가 잘 되는 장소에 보관한다.

해설

CaC_2는 물 또는 습기와 작용하여 폭발성 혼합가스인 아세틸렌(C_2H_2)가스를 발생하며, 생성되는 수산화칼슘[$Ca(OH)_2$]은 독성이 있기 때문에 인체에 부식 작용(피부점막 염증, 시력장애 등)이 있다. 또한 가스가 발생하므로 밀전하며, 건조하고 환기가 잘되는 장소에 보관한다.

답 ④

57 다음에서 설명하고 있는 위험물은?

- 지정수량은 20kg이고, 백색 또는 담황색 고체이다.
- 비중은 약 1.82이고, 융점은 약 44℃이다.
- 비점은 약 280℃이고, 증기비중은 약 4.3이다.

① 적린　　② 황린
③ 유황　　④ 마그네슘

해설

황린에 대한 설명이다.

답 ②

58 위험물 탱크 성능 시험자가 갖추어야 할 등록기준에 해당되지 않는 것은?

① 기술능력
② 시설
③ 장비
④ 경력

해설

위험물안전관리법 제16조(탱크시험자의 등록 등)

탱크시험자가 되고자 하는 자는 대통령령이 정하는 기술능력·시설 및 장비를 갖추어 시·도지사에게 등록하여야 한다.

답 ④

59 과산화벤조일과 과염소산의 지정수량 합은 몇 kg인가?

① 310　　② 350
③ 400　　④ 500

해설

과산화벤조일 : 10kg+과염소산 : 300kg=310kg

답 ①

60 위험물에 대한 유별 구분이 잘못된 것은?

① 브롬산염류－제1류 위험물
② 유황－제2류 위험물
③ 금속의 인화물－제3류 위험물
④ 무기과산화물－제5류 위험물

해설

④ 무기과산화물－제1류 위험물

답 ④

1200제 제 3 회 과년도 출제문제

위험물기능사

01 연료의 일반적인 연소형태에 관한 설명 중 틀린 것은?

① 목재와 같은 고체연료는 연소초기에는 불꽃을 내면서 연소하나 후기에는 점점 불꽃이 없어져 무염(無炎)연소형태로 연소한다.
② 알코올과 같은 액체연료는 증발에 의해 생긴 증기가 공기 중에서 연소하는 증발연소의 형태로 연소한다.
③ 기체연료는 액체연료, 고체연료와 다르게 비정상적 연소인 폭발현상이 나타나지 않는다.
④ 석탄과 같은 고체연료는 열분해하여 발생한 가연성 기체가 공기 중에서 연소하는 분해연소형태로 연소한다.

해설

③ 기체연료는 액체연료, 고체연료와 다르게 비정상적 연소인 폭발현상이 나타난다.

답 ③

02 위험물안전관리자의 책무에 해당하지 않는 것은?

① 화재 등의 재난이 발생한 경우 소방관서 등에 대한 연락 업무
② 화재 등의 재난이 발생한 경우 응급 조치
③ 위험물의 취급에 관한 일지의 작성 · 기록
④ 위험물안전관리자의 선임 신고

해설

위험물안전관리자의 선임 신고, 해임 신고는 제조소 등의 관계인(소유자, 점유자, 관리자)이 하여야 한다.

위험물안전관리법 제15조(위험물안전관리자)

㉮ 제조소 등의 관계인은 위험물의 안전관리에 관한 직무를 수행하게 하기 위하여 제조소 등마다 대통령령이 정하는 위험물의 취급에 관한 자격이 있는 자(이하 "위험물취급자격자"라 한다)를 위험물안전관리자(이하 "안전관리자"라 한다)로 선임하여야 한다.
㉯ ㉮의 규정에 따라 안전관리자를 선임한 제조소 등의 관계인은 그 안전관리자를 해임하거나 안전관리자가 퇴직한 때에는 해임하거나 퇴직한 날부터 30일 이내에 다시 안전관리자를 선임하여야 한다.
㉰ ㉮ 및 ㉯의 규정에 따라 안전관리자를 선임 또는 해임하거나 안전관리자가 퇴직한 때에는 14일 이내에 행정안전부령이 정하는 바에 의하여 소방본부장 또는 소방서장에게 신고하여야 한다.

답 ④

03 옥내저장소에 관한 위험물안전관리법령의 내용으로 옳지 않은 것은?

① 지정과산화물을 저장하는 옥내저장소의 경우 바닥면적 150m^2 이내마다 격벽으로 구획을 하여야 한다.
② 옥내저장소에는 원칙상 안전거리를 두어야 하나, 제6류 위험물을 저장하는 경우에는 안전거리를 두지 않을 수 있다.
③ 아세톤을 처마높이 6m 미만인 단층건물에 저장하는 경우 저장창고의 바닥면적은 1,000m^2 이하로 하여야 한다.
④ 복합용도의 건축물에 설치하는 옥내저장소는 해당 용도로 사용하는 부분의 바닥면적을 100m^2 이하로 하여야 한다.

해설

위험물안전관리법 시행규칙 제29조 별표 5(복합용도 건축물의 옥내저장소의 기준)

㉮ 옥내저장소는 벽 · 기둥 · 바닥 및 보가 내화구조인 건축물의 1층 또는 2층의 어느 하나의 층에 설치하여야 한다.
㉯ 옥내저장소의 용도로 사용되는 부분의 바닥은 지면보다 높게 설치하고 그 층고를 6m 미만으로 하여야 한다.

㉰ 옥내저장소의 용도로 사용되는 부분의 바닥면적은 $75m^2$ 이하로 하여야 한다.
㉱ 옥내저장소의 용도로 사용되는 부분은 벽·기둥·바닥·보 및 지붕(상층이 있는 경우에는 상층의 바닥)을 내화구조로 하고, 출입구 외의 개구부가 없는 두께 70mm 이상의 철근콘크리트조 또는 이와 동등 이상의 강도가 있는 구조의 바닥 또는 벽으로 당해 건축물의 다른 부분과 구획되도록 하여야 한다.
㉲ 옥내저장소의 용도로 사용되는 부분의 출입구에는 수시로 열 수 있는 자동폐쇄방식의 갑종방화문을 설치하여야 한다.
㉳ 옥내저장소의 용도로 사용되는 부분에는 창을 설치하지 아니하여야 한다.
㉴ 옥내저장소의 용도로 사용되는 부분의 환기설비 및 배출설비에는 방화상 유효한 댐퍼 등을 설치하여야 한다.

답 ④

04 위험 등급이 나머지 셋과 다른 것은?

① 알칼리토금속
② 아염소산염류
③ 질산에스테르류
④ 제6류 위험물

해설

① 위험 등급 Ⅱ
② 위험 등급 Ⅰ
③ 위험 등급 Ⅰ
④ 위험 등급 Ⅰ

답 ①

05 메틸알코올 8,000L에 대한 소화능력으로 삽을 포함한 마른모래를 몇 L 설치하여야 하는가?

① 10
② 200
③ 300
④ 400

해설

소요단위

$= \frac{\text{저장수량}}{\text{지정 수량} \times 10\text{배}} = \frac{8,000L}{400L \times 10\text{배}} = 2\text{단위}$

능력단위

– 2단위 : 필요한 마른모래 $L = 0.5$단위 : 50L

– 필요한 마른모래 $L = \frac{2\text{단위} \times 50L}{0.5\text{단위}} = 200L$

※ 메틸알코올(CH_3OH) : 제4류 위험물(인화성 액체) 알코올류 – 지정수량 400L

소요단위 : 지정수량의 10배를 1소요단위로 한다.

소화설비의 능력단위

소화설비	용량	능력 단위
소화전용 물통	8L	0.3
수조(소화전용 물통 3개 포함)	80L	1.5
수조(소화전용 물통 6개 포함)	190L	2.5
마른모래(삽 1개 포함)	50L	0.5

답 ②

06 위험물안전관리법령에서 정한 경보설비가 아닌 것은?

① 자동화재탐지설비
② 비상조명설비
③ 비상경보설비
④ 비상방송설비

해설

- **경보설비** : 비상경보설비, 단독경보형감지기, 비상방송설비, 누전경보기, 자동화재탐지 및 시각경보기, 자동화재속보설비, 가스누설경보기.
- **피난설비** : 피난기구, 인명구조기구, 유도등 및 유도표지, 비상조명설비

답 ②

07 위험물안전관리법령상 전기설비에 대하여 적응성이 없는 소화설비는?

① 물분무소화설비
② 이산화탄소소화설비
③ 포소화설비
④ 할로겐화합물소화설비

해설

포소화약제는 수계소화설비로 전기화재에는 적응성이 없다.

답 ③

08 철분 · 마그네슘 · 금속분에 적응성이 있는 소화설비는?

① 스프링클러설비
② 할로겐화합물소화설비
③ 대형 수동식 포소화기
④ 건조사

해설

금수성 물질에 적응성이 있는 소화기
㉮ 건조사
㉯ 팽창질석 또는 팽창진주암
㉰ 금속화재용 분말소화기

답 ④

09 제3류 위험물을 취급하는 제조소는 300명 이상을 수용할 수 있는 극장으로부터 몇 m 이상의 안전거리를 유지하여야 하는가?

① 5 ② 10
③ 30 ④ 70

해설

제조소의 안전거리 기준

구분	안전거리
사용전압 7,000V 초과 35,000V 이하	3m 이상
사용전압 35,000V 초과	5m 이상
주거용	10m 이상
고압가스, 액화석유가스, 도시가스	20m 이상
학교, 병원, 극장	30m 이상
유형문화재, 지정문화재	50m 이상

답 ③

10 다음 중 할로겐화합물소화약제의 가장 주된 소화효과에 해당하는 것은?

① 제거효과 ② 억제효과
③ 냉각효과 ④ 질식효과

해설

할로겐화합물소화약제의 주된 소화효과 : 부촉매효과(억제효과)

답 ②

11 위험물안전관리법령에 의한 안전교육에 대한 설명으로 옳은 것은?

① 제조소 등의 관계인은 교육대상자에 대하여 안전교육을 받게 할 의무가 있다.
② 안전관리자, 탱크시험자의 기술인력 및 위험물운송자는 안전교육을 받을 의무가 없다.
③ 탱크시험자의 업무에 대한 강습교육을 받으면 탱크시험자의 기술인력이 될 수 있다.
④ 소방서장은 교육대상자가 교육을 받지 아니한 때에는 그 자격을 정지하거나 취소할 수 있다.

해설

② 안전관리자, 탱크시험자의 기술인력 및 위험물운송자는 안전교육을 받을 의무가 있다.
③ 탱크시험자의 업무에 대한 강습교육을 받으면 탱크시험자의 기술인력이 될 수 없다.
④ 소방서장은 교육대상자가 교육을 받지 아니한 때에는 그 자격을 정지할 수는 있으나 취소할 수는 없다.

답 ①

12 위험물안전관리법령상 제조소의 위치 · 구조 및 설비의 기준에 따르면 가연성 증기가 체류할 우려가 있는 건축물은 배출장소의 용적이 500m^3일 때 시간당 배출능력(국소방식)을 얼마 이상인 것으로 하여야 하는가?

① 5,000m^3
② 10,000m^3
③ 20,000m^3
④ 40,000m^3

해설

제조소의 배출능력은 1시간당 배출장소 용적의 20배 이상인 것으로 하여야 한다.
∴ $500m^3 \times 20 = 10,000m^3$

답 ②

13 물의 소화능력을 향상시키고 동절기 또는 한랭지에서도 사용할 수 있도록 탄산칼륨 등의 알칼리금속염을 첨가한 소화약제는 어느 것인가?

① 강화액
② 할로겐화합물
③ 이산화탄소
④ 포(foam)

해설

강화액소화기 : 동절기 물소화약제의 어는 단점을 보완하기 위해 물에 탄산칼륨(K_2CO_3)을 첨가하여 액체이면서도 겨울철에 얼지 않도록 소화약제의 어는점을 −30℃ 정도로 낮춘 소화약제

답 ①

14 금수성 물질 저장시설에 설치하는 주의사항 게시판의 바탕색과 문자색을 옳게 나타낸 것은?

① 적색바탕에 백색문자
② 백색바탕에 적색문자
③ 청색바탕에 백색문자
④ 백색바탕에 청색문자

해설

주의사항 게시판의 색상
- 화기엄금, 화기주의 : 적색바탕에 백색문자
- 물기엄금 : 청색바탕에 백색문자

답 ③

15 다음 중 과산화수소에 대한 설명으로 틀린 것은?

① 불연성이다.
② 물보다 무겁다.
③ 산화성 액체이다.
④ 지정수량은 300L이다.

해설

제6류 위험물(산화성 액체) 모두 위험 등급 Ⅰ로 지정수량은 300kg이다.
※ 과산화수소(H_2O_2)는 제6류 위험물이다.

답 ④

16 다음 중 연소반응이 일어날 수 있는 가능성이 가장 큰 물질은?

① 산소와 친화력이 작고, 활성화에너지가 작은 물질
② 산소와 친화력이 크고, 활성화에너지가 큰 물질
③ 산소와 친화력이 작고, 활성화에너지가 큰 물질
④ 산소와 친화력이 크고, 활성화에너지가 작은 물질

해설

가연성 물질이 되기 쉬운 조건
㉮ 산소와의 친화력이 클 것
㉯ 열전도율이 작을 것
㉰ 활성화에너지가 작을 것
㉱ 연소열이 클 것
㉲ 크기가 작아 접촉면적이 클 것

답 ④

17 비전도성 인화성 액체가 관이나 탱크 내에서 움직일 때 정전기가 발생하기 쉬운 조건으로 가장 거리가 먼 것은?

① 흐름의 낙차가 클 때
② 느린 유속으로 흐를 때
③ 심한 와류가 생성될 때
④ 필터를 통과할 때

해설

위험물 이송 시 배관 내 유속이 느리면 정전기 발생을 방지할 수 있다.

답 ②

18 위험물안전관리법령에 따라 다음 (   ) 안에 알맞은 용어는?

> 주유취급소 중 건축물의 2층 이상의 부분을 점포·휴게음식점 또는 전시장의 용도로 사용하는 것에 있어서는 당해 건축물의 2층 이상으로부터 직접 주유취급소의 부지 밖으로 통하는 출입구와 당해 출입구로 통하는 통로·계단 및 출입구에 (   )을(를) 설치하여야 한다.

① 피난사다리　　② 경보기
③ 유도등　　④ CCTV

해설

위험물안전관리법 시행규칙 별표 17(피난설비의 기준)

㉮ 주유취급소 중 건축물의 2층 이상의 부분을 점포·휴게음식점 또는 전시장의 용도로 사용하는 것에 있어서는 당해 건축물의 2층 이상으로부터 직접 주유취급소의 부지 밖으로 통하는 출입구와 당해 출입구로 통하는 통로·계단 및 출입구에 유도등을 설치하여야 한다.
㉯ 옥내주유취급소에 있어서는 당해 사무소 등의 출입구 및 피난구와 당해 피난구로 통하는 통로·계단 및 출입구에 유도등을 설치하여야 한다.
㉰ 유도등에는 비상전원을 설치하여야 한다.

답 ③

19 금속화재에 대한 설명으로 틀린 것은?

① 마그네슘과 같은 가연성 금속의 화재를 말한다.
② 주수소화 시 물과 반응하여 가연성 가스를 발생하는 경우가 있다.
③ 화재 시 금속화재용 분말소화약제를 사용할 수 있다.
④ D급 화재라고 하며, 표시하는 색상은 청색이다.

해설

종류	주성분	분자식	착색	적응화재
제1종	탄산수소나트륨(중탄산나트륨)	$NaHCO_3$	–	B, C급
제2종	탄산수소칼륨(중탄산칼륨)	$KHCO_3$	담회색	B, C급
제3종	제1인산암모늄	$NH_4H_2PO_4$	담홍색 또는 황색	A, B, C급
제4종	탄산수소칼륨+요소	$KHCO_3+CO(NH_2)_2$	–	B, C급

답 ④

20 다음 중 산화성 액체위험물의 화재예방상 가장 주의해야 할 점은?

① 0℃ 이하로 냉각시킨다.
② 공기와의 접촉을 피한다.
③ 가연물과의 접촉을 피한다.
④ 금속용기에 저장한다.

해설

제6류 위험물(산화성 액체)은 산화제로 환원제(가연물)와의 접촉을 금지해야 한다.

답 ③

21 알칼리금속 과산화물에 적응성이 있는 소화설비는?

① 할로겐화합물소화설비
② 탄산수소염류 분말소화설비
③ 물분무소화설비
④ 스프링클러설비

해설

알칼리금속 과산화물에 적응성이 있는 소화설비 :
탄산수소염류 분말소화설비

답 ②

22 위험물의 저장 및 취급 방법에 대한 설명으로 틀린 것은?

① 적린은 화기와 멀리하고 가열, 충격이 가해지지 않도록 한다.
② 황린은 자연발화성이 있으므로 물속에 저장한다.
③ 마그네슘은 산화제와 혼합되지 않도록 취급한다.
④ 알루미늄분은 분진폭발의 위험이 있으므로 분무주수하여 저장한다.

해설

알루미늄분 저장 및 취급 방법

㉮ 분진폭발의 위험이 있으므로 분말이 비산하지 않도록 하고 완전밀봉 저장한다.

㉯ 수증기와 반응하여 가연성 가스인 수소가스(H_2)를 발생하므로 주수소화는 금지한다.

$2Al+6H_2O \rightarrow 2Al(OH)_3+3H_2$

답 ④

23 위험물의 운반에 관한 기준에서 적재방법 기준으로 틀린 것은?

① 고체위험물은 운반용기의 내용적 95% 이하의 수납률로 수납할 것

② 액체위험물은 운반용기의 내용적 98% 이하의 수납률로 수납할 것

③ 알킬알루미늄은 운반용기 내용적 95% 이하의 수납률로 수납하되, 50℃의 온도에서 5% 이상의 공간용적을 유지할 것

④ 제3류 위험물 중 자연발화성 물질에 있어서는 불활성 기체를 봉입하여 밀봉하는 등 공기와 접하지 아니하도록 할 것

해설

알킬알루미늄 등은 운반용기의 내용적 90% 이하의 수납률로 수납하되, 50℃의 온도에서 5% 이상의 공간용적을 유지하도록 할 것

답 ③

24 다음 중 서로 반응할 때 수소가 발생하지 않는 것은?

① 리튬+염산

② 탄화칼슘+물

③ 수소화칼슘+물

④ 루비듐+물

해설

- 리튬 : $2Li+2HCl \rightarrow 2LiCl+H_2$
- 탄화칼슘 : $CaC_2+2H_2O \rightarrow Ca(OH)_2+C_2H_2$
- 수소화칼슘 : $CaH_2+2H_2O \rightarrow Ca(OH)_2+2H_2$
- 루비듐 : $2Rb+2H_2O \rightarrow 2RbOH+H_2$

답 ②

25 다음 중 지정수량이 300kg인 위험물에 해당하는 것은?

① $NaBrO_3$　② CaO_2

③ $KClO_4$　④ $NaClO_2$

해설

지정수량

구분	물질명	유별	품명	지정수량
$NaBrO_3$	브롬산나트륨	제1류 위험물 (산화성 고체)	브롬산염류	300kg
CaO_2	과산화칼슘		무기과산화물	50kg
$KClO_4$	과염소산칼륨		과염소산염류	50kg
$NaClO_2$	아염소산나트륨		아염소산염류	50kg

답 ①

26 제2류 위험물이 아닌 것은?

① 황화린　② 적린

③ 황린　④ 철분

해설

① 황화린 : 제2류 위험물(가연성 고체)

② 적린 : 제2류 위험물(가연성 고체)

③ 황린 : 제3류 위험물(자연발화성 및 금수성 물질)

④ 철분 : 제2류 위험물(가연성 고체)

답 ③

27 특수인화물 200L와 제4석유류 12,000L를 저장할 때 각각의 지정수량 배수의 합은 얼마인가?

① 3　② 4

③ 5　④ 6

해설

지정수량 배수의 합

$= \frac{\text{A품목 저장수량}}{\text{A품목 지정수량}} + \frac{\text{B품목 저장수량}}{\text{B품목 지정수량}}$

$= \frac{200L}{50L} + \frac{12,000L}{6,000L}$

= 6배

- 지정수량 : 특수인화물(50L), 제4석유류(6,000L)

답 ④

28 위험물안전관리법령에 따른 위험물의 운송에 관한 설명 중 틀린 것은?

① 알킬리튬과 알킬알루미늄 또는 이 중 어느 하나 이상을 함유한 것은 운송책임자의 감독·지원을 받아야 한다.
② 이동탱크저장소에 의하여 위험물을 운송할 때의 운송책임자에는 법정의 교육을 이수하고 관련 업무에 2년 이상 경력이 있는 자도 포함된다.
③ 서울에서 부산까지 금속의 인화물 300kg을 1명의 운전자가 휴식 없이 운송해도 규정위반이 아니다.
④ 운송책임자의 감독 또는 지원의 방법에는 동승하는 방법과 별도의 사무실에서 대기하면서 규정된 사항을 이행하는 방법이 있다.

해설

위험물운송자는 장거리(고속국도에 있어서는 340km 이상, 그 밖의 도로에 있어서는 200km 이상)에 걸치는 운송을 하는 때에는 2명 이상의 운전자로 할 것
※ 서울에서 부산까지의 거리 : 약 410km

답 ③

29 공기 중에서 갈색연기를 내는 물질은?

① 중크롬산암모늄
② 톨루엔
③ 벤젠
④ 발연질산

해설

질산은 가열 시 분해하여 적갈색의 유독한 기체인 이산화질소(NO_2)를 발생한다.
$HNO_3 \rightarrow H_2O + 2NO_2 + [O]$

답 ④

30 지정과산화물 옥내저장소의 저장창고 출입구 및 창의 설치기준으로 틀린 것은?

① 창은 바닥면으로부터 2m 이상의 높이에 설치한다.
② 하나의 창의 면적을 $0.4m^2$ 이내로 한다.
③ 하나의 벽면에 두는 창의 면적의 합계를 해당 벽면의 면적의 $\frac{1}{80}$이 초과되도록 한다.
④ 출입구에는 갑종방화문을 설치한다.

해설

지정과산화물 옥내저장소의 저장창고
㉮ 저장창고의 창은 바닥면으로부터 2m 이상의 높이에 두되, 하나의 벽면에 두는 창의 면적의 합계를 해당 벽면의 면적의 80분의 1 이내로 하고, 하나의 창의 면적을 $0.4m^2$ 이내로 할 것
㉯ 출입구에는 갑종방화문을 설치할 것

답 ③

31 저장 또는 취급하는 위험물의 최대수량이 지정수량의 500배 이하일 때 옥외저장탱크의 측면으로부터 몇 m 이상의 보유공지를 유지하여야 하는가? (단, 제6류 위험물은 제외한다.)

① 1　② 2
③ 3　④ 4

해설

옥외탱크저장소의 보유공지

저장 또는 취급하는 위험물의 최대수량	공지의 너비
지정수량의 500배 이하	3m 이상
지정수량의 500배 초과 1,000배 이하	5m 이상
지정수량의 1,000배 초과 2,000배 이하	9m 이상
지정수량의 2,000배 초과 3,000배 이하	12m 이상
지정수량의 3,000배 초과 4,000배 이하	15m 이상

지정수량의 4,000배 초과	당해 탱크의 수평단면의 최대지름(횡형인 경우에는 긴 변)과 높이 중 큰 것과 같은 거리 이상. 다만, 30m 초과의 경우에는 30m 이상으로 할 수 있고, 15m 미만의 경우에는 15m 이상으로 하여야 한다.

답 ③

32 제5류 위험물 중 유기과산화물을 함유한 것으로서 위험물에서 제외되는 것의 기준이 아닌 것은?

① 과산화벤조일의 함유량이 35.5wt% 미만인 것으로서 전분가루, 황산칼슘2수화물 또는 인산1수소칼슘2수화물과의 혼합물
② 비스(4클로로벤조일)퍼옥사이드의 함유량이 30wt% 미만인 것으로서 불활성 고체와의 혼합물
③ 1·4비스(2-터셔리부틸퍼옥시이소프로필)벤젠의 함유량이 40wt% 미만인 것으로서 불활성 고체와의 혼합물
④ 시크로헥사놀퍼옥사이드의 함유량이 40wt% 미만인 것으로서 불활성 고체와의 혼합물

해설

위험물안전관리법 시행령 별표 1(위험물 및 지정수량-유기과산화물을 함유한 것으로서 위험물에서 제외되는 것)

㉮ 과산화벤조일의 함유량이 35.5중량퍼센트 미만인 것으로서 전분가루, 황산칼슘2수화물 또는 인산1수소칼슘2수화물과의 혼합물
㉯ 비스(4클로로벤조일)퍼옥사이드의 함유량이 30중량퍼센트 미만인 것으로서 불활성 고체와의 혼합물
㉰ 과산화지크밀의 함유량이 40중량퍼센트 미만인 것으로서 불활성 고체와의 혼합물
㉱ 1·4비스(2-터셔리부틸퍼옥시이소프로필)벤젠의 함유량이 40중량퍼센트 미만인 것으로서 불활성 고체와의 혼합물
㉲ 시크로헥사놀퍼옥사이드의 함유량이 30중량퍼센트 미만인 것으로서 불활성 고체와의 혼합물

답 ④

33 아염소산나트륨의 저장 및 취급 시 주의사항으로 가장 거리가 먼 것은?

① 물속에 넣어 냉암소에 저장한다.
② 강산류와의 접촉을 피한다.
③ 취급 시 충격, 마찰을 피한다.
④ 가연성 물질과의 접촉을 피한다.

해설

아염소산나트륨($NaClO_2$)은 제1류 위험물(산화성 고체) 아염소산염류로서 조해성이 있기 때문에 습기에 주의하여 밀봉하여 직사광선을 피해 냉암소에 저장한다.

답 ①

34 다음 중 발화점이 가장 낮은 것은?

① 이황화탄소　② 산화프로필렌
③ 휘발유　④ 메탄올

해설

이황화탄소(CS_2)의 착화점(착화온도)은 100℃로 제4류 위험물(인화성 액체) 중 착화점이 가장 낮다.

답 ①

35 메탄올과 비교한 에탄올의 성질에 대한 설명 중 틀린 것은?

① 인화점이 낮다.
② 발화점이 낮다.
③ 증기비중이 크다
④ 비점이 높다.

해설

메탄올과 에탄올의 비교

물질	분자량	증기비중	인화점
메탄올(CH_3OH)	32g/mol	1.10	11℃
에탄올(C_2H_5OH)	46g/mol	1.59	13℃

메탄올의 인화점이 더 낮다.

답 ①

36 아염소산염류 500kg과 질산염류 3,000kg을 함께 저장하는 경우 위험물의 소요단위는 얼마인가?

① 2　　② 4
③ 6　　④ 8

해설

$$\text{지정수량 배수의 합} = \frac{500}{50} + \frac{3,000}{300} = 20\text{배}$$

$$\text{소요단위} = \frac{\text{지정수량의 배수}}{10\text{배}} = \frac{20}{10} = 2\text{단위}$$

답 ①

37 과염소산에 대한 설명 중 틀린 것은?

① 산화제로 이용된다.
② 휘발성이 강한 가연성 물질이다.
③ 철, 아연, 구리와 격렬하게 반응한다.
④ 증기비중은 약 3.5이다.

해설

제6류 위험물(산화성 액체)으로 산화반응이 끝난 액체(포화산화물)이기 때문에 더 이상 산화하지 않는다. (=불연성)

※ 과염소산($HClO_4$)은 제6류 위험물(산화성 액체)에 해당한다.

답 ②

38 상온에서 CaC_2를 장기간 보관할 때 사용하는 물질로 다음 중 가장 적합한 것은?

① 물
② 알코올 수용액
③ 질소가스
④ 아세틸렌가스

해설

물과 심하게 반응하여 수산화칼슘과 아세틸렌을 만들며 공기 중 수분과 반응하여도 아세틸렌을 발생시키므로 수분과 습기에 주의하여 밀폐용기에 저장하며 장기간 보관할 경우에는 질소가스(N_2) 등의 불연성 가스를 봉입시켜 저장한다.

$CaC_2 + 2H_2O \rightarrow Ca(OH)_2 + C_2H_2$

답 ③

39 다음 중 위험물안전관리법상 위험물에 해당하는 것은?

① 아황산
② 비중이 1.41인 질산
③ 53μm의 표준체를 통과하는 것이 50wt% 이상인 철의 분말
④ 농도가 15wt%인 과산화수소

해설

위험물의 한계기준

유별	구분	기준
제2류 위험물 (가연성 고체)	유황 (S)	순도 60% 이상인 것
	철분 (Fe)	53μm를 통과하는 것이 50wt% 이상인 것
	마그네슘 (Mg)	2mm의 체를 통과하지 아니하는 덩어리상태의 것과 직경 2mm 이상의 막대모양의 것은 제외
제6류 위험물 (산화성 액체)	과산화수소 (H_2O_2)	농도 36wt% 이상인 것
	질산 (HNO_3)	비중 1.49 이상인 것

답 ③

40 정기점검대상 제조소 등에 해당하지 않는 것은?

① 이동탱크저장소
② 지정수량 100배 이상의 위험물 옥외저장소
③ 지정수량 100배 이상의 위험물 옥내저장소
④ 이송취급소

해설

정기점검대상 제조소 등

㉮ 예방규정대상 제조소 등
　㉠ 지정수량의 10배 이상의 위험물을 취급하는 제조소, 일반취급소
　㉡ 지정수량의 100배 이상의 위험물을 저장하는 옥외저장소
　㉢ 지정수량의 150배 이상의 위험물을 저장하는 옥내저장소

㉣ 지정수량의 200배 이상의 위험물을 저장하는 옥외탱크저장소
㉤ 암반탱크저장소
㉥ 이송취급소
㉯ 지하탱크저장소
㉰ 이동탱크저장소
㉱ 위험물을 취급하는 탱크로서 지하에 매설된 탱크가 있는 제조소, 주유취급소 또는 일반취급소

답 ③

41 물과 반응하여 가연성 가스를 발생하지 않는 것은?

① 나트륨
② 과산화나트륨
③ 탄화알루미늄
④ 트리에틸알루미늄

해설

과산화나트륨은 조연성 가스인 산소가스를 발생한다.
$2Na + 2H_2O \rightarrow 2NaOH + H_2$(가연성 가스)
$2Na_2O_2 + 2H_2O \rightarrow 4NaOH + O_2$
$Al_4C_3 + 12H_2O \rightarrow 4Al(OH)_3 + 3CH_4$(가연성 가스)
$(C_2H_5)_3Al + 3H_2O \rightarrow Al(OH)_3 + 3C_2H_6$(가연성 가스)

답 ②

42 다음 중 위험물의 성질에 대한 설명으로 틀린 것은?

① 인화칼슘은 물과 반응하여 유독한 가스를 발생한다.
② 금속나트륨은 물과 반응하여 산소를 발생시키고 발열한다.
③ 아세트알데히드는 연소하여 이산화탄소와 물을 발생한다.
④ 질산에틸은 물에 녹지 않고 인화되기 쉽다.

해설

금속나트륨은 물과 반응하여 수소를 발생하고 발열한다.
$2Na + 2H_2O \rightarrow 2NaOH + H_2$

답 ②

43 알킬알루미늄을 저장하는 용기에 봉입하는 가스로 다음 중 가장 적합한 것은?

① 포스겐
② 인화수소
③ 질소가스
④ 아황산가스

해설

알킬알루미늄 저장 및 취급방법
㉮ 용기는 밀봉하고 공기와 접촉을 금한다.
㉯ 취급설비와 탱크 저장 시는 질소 등의 불활성 가스 봉입장치를 설치한다.
㉰ 용기 파손으로 인한 공기누출을 방지한다.

답 ③

44 분자량이 약 169인 백색의 정방정계 분말로서 알칼리토금속의 과산화물 중 매우 안정한 물질이며 테르밋의 점화제 용도로 사용되는 제1류 위험물은?

① 과산화칼슘
② 과산화바륨
③ 과산화마그네슘
④ 과산화칼륨

해설

분해온도가 840℃로 무기과산화물 중 가장 높다.
㉮ 수분과 산소를 발생한다.
$BaO_2 + 2H_2O \rightarrow 2Ba(OH)_2 + O_2 +$ 발열
㉯ 묽은 산류에 녹아서 과산화수소가 생성된다.
$BaO_2 + 2HCl \rightarrow BaCl_2 + H_2O_2$
$BaO_2 + H_2SO_4 \rightarrow BaSO_4 + H_2O_2$

답 ②

45 지하저장탱크에 경보음이 울리는 방법으로 과충전방지장치를 설치하고자 한다. 탱크 용량의 최소 몇 %가 찰 때 경보음이 울리도록 하여야 하는가?

① 80 ② 85
③ 90 ④ 95

해설

위험물안전관리법 시행규칙 별표 8(지하저장탱크의 과충전방지장치)

㉮ 탱크용량을 초과하는 위험물이 주입될 때 자동으로 그 주입구를 폐쇄하거나 위험물의 공급을 자동으로 차단하는 방법
㉯ 탱크용량의 90%가 찰 때 경보음을 울리는 방법

답 ③

46 다음 중 휘발유에 대한 설명으로 옳지 않은 것은?

① 전기 양도체이므로 정전기 발생에 주의해야 한다.
② 빈 드럼통이라도 가연성 가스가 남아 있을 수 있으므로 취급에 주의해야 한다.
③ 취급·저장 시 환기를 잘 시켜야 한다.
④ 직사광선을 피해 통풍이 잘 되는 곳에 저장한다.

해설

휘발유는 비(무)극성 공유결합의 형태로 전기적으로는 부도체이다.

답 ①

47 제2류 위험물에 대한 설명 중 틀린 것은?

① 유황은 물에 녹지 않는다.
② 오황화린은 CS_2에 녹는다.
③ 삼황화린은 가연성 물질이다.
④ 칠황화린은 더운물에 분해되어 이산화황을 발생한다.

해설

칠황화린은 더운 물에서 급격히 분해하여 황화수소(H_2S)와 인산(H_3PO_4)을 발생한다.

답 ④

48 벤조일퍼옥사이드의 위험성에 대한 설명으로 틀린 것은?

① 상온에서 분해되며 수분이 흡수되면 폭발성을 가지므로 건조된 상태로 보관·운반한다.
② 강산에 의해 분해 폭발의 위험이 있다.
③ 충격, 마찰 등에 의해 분해되어 폭발할 위험이 있다.
④ 가연성 물질과 접촉하면 발화의 위험이 높다.

해설

벤조일퍼옥사이드(=과산화벤조일)는 상온에서 안정하나 열, 빛, 충격, 마찰 등에 의해 폭발의 위험이 있으며, 수분이 흡수되거나 비활성 희석제(프탈산디메틸, 프탈산디부틸 등)가 첨가되면 폭발성을 낮출 수 있다.

답 ①

49 위험물제조소 등에 자체소방대를 두어야 할 대상으로 옳은 것은?

① 지정수량 300배 이상의 제4류 위험물을 취급하는 저장소
② 지정수량 300배 이상의 제4류 위험물을 취급하는 제조소
③ 지정수량 3,000배 이상의 제4류 위험물을 취급하는 저장소
④ 지정수량 3,000배 이상의 제4류 위험물을 취급하는 제조소

해설

위험물안전관리법 제19조(자체소방대)

다량의 위험물을 저장·취급하는 제조소 등으로서 대통령령이 정하는 제조소 등(제4류 위험물을 취급하는 제조소 또는 일반취급소)이 있는 동일한 사업소에서 지정수량의 3,000배 이상의 위험물을 저장 또는 취급하는 경우 당해 사업소의 관계인은 대통령령이 정하는 바에 따라 당해 사업소에 자체소방대를 설치하여야 한다.

답 ④

50 위험물의 운반에 관한 기준에 따르면 아세톤의 위험 등급은 얼마인가?

① 위험 등급 Ⅰ
② 위험 등급 Ⅱ
③ 위험 등급 Ⅲ
④ 위험 등급 Ⅳ

해설

아세톤(CH_3COCH_3)은 제4류 위험물(인화성 액체) 제1석유류에 해당하며 위험 등급은 Ⅱ등급이다.

답 ②

51 위험물제조소의 기준에 있어서 위험물을 취급하는 건축물의 구조로 적당하지 않은 것은 어느 것인가?

① 지하층이 없도록 하여야 한다.
② 연소의 우려가 있는 외벽은 내화구조의 벽으로 하여야 한다.
③ 출입구는 연소의 우려가 있는 외벽에 설치하는 경우 을종방화문을 설치하여야 한다.
④ 지붕은 폭발력이 위로 방출될 정도의 가벼운 불연재료로 덮는다.

해설

위험물안전관리법 시행규칙 별표 4(제조소의 건축물의 구조)

㉮ 지하층이 없도록 하여야 한다.
㉯ 벽·기둥·바닥·보·서까래 및 계단을 불연재료로 하고, 연소(延燒)의 우려가 있는 외벽(소방청장이 정하여 고시하는 것에 한한다. 이하 같다)은 출입구 외의 개구부가 없는 내화구조의 벽으로 하여야 한다. 이 경우 제6류 위험물을 취급하는 건축물에 있어서 위험물이 스며들 우려가 있는 부분에 대하여는 아스팔트, 그 밖에 부식되지 아니하는 재료로 피복하여야 한다.
㉰ 지붕은 폭발력이 위로 방출될 정도의 가벼운 불연재료로 덮어야 한다.
㉱ 출입구와 비상구에는 갑종방화문 또는 을종방화문을 설치하되, 연소의 우려가 있는 외벽에 설치하는 출입구에는 수시로 열 수 있는 자동폐쇄식의 갑종방화문을 설치하여야 한다.
㉲ 위험물을 취급하는 건축물의 창 및 출입구에 유리를 이용하는 경우에는 망입유리로 하여야 한다.
㉳ 액체의 위험물을 취급하는 건축물의 바닥은 위험물이 스며들지 못하는 재료를 사용하고, 적당한 경사를 두어 그 최저부에 집유설비를 하여야 한다.

답 ③

52 위험물 관련 신고 및 선임에 관한 사항으로 옳지 않은 것은?

① 제조소의 위치·구조 변경 없이 위험물의 품명 변경 시는 변경하고자 하는 날의 14일 이전까지 신고하여야 한다.
② 제조소 설치자의 지위를 승계한 자는 승계한 날로부터 30일 이내에 신고하여야 한다.
③ 위험물안전관리자가 퇴직한 경우는 퇴직일로부터 14일 이내에 신고하여야 한다.
④ 위험물안전관리자가 퇴직한 경우는 퇴직일로부터 30일 이내에 선임하여야 한다.

해설

위험물안전관리법 제6조(위험물시설의 설치 및 변경 등)

㉮ 제조소 등을 설치하고자 하는 자는 대통령령이 정하는 바에 따라 그 설치장소를 관할하는 특별시장·광역시장 또는 도지사(이하 "시·도지사"라 한다)의 허가를 받아야 한다.
㉯ 제조소 등의 위치·구조 또는 설비의 변경없이 당해 제조소 등에서 저장하거나 취급하는 위험물의 품명·수량 또는 지정수량의 배수를 변경하고자 하는 자는 변경하고자 하는 날의 1일 전까지 행정안전부령이 정하는 바에 따라 시·도지사에게 신고하여야 한다.

답 ①

53 다음 중 염소산염류에 대한 설명으로 옳은 것은?

① 염소산칼륨은 환원제이다.
② 염소산나트륨은 조해성이 있다.
③ 염소산암모늄은 위험물이 아니다.
④ 염소산칼륨은 냉수와 알코올에 잘 녹는다.

해설

① 염소산칼륨은 산화제이다.
③ 염소산암모늄은 제1류 위험물(산화성 고체) 염소산염류에 해당한다.
④ 염소산칼륨은 온수, 글리세린에는 잘 녹으나 냉수 및 알코올에는 녹기 어렵다.

답 ②

54 다음 중 지정수량이 가장 큰 것은?

① 과염소산칼륨
② 트리니트로톨루엔
③ 황린
④ 유황

해설

① 50kg
② 200kg
③ 20kg
④ 100kg

답 ②

55 위험물안전관리법에서 규정하고 있는 내용으로 틀린 것은?

① 민사집행법에 의한 경매, 국세징수법 또는 지방세법에 의한 압류재산의 매각절차에 따라 제조소 등 시설의 전부를 인수한 자는 그 설치자의 지위를 승계한다.
② 금치산자 또는 한정치산자, 탱크시험자의 등록이 취소된 날로부터 2년이 지나지 아니한 자는 탱크시험자로 등록하거나 탱크시험자의 업무에 종사할 수 없다.
③ 농예용·축산용으로 필요한 난방시설 또는 건조시설을 위한 지정수량 20배 이하의 취급소는 신고를 하지 아니하고 위험물의 품명·수량을 변경할 수 있다.
④ 법정의 완공검사를 받지 아니하고 제조소 등을 사용한 때 시·도지사는 허가를 취소하거나 6월 이내의 기간을 정하여 사용정지를 명할 수 있다.

해설

③ 지정수량 20배 이하의 취급소가 아니라 저장소이다.

위험물안전관리법 제6조(위험물시설의 설치 및 변경 등)

다음의 어느 하나에 해당하는 제조소 등의 경우에는 허가를 받지 아니하고 당해 제조소 등을 설치하거나 그 위치·구조 또는 설비를 변경할 수 있으며, 신고를 하지 아니하고 위험물의 품명·수량 또는 지정수량의 배수를 변경할 수 있다.

㉮ 주택의 난방시설(공동주택의 중앙난방시설을 제외한다)을 위한 저장소 또는 취급소
㉯ 농예용·축산용 또는 수산용으로 필요한 난방시설 또는 건조시설을 위한 지정수량 20배 이하의 저장소

답 ③

56 위험물안전관리법령상 품명이 나머지 셋과 다른 하나는?

① 트리니트로톨루엔
② 니트로글리세린
③ 니트로글리콜
④ 셀룰로이드

해설

제5류 위험물(자기반응성 물질)

① 트리니트로톨루엔 – 니트로화합물(200kg)
② 니트로글리세린 – 질산에스테르류(10kg)
③ 니트로글리콜 – 질산에스테르류(10kg)
④ 셀룰로이드 – 질산에스테르류(10kg)

답 ①

57 황린과 적린의 공통성질이 아닌 것은?

① 물에 녹지 않는다.
② 이황화탄소에 잘 녹는다.
③ 연소 시 오산화인을 생성한다.
④ 화재 시 물을 사용하여 소화를 할 수 있다.

해설

황린과 적린은 둘 다 물에 녹지 않으며, 연소 시 오산화인을 생성한다. 또 황린은 이황화탄소에 잘 녹고, 적린은 이황화탄소에 녹지 않는다.

답 ②

58 칼륨의 저장 시 사용하는 보호물질로 다음 중 가장 적합한 것은?

① 에탄올 ② 사염화탄소
③ 등유 ④ 이산화탄소

해설

칼륨(K)은 제3류 위험물(자연발화성 및 금수성 물질)로 보호액으로는 산소원자(O)가 없는 석유류(등유, 경유, 휘발유 등)에 보관한다.

답 ③

59 메틸알코올의 연소범위를 더 좁게 하기 위하여 첨가하는 물질이 아닌 것은?

① 질소 ② 산소
③ 이산화탄소 ④ 아르곤

해설

연소범위를 좁게 하기 위해서는 불연성 가스를 첨가해야 한다.
① 질소, ③ 이산화탄소, ④ 아르곤 : 불연성 가스
② 산소 : 조연성 가스

답 ②

60 산화프로필렌의 성상에 대한 설명 중 틀린 것은?

① 청색의 휘발성이 강한 액체이다.
② 인화점이 낮은 인화성 액체이다.
③ 물에 잘 녹는다.
④ 에테르향의 냄새를 가진다.

해설

산화프로필렌
㉮ 에테르 냄새를 가진 무색의 휘발성이 강한 액체이다.
㉯ 반응성이 풍부하며 물 또는 유기용제(벤젠, 에테르, 알코올 등)에 잘 녹는다.
㉰ 비점(34℃), 인화점(−37℃), 발화점(465℃)이 매우 낮고, 연소범위(2.3~36%)가 넓어 증기는 공기와 혼합하여 작은 점화원에 의해 인화 폭발의 위험이 있으며, 연소속도가 빠르다.

답 ①

1200제 제 4 회 과년도 출제문제

위험물기능사

01 금속분의 화재 시 주수해서는 안 되는 이유로 가장 옳은 것은?

① 산소가 발생하기 때문에
② 수소가 발생하기 때문에
③ 질소가 발생하기 때문에
④ 유독가스가 발생하기 때문에

해설

금속분은 제2류 위험물(가연성 고체)로서
㉮ 가연성, 폭발성이 있는 금속이다.
㉯ 화재 시 주수소화는 금지한다.
㉰ 물(H_2O)과 반응하여 가연성 가스인 수소가스(H_2)를 발생한다.
$2Al + 6H_2O \rightarrow 2Al(OH)_3 + 3H_2$

답 ②

02 옥외탱크저장소에 연소성 혼합기체의 생성에 의한 폭발을 방지하기 위하여 불활성의 기체를 봉입하는 장치를 설치하여야 하는 위험물질은?

① $CH_3COC_2H_5$ ② C_5H_5N
③ CH_3CHO ④ C_6H_5Cl

해설

아세트알데히드의 경우 구리, 수은, 마그네슘, 은 및 그 합금으로 된 취급설비는 아세트알데히드와 반응에 의해 이들 간에 중합반응을 일으켜 구조불명의 폭발성 물질을 생성한다. 탱크 저장 시는 불활성 가스 또는 수증기를 봉입하고 냉각장치 등을 이용하여 저장온도를 비점 이하로 유지시켜야 한다.

답 ③

03 이산화탄소소화기의 특징에 대한 설명으로 틀린 것은?

① 소화약제에 의한 오손이 거의 없다.
② 약제 방출 시 소음이 없다.
③ 전기화재에 유효하다.
④ 장시간 저장해도 물성의 변화가 거의 없다.

해설

② 약제 방출 시 소음이 크게 발생하며 시야를 가리게 된다.

이산화탄소(CO_2)소화기의 장 · 단점

장점	단점
㉮ 심부화재에 효과적이다. ㉯ 소화약제에 의한 오손이 거의 없다. ㉰ 피연소물질에 피해를 주지 않고 증거보존이 가능하여 화재원인 조사가 용이하다. ㉱ 비전도성 전기화재에 적합하다(공유결합).	㉮ 질식의 우려가 있다. ㉯ 압력이 고압이므로 특별한 주의가 요구된다. ㉰ 소화약제 방출 시 기화열에 의한 흡열반응으로 동상의 우려가 있다. ㉱ 소화약제 방출 시 소음이 크다.

답 ②

04 액화이산화탄소 1kg이 25℃, 2atm에서 방출되어 모두 기체가 되었다. 방출된 기체상의 이산화탄소 부피는 약 몇 L인가?

① 278 ② 556
③ 1,111 ④ 1,985

해설

이상기체 상태방정식

$$PV = nRT \rightarrow PV = \frac{wRT}{M}$$

$$V = \frac{wBT}{PM}$$

$$= \frac{1\times10^3 g \cdot 0.082 atm \cdot L/K \cdot mol(25+273.15)K}{2atm \cdot 44g/mol}$$

$$\fallingdotseq 278L$$

답 ①

05 자기반응성 물질의 화재예방법으로 가장 거리가 먼 것은?

① 마찰을 피한다.
② 불꽃의 접근을 피한다.
③ 고온체로 건조시켜 보관한다.
④ 운반용기 외부에 "화기엄금" 및 "충격주의"를 표시한다.

해설

직사광선을 차단하고 습도가 낮으며 통풍이 잘되는 냉암소에 보관한다.

답 ③

06 BCF 소화기의 약제를 화학식으로 옳게 나타낸 것은?

① CCl_4 ② CH_2ClBr
③ CF_3Br ④ CF_2ClBr

해설

① CTC(Carbon Tetra Chloride) : CCl_4 (Halon 104)
② BT(Bromo Chloro Methane) : CH_2ClBr (Halon 1011)
③ BT(Bromo Trifluoro Methane) : CF_3Br (Halon 1301)
④ BCF(Bromo Chloro Difluoro Methane) : CF_2ClBr (Halon 1211)

답 ④

07 위험물안전관리법령상 자동화재탐지설비를 설치하지 않고 비상경보설비로 대신할 수 있는 것은?

① 일반취급소로서 연면적 $600m^2$인 것
② 지정수량 20배를 저장하는 옥내저장소로서 처마높이가 8m인 단층건물
③ 단층건물 외에 건축물에 설치된 지정수량 15배의 옥내탱크저장소로서 소화난이도 등급 II에 속하는 것
④ 지정수량 20배를 저장·취급하는 옥내주유취급소

해설

위험물안전관리법 시행규칙 별표 17(경보설비의 기준)

제조소 등의 구분	제조소 등의 규모, 저장 또는 취급하는 위험물의 종류 및 최대수량 등	경보설비
1. 제조소 및 일반취급소	• 연면적 $500m^2$ 이상인 것 • 옥내에서 지정수량의 100배 이상을 취급하는 것(고인화점 위험물만을 100℃ 미만의 온도에서 취급하는 것을 제외한다) • 일반취급소로 사용되는 부분 외의 부분이 있는 건축물에 설치된 일반취급소(일반취급소와 일반취급소 외의 부분이 내화구조의 바닥 또는 벽으로 개구부 없이 구획된 것을 제외한다)	자동화재탐지설비
2. 옥내저장소	• 지정수량의 100배 이상을 저장 또는 취급하는 것(고인화점위험물만을 저장 또는 취급하는 것을 제외한다)	
	• 저장창고의 연면적이 $150m^2$를 초과하는 것[당해 저장창고가 연면적 $150m^2$ 이내마다 불연재료의 격벽으로 개구부 없이 완전히 구획된 것과 제2류 또는 제4류의 위험물(인화성 고체 및 인화점이 70℃ 미만인 제4류 위험물을 제외한다)만을 저장 또는 취급하는 것에 있어서는 저장창고의 연면적이 $500m^2$ 이상의 것에 한한다] • 처마높이가 6m 이상인 단층건물의 것 • 옥내저장소로 사용되는 부분 외의 부분이 있는 건축물에 설치된 옥내저장소[옥내저장소와 옥내저장소 외의 부분이 내화구조의 바닥 또는 벽으로 개구부 없이 구획된 것과 제2류 또는 제4류의 위험물	

	(인화성 고체 및 인화점이 70℃ 미만인 제4류 위험물을 제외한다)만을 저장 또는 취급하는 것을 제외한다]	
3. 옥내 탱크 저장소	단층건물 외의 건축물에 설치된 옥내탱크저장소로서 소화난이도 등급 I 에 해당하는 것	
4. 주유 취급소	옥내주유취급소	
5. 제1호 내지 제4호의 자동화재 탐지설비 설치대상에 해당하지 아니하는 제조소 등	지정수량의 10배 이상을 저장 또는 취급하는 것	자동화재 탐지설비, 비상경보 설비, 확성 장치 또는 비상방송 설비 중 1종 이상

답 ③

08 위험물안전관리자를 해임한 후 며칠 이내에 후임자를 선임하여야 하는가?

① 14일
② 15일
③ 20일
④ 30일

해설

위험물안전관리법 제15조(위험물안전관리자)

㉮ 제조소 등의 관계인은 위험물의 안전관리에 관한 직무를 수행하게 하기 위하여 제조소 등마다 대통령령이 정하는 위험물의 취급에 관한 자격이 있는 자(이하 "위험물취급자격자"라 한다)를 위험물안전관리자(이하 "안전관리자"라 한다)로 선임하여야 한다. 다만, 제조소 등에서 저장・취급하는 위험물이 유해화학물질관리법에 의한 유독물에 해당하는 경우 등 대통령령이 정하는 경우에는 당해 제조소 등을 설치한 자는 다른 법률에 의하여 안전관리업무를 하는 자로 선임된 자 가운데 대통령령이 정하는 자를 안전관리자로 선임할 수 있다.

㉯ ㉮의 규정에 따라 안전관리자를 선임한 제조소 등의 관계인은 그 안전관리자를 해임하거나 안전관리자가 퇴직한 때에는 해임하거나 퇴직한 날부터 30일 이내에 다시 안전관리자를 선임하여야 한다.

㉰ ㉮ 및 ㉯의 규정에 따라 안전관리자를 선임 또는 해임하거나 안전관리자가 퇴직한 때에는 14일 이내에 행정안전부령이 정하는 바에 의하여 소방본부장 또는 소방서장에게 신고하여야 한다.

답 ④

09 위험물안전관리법령에서 정한 자동화재탐지설비에 대한 기준으로 틀린 것은? (단, 원칙적인 경우에 한한다.)

① 경계구역은 건축물, 그 밖의 인공구조물의 2 이상의 층에 걸치지 아니하도록 할 것
② 하나의 경계구역의 면적은 600m² 이하로 할 것
③ 하나의 경계구역의 한 변의 길이는 30m 이하로 할 것
④ 자동화재탐지설비에는 비상전원을 설치할 것

해설

하나의 경계구역의 한 변의 길이는 50m 이하로 할 것

답 ③

10 소화약제에 따른 주된 소화효과로 틀린 것은 어느 것인가?

① 수성막포 소화약제 : 질식효과
② 제2종 분말소화약제 : 탈수・탄화효과
③ 이산화탄소소화약제 : 질식효과
④ 할로겐화합물소화약제 : 화학억제효과

해설

제2종 분말소화약제(주성분 : 탄산수소칼륨($2KHCO_3$))

$2KHCO_3 \rightarrow K_2CO_3 + H_2O + CO_2$ … 흡열반응

(탄산수소칼륨) (탄산칼륨) (수증기) (탄산가스)
(부촉매효과) (냉각효과) (질식효과)

답 ②

11 A급, B급, C급 화재에 모두 적용이 가능한 소화약제는?

① 제1종 분말소화약제
② 제2종 분말소화약제
③ 제3종 분말소화약제
④ 제4종 분말소화약제

해설

분말소화약제

종류	주성분	분자식	착색	적응화재
제1종	탄산수소나트륨(중탄산나트륨)	$NaHCO_3$	–	B, C급
제2종	탄산수소칼륨(중탄산칼륨)	$KHCO_3$	담회색	B, C급
제3종	제1인산암모늄	$NH_4H_2PO_4$	담홍색 또는 황색	A, B, C급
제4종	탄산수소칼륨+요소	$KHCO_3+CO(NH_2)_2$	–	B, C급

답 ③

12 제조소의 옥외에 모두 3기의 휘발유 취급탱크를 설치하고 그 주위에 방유제를 설치하고자 한다. 방유제 안에 설치하는 각 취급탱크의 용량이 5만L, 3만L, 2만L일 때 필요한 방유제의 용량은 몇 L 이상인가?

① 66,000
② 60,000
③ 33,000
④ 30,000

해설

방유제의 용량

㉮ 하나의 취급탱크 방유제 : 당해 탱크용량의 50% 이상
㉯ 위험물제조소의 옥외에 있는 위험물 취급탱크의 방유제의 용량
- 1기일 때 : 탱크용량×0.5(50%)
- 2기 이상일 때 : 최대탱크용량×0.5+(나머지 탱크용량 합계×0.1)

취급하는 탱크가 2기 이상이므로
∴ 방유제 용량
=(50,000L×0.5)+(30,000×0.1)
+(20,000L×0.1)
=30,000L

답 ④

13 휘발유, 등유, 경유 등의 제4류 위험물에 화재가 발생하였을 때 소화방법으로 가장 옳은 것은?

① 포소화설비로 질식소화시킨다.
② 다량의 물을 위험물에 직접 주수하여 소화한다.
③ 강산화성 소화제를 사용하여 중화시켜 소화한다.
④ 염소산칼륨 또는 염화나트륨이 주성분인 소화약제로 표면을 덮어 소화한다.

해설

제4류 위험물(인화성 액체)인 휘발유, 등유, 경유 등의 화재발생 시 포소화약제에 의한 질식소화를 한다.

답 ①

14 CH_3ONO_2의 소화방법에 대한 설명으로 옳은 것은?

① 물을 주수하여 냉각소화한다.
② 이산화탄소소화기로 질식소화한다.
③ 할로겐화합물소화기로 질식소화한다.
④ 건조사로 냉각소화한다.

해설

질산메틸(CH_3ONO_2)의 소화방법 : 물을 주수하여 냉각소화한다.

제5류 위험물(자기반응성 물질)

㉮ 가연물인 동시에 분자 내에 산소공급원을 함유하기 때문에 스스로 연소한다.(자기연소·내부연소)
㉯ 자기연소성 물질이기 때문에 질식소화는 효과가 없으며 다량의 주수로 냉각소화한다.

답 ①

15 위험물의 화재위험에 관한 제반조건을 설명한 것으로 옳은 것은?

① 인화점이 높을수록, 연소범위가 넓을수록 위험하다.
② 인화점이 낮을수록, 연소범위가 좁을수록 위험하다.
③ 인화점이 높을수록, 연소범위가 좁을수록 위험하다.
④ 인화점이 낮을수록, 연소범위가 넓을수록 위험하다.

해설

위험물의 화재위험성
㉮ 인화점이 낮을수록 위험하다.
㉯ 연소범위(폭발범위)가 넓을수록 위험하다.
㉰ 온도와 압력이 상승하면 연소범위가 넓어진다.

답 ④

16 소화전용 물통 8L의 능력단위는 얼마인가?

① 0.1 ② 0.3
③ 0.5 ④ 1.0

해설

소화설비의 능력단위

소화설비	용량	능력단위
소화전용 물통	8L	0.3
수조 (소화전용 물통 3개 포함)	80L	1.5
수조 (소화전용 물통 6개 포함)	190L	2.5
마른모래 (삽 1개 포함)	50L	0.5
팽창질석 또는 팽창진주암 (삽 1개 포함)	160L	1.0

답 ②

17 가연성 고체의 미세한 분물이 일정농도 이상 공기 중에 분산되어 있을 때 점화원에 의하여 연소 폭발되는 현상은?

① 분진폭발 ② 산화폭발
③ 분해폭발 ④ 중합폭발

해설

분진폭발 : 가연성 고체의 미분이 공기 중에 부유하고 있을 때 어떤 착화원에 의해 에너지가 주어지면 폭발하는 현상 → 부유분진, 퇴적분진(층상분진)

답 ①

18 위험물을 취급함에 있어서 정전기가 발생할 우려가 있는 설비에 정전기를 유효하게 제거할 수 있는 방법에 해당하지 않는 것은 어느 것인가?

① 위험물의 유속을 높이는 방법
② 공기를 이온화하는 방법
③ 공기 중의 상대습도를 70% 이상으로 하는 방법
④ 접지에 의한 방법

해설

정전기를 유효하게 제거하는 방법
㉮ 공기를 이온화한다.
㉯ 접지한다.
㉰ 상대습도를 70% 이상 유지한다.

답 ①

19 물의 소화능력을 강화시키기 위해 개발된 것으로 한랭지 또는 겨울철에도 사용할 수 있는 소화기에 해당하는 것은?

① 산 · 알칼리소화기
② 강화액소화기
③ 포소화기
④ 할로겐화물소화기

해설

강화액소화기 : 동절기 물소화약제의 어는 단점을 보완하기 위해 물에 탄산칼륨(K_2CO_3)을 첨가하여 액체이면서도 겨울철에 얼지 않도록 소화약제의 어는점을 −30℃ 정도로 낮춘 소화약제

답 ②

20 공장 창고에 보관되었던 톨루엔이 유출되어 미상의 점화원에 의해 착화되어 화재가 발생하였다면 이 화재의 분류로 옳은 것은 어느 것인가?

① A급 화재 ② B급 화재
③ C급 화재 ④ D급 화재

해설

톨루엔은 제4류 위험물(인화성 액체)로 유류화재에 해당한다.

분류	등급	소화방법
일반화재	A급	냉각소화
유류화재(가스화재)	B급	질식소화
전기화재	C급	질식소화
금속화재	D급	피복소화

답 ②

21 트리니트로톨루엔에 대한 설명으로 가장 거리가 먼 것은?

① 물에 녹지 않으나 알코올에는 녹는다.
② 직사광선에 노출되면 다갈색으로 변한다.
③ 공기 중에 노출되면 쉽게 가수분해한다.
④ 이성질체가 존재한다.

해설

제5류 위험물(자기반응성 물질)인 트리니트로톨루엔[$C_6H_2CH_3(NO_2)_3$]은 물에 녹지 않고 물과 반응하지 않기 때문에 물을 소화약제로 사용한다. (가수분해(加水分解) : 화학반응 시, 물과 반응하여 원래 하나였던 큰 분자가 몇 개의 이온이나 분자로 분해되는 반응) 또는 제5류 위험물(자기반응성 물질)의 소화방법은 다량의 냉각주수소화이다.

답 ③

22 지하탱크저장소 탱크전용실의 안쪽과 지하저장탱크와의 사이는 몇 m 이상의 간격을 유지하여야 하는가?

① 0.1 ② 0.2
③ 0.3 ④ 0.5

해설

위험물안전관리법 시행규칙 별표 8(지하탱크저장소의 위치·구조 및 설비기준)

㉮ 탱크전용실은 지하의 가장 가까운 벽·피트·가스관 등의 시설물 및 대지경계선으로부터 0.1m 이상 떨어진 곳에 설치한다.
㉯ 지하저장탱크와 탱크전용실의 안쪽과의 사이는 0.1m 이상의 간격을 유지한다.
㉰ 당해 탱크의 주위에 마른모래 또는 습기 등에 의하여 응고되지 아니하는 입자지름 5mm 이하의 마른자갈분을 채워야 한다.
㉱ 탱크의 윗부분은 지면으로부터 0.6m 이상 아래에 있을 것 – 지하저장탱크의 2 이상 인접해 설치하는 경우에는 그 상호간에 1m(당해 2 이상의 지하저장탱크의 용량의 합계가 지정수량의 100배 이하인 때에는 0.5m) 이상의 간격을 유지한다.
㉲ 탱크의 재질은 두께 3.2mm 이상의 강철판으로 할 것

답 ①

23 그림과 같은 위험물저장탱크의 내용적은 약 몇 m^3인가?

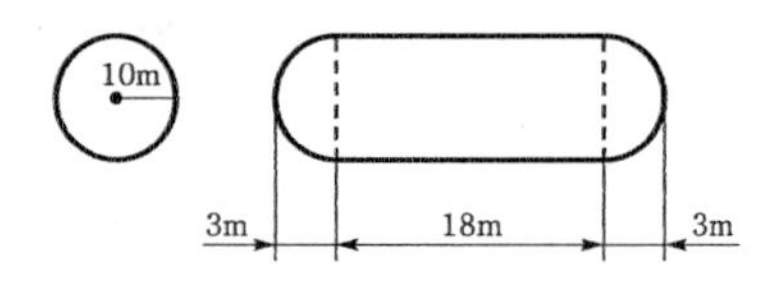

① 4,681 ② 5,482
③ 6,283 ④ 7,080

해설

탱크의 내용적

$$Q=\pi r^2\left(l+\frac{l_1+l_2}{3}\right)=\pi\times10^2\times\left(18+\frac{3+3}{3}\right)$$
$≒ 6,283m^3$

답 ③

24 다음 중 상온에서 액상인 것으로만 나열된 것은?

① 니트로셀룰로오스, 니트로글리세린
② 질산에틸, 니트로글리세린
③ 질산에틸, 피크린산
④ 니트로셀룰로오스, 셀룰로이드

해설

- **질산에틸**($C_2H_5ONO_2$) : 제5류 위험물(자기반응성 물질) 질산에스테르류 – 무색, 투명한 액체
- **니트로글리세린**[($C_3H_5(ONO_2)_3$)] : 제5류 위험물(자기반응성 물질) – 순수한 액상은 상온에서 무색, 투명한 기름모양의 액체이나 공업적으로 제조한 것은 담황색의 액체

답 ②

25 이동탱크저장소에 의한 위험물의 운송 시 준수하여야 하는 기준에서 다음 중 어떤 위험물을 운송할 때 위험물운송자는 위험물안전카드를 휴대하여야 하는가?

① 특수인화물 및 제1석유류
② 알코올류 및 제2석유류
③ 제3석유류 및 동·식물유류
④ 제4석유류

해설

위험물(제4류 위험물에 있어서는 특수인화물 및 제1석유류에 한한다)을 운송하게 하는 자는 별지 제48호 서식의 위험물안전카드를 위험물운송자로 하여금 휴대하게 할 것

답 ①

26 다음 중 이황화탄소에 대한 설명으로 틀린 것은?

① 순수한 것은 황색을 띠고 냄새가 없다.
② 증기는 유독하며 신경계통에 장애를 준다.
③ 물에 녹지 않는다.
④ 연소 시 유독성의 가스를 발생한다.

해설

이황화탄소(CS_2)는 제4류 위험물(인화성 액체) 중 특수인화물류로서 순수한 것은 무색, 투명하고 불쾌한 냄새가 난다. 인화점 −30℃, 착화점 100℃이다(제4류 위험물 중 착화점이 가장 낮다).
또한 가연성 증기의 발생을 억제하기 위하여 물속에 저장한다(물에 녹지 않고 물보다 무겁기 때문에 물속 저장이 가능하다).

답 ①

27 제3류 위험물인 칼륨의 성질이 아닌 것은?

① 물과 반응하여 수산화물과 수소를 만든다.
② 원자가전자가 2개로 쉽게 2가의 양이온이 되어 반응한다.
③ 원자량은 약 39이다.
④ 은백색 광택을 가지는 연하고 가벼운 고체로 칼로 쉽게 잘라진다.

해설

칼륨(K)은 주기율표상 1족 알칼리금속에 해당되며 원자가전자(최외각전자)는 1개로 쉽게 1가의 양이온이 되어 반응한다. 물과 격렬히 반응하여 발열하고 수산화칼륨과 수소를 발생한다.
$2K+2H_2O \rightarrow 2KOH+H_2$

답 ②

28 제2류 위험물과 산화제를 혼합하면 위험한 이유로 가장 적합한 것은?

① 제2류 위험물이 가연성 액체이기 때문에
② 제2류 위험물이 환원제로 작용하기 때문에
③ 제2류 위험물은 자연발화의 위험이 있기 때문에
④ 제2류 위험물은 물 또는 습기를 잘 머금고 있기 때문에

해설

제2류 위험물(가연성 고체)은 환원제이기 때문에 산화제인 제1류 위험물(산화성 고체)과 접촉하여 발화한다(혼촉발화).

답 ②

29 위험물안전관리법상 제3석유류의 액체상태의 판단기준은?

① 1기압과 섭씨 20도에서 액상인 것
② 1기압과 섭씨 25도에서 액상인 것
③ 기압에 무관하게 섭씨 20도에서 액상인 것
④ 기압에 무관하게 섭씨 25도에서 액상인 것

해설

위험물안전관리법 시행령 별표 1(위험물 및 지정수량)
"인화성 액체"라 함은 액체(제3석유류, 제4석유류 및 동·식물유류에 있어서는 1기압과 섭씨 20도에서 액상인 것에 한한다)로서 인화의 위험성이 있는 것을 말한다.

답 ①

30 다음 중 니트로셀룰로오스에 관한 설명으로 옳은 것은?

① 용제에는 전혀 녹지 않는다.
② 질화도가 클수록 위험성이 증가한다.
③ 물과 작용하여 수소를 발생한다.
④ 화재발생 시 질식소화가 가장 적합하다.

해설

니트로셀룰로오스$[C_6H_7O_2(ONO_2)_3]_n$는 건조한 상태에서는 폭발하기 쉬우나 물이 혼합될수록 위험성이 감소되기 때문에 저장·운반 시에는 물(20%), 알코올(30%)을 첨가하여 습면시킨다.

답 ②

31 위험물의 품명과 지정수량이 잘못 짝지어진 것은?

① 황화린－100kg
② 마그네슘－500kg
③ 알킬알루미늄－10kg
④ 황린－10kg

해설

④ 황린(P_4)－20kg

답 ④

32 제5류 위험물이 아닌 것은?

① 클로로벤젠 ② 과산화벤조일
③ 염산히드라진 ④ 아조벤젠

해설

① 클로로벤젠(C_6H_5Cl) : 제4류 위험물(인화성 액체) 제2석유류

답 ①

33 다음은 위험물안전관리법령에서 정의한 동·식물유류에 관한 내용이다. ( ) 안에 알맞은 수치는?

> 동물의 지육 등 또는 식물의 종자나 과육으로부터 추출한 것으로서 1기압에서 인화점이 섭씨 ( )도 미만인 것을 말한다.

① 21 ② 200
③ 250 ④ 300

해설

"동·식물유류"라 함은 동물의 지육 등 또는 식물의 종자나 과육으로부터 추출한 것으로서 1기압에서 인화점이 섭씨 250도 미만인 것을 말한다.

답 ③

34 다음 위험물 중 착화온도가 가장 낮은 것은?

① 이황화탄소
② 디에틸에테르
③ 아세톤
④ 아세트알데히드

해설

이황화탄소(CS_2)의 착화점(착화온도)은 100℃로 제4류 위험물(인화성 액체) 중 착화점이 가장 낮다.

답 ①

35 금속나트륨의 올바른 취급으로 가장 거리가 먼 것은?

① 보호액 속에서 노출되지 않도록 저장한다.
② 수분 또는 습기와 접촉되지 않도록 주의한다.
③ 용기에서 꺼낼 때는 손을 깨끗이 닦고 만져야 한다.
④ 다량 연소하면 소화가 어려우므로 가급적 소량으로 나누어 저장한다.

해설

위험물을 취급하거나 용기에서 꺼낼 때는 안전장비 등을 사용할 것

답 ③

36 지정수량의 10배 이상의 위험물을 취급하는 제조소에는 피뢰침을 설치하여야 하지만 제 몇 류 위험물을 취급하는 경우는 이를 제외할 수 있는가?

① 제2류 위험물 ② 제4류 위험물
③ 제5류 위험물 ④ 제6류 위험물

해설

위험물안전관리법 시행규칙 별표(피뢰설비의 기준)
지정수량의 10배 이상의 위험물을 취급하는 제조소(제6류 위험물을 취급하는 위험물제조소를 제외한다)에는 피뢰침을 설치하여야 한다. 다만, 제조소 주위의 상황에 따라 안전상 지장이 없는 경우에는 피뢰침을 설치하지 아니할 수 있다.

답 ④

37 위험물을 보관하는 방법에 대한 설명 중 틀린 것은?

① 염소산나트륨 : 철제용기의 사용을 피한다.
② 산화프로필렌 : 저장 시 구리용기에 질소 등 불활성 기체를 충전한다.
③ 트리에틸알루미늄 : 용기는 밀봉하고 질소 등 불활성 기체를 충전한다.
④ 황화린 : 냉암소에 저장한다.

해설

산화프로필렌은 반응성이 풍부하여 구리, 철, 알루미늄, 마그네슘, 수은, 은 및 그 합금과 중합반응을 일으켜 발열하고 용기 내에서 폭발할 수 있기 때문에 이들의 합금용기는 사용을 금지한다.

답 ②

38 위험물안전관리법령상 위험물의 운반에 관한 기준에 따르면 지정수량 얼마 이하의 위험물에 대하여는 "유별을 달리하는 위험물의 혼재기준"을 적용하지 아니하여도 되는가?

① $\frac{1}{2}$ ② $\frac{1}{3}$
③ $\frac{1}{5}$ ④ $\frac{1}{10}$

해설

구분	제1류	제2류	제3류	제4류	제5류	제6류
제1류		×	×	×	×	○
제2류	×		×	○	○	×
제3류	×	×		○	×	×
제4류	×	○	○		○	×
제5류	×	○	×	○		×
제6류	○	×	×	×	×	

답 ④

39 제6류 위험물의 위험성에 대한 설명으로 틀린 것은?

① 질산을 가열할 때 발생하는 적갈색 증기는 무해하지만 가연성이며 폭발성이 강하다.
② 고농도의 과산화수소는 충격, 마찰에 의해서 단독으로도 분해·폭발할 수 있다.
③ 과염소산은 유기물과 접촉 시 발화 또는 폭발할 위험이 있다.
④ 과산화수소는 햇빛에 의해서 분해되며, 촉매(MnO_2)하에서 분해가 촉진된다.

해설

가열 시 분해하여 적갈색의 유독한 기체인 이산화질소(NO_2)를 발생한다.

$2HNO_3 \rightarrow H_2O + 2NO_2 + [O]$
질산 수증기 이산화질소 발생기산소

답 ①

40 과망간산칼륨의 일반적인 성질에 관한 설명 중 틀린 것은?

① 강한 살균력과 산화력이 있다.
② 금속성 광택이 있는 무색의 결정이다.
③ 가열 분해시키면 산소를 방출한다.
④ 비중은 약 2.7이다.

해설

흑자색 또는 적자색의 결정으로 강한 산화력과 살균력이 있으며, 열분해 시 산소를 발생한다. (비중 약 2.7)

답 ②

41 위험물의 성질에 관한 설명 중 옳은 것은?

① 벤젠과 톨루엔 중 인화온도가 낮은 것은 톨루엔이다.
② 디에틸에테르는 휘발성이 높으며 마취성이 있다.
③ 에틸알코올은 물이 조금이라도 섞이면 불연성 액체가 된다.
④ 휘발유는 전기 양도체이므로 정전기 발생이 위험하다.

해설

- 벤젠 : 인화점 −11℃
- 톨루엔 : 인화점 4℃
- 휘발유 : 전기에 대해 부도체

답 ②

42 위험물안전관리법령상 품명이 질산에스테르류에 속하지 않는 것은?

① 질산에틸
② 니트로글리세린
③ 니트로톨루엔
④ 니트로셀룰로오스

해설

제5류 위험물(자기반응성 물질) 질산에스테르류 : 질산메틸, 질산에틸, 니트로글리세린, 니트로셀룰로오스

※ 니트로톨루엔($C_6H_4(CH_3)NO_2$)은 제4류 위험물(인화성 고체) 제3석유류이다.

답 ③

43 휘발유를 저장하던 이동저장탱크에 등유나 경유를 탱크 상부로부터 주입할 때 액 표면이 일정높이가 될 때까지 위험물의 주입관 내 유속을 몇 m/s 이하로 하여야 하는가?

① 1　　② 2
③ 3　　④ 5

해설

위험물안전관리법 시행규칙 별표 18(제조소 등에서의 위험물의 저장 및 취급에 관한 기준)

휘발유를 저장하던 이동저장탱크에 등유나 경유를 주입할 때 또는 등유나 경유를 저장하던 이동저장탱크에 휘발유를 주입할 때에는 다음의 기준에 따라 정전기 등에 의한 재해를 방지하기 위한 조치를 할 것

㉮ 이동저장탱크의 상부로부터 위험물을 주입할 때에는 위험물의 액표면이 주입관의 선단을 넘는 높이가 될 때까지 그 주입관 내의 유속을 초당 1m 이하로 할 것
㉯ 이동저장탱크의 밑부분으로부터 위험물을 주입할 때에는 위험물의 액표면이 주입관의 정상부분을 넘는 높이가 될 때까지 그 주입배관 내의 유속을 초당 1m 이하로 할 것
㉰ 그 밖의 방법에 의한 위험물의 주입은 이동저장탱크에 가연성 증기가 잔류하지 아니하도록 조치하고 안전한 상태로 있음을 확인한 후에 할 것

답 ①

44 제조소의 게시판 사항 중 위험물의 종류에 따른 주의사항이 옳게 연결된 것은?

① 제2류 위험물(인화성 고체 제외)−화기엄금
② 제3류 위험물 중 금수성 물질−물기엄금
③ 제4류 위험물−화기주의
④ 제5류 위험물−물기엄금

해설

취급하는 위험물의 종류에 따른 주의사항

유별	구분	표시사항
제1류 위험물(산화성 고체)	알칼리금속의 과산화물	화기 · 충격주의, 물기엄금 및 가연물접촉주의
	그 밖의 것	화기 · 충격주의 및 가연물접촉주의
제2류 위험물(가연성 고체)	철분 · 금속분 · 마그네슘	화기주의 및 물기엄금
	인화성 고체	화기엄금
	그 밖의 것	화기주의
제3류 위험물(자연발화성 및 금수성 물질)	자연발화성 물질	화기엄금 및 공기접촉엄금
	금수성 물질	물기엄금
제4류 위험물(인화성 액체)	인화성 액체	화기엄금

제5류 위험물 (자기반응성 물질)	자기반응성 물질	화기엄금 및 충격주의
제6류 위험물 (산화성 액체)	산화성 액체	가연물접촉주의

답 ②

45 위험물안전관리법령상 할로겐화합물소화기가 적응성이 있는 위험물은?

① 나트륨
② 질산메틸
③ 이황화탄소
④ 과산화나트륨

해설

할로겐화합물소화기가 적응성이 있는 것은 제4류 위험물(인화성 액체) 이황화탄소(CS_2)이다.
제4류 위험물(인화성 액체)의 소화방법으로는 포, 이산화탄소(CO_2), 할론, 물분무에 의한 질식소화가 효과적이다.

답 ③

46 히드록실아민을 취급하는 제조소에 두어야 하는 최소한의 안전거리(D)를 구하는 산식으로 옳은 것은? (단, N은 당해 제조소에서 취급하는 히드록실아민의 지정수량 배수를 나타낸다.)

① $D = 40 \times \sqrt[3]{N}$
② $D = 51.1 \times \sqrt[3]{N}$
③ $D = 55 \times \sqrt[3]{N}$
④ $D = 62.1 \times \sqrt[3]{N}$

해설

히드록실아민의 안전거리
$D = 51.1 \times \sqrt[3]{N}$ (N : 지정수량의 배수)

답 ②

47 다음 중 위험물의 유별과 성질을 잘못 연결한 것은?

① 제2류－가연성 고체
② 제3류－자연발화성 및 금수성 물질
③ 제5류－자기반응성 물질
④ 제6류－산화성 고체

해설

구분	성질
제1류 위험물 (산화성 고체)	알칼리금속의 과산화물
	그 밖의 것
제2류 위험물 (가연성 고체)	철분 · 금속분 · 마그네슘
	인화성 고체
	그 밖의 것
제3류 위험물 (자연발화성 및 금수성 물질)	자연발화성 물질
	금수성 물질
제4류 위험물 (인화성 액체)	인화성 액체
제5류 위험물 (자기반응성 물질)	자기반응성 물질
제6류 위험물 (산화성 액체)	산화성 액체

답 ④

48 위험물의 운반 시 혼재가 가능한 것은? (단, 지정수량 10배의 위험물인 경우이다.)

① 제1류 위험물과 제2류 위험물
② 제2류 위험물과 제3류 위험물
③ 제4류 위험물과 제5류 위험물
④ 제5류 위험물과 제6류 위험물

해설

유별 위험물의 혼재기준

구분	제1류	제2류	제3류	제4류	제5류	제6류
제1류	＼	×	×	×	×	○
제2류	×	＼	×	○	○	×
제3류	×	×	＼	○	×	×
제4류	×	○	○	＼	○	×
제5류	×	○	×	○	＼	×
제6류	○	×	×	×	×	＼

답 ③

49 아세톤의 성질에 관한 설명으로 옳은 것은?

① 비중은 1.02이다.
② 물에 불용이고, 에테르에 잘 녹는다.
③ 증기 자체는 무해하나, 피부에 닿으면 탈지작용이 있다.
④ 인화점이 0℃보다 낮다.

해설

아세톤
㉮ 무색, 자극성의 휘발성, 유동성, 가연성 액체로, 보관 중 황색으로 변질되며 백광을 쪼이면 분해된다.
㉯ 물과 유기용제에 잘 녹고, 요오드포름반응을 한다.
㉰ 분자량 58, 비중 0.79, 비점 56℃, 인화점 -18℃, 발화점 468℃, 연소범위 2.6~12.8%이며 휘발이 쉽고 상온에서 인화성 증기를 발생하며 적은 점화원에도 쉽게 인화한다.

답 ④

50 위험물저장탱크의 공간용적은 탱크 내용적의 얼마 이상, 얼마 이하로 하는가?

① $\frac{2}{100}$ 이상, $\frac{3}{100}$ 이하
② $\frac{2}{100}$ 이상, $\frac{5}{100}$ 이하
③ $\frac{5}{100}$ 이상, $\frac{10}{100}$ 이하
④ $\frac{10}{100}$ 이상, $\frac{20}{100}$ 이하

해설

위험물안전관리에 관한 세부기준 제25조(탱크의 내용적 및 공간용적)
㉮ 탱크의 공간용적은 탱크의 내용적의 100분의 5 이상 100분의 10 이하의 용적으로 한다. 다만, 소화설비를 설치하는 탱크의 공간용적은 당해 소화설비의 소화약제방출구 아래의 0.3미터 이상 1미터 사이의 면으로부터 윗부분의 용적으로 한다.
㉯ ㉮의 규정에 불구하고 암반탱크에 있어서는 당해 탱크 내에 용출하는 7일간의 지하수의 양에 상당하는 용적과 당해 탱크의 내용적의 100분의 1의 용적 중에서 보다 큰 용적을 공간용적으로 한다.

답 ③

51 「제조소 일반점검표」에 기재되어 있는 위험물 취급설비 중 안전장치의 점검내용이 아닌 것은?

① 회전부 등의 급유상태의 적부
② 부식·손상의 유무
③ 고정상황의 적부
④ 기능의 적부

해설

위험물 취급설비 중 안전장치의 점검내용
㉮ 부식·손상의 유무
㉯ 고정상황의 적부
㉰ 기능의 적부

답 ①

52 제3류 위험물 중 금수성 물질을 제외한 위험물에 적응성이 있는 소화설비가 아닌 것은 어느 것인가?

① 분말소화설비
② 스프링클러설비
③ 팽창질석
④ 포소화설비

해설

제3류 위험물(자연발화성 및 금수성 물질) 중 금수성 물질을 제외한 위험물은 황린(P_4)이 유일하며 분말소화설비는 적응성이 없다.

답 ①

53 제2류 위험물 중 지정수량이 잘못 연결된 것은 어느 것인가?

① 유황-100kg
② 철분-500kg
③ 금속분-500kg
④ 인화성 고체-500kg

해설

④ 인화성 고체-1,000kg

답 ④

54 위험물안전관리법상 설치허가 및 완공검사 절차에 관한 설명으로 틀린 것은?

① 지정수량의 3천배 이상의 위험물을 취급하는 제조소는 한국소방산업기술원으로부터 당해 제조소의 구조 · 설비에 관한 기술검토를 받아야 한다.
② 50만L 이상인 옥외탱크저장소는 한국소방산업기술원으로부터 당해 탱크의 기초 · 지반 및 탱크 본체에 관한 기술검토를 받아야 한다.
③ 지정수량의 1천배 이상의 제4류 위험물을 취급하는 일반취급소의 완공검사는 한국소방산업기술원이 실시한다.
④ 50만L 이상인 옥외탱크저장소의 완공검사는 한국소방산업기술원이 실시한다.

해설

지정수량의 1천배 이상의 제4류 위험물을 취급하는 일반취급소의 완공검사는 시 · 도지사가 실시한다.

답 ③

55 인화점이 100℃보다 낮은 물질은?

① 아닐린 ② 에틸렌글리콜
③ 글리세린 ④ 실린더유

해설

① 아닐린($C_6H_5NH_2$) : 75.8℃
② 에틸렌글리콜[$C_2H_4(OH)_2$] : 111℃
③ 글리세린[$C_3H_5(OH)_3$] : 160℃
④ 실린더유 : 250℃

답 ①

56 제조소의 건축물 구조기준 중 연소의 우려가 있는 외벽은 출입구 외의 개구부가 없는 내화구조의 벽으로 하여야 한다. 이때 연소의 우려가 있는 외벽은 제조소가 설치된 부지의 경계선에서 몇 m 이내에 있는 외벽을 말하는가? (단, 단층건물일 경우이다.)

① 3 ② 4
③ 5 ④ 6

해설

연소의 우려가 있는 외벽은 다음에 정한 선을 기산점으로 하여 3m(2층 이상의 층에 대해서는 5m) 이내에 있는 제조소 등의 외벽을 말한다.
㉮ 제조소 등이 설치된 부지의 경계선
㉯ 제조소 등에 인접한 도로의 중심선
㉰ 제조소 등의 외벽과 동일부지 내의 다른 건축물의 외벽간의 중심선

답 ①

57 위험물의 지정수량이 나머지 셋과 다른 하나는?

① $NaClO_4$ ② MgO_2
③ KNO_3 ④ NH_4ClO_3

해설

① 과염소산나트륨 – 50kg
② 과산화마그네슘 – 50kg
③ 질산칼륨 – 300kg
④ 염소산암모늄 – 50kg

답 ③

58 다음 중 적린과 동소체 관계에 있는 위험물은 어느 것인가?

① 오황화린
② 인화알루미늄
③ 인화칼슘
④ 황린

해설

동소체 : 같은 원소로 되어 있으나 모양과 성질이 다른 홑원소물질이며 동소체는 연소생성물이 동일하다.(동소체 확인방법 : 연소생성물 확인)

구분	화학식	유별	구성 원소	연소생성물
적린	P	제2류 위험물	인(P)	오산화인 (P_2O_5)
황린	P_4	제3류 위험물		

답 ④

59 다음 과산화바륨의 취급에 대한 설명 중 틀린 것은?

① 직사광선을 피하고, 냉암소에 둔다.
② 유기물, 산 등의 접촉을 피한다.
③ 피부와 직접적인 접촉을 피한다.
④ 화재 시 주수소화가 가장 효과적이다.

해설

과산화바륨(BaO_2) : 제1류 위험물(산화성 고체) 무기과산화물류로 분자 내에 불안정한 과산화물(-O-O-)을 가지고 있기 때문에 물과 쉽게 반응하여 산소가스(O_2)를 방출하며 발열을 동반한다.

※ 과산화물
- ㉮ 분자 내에 과산화물(-O-O-)을 가진 물질
- ㉯ 불안정하기 때문에 쉽게 반응하여 산소가스(O_2)를 방출한다.
- ㉰ 탄소(C)와의 결합유무에 따라 무기과산화물(제1류 위험물)과 유기과산화물(제5류 위험물)로 나뉜다.

구분	유기과산화물	무기과산화물
유별	제5류 위험물 (자기반응성 물질)	제1류 위험물 (산화성 고체)
분자 구조	R-O-O-R	M-O-O-M
탄소(C)	유(有)	무(無)

답 ④

60 위험물안전관리법에서 사용하는 용어의 정의 중 틀린 것은?

① "지정수량"은 위험물의 종류별로 위험성을 고려하여 대통령령이 정하는 수량이다.
② "제조소"라 함은 위험물을 제조할 목적으로 지정수량 이상의 위험물을 취급하기 위하여 규정에 따라 허가를 받은 장소이다.
③ "저장소"라 함은 지정수량 이상의 위험물을 저장하기 위한 대통령령이 정하는 장소로서 규정에 따라 허가를 받은 장소를 말한다.
④ "제조소 등"이라 함은 제조소, 저장소 및 이동탱크를 말한다.

해설

"제조소 등"이라 함은 제조소, 저장소 및 취급소를 말한다.

답 ④

1200제

제 5 회 과년도 출제문제

위험물기능사

01 다음 중 화재 시 사용하면 독성의 $COCl_2$ 가스를 발생시킬 위험이 가장 높은 소화약제는 어느 것인가?

① 액화이산화탄소
② 제1종 분말
③ 사염화탄소
④ 공기포

해설

사염화탄소(CCl_4)는 Halon 104 소화약제로 공기 중에 방사되면 산소가스(O_2), 수분(H_2O), 탄산가스(CO_2)와 반응하여 맹독성 가스인 포스겐($COCl_2$)을 발생하기 때문에 현재는 사용 금지된 소화약제이다.

답 ③

02 다음 중 위험물안전관리법상 제조소 등에 대한 긴급사용정지 명령에 관한 설명으로 옳은 것은?

① 시·도지사는 명령을 할 수 없다.
② 제조소 등의 관계인뿐 아니라 해당 시설을 사용하는 자에게도 명령할 수 있다.
③ 제조소 등의 관계자에게 위법 사유가 없는 경우에도 명령할 수 있다.
④ 제조소 등의 위험물 취급설비의 중대한 결함이 발견되거나 사고 우려가 인정되는 경우에만 명령할 수 있다.

해설

시도지사, 소방본부장 또는 소방서장은 공공의 안전을 유지하거나 재해의 발생을 방지하기 위하여 긴급한 필요가 있다고 인정하는 때에는 제조소 등의 관계인에 대하여 당해 제조소 등의 사용을 일시 정지하거나 그 사용을 제한할 것을 명할 수 있다.

답 ③

03 주유취급소에 다음과 같이 전용탱크를 설치하였다. 최대로 저장·취급할 수 있는 용량은 얼마인가? (단, 고속도로 외의 도로변에 설치하는 자동차용 주유취급소인 경우이다.)

- 간이탱크 : 2기
- 폐유탱크 등 : 1기
- 고정주유설비 및 급유설비에 접속하는 전용탱크 : 2기

① 103,200L ② 104,600L
③ 123,200L ④ 124,200L

해설

① 간이탱크 2기=600L×2기=1,200L
② 폐유탱크 등 1기=2,000L×1기=2,000L
③ 고정주유설비 및 급유설비에 접속하는 전용탱크 2기=50,000L×2기=100,000L

∴ 최대 저장 취급할 수 있는 탱크용량은
①+②+③
Q =1,200L+2,000L+100,000L
=103,200L

주유취급소의 저장 또는 취급 가능한 탱크

㉮ 자동차 등에 주유하기 위한 고정주유설비에 직접 접속하는 전용탱크로서 50,000L 이하
㉯ 고정급유설비에 직접 접속하는 전용탱크로서 50,000L 이하
㉰ 보일러 등에 직접 접속하는 전용탱크로서 10,000L 이하
㉱ 자동차 등을 점검·정비하는 작업장 등(주유취급소 안에 설치된 것)에서 사용하는 폐유·윤활유 등의 위험물을 저장하는 탱크로서 용량(2 이상 설치하는 경우에는 각 용량의 합계)이 2,000L 이하인 탱크(이하 "폐유탱크 등"이라 한다)
㉲ 고정주유설비 또는 고정급유설비에 직접 접속하는 3기 이하의 간이탱크
㉳ 간이저장탱크의 용량은 600L 이하

답 ①

04 다음 중 발화점이 낮아지는 경우는 어느 것인가?

① 화학적 활성도가 낮을 때
② 발열량이 클 때
③ 산소와의 친화력이 나쁠 때
④ CO_2와 친화력이 높을 때

해설

발화점(착화온도)이 낮아지는 경우
㉮ 압력이 높을 때
㉯ 습도가 낮을 때
㉰ 발열량이 클 때
㉱ 산소와의 친화력이 좋을 때
㉲ 화학적 활성도가 클 때
㉳ 열전도율이 낮을 때
㉴ 분자구조가 복잡할 때

답 ②

05 다음 중 연소의 종류와 가연물을 틀리게 연결한 것은?

① 증발연소－가솔린, 알코올
② 표면연소－코크스, 목탄
③ 분해연소－목재, 종이
④ 자기연소－에테르, 나프탈렌

해설

연소의 형태
① 증발연소 : 에테르, 나프탈렌, 유황, 휘발유, 알코올 등 주로 제4류 위험물(인화성 액체)
② 표면연소 : 숯, 코크스, 목탄, 금속분
③ 분해연소 : 목재, 석탄, 플라스틱, 종이
④ 자기연소(내부연소) : 질산에스테르류, 니트로화합물류 등 주로 제5류 위험물(자기반응성 물질)

답 ④

06 다음 중 위험물안전관리법령에 따른 건축물, 그 밖의 인공구조물 또는 위험물의 소요단위의 계산방법 기준으로 옳은 것은 어느 것인가?

① 위험물은 지정수량의 100배를 1소요단위로 할 것
② 저장소의 건축물은 외벽이 내화구조인 것은 연면적 $100m^2$를 1소요단위로 할 것
③ 저장소의 건축물은 외벽이 내화구조가 아닌 것은 연면적 $50m^2$를 1소요단위로 할 것
④ 제조소 또는 취급소용으로서 옥외에 있는 인공구조물인 경우 최대 수평투영면적 $100m^2$를 1소요단위로 할 것

해설

① 위험물은 지정수량의 10배를 1소요단위로 할 것
② 저장소의 건축물은 외벽이 내화구조인 것은 연면적 $150m^2$를 1소요단위로 할 것
③ 저장소의 건축물은 외벽이 내화구조가 아닌 것은 연면적 $75m^2$를 1소요단위로 할 것

소요단위 : 소화설비의 설치대상이 되는 건축물의 규모 또는 위험물 양에 대한 기준단위

1단위	제조소 또는 취급소용 건축물의 경우	내화구조 외벽을 갖춘 연면적 $100m^2$
		내화구조 외벽이 아닌 연면적 $50m^2$
	저장소 건축물의 경우	내화구조 외벽을 갖춘 연면적 $150m^2$
		내화구조 외벽이 아닌 연면적 $75m^2$
	위험물의 경우	지정수량의 10배

답 ④

07 위험물의 유별에 따른 성질과 해당 품명의 예가 잘못 연결된 것은?

① 제1류 : 산화성 고체－무기과산화물
② 제2류 : 가연성 고체－금속분
③ 제3류 : 자연발화성 물질 및 금수성 물질－황화린
④ 제5류 : 자기반응성 물질－히드록실아민염류

해설

③ 황화린 : 제2류 위험물(가연성 고체)

답 ③

08 물과 접촉하면 열과 산소가 발생하는 것은?

① $NaClO_2$
② $NaClO_3$
③ $KMnO_4$
④ Na_2O_2

해설

Na_2O_2는 흡습성이 있으므로 물과 접촉하면 수산화나트륨($NaOH$)과 산소(O_2)를 발생한다.
$2Na_2O_2+2H_2O \rightarrow 4NaOH+O_2$

답 ④

09 지정수량 10배의 위험물을 저장 또는 취급하는 제조소에 있어서 연면적이 최소 몇 m^2이면 자동화재탐지설비를 설치해야 하는가?

① 100 ② 300
③ 500 ④ 1,000

해설

제조소 및 일반취급소의 자동화재탐지설비의 설치기준
㉮ 연면적 $500m^2$ 이상인 것
㉯ 옥내에서 지정수량의 100배 이상을 취급하는 것(고인화점 위험물을 100℃ 미만의 온도에서 취급하는 것은 제외)

답 ③

10 금속분의 연소 시 주수소화하면 위험한 원인으로 옳은 것은?

① 물에 녹아 산이 된다.
② 물과 작용하여 유독가스를 발생한다.
③ 물과 작용하여 수소가스를 발생한다.
④ 물과 작용하여 산소가스를 발생한다.

해설

금속분 : 제2류 위험물(가연성 고체)
㉮ 가연성, 폭발성이 있는 금속
㉯ 화재 시 주수소화는 금지한다.
물(H_2O)과 반응하여 가연성 가스인 수소가스(H_2)를 발생한다.

답 ③

11 위험물안전관리법령상 특수인화물의 정의에 대해 다음 (　) 안에 알맞은 수치를 차례대로 옳게 나열한 것은?

> "특수인화물"이라 함은 이황화탄소, 디에틸에테르, 그 밖에 1기압에서 발화점이 섭씨 (　)도 이하인 것 또는 인화점이 섭씨 영하 (　)도 이하이고 비점이 섭씨 40도 이하인 것을 말한다.

① 100, 20 ② 25, 0
③ 100, 0 ④ 25, 20

해설

"특수인화물"이라 함은 이황화탄소, 디에틸에테르, 그 밖에 1기압에서 발화점이 섭씨 100도 이하인 것 또는 인화점이 섭씨 영하 20도 이하이고 비점이 섭씨 40도 이하인 것을 말한다.

답 ①

12 트리에틸알루미늄의 화재 시 사용할 수 있는 소화약제(설비)가 아닌 것은?

① 마른모래 ② 팽창질석
③ 팽창진주암 ④ 이산화탄소

해설

이산화탄소(CO_2)와 반응하여 발열하므로 소화약제로 사용할 수 없다.

답 ④

13 소화기에 "A−2"로 표시되어 있었다면 숫자 "2"가 의미하는 것은 무엇인가?

① 소화기의 제조번호
② 소화기의 소요단위
③ 소화기의 능력단위
④ 소화기의 사용순위

해설

구분	A-2
적응화재	A급(일반화재)
능력단위	2단위

답 ③

14 위험물안전관리법령상 탄산수소염류의 분말소화기가 적응성을 갖는 위험물이 아닌 것은?

① 과염소산
② 철분
③ 톨루엔
④ 아세톤

해설

① 과염소산($HClO_4$) : 제6류 위험물(산화성 액체) → 다량의 물로 희석하여 소화

탄산수소염류 분말소화기의 적응성

㉮ 금수성 물품 : 알칼리금속 과산화물, 철분, 금속분, 마그네슘 등
㉯ 제4류 위험물(인화성 액체) : 톨루엔, 아세톤 등

답 ①

15 석유류가 연소할 때 발생하는 가스로 강한 자극적인 냄새가 나며 취급하는 장치를 부식시키는 것은?

① H_2
② CH_4
③ NH_3
④ SO_2

해설

SO_2(이산화황, 아황산가스)

㉮ 석유류가 연소할 때 발생하는 가스
㉯ 물에 대단히 잘 녹고 공기 중에서 연소되지 않는다.
㉰ 강한 자극성의 냄새가 나며, 취급하는 장치를 부식시킨다.

답 ④

16 다음 화재의 종류 중 금속화재에 해당하는 것은?

① A급
② B급
③ C급
④ D급

해설

화재의 분류

분류	등급	소화방법
일반화재	A급	냉각소화
유류화재	B급	질식소화
전기화재	C급	질식소화
금속화재	D급	피복소화

답 ④

17 황린에 대한 설명으로 옳지 않은 것은?

① 연소하면 악취가 있는 검은색 연기를 낸다.
② 공기 중에서 자연발화할 수 있다.
③ 수중에 저장하여야 한다.
④ 자체 증기도 유독하다.

해설

황린(P_4) : 제3류 위험물(자연발화성 및 금수성 물질)로서 백색 또는 담황색의 고체이다.

㉮ 공기 중 약 30~40℃에서 자연발화한다.
㉯ 제3류 위험물 중 유일하게 금수성이 없고 자연발화를 방지하기 위하여 물속에 저장한다.
㉰ 공기 중에서 연소하면 유독성이 강한 백색의 연기 오산화인(P_2O_5)이 발생한다.

$4P + 5O_2 \rightarrow 2P_2O_5$
(황린) (산소가스) (오산화인(백색))

답 ①

18 공정 및 장치에서 분진폭발을 예방하기 위한 조치로서 가장 거리가 먼 것은?

① 플랜트는 공정별로 구분하고 폭발의 파급을 피할 수 있도록 분진취급공정을 습식으로 한다.
② 분진이 물과 반응하는 경우는 물 대신 휘발성이 적은 유류를 사용하는 것이 좋다.
③ 배관의 연결부위나 기계 가동에 의해 분진이 누출될 염려가 있는 곳은 흡인이나 밀폐를 철저히 한다.
④ 가연성 분진을 취급하는 장치류는 밀폐하지 말고 분진이 외부로 누출되도록 한다.

해설

④ 가연성 분진을 취급하는 장치류는 완전밀폐하여 분진이 외부로 누출되지 않도록 한다.

답 ④

19 옥외저장소에 덩어리상태의 유황만을 지반면에 설치한 경계표시의 안쪽에서 저장할 경우 하나의 경계표시의 내부 면적은 몇 m^2 이하이어야 하는가?

① 75 ② 100
③ 300 ④ 500

해설

덩어리상태의 유황만을 지반면에 설치한 경계표시의 저장·취급 기준

㉮ 하나의 경계표시의 내부 면적 : $100m^2$ 이하
㉯ 2 이상의 경계표시를 설치하는 경우에는 각각의 경계표시 내부의 면적을 합산한 면적 : $1,000m^2$ 이하
㉰ 경계표시 높이 : 1.5m 이하

답 ②

20 화재 시 물을 이용한 냉각소화를 할 경우 오히려 위험성이 증가하는 물질은?

① 질산에틸 ② 마그네슘
③ 적린 ④ 황

해설

마그네슘(Mg)은 물(H_2O)과 반응하여 가연성 가스인 수소가스(H_2)를 발생하기 때문에 주수소화는 적절하지 않다.

$Mg + 2H_2O \rightarrow Mg(OH)_2 + H_2$ (+발열)
마그네슘 물 수산화마그네슘 수소가스

답 ②

21 다음 중 이황화탄소의 성질에 대한 설명으로 틀린 것은?

① 연소할 때 주로 황화수소를 발생한다.
② 증기비중은 약 2.6이다.
③ 보호액으로 물을 사용한다.
④ 인화점은 약 -30℃이다.

해설

이황화탄소(CS_2)는 제4류 위험물(인화성 액체) 중 특수인화물류로서 인화점 -30℃, 착화점 100℃이다(제4류 위험물 중 착화점이 가장 낮다). 또한 가연성 증기의 발생을 억제하기 위하여 물속에 저장한다(물에 녹지 않고 물보다 무겁기 때문에 물속에 저장이 가능하다).
공기 중에서 연소할 때 푸른색 불꽃을 내며 자극성의 이산화황(SO_2)을 발생한다.

$CS_2 + 3O_2 \rightarrow CO_2 + 2SO_2$
이황화탄소 산소가스 이산화탄소 이산화황(아황산가스)

답 ①

22 니트로셀룰로오스의 저장·취급 방법으로 옳은 것은?

① 건조한 상태로 보관하여야 한다.
② 물 또는 알코올 등을 첨가하여 습윤시켜야 한다.
③ 물기에 접촉하면 위험하므로 제습제를 첨가하여야 한다.
④ 알코올에 접촉하면 자연발화의 위험이 있으므로 주의하여야 한다.

해설

니트로셀룰로오스$[C_6H_7O_2(ONO_2)_3]_n$는 제5류 위험물(자기반응성 물질) 중 질산에스테르류로서 지정수량은 10kg이며, 건조한 상태에서는 폭발하기 쉬우나 물이 혼합될수록 위험성이 감소되기 때문에 저장·운반 시에는 물(20%), 알코올(30%)을 첨가하여 습면시킨다. 인화점 13℃, 발화점 160~170℃, 끓는점 83℃, 분해온도 130℃, 비중 1.7이다.

답 ②

23 금속나트륨, 금속칼륨 등을 보호액 속에 저장하는 이유를 가장 옳게 설명한 것은 어느 것인가?

① 온도를 낮추기 위하여
② 승화하는 것을 막기 위하여
③ 공기와의 접촉을 막기 위하여
④ 운반 시 충격을 적게 하기 위하여

해설

금속나트륨(Na), 금속칼륨(K)
㉮ 제3류 위험물(자연발화성 및 금수성 물질)
㉯ 알칼리금속으로 공기 중의 수분(H_2O)과 반응하여 가연성 가스인 수소가스(H_2)를 발생하여 발화한다.
㉰ 공기 중 수분과의 접촉을 막기 위해 산소원자(O)가 없는 석유류 등의 보호액 속에 저장한다.
$2Na+2H_2O \rightarrow 2NaOH+H_2+88.2kcal$
$2K+2H_2O \rightarrow 2KOH+H_2+92.8kcal$

답 ③

24 제3류 위험물 중 은백색 광택이 있고 노란색 불꽃을 내며 연소하며 비중이 약 0.97, 융점이 약 97.7℃인 물질의 지정수량은 몇 kg인가?

① 10
② 20
③ 50
④ 300

해설

나트륨(Na)에 대한 설명이며, 지정수량은 10kg이다.

답 ①

25 위험물 옥외저장탱크의 통기관에 관한 사항으로 옳지 않은 것은?

① 밸브 없는 통기관의 직경은 30mm 이상으로 한다.
② 대기밸브부착 통기관은 항시 열려 있어야 한다.
③ 밸브 없는 통기관의 선단은 수평면보다 45° 이상 구부려 빗물 등의 침투를 막는 구조로 한다.
④ 대기밸브부착 통기관은 5kPa 이하의 압력 차이로 작동할 수 있어야 한다.

해설

대기밸브부착 통기관은 평상시에는 닫혀 있고 설정압력(5kPa)에서 자동으로 개방되는 구조로 할 것

위험물안전관리법 시행규칙 별표 6(옥외탱크저장소의 위치 · 구조 및 설비의 기준)
㉮ 밸브 없는 통기관
　㉠ 직경은 30mm 이상일 것
　㉡ 선단은 수평면보다 45도 이상 구부려 빗물 등의 침투를 막는 구조로 할 것
　㉢ 가는 눈의 구리망 등으로 인화방지장치를 할 것. 다만, 인화점 70℃ 이상의 위험물만을 해당 위험물의 인화점 미만의 온도로 저장 또는 취급하는 탱크에 설치하는 통기관에 있어서는 그러하지 아니하다.
　㉣ 가연성의 증기를 회수하기 위한 밸브를 통기관에 설치하는 경우에 있어서는 당해 통기관의 밸브는 저장탱크에 위험물을 주입하는 경우를 제외하고는 항상 개방되어 있는 구조로 하는 한편, 폐쇄하였을 경우에 있어서는 10kPa 이하의 압력에서 개방되는 구조로 할 것. 이 경우 개방된 부분의 유효단면적은 777.15mm^2 이상이어야 한다.
㉯ 대기밸브부착 통기관
　㉠ 5kPa 이하의 압력차이로 작동할 수 있을 것
　㉡ ㉮의 ㉢ 기준에 적합할 것

답 ②

26 트리니트로톨루엔에 관한 설명으로 옳지 않은 것은?

① 일광을 쪼이면 갈색으로 변한다.
② 녹는점은 약 81℃이다.
③ 아세톤에 잘 녹는다.
④ 비중은 약 1.8인 액체이다.

해설

트리니트로톨루엔(TNT, $C_6H_2CH_3(NO_2)_3$)의 비중은 1.66으로 순수한 것은 무색 결정이나 담황색의 결정, 직사광선에 의해 다갈색으로 변하며 중성으로 금속과는 반응이 없으며 장기저장해도 자연발화의 위험 없이 안정하다.

답 ④

27 크레오소트유에 대한 설명으로 틀린 것은?

① 제3석유류에 속한다.
② 무취이고 증기는 독성이 없다.
③ 상온에서 액체이다.
④ 물보다 무겁고 물에 녹지 않는다.

해설

크레오소트유

㉮ 자극성의 타르냄새가 나는 황갈색의 액체로 목재 방부제로 사용한다.

㉯ 비중 1.02~1.05, 비점 194~400℃, 인화점 74℃, 발화점 336℃

답 ②

28 다음 중 과산화수소에 대한 설명으로 틀린 것은?

① 불연성 물질이다.

② 농도가 약 3wt%이면 단독으로 분해폭발한다.

③ 산화성 물질이다.

④ 점성이 있는 액체로 물에 용해된다.

해설

제6류 위험물(산화성 액체)로 점성이 있는 액체로 물, 에테르, 알코올에 용해한다. 산화반응이 끝난 액체(포화산화물)이기 때문에 더 이상 산화하지 않는다.(=불연성) 농도 60% 이상인 것은 충격에 의해 단독폭발의 위험이 있으며, 고농도의 것은 알칼리, 금속분, 암모니아, 유기물 등과 접촉 시 가열하거나 충격에 의해 폭발한다.

답 ②

29 다음 중 복수의 성상을 가지는 위험물에 대한 품명 지정의 기준상 유별의 연결이 틀린 것은?

① 산화성 고체의 성상 및 가연성 고체의 성상을 가지는 경우 : 가연성 고체

② 산화성 고체의 성상 및 자기반응성 물질의 성상을 가지는 경우 : 자기반응성 물질

③ 가연성 고체의 성상과 자연발화성 물질의 성상 및 금수성 물질의 성상을 가지는 경우 : 자연발화성 물질 및 금수성 물질

④ 인화성 액체의 성상 및 자기반응성 물질의 성상을 가지는 경우 : 인화성 액체

해설

복수의 성상을 가지는 위험물에 대한 품명 지정

동시에 2개 이상의 유별이 해당되는 복수성상물품일 경우 일반 위험성보다는 특수 위험성을 우선하여 지정한다(포괄할 수 있는 위험성 우선).

① 산화성 고체의 성상 및 가연성 고체의 성상을 가지는 경우 : 가연성 고체

② 산화성 고체의 성상 및 자기반응성 물질의 성상을 가지는 경우 : 자기반응성 물질

③ 가연성 고체의 성상과 자연발화성 물질의 성상 및 금수성 물질의 성상을 가지는 경우 : 자연발화성 물질 및 금수성 물질

④ 인화성 액체의 성상 및 자기반응성 물질의 성상을 가지는 경우 : 자기반응성 물질

답 ④

30 그림과 같이 횡으로 설치한 원형탱크의 용량은 약 몇 m^3인가? (단, 공간용적은 내용적의 $\frac{10}{100}$이다.)

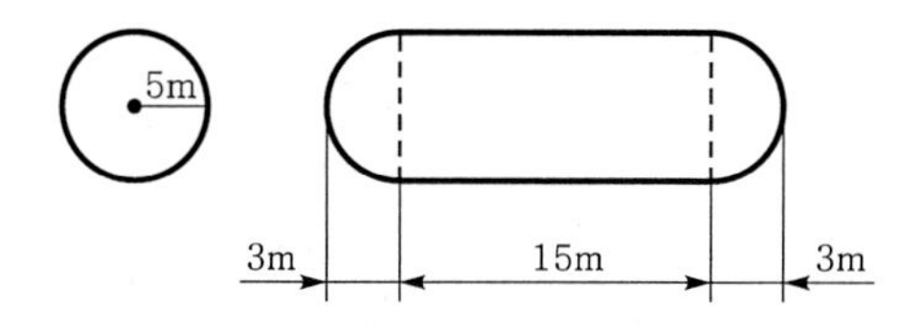

① 1690.9　　② 1335.1

③ 1268.4　　④ 1201.7

해설

탱크 용적의 산정기준

탱크의 용량 = 탱크의 내용적−공간용적

• 원형탱크의 내용적 $= \pi r^2\left(l + \frac{l_1 + l_2}{3}\right)$

$= \pi \times 5^2 \times \left(15 + \frac{3+3}{3}\right)$

$\fallingdotseq 1335.52m^3$

• 탱크의 공간용적 $= 1335.52m^3 \times \frac{10}{100}$

$\fallingdotseq 133.52m^3$

∴ 원형탱크의 용량 $= 1335.18m^3 - 133.52m^3$

$\fallingdotseq 1201.7m^3$

답 ④

31 다음 중 알코올에 관한 설명으로 옳지 않은 것은?

① 1가 알코올은 OH기의 수가 1개인 알코올을 말한다.
② 2차 알코올은 1차 알코올이 산화된 것이다.
③ 2차 알코올이 수소를 잃으면 케톤이 된다.
④ 알데히드가 환원되면 1차 알코올이 된다.

해설

1차 알코올 산화반응

R-OH → R-CHO → R-COOH
알코올 (1차) 알데히드 (2차) 산

알코올(Alcohol)		
가수 히드록시기[OH]의 개수		
1가 알코올	2가 알코올	3가 알코올
H H H−C−C−H H OH	H H H−C−C−H OH OH	H H H H−C−C−C−H OH OH OH

알코올(Alcohol)		
차수 알킬기[R]의 개수		
1차 알코올	2차 알코올	3차 알코올
H R−C−OH H	H R−C−OH R′	R″ R−C−OH R′

답 ②

32 운송책임자의 감독 · 지원을 받아 운송하여야 하는 위험물은?

① 알킬알루미늄
② 금속나트륨
③ 메틸에틸케톤
④ 트리니트로톨루엔

해설

운송책임자의 감독 · 지원을 받아 운송하여야 하는 위험물
㉮ 알킬알루미늄
㉯ 알킬리튬
㉰ 알킬알루미늄 또는 알킬리튬의 물질을 함유하는 위험물

답 ①

33 위험물안전관리법령에 의해 위험물을 취급함에 있어서 발생하는 정전기를 유효하게 제거하는 방법으로 옳지 않은 것은 어느 것인가?

① 인화방지망 설치
② 접지 실시
③ 공기 이온화
④ 상대습도를 70% 이상 유지

해설

정전기를 유효하게 제거하는 방법
㉮ 공기를 이온화한다.
㉯ 접지한다.
㉰ 상대습도를 70% 이상 유지한다.

답 ①

34 알킬알루미늄 등 또는 아세트알데히드 등을 취급하는 제조소의 특례기준으로서 옳은 것은 어느 것인가?

① 알킬알루미늄 등을 취급하는 설비에는 불활성 기체 또는 수증기를 봉입하는 장치를 설치한다.
② 알킬알루미늄 등을 취급하는 설비는 은 · 수은 · 동 · 마그네슘을 성분으로 하는 것으로 만들지 않는다.
③ 아세트알데히드 등을 취급하는 탱크에는 냉각장치 또는 보냉장치 및 불활성 기체 봉입장치를 설치한다.
④ 아세트알데히드 등을 취급하는 설비의 주위에는 누설범위를 국한하기 위한 설비와 누설되었을 때 안전한 장소에 설치된 저장실에 유입시킬 수 있는 설비를 갖춘다.

해설

알킬알루미늄 등을 취급하는 제조소의 특례
㉮ 알킬알루미늄 등을 취급하는 설비에는 불활성 기체를 봉입하는 장치를 설치한다.
㉯ 알킬알루미늄 등을 취급하는 설비의 주위에는 누설범위를 국한하기 위한 설비와 누설된 알킬알루미늄 등을 안전한 장소에 설치된 저장실에 유입시킬 수 있는 설비를 갖추어야 한다.

아세트알데히드 등을 취급하는 제조소의 특례
㉮ 아세트알데히드 등을 취급하는 설비는 은·수은·동·마그네슘을 성분으로 하는 것으로 만들지 않는다.
㉯ 아세트알데히드 등을 취급하는 탱크에는 냉각장치 또는 보냉장치 및 불활성 기체 봉입장치를 설치한다.

답 ③

35 자동화재탐지설비 일반점검표의 점검내용이 "변형·손상의 유무, 표시의 적부, 경계구역일람도의 적부, 기능의 적부"인 점검항목은?

① 감지기 ② 중계기
③ 수신기 ④ 발신기

해설

수신기의 점검항목
㉮ 변형, 손상의 유무
㉯ 표시의 적부
㉰ 경계구역일람도의 적부
㉱ 기능의 적부

답 ③

36 셀룰로이드에 대한 설명으로 옳은 것은?

① 질소가 함유된 유기물이다.
② 질소가 함유된 무기물이다.
③ 유기의 염화물이다.
④ 무기의 염화물이다.

해설

셀룰로이드(Celluloid, $[C_6H_7O_2(ONO_2)_3]_n$)
질화도가 낮은 니트로셀룰로오스(질소 함유량 10.5~11.5%, 약질화면)에 장뇌와 알코올을 녹여 교질상태로 만든다.

답 ①

37 제5류 위험물의 일반적인 성질에 대한 설명 중 틀린 것은?

① 자기연소를 일으키며 연소속도가 빠르다.
② 무기물이므로 폭발의 위험이 있다.
③ 운반용기 외부에 "화기엄금" 및 "충격주의" 주의사항 표시를 하여야 한다.
④ 강산화제 또는 강산류와 접촉 시 위험성이 증가한다.

해설

제5류 위험물(자기반응성 물질)은 모두 유기화합물이며 연소속도가 대단히 빨라서 폭발성이 있다. (화약의 원료로 많이 쓰인다.)

답 ②

38 다음 중 탄화칼슘에 대한 설명으로 틀린 것은 어느 것인가?

① 시판품은 흑회색이며 불규칙한 형태의 고체이다.
② 물과 작용하여 산화칼슘과 아세틸렌을 만든다.
③ 고온에서 질소와 반응하여 칼슘시안아미드(석회질소)가 생성된다.
④ 비중은 약 2.2이다.

해설

탄화칼슘은 물과 심하게 반응하여 수산화칼슘과 아세틸렌을 만들며 공기 중 수분과 반응하여도 아세틸렌을 발생한다.
$CaC_2 + 2H_2O \rightarrow Ca(OH)_2 + C_2H_2$

답 ②

39 고형 알코올 2,000kg과 철분 1,000kg의 각각 지정수량 배수의 총합은 얼마인가?

① 3
② 4
③ 5
④ 6

해설

지정수량 배수의 합

$= \frac{\text{A품목의 저장수량}}{\text{A품목의 지정수량}} + \frac{\text{B품목의 저장수량}}{\text{B품목의 지정수량}} + \cdots$

$= \frac{2,000\text{kg}}{1,000\text{kg}} + \frac{1,000\text{kg}}{500\text{kg}}$

$= 4$

답 ②

40 질산에틸과 아세톤의 공통적인 성질 및 취급방법으로 옳은 것은?

① 휘발성이 낮기 때문에 마개 없는 병에 보관하여도 무방하다.
② 점성이 커서 다른 용기에 옮길 때 가열하여 더운 상태에서 옮긴다.
③ 통풍이 잘되는 곳에 보관하고 불꽃 등의 화기를 피하여야 한다.
④ 인화점이 높으나 증기압이 낮으므로 햇빛에 노출된 곳에 저장이 가능하다.

해설

휘발하기 쉽기 때문에 용기는 밀봉하여 냉암소에 저장한다.

답 ③

41 다음 중 무색, 투명한 휘발성 액체로서 물에 녹지 않고 물보다 무거워서 물속에 보관하는 위험물은?

① 경유 ② 황린
③ 유황 ④ 이황화탄소

해설

가연성 증기의 발생을 억제하기 위하여 물속에 저장한다(물에 녹지 않고 물보다 무겁기 때문에 물속에 저장이 가능하다).

답 ④

42 하나의 위험물저장소에 다음과 같이 2가지 위험물을 저장하고 있다. 지정수량 이상에 해당하는 것은?

① 브롬산칼륨 80kg, 염소산칼륨 40kg
② 질산 100kg, 과산화수소 150kg
③ 질산칼륨 120kg, 중크롬산나트륨 500kg
④ 휘발유 20L, 윤활유 2,000L

해설

각 위험물의 지정수량

종류	유별	품명	지정수량
브롬산칼륨	제1류 위험물 (산화성 고체)	브롬산염류	300kg
염소산칼륨	제1류 위험물 (산화성 고체)	염소산염류	50kg
질산	제6류 위험물 (산화성 액체)	–	300kg
과산화수소	제6류 위험물 (산화성 액체)	–	300kg
질산칼륨	제1류 위험물 (산화성 고체)	질산염류	300kg
중크롬산나트륨	제1류 위험물 (산화성 고체)	중크롬산염류	1,000kg
휘발유	제4류 위험물 (인화성 액체)	제1석유류 (비수용성)	200L
윤활유	제4류 위험물 (인화성 액체)	제4석유류	6,000L

지정수량의 배수를 구하여 1 이상일 때 지정수량 이상의 위험물을 저장하는 것이다.

지정수량의 배수 $= \frac{\text{저장수량}}{\text{지정수량}}$

㉮ 지정수량의 배수 $= \frac{80kg}{300kg} + \frac{40kg}{50kg} = 1.07$

㉯ 지정수량의 배수 $= \frac{100kg}{300kg} + \frac{150kg}{300kg} = 0.83$

㉰ 지정수량의 배수 $= \frac{120kg}{300kg} + \frac{500kg}{1,000kg} = 0.9$

㉱ 지정수량의 배수 $= \frac{20L}{200L} + \frac{2,000L}{6,000L} = 0.43$

답 ①

43 다음 위험물 중 물에 대한 용해도가 가장 낮은 것은?

① 아크릴산
② 아세트알데히드
③ 벤젠
④ 글리세린

해설

아크릴산(아크롤레인), 아세트알데히드, 글리세린은 수용성 액체이며, 벤젠은 비수용성 액체이다.

답 ③

44 다음 중 적린에 관한 설명으로 틀린 것은 어느 것인가?

① 물에 잘 녹는다.
② 화재 시 물로 냉각소화할 수 있다.
③ 황린에 비해 안정하다.
④ 황린과 동소체이다.

해설

적린은 조해성이 있으며, 물, 이황화탄소, 에테르, 암모니아 등에는 녹지 않는다.

답 ①

45 다음 중 위험물에 대한 설명으로 옳은 것은 어느 것인가?

① 이황화탄소는 연소 시 유독성 황화수소 가스를 발생한다.
② 디에틸에테르는 물에 잘 녹지 않지만 유지 등을 잘 녹이는 용제이다.
③ 등유는 가솔린보다 인화점이 높으나, 인화점이 0℃ 미만이므로 인화의 위험성은 매우 높다.
④ 경유는 등유와 비슷한 성질을 가지지만 증기비중이 공기보다 가볍다는 차이점이 있다.

해설

이황화탄소는 연소 시 아황산가스를 발생한다.
$CS_2 + 3O_2 \rightarrow CO_2 + 2SO_2$

답 ②

46 적린과 유황의 공통되는 일반적 성질이 아닌 것은?

① 비중이 1보다 크다.
② 연소하기 쉽다.
③ 산화되기 쉽다.
④ 물에 잘 녹는다.

해설

- **적린** : 조해성이 있으며, 물, 이황화탄소, 에테르, 암모니아 등에는 녹지 않는다.
- **유황** : 물, 산에는 녹지 않으며, 알코올에는 약간 녹고, 이황화탄소에는 잘 녹는다.

답 ④

47 제조소 및 일반취급소에 설치하는 자동화재 탐지설비의 설치기준으로 틀린 것은 어느 것인가?

① 하나의 경계구역은 $600m^2$ 이하로 하고, 한 변의 길이는 50m 이하로 한다.
② 주요한 출입구에서 내부 전체를 볼 수 있는 경우 경계구역은 $1,000m^2$ 이하로 할 수 있다.
③ 하나의 경계구역이 $300m^2$ 이하이면 2개 층을 하나의 경계구역으로 할 수 있다.
④ 비상전원을 설치하여야 한다.

해설

제조소 및 일반취급소에 설치하는 자동화재탐지설비의 설치기준

㉮ 자동화재탐지설비의 경계구역(화재가 발생한 구역을 다른 구역과 구분하여 식별할 수 있는 최소단위의 구역을 말한다)은 건축물, 그 밖의 공작물의 2 이상의 층에 걸치지 아니하도록 할 것. 다만, 하나의 경계구역의 면적이 $500m^2$ 이하이면서 당해 경계구역이 두 개의 층에 걸치는 경우이거나 계단·경사로·승강기의 승강로, 그 밖에 이와 유사한 장소에 연기감지기를 설치하는 경우에는 그러하지 아니한다.

㉯ 하나의 경계구역의 면적은 $600m^2$ 이하로 하고 그 한 변의 길이는 50m(광전식 분리형 감지기를 설치할 경우에는 100m) 이하로 할 것. 다만, 당해 건축물, 그 밖의 공작물의 주요한 출입구에서 그 내부의 전체를 볼 수 있는 경우에 있어서는 그 면적을 $1,000m^2$ 이하로 할 수 있다.

㉰ 자동화재탐지설비의 감지기는 지붕(상층이 있는 경우에는 상층의 바닥 또는 벽의 옥내에 면한 부분 및 천장의 뒷부분)에 유효하게 화재의 발생을 감지할 수 있도록 설치할 것

㉱ 자동화재탐지설비에는 비상전원을 설치할 것

답 ③

48 다음 괄호 안에 들어갈 알맞은 단어는?

> "보냉장치가 있는 이동저장탱크에 저장하는 아세트알데히드 등 또는 디에틸에테르 등의 온도는 당해 위험물의 (　) 이하로 유지하여야 한다."

① 비점　② 인화점
③ 융해점　④ 발화점

해설

아세트알데히드 등 또는 디에틸에테르 등을 이동저장탱크에 저장하는 경우 보냉장치가 있는 이동탱크의 경우 비점 이하로 유지하며, 보냉장치가 없는 이동탱크의 경우 40℃ 이하로 유지해야 한다.

답 ①

49 $KMnO_4$의 지정수량은 몇 kg인가?

① 50　② 100
③ 300　④ 1,000

해설

제1류 위험물(산화성 고체)로서 과망간산염류에 속하며 지정수량은 1,000kg이다.

답 ④

50 용량 50만L 이상의 옥외탱크저장소에 대하여 변경허가를 받고자 할 때 한국소방산업기술원으로부터 탱크의 기초·지반 및 탱크 본체에 대한 기술 검토를 받아야 한다. 다만, 소방청장이 고시하는 부분적인 사항을 변경하는 경우에는 기술검토가 면제되는데, 다음 중 기술검토가 면제되는 경우가 아닌 것은?

① 노즐·맨홀을 포함한 동일한 형태의 지붕판의 교체
② 탱크 밑판에 있어서 밑판 표면적의 50% 미만의 육성보수공사
③ 탱크의 옆판 중 최하단 옆판에 있어서 옆판 표면적의 30% 이내의 교체
④ 옆판 중심선의 600mm 이내의 밑판에 있어서 밑판의 원주길이 10% 미만에 해당하는 밑판의 교체

해설

위험물안전관리에 관한 세부기준(기술검토를 받지 아니하는 변경)

㉮ 옥외저장탱크의 지붕판(노즐·맨홀 등을 포함한다)의 교체(동일한 형태의 것으로 교체하는 경우)

㉯ 옥외저장탱크의 옆판(노즐·맨홀 등을 포함한다)의 교체 중 다음의 어느 하나에 해당하는 경우
　㉠ 최하단 옆판을 교체하는 경우에는 옆판 표면적의 10% 이내의 교체
　㉡ 최하단 외의 옆판을 교체하는 경우에는 옆판 표면적의 30% 이내의 교체

㉰ 옥외저장탱크의 밑판(옆판의 중심선으로부터 600mm 이내의 판에 있어서는 당해 밑판의 원주길이의 10% 미만에 해당하는 밑판에 한한다)의 교체

㉱ 옥외저장탱크의 밑판 또는 옆판(노즐·맨홀 등을 포함한다)의 정비(밑판 또는 옆판의 표면적의 50% 미만의 겹침보수공사 또는 육성보수공사를 포함한다)

㉮ 옥외탱크저장소의 기초 · 지반의 정비
㉯ 암반탱크의 내벽의 정비
㉰ 제조소 또는 일반취급소의 구조 · 설비를 변경하는 경우 변경에 의한 위험물 취급량의 증가가 지정수량의 3천배 미만인 경우
㉱ ㉮ 내지 ㉯호의 경우와 유사한 경우로서 한국소방산업기술원이 부분적 변경에 해당한다고 인정하는 경우

답 ③

51 다음 중 산을 가하면 이산화염소를 발생시키는 물질은?

① 아염소산나트륨
② 브롬산나트륨
③ 옥소산칼륨(요오드산칼륨)
④ 중크롬산나트륨

해설

아염소산나트륨은 산과 접촉 시 이산화염소(ClO_2) 가스를 발생시킨다.
$2NaClO_2 + 2HCl \rightarrow 2NaCl + 2ClO_2 + H_2O_2$

답 ①

52 제6류 위험물에 해당하지 않는 것은?

① 농도가 50wt%인 과산화수소
② 비중이 1.5인 질산
③ 과요오드산
④ 삼불화브롬

해설

과요오드산(HIO_4)은 제1류 위험물 중 그 밖에 행정안전부령이 정하는 것에 해당된다.

답 ③

53 제4류 위험물의 일반적 성질에 대한 설명으로 틀린 것은?

① 발생증기가 가연성이며 공기보다 무거운 물질이 많다.
② 정전기에 의하여도 인화할 수 있다.
③ 상온에서 액체이다.
④ 전기도체이다.

해설

제4류 위험물은 전기에 대해 부도체이다.

답 ④

54 다음 중 제3류 위험물에 해당하는 것은 어느 것인가?

① NaH
② Al
③ Mg
④ P_4S_3

해설

수소화나트륨은 제3류 위험물 중 금속의 수소화물에 속하는 물질로서 지정수량은 300kg이다.

답 ①

55 제4류 위험물 중 제2석유류의 위험 등급 기준은?

① 위험 등급 Ⅰ의 위험물
② 위험 등급 Ⅱ의 위험물
③ 위험 등급 Ⅲ의 위험물
④ 위험 등급 Ⅳ의 위험물

해설

제4류 위험물 중
• 위험물 등급 Ⅰ의 위험물 : 특수인화물
• 위험 등급 Ⅱ의 위험물 : 제1석유류, 알코올류
• 위험 등급 Ⅲ의 위험물 : 제2석유류, 제3석유류, 제4석유류, 동 · 식물유류

답 ③

56 주유취급소에 설치하는 "주유 중 엔진정지"라는 표시를 한 게시판의 바탕과 문자의 색상을 차례대로 옳게 나타낸 것은?

① 황색, 흑색
② 흑색, 황색
③ 백색, 흑색
④ 흑색, 백색

답 ①

57 위험물의 저장방법에 대한 설명으로 옳은 것은?

① 황화린은 알코올 또는 과산화물 속에 저장하여 보관한다.
② 마그네슘은 건조하면 분진폭발의 위험성이 있으므로 물에 습윤하여 저장한다.
③ 적린은 화재예방을 위해 할로겐원소와 혼합하여 저장한다.
④ 수소화리튬은 저장용기에 아르곤과 같은 불활성 기체를 봉입한다.

해설

제2류 위험물의 저장 및 취급 시 주의사항
황화린, 마그네슘, 적린은 제2류 위험물로서 점화원을 멀리하고 가열을 피하며 산화제의 접촉을 피해야 한다. 또한 용기 등의 파손으로 위험물이 누출되지 않도록 해야 하며, 용기는 밀전, 밀봉하여 누설에 주의한다(단, 금속분(철분, 마그네슘 등)은 물이나 산과의 접촉을 피한다).

답 ④

58 제2류 위험물을 수납하는 운반용기의 외부에 표시하여야 하는 주의사항으로 옳은 것은?

① 제2류 위험물 중 철분 · 금속분 · 마그네슘 또는 이들 중 어느 하나 이상을 함유한 것에 있어서는 "화기주의" 및 "물기주의", 인화성 고체에 있어서는 "화기엄금", 그 밖의 것에 있어서는 "화기주의"
② 제2류 위험물 중 철분 · 금속분 · 마그네슘 또는 이들 중 어느 하나 이상을 함유한 것에 있어서는 "화기주의" 및 "물기엄금", 인화성 고체에 있어서는 "화기주의", 그 밖의 것에 있어서는 "화기엄금"
③ 제2류 위험물 중 철분 · 금속분 · 마그네슘 또는 이들 중 어느 하나 이상을 함유한 것에 있어서는 "화기주의" 및 "물기엄금", 인화성 고체에 있어서는 "화기엄금", 그 밖의 것에 있어서는 "화기주의"
④ 제2류 위험물 중 철분 · 금속분 · 마그네슘 또는 이들 중 어느 하나 이상을 함유한 것에 있어서는 "화기엄금" 및 "물기엄금", 인화성 고체에 있어서는 "화기엄금", 그 밖의 것에 있어서는 "화기주의"

해설

취급하는 위험물의 종류에 따른 주의사항

유별	구분	표시사항
제1류 위험물 (산화성 고체)	알칼리금속의 과산화물	화기 · 충격주의, 물기엄금 및 가연물접촉주의
	그 밖의 것	화기 · 충격주의 및 가연물접촉주의
제2류 위험물 (가연성 고체)	철분 · 금속분 · 마그네슘	화기주의 및 물기엄금
	인화성 고체	화기엄금
	그 밖의 것	화기주의
제3류 위험물 (자연발화성 및 금수성 물질)	자연발화성 물질	화기엄금 및 공기접촉엄금
	금수성 물질	물기엄금
제4류 위험물 (인화성 액체)	인화성 액체	화기엄금
제5류 위험물 (자기반응성 물질)	자기반응성 물질	화기엄금 및 충격주의
제6류 위험물 (산화성 액체)	산화성 액체	가연물접촉주의

답 ③

59 제1류 위험물에 해당하지 않는 것은 어느 것인가?

① 납의 산화물
② 질산구아니딘
③ 퍼옥소이황산염류
④ 염소화이소시아눌산

해설

질산구아니딘($CH_4N_4O_2$)

㉮ 제5류 위험물(자기반응성 물질) : 제1류 위험물(산화성 고체) 행정안전부령이 정하는 것
㉯ 과요오드산염류
㉰ 과요오드산
㉱ 크롬, 납 또는 요오드의 산화물
㉲ 아질산염류
㉳ 차아염소산염류
㉴ 염소화이소시아눌산
㉵ 퍼옥소이황산염류
㉶ 퍼옥소붕산염류

답 ②

60 벤젠을 저장하는 옥외탱크저장소가 액표면적이 45m^2인 경우 소화난이도 등급은?

① 소화난이도 등급 Ⅰ
② 소화난이도 등급 Ⅱ
③ 소화난이도 등급 Ⅲ
④ 제시된 조건으로 판단할 수 없음

해설

소화난이도 등급 Ⅰ에 해당하는 제조소 등

옥외탱크저장소	액표면적이 40m^2 이상인 것(제6류 위험물을 저장하는 것 및 고인화점위험물만을 100℃ 미만의 온도에서 저장하는 것은 제외)
	지반면으로부터 탱크 옆판의 상단까지 높이가 6m 이상인 것(제6류 위험물을 저장하는 것 및 고인화점위험물만을 100℃ 미만의 온도에서 저장하는 것은 제외)
	지중탱크 또는 해상탱크로서 지정수량의 100배 이상인 것(제6류 위험물을 저장하는 것 및 고인화점 위험물만을 100℃ 미만의 온도에서 저장하는 것은 제외)
	고체위험물을 저장하는 것으로서 지정수량의 100배 이상인 것

답 ①

1200제 제 6 회

과년도 출제문제

위험물기능사

01 제1종 분말소화약제의 적응화재 급수는?

① A급 ② BC급
③ AB급 ④ ABC급

해설

분말소화약제

종류	주성분	분자식	착색	적응화재
제1종	탄산수소나트륨 (중탄산나트륨)	$NaHCO_3$	–	B, C급
제2종	탄산수소칼륨 (중탄산칼륨)	$KHCO_3$	담회색	B, C급
제3종	제1인산암모늄	$NH_4H_2PO_4$	담홍색 또는 황색	A, B, C급
제4종	탄산수소칼륨 +요소	$KHCO_3+CO(NH_2)_2$	–	B, C급

답 ②

02 제1류 위험물의 저장방법에 대한 설명으로 틀린 것은?

① 조해성 물질은 방습에 주의한다.
② 무기과산화물은 물속에 보관한다.
③ 분해를 촉진하는 물품과의 접촉을 피하여 저장한다.
④ 복사열이 없고 환기가 잘되는 서늘한 곳에 저장한다.

해설

무기과산화물은 물과 반응 시 발열하며 산소가스를 발생한다.

$2K_2O_2+2H_2O \rightarrow 4KOH+O_2$

$Na_2O_2+H_2O \rightarrow 2NaOH+\frac{1}{2}O_2$

제1류 위험물(산화성 고체)은 모두 물(H_2O)과 반응하지 않기 때문에 화재 시 주수에 의한 냉각소화를 실시한다. 하지만 예외적으로 무기과산화물은 분자 내에 불안정한 과산화물(-O-O-)을 가지고 있기 때문에 물과 쉽게 반응하여 산소가스(O_2)를 방출하며 발열을 동반하기 때문에 물과의 접촉을 금지해야 하고, 소화방법으로는 건조사(마른모래)에 의한 피복소화가 효과적이다.

구분	유기과산화물	무기과산화물	과산화수소
유별	제5류 위험물 (자기반응성 물질)	제1류 위험물 (산화성 고체)	제6류 위험물 (산화성 액체)
분자 구조	R-O-O-R	M-O-O-M	H-O-O-H
	탄소(C) [R : Alkyl(알킬기)]	알칼리(토)금속	수소(H)

답 ②

03 다음 중 유류화재의 급수로 옳은 것은?

① A급
② B급
③ C급
④ D급

해설

분류	등급	소화방법
일반화재	A급	냉각소화
유류화재	B급	질식소화
전기화재	C급	질식소화
금속화재	D급	피복소화

답 ②

04 소화기의 사용방법으로 잘못된 것은 어느 것인가?

① 적응화재에 따라 사용할 것
② 성능에 따라 방출거리 내에서 사용할 것
③ 바람을 마주보며 소화할 것
④ 양옆으로 비로 쓸 듯이 방사할 것

해설

소화기의 사용방법
① 적응화재에만 사용할 것
② 성능에 따라 화점 가까이 접근하여 사용할 것
③ 바람을 등지고 풍상에서 풍하의 방향으로 사용할 것
④ 양옆으로 비로 쓸 듯이 골고루 사용할 것

답 ③

05 다음 물질 중 분진폭발의 위험성이 가장 낮은 것은?

① 밀가루
② 알루미늄 분말
③ 모래
④ 석탄

해설

모래는 가연성이 없기 때문에 분진폭발하지 않는다(모래는 소화약제로 사용된다).
분진폭발 : 가연성 고체의 미분이 공기 중에 부유하고 있을 때 어떤 착화원에 의해 에너지가 주어지면 폭발하는 현상 → 부유분진, 퇴적분진(층상분진)

답 ③

06 열의 이동원리 중 복사에 관한 예로 적당하지 않은 것은?

① 그늘이 시원한 이유
② 더러운 눈이 빨리 녹는 현상
③ 보온병 내부를 거울벽으로 만드는 것
④ 해풍과 육풍이 일어나는 원리

해설

해풍과 육풍이 일어나는 원리는 대류현상이다. 일반적으로 흙(모래)은 물보다 비열이 작아 빨리 데워지고 빨리 식는다. 반면에 물은 흙(모래)보다 비열이 커 천천히 데워지고 천천히 식는다. 이런 비열의 차이때문에 바다와 육지 사이에서는 바람이 불게 된다.

- **낮(해풍)** : 낮에는 육지의 공기가 빨리 데워지기 때문에 따뜻한 육지의 공기가 팽창하고 가벼워져서 상승하고, 지상의 기압이 낮아지므로 저기압이 형성된다. 이와 대조적으로 바다는 천천히 데워지기 때문에 상대적으로 차가워 공기가 하강하는 고기압이 형성된다. 그리고 대류현상이 일어나 상승한 공기로 비워진 육지를 채우려고 바다의 차고 무거운 공기가 이동한다. 그러므로 낮에는 바람이 바다에서 육지 쪽으로 부는 해풍이 분다.
- **밤(육풍)** : 반면, 밤에는 육지의 공기가 빨리 식기 때문에 따뜻한 육지의 공기가 수축하고 무거워져서 하강하고, 지상의 기압이 높아지므로 고기압이 형성된다. 이와 대조적으로 바다는 천천히 식기 때문에 상대적으로 따뜻하여 공기가 상승하는 저기압이 형성된다. 그리고 대류현상이 일어나 상승한 공기로 비워진 바다를 채우려고 육지의 차고 무거운 공기가 이동한다. 그러므로 밤에는 바람이 육지에서 바다 쪽으로 부는 육풍이 분다.

답 ④

07 그림과 같이 횡으로 설치한 원통형 위험물 탱크에 대하여 탱크의 용량을 구하면 약 몇 m^3인가? (단, 공간용적은 탱크 내용적의 100분의 5로 한다.)

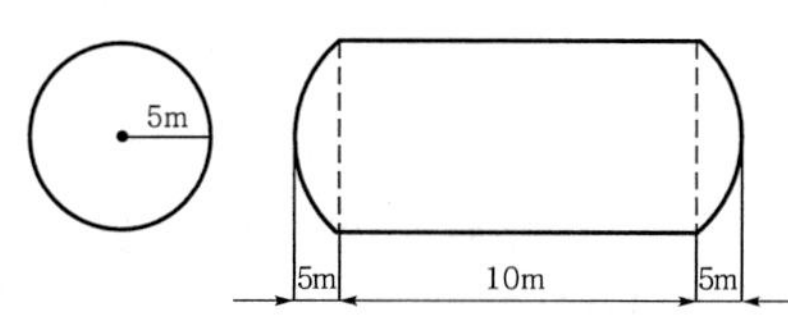

① 196.3　　② 261.6
③ 785.0　　④ 994.3

해설

원통형 탱크의 내용적(횡으로 설치한 것)

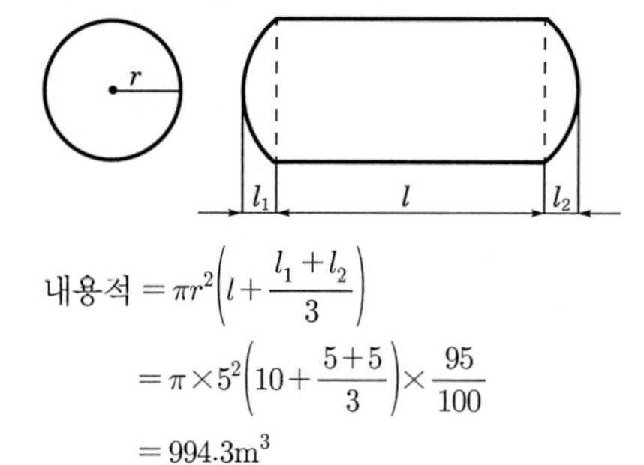

$$내용적 = \pi r^2\left(l+\frac{l_1+l_2}{3}\right)$$
$$= \pi\times 5^2\left(10+\frac{5+5}{3}\right)\times\frac{95}{100}$$
$$= 994.3\text{m}^3$$

※ 공간용적을 5% 확보해야 하므로 용량은 95%가 된다.

답 ④

08 위험물안전관리법령상의 규제에 관한 설명 중 틀린 것은?

① 지정수량 미만의 위험물의 저장·취급 및 운반은 시·도 조례에 의하여 규제한다.
② 항공기에 의한 위험물의 저장·취급 및 운반은 위험물안전관리법의 규제대상이 아니다.
③ 궤도에 의한 위험물의 저장·취급 및 운반은 위험물안전관리법의 규제대상이 아니다.
④ 선박법의 선박에 의한 위험물의 저장·취급 및 운반은 위험물안전관리법의 규제대상이 아니다.

해설

지정수량 미만인 위험물의 저장 또는 취급에 관한 기술상의 기준은 특별시·광역시 및 도(이하 "시·도"라 한다)의 조례로 정한다.

답 ①

09 다음 중 제4류 위험물로만 나열된 것은 어느 것인가?

① 특수인화물, 황산, 질산
② 알코올, 황린, 니트로화합물
③ 동·식물유류, 질산, 무기과산화물
④ 제1석유류, 알코올류, 특수인화물

해설

제1류 위험물(산화성 고체)	무기과산화물
제3류 위험물 (자연발화성 및 금수성 물질)	황린
제4류 위험물(인화성 액체)	특수인화물, 알코올류, 동·식물유류, 제1석유류
제5류 위험물(자기반응성 물질)	니트로화합물
제6류 위험물(산화성 액체)	질산
비위험물	황산

답 ④

10 위험물안전관리법령상 옥내소화전설비의 비상전원은 몇 분 이상 작동할 수 있어야 하는가?

① 45분 ② 30분
③ 20분 ④ 10분

해설

옥내소화전설비의 비상전원의 용량은 옥내소화전설비를 유효하게 45분 이상 작동시키는 것이 가능할 것

답 ①

11 니트로화합물과 같은 가연성 물질이 자체 내에 산소를 함유하고 있어 공기 중의 산소를 필요로 하지 않고 자체의 산소에 의해서 연소되는 현상은?

① 자기연소 ② 등심연소
③ 훈소연소 ④ 분해연소

해설

니트로화합물은 제5류 위험물(자기반응성 물질)로 가연물인 동시에 분자 내에 산소공급원을 함유하므로 스스로 연소하는 자기연소(=내부연소) 형태이다.

답 ①

12 제1류 위험물인 과산화나트륨의 보관용기에 화재가 발생하였다. 소화약제로 가장 적당한 것은?

① 포소화약제
② 물
③ 마른모래
④ 이산화탄소

해설

과산화나트륨은 제1류 위험물(산화성 고체) 무기과산화물로 물과 쉽게 반응하여 산소가스(O_2)를 방출하며 발열을 동반하기 때문에 물과의 접촉을 금지해야 하고 건조사(마른모래)에 의한 피복소화가 효과적이다.

답 ③

13 위험물안전관리법령에 따라 옥내소화전설비를 설치할 때 배관의 설치기준에 대한 설명으로 옳지 않은 것은?

① 배관용 탄소강관(KS D 3507)을 사용할 수 있다.
② 주배관의 입상관 구경은 최소 60mm 이상으로 한다.
③ 펌프를 이용한 가압송수장치의 흡수관은 펌프마다 전용으로 설치한다.
④ 원칙적으로 급수배관은 생활용수배관과 같이 사용할 수 없으며 전용배관으로만 사용한다.

해설

주배관 중 입상관은 관의 직경이 50mm 이상인 것으로 할 것

답 ②

14 위험물의 화재별 소화방법으로 옳지 않은 것은?

① 황린-분무주수에 의한 냉각소화
② 인화칼슘-분무주수에 의한 냉각소화
③ 톨루엔-포에 의한 질식소화
④ 질산메틸-주수에 의한 냉각소화

해설

인화칼슘은 제3류 위험물(자연발화성 및 금수성 물질) 금속의 인화물로서 물과 반응하여 가연성이며 독성이 강한 인화수소(PH_3, 포스핀)가스를 발생한다.
$Ca_3P_2 + 6H_2O \rightarrow 3Ca(OH)_2 + 2PH_3$

답 ②

15 옥내에서 지정수량 100배 이상을 취급하는 일반취급소에 설치하여야 하는 경보설비는? (단, 고인화점 위험물만을 취급하는 경우는 제외한다.)

① 비상경보설비
② 자동화재탐지설비
③ 비상방송설비
④ 비상벨설비 및 확성장치

해설

제조소 등의 구분	제조소 등의 규모, 저장 또는 취급하는 위험물의 종류 및 최대수량 등	경보설비
1. 제조소 및 일반취급소	• 연면적 500m^2 이상인 것 • 옥내에서 지정수량의 100배 이상을 취급하는 것 • 일반취급소로 사용되는 부분 외의 부분이 있는 건축물에 설치된 일반취급소	자동화재탐지설비
2. 옥내저장소	• 지정수량의 100배 이상을 저장 또는 취급하는 것 • 저장창고의 연면적이 150m^2를 초과하는 것[당해 저장창고가 연면적 15m^2 이내마다 불연재료의 격벽으로 개구부 없이 완전히 구획된 것과 제2류 또는 제4류의 위험물(인화성 고체 및 인화점이 70℃ 미만인 제4류 위험물을 제외한다)만을 저장 또는 취급하는 것에 있어서는 저장창고의 연면적이 500m^2 이상의 것에 한한다.] • 처마높이가 6m 이상인 단층건물의 것 • 옥내저장소로 사용되는 부분 외의 부분이 있는 건축물에 설치된 옥내저장소[옥내저장소와 옥내저장소 외의 부분이 내화구조의 바닥 또는 벽으로 개구부 없이 구획된 것과 제2류 또는 제4류 위험물(인화성 고체 및 인화점이 70℃ 미만인 제4류 위험물을 제외한다)만을 저장 또는 취급하는 것을 제외한다.]	
3. 옥내탱크저장소	단층건물 외의 건축물에 설치된 옥내탱크저장소로서 소화난이도 등급 I에 해당하는 것	
4. 주유취급소	옥내주유취급소	

답 ②

16 다음 중 강화액소화기에 대한 설명이 아닌 것은?

① 알칼리금속 염류가 포함된 고농도의 수용액이다.
② A급 화재에 적응성이 있다.
③ 어는점이 낮아서 동절기에도 사용이 가능하다.
④ 물의 표면장력을 강화시킨 것으로 심부화재에 효과적이다.

해설

강화액소화기는 동절기 물소화약제의 어는 단점을 보완하기 위해 물에 탄산칼륨(K_2CO_3)을 첨가하여 액체이면서도 겨울철에 얼지 않도록 소화약제의 어는점을 −30℃ 정도로 낮춘 소화약제이다.

답 ④

17 인화점이 200℃ 미만인 위험물을 저장하기 위하여 높이가 15m이고 지름이 18m인 옥외저장탱크를 설치하는 경우 옥외저장탱크와 방유제와의 사이에 유지하여야 하는 거리는?

① 5.0m 이상 ② 6.0m 이상
③ 7.5m 이상 ④ 9.0m 이상

해설

방유제는 탱크의 옆판으로부터 일정거리를 유지할 것(단, 인화점이 200℃ 이상인 위험물은 제외)

㉮ 탱크 지름이 15m 미만인 경우 : 탱크 높이의 $\frac{1}{3}$ 이상

㉯ 탱크 지름이 15m 이상인 경우 : 탱크 높이의 $\frac{1}{2}$ 이상

∴ 거리 $= 15m \times \frac{1}{2} = 7.5$

답 ③

18 금속칼륨에 대한 초기의 소화약제로서 적합한 것은?

① 물 ② 마른모래
③ CCl_4 ④ CO_2

해설

금속칼륨(K) : 제3류 위험물(자연발화성 및 금수성 물질)로 초기화재의 경우 마른모래로 소화가 가능하다.

물(H_2O)과의 반응식

$2K + 2H_2O \rightarrow 2KOH + H_2$

(물과 반응하여 가연성 가스인 수소가스를 발생하므로 소화약제로는 사용할 수 없다.)

사염화탄소(CCl_4)와의 반응식

$4K + CCl_4 \rightarrow 4KCl + C$

(사염화탄소와 폭발반응을 하기 때문에 소화약제로는 사용할 수 없다.)

이산화탄소(CO_2)와의 반응식

$4K + 3CO_2 \rightarrow 2K_2CO_3 + C$

(이산화탄소와 폭발반응을 하기 때문에 소화약제로는 사용할 수 없다.)

답 ②

19 위험물을 취급함에 있어서 정전기를 유효하게 제거하기 위한 설비를 설치하고자 한다. 위험물안전관리법령상 공기 중의 상대습도를 몇 % 이상 되게 하여야 하는가?

① 50 ② 60
③ 70 ④ 80

해설

정전기 제거방법

㉮ 접지할 것
㉯ 공기 중의 상대습도를 70% 이상으로 할 것
㉰ 공기를 이온화할 것

답 ③

20 위험물안전관리법령에 따른 자동화재탐지설비의 설치기준에서 하나의 경계구역의 면적은 얼마 이하로 하여야 하는가? (단, 해당 건축물, 그 밖의 공작물의 주요한 출입구에서 그 내부의 전체를 볼 수 없는 경우이다.)

① $500m^2$ ② $600m^2$
③ $800m^2$ ④ $1,000m^2$

해설

하나의 경계구역의 면적은 $600m^2$ 이하로 하여야 한다.

답 ②

21 위험물안전관리법령상 위험물에 해당하는 것은?

① 황산
② 비중이 1.41인 질산
③ 53μm의 표준체를 통과하는 것이 50중량% 미만인 철의 분말
④ 농도가 40중량%인 과산화수소

해설

위험물의 한계기준

유별	구분	기준
제2류 위험물 (가연성 고체)	유황(S)	순도 60% 이상인 것
	철분(Fe)	53μm의 표준체를 통과하는 것이 50wt% 이상인 것
	마그네슘 (Mg)	2mm의 체를 통과하지 아니하는 덩어리상태의 것과 직경 2mm 이상의 막대모양의 것은 제외
제6류 위험물 (산화성 액체)	과산화수소 (H_2O_2)	농도 36wt% 이상인 것
	질산(HNO_3)	비중 1.49 이상인 것

답 ④

22 다음 중 위험물안전관리법령에 의한 위험물 운송에 관한 규정으로 틀린 것은?

① 이동탱크저장소에 의하여 위험물을 운송하는 자는 당해 위험물을 취급할 수 있는 국가기술자격자 또는 안전교육을 받은 자이어야 한다.
② 안전관리자, 탱크시험자, 위험물운송자 등 위험물의 안전관리와 관련된 업무를 수행하는 자는 시·도지사가 실시하는 안전교육을 받아야 한다.
③ 운송책임자의 범위, 감독 또는 지원의 방법 등에 관한 구체적인 기준은 행정안전부령으로 정한다.
④ 위험물운송자는 행정안전부령이 정하는 기준을 준수하는 등 당해 위험물의 안전확보를 위해 세심한 주의를 기울여야 한다.

해설

시·도지사가 아니라 소방청장이 실시하는 교육을 받아야 한다.

위험물안전관리법 제28조(안전교육)

안전관리자·탱크시험자·위험물운송자 등 위험물의 안전관리와 관련된 업무를 수행하는 자로서 대통령령이 정하는 자는 해당 업무에 관한 능력의 습득 또는 향상을 위하여 소방청장이 실시하는 교육을 받아야 한다.

답 ②

23 다음 과산화바륨의 성질에 대한 설명 중 틀린 것은?

① 고온에서 열분해하여 산소를 발생한다.
② 황산과 반응하여 과산화수소를 만든다.
③ 비중은 약 4.96이다.
④ 온수와 접촉하면 수소가스를 발생한다.

해설

수분과의 접촉으로 산소를 발생한다.

$BaO_2 + 2H_2O \rightarrow 2Ba(OH)_2 + O_2$

답 ④

24 과염소산칼륨의 일반적인 성질에 대한 설명 중 틀린 것은?

① 강한 산화제이다.
② 불연성 물질이다.
③ 과일향이 나는 보라색 결정이다.
④ 가열하여 완전분해시키면 산소를 발생한다.

해설

과염소산칼륨의 일반성질

㉮ 비중 2.52, 분해온도 400℃, 융점 610℃
㉯ 무색무취의 결정 또는 백색 분말로 불연성이지만 강한 산화제
㉰ 물에 약간 녹으며, 알코올이나 에테르 등에는 녹지 않음

답 ③

25 물과 접촉하면 위험성이 증가하므로 주수소화를 할 수 없는 물질은?

① $C_6H_2CH_3(NO_2)_3$
② $NaNO_3$
③ $(C_2H_5)_3Al$
④ $(C_6H_5CO)_2O_2$

해설

트리에틸알루미늄($(C_2H_5)_3Al$)은 제3류 위험물(자연발화성 및 금수성 물질)로 물과 반응하여 가연성 가스인 에탄가스가 발생한다.

$(C_2H_5)_3Al + 3H_2O \rightarrow Al(OH)_3 + 3C_2H_6 +$ 발열

구분	물질명	유별	소화방법
$C_6H_2CH_3(NO_2)_3$	트리니트로톨루엔	제5류 위험물(자기반응성 물질)	주수에 의한 냉각소화
$NaNO_3$	질산나트륨	제1류 위험물(산화성 고체)	주수에 의한 냉각소화
$(C_2H_5)_3Al$	트리에틸 알루미늄	제3류 위험물(자연발화성 및 금수성 물질)	팽창질석, 팽창진주암 등으로 질식소화(주수소화 절대엄금)
$(C_6H_5CO)_2O_2$	과산화 벤조일	제5류 위험물(자기반응성 물질)	주수에 의한 냉각소화

답 ③

26 위험물에 대한 설명으로 옳은 것은?

① 적린은 암적색의 분말로서 조해성이 있는 자연발화성 물질이다.
② 황화린은 황색의 액체이며 상온에서 자연분해하여 이산화황과 오산화인을 발생한다.
③ 유황은 미황색의 고체 또는 분말이며 많은 이성질체를 갖고 있는 전기도체이다.
④ 황린은 가연성 물질이며 마늘냄새가 나는 맹독성 물질이다.

해설

① 적린은 암적색의 분말로서 조해성이 있는 가연성 고체이다(자연발화성 물질은 아니다).
② 황화린은 황색의 결정이며 약간의 열에 의해서도 쉽게 연소하며 이산화황과 오산화인을 발생한다.
③ 유황은 미황색의 고체 또는 분말이며 많은 동소체를 갖고 있으며 전기적으로는 부도체이다.(공유결합)

답 ④

27 지정수량이 200kg인 물질은?

① 질산 ② 피크린산
③ 질산메틸 ④ 과산화벤조일

해설

유별	품명	품목	지정수량
제5류 위험물(자기반응성 물질)	유기과산화물	과산화 벤조일	10kg
	질산에스테르류	질산메틸	10kg
	니트로화합물	피크린산	200kg
제6류 위험물(산화성 액체)	–	질산	300kg

답 ②

28 위험물안전관리법령상 제6류 위험물이 아닌 것은?

① H_3PO_4 ② IF_5
③ BrF_5 ④ BrF_3

해설

구분	물질명	유별	비고
① H_3PO_4	인산	비위험물	–
② IF_5	오불화요오드	제6류 위험물	
③ BrF_5	오불화브롬		
④ BrF_3	삼불화브롬		

제6류 위험물(산화성 액체)

품명	지정수량	설명
1. 과염소산	300kg	$HClO_4$
2. 과산화수소		H_2O_2 (농도가 36wt% 이상인 것)
3. 질산		HNO (비중이 1.49 이상인 것)
4. 그 밖에 행정안전부령이 정하는 것		할로겐간화합물(BrF_3, BrF_5, IF_5)
5. 위의 어느 하나 이상을 함유한 것		–

※ 행정안전부령이 정하는 것에는 할로겐간화합물이 명시되어 있으며, 할로겐 원소는 (F, Cl, Br, I)이다.

답 ①

29 제4류 위험물의 공통적인 성질이 아닌 것은?

① 대부분 물보다 가볍고 물에 녹기 어렵다.
② 공기와 혼합된 증기는 연소의 우려가 있다.
③ 인화되기 쉽다.
④ 증기는 공기보다 가볍다.

해설

제4류 위험물(인화성 액체)의 발생증기는 대부분 공기보다 무겁다.(단, HCN 예외)

답 ④

30 수소화나트륨의 소화약제로 적당하지 않은 것은?

① 물
② 건조사
③ 팽창질석
④ 팽창진주암

해설

수소화나트륨(NaH)은 제3류 위험물(자연발화성 물질 및 금수성 물질)로 물과 반응하여 가연성 가스인 수소가스를 발생하므로 소화약제로는 적당하지 않으며 건조사, 팽창질석, 팽창진주암으로 인한 질식소화가 효과적이다. 또한 수소화나트륨은 물과 격렬하게 반응하여 수소를 발생하고 발열하며, 이때 발생한 반응열에 의해 자연발화한다.
$NaH + H_2O \rightarrow NaOH + H_2 + 21kcal$

답 ①

31 과염소산나트륨의 성질이 아닌 것은?

① 수용성이다.
② 조해성이 있다.
③ 분해온도는 약 400℃이다.
④ 물보다 가볍다.

해설

과염소산나트륨의 일반성질
㉮ 비중 2.50, 분해온도 400℃, 융점 482℃
㉯ 무색무취의 결정 또는 백색분말로 조해성이 있는 불연성인 산화제
㉰ 물, 알코올, 아세톤에 잘 녹으나 에테르에는 녹지 않음

답 ④

32 위험물제조소의 위치·구조 및 설비의 기준에 대한 설명 중 틀린 것은?

① 벽·기둥·바닥·보·서까래는 내화재료로 하여야 한다.
② 제조소의 표지판은 한 변이 30cm, 다른 한 변은 60cm 이상의 크기로 한다.
③ "화기엄금"을 표시하는 게시판은 적색바탕에 백색문자로 한다.
④ 지정수량 10배를 초과한 위험물을 취급하는 제조소는 보유공지의 너비가 5m 이상이어야 한다.

해설

위험물안전관리법 시행규칙 별표 4(제조소의 건축물의 구조)
㉮ 지하층이 없도록 하여야 한다.
㉯ 벽·기둥·바닥·보·서까래 및 계단을 불연재료로 하고, 연소(延燒)의 우려가 있는 외벽(소방청장이 정하여 고시하는 것에 한한다. 이하 같다)은 출입구 외의 개구부가 없는 내화구조의 벽으로 하여야 한다. 이 경우 제6류 위험물을 취급하는 건축물에 있어서 위험물이 스며들 우려가 있는 부분에 대하여는 아스팔트, 그 밖에 부식되지 아니하는 재료로 피복하여야 한다.
㉰ 지붕은 폭발력이 위로 방출될 정도의 가벼운 불연재료로 덮어야 한다.
㉱ 출입구와 비상구에는 갑종방화문 또는 을종방화문을 설치하되, 연소의 우려가 있는 외벽에 설치하는 출입구에는 수시로 열 수 있는 자동폐쇄식의 갑종방화문을 설치하여야 한다.
㉲ 위험물을 취급하는 건축물의 창 및 출입구에 유리를 이용하는 경우에는 망입유리로 하여야 한다.
㉳ 액체의 위험물을 취급하는 건축물의 바닥은 위험물이 스며들지 못하는 재료를 사용하고, 적당한 경사를 두어 그 최저부에 집유설비를 하여야 한다.

답 ①

33 물과 작용하여 메탄과 수소를 발생시키는 것은?

① Al_4C_3
② Mn_3C
③ Na_2C_2
④ MgC_2

해설

탄화망간의 경우 물과 접촉하여 메탄가스와 수소가스를 발생한다.

$Mn_3C+6H_2O \rightarrow 3Mn(OH)_2+CH_4+H_2$

① Al_4C_3 : 탄화알루미늄
③ Na_2C_2 : 탄화나트륨
④ MgC_2 : 탄화마그네슘

답 ②

34 연면적이 1,000m²이고 지정수량의 100배의 위험물을 취급하며 지반면으로부터 6m 높이에 위험물 취급설비가 있는 제조소의 소화난이도 등급은?

① 소화난이도 등급 Ⅰ
② 소화난이도 등급 Ⅱ
③ 소화난이도 등급 Ⅲ
④ 제시된 조건으로 판단할 수 없음

해설

소화난이도 등급 Ⅰ에 해당하는 제조소

㉮ 연면적 1,000m² 이상인 것
㉯ 지정수량의 100배 이상인 것(고인화점위험물만을 100℃ 미만의 온도에서 취급하는 것 및 화약류에 해당하는 위험물을 저장하는 것은 제외)
㉰ 지반면으로부터 6m 이상의 높이에 위험물 취급설비가 있는 것(고인화점위험물만을 100℃ 미만의 온도에서 취급하는 것은 제외)
㉱ 일반취급소로 사용되는 부분 외의 부분을 갖는 건축물에 설치된 것(내화구조로 개구부 없이 구획된 것 및 고인화점위험물만을 100℃ 미만의 온도에서 취급하는 것은 제외)

답 ①

35 다음 중 트리니트로톨루엔의 작용기에 해당하는 것은?

① $-NO$　　② $-NO_2$
③ $-NO_3$　　④ $-NO_4$

해설

물질명	T.N.T. [Tri Nitro Toluene] (트리니트로톨루엔)
화학식	$C_6H_2CH_3(NO_2)_3$
구조식	CH_3, O_2N, NO_2, NO_2 (벤젠고리 구조식)

모체인 톨루엔($C_6H_5CH_3$)에 니트로기($-NO_2$)가 3개(라틴어 : Tri) 결합한 형태이다.

답 ②

36 위험물안전관리법령상 운송책임자의 감독ㆍ지원을 받아 운송하여야 하는 위험물은 어느 것인가?

① 특수인화물
② 알킬리튬
③ 질산구아니딘
④ 히드라진 유도체

해설

운송책임자의 감독ㆍ지원을 받아 운송하여야 하는 위험물은 다음의 어느 하나에 해당하는 위험물을 말한다.

㉮ 알킬알루미늄
㉯ 알킬리튬
㉰ ㉮ 또는 ㉯의 물질을 함유하는 위험물

답 ②

37 위험물안전관리법령상 위험 등급이 나머지 셋과 다른 하나는?

① 알코올류
② 제2석유류
③ 제3석유류
④ 동ㆍ식물유류

해설

유별 및 성질	위험등급	품명		지정수량
제4류 인화성 액체	I	특수인화물		50L
	II	제1석유류	비수용성 액체	200L
			수용성 액체	400L
		알코올류		400L
	III	제2석유류	비수용성 액체	1,000L
			수용성 액체	2,000L
		제3석유류	비수용성 액체	2,000L
			수용성 액체	4,000L
		제4석유류		6,000L
		동·식물유류		10,000L

답 ①

38 위험물제조소의 게시판에 "화기주의"라고 쓰여 있다. 제 몇 류 위험물제조소인가?

① 제1류 ② 제2류
③ 제3류 ④ 제4류

해설

취급하는 위험물의 종류에 따른 주의사항

유별	구분	표시사항
제1류 위험물 (산화성 고체)	알칼리금속의 과산화물	화기·충격주의, 물기엄금 및 가연물접촉주의
	그 밖의 것	화기·충격주의 및 가연물접촉주의
제2류 위험물 (가연성 고체)	철분·금속분·마그네슘	화기주의 및 물기엄금
	인화성 고체	화기엄금
	그 밖의 것	화기주의
제3류 위험물 (자연발화성 및 금수성 물질)	자연발화성 물질	화기엄금 및 공기접촉엄금
	금수성 물질	물기엄금
제4류 위험물 (인화성 액체)	인화성 액체	화기엄금
제5류 위험물 (자기반응성 물질)	자기반응성 물질	화기엄금 및 충격주의
제6류 위험물 (산화성 액체)	산화성 액체	가연물접촉주의

답 ②

39 다음 위험물 중 상온에서 액체인 것은?

① 질산에틸
② 트리니트로톨루엔
③ 셀룰로이드
④ 피크린산

해설

① 질산에틸 : 무색 투명한 액체로 냄새가 나며 단맛이 난다.
② 트리니트로톨루엔 : 순수한 것은 무색결정이나 담황색의 결정이다.
③ 셀룰로이드 : 질산섬유소에 장뇌를 섞어 압착하여 만든 반투명한 플라스틱이다.
④ 피크린산 : 순수한 것은 무색이나 보통 공업용은 휘황색의 침전결정이다.

답 ①

40 제6류 위험물에 대한 설명으로 옳은 것은?

① 과염소산은 독성은 없지만 폭발의 위험이 있으므로 밀폐하여 보관한다.
② 과산화수소는 농도가 3% 이상일 때 단독으로 폭발하므로 취급에 주의한다.
③ 질산은 자연발화의 위험이 높으므로 저온보관한다.
④ 할로겐간화합물의 지정수량은 300kg이다.

해설

① 과염소산은 무색 무취의 유동하기 쉬운 액체로 흡습성이 강하고 대단히 불안정한 강산이다.
② 과산화수소는 농도가 60% 이상인 경우 단독폭발의 위험성이 있다.
③ 질산은 불연성 물질로 자연발화성 물질이 아니다.
④ 할로겐간화합물은 제6류 위험물로서 지정수량은 300kg이다.

답 ④

41 적린의 성질에 대한 설명 중 틀린 것은 어느 것인가?

① 물이나 이황화탄소에 녹지 않는다.
② 발화온도는 약 260℃ 정도이다.
③ 연소할 때 인화수소가스가 발생한다.
④ 산화제가 섞여 있으면 마찰에 의해 착화하기 쉽다.

해설

적린이 연소하면 유독성이 심한 오산화인을 발생한다.
$4P+5O_2 \rightarrow 2P_2O_5$

답 ③

42 트리니트로페놀의 성상에 대한 설명 중 틀린 것은?

① 융점은 약 61℃이고, 비점은 약 120℃이다.
② 쓴맛이 있으며, 독성이 있다.
③ 단독으로는 마찰, 충격에 비교적 안정하다.
④ 알코올, 에테르, 벤젠에 녹는다.

해설

트리니트로페놀(TNP)의 녹는점은 122.5℃, 비점은 255℃이다.

답 ①

43 위험물안전관리법령에서 제3류 위험물에 해당하지 않는 것은?

① 알칼리금속 ② 칼륨
③ 황화린 ④ 황린

해설

성질	위험등급	품명	지정수량
자연발화성 물질 및 금수성 물질	Ⅰ	1. 칼륨(K) 2. 나트륨(Na) 3. 알킬알루미늄 4. 알킬리튬	10kg
		5. 황린(P_4)	20kg
	Ⅱ	6. 알칼리금속류(칼륨 및 나트륨 제외) 및 알칼리토금속 7. 유기금속화합물(알킬알루미늄 및 알킬리튬 제외)	50kg
	Ⅲ	8. 금속의 수소화물 9. 금속의 인화물 10. 칼슘 또는 알루미늄의 탄화물	300kg
		11. 그 밖에 행정안전부령이 정하는 것 염소화규소 화합물	300kg

황화린은 제2류 위험물이다.

답 ③

44 Ca_3P_2 600kg을 저장하려 한다. 지정수량의 배수는 얼마인가?

① 2배
② 3배
③ 4배
④ 5배

해설

$$\text{지정수량의 배수} = \frac{\text{A품목 저장수량}}{\text{A품목 지정수량}} = \frac{600\text{kg}}{300\text{kg}} = 2\text{배}$$

답 ①

45 다음 중 위험물안전관리법령상 정기점검대상인 제조소 등의 조건이 아닌 것은 어느 것인가?

① 예방규정작성대상인 제조소 등
② 지하탱크저장소
③ 이동탱크저장소
④ 지정수량 5배의 위험물을 취급하는 옥외탱크를 둔 제조소

해설

옥외탱크의 경우 지정수량 200배 이상인 경우 정기점검대상이다.

위험물안전관리법 시행령 제16조(정기점검의 대상인 제조소 등)

㉮ 지정수량의 10배 이상의 위험물을 취급하는 제조소
㉯ 지정수량의 100배 이상의 위험물을 저장하는 옥외저장소
㉰ 지정수량의 150배 이상의 위험물을 저장하는 옥내저장소
㉱ 지정수량의 200배 이상의 위험물을 저장하는 옥외탱크저장소
㉲ 암반탱크저장소
㉳ 이송취급소
㉴ 지정수량의 10배 이상의 위험물을 취급하는 일반취급소. 다만, 제4류 위험물(특수인화물을 제외한다)만을 지정수량의 50배 이하로 취급하는 일반취급소(제1석유류 · 알코올류의 취급량이 지정수량의 10배 이하인 경우에 한한다)로서 다음의 어느 하나에 해당하는 것은 제외한다.
  ㉠ 보일러 · 버너 또는 이와 비슷한 것으로서 위험물을 소비하는 장치로 이루어진 일반취급소
  ㉡ 위험물을 용기에 옮겨 담거나 차량에 고정된 탱크에 주입하는 일반취급소
㉵ 지하탱크저장소
㉶ 이동탱크저장소
㉷ 위험물을 취급하는 탱크로서 지하에 매설된 탱크가 있는 제조소 · 주유취급소 또는 일반취급소

답 ④

46 디에틸에테르의 보관 · 취급에 관한 설명으로 틀린 것은?

① 용기는 밀봉하여 보관한다.
② 환기가 잘 되는 곳에 보관한다.
③ 정전기가 발생하지 않도록 취급한다.
④ 저장용기에 빈 공간이 없게 가득 채워 보관한다.

해설

디에틸에테르는 직사광선에 분해되어 과산화물을 생성하므로 갈색병을 사용하여 밀전하고 냉암소 등에 보관하며, 용기의 공간용적은 2% 이상으로 해야 한다.

답 ④

47 아닐린에 대한 설명으로 옳은 것은?

① 특유의 냄새를 가진 기름상 액체이다.
② 인화점이 0℃ 이하이어서 상온에서 인화의 위험이 높다.
③ 황산과 같은 강산화제와 접촉하면 중화되어 안정하게 된다.
④ 증기는 공기와 혼합하여 인화, 폭발의 위험이 없는 안정한 상태가 된다.

해설

아닐린은 인화점(70℃)이 높아 상온에서는 안정하나 가열 시 위험성이 증가하며, 증기는 공기와 혼합할 때 인화, 폭발의 위험이 있다. 또한 황산과 같은 강산류와 접촉 시 격렬하게 반응한다.

답 ①

48 벤젠의 저장 및 취급 시 주의사항에 대한 설명으로 틀린 것은?

① 정전기 발생에 주의한다.
② 피부에 닿지 않도록 주의한다.
③ 증기는 공기보다 가벼워 높은 곳에 체류하므로 환기에 주의한다.
④ 통풍이 잘되는 서늘하고 어두운 곳에 저장한다.

해설

벤젠의 증기비중은 2.7로서 공기보다 무겁다.

답 ③

49 다음 중 질산칼륨의 성질에 해당하는 것은 어느 것인가?

① 무색 또는 흰색 결정이다.
② 물과 반응하면 폭발의 위험이 있다.
③ 물에 녹지 않으나 알코올에 잘 녹는다.
④ 황산, 목분과 혼합하면 흑색화약이 된다.

해설

질산칼륨은 제1류 위험물(산화성 고체)에 해당하며, 무색 결정 또는 백색 분말로서 물이나 글리세린에는 잘 녹고 알코올에는 녹지 않는다.

답 ①

50 위험물제조소 등에 자체소방대를 두어야 할 대상의 위험물안전관리법령상 기준으로 옳은 것은? (단, 원칙적인 경우에 한한다.)

① 지정수량 3,000배 이상의 위험물을 저장하는 저장소 또는 제조소
② 지정수량 3,000배 이상의 위험물을 취급하는 제조소 또는 일반취급소
③ 지정수량 3,000배 이상의 제4류 위험물을 저장하는 저장소 또는 제조소
④ 지정수량 3,000배 이상의 제4류 위험물을 취급하는 제조소 또는 일반취급소

해설

위험물안전관리법 제19조(자체소방대)
다량의 위험물을 저장·취급하는 제조소 등으로서 대통령령이 정하는 제조소 등(제4류 위험물을 취급하는 제조소 또는 일반취급소)이 있는 동일한 사업소에서 지정수량의 3,000배 이상의 위험물을 저장 또는 취급하는 경우 당해 사업소의 관계인은 대통령령이 정하는 바에 따라 당해 사업소에 자체소방대를 설치하여야 한다.

답 ④

51 위험물 운반 시 동일한 트럭에 제1류 위험물과 함께 적재할 수 있는 유별은? (단, 지정수량의 5배 이상인 경우이다.)

① 제3류 ② 제4류
③ 제6류 ④ 없음

해설

유별 위험물의 혼재기준

구분	제1류	제2류	제3류	제4류	제5류	제6류
제1류		×	×	×	×	○
제2류	×		×	○	○	×
제3류	×	×		○	×	×
제4류	×	○	○		○	×
제5류	×	○	×	○		×
제6류	○	×	×	×	×	

답 ③

52 〈보기〉의 위험물을 위험 등급 Ⅰ, 위험 등급 Ⅱ, 위험 등급 Ⅲ의 순서로 옳게 나열한 것은?

황린, 인화칼슘, 리튬

① 황린, 인화칼슘, 리튬
② 황린, 리튬, 인화칼슘
③ 인화칼슘, 황린, 리튬
④ 인화칼슘, 리튬, 황린

해설

성질	위험등급	품명	지정수량
자연발화성 물질 및 금수성 물질	Ⅰ	1. 칼륨(K) 2. 나트륨(Na) 3. 알킬알루미늄 4. 알킬리튬	10kg
	Ⅰ	5. 황린(P_4)	20kg
	Ⅱ	6. 알칼리금속류(칼륨 및 나트륨 제외) 및 알칼리토금속 7. 유기금속화합물(알킬알루미늄 및 알킬리튬 제외)	50kg
	Ⅲ	8. 금속의 수소화물 9. 금속의 인화물 10. 칼슘 또는 알루미늄의 탄화물	300kg
	Ⅲ	11. 그 밖에 행정안전부령이 정하는 것 염소화규소 화합물	300kg

답 ②

53 다음 중 휘발유에 대한 설명으로 옳지 않은 것은?

① 지정수량은 200L이다.
② 전기의 불량도체로서 정전기 축적이 용이하다.
③ 원유의 성질·상태·처리방법에 따라 탄화수소의 혼합비율이 다르다.
④ 발화점은 −43~−20℃ 정도이다.

해설

휘발유의 인화점이 −43℃이며, 발화점은 300℃이다.

답 ④

54 황린의 저장 및 취급에 있어서 주의할 사항 중 옳지 않은 것은?

① 독성이 있으므로 취급에 주의할 것
② 물과의 접촉을 피할 것
③ 산화제와의 접촉을 피할 것
④ 화기의 접근을 피할 것

해설

황린은 자연발화성 물질로서 자연발화온도가 34℃이므로, 물속에 저장해야 한다.

답 ②

55 위험물안전관리법상 제조소 등의 허가·취소 또는 사용정지의 사유에 해당하지 않는 것은?

① 안전교육대상자가 교육을 받지 아니한 때
② 완공검사를 받지 않고 제조소 등을 사용한 때
③ 위험물안전관리자를 선임하지 아니한 때
④ 제조소 등의 정기검사를 받지 아니한 때

해설

위험물안전관리법 제12조(제조소 등 설치허가의 취소와 사용정지 등)
시·도지사는 제조소 등의 관계인이 다음의 어느 하나에 해당하는 때에는 행정안전부령이 정하는 바에 따라 허가를 취소하거나 6월 이내의 기간을 정하여 제조소 등의 전부 또는 일부의 사용정지를 명할 수 있다.
㉮ 변경허가를 받지 아니하고 제조소 등의 위치·구조 또는 설비를 변경한 때
㉯ 완공검사를 받지 아니하고 제조소 등을 사용한 때
㉰ 수리·개조 또는 이전의 명령을 위반한 때
㉱ 위험물안전관리자를 선임하지 아니한 때
㉲ 대리자를 지정하지 아니한 때
㉳ 정기점검을 하지 아니한 때
㉴ 정기검사를 받지 아니한 때
㉵ 저장·취급기준 준수명령을 위반한 때

답 ①

56 위험물의 유별 구분이 나머지 셋과 다른 하나는?

① 니트로글리콜 ② 벤젠
③ 아조벤젠 ④ 디니트로벤젠

해설

① 니트로글리콜 : 제5류 위험물 질산에스테르류
② 벤젠 : 제4류 위험물 제1석유류
③ 아조벤젠 : 제5류 위험물 아조화합물
④ 디니트로벤젠 : 제5류 위험물 니트로화합물

답 ②

57 다음 제4류 위험물 중 제1석유류에 속하는 것은?

① 에틸렌글리콜 ② 글리세린
③ 아세톤 ④ n−부탄올

해설

① 에틸렌글리콜 : 제3석유류
② 글리세린 : 제3석유류
③ 아세톤 : 제1석유류
④ n−부탄올 : 제2석유류

답 ③

58 횡으로 설치한 원통형 위험물저장탱크의 내용적이 500L일 때 공간용적은 최소 몇 L이어야 하는가? (단, 원칙적인 경우에 한한다.)

① 15 ② 25
③ 35 ④ 50

해설

위험물 탱크의 경우 공간용적이 5~10%이므로
5%이면 500L×0.05=25L
10%이면 500L×0.10=50L

답 ②

59 탄화칼슘을 습한 공기 중에 보관하면 위험한 이유로 가장 옳은 것은?

① 아세틸렌과 공기가 혼합된 폭발성 가스가 생성될 수 있으므로
② 에틸렌과 공기 중 질소가 혼합된 폭발성 가스가 생성될 수 있으므로
③ 분진폭발의 위험성이 증가하기 때문에
④ 포스핀과 같은 독성 가스가 발생하기 때문에

해설

탄화칼슘의 경우 공기 중 수분과 반응하여 아세틸렌을 발생한다.

$CaC_2 + 2H_2O \rightarrow Ca(OH)_2 + C_2H_2$

답 ①

60 인화성 액체위험물을 저장 또는 취급하는 옥외탱크저장소의 방유제 내에 용량 100,000L와 50,000L인 옥외저장탱크 2기를 설치하는 경우에 확보하여야 하는 방유제의 용량은?

① 50,000L 이상　② 80,000L 이상
③ 110,000L 이상　④ 150,000L 이상

해설

방유제 안에 설치된 탱크가 하나인 때에는 그 탱크 용량의 110% 이상, 2기 이상인 때에는 그 탱크 용량 중 용량이 최대인 것의 용량의 110% 이상으로 한다. 따라서 100,000L×1.1=110,000L이다.

답 ③

1200제 제 7 회 과년도 출제문제

위험물기능사

01 다음 중 연소속도와 의미가 가장 가까운 것은 어느 것인가?

① 기화열의 발생속도
② 환원속도
③ 착화속도
④ 산화속도

해설

연소란 열과 빛을 동반하는 산화반응이므로
산화속도=연소속도

답 ④

02 위험물제조소 내의 위험물을 취급하는 배관에 대한 설명으로 옳지 않은 것은?

① 배관을 지하에 매설하는 경우 접합부분에는 점검구를 설치하여야 한다.
② 배관을 지하에 매설하는 경우 금속성 배관의 외면에는 부식방지 조치를 하여야 한다.
③ 최대상용압력의 1.5배 이상의 압력으로 수압시험을 실시하여 이상이 없어야 한다.
④ 지상에 설치하는 경우에는 안전한 구조의 지지물로 지면에 밀착하여 설치하여야 한다.

해설

위험물제조소 내의 위험물을 취급하는 배관 중 배관을 지상에 설치하는 경우 지진・풍압・지반침하 및 온도변화에 안전한 구조의 지지물에 설치하되, 지면에 닿지 아니하도록 하고 배관의 외면에 부식방지를 위한 도장을 하여야 한다. 다만, 불변강관의 경우에는 부식방지를 위한 도장을 아니할 수 있다.

답 ④

03 다음 중 분말소화약제의 식별 색을 옳게 나타낸 것은?

① $KHCO_3$: 백색
② $NH_4H_2PO_4$: 담홍색
③ $NaHCO_3$: 보라색
④ $KHCO_3+(NH_2)_2CO$: 초록색

해설

분말소화약제

종류	주성분	착색	적응화재
제1종 (중탄산나트륨)	$NaHCO_3$	−	B, C급
제2종 (중탄산칼륨)	$KHCO_3$	담회색	B, C급
제3종 (제1인산암모늄)	$NH_4H_2PO_4$	담홍색 또는 황색	A, B, C급
제4종 (탄산수소칼륨 +요소)	$KHCO_3+CO(NH_2)_2$	−	B, C급

답 ②

04 소화설비의 주된 소화효과를 옳게 설명한 것은?

① 옥내・옥외 소화전설비 : 질식소화
② 스프링클러설비, 물분무소화설비 : 억제소화
③ 포, 분말 소화설비 : 억제소화
④ 할로겐화합물소화설비 : 억제소화

해설

① 옥내, 옥외 소화전설비 : 냉각소화
② 스프링클러설비, 물분무소화설비 : 냉각 및 질식 소화
③ 포, 분말 소화설비 : 질식소화

답 ④

05 지정수량의 몇 배 이상의 위험물을 취급하는 제조소에는 화재발생 시 이를 알릴 수 있는 경보설비를 설치하여야 하는가?

① 5 ② 10
③ 20 ④ 100

해설

지정수량의 10배 이상을 저장 또는 취급하는 곳
위험물안전관리법 시행규칙 별표 17(경보설비의 기준)

제조소 등의 구분	제조소 등의 규모, 저장 또는 취급하는 위험물의 종류 및 최대수량 등	경보설비
1. 제조소 및 일반취급소	• 연면적 $500m^2$ 이상인 것 • 옥내에서 지정수량의 100배 이상을 취급하는 것(고인화점 위험물만을 100℃ 미만의 온도에서 취급하는 것을 제외한다) • 일반취급소로 사용되는 부분 외의 부분이 있는 건축물에 설치된 일반취급소(일반취급소와 일반취급소 외의 부분이 내화구조의 바닥 또는 벽으로 개구부 없이 구획된 것을 제외한다)	자동화재 탐지설비
2. 옥내 저장소	• 지정수량의 100배 이상을 저장 또는 취급하는 것(고인화점위험물만을 저장 또는 취급하는 것을 제외한다) • 저장창고의 연면적이 $150m^2$를 초과하는 것[당해 저장창고가 연면적 $150m^2$ 이내마다 불연재료의 격벽으로 개구부 없이 완전히 구획된 것과 제2류 또는 제4류의 위험물(인화성 고체 및 인화점이 70℃ 미만인 제4류 위험물을 제외한다)만을 저장 또는 취급하는 것에 있어서는 저장창고의 연면적이 $500m^2$ 이상의 것에 한한다] • 처마높이가 6m 이상인 단층건물의 것 • 옥내저장소로 사용되는 부분 외의 부분이 있는 건축물에 설치된 옥내저장소[옥내저장소와 옥내저장소 외의 부분이 내화구조의 바닥 또는 벽으로 개구부 없이 구획된 것과 제2류 또는 제4류의 위험물(인화성 고체 및 인화점이 70℃ 미만인 제4류 위험물을 제외한다)만을 저장 또는 취급하는 것을 제외한다]	
3. 옥내 탱크 저장소	단층건물 외의 건축물에 설치된 옥내탱크저장소로서 소화난이도등급 Ⅰ에 해당하는 것	
4. 주유 취급소	옥내주유취급소	
5. 제1호 내지 제4호의 자동화재탐지설비 설치대상에 해당하지 아니하는 제조소 등	지정수량의 10배 이상을 저장 또는 취급하는 것	자동화재탐지설비, 비상경보설비, 확성장치 또는 비상방송설비 중 1종 이상

답 ②

06 유류화재 소화 시 분말소화약제를 사용할 경우 소화 후에 재발화현상이 가끔씩 발생할 수 있다. 다음 중 이러한 현상을 예방하기 위하여 병용하여 사용하면 가장 효과적인 포소화약제는?

① 단백포 소화약제
② 수성막포 소화약제
③ 알코올형포 소화약제
④ 합성계면활성제포 소화약제

해설

수성막포 소화약제의 경우 분말소화약제와 병행 사용하여 소화효과가 배가된다.

답 ②

07 소화효과 중 부촉매효과를 기대할 수 있는 소화약제는?

① 물소화약제
② 포소화약제
③ 분말소화약제
④ 이산화탄소소화약제

해설

제3종 분말소화약제의 경우 열분해 시 유리된 NH_4^+과 분말표면의 흡착에 의한 부촉매효과
$NH_4H_2PO_4 \rightarrow NH_3 + H_2O + HPO_3$

답 ③

08 위험물제조소 등의 화재예방 등 위험물안전관리에 관한 직무를 수행하는 위험물안전관리자의 선임시기는?

① 위험물제조소 등의 완공검사를 받은 후 즉시
② 위험물제조소 등의 허가신청 전
③ 위험물제조소 등의 설치를 마치고 완공검사를 신청하기 전
④ 위험물제조소 등에서 위험물을 저장 또는 취급하기 전

해설

위험물안전관리법 제15조(위험물안전관리자)
㉮ 제조소 등의 관계인은 위험물의 안전관리에 관한 직무를 수행하게 하기 위하여 제조소 등마다 대통령령이 정하는 위험물의 취급에 관한 자격이 있는 자(이하 "위험물취급자격자"라 한다)를 위험물안전관리자(이하 "안전관리자"라 한다)로 선임하여야 한다. 다만, 제조소 등에서 저장·취급하는 위험물이 유해화학물질관리법에 의한 유독물에 해당하는 경우 등 대통령령이 정하는 경우에는 당해 제조소 등을 설치한 자는 다른 법률에 의하여 안전관리업무를 하는 자로 선임된 자 가운데 대통령령이 정하는 자를 안전관리자로 선임할 수 있다.
㉯ ㉮의 규정에 따라 안전관리자를 선임한 제조소 등의 관계인은 그 안전관리자를 해임하거나 안전관리자가 퇴직한 때에는 해임하거나 퇴직한 날부터 30일 이내에 다시 안전관리자를 선임하여야 한다.
㉰ ㉮ 및 ㉯의 규정에 따라 안전관리자를 선임 또는 해임하거나 안전관리자가 퇴직한 때에는 14일 이내에 행정안전부령이 정하는 바에 의하여 소방본부장 또는 소방서장에게 신고하여야 한다.

답 ④

09 위험물제조소 등의 소화설비 기준에 관한 설명으로 옳은 것은?

① 제조소 등 중에서 소화난이도 등급 Ⅰ, Ⅱ 또는 Ⅲ의 어느 것에도 해당하지 않는 것도 있다.
② 옥외탱크저장소의 소화난이도 등급을 판단하는 기준 중 탱크의 높이는 기초를 제외한 탱크 측판의 높이를 말한다.
③ 제조소의 소화난이도 등급을 판단하는 기준 중 면적에 관한 기준은 건축물 외에 설치된 것에 대해서는 수평투영면적을 기준으로 한다.
④ 제4류 위험물을 저장·취급하는 제조소 등에도 스프링클러소화설비가 적응성이 인정되는 경우가 있으며 이는 수원의 수량을 기준으로 판단한다.

해설

② 옥외탱크저장소의 소화난이도 등급Ⅰ은 지반면으로부터 탱크 상단의 높이가 6m 이상인 것
③ 제조소의 소화난이도 등급 Ⅰ은 연면적 1,000m^2, 소화난이도 등급 Ⅱ는 연면적 600m^2 이상인 것
④ 제4류 위험물을 저장·취급하는 장소의 살수기준면적에 따라 스프링클러설비의 살수밀도가 기준 이상인 경우에는 당해 스프링클러설비가 제4류 위험물에 대하여 적응성이 있다.

답 ①

10 소화난이도 등급 Ⅰ인 옥외탱크저장소에 있어서 제4류 위험물 중 인화점이 70℃ 이상인 것을 저장, 취급하는 경우 어느 소화설비를 설치해야 하는가? (단, 지중탱크 또는 해상탱크 외의 것이다.)

① 스프링클러소화설비
② 물분무소화설비
③ 불활성가스소화설비
④ 분말소화설비

해설

위험물안전관리법 시행규칙 별표 17(옥외탱크저장소의 소화설비)

<table>
<tr><td rowspan="3">지중탱크 또는 해상탱크 외의 것</td><td>유황만을 저장 취급하는 것</td><td>물분무소화설비</td></tr>
<tr><td>인화점 70℃ 이상의 제4류 위험물만을 저장, 취급하는 것</td><td>물분무소화설비 또는 고정식 포소화설비</td></tr>
<tr><td>그 밖의 것</td><td>고정식 포소화설비(포소화설비가 적응성이 없는 경우에는 분말소화설비)</td></tr>
<tr><td colspan="2">지중탱크</td><td>고정식 포소화설비, 이동식 이외의 불활성가스소화설비 또는 이동식 이외의 할로겐화합물소화설비</td></tr>
<tr><td colspan="2">해상탱크</td><td>고정식 포소화설비, 물분무포소화설비, 이동식 이외의 불활성가스소화설비 또는 이동식 이외의 할로겐화합물소화설비</td></tr>
</table>

답 ②

11 위험물 옥외저장소에서 지정수량 200배 초과의 위험물을 저장할 경우 보유공지의 너비는 몇 m 이상으로 하여야 하는가? (단, 제4류 위험물과 제6류 위험물이 아닌 경우이다.)

① 0.5 ② 2.5
③ 10 ④ 15

해설

저장 또는 취급하는 위험물의 최대수량	공지의 너비
지정수량의 10배 이하	3m 이상
지정수량의 10배 초과 20배 이하	5m 이상
지정수량의 20배 초과 50배 이하	9m 이상
지정수량의 50배 초과 200배 이하	12m 이상
지정수량의 200배 초과	15m 이상

답 ④

12 인화점이 낮은 것부터 높은 순서로 나열된 것은?

① 톨루엔 · 아세톤 · 벤젠
② 아세톤 · 톨루엔 · 벤젠
③ 톨루엔 · 벤젠 · 아세톤
④ 아세톤 · 벤젠 · 톨루엔

해설

- 톨루엔 4℃
- 아세톤 −18℃
- 벤젠 −11℃

답 ④

13 이산화탄소의 특성에 대한 설명으로 옳지 않은 것은?

① 전기전도성이 우수하다.
② 냉각, 압축에 의하여 액화된다.
③ 과량존재 시 질식할 수 있다.
④ 상온, 상압에서 무색, 무취의 불연성 기체이다.

해설

이산화탄소는 전기에 대해 부도체이다.

답 ①

14 다음 위험물의 화재 시 물에 의한 소화방법이 가장 부적합한 것은?

① 황린
② 적린
③ 마그네슘분
④ 황분

해설

마그네슘분은 제2류 위험물로서 주수소화 시 가연성의 수소가스를 발생하므로 위험하다.
$Mg+2H_2O \rightarrow Mg(OH)_2+H_2$

답 ③

15 위험물안전관리법령상 고정주유설비는 주유설비의 중심선을 기점으로 하여 도로경계선까지 몇 m 이상의 거리를 유지해야 하는가?

① 1　② 3
③ 4　④ 6

해설

고정주유설비 또는 고정급유설비의 중심선을 기점으로
㉮ 도로경계면으로 : 4m 이상
㉯ 대지경계선·담 및 건축물의 벽까지 : 2m 이상
㉰ 개구부가 없는 벽으로부터 : 1m 이상
㉱ 고정주유설비와 고정급유설비 사이 : 4m 이상

답 ③

16 고온체의 색깔이 휘적색일 경우의 온도는 약 몇 ℃ 정도인가?

① 500　② 950
③ 1,300　④ 1,500

해설

불꽃의 온도	불꽃의 색깔	불꽃의 온도	불꽃의 색깔
700℃	암적색	1,100℃	황적색
850℃	적색	1,300℃	백적색
950℃	휘적색	1,500℃	휘백색

답 ②

17 이동탱크저장소에 의한 위험물의 운송에 있어서 운송책임자의 감독 또는 지원을 받아야 하는 위험물은?

① 금속분　② 알킬알루미늄
③ 아세트알데히드　④ 히드록실아민

해설

알킬알루미늄, 알킬리튬은 운송책임자의 감독, 지원을 받아 운송해야 한다.

답 ②

18 위험물안전관리법령에 근거하여 자체소방대에 두어야 하는 제독차의 경우 가성소다 및 규조토를 각각 몇 kg 이상 비치하여야 하는가?

① 30　② 50
③ 60　④ 100

해설

화학소방자동차에 갖추어야 하는 소화 능력 및 설비의 기준

화학소방자동차의 구분	소화 능력 및 설비의 기준
포수용액 방사차	포수용액의 방사능력이 2,000L/분 이상일 것
	소화약액탱크 및 소화약액혼합장치를 비치할 것
	10만L 이상의 포수용액을 방사할 수 있는 양의 소화약제를 비치할 것
분말 방사차	분말의 방사능력이 35kg/초 이상일 것
	분말탱크 및 가압용 가스설비를 비치할 것
	1,400kg 이상의 분말을 비치할 것
할로겐화합물 방사차	할로겐화합물의 방사능력이 40kg/초 이상일 것
	할로겐화합물 탱크 및 가압용 가스설비를 비치할 것
	1,000kg 이상의 할로겐화합물을 비치할 것
이산화탄소 방사차	이산화탄소의 방사능력이 40kg/초 이상일 것
	이산화탄소 저장용기를 비치할 것
	3,000kg 이상의 이산화탄소를 비치할 것
제독차	가성소다 및 규조토를 각각 50kg 이상 비치할 것

답 ②

19 화재 시 이산화탄소를 방출하여 산소의 농도를 12.5%로 낮추어 소화하려면 공기 중의 이산화탄소 농도는 약 몇 vol%로 해야 하는가?

① 30.7　② 32.8
③ 40.5　④ 68.0

해설

이산화탄소 소화농도(vol%)

$= \frac{21 - \text{한계산소농도}}{21} \times 100$

$= \frac{21 - 12.5}{21} \times 100$

$= 40.47$

답 ③

20 수소화나트륨 240g과 충분한 물이 완전반응하였을 때 발생하는 수소의 부피는? (단, 표준상태를 가정하며, 나트륨의 원자량은 23이다.)

① 22.4L
② 224L
③ $22.4m^3$
④ $224m^3$

해설

수소화나트륨의 물과의 반응식

$NaH + H_2O \rightarrow NaOH + H_2$

$\frac{240g-NaH}{} \Big| \frac{1mol-NaH}{24g-NaH} \Big| \frac{1mol-H_2}{1mol-NaH} \Big| \frac{22.4L-H_2}{1mol-H_2}$

$= 224L-H_2$

답 ②

21 다음 위험물 품명 중 지정수량이 나머지 셋과 다른 것은?

① 염소산염류
② 질산염류
③ 무기과산화물
④ 과염소산염류

해설

질산염류만 300kg

성질	위험등급	품명	지정수량
산화성 고체	Ⅰ	1. 아염소산염류 2. 염소산염류 3. 과염소산염류 4. 무기과산화물류	50kg
	Ⅱ	5. 브롬산염류 6. 질산염류 7. 요오드산염류	300kg
	Ⅲ	8. 과망간산염류 9. 중크롬산염류	1,000kg

답 ②

22 산화성 고체의 저장 및 취급 방법으로 옳지 않은 것은?

① 가연물과 접촉 및 혼합을 피한다.
② 분해를 촉진하는 물품의 접근을 피한다.
③ 조해성 물질의 경우 물속에 보관하고, 과열·충격·마찰 등을 피하여야 한다.
④ 알칼리금속의 과산화물은 물과의 접촉을 피하여야 한다.

해설

조해성 물질은 습기 등에 주의하며 밀폐하여 저장해야 한다.

답 ③

23 에틸알코올의 증기비중은 약 얼마인가?

① 0.72
② 0.91
③ 1.13
④ 1.59

해설

에틸알코올(C_2H_5OH)의 분자량=46

$\frac{46}{28.84} \fallingdotseq 1.59$

답 ④

24 염소산나트륨의 성상에 대한 설명으로 옳지 않은 것은?

① 자신은 불연성 물질이지만 강한 산화제이다.
② 유리를 녹이므로 철제용기에 저장한다.
③ 열분해하여 산소를 발생한다.
④ 산과 반응하면 유독성의 이산화염소를 발생한다.

해설

염소산나트륨은 흡습성이 좋아 강한 산화제로서 철제용기를 부식시킨다.

답 ②

25 위험물안전관리법령상에 따른 다음에 해당하는 동·식물유류의 규제에 관한 설명으로 틀린 것은?

> "행정안전부령이 정하는 용기기준과 수납·저장기준에 따라 수납되어 저장·보관되고, 용기의 외부에 물품의 통칭명, 수량 및 화기엄금(화기엄금과 동일한 의미를 갖는 표시를 포함한다)의 표시가 있는 경우"

① 위험물에 해당하지 않는다.
② 제조소 등이 아닌 장소에 지정수량 이상 저장할 수 있다.
③ 지정수량 이상을 저장하는 장소도 제조소 등 설치허가를 받을 필요가 없다.
④ 화물자동차에 적재하여 운반하는 경우 위험물안전관리법상 운반기준이 적용되지 않는다.

해설

동·식물유류를 화물자동차에 적재하여 운반하는 경우 위험물안전관리법상 운반기준이 적용된다.

답 ④

26 다음 중 인화점이 가장 높은 것은?

① 니트로벤젠 ② 클로로벤젠
③ 톨루엔 ④ 에틸벤젠

해설

① 니트로벤젠 : 88℃
② 클로로벤젠 : 32℃
③ 톨루엔 : 4℃
④ 에틸벤젠 : 21℃

답 ①

27 내용적이 20,000L인 옥내저장탱크에 대하여 저장 또는 취급의 허가를 받을 수 있는 최대용량은? (단, 원칙적인 경우에 한한다.)

① 18,000L ② 19,000L
③ 19,400L ④ 20,000L

해설

옥내저장탱크에 저장 또는 취급의 허가를 받을 수 있는 용량은 90~95%에 해당되므로
최대용량=내용적×0.95
=20,000L×0.95
=19,000L

답 ②

28 위험물안전관리법령에 따른 제6류 위험물의 특성에 대한 설명 중 틀린 것은?

① 과염소산은 유기물과 접촉 시 발화의 위험이 있다.
② 과염소산은 불안정하며 강력한 산화성 물질이다.
③ 과산화수소는 알코올, 에테르에 녹지 않는다.
④ 질산은 부식성이 강하고 햇빛에 의해 분해된다.

해설

과산화수소는 강한 산화성이 있고, 물, 알코올, 에테르 등에는 녹으나 석유나 벤젠 등에는 녹지 않는다.

답 ③

29 위험물 옥외탱크저장소와 병원과는 안전거리를 얼마 이상 두어야 하는가?

① 10m ② 20m
③ 30m ④ 50m

해설

구분	안전거리
사용전압 7,000V 초과 35,000V 이하의 특고압가공전선	3m 이상
사용전압 35,000V를 초과하는 특고압가공전선	5m 이상
주거용으로 사용되는 것	10m 이상
고압가스, 액화석유가스, 도시가스 저장·취급 시설	20m 이상
학교·병원·극장	30m 이상
유형문화재, 지정문화재	50m 이상

답 ③

30 저장하는 위험물의 최대수량이 지정수량의 15배일 경우, 건축물의 벽·기둥 및 바닥이 내화구조로 된 위험물 옥내저장소의 보유공지는 몇 m 이상이어야 하는가?

① 0.5　② 1
③ 2　④ 3

해설

저장 또는 취급하는 위험물의 최대수량	공지의 너비	
	벽·기둥 및 바닥이 내화구조로 된 건축물	그 밖의 건축물
지정수량의 5배 이하	–	0.5m 이상
지정수량의 5배 초과 10배 이하	1m 이상	1.5m 이상
지정수량의 10배 초과 20배 이하	2m 이상	3m 이상
지정수량의 20배 초과 50배 이하	3m 이상	5m 이상
지정수량의 50배 초과 200배 이하	5m 이상	10m 이상
지정수량의 200배 초과	10m 이상	15m 이상

답 ③

31 디에틸에테르에 관한 설명 중 틀린 것은 어느 것인가?

① 비전도성이므로 정전기를 발생하지 않는다.
② 무색 투명한 유동성의 액체이다.
③ 휘발성이 매우 높고, 마취성을 가진다.
④ 공기와 장시간 접촉하면 폭발성의 과산화물이 생성된다.

해설

건조과정이나 여과를 할 때 유체마찰에 의해 정전기를 발생, 축적하기 쉽고 소량의 물을 함유하고 있는 경우 수분으로 대전되기 쉬우므로 비닐관 등의 절연성 물체 내를 흐르면 정전기를 발생한다.

답 ①

32 다음 중 제2류 위험물인 유황의 대표적인 연소형태는?

① 표면연소
② 분해연소
③ 증발연소
④ 자기연소

해설

유황은 용융 후 증발연소한다.

답 ③

33 제5류 위험물을 취급하는 위험물제조소에 설치하는 주의사항 게시판에서 표시하는 내용과 바탕색, 문자색으로 옳은 것은 어느 것인가?

① "화기주의", 백색바탕에 적색문자
② "화기주의", 적색바탕에 백색문자
③ "화기엄금", 백색바탕에 적색문자
④ "화기엄금", 적색바탕에 백색문자

해설

제조소 등에 설치하는 주의사항

위험물의 종류	주의사항	게시판의 색상
제1류 위험물 중 알칼리금속의 과산화물 제3류 위험물 중 금수성 물질	물기엄금	청색바탕 백색문자
제2류 위험물(인화성 고체 제외)	화기주의	적색바탕 백색문자
제2류 위험물 중 인화성 고체 제3류 위험물 중 자연발화성 물질 제4류 위험물 제5류 위험물	화기엄금	적색바탕 백색문자

답 ④

34 질산이 공기 중에서 분해되어 발생하는 유독한 갈색증기의 분자량은?

① 16 ② 40
③ 46 ④ 71

해설

질산은 직사광선에 의해 분해되어 이산화질소(NO_2)를 생성시킨다.
$4HNO_3 \rightarrow 2H_2O + 4NO_2 + O_2$

답 ③

35 탄화알루미늄 1몰을 물과 반응시킬 때 발생하는 가연성 가스의 종류와 양은?

① 에탄, 4몰
② 에탄, 3몰
③ 메탄, 4몰
④ 메탄, 3몰

해설

탄화알루미늄은 물과 반응하여 가연성, 폭발성의 메탄가스를 만들며 밀폐된 실내에서 메탄이 축적되는 경우 인화성 혼합기를 형성하여 2차 폭발의 위험이 있다.
$Al_4C_3 + 12H_2O \rightarrow 4Al(OH)_3 + 3CH_4$

답 ④

36 $C_6H_2(NO_2)_3OH$와 $C_2H_5NO_3$의 공통성질에 해당하는 것은?

① 니트로화합물이다.
② 인화성과 폭발성이 있는 액체이다.
③ 무색의 방향성 액체이다.
④ 에탄올에 녹는다.

해설

성질	피크린산 ($C_6H_2(NO_2)_3OH$)	질산에틸 ($C_2H_5NO_3$)
니트로화합물	맞음	아님
성상	무색 또는 휘황색의 침상결정	무색투명한 액체
방향성	없음	있음
용해성	찬물에는 거의 녹지 않으나 온수, 알코올, 에테르, 벤젠 등에는 잘 녹는다.	물에는 녹지 않으나 알코올, 에테르 등에 녹는다.

답 ④

37 종류(유별)가 다른 위험물을 동일한 옥내저장소의 동일한 실에 같이 저장하는 경우에 대한 설명으로 틀린 것은? (단, 유별로 정리하여 서로 1m 이상의 간격을 두는 경우에 한한다.)

① 제1류 위험물과 황린은 동일한 옥내저장소에 저장할 수 있다.
② 제1류 위험물과 제6류 위험물은 동일한 옥내저장소에 저장할 수 있다.
③ 제1류 위험물 중 알칼리금속의 과산화물과 제5류 위험물은 동일한 옥내저장소에 저장할 수 있다.
④ 제2류 위험물 중 인화성 고체와 제4류 위험물을 동일한 옥내저장소에 저장할 수 있다.

해설

알칼리금속의 과산화물을 제외한 제1류 위험물과 제5류 위험물을 동일한 옥내저장소에 저장할 수 있다.
유별을 달리하는 위험물은 동일한 저장소(내화구조의 격벽으로 완전히 구획된 실이 2 이상 있는 저장소에 있어서는 동일한 실)에 저장하지 아니하여야 한다. 다만, 옥내저장소 또는 옥외저장소에 있어서 다음의 규정에 의한 위험물을 저장하는 경우로서 위험물을 유별로 정리하여 저장하는 한편 서로 1m 이상의 간격을 두는 경우에는 그러하지 아니하다(중요기준).

㉮ 제1류 위험물(알칼리금속의 과산화물 또는 이를 함유한 것을 제외한다)과 제5류 위험물을 저장하는 경우
㉯ 제1류 위험물과 제6류 위험물을 저장하는 경우
㉰ 제1류 위험물과 제3류 위험물 중 자연발화성물질(황린 또는 이를 함유한 것에 한한다)을 저장하는 경우
㉱ 제2류 위험물 중 인화성 고체와 제4류 위험물을 저장하는 경우
㉲ 제3류 위험물 중 알킬알루미늄 등과 제4류 위험물(알킬알루미늄 또는 알킬리튬을 함유한 것에 한한다)을 저장하는 경우
㉳ 제4류 위험물 중 유기과산화물 또는 이를 함유하는 것과 제5류 위험물 중 유기과산화물 또는 이를 함유한 것을 저장하는 경우

답 ③

38 위험물안전관리법령에 따라 기계에 의하여 하역하는 구조로 된 운반용기의 외부에 행하는 표시 내용에 해당하지 않는 것은? (단, 국제해상위험물규칙에 정한 기준 또는 소방청장이 정하여 고시하는 기준에 적합한 표시를 한 경우는 제외한다.)

① 운반용기의 제조년월
② 제조자의 명칭
③ 겹쳐쌓기 시험하중
④ 용기의 유효기간

해설

위험물안전관리법 시행규칙 별표 19(위험물의 운반에 관한 기준)
기계에 의하여 하역하는 구조로 된 운반용기의 외부에 행하는 표시는 규정에 의하는 외에 다음의 사항을 포함하여야 한다. 다만, 국제해상위험물규칙(IMDG Code)에 정한 기준 또는 소방청장이 정하여 고시하는 기준에 적합한 표시를 한 경우에는 그러하지 아니하다.

㉮ 운반용기의 제조년월 및 제조자의 명칭
㉯ 겹쳐쌓기시험하중
㉰ 운반용기의 종류에 따라 다음의 규정에 의한 중량
  ㉠ 플렉시블 외의 운반용기 : 최대총중량(최대수용중량의 위험물을 수납하였을 경우의 운반용기의 전 중량을 말한다)
  ㉡ 플렉시블 운반용기 : 최대수용중량
㉱ ㉮ 내지 ㉰에 규정하는 것 외에 운반용기의 외부에 행하는 표시에 관하여 필요한 사항으로서 소방청장이 정하여 고시하는 것

답 ④

39 위험물안전관리법령상 지하탱크저장소의 위치·구조 및 설비의 기준에 따라 다음 ( ) 안에 들어갈 수치로 옳은 것은?

> 탱크전용실은 지하의 가장 가까운 벽·피트·가스관 등의 시설물 및 대지경계선으로부터 (㉮)m 이상 떨어진 곳에 설치하고, 지하저장탱크와 탱크전용실의 안쪽과의 사이는 (㉯)m 이상의 간격을 유지하도록 하며, 당해 탱크의 주위에 마른모래 또는 습기 등에 의하여 응고되지 아니하는 입자 지름 (㉰)mm 이하의 마른자갈분을 채워야 한다.

① ㉮ : 0.1, ㉯ : 0.1, ㉰ : 5
② ㉮ : 0.1, ㉯ : 0.3, ㉰ : 5
③ ㉮ : 0.1, ㉯ : 0.1, ㉰ : 10
④ ㉮ : 0.1, ㉯ : 0.3, ㉰ : 10

해설

위험물안전관리법 시행규칙 별표 8(지하탱크저장소의 위치·구조 및 설비의 기준)
탱크전용실은 지하의 가장 가까운 벽·피트·가스관 등의 시설물 및 대지경계선으로부터 0.1m 이상 떨어진 곳에 설치하고, 지하저장탱크와 탱크전용실의 안쪽과의 사이는 0.1m 이상의 간격을 유지하도록 하며, 당해 탱크의 주위에 마른모래 또는 습기 등에 의하여 응고되지 아니하는 입자지름 5mm 이하의 마른자갈분을 채워야 한다.

답 ①

40 황의 성질로 옳은 것은?

① 전기양도체이다.
② 물에는 매우 잘 녹는다.
③ 이산화탄소와 반응한다.
④ 미분은 분진폭발의 위험성이 있다.

해설

공기 중에 부유할 때 분진폭발의 위험이 있다.

답 ④

41 다음 에틸알코올에 관한 설명 중 옳은 것은 어느 것인가?

① 인화점은 0℃ 이하이다.
② 비점은 물보다 낮다.
③ 증기밀도는 메틸알코올보다 작다.
④ 수용성이므로 이산화탄소소화기는 효과가 없다.

해설

에틸알코올의 인화점 11℃, 비점 64℃

답 ②

42 소화난이도 등급 Ⅰ의 옥내탱크저장소에 설치하는 소화설비가 아닌 것은? (단, 인화점이 70℃ 이상인 제4류 위험물만을 저장, 취급하는 장소이다.)

① 물분무소화설비, 고정식 포소화설비
② 이동식 외의 불활성가스소화설비, 고정식 포소화설비
③ 이동식의 분말소화설비, 스프링클러설비
④ 이동식 외의 할로겐화합물소화설비, 물분무소화설비

해설

소화난이도 등급 Ⅰ의 옥내탱크저장소에 설치하는 소화설비

제조소 등의 구분	소화설비
유황만을 저장·취급하는 것	물분무소화설비
인화점 70℃ 이상의 제4류 위험물만을 저장, 취급하는 것	물분무소화설비, 고정식 포소화설비, 이동식 이외의 불활성가스소화설비, 이동식 이외의 할로겐화합물소화설비 또는 이동식 이외의 분말소화설비
그 밖의 것	고정식 포소화설비, 이동식 이외의 불활성가스소화설비, 이동식 이외의 할로겐화합물소화설비 또는 이동식 이외의 분말소화설비

답 ③

43 다음 위험물 중 인화점이 가장 낮은 것은 어느 것인가?

① 아세톤
② 이황화탄소
③ 클로로벤젠
④ 디에틸에테르

해설

① 아세톤 : −18.5℃
② 이황화탄소 : −30℃
③ 클로로벤젠 : 27℃
④ 디에틸에테르 : −40℃

답 ④

44 다음 중 제6류 위험물로서 분자량이 약 63인 것은?

① 과염소산
② 질산
③ 과산화수소
④ 삼불화브롬

해설

① 과염소산($HClO_4$) = 1 + 35.5 + 16 × 4 = 100.5
③ 과산화수소(H_2O_2) = 1 × 2 + 16 × 2 = 34
④ 삼불화브롬(BrF_3) = 80 + 19 × 3 = 137

답 ②

45 질산의 수소원자를 알킬기로 치환한 제5류 위험물의 지정수량은?

① 10kg ② 100kg
③ 200kg ④ 300kg

해설

질산에스테르류 : 질산의 수소원자가 알킬기로 치환된 화합물

답 ①

46 유기과산화물의 화재예방상 주의사항으로 틀린 것은?

① 직사광선을 피하고 냉암소에 저장한다.
② 불꽃, 불티 등의 화기 및 열원으로부터 멀리 한다.
③ 산화제와 접촉하지 않도록 주의한다.
④ 대형화재 시 분말소화기를 이용한 질식소화가 유효하다.

해설

양이 적은 경우 물분무, 포, 분말, 마른모래로 질식소화가 유효하나 대형화재 시 다량의 물로 냉각소화를 한다.

답 ④

47 주유취급소에서 자동차 등에 위험물을 주유할 때에 자동차 등의 원동기를 정지시켜야 하는 위험물의 인화점 기준은? (단, 연료탱크에 위험물을 주유하는 동안 방출되는 가연성 증기를 회수하는 설비가 부착되지 않은 고정주유설비에 의하여 주유하는 경우이다.)

① 20℃ 미만 ② 30℃ 미만
③ 40℃ 미만 ④ 50℃ 미만

해설

자동차 등에 인화점 40℃ 미만의 위험물을 주유할 때에는 자동차 등의 원동기를 정지시킬 것. 다만, 연료탱크에 위험물을 주유하는 동안 방출되는 가연성 증기를 회수하는 설비가 부착된 고정주유설비에 의하여 주유하는 경우에는 그러하지 아니한다.

답 ③

48 위험물을 저장하는 간이탱크저장소의 구조 및 설비의 기준으로 옳은 것은?

① 탱크의 두께 2.5mm 이상, 용량 600L 이하
② 탱크의 두께 2.5mm 이상, 용량 800L 이하
③ 탱크의 두께 3.2mm 이상, 용량 600L 이하
④ 탱크의 두께 3.2mm 이상, 용량 800L 이하

해설

위험물안전관리법 시행규칙 별표 9(간이탱크저장소의 위치 · 구조 및 설비의 기준)

㉮ 간이저장탱크의 용량은 600L 이하이어야 한다.
㉯ 간이저장탱크는 두께 3.2mm 이상의 강판으로 흠이 없도록 제작하여야 하며, 70kPa의 압력으로 10분간의 수압시험을 실시하여 새거나 변형되지 아니하여야 한다.

답 ③

49 다음 중 분말소화기의 소화약제로 사용되지 않는 것은?

① 탄산수소나트륨
② 탄산수소칼륨
③ 과산화나트륨
④ 인산암모늄

해설

과산화나트륨은 제1류 위험물 중 무기과산화물류에 속한다.

종류	주성분	분자식	착색	적응화재
제1종	탄산수소나트륨(중탄산나트륨)	$NaHCO_3$	–	B, C급
제2종	탄산수소칼륨(중탄산칼륨)	$KHCO_3$	담회색	B, C급
제3종	제1인산암모늄	$NH_4H_2PO_4$	담홍색 또는 황색	A, B, C급
제4종	탄산수소칼륨+요소	$KHCO_3+CO(NH_2)_2$	–	B, C급

답 ③

50 위험물안전관리법령에 따른 이동저장탱크의 구조기준에 대한 설명으로 틀린 것은 어느 것인가?

① 압력탱크는 최대상용압력의 1.5배의 압력으로 10분간 수압시험을 하여 새지 말 것
② 상용압력이 20kPa을 초과하는 탱크의 안전장치는 상용압력의 1.5배 이하의 압력에서 작동할 것
③ 방파판은 두께 1.6mm 이상의 강철판 또는 이와 동등 이상의 강도, 내식성 및 내열성이 있는 금속성의 것으로 할 것
④ 탱크는 두께 3.2mm 이상의 강철판 또는 이와 동등 이상의 강도, 내식성 및 내열성을 갖는 재질로 할 것

해설

상용압력이 20kPa을 초과하는 탱크에 있어서는 상용압력의 1.1배 이하의 압력에서 작동하는 것으로 할 것

위험물안전관리법 시행규칙 별표 10(이동탱크저장소의 위치·구조 및 설비의 기준)

㉮ 탱크(맨홀 및 주입관의 뚜껑을 포함한다)는 두께 3.2mm 이상의 강철판 또는 이와 동등 이상의 강도·내식성 및 내열성이 있다고 인정하여 소방청장이 정하여 고시하는 재료 및 구조로 위험물이 새지 아니하게 제작할 것
㉯ 압력탱크(최대상용압력이 46.7kPa 이상인 탱크를 말한다) 외의 탱크는 70kPa의 압력으로, 압력탱크는 최대상용압력의 1.5배의 압력으로 각각 10분간의 수압시험을 실시하여 새거나 변형되지 아니할 것. 이 경우 수압시험은 용접부에 대한 비파괴시험과 기밀시험으로 대신할 수 있다.
㉰ 안전장치는 상용압력이 20kPa 이하인 탱크에 있어서는 20kPa 이상 24kPa 이하의 압력에서, 상용압력이 20kPa을 초과하는 탱크에 있어서는 상용압력의 1.1배 이하의 압력에서 작동하는 것으로 할 것
㉱ 방파판
  ㉠ 두께 1.6mm 이상의 강철판 또는 이와 동등 이상의 강도·내열성 및 내식성이 있는 금속성의 것으로 할 것
  ㉡ 하나의 구획부분에 2개 이상의 방파판을 이동탱크저장소의 진행방향과 평행으로 설치하되, 각 방파판은 그 높이 및 칸막이로부터의 거리를 다르게 할 것
  ㉢ 하나의 구획부분에 설치하는 각 방파판의 면적의 합계는 당해 구획부분의 최대 수직단면적의 50% 이상으로 할 것. 다만, 수직단면이 원형이거나 짧은 지름이 1m 이하의 타원형일 경우에는 40% 이상으로 할 수 있다.

답 ②

51 다음 중 위험물안전관리법령에 따른 위험물의 적재방법에 대한 설명으로 옳지 않은 것은 어느 것인가?

① 원칙적으로는 운반용기를 밀봉하여 수납할 것
② 고체위험물은 용기 내용적의 95% 이하의 수납률로 수납할 것
③ 액체위험물은 용기 내용적의 99% 이상의 수납률로 수납할 것
④ 하나의 외장용기에는 다른 종류의 위험물을 수납하지 않을 것

해설

액체위험물은 용기 내용적의 98% 이하의 수납률로 수납하되, 55℃의 온도에서 누설되지 아니하도록 충분한 공간용적을 유지하도록 한다.

답 ③

52 다음 중 삼황화린과 오황화린의 공통점이 아닌 것은?

① 물과 접촉하여 인화수소가 발생한다.
② 가연성 고체이다.
③ 분자식이 P와 S로 이루어져 있다.
④ 연소 시 오산화인과 이산화황이 생성된다.

해설

삼황화린은 물에 녹지 않으며, 오황화린은 물과 반응하면 분해하여 황화수소와 인산으로 된다.

$P_2S_5 + 8H_2O \rightarrow 5H_2S + 2H_3PO_4$

답 ①

53 다음은 위험물을 저장하는 탱크의 공간용적 산정기준이다. (　) 안에 알맞은 수치로 옳은 것은?

> • 위험물을 저장 또는 취급하는 탱크의 공간용적은 탱크의 내용적의 (A) 이상 (B) 이하의 용적으로 한다. 다만, 소화설비(소화약제 방출구를 탱크 안의 윗부분에 설치하는 것에 한한다)를 설치하는 탱크의 공간용적은 당해 소화설비의 소화약제 방출구 아래의 0.3m 이상 1m 미만 사이의 면으로부터 윗부분의 용적으로 한다.
> • 암반탱크에 있어서는 당해 탱크 내에 용출하는 (C)일 간의 지하수의 양에 상당하는 용적과 당해 탱크의 내용적의 (D)의 용적 중에서 보다 큰 용적을 공간용적으로 한다.

① A : 3/100, B : 10/100, C : 10, D : 1/100
② A : 5/100, B : 5/100, C : 10, D : 1/100
③ A : 5/100, B : 10/100, C : 7, D : 1/100
④ A : 5/100, B : 10/100, C : 10, D : 3/100

해설

위험물안전관리에 관한 세부기준 제25조(탱크의 내용적 및 공간용적)

㉮ 탱크의 공간용적은 탱크의 내용적의 100분의 5 이상 100분의 10 이하의 용적으로 한다. 다만, 소화설비를 설치하는 탱크의 공간용적은 당해 소화설비의 소화약제 방출구 아래의 0.3미터 이상 1미터 사이의 면으로부터 윗부분의 용적으로 한다.

㉯ ㉮의 규정에 불구하고 암반탱크에 있어서는 당해 탱크 내에 용출하는 7일간의 지하수의 양에 상당하는 용적과 당해탱크의 내용적의 100분의 1의 용적 중에서 보다 큰 용적을 공간용적으로 한다.

답 ③

54 위험물안전관리법령에 대한 설명 중 옳지 않은 것은?

① 군부대가 지정수량 이상의 위험물을 군사목적으로 임시로 저장 또는 취급하는 경우는 제조소 등이 아닌 장소에서 지정수량 이상의 위험물을 취급할 수 있다.
② 철도 및 궤도에 의한 위험물의 저장·취급 및 운반에 있어서는 위험물안전관리법령을 적용하지 아니한다.
③ 지정수량 미만인 위험물의 저장 또는 취급에 관한 기술상의 기준은 국가화재안전기준으로 정한다.
④ 업무상 과실로 제조소 등에서 위험물을 유출, 방출 또는 확산시켜 사람의 생명, 신체 또는 재산에 대하여 위험을 발생시킨 자는 7년 이하의 금고 또는 2천만 원 이하의 벌금에 처한다.

해설

위험물안전관리법 제4조(지정수량 미만인 위험물의 저장·취급)

지정수량 미만인 위험물의 저장 또는 취급에 관한 기술상의 기준은 특별시·광역시 및 도(이하 "시·도"라 한다)의 조례로 정한다.

답 ③

55 위험물제조소에 옥외소화전이 5개가 설치되어 있다. 이 경우 확보하여야 하는 수원의 법정 최소량은 몇 m^3인가?

① 28
② 35
③ 54
④ 67.5

해설

수원의 양 $Q = N \times 13.5\ m^3$(N : 설치개수가 4개 이상인 경우는 4개의 옥외소화전)이므로

$4 \times 13.5 = 54m^3$

답 ③

56 질산암모늄의 일반적인 성질에 대한 설명으로 옳은 것은?

① 조해성이 없다.
② 무색, 무취의 액체이다.
③ 물에 녹을 때에는 발열한다.
④ 급격한 가열에 의한 폭발의 위험이 있다.

해설

질산암모늄은 무색 또는 백색의 결정이며, 조해성과 흡습성이 있고, 물에 녹을 때 열을 대량 흡수하여 한제로 이용된다. 또한 약 220℃에서 가열할 때 아산화질소와 수증기를 발생시키고 계속 가열하면 폭발한다.

답 ④

57 인화칼슘이 물과 반응하였을 때 발생하는 가스에 대한 설명으로 옳은 것은?

① 폭발성인 수소를 발생한다.
② 유독한 인화수소를 발생한다.
③ 조연성인 산소를 발생한다.
④ 가연성인 아세틸렌을 발생한다.

해설

인화칼슘은 물과 반응하여 가연성이며 독성이 강한 인화수소(PH_3, 포스핀)가스를 발생한다.
$Ca_3P_2 + 6H_2O \rightarrow 3Ca(OH)_2 + 2PH_3$

답 ②

58 위험물안전관리법령상 예방규정을 정하여야 하는 제조소 등에 해당하지 않는 것은?

① 지정수량 10배 이상의 위험물을 취급하는 제조소
② 이송취급소
③ 암반탱크저장소
④ 지정수량의 200배 이상의 위험물을 저장하는 옥내탱크저장소

해설

옥내탱크저장소의 경우 예방규정을 정해야 하는 장소가 아니다.
위험물안전관리법 시행령 제15조(관계인이 예방규정을 정하여야 하는 제조소 등)
㉮ 지정수량의 10배 이상의 위험물을 취급하는 제조소
㉯ 지정수량의 100배 이상의 위험물을 저장하는 옥외저장소
㉰ 지정수량의 150배 이상의 위험물을 저장하는 옥내저장소
㉱ 지정수량의 200배 이상의 위험물을 저장하는 옥외탱크저장소
㉲ 암반탱크저장소
㉳ 이송취급소
㉴ 지정수량의 10배 이상의 위험물을 취급하는 일반취급소. 다만, 제4류 위험물(특수인화물을 제외한다)만을 지정수량의 50배 이하로 취급하는 일반취급소(제1석유류 · 알코올류의 취급량이 지정수량의 10배 이하인 경우에 한한다)로서 다음의 어느 하나에 해당하는 것을 제외한다.
 ㉠ 보일러 · 버너 또는 이와 비슷한 것으로서 위험물을 소비하는 장치로 이루어진 일반취급소
 ㉡ 위험물을 용기에 옮겨 담거나 차량에 고정된 탱크에 주입하는 일반취급소

답 ④

59 위험물안전관리법령상 예방규정을 정하여야 하는 제조소 등의 관계인은 위험물제조소 등에 대하여 기술기준에 적합한지의 여부를 정기적으로 점검하여야 한다. 법적 최소점검주기에 해당하는 것은? (단, 100만L 이상의 옥외탱크저장소는 제외한다.)

① 주 1회 이상
② 월 1회 이상
③ 6개월 1회 이상
④ 연 1회 이상

해설

위험물안전관리법 시행규칙 제64조(정기점검의 횟수)
제조소 등의 관계인은 당해 제조소 등에 대하여 연 1회 이상 정기점검을 실시하여야 한다.

답 ④

60 경유를 저장하는 옥외저장탱크의 반지름이 2m이고 높이가 12m일 때 탱크 옆판으로부터 방유제까지의 거리는 몇 m 이상이어야 하는가?

① 4　　② 5
③ 6　　④ 7

해설

방유제와 탱크 측면과의 이격거리

㉮ 탱크 지름이 15m 미만인 경우 : 탱크 높이의 $\frac{1}{3}$ 이상

㉯ 탱크 지름이 15m 이상인 경우 : 탱크 높이의 $\frac{1}{2}$ 이상

문제에서 탱크지름이 2m라고 했으므로 ㉮에 해당되며, 탱크 높이 12m의 $\frac{1}{3}$인 4m

답 ①

1200제 제 8 회

과년도 출제문제

위험물기능사

01 주된 연소형태가 표면연소인 것을 옳게 나타낸 것은?

① 중유, 알코올
② 코크스, 숯
③ 목재, 종이
④ 석탄, 플라스틱

해설

표면연소(직접연소) : 열분해에 의하여 가연성 가스를 발생치 않고 그 자체가 연소하는 형태로서 연소반응이 고체의 표면에서 이루어지는 형태(예 목탄, 코크스, 금속분 등)

답 ②

02 다음 중 화학적 소화에 해당하는 것은 어느 것인가?

① 냉각소화 ② 질식소화
③ 제거소화 ④ 억제소화

해설

화학적인 소화방법은 화학적으로 제조되어진 소화약제를 사용하거나 사용된 소화약제의 화학적인 작용을 이용하여 소화하는 방법을 의미한다.

답 ④

03 제3류 위험물 중 금수성 물질에 적응할 수 있는 소화설비는?

① 포소화설비
② 이산화탄소소화설비
③ 탄산수소염류 분말소화설비
④ 할로겐화합물 소화설비

해설

제3류 위험물 중 금수성 물질은 물, 할론, 이산화탄소와 반응하므로 소화약제로 사용할 수 없다.

답 ③

04 가연물이 연소할 때 공기 중의 산소 농도를 떨어뜨려 연소를 중단시키는 소화방법은?

① 제거소화 ② 질식소화
③ 냉각소화 ④ 억제소화

해설

질식소화 : 공기 중의 산소농도를 21%에서 15% 이하로 낮추어 소화하는 방법

답 ②

05 다음 중 오존층 파괴지수가 가장 큰 것은?

① Halon 104 ② Halon 1211
③ Halon 1301 ④ Halon 2402

해설

할론 1301은 14.1, 할론 2402는 6.6, 할론 1211은 2.4로서 할론 1301이 가장 높다.
ODP(Ozone Depletion Potential : 오존파괴지수)란

$$ODP = \frac{\text{물질 1kg에 의해 파괴되는 오존의 양}}{\text{CFC-11 1kg에 의해 파괴되는 오존의 양}}$$

여기서, CFC-11이란 삼염화불화탄소, $CFCl_3$이다.

답 ③

06 분말소화약제 중 제1종과 제2종 분말이 각각 열분해될 때 공통적으로 생성되는 물질은 어느 것인가?

① N_2, CO_2
② N_2, O_2
③ H_2O, CO_2
④ H_2O, N_2

해설

- **제1종 분말소화약제의 열분해반응식**
  $2NaHCO_3 \rightarrow Na_2CO_3 + H_2O + CO_2$
- **제2종 분말소화약제의 열분해반응식**
  $2KHCO_3 \rightarrow K_2CO_3 + H_2O + CO_2$

답 ③

07 다음 중 발화점이 달라지는 요인으로 가장 거리가 먼 것은?

① 가연성 가스와 공기의 조성비
② 발화를 일으키는 공간의 형태와 크기
③ 가열속도와 가열시간
④ 가열도구의 내구연한

해설

발화점에 미치는 중요한 요인으로 가열하는 시간, 촉매 유무, 가연물과 산화제의 혼합, 혼합물의 양, 용기의 상태, 압력, 점화원의 종류 등이 있다.

답 ④

08 다음 중 이산화탄소소화기의 장점으로 옳은 것은?

① 전기설비화재에 유용하다.
② 마그네슘과 같은 금속분화재에 유용하다.
③ 자기반응성 물질의 화재에 유용하다.
④ 알칼리금속 과산화물 화재에 유용하다.

해설

전기에 대해 부도체이므로 전기화재에 매우 효과적이다.

답 ①

09 다음 중 폭발범위가 가장 넓은 물질은 어느 것인가?

① 메탄
② 톨루엔
③ 에틸알코올
④ 에틸에테르

해설

① 메탄 : 5~15
② 톨루엔 : 1.4~6.7
③ 에틸알코올 : 4.3~19.0
④ 에틸에테르 : 1.9~48

답 ④

10 다음 중 이산화탄소가 소화약제로 사용되는 이유에 대한 설명으로 가장 옳은 것은 어느 것인가?

① 산소와의 반응이 느리기 때문이다.
② 산소와 반응하지 않기 때문이다.
③ 착화되어도 곧 불이 꺼지기 때문이다.
④ 산화반응이 되어도 열 발생이 없기 때문이다.

해설

이산화탄소는 불연성 물질로서 산소와 반응하지 않는다.

답 ②

11 니트로셀룰로오스 화재 시 가장 적합한 소화방법은?

① 할로겐화합물소화기를 사용한다.
② 분말소화기를 사용한다.
③ 이산화탄소소화기를 사용한다.
④ 다량의 물을 사용한다.

해설

질식소화는 효과가 없으며 CO_2, 건조분말, 할론은 적응성이 없고 다량의 물로 냉각소화한다.

답 ④

12 자연발화를 방지하기 위한 방법으로 옳지 않은 것은?

① 습도를 가능한 높게 유지한다.
② 열 축적을 방지한다.
③ 저장실의 온도를 낮춘다.
④ 정촉매작용을 하는 물질을 피한다.

해설

자연발화 예방법

㉮ 통풍, 환기, 저장방법 등을 고려하여 열의 축적을 방지한다.
㉯ 반응속도를 낮추기 위하여 온도상승을 방지한다.
㉰ 습도를 낮게 유지한다.

답 ①

13 건축물의 1층 및 2층 부분만을 방사능력 범위로 하고 지하층 및 3층 이상의 층에 대하여 다른 소화설비를 설치해야 하는 소화설비는?

① 스프링클러설비 ② 포소화설비
③ 옥외소화전설비 ④ 물분무소화설비

답 ③

14 위험물안전관리법령상 소화난이도 등급 Ⅰ에 해당하는 제조소의 연면적 기준은?

① 1,000m^2 이상 ② 800m^2 이상
③ 700m^2 이상 ④ 500m^2 이상

해설

소화난이도 등급 Ⅰ에 해당하는 제조소, 일반취급소

㉮ 연면적 1,000m^2 이상인 것
㉯ 지정수량의 100배 이상인 것
㉰ 지반면으로부터 6m 이상의 높이에 위험물 취급설비가 있는 것
㉱ 일반취급소로 사용되는 부분 외의 부분을 갖는 건축물에 설치된 것

답 ①

15 위험물취급소의 건축물은 외벽이 내화구조인 경우 연면적 몇 m^2를 1소요단위로 하는가?

① 50 ② 100
③ 150 ④ 200

해설

소요단위 : 소화설비의 설치대상이 되는 건축물의 규모 또는 위험물 양에 대한 기준단위

1 단위	제조소 또는 취급소용 건축물의 경우	내화구조 외벽을 갖춘 연면적 100m^2
		내화구조 외벽이 아닌 연면적 50m^2
	저장소 건축물의 경우	내화구조 외벽을 갖춘 연면적 150m^2
		내화구조 외벽이 아닌 연면적 75m^2
	위험물의 경우	지정수량의 10배

답 ②

16 다음 중 금속칼륨의 보호액으로 적당하지 않은 것은?

① 등유
② 유동파라핀
③ 경유
④ 에탄올

해설

금속칼륨의 보호액은 석유류(등유, 경유, 유동파라핀)이다.

답 ④

17 위험물제조소에서 지정수량 이상의 위험물을 취급하는 건축물(시설)에는 원칙상 최소 몇 m 이상의 보유공지를 확보하여야 하는가? (단, 최대수량은 지정수량의 10배이다.)

① 1m 이상
② 3m 이상
③ 5m 이상
④ 7m 이상

해설

위험물을 취급하는 건축물 및 기타 시설의 주위에서 화재 등이 발생하는 경우 화재 시에 상호연소 방지는 물론 초기소화 등 소화활동공간과 피난상 확보해야 할 절대공지를 말한다.

취급하는 위험물의 최대수량	공지의 너비
지정수량 10배 이하	3m 이상
지정수량 10배 초과	5m 이상

답 ③

18 이송취급소의 배관이 하천을 횡단하는 경우 하천 밑에 매설하는 배관의 외면과 계획하상(계획하상이 최심하상보다 높은 경우에는 최심하상)과의 거리는?

① 1.2m 이상
② 2.5m 이상
③ 3.0m 이상
④ 4.0m 이상

해설

위험물안전관리법 시행규칙 별표 15
하천 또는 수로의 밑에 배관을 매설하는 경우에는 배관의 외면과 계획하상(계획하상이 최심하상보다 높은 경우에는 최심하상)과의 거리는 다음의 규정에 의한 거리 이상으로 하되 호안, 그 밖에 하천관리시설의 기초에 영향을 주지 아니하고 하천 바닥의 변동·패임 등에 의한 영향을 받지 아니하는 깊이로 매설하여야 한다.

㉮ 하천을 횡단하는 경우 : 4.0m
㉯ 수로를 횡단하는 경우
  ㉠ 하수도 또는 운하 : 2.5m
  ㉡ 좁은 수로(용수로, 그 밖에 유사한 것을 제외한다) : 1.2m

답 ④

19 다음 중 주수소화를 하면 위험성이 증가하는 것은?

① 과산화칼륨
② 과망간산칼륨
③ 과염소산칼륨
④ 브롬산칼륨

해설

과산화칼륨은 무기과산화물로서 물과 접촉하면 발열하므로 위험성이 증가한다.
$2K_2O_2+2H_2O \rightarrow 4KOH+O_2$

답 ①

20 메탄 1g이 완전연소하면 발생되는 이산화탄소는 몇 g인가?

① 1.25
② 2.75
③ 14
④ 44

해설

$CH_4+2O_2 \rightarrow CO_2+2H_2O$

$$\frac{1g-CH_4}{} \times \frac{1mol-CH_4}{16g-CH_4} \times \frac{1mol-CO_2}{1mol-CH_4} \times \frac{44g-CO_2}{1mol-CO_2}$$

$=2.75g-CO_2$

답 ②

21 가연성 고체위험물의 일반적 성질로 틀린 것은?

① 비교적 저온에서 착화한다.
② 산화제와의 접촉·가열은 위험하다.
③ 연소속도가 빠르다.
④ 산소를 포함하고 있다.

해설

가연성 고체는 강환원제로서 산소를 포함하고 있지 않다.

답 ④

22 다음 중 벤젠에 관한 설명으로 틀린 것은 어느 것인가?

① 인화점은 약 −11℃이다.
② 이황화탄소보다 착화온도가 높다.
③ 벤젠증기는 마취성은 있으나 독성은 없다.
④ 취급할 때 정전기 발생을 조심해야 한다.

해설

벤젠의 증기는 마취성이고 독성이 강하여 2% 이상 고농도의 증기를 5~10분간 흡입 시 치명적이고, 저농도(100ppm)의 증기도 장기간 흡입 시 만성중독이 일어난다.

답 ③

23 1기압 20℃에서 액상이며 인화점이 200℃ 이상인 물질은?

① 벤젠
② 톨루엔
③ 글리세린
④ 실린더유

해설

"제4석유류"라 함은 기어유, 실린더유, 그 밖에 1기압에서 인화점이 200℃ 이상 250℃ 미만인 것을 말한다.

답 ④

24 다음 중 질산에스테류에 속하는 것은?

① 피크린산
② 니트로벤젠
③ 니트로글리세린
④ 트리니트로톨루엔

해설

① 피크린산, ④ 트리니트로톨루엔 : 니트로화합물
② 니트로벤젠 : 제4류 위험물 중 제3석유류

답 ③

25 제6류 위험물의 화재예방 및 진압대책으로 적합하지 않은 것은?

① 가연물과의 접촉을 피한다.
② 과산화수소를 장기보존할 때는 유리용기를 사용하여 밀전한다.
③ 옥내소화전설비를 사용하여 소화할 수 있다.
④ 물분무소화설비를 사용하여 소화할 수 있다.

해설

과산화수소의 경우 유리는 알칼리성으로 분해를 촉진하므로 피하고 가열, 화기, 직사광선을 차단하며 농도가 높을수록 위험성이 크므로 분해방지 안정제(인산, 요산 등)를 넣어 발생기 산소의 발생을 억제한다.

답 ②

26 지정수량이 50kg이 아닌 위험물은?

① 염소산나트륨
② 리튬
③ 과산화나트륨
④ 나트륨

해설

① 염소산나트륨(50kg)
② 리튬(50kg)
③ 과산화나트륨(50kg)
④ 나트륨(10kg)

답 ④

27 과산화수소와 산화프로필렌의 공통점으로 옳은 것은?

① 특수인화물이다.
② 분해 시 질소를 발생한다.
③ 끓는점이 200℃ 이하이다.
④ 수용액 상태에서도 자연발화의 위험이 있다.

해설

과산화수소는 제6류 위험물, 산화프로필렌은 제4류 위험물 중 특수인화물이며, 과산화수소는 분해 시 산소를 발생하며 자연발화의 위험은 없다.

답 ③

28 제2류 위험물인 마그네슘의 위험성에 관한 설명 중 틀린 것은?

① 더운물과 작용시키면 산소가스를 발생한다.
② 이산화탄소 중에서도 연소한다.
③ 습기와 반응하여 열이 축적되면 자연발화의 위험이 있다.
④ 공기 중에 부유하면 분진폭발의 위험이 있다.

해설

마그네슘은 더운물과 작용하여 수소가스를 발생한다.
$Mg+2H_2O \rightarrow Mg(OH)_2+H_2$

답 ①

29 과산화벤조일의 지정수량은 얼마인가?

① 10kg
② 50L
③ 100kg
④ 1,000L

해설

과산화벤조일은 제5류 위험물 중 유기과산화물에 속하고, 지정수량은 10kg이며, 과산화벤조일, 과산화메틸에틸케톤 등이 있다.

답 ①

30 지하탱크저장소에서 인접한 2개의 지하저장탱크 용량의 합계가 지정수량의 100배일 경우 탱크 상호간의 최소거리는?

① 0.1m ② 0.3m
③ 0.5m ④ 1m

해설

위험물안전관리법 시행규칙 별표 8(지하탱크저장소의 기준)
지하저장탱크를 2 이상 인접해 설치하는 경우에는 그 상호간에 1m(당해 2 이상의 지하저장탱크의 용량의 합계가 지정수량의 100배 이하인 때에는 0.5m) 이상의 간격을 유지하여야 한다. 다만, 그 사이에 탱크전용실의 벽이나 두께 20cm 이상의 콘크리트 구조물이 있는 경우에는 그러하지 아니하다.

답 ③

31 위험물안전관리법령에서 정하는 위험 등급 Ⅰ에 해당하지 않는 것은?

① 제3류 위험물 중 지정수량이 10kg인 위험물
② 제4류 위험물 중 특수인화물
③ 제1류 위험물 중 무기과산화물
④ 제5류 위험물 중 지정수량이 100kg인 위험물

해설

제5류 위험물 중 지정수량이 100kg인 것은 히드록실아민, 히드록실아민 염류가 있으며, 위험 등급은 Ⅱ이다.

답 ④

32 위험물안전관리법령에 명시된 아세트알데히드의 옥외저장탱크에 필요한 설비가 아닌 것은?

① 보냉장치
② 냉각장치
③ 동합금 배관
④ 불활성 기체를 봉입하는 장치

해설

위험물안전관리법 시행규칙 별표 6(아세트알데히드 등의 옥외탱크저장소)
㉮ 옥외저장탱크의 설비는 동·마그네슘·은·수은 또는 이들을 성분으로 하는 합금으로 만들지 아니할 것
㉯ 옥외저장탱크에는 냉각장치 또는 보냉장치, 그리고 연소성 혼합기체의 생성에 의한 폭발을 방지하기 위한 불활성의 기체를 봉입하는 장치를 설치할 것

답 ③

33 정기점검대상 제조소 등에 해당하지 않는 것은?

① 이동탱크저장소
② 지정수량 120배의 위험물을 저장하는 옥외저장소
③ 지정수량 120배의 위험물을 저장하는 옥내저장소
④ 이송취급소

해설

옥내탱크저장소는 정기점검대상이 아니다.
위험물안전관리법 시행령 제16조(정기점검의 대상인 제조소 등)
㉮ 지정수량의 10배 이상의 위험물을 취급하는 제조소
㉯ 지정수량의 100배 이상의 위험물을 저장하는 옥외저장소
㉰ 지정수량의 150배 이상의 위험물을 저장하는 옥내저장소
㉱ 지정수량의 200배 이상의 위험물을 저장하는 옥외탱크저장소
㉲ 암반탱크저장소
㉳ 이송취급소
㉴ 지정수량의 10배 이상의 위험물을 취급하는 일반취급소. 다만, 제4류 위험물(특수인화물을 제외한다)만을 지정수량의 50배 이하로 취급하는 일반취급소(제1석유류·알코올류의 취급량이 지정수량의 10배 이하인 경우에 한한다)로서 다음의 어느 하나에 해당하는 것을 제외한다.
㉠ 보일러·버너 또는 이와 비슷한 것으로서 위험물을 소비하는 장치로 이루어진 일반취급소
㉡ 위험물을 용기에 옮겨 담거나 차량에 고정된 탱크에 주입하는 일반취급소

㉶ 지하탱크저장소
㉷ 이동탱크저장소
㉸ 위험물을 취급하는 탱크로서 지하에 매설된 탱크가 있는 제조소 · 주유취급소 또는 일반취급소

답 ③

34 탄화칼슘에 대한 설명으로 옳은 것은 어느 것인가?

① 분자식은 CaC이다.
② 물과의 반응 생성물에는 수산화칼슘이 포함된다.
③ 순수한 것은 흑회색의 불규칙한 덩어리이다.
④ 고온에서도 질소와는 반응하지 않는다.

해설

탄화칼슘(CaC_2)은 순수한 것은 무색 투명하나 보통은 흑회색이며, 물과 심하게 반응하여 수산화칼슘과 아세틸렌을 만들며 공기 중 수분과 반응하여도 아세틸렌을 발생한다.

$CaC_2 + 2H_2O \rightarrow Ca(OH)_2 + C_2H_2$

질소와는 약 700℃ 이상에서 질화되어 칼슘시안나이드($CaCN_2$, 석회질소)가 생성된다.

$CaC_2 + N_2 \rightarrow CaCN_2 + C$

답 ②

35 셀룰로이드에 관한 설명 중 틀린 것은?

① 물에 잘 녹으며, 자연발화의 위험이 있다.
② 지정수량은 10kg이다.
③ 탄력성이 있는 고체의 형태이다.
④ 장시간 방치된 것은 햇빛, 고온 등에 의해 분해가 촉진된다.

해설

제5류 위험물은 물에 녹지 않는다.

셀룰로이드의 일반성질

㉮ 발화온도 180℃, 비중 1.4, 지정수량 10kg
㉯ 무색 또는 반투명 고체이나 열이나 햇빛에 의해 황색으로 변색된다.
㉰ 습도와 온도가 높을 경우 자연발화의 위험이 있다.
㉱ 질산셀룰로오스와 장뇌의 균일한 콜로이드 분산액으로부터 개발한 최초의 합성플라스틱물질이다.

답 ①

36 오황화린이 물과 작용했을 때 주로 발생되는 기체는?

① 포스핀
② 포스겐
③ 황산가스
④ 황화수소

해설

물과 반응하면 분해하여 황화수소(H_2S)와 인산(H_3PO_4)으로 된다.

$P_2S_5 + 8H_2O \rightarrow 5H_2S + 2H_3PO_4$

답 ④

37 다음 물질 중 물보다 비중이 작은 것으로만 이루어진 것은?

① 에테르, 이황화탄소
② 벤젠, 글리세린
③ 가솔린, 메탄올
④ 글리세린, 아닐린

해설

① 에테르(0.71), 이황화탄소(1.26)
② 벤젠(0.88), 글리세린(1.26)
③ 가솔린(0.65~0.8), 메탄올(0.79)
④ 글리세린(1.26), 아닐린(1.02)

답 ③

38 위험물 판매취급소에 관한 설명 중 틀린 것은 어느 것인가?

① 위험물을 배합하는 실의 바닥면적은 $6m^2$ 이상 $15m^2$ 이하이어야 한다.
② 제1종 판매취급소는 건축물의 1층에 설치하여야 한다.
③ 일반적으로 페인트점, 화공약품점이 이에 해당된다.
④ 취급하는 위험물의 종류에 따라 제1종과 제2종으로 구분된다.

해설

저장 또는 취급하는 위험물의 수량이 지정수량의 20배 이하인 판매취급소를 "제1종 판매취급소"라 하며, 저장 또는 취급하는 위험물의 수량이 지정수량의 40배 이하인 판매취급소를 "제2종 판매취급소"라 한다.

답 ④

39

위험물안전관리법령에 따른 소화설비의 적응성에 관한 다음 내용 중 ( ) 안에 적합한 내용은?

> 제6류 위험물을 저장 또는 취급하는 장소로서 폭발의 위험이 없는 장소에 한하여 ( )가(이) 제6류 위험물에 대하여 적응성이 있다.

① 할로겐화합물소화기
② 분말소화기－탄산수소염류소화기
③ 분말소화기－그 밖의 것
④ 이산화탄소소화기

답 ④

40

위험물의 운반 및 적재 시 혼재가 불가능한 것으로 연결된 것은? (단, 지정수량의 1/5 이상이다.)

① 제1류와 제6류
② 제4류와 제3류
③ 제2류와 제3류
④ 제5류와 제4류

해설

유별 위험물의 혼재기준

구분	제1류	제2류	제3류	제4류	제5류	제6류
제1류		×	×	×	×	○
제2류	×		×	○	○	×
제3류	×	×		○	×	×
제4류	×	○	○		○	×
제5류	×	○	×	○		×
제6류	○	×	×	×	×	

답 ③

41

위험물을 운반용기에 수납하여 적재할 때 차광성이 있는 피복으로 가려야 하는 위험물이 아닌 것은?

① 제1류 위험물
② 제2류 위험물
③ 제5류 위험물
④ 제6류 위험물

해설

- **차광성 덮개를 사용하여야 하는 위험물**
  - ㉮ 제1류 위험물
  - ㉯ 제3류 위험물 중 자연발화성 물질
  - ㉰ 제4류 위험물 중 특수인화물
  - ㉱ 제5류 위험물
  - ㉲ 제6류 위험물
- **방수성 덮개를 사용하여야 하는 위험물**
  - ㉮ 제1류 위험물중 무기과산화물
  - ㉯ 제2류 위험물 중 마그네슘, 철분, 금속분
  - ㉰ 제3류 위험물 중 금수성 물질

※ 제1류 위험물 중 무기과산화물은 차광성 덮개, 방수성 덮개를 사용하여야 한다.

답 ②

42

염소산칼륨 20kg과 아염소산나트륨 10kg을 과염소산과 함께 저장하는 경우 지정수량 1배로 저장하려면 과염소산은 얼마나 저장할 수 있는가?

① 20kg
② 40kg
③ 80kg
④ 120kg

해설

지정수량 배수의 합

$$=\frac{\text{A품목 저장수량}}{\text{A품목 지정수량}}+\frac{\text{B품목 저장수량}}{\text{B품목 지정수량}}$$

$\frac{20\text{kg}}{50\text{kg}}+\frac{10\text{kg}}{50\text{kg}}+\frac{x(\text{kg})}{300\text{kg}}=1$에서

$\frac{180}{300}+\frac{x}{300}=1$

$\therefore\ x=120$

답 ④

43 위험물안전관리법상 주유취급소의 소화설비 기준과 관련한 설명 중 틀린 것은?

① 모든 주유취급소는 소화난이도 등급 Ⅱ 또는 소화난이도 등급 Ⅲ에 속한다.
② 소화난이도 등급 Ⅱ에 해당하는 주유취급소에는 대형 수동식 소화기 및 소형 수동식 소화기 등을 설치하여야 한다.
③ 소화난이도 등급 Ⅲ에 해당하는 주유취급소에는 소형 수동식 소화기 등을 설치하여야 하며, 위험물의 소요단위 산정은 지하탱크저장소의 기준을 준용한다.
④ 모든 주유취급소의 소화설비 설치를 위해서는 위험물의 소요단위를 산출하여야 한다.

해설

위험물의 소요단위는 지정수량의 10배를 1소요단위로 한다.

답 ③

44 다음 중 위험물과 그 위험물이 물과 반응하여 발생하는 가스를 잘못 연결한 것은 어느 것인가?

① 탄화알루미늄－메탄
② 탄화칼슘－아세틸렌
③ 인화칼슘－에탄
④ 수소화칼슘－수소

해설

인화칼슘은 물과 반응하여 가연성이며 독성이 강한 인화수소(PH_3, 포스핀)가스를 발생한다.
① $Al_4C_3 + 12H_2O \rightarrow 4Al(OH)_3 + 3CH_4$
② $CaC_2 + 2H_2O \rightarrow Ca(OH)_2 + C_2H_2$
③ $Ca_3P_2 + 6H_2O \rightarrow 3Ca(OH)_2 + 2PH_3$
④ $CaH_2 + 2H_2O \rightarrow Ca(OH)_2 + 2H_2$

답 ③

45 제1류 위험물의 일반적인 성질에 해당하지 않는 것은?

① 고체상태이다.
② 분해하여 산소를 발생한다.
③ 가연성 물질이다.
④ 산화제이다.

해설

제1류 위험물(산화성 고체)은 무색 또는 백색분말로서 불연성이며, 조연성이다.

답 ③

46 다음은 위험물안전관리법령에 따른 이동저장탱크의 구조에 관한 기준이다. (　) 안에 알맞은 수치는?

> 이동저장탱크는 그 내부에 (㉮)L 이하마다 (㉯)mm 이상의 강철판 또는 이와 동등 이상의 강도, 내열성 및 내식성이 있는 금속성의 것으로 칸막이를 설치하여야 한다. 다만, 고체인 위험물을 저장하거나 고체인 위험물을 가열하여 액체상태로 저장하는 경우에는 그러하지 아니하다.

① ㉮ : 2,000, ㉯ 1.6
② ㉮ : 2,000, ㉯ 3.2
③ ㉮ : 4,000, ㉯ 1.6
④ ㉮ : 4,000, ㉯ 3.2

해설

이동저장탱크는 그 내부에 4,000L 이하마다 3.2mm 이상의 강철판 또는 이와 동등 이상의 강도·내열성 및 내식성이 있는 금속성의 것으로 칸막이를 설치하여야 한다. 다만, 고체인 위험물을 저장하거나 고체인 위험물을 가열하여 액체상태로 저장하는 경우에는 그러하지 아니하다.

답 ④

47 다음 중 질산나트륨의 성상으로 옳은 것은 어느 것인가?

① 황색 결정이다.
② 물에 잘 녹는다.
③ 흑색화약의 원료이다.
④ 상온에서 자연분해한다.

해설

질산나트륨

㉮ 비중 2.27, 융점 308℃, 분해온도 380℃, 무색의 결정 또는 백색분말로 조해성 물질이다.
㉯ 물이나 글리세린 등에는 잘 녹고 알코올에는 녹지 않는다.
㉰ 약 380℃에서 분해되어 아질산나트륨($NaNO_2$)과 산소(O_2)를 생성한다.
$2NaNO_3 \rightarrow 2NaNO_2+O_2$

답 ②

48 피크린산 제조에 사용되는 물질과 가장 관계가 있는 것은?

① C_6H_6
② $C_6H_5CH_3$
③ $C_3H_5(OH)_3$
④ C_6H_5OH

해설

피크린산(트리니트로페놀)은 페놀에 질산과 황산을 작용하여 만든다.
$C_6H_5OH+3HNO_3 \rightarrow C_6H_2OH(NO_2)_3+3H_2O$

답 ④

49 위험물안전관리법령상 위험물 옥외저장소에 저장할 수 있는 품명은? (단, 국제해상위험물규칙에 적합한 용기에 수납하는 경우를 제외한다.)

① 특수인화물
② 무기과산화물
③ 알코올류
④ 칼륨

해설

옥외저장소에 저장가능한 위험물

㉮ 제2류 위험물 중 유황, 인화성 고체
㉯ 제4류 위험물 중 제1석유류(인화점 0℃ 이상인 것에 한한다 → 톨루엔, 초산프로필, 피리딘)
㉰ 알코올류, 제2석유류, 제3석유류, 제4석유류, 동・식물유류
㉱ 제6류 위험물

답 ③

50 가연물에 따른 화재의 종류 및 표시색의 연결이 옳은 것은?

① 폴리에틸렌－유류화재－백색
② 석탄－일반화재－청색
③ 시너－유류화재－청색
④ 나무－일반화재－백색

해설

일반화재 : 백색, 유류화재 : 황색, 전기화재 : 청색, 금속화재 : 무색

답 ④

51 다음 중 위험물안전관리법령에 따른 지정수량이 나머지 셋과 다른 하나는?

① 황린
② 칼륨
③ 나트륨
④ 알킬리튬

해설

① 황린 : 20kg
② 칼륨 : 10kg
③ 나트륨 : 10kg
④ 알킬리튬 : 10kg

답 ①

52 다음은 위험물안전관리법령에서 정한 정의이다. 무엇의 정의인가?

> 인화성 또는 발화성 등의 성질을 가지는 것으로서 대통령령이 정하는 물품을 말한다.

① 위험물
② 가연물
③ 특수인화물
④ 제4류 위험물

해설

위험물안전관리법 제2조(정의)

"위험물"이라 함은 인화성 또는 발화성 등의 성질을 가지는 것으로서 대통령령이 정하는 물품을 말한다.

답 ①

53 과염소산나트륨의 성질이 아닌 것은 어느 것인가?

① 황색의 분말로 물과 반응하여 산소를 발생한다.
② 가열하면 분해되어 산소를 방출한다.
③ 융점은 약 482℃이고, 물에 잘 녹는다.
④ 비중은 약 2.5로 물보다 무겁다.

해설

과염소산나트륨
㉮ 비중 2.50, 분해온도 400℃, 융점 482℃
㉯ 무색무취의 결정 또는 백색분말로 조해성이 있는 불연성인 산화제
㉰ 물, 알코올, 아세톤에 잘 녹으나 에테르에는 녹지 않는다.

답 ①

54 황린과 적린의 성질에 대한 설명으로 가장 거리가 먼 것은?

① 황린과 적린은 이황화탄소에 녹는다.
② 황린과 적린은 물에 불용이다.
③ 적린은 황린에 비하여 화학적으로 활성이 작다.
④ 황린과 적린을 각각 연소시키면 P_2O_5이 생성된다.

해설

적린은 물, 이황화탄소에 녹지 않는다.

답 ①

55 아세트알데히드와 아세톤의 공통성질에 대한 설명 중 틀린 것은?

① 증기는 공기보다 무겁다.
② 무색 액체로서 인화점이 낮다.
③ 물에 잘 녹는다.
④ 특수인화물로 반응성이 크다.

해설

아세트알데히드(제4류 위험물 중 특수인화물), 아세톤(제4류 위험물 중 제1석유류)

답 ④

56 다음 위험물 중 특수인화물이 아닌 것은?

① 메틸에틸케톤 퍼옥사이드
② 산화프로필렌
③ 아세트알데히드
④ 이황화탄소

해설

메틸에틸케톤 퍼옥사이드(과산화메틸에틸케톤)는 제5류 위험물 중 유기과산화물에 해당한다.

답 ①

57 다음 중 분자량이 약 74, 비중이 약 0.71인 물질로서 에탄올 두 분자에서 물이 빠지면서 축합반응이 일어나 생성되는 물질은?

① $C_2H_5OC_2H_5$　　② C_2H_5OH
③ C_6H_5Cl　　④ CS_2

해설

① $C_2H_5OC_2H_5$(디에틸에테르)의 분자량
(24+5+16+24+5)=74
② C_2H_5OH(에틸알코올)의 분자량
(24+5+16+1)=46
③ C_6H_5Cl(클로로벤젠)의 분자량
(72+5+35.5)=112.5
④ CS_2(이황화탄소)의 분자량
(12+64)=76

답 ①

58 위험물 관련 신고 및 선임에 관한 사항으로 옳지 않은 것은?

① 제조소 위치·구조 변경 없이 위험물의 품명 변경 시는 변경한 날로부터 7일 이내에 신고하여야 한다.
② 제조소 설치자의 지위를 승계한 자는 승계한 날로부터 30일 이내에 신고하여야 한다.
③ 위험물안전관리자가 퇴직한 경우는 퇴직일로부터 14일 이내에 신고하여야 한다.
④ 위험물안전관리자가 퇴직한 경우는 퇴직일로부터 30일 이내에 선임하여야 한다.

해설

① 7일 이내가 아니라 7일 전까지이다.

위험물안전관리법 제6조(위험물시설의 설치 및 변경 등)

㉮ 제조소 등을 설치하고자 하는 자는 대통령령이 정하는 바에 따라 그 설치장소를 관할하는 특별시장·광역시장 또는 도지사(이하 "시·도지사"라 한다)의 허가를 받아야 한다.

㉯ 제조소 등의 위치·구조 또는 설비의 변경없이 당해 제조소 등에서 저장하거나 취급하는 위험물의 품명·수량 또는 지정수량의 배수를 변경하고자 하는 자는 변경하고자 하는 날의 7일 전까지 행정안전부령이 정하는 바에 따라 시·도지사에게 신고하여야 한다.

답 ①

59 메탄올에 관한 설명으로 옳지 않은 것은?

① 인화점은 약 11℃이다.
② 술의 원료로 사용된다.
③ 휘발성이 강하다.
④ 최종 산화물은 의산(포름산)이다.

해설

메탄올은 독성이 강하여 먹으면 실명하거나 사망에 이른다. (30mL의 양으로도 치명적!)

답 ②

60 다음 중 옥내저장소의 동일한 실에 서로 1m 이상의 간격을 두고 저장할 수 없는 것은?

① 제1류 위험물과 제3류 위험물 중 자연발화성 물질(황린 또는 이를 함유한 것에 한한다.)
② 제4류 위험물과 제2류 위험물 중 인화성 고체
③ 제1류 위험물과 제4류 위험물
④ 제1류 위험물과 제6류 위험물

해설

유별을 달리하는 위험물은 동일한 저장소(내화구조의 격벽으로 완전히 구획된 실이 2 이상 있는 저장소에 있어서는 동일한 실)에 저장하지 아니하여야 한다. 다만, 옥내저장소 또는 옥외저장소에 있어서 다음의 규정에 의한 위험물을 저장하는 경우로서 위험물을 유별로 정리하여 저장하는 한편 서로 1m 이상의 간격을 두는 경우에는 그러하지 아니하다(중요기준).

㉮ 제1류 위험물(알칼리금속의 과산화물 또는 이를 함유한 것을 제외한다)과 제5류 위험물을 저장하는 경우
㉯ 제1류 위험물과 제6류 위험물을 저장하는 경우
㉰ 제1류 위험물과 제3류 위험물 중 자연발화성 물질(황린 또는 이를 함유한 것에 한한다)을 저장하는 경우
㉱ 제2류 위험물 중 인화성 고체와 제4류 위험물을 저장하는 경우
㉲ 제3류 위험물 중 알킬알루미늄 등과 제4류 위험물(알킬알루미늄 또는 알킬리튬을 함유한 것에 한한다)을 저장하는 경우
㉳ 제4류 위험물 중 유기과산화물 또는 이를 함유하는 것과 제5류 위험물 중 유기과산화물 또는 이를 함유한 것을 저장하는 경우

답 ③

과년도 출제문제

위험물기능사

01 점화원으로 작용할 수 있는 정전기를 방지하기 위한 예방대책이 아닌 것은?

① 정전기 발생이 우려되는 장소에 접지시설을 한다.
② 실내의 공기를 이온화하여 정전기 발생을 억제한다.
③ 정전기는 습도가 낮을 때 많이 발생하므로 상대습도를 70% 이상으로 한다.
④ 전기의 저항이 큰 물질은 대전이 용이하므로 비전도체 물질을 사용한다.

해설

대전성 위험이 있는 것을 사용하지 않아야 한다.

정전기의 예방대책

㉮ 대전량을 감소시킨다.
㉯ 대전방지제를 사용한다.
㉰ 접지를 한다.
㉱ 공기 중의 습도를 높인다.
㉲ 유속을 1m/s 이하로 유지한다.
㉳ 작업자의 대전방지 – 정전의 및 정전화 등의 착용

답 ④

02 단백포소화약제 제조공정에서 부동제로 사용하는 것은?

① 에틸렌글리콜
② 물
③ 가수분해 단백질
④ 황산제1철

해설

동결방지제로 에틸렌글리콜, 모노부틸에테르를 첨가한다.

답 ①

03 다음과 같은 반응에서 5m^{3}의 탄산가스를 만들기 위해 필요한 탄산수소나트륨의 양은 약 몇 kg인가? (단, 표준상태이고 나트륨의 원자량은 23이다.)

$$2NaHCO_3 \rightarrow Na_2CO_3 + CO_2 + H_2O$$

① 18.75　　② 37.5
③ 56.25　　④ 75

해설

$5m^3-\cancel{CO_2}$	$1mol-\cancel{CO_2}$	$2mol-\cancel{NaHCO_3}$	$84kg-NaHCO_3$
	$22.4m^3-\cancel{CO_2}$	$1mol-\cancel{CO_2}$	$1mol-\cancel{NaHCO_3}$

$=37.5kg-NaHCO_3$

답 ②

04 건물의 외벽이 내화구조로서 연면적 300m^{2}의 옥내저장소에 필요한 소화기 소요단위 수는?

① 1단위　　② 2단위
③ 3단위　　④ 4단위

해설

옥내저장소의 경우 연면적 150m^{2}마다 1단위이므로 300m^{2}인 경우 2단위에 해당된다.

소요단위 : 소화설비의 설치대상이 되는 건축물의 규모 또는 위험물 양에 대한 기준단위		
1단위	제조소 또는 취급소용 건축물의 경우	내화구조 외벽을 갖춘 연면적 100m^2
		내화구조 외벽이 아닌 연면적 50m^2
	저장소 건축물의 경우	내화구조 외벽을 갖춘 연면적 150m^2
		내화구조 외벽이 아닌 연면적 75m^2
	위험물의 경우	지정수량의 10배

답 ②

05 다음 중 연쇄반응을 억제하여 소화하는 소화약제는?

① 할론 1301 ② 물
③ 이산화탄소 ④ 포

해설

할론소화약제 속에 함유되어 있는 할로겐족 원소인 불소, 염소, 브롬이 가연물질을 구성하는 수소, 산소로부터 활성화되어 생성된 자유라디칼인 수소기(H·) 또는 수산기(OH·)와 작용하여 가연물질의 연속적인 연소반응을 방해, 차단 또는 억제시켜 더 이상 진행하지 못하도록 하여 부촉매소화작용을 하게 된다.

답 ①

06 제조소 등에 전기설비(전기배선, 조명기구 등은 제외)가 설치된 경우에는 면적 몇 m^2마다 소형 수동식 소화기를 1개 이상 설치하여야 하는가?

① 50 ② 100
③ 150 ④ 200

해설

제조소 등에 전기설비(전기배선, 조명기구 등은 제외한다)가 설치된 경우에는 당해 장소의 면적 $100m^2$마다 소형 수동식 소화기를 1개 이상 설치할 것

답 ②

07 화재별 급수에 따른 화재의 종류 및 소화방법을 모두 옳게 나타낸 것은 어느 것인가?

① A급 : 유류화재－질식소화
② B급 : 유류화재－질식소화
③ A급 : 유류화재－냉각소화
④ B급 : 유류화재－냉각소화

해설

화재의 분류

분류	등급	소화방법
일반화재	A급	냉각소화
유류화재	B급	질식소화
전기화재	C급	질식소화
금속화재	D급	피복소화

답 ②

08 일반취급소의 형태가 옥외의 공작물로 되어 있는 경우에 있어서 그 최대수평투영면적이 $500m^2$일 때 설치하여야 하는 소화설비의 소요단위는 몇 단위인가?

① 5단위 ② 10단위
③ 15단위 ④ 20단위

해설

500/100＝5
취급소의 경우 연면적 $100m^2$마다 1단위이므로 $500m^2$인 경우 5단위에 해당된다.

답 ①

09 수용성 가연성 물질의 화재 시 다량의 물을 방사하여 가연물질의 농도를 연소농도 이하가 되도록 하여 소화시키는 것은 무슨 소화원리인가?

① 제거소화 ② 촉매소화
③ 희석소화 ④ 억제소화

답 ③

10 위험물을 운반용기에 담아 지정수량의 1/10을 초과하여 적재하는 경우 위험물을 혼재하여도 무방한 것은?

① 제1류 위험물과 제6류 위험물
② 제2류 위험물과 제6류 위험물
③ 제2류 위험물과 제3류 위험물
④ 제3류 위험물과 제5류 위험물

해설

유별 위험물의 혼재기준

구분	제1류	제2류	제3류	제4류	제5류	제6류
제1류		×	×	×	×	○
제2류	×		×	○	○	×
제3류	×	×		○	×	×
제4류	×	○	○		○	×
제5류	×	○	×	○		×
제6류	○	×	×	×	×	

답 ①

11 15℃의 기름 100g에 8,000J의 열량을 주면 기름의 온도는 몇 ℃가 되겠는가? (단, 기름의 비열은 2J/g · ℃이다.)

① 25　② 45
③ 50　④ 55

해설

$Q = mC(T_2 - T_1)$
$8,000J = 100g \times 2J/g \cdot ℃ \times \Delta T$ 에서
$8,000 \times 200\Delta T$
$\Delta T = 40℃$
그러므로, 최종 기름의 온도는 15℃+40℃=55℃

답 ④

12 이산화탄소소화기 사용 시 줄-톰슨효과에 의해서 생성되는 물질은?

① 포스겐　② 일산화탄소
③ 드라이아이스　④ 수성가스

답 ③

13 탱크 화재현상 중 BLEVE(Boiling Liquid Expanding Vapor Explosion)에 대한 설명으로 가장 옳은 것은?

① 기름탱크에서의 수증기 폭발현상이다.
② 비등상태의 액화가스가 기화하여 팽창하고, 폭발하는 현상이다.
③ 화재 시 기름 속의 수분이 급격히 증발하여 기름거품이 되고, 팽창해서 기름 탱크에서 밖으로 내뿜어져 나오는 현상이다.
④ 고점도의 기름 속에 수증기를 포함한 볼 형태의 물방울이 형성되어 탱크 밖으로 넘치는 형상이다.

해설

블레비(Boiling Liquid Expanding Vapor Explosion, BLEVE) 현상 : 가연성 액체 저장탱크 주위에서 화재 등이 발생하여 기상부의 탱크 강판이 국부적으로 가열되면 그 부분의 강도가 약해져 그로 인해 탱크가 파열된다. 이때 내부에서 가열된 액화가스가 급격히 유출, 팽창되어 화구(fire ball)를 형성하며 폭발하는 형태를 말한다.

답 ②

14 소화난이도 등급 Ⅰ에 해당하지 않는 제조소 등은?

① 제1석유류 위험물을 제조하는 제조소로서 연면적 1,000m^2 이상인 것
② 제1석유류 위험물을 저장하는 옥외탱크저장소로서 액표면적이 40m^2 이상인 것
③ 모든 이송취급소
④ 제6류 위험물을 저장하는 암반탱크저장소

해설

소화난이도 등급 Ⅰ에 해당하는 제조소, 일반취급소

제조소 등의 구분	제조소 등의 규모, 저장 또는 취급하는 위험물의 품명 및 최대수량 등
제조소, 일반 취급소	연면적 1,000m^2 이상인 것
	지정수량의 100배 이상인 것(고인화점위험물만을 100℃ 미만의 온도에서 취급하는 것 및 제48조의 위험물을 취급하는 것은 제외)
	지반면으로부터 6m 이상의 높이에 위험물 취급설비가 있는 것(고인화점위험물만을 100℃ 미만의 온도에서 취급하는 것은 제외)
	일반취급소로 사용되는 부분 외의 부분을 갖는 건축물에 설치된 것(내화구조로 개구부 없이 구획된 것 및 고인화점위험물만을 100℃ 미만의 온도에서 취급하는 것은 제외)
옥외 탱크 저장소	액표면적이 40m^2 이상인 것(제6류 위험물을 저장하는 것 및 고인화점위험물만을 100℃ 미만의 온도에서 저장하는 것은 제외)
	지반면으로부터 탱크 옆판의 상단까지 높이가 6m 이상인 것(제6류 위험물을 저장하는 것 및 고인화점위험물만을 100℃ 미만의 온도에서 저장하는 것은 제외)
	지중탱크 또는 해상탱크로서 지정수량의 100배 이상인 것(제6류 위험물을 저장하는 것 및 고인화점위험물만을 100℃ 미만의 온도에서 저장하는 것은 제외)
	고체위험물을 저장하는 것으로서 지정수량의 100배 이상인 것
암반 탱크 저장소	액표면적이 40m^2 이상인 것(제6류 위험물을 저장하는 것 및 고인화점위험물만을 100℃ 미만의 온도에서 저장하는 것은 제외)
	고체위험물만을 저장하는 것으로서 지정수량의 100배 이상인 것
이송 취급소	모든 대상

답 ④

15 위험물의 성질에 따라 강화된 기준을 적용하는 지정과산화물을 저장하는 옥내저장소에서 지정과산화물에 대한 설명으로 옳은 것은?

① 지정과산화물이란 제5류 위험물 중 유기과산화물 또는 이를 함유한 것으로서 지정수량이 10kg인 것을 말한다.
② 지정과산화물에는 제4류 위험물에 해당하는 것도 포함된다.
③ 지정과산화물이란 유기과산화물과 알킬알루미늄을 말한다.
④ 지정과산화물이란 유기과산화물 중 국민안전처 고시로 지정한 물질을 말한다.

답 ①

16 위험물안전관리법령상 지하탱크저장소에 설치하는 강제 이중벽탱크에 관한 설명으로 틀린 것은?

① 탱크 본체와 외벽 사이에는 3mm 이상의 감지층을 둔다.
② 스페이서는 탱크 본체와 재질을 다르게 하여야 한다.
③ 탱크전용실 없이 지하에 직접 매설할 수도 있다.
④ 탱크 외면에는 최대시험압력을 지워지지 않도록 표시하여야 한다.

해설

스페이서는 탱크 본체와 재질을 같게 해야 한다.

답 ②

17 지정수량의 100배 이상을 저장 또는 취급하는 옥내저장소에 설치하여야 하는 경보설비는? (단, 고인화점 위험물만을 저장 또는 취급하는 것은 제외한다.)

① 비상경보설비
② 자동화재탐지설비
③ 비상방송설비
④ 비상조명등설비

해설

제조소 등의 구분	제조소 등의 규모, 저장 또는 취급하는 위험물의 종류 및 최대수량 등	경보설비
1. 제조소 및 일반취급소	• 연면적 $500m^2$ 이상인 것 • 옥내에서 지정수량의 100배 이상을 취급하는 것 • 일반취급소로 사용되는 부분 외의 부분이 있는 건축물에 설치된 일반취급소	자동화재탐지설비
2. 옥내저장소	• 지정수량의 100배 이상을 저장 또는 취급하는 것 • 저장창고의 연면적이 $150m^2$를 초과하는 것[당해 저장창고가 연면적 $15m^2$ 이내마다 불연재료의 격벽으로 개구부 없이 완전히 구획된 것과 제2류 또는 제4류의 위험물(인화성 고체 및 인화점이 70℃ 미만인 제4류 위험물을 제외한다)만을 저장 또는 취급하는 것에 있어서는 저장창고의 연면적이 $500m^2$ 이상인 것에 한한다] • 처마높이가 6m 이상인 단층건물의 것 • 옥내저장소로 사용되는 부분 외의 부분이 있는 건축물에 설치된 옥내저장소[옥내저장소와 옥내저장소 외의 부분이 내화구조의 바닥 또는 벽으로 개구부 없이 구획된 것과 제2류 또는 제4류 위험물(인화성 고체 및 인화점이 70℃ 미만인 제4류 위험물을 제외한다)만을 저장 또는 취급하는 것을 제외한다]	
3. 옥내탱크저장소	단층건물 외의 건축물에 설치된 옥내탱크저장소로서 소화난이도등급 I에 해당하는 것	
4. 주유취급소	옥내주유취급소	

답 ②

18 금속분, 목탄, 코크스 등의 연소형태에 해당하는 것은?

① 자기연소
② 증발연소
③ 분해연소
④ 표면연소

해설

① 내부연소(자기연소) : 물질 자체의 분자 안에 산소를 함유하고 있는 물질이 연소 시 외부에서의 산소 공급을 필요로 하지 않고 물질 자체가 갖고 있는 산소를 소비하면서 연소하는 형태(예 질산에스테르류, 니트로화합물류 등)
② 증발연소 : 가연성 고체에 열을 가하면 융해되어 여기서 생긴 액체가 기화되고 이로 인한 연소가 이루어지는 형태(예 황, 나프탈렌 등)
③ 분해연소 : 가연성 '가스'가 공기 중에서 산소와 혼합되어 타는 현상(예 목재, 석탄 등)
④ 표면연소(직접연소) : 열분해에 의하여 가연성 가스를 발생치 않고 그 자체가 연소하는 형태로서 연소반응이 고체의 표면에서 이루어지는 형태(예 목탄, 코크스, 금속분 등)

답 ④

19 8L 용량의 소화전용 물통의 능력단위는?

① 0.3 ② 0.5
③ 1.0 ④ 1.5

해설

능력단위 : 소방기구의 소화능력

소화설비	용량	능력단위
마른모래	50L (삽 1개 포함)	0.5
팽창질석, 팽창진주암	160L (삽 1개 포함)	1
소화전용 물통	8 L	0.3
수조	190L (소화전용 물통 6개 포함)	2.5
	80L (소화전용 물통 3개 포함)	1.5

답 ①

20 위험물제조소 등별로 설치하여야 하는 경보설비의 종류에 해당하지 않는 것은?

① 비상방송설비
② 비상조명등설비
③ 자동화재탐지설비
④ 비상경보설비

해설

- **경보설비** : 비상경보설비, 단독경보형 감지기, 비상방송설비, 누전경보기, 자동화재탐지 및 시각경보기, 자동화재속보설비, 가스누설경보기
- **피난설비** : 피난기구, 인명구조기구, 유도등 및 유도표지, 비상조명설비

답 ②

21 염소산나트륨과 반응하여 ClO_2가스를 발생시키는 것은?

① 글리세린 ② 질소
③ 염산 ④ 산소

해설

염소산나트륨은 산과의 반응이나 분해반응으로 독성이 있으며 폭발성이 강한 이산화염소(ClO_2)를 발생한다.

$2NaClO_3 + 2HCl \rightarrow 2NaCl + 2ClO_2 + H_2O_2$

답 ③

22 위험물의 지하저장탱크 중 압력탱크 외의 탱크에 대해 수압시험을 실시할 때 몇 kPa의 압력으로 하여야 하는가? (단, 소방청장이 정하여 고시하는 기밀시험과 비파괴시험을 동시에 실시하는 방법으로 대신하는 경우는 제외한다.)

① 40 ② 50
③ 60 ④ 70

해설

지하저장탱크는 용량에 따라 정하는 기준에 적합하게 강철판 또는 동등 이상의 성능이 있는 금속재질로 완전용입용접 또는 양면겹침이음용접으로 틈이 없도록 만드는 동시에, 압력탱크(최대상용압력이 46.7kPa 이상인 탱크를 말한다) 외의 탱크에 있어서는 70kPa의 압력으로, 압력탱크에 있어서는 최대상용압력의 1.5배의 압력으로 각각 10분간 수압시험을 실시하여 새거나 변형되지 아니하여야 한다. 이 경우 수압시험은 소방청장이 정하여 고시하는 기밀시험과 비파괴시험을 동시에 실시하는 방법으로 대신할 수 있다.

답 ④

23 다음 중 착화온도가 가장 낮은 것은?

① 등유 ② 가솔린
③ 아세톤 ④ 톨루엔

해설

① 등유 : 210℃ ② 가솔린 : 300℃
③ 아세톤 : 468℃ ④ 톨루엔 : 490℃

답 ①

24 저장용기에 물을 넣어 보관하고 $Ca(OH)_2$를 넣어 pH 9의 약알칼리성으로 유지시키면서 저장하는 물질은?

① 적린 ② 황린
③ 질산 ④ 황화린

해설

인화수소(PH_3)의 생성을 방지하기 위해 보호액은 약알칼리성 pH 9로 유지하기 위하여 알칼리제(석회 또는 소다회 등)로 pH를 조절한다.

답 ②

25 시·도의 조례가 정하는 바에 따라 관할 소방서장의 승인을 받아 지정수량 이상의 위험물을 제조소 등이 아닌 장소에서 임시로 저장 또는 취급하는 기간은 최대 며칠 이내인가?

① 30 ② 60
③ 90 ④ 120

해설

위험물안전관리법 제5조(위험물의 저장 및 취급의 제한)
제조소 등이 아닌 장소에서 지정수량 이상의 위험물을 취급할 수 있는 경우 임시로 저장 또는 취급하는 장소에서의 저장 또는 취급의 기준과 임시로 저장 또는 취급하는 장소의 위치·구조 및 설비의 기준은 시·도의 조례로 정한다.

㉮ 시·도의 조례가 정하는 바에 따라 관할 소방서장의 승인을 받아 지정수량 이상의 위험물을 90일 이내의 기간 동안 임시로 저장 또는 취급하는 경우
㉯ 군부대가 지정수량 이상의 위험물을 군사목적으로 임시로 저장 또는 취급하는 경우

답 ③

26 과염소산암모늄의 위험성에 대한 설명으로 올바르지 않은 것은?

① 급격히 가열하면 폭발의 위험이 있다.
② 건조 시에는 안정하나 수분 흡수 시에는 폭발한다.
③ 가연성 물질과 혼합하면 위험하다.
④ 강한 충격이나 마찰에 의해 폭발의 위험이 있다.

해설

무색, 무취의 결정 또는 백색 분말로 조해성이 있는 불연성인 산화제이다.

답 ②

27 위험물안전관리법령상 제5류 위험물의 판정을 위한 시험의 종류로 옳은 것은 어느 것인가?

① 폭발성 시험, 가열 분해성 시험
② 폭발성 시험, 충격 민감성 시험
③ 가열 분해성 시험, 착화의 위험성 시험
④ 충격 민감성 시험, 착화의 위험성 시험

해설

제5류 위험물의 판정을 위한 시험의 종류 : 폭발성 시험, 가열 분해성 시험

답 ①

28 다음 위험물 저장방법에 관한 설명 중 틀린 것은?

① 알킬알루미늄은 물속에 보관한다.
② 황린은 물속에 보관한다.
③ 금속나트륨은 등유 속에 보관한다.
④ 금속칼륨은 경유 속에 보관한다.

해설

알킬알루미늄의 하나인 트리에틸알루미늄은 물과 접촉하면 폭발적으로 반응하여 에탄을 형성하고 이때 발열, 폭발에 이른다.
$2(C_2H_5)_3Al + 3H_2O \rightarrow Al(OH)_3 + 3C_2H_6$

답 ①

29 위험물 운반에 관한 기준 중 위험 등급 Ⅰ에 해당하는 위험물은?

① 황화린
② 피크린산
③ 벤조일퍼옥사이드
④ 질산나트륨

해설

① 황화린 : 제2류 위험물 Ⅱ등급
② 피크린산 : 제5류 위험물 Ⅱ등급
③ 벤조일퍼옥사이드 : 제5류 위험물 유기과산화물 Ⅰ등급
④ 질산나트륨 : 제1류 위험물 질산염류 Ⅱ등급

답 ③

30 다음 중 톨루엔에 대한 설명으로 틀린 것은 어느 것인가?

① 벤젠의 수소원자 하나가 메틸기로 치환된 것이다.
② 증기는 벤젠보다 가볍고 휘발성은 더 높다.
③ 독특한 향기를 가진 무색의 액체이다.
④ 물에 녹지 않는다.

해설

② 톨루엔의 증기가 벤젠보다 무겁다.
벤젠(C_6H_6)의 증기비중=78/28.84=2.70
톨루엔($C_6H_5CH_3$)의 증기비중=92/28.84=3.19

답 ②

31 다음 중 질산나트륨의 성상에 대한 설명으로 틀린 것은?

① 조해성이 있다.
② 강력한 환원제이며, 물보다 가볍다.
③ 열분해하여 산소를 방출한다.
④ 가연물과 혼합하면 충격에 의해 발화할 수 있다.

해설

질산나트륨은 제1류 위험물로서 산화성 고체이다.

답 ②

32 2몰의 브롬산칼륨이 모두 열분해되어 생긴 산소의 양은 2기압 27℃에서 약 몇 L인가?

① 32.42
② 36.92
③ 41.34
④ 45.64

해설

$2KBrO_3 \rightarrow 2KBr + 3O_2$

$V = \frac{nRT}{P}$ 에서

$V = \frac{3 \times 0.082 \times (27 + 273.15)}{2}$

$= 36.92$

답 ②

33 메탄올과 에탄올의 공통점을 설명한 내용으로 틀린 것은?

① 휘발성의 무색 액체이다.
② 인화점이 0℃ 이하이다.
③ 증기는 공기보다 무겁다.
④ 비중이 물보다 작다.

해설

구분	메탄올	에탄올
성상	무색투명한 액체	무색투명한 액체
인화점	11℃	13℃
증기비중	1.1	1.6
액비중	0.79	

답 ②

34 위험물안전관리법령상 유별이 같은 것으로만 나열된 것은?

① 금속의 인화물, 칼슘의 탄화물, 할로겐간화합물
② 아조벤젠, 염산히드라진, 질산구아니딘
③ 황린, 적린, 무기과산화물
④ 유기과산화물, 질산에스테르류, 알킬리튬

해설

① 금속의 인화물(제3류), 칼슘의 탄화물(제3류), 할로겐간화합물(제6류)
② 아조벤젠, 염산히드라진, 질산구아니딘(제5류)
③ 황린(제3류), 적린(제2류), 무기과산화물(제1류)
④ 유기과산화물(제5류), 질산에스테르류(제5류), 알킬리튬(제3류)

답 ②

35 위험물 저장탱크 중 부상지붕구조로 탱크의 직경이 53m 이상, 60m 미만인 경우 고정식 포소화설비의 포방출구 종류 및 수량으로 옳은 것은?

① Ⅰ형 8개 이상
② Ⅱ형 8개 이상
③ Ⅲ형 10개 이상
④ 특형 10개 이상

해설

포방출구는 탱크의 직경, 구조 및 포방출구의 종류에 따른 수 이상의 개수를 탱크 옆판의 외주에 균등한 간격으로 설치해야 한다. 직경이 53m 이상 60m 미만인 경우 고정지붕구조의 경우 Ⅰ형 또는 Ⅱ형 8개 이상, Ⅲ형은 8개 이상, 부상덮개부착 고정구조 지붕구조의 경우 Ⅱ형 10개 이상, 부상지붕구조의 경우 특형 10개 이상이다.

답 ④

36 위험물의 운반에 관한 기준에서 제4석유류와 혼재할 수 없는 위험물은? (단, 위험물은 각각 지정수량의 2배인 경우이다.)

① 황화린
② 칼륨
③ 유기과산화물
④ 과염소산

해설

제4석유류는 제4류 위험물이므로 제1류, 제6류와 혼재할 수 없으므로 과염소산을 혼재할 수 없다.
① 황화린 – 제2류
② 칼륨 – 제3류
③ 유기과산화물 – 제5류
④ 과염소산 – 제6류

유별 위험물의 혼재기준

구분	제1류	제2류	제3류	제4류	제5류	제6류
제1류		×	×	×	×	○
제2류	×		×	○	○	×
제3류	×	×		○	×	×
제4류	×	○	○		○	×
제5류	×	○	×	○		×
제6류	○	×	×	×	×	

답 ④

37 주유취급소 일반점검표의 점검항목에 따른 점검내용 중 점검방법이 육안점검이 아닌 것은?

① 가연성 증기검지경보설비 – 손상의 유무
② 피난설비의 비상전원 – 정전 시의 점등 상황
③ 간이탱크의 가연성 증기회수밸브 – 작동 상황
④ 배관의 전기방식 설비 – 단자의 탈락 유무

해설

피난설비의 비상전원의 경우 점검항목에 따른 점검내용은 기능점검(작동확인)으로 점등여부를 확인해야 한다.

답 ②

38 디에틸에테르에 대한 설명 중 틀린 것은?

① 강산화제와 혼합 시 안전하게 사용할 수 있다.
② 대량으로 저장 시 불활성 가스를 봉입한다.
③ 정전기 발생 방지를 위해 주의를 기울여야 한다.
④ 통풍, 환기가 잘 되는 곳에 저장한다.

해설

디에틸에테르는 강산화제와 접촉 시 격렬하게 반응하고 혼촉, 발화한다.

답 ①

39 다음 중 증기비중이 가장 큰 것은?

① 벤젠
② 등유
③ 메틸알코올
④ 디에틸에테르

해설

① 벤젠 : 2.7
② 등유 : 4~5
③ 메틸알코올 : 1.1
④ 디에틸에테르 : 2.57

답 ②

40 휘발유에 대한 설명으로 옳은 것은?

① 가연성 증기를 발생하기 쉬우므로 주의한다.
② 발생된 증기는 공기보다 가벼워서 주변으로 확산하기 쉽다.
③ 전기가 잘 통하는 도체이므로 정전기를 발생시키지 않도록 조치한다.
④ 인화점이 상온보다 높으므로 여름철에 각별한 주의가 필요하다.

해설

휘발유는 증기비중이 3~4로서 공기보다 무거우며, 전기에 대한 부도체이고, 인화점은 −43~−20℃에 해당하는 인화점이 낮은 물질이다.

답 ①

41 다음 중 위험물안전관리법령에 의한 지정수량이 가장 작은 품명은?

① 질산염류
② 인화성 고체
③ 금속분
④ 질산에스테르류

해설

① 질산염류 : 300kg
② 인화성 고체 : 1,000kg
③ 금속분 : 500kg
④ 질산에스테르류 : 10kg

답 ④

42 위험물안전관리법령상 제2류 위험물에 속하지 않는 것은?

① P_4S_3 ② Al
③ Mg ④ Li

해설

Li은 알칼리금속으로서 제3류 위험물에 속한다.

답 ④

43 다음 위험물 중 발화점이 가장 낮은 것은?

① 황
② 삼황화린
③ 황린
④ 아세톤

해설

① 황 : 360℃
② 삼황화린 : 약 100℃
③ 황린 : 34℃
④ 아세톤 : 468℃

답 ③

44 위험물안전관리법령에 의한 지정수량이 나머지 셋과 다른 하나는?

① 유황
② 적린
③ 황린
④ 황화린

해설

① 유황, ② 적린, ④ 황화린 : 100kg
③ 황린 : 20kg

답 ③

45 인화성 액체위험물을 저장하는 옥외탱크저장소에 설치하는 방유제의 높이 기준은?

① 0.5m 이상, 1m 이하
② 0.5m 이상, 3m 이하
③ 0.3m 이상, 1m 이하
④ 0.3m 이상, 3m 이하

해설

높이 : 0.5m 이상 3m 이하, 면적 : 80,000m^2 이하

답 ②

46 위험물안전관리법령상 옥외저장탱크 중 압력탱크 외의 탱크에 통기관을 설치하여야 할 때 밸브 없는 통기관인 경우 통기관의 직경은 몇 mm 이상으로 하여야 하는가?

① 10 ② 15
③ 20 ④ 30

해설

밸브 없는 통기관의 설치기준

㉮ 통기관의 직경 : 30mm 이상
㉯ 통기관의 선단은 수평으로부터 45° 이상 구부려 빗물 등의 침투를 막는 구조일 것
㉰ 인화점이 38℃ 미만인 위험물만을 저장 · 취급하는 탱크의 통기관에는 화염방지장치를 설치하고, 인화점이 38℃ 이상 70℃ 미만인 위험물을 저장 · 취급하는 탱크의 통기관에는 40mesh 이상의 구리망으로 된 인화방지장치를 설치할 것

답 ④

47 금속나트륨과 금속칼륨의 공통적인 성질에 대한 설명으로 옳은 것은?

① 불연성 고체이다.
② 물과 반응하여 산소를 발생한다.
③ 은백색의 매우 단단한 금속이다.
④ 물보다 가벼운 금속이다.

해설

은백색의 광택이 있는 경금속으로 칼륨의 비중은 0.86, 나트륨의 비중은 0.97로 둘다 물보다 가볍다.

답 ④

48 트리니트로페놀에 대한 일반적인 설명으로 틀린 것은?

① 가연성 물질이다.
② 공업용은 보통 휘황색의 결정이다.
③ 알코올에 녹지 않는다.
④ 납과 화합하여 예민한 금속염을 만든다.

해설

트리니트로페놀

㉮ 순수한 것은 무색이나 보통 공업용은 휘황색의 침전 결정이며 충격, 마찰에 둔감하고 자연분해하지 않으므로 장기저장해도 자연발화의 위험 없이 안정하다.
㉯ 찬물에는 거의 녹지 않으나 온수, 알코올, 에테르, 벤젠 등에는 잘 녹는다.

답 ③

49 위험물 저장탱크의 내용적이 300L일 때 탱크에 저장하는 위험물의 용량 범위로 적합한 것은? (단, 원칙적인 경우에 한한다.)

① 240~270L
② 270~285L
③ 290~295L
④ 295~298L

해설

공간용적이 5~10%이므로 이 공간을 제외한 것이 위험물 탱크의 용량이다.
5%이면 300L×0.95=285L
10%이면 30L×0.90=270L

답 ②

50 다음 각 위험물의 지정수량의 총 합은 몇 kg인가?

알킬리튬, 리튬, 수소화나트륨, 인화칼슘, 탄화칼슘

① 820
② 900
③ 960
④ 1,260

해설

- 알킬리튬 – 10kg
- 리튬 – 50kg
- 수소화나트륨, 인화칼슘, 탄화칼슘 – 300kg

그러므로, 10+50+300×3=960kg

답 ③

51 과산화수소의 분해방지제로 적합한 것은 어느 것인가?

① 아세톤
② 인산
③ 황
④ 암모니아

해설

일반 시판품은 30~40%의 수용액으로 분해하기 쉬워 인산(H_3PO_4), 요산($C_5H_4N_4O_3$) 등 안정제를 가하거나 약산성으로 만든다.

답 ②

52 위험물안전관리법령상 산화성 액체에 해당하지 않는 것은?

① 과염소산
② 과산화수소
③ 과염소산나트륨
④ 질산

해설

성질	위험등급	품명	지정수량
산화성 액체	I	1. 과염소산($HClO_4$)	300kg
		2. 과산화수소(H_2O_2)	
		3. 질산(HNO_3)	
		4. 그 밖의 행정안전부령이 정하는 것 – 할로겐간화합물 (BrF_3, IF_5 등)	

답 ③

53 위험물안전관리법령상 염소화규소화합물은 제 몇 류 위험물에 해당하는가?

① 제1류
② 제2류
③ 제3류
④ 제5류

해설

제3류 위험물의 품명 및 지정수량

성질	위험등급	품명	지정수량
자연 발화성 물질 및 금수성 물질	I	1. 칼륨(K) 2. 나트륨(Na) 3. 알킬알루미늄 4. 알킬리튬	10kg
		5. 황린(P_4)	20kg
	II	6. 알칼리금속류(칼륨 및 나트륨 제외) 및 알칼리토금속 7. 유기금속화합물(알킬알루미늄 및 알킬리튬 제외)	50kg
	III	8. 금속의 수소화물 9. 금속의 인화물 10. 칼슘 또는 알루미늄의 탄화물	300kg
		11. 그 밖에 행정안전부령이 정하는 것 염소화규소화합물	300kg

답 ③

54 가솔린의 연소범위에 가장 가까운 것은?

① 1.2~7.6%
② 2.0~23.0%
③ 1.8~36.5%
④ 1.0~50.0%

해설

가솔린의 연소범위 : 1.2~7.6%

답 ①

55 옥내저장탱크 상호간에는 특별한 경우를 제외하고 최소 몇 m 이상의 간격을 유지하여야 하는가?

① 0.1 ② 0.2
③ 0.3 ④ 0.5

해설

탱크와 탱크 상호간은 0.5m 이상 간격을 두어야 한다(단, 탱크의 점검 및 보수에 지장이 없는 경우는 거리제한 없음).

답 ④

56 과산화벤조일에 대한 설명 중 틀린 것은?

① 진한황산과 혼촉 시 위험성이 증가한다.
② 폭발성을 방지하기 위하여 희석제를 첨가할 수 있다.
③ 가열하면 약 100℃에서 흰 연기를 내면서 분해한다.
④ 물에 녹으며 무색, 무취의 액체이다.

해설

과산화벤조일(벤조일퍼옥사이드)은 무미, 무취의 백색분말 또는 무색의 결정성 고체로 물에는 잘 녹지 않으나 알코올 등에는 잘 녹는다.

답 ④

57 위험물 판매취급소에 대한 설명 중 틀린 것은?

① 제1종 판매취급소라 함은 저장 또는 취급하는 위험물의 수량이 지정수량의 20배 이하인 판매취급소를 말한다.
② 위험물을 배합하는 실의 바닥면적은 $6m^2$ 이상 $15m^2$ 이하이어야 한다.
③ 판매취급소에서는 도료류 외의 제1석유류를 배합하거나 옮겨 담는 작업을 할 수 없다.
④ 제1종 판매취급소는 건축물의 2층까지만 설치가 가능하다.

해설

제1종 판매취급소는 건축물의 1층에 설치해야 한다.

58 위험물안전관리법의 적용 제외와 관련된 내용으로 (   ) 안에 알맞은 것을 모두 나타낸 것은?

> 위험물안전관리법은 (   )에 의한 위험물의 저장 · 취급 및 운반에 있어서는 이를 적용하지 아니한다.

① 항공기 · 선박(선박법 제1조의 2 제1항에 따른 선박을 말한다) · 철도 및 궤도
② 항공기 · 선박(선박법 제1조의 2 제1항에 따른 선박을 말한다) · 철도
③ 항공기 · 철도 및 궤도
④ 철도 및 궤도

해설

위험물안전관리법은 항공기 · 선박(선박법 제1조의 2 제1항에 따른 선박을 말한다) · 철도 및 궤도에 의한 위험물의 저장 · 취급 및 운반에 있어서는 이를 적용하지 아니한다.

답 ①

59 옥내저장소에 질산 600L를 저장하고 있다. 저장하고 있는 질산은 지정수량의 몇 배인가? (단, 질산의 비중은 1.5이다.)

① 1
② 2
③ 3
④ 4

해설

질산 $600L \times 1.5kg/L = 900kg$

$$\frac{\text{A품목 저장수량}}{\text{A품목 지정수량}} = \frac{900kg}{300kg} = 3\text{배}$$

답 ③

60 중크롬산칼륨에 대한 설명으로 틀린 것은?

① 열분해하여 산소를 발생한다.
② 물과 알코올에 잘 녹는다.
③ 등적색의 결정으로 쓴 맛이 있다.
④ 산화제, 의약품 등에 사용된다.

해설

중크롬산칼륨은 물에는 잘 녹으나 알코올에는 잘 녹지 않는다.

답 ②

1200제 제10회 과년도 출제문제 위험물기능사

01 니트로셀룰로오스의 자연발화는 일반적으로 무엇에 기인한 것인가?

① 산화열
② 중합열
③ 흡착열
④ 분해열

해설

자연발화 원인	자연발화 형태
산화열	건성유(정어리기름, 아마인유, 들기름 등), 반건성유(면실유, 대두유 등)가 적셔진 다공성 가연물, 원면, 석탄, 금속분, 고무 조각 등
분해열	니트로셀룰로오스, 셀룰로이드류, 니트로글리세린 등의 질산에스테르류
흡착열	탄소분말(유연탄, 목탄 등), 가연성 물질+촉매
발화물질	아크릴로니트릴, 스티렌, 비닐아세테이트 등의 중합반응
미생물 발화	퇴비, 먼지, 퇴적물, 곡물 등

답 ④

02 인화점 70℃ 이상의 제4류 위험물을 저장하는 암반탱크저장소에 설치하여야 하는 소화설비들로만 이루어진 것은? (단, 소화난이도 등급 Ⅰ에 해당한다.)

① 물분무소화설비 또는 고정식 포소화설비
② 이산화탄소소화설비 또는 물분무소화설비
③ 할로겐화합물소화설비 또는 이산화탄소소화설비
④ 고정식 포소화설비 또는 할로겐화합물소화설비

해설

소화난이도 등급 Ⅰ의 암반탱크저장소에 설치하여야 하는 소화설비

구분	대상	소화설비
암반탱크저장소	유황만을 저장, 취급하는 것	물분무소화설비
	인화점 70℃ 이상의 제4류 위험물만을 저장, 취급하는 것	물분무소화설비 또는 고정식 포소화설비
	그 밖의 것	고정식 포소화설비(포소화설비가 적응성이 없는 경우에는 분말소화설비)

답 ①

03 탄화알루미늄이 물과 반응하여 폭발의 위험이 있는 것은 다음 중 어떤 가스가 발생하기 때문인가?

① 수소　② 메탄
③ 아세틸렌　④ 암모니아

해설

$Al_4C_3 + 12H_2O \rightarrow 4Al(OH)_3 + 3CH_4$

답 ②

04 위험물안전관리법령에 따른 옥외소화전설비의 설치기준에 대해 다음 ( ) 안에 알맞은 수치를 차례대로 나타낸 것은?

> 옥외소화전설비는 모든 옥외소화전(설치개수가 4개 이상인 경우는 4개의 옥외소화전)을 동시에 사용할 경우에 각 노즐선단의 방수압력이 (　)kPa 이상이고, 방수량이 1분당 (　)L 이상의 성능이 되도록 할 것

① 350, 260　② 300, 260
③ 350, 450　④ 300, 450

해설

옥외소화전설비는 모든 옥외소화전(설치개수가 4개 이상인 경우는 4개의 옥외소화전)을 동시에 사용할 경우에 각 노즐선단의 방수압력이 350kPa 이상이고, 방수량이 1분당 450L 이상의 성능이 되도록 할 것

답 ③

05 위험물제조소에 설치하는 분말소화설비의 기준에서 분말소화약제의 가압용 가스로 사용할 수 있는 것은?

① 헬륨 또는 산소
② 네온 또는 염소
③ 아르곤 또는 산소
④ 질소 또는 이산화탄소

답 ④

06 다음 중 위험물별로 설치하는 소화설비 중 적응성이 없는 것과 연결된 것은 어느 것인가?

① 제3류 위험물-할로겐화합물소화설비, 이산화탄소소화설비
② 제4류 위험물-물분무소화설비, 이산화탄소소화설비
③ 제5류 위험물-포소화설비, 스프링클러설비
④ 제6류 위험물-옥내소화설비, 물분무소화설비

해설

제3류 위험물은 할론 및 이산화탄소와의 반응으로 화재를 확대할 수 있으므로 사용할 수 없다.

답 ①

07 아세톤의 위험도를 구하면 얼마인가? (단, 아세톤의 연소범위는 2.5~12.8vol%이다.)

① 0.846　　② 1.23
③ 4.12　　④ 7.5

해설

$$H=\frac{U-L}{L}=\frac{12.8-2.5}{2.5}=5.5$$

답 ③

08 주유취급소 중 건축물의 2층에 휴게음식점의 용도로 사용하는 것에 있어 해당 건축물의 2층으로부터 직접 주유취급소의 부지 밖으로 통하는 출입구와 해당 출입구로 통하는 통로계단에 설치하여야 하는 것은 어느 것인가?

① 비상경보설비
② 유도등
③ 비상조명등
④ 확성장치

해설

주유취급소의 피난설비 설치기준 : 주유취급소 중 건축물의 2층 이상의 부분을 점포·휴게음식점 또는 전시장의 용도로 사용하는 것에 있어서는 당해 건축물의 2층 이상으로부터 직접 주유취급소의 부지 밖으로 통하는 출입구와 당해 출입구로 통하는 통로·계단 및 출입구에 유도등을 설치하여야 한다.

답 ②

09 제조소에서 취급하는 제4류 위험물의 최대수량의 합이 지정수량의 24만배 이상 48만배 미만인 사업소의 자체소방대에 두는 화학소방자동차 수와 소방대원의 인원 기준으로 옳은 것은?

① 2대, 4인
② 2대, 12인
③ 3대, 15인
④ 3대, 24인

해설

자체소방대에 두는 화학소방자동차 및 인원

사업소의 구분	화학소방자동차의 수	자체소방대원의 수
제조소 또는 일반취급소에서 취급하는 제4류 위험물의 최대수량의 합이 지정수량의 3천배 이상 12만배 미만인 사업소	1대	5인
제조소 또는 일반취급소에서 취급하는 제4류 위험물의 최대수량의 합이 지정수량의 12만배 이상 24만배 미만인 사업소	2대	10인
제조소 또는 일반취급소에서 취급하는 제4류 위험물의 최대수량의 합이 지정수량의 24만배 이상 48만배 미만인 사업소	3대	15인
제조소 또는 일반취급소에서 취급하는 제4류 위험물의 최대수량의 합이 지정수량의 48만배 이상인 사업소	4대	20인
옥외탱크저장소에 저장하는 제4류 위험물의 최대수량이 지정수량의 50만배 이상인 사업소	2대	10인

답 ③

10 다음 중 제6류 위험물을 저장하는 제조소 등에 적응성이 없는 소화설비는 어느 것인가?

① 옥외소화전설비
② 탄산수소염류 분말소화설비
③ 스프링클러설비
④ 포소화설비

해설

제6류 위험물의 경우 탄산수소염류의 분말에 의한 소화효과는 없다.

소화설비 구분 \ 대상물 구분	건축물·그 밖의 공작물	전기설비	제1류 위험물: 알칼리금속과산화물 등	제1류 위험물: 그 밖의 것	제2류 위험물: 철분·금속분·마그네슘 등	제2류 위험물: 인화성 고체	제2류 위험물: 그 밖의 것	제3류 위험물: 금수성 물품	제3류 위험물: 그 밖의 것	제4류 위험물	제5류 위험물	제6류 위험물
옥내소화전 또는 옥외소화전설비	○			○		○	○		○		○	○
스프링클러설비	○			○		○	○		○	△	○	○
물분무 등 소화설비 - 물분무소화설비	○	○		○		○	○		○	○	○	○
물분무 등 소화설비 - 포소화설비	○			○		○	○		○	○	○	○
물분무 등 소화설비 - 불활성가스소화설비		○				○				○		
물분무 등 소화설비 - 할로겐화합물소화설비		○				○				○		
물분무 등 소화설비 - 분말소화설비 - 인산염류 등	○	○		○		○	○			○		○
물분무 등 소화설비 - 분말소화설비 - 탄산수소염류 등		○	○		○	○		○		○		
물분무 등 소화설비 - 분말소화설비 - 그 밖의 것			○		○			○				

답 ②

11 소화난이도 등급 Ⅰ에 해당하는 위험물제조소 등이 아닌 것은? (단, 원칙적인 경우에 한하며 다른 조건은 고려하지 않는다.)

① 모든 이송취급소
② 연면적 $600m^2$의 제조소
③ 지정수량의 150배인 옥내저장소
④ 액 표면적이 $40m^2$인 옥외탱크저장소

해설

제조소는 연면적 $1,000m^2$ 이상의 제조소인 경우 소화난이도 등급 Ⅰ에 해당된다.

답 ②

12 위험물제조소 등에 설치하는 이산화탄소소화설비의 소화약제 저장용기 설치장소로 적합하지 않은 곳은?

① 방호구역 외의 장소
② 온도가 40℃도 이하이고 온도변화가 적은 장소
③ 빗물이 침투할 우려가 적은 장소
④ 직사일광이 잘 들어오는 장소

해설

이산화탄소소화설비 저장용기의 설치기준
㉮ 방호구역 외의 장소에 설치할 것
㉯ 온도가 40℃ 이하이고 온도변화가 적은 장소에 설치할 것
㉰ 직사일광 및 빗물이 침투할 우려가 적은 장소에 설치할 것
㉱ 저장용기에는 안전장치를 설치할 것

답 ④

13 위험물제조소 등에 설치해야 하는 각 소화설비의 설치기준에 있어서 각 노즐 또는 헤드선단의 방사압력 기준이 나머지 셋과 다른 설비는?

① 옥내소화전설비
② 옥외소화전설비
③ 스프링클러설비
④ 물분무소화설비

해설

소화설비의 설치기준

제조소 등	옥내 소화전설비	옥외 소화전설비	스프링클러 설비	물분무 소화설비
방사압력	350kPa	350kPa	100kPa	350kPa

답 ③

14 높이 15m, 지름 20m인 옥외저장탱크에 보유공지의 단축을 위해서 물분무설비로 방호조치를 하는 경우 수원의 양은 약 몇 L 이상으로 하여야 하는가?

① 46,495　② 58,090
③ 70,259　④ 95,880

해설

탱크의 표면에 방사하는 물의 양은 탱크의 높이 15m 이하마다 원주 길이 1m에 대하여 분당 37L 이상으로 하며, 수원의 양은 20분 이상 방사할 수 있는 수량으로 한다.
원주 길이 $=\pi D=3.14\times20\text{m}=62.83\text{m}$
$\therefore\ 62.83\text{m}\times37\text{L/min}\times20\text{min}=46{,}495\text{L}$

답 ①

15 위험물의 품명, 수량 또는 지정수량 배수의 변경신고에 대한 설명으로 옳은 것은?

① 허가청과 협의하여 설치한 군용위험물시설의 경우에도 적용된다.
② 변경신고는 변경한 날로부터 7일 이내에 완공검사필증을 첨부하여 신고하여야 한다.
③ 위험물의 품명이나 수량의 변경을 위해 제조소 등의 위치, 구조 또는 설비를 변경하는 경우에 신고한다.
④ 위험물의 품명, 수량 및 지정수량의 배수를 모두 변경할 때에는 신고를 할 수 없고 허가를 신청하여야 한다.

답 ①

16 과산화리튬의 화재현장에서 주수소화가 불가능한 이유는?

① 수소가 발생하기 때문에
② 산소가 발생하기 때문에
③ 이산화탄소가 발생하기 때문에
④ 일산화탄소가 발생하기 때문에

해설

과산화리튬은 무기과산화물로서 물과 접촉 시 발열과 함께 산소가스를 방출하기 때문에 주수소화하면 곤란하다.

답 ②

17 알루미늄 분말화재 시 주수하여서는 안 되는 가장 큰 이유는?

① 수소가 발생하여 연소가 확대되기 때문에
② 유독가스가 발생하여 연소가 확대되기 때문에
③ 산소의 발생으로 연소가 확대되기 때문에
④ 분말의 독성이 강하기 때문에

해설

$2Al+6H_2O \rightarrow 2Al(OH)_3+3H_2$

답 ①

18 위험물제조소 등에 설치하는 옥외소화전설비의 기준에서 옥외소화전함은 옥외소화전으로부터 보행거리 몇 m 이하의 장소에 설치하여야 하는가?

① 1.5 ② 5
③ 7.5 ④ 10

해설

방수용 기구를 격납하는 함(이하 "옥외소화전함"이라 한다)은 불연재료로 제작하고 옥외소화전으로부터 보행거리 5m 이하의 장소로서 화재발생 시 쉽게 접근가능하고 화재 등의 피해를 받을 우려가 적은 장소에 설치할 것

답 ②

19 다음 중 질식소화효과를 주로 이용하는 소화기는?

① 포소화기
② 강화액소화기
③ 수(물)소화기
④ 할로겐화합물소화기

답 ①

20 전기화재의 급수를 옳게 나타낸 것은?

① A급 ② B급
③ C급 ④ D급

해설

화재분류	명칭	비고	소화
A급 화재	일반 화재	연소 후 재를 남기는 화재	냉각소화
B급 화재	유류 화재	연소 후 재를 남기지 않는 화재	질식소화
C급 화재	전기 화재	전기에 의한 발열체가 발화원이 되는 화재	질식소화
D급 화재	금속화재	금속 및 금속의 분, 박, 리본 등에 의해서 발생되는 화재	피복소화
F급 화재 (또는 K급 화재)	주방화재	가연성 튀김 기름을 포함한 조리로 인한 화재	냉각·질식소화

답 ③

21 인화점이 상온 이상인 위험물은?

① 중유 ② 아세트알데히드
③ 아세톤 ④ 이황화탄소

해설

① 중유 : 70℃ 이상
② 아세트알데히드 : −40℃
③ 아세톤 : −18.5℃
④ 이황화탄소 : −30℃

답 ①

22 알킬알루미늄의 저장 및 취급 방법으로 옳은 것은?

① 용기는 완전밀봉하고, CH_4, C_3H_8 등을 봉입한다.
② C_6H_6 등의 희석제를 넣어 준다.
③ 용기의 마개에 다수의 미세한 구멍을 뚫는다.
④ 통기구가 달린 용기를 사용하여 압력상승을 방지한다.

해설

알킬알루미늄을 실제 사용 시는 희석제(벤젠, 톨루엔, 헥산 등 탄화수소 용제)로 20~30%로 희석하여 사용해야 한다.

답 ②

23 위험물제조소의 연면적이 몇 m^2 이상이 되면 경보설비 중 자동화재탐지설비를 설치하여야 하는가?

① 400 ② 500
③ 600 ④ 800

해설

자동화재탐지설비를 설치해야 하는 위험물제조소 기준
㉮ 연면적 $500m^2$ 이상인 것
㉯ 옥내에서 지정수량의 100배 이상을 취급하는 것(고인화점 위험물만을 100℃ 미만의 온도에서 자동화재취급하는 것을 제외한다)
㉰ 일반취급소로 사용되는 부분 외의 부분이 있는 건축물에 설치된 일반취급소(일반취급소와 일반취급소 외의 부분이 내화구조의 바닥 또는 벽으로 개구부 없이 구획된 것을 제외한다)

답 ②

24 제조소 등에 있어서 위험물의 저장기준으로 잘못된 것은?

① 황린은 제3류 위험물이므로 물기가 없는 건조한 장소에 저장하여야 한다.
② 덩어리상태의 유황은 위험물 용기에 수납하지 않고 옥내저장소에 저장할 수 있다.
③ 옥내저장소에서는 용기에 수납하여 저장하는 위험물의 온도가 55℃를 넘지 아니하도록 필요한 조치를 강구하여야 한다.
④ 이동저장탱크에는 저장 또는 취급하는 위험물의 유별, 품명, 최대수량 및 적재중량을 표시하고 잘 보일 수 있도록 관리하여야 한다.

해설

황린 저장 및 취급 방법
㉮ 자연발화성이 있어 물속에 저장하며, 온도상승 시 물의 산성화가 빨라져서 용기를 부식시키므로 직사광선을 피하여 저장한다.
㉯ 맹독성이 있으므로 취급 시 고무장갑, 보호복, 보호안경을 착용한다.
㉰ 인화수소(PH_3)의 생성을 방지하기 위해 보호액은 약알칼리성 pH 9로 유지하기 위하여 알칼리제(석회 또는 소다회 등)로 pH를 조절한다.
㉱ 이중용기에 넣어 냉암소에 저장하고, 피부에 접촉하였을 경우 다량의 물로 세척하고, 탄산나트륨이나 피크린산액 등으로 씻는다.

답 ①

25 염소산나트륨의 저장 및 취급 시 주의할 사항으로 틀린 것은?

① 철제용기에 저장은 피해야 한다.
② 열분해 시 이산화탄소가 발생하므로 질식에 유의한다.
③ 조해성이 있으므로 방습에 유의한다.
④ 용기에 밀전(密栓)하여 보관한다.

해설

염소산나트륨은 300℃에서 가열분해하여 염화나트륨과 산소가 발생한다.
$2NaClO_3 \rightarrow 2NaCl + 3O_2$

답 ②

26 요오드(아이오딘)산 아연의 성질에 관한 설명으로 가장 거리가 먼 것은?

① 결정성 분말이다.
② 유기물과 혼합 시 연소위험이 있다.
③ 환원력이 강하다.
④ 제1류 위험물이다.

해설

요오드산아연은 제1류 위험물(산화성 고체) 중 요오드산염류에 속하는 물질로서 산화력이 강한 물질이다.

답 ③

27 메틸알코올의 위험성에 대한 설명으로 틀린 것은 어느 것인가?

① 겨울에는 인화의 위험이 여름보다 작다.
② 증기밀도는 가솔린보다 크다.
③ 독성이 있다.
④ 연소범위는 에틸알코올보다 넓다.

해설

표준상태에서 증기밀도는 증기의 분자량/22.4L이므로 분자량이 큰 물질이 증기밀도가 크다. 따라서 메틸알코올(32g/mol)은 가솔린(72~128g/mol)보다 분자량이 작으므로 증기밀도는 메틸알코올이 더 작다.

답 ②

28 위험물안전관리법령에서 규정하고 있는 사항으로 틀린 것은?

① 법정의 안전교육을 받아야 하는 사람은 안전관리자로 선임된 자, 탱크시험자의 기술인력으로 종사하는 자, 위험물 운송자로 종사하는 자이다.

② 지정수량의 150배 이상의 위험물을 저장하는 옥내저장소는 관계인이 예방규정을 정하여야 하는 제조소 등에 해당한다.
③ 정기검사의 대상이 되는 것은 액체위험물을 저장 또는 취급하는 10만리터 이상의 옥외탱크저장소, 암반탱크저장소, 이송취급소이다.
④ 법정의 안전관리교육 이수자와 소방공무원으로 근무한 경력이 3년 이상인 자는 제4류 위험물에 대한 위험물취급 자격자가 될 수 있다.

해설

③ 정기검사의 대상이 되는 것은 액체위험물을 저장 또는 취급하는 100만리터 이상의 옥외탱크저장소

답 ③

29 다음 중 이송취급소의 교체밸브, 제어밸브 등의 설치기준으로 틀린 것은 어느 것인가?

① 밸브는 원칙적으로 이송기지 또는 전용부지 내에 설치할 것
② 밸브는 그 개폐상태를 설치장소에 쉽게 확인할 수 있도록 할 것
③ 밸브는 지하에 설치하는 경우에는 점검상자 안에 설치할 것
④ 밸브는 해당 밸브의 관리에 관계하는 자가 아니면 수동으로만 개폐할 수 있도록 할 것

해설

이송취급소의 교체 및 제어밸브 설치기준
㉮ 밸브는 원칙적으로 이송기지 또는 전용부지 내에 설치할 것
㉯ 밸브는 그 개폐상태가 당해 밸브의 설치장소에서 쉽게 확인할 수 있도록 할 것
㉰ 밸브를 지하에 설치하는 경우에는 점검상자 안에 설치할 것
㉱ 밸브는 당해 밸브의 관리에 관계하는 자가 아니면 수동으로 개폐할 수 없도록 할 것

답 ④

30 위험물안전관리법령에서 정한 물분무소화설비의 설치기준으로 적합하지 않은 것은?

① 고압의 전기설비가 있는 장소에는 해당 전기설비와 분무헤드 및 배관 사이에 전기절연을 위하여 필요한 공간을 보유한다.
② 스트레이너 및 일제개방밸브는 제어밸브의 하류측 부근에 스트레이너, 일제개방밸브의 순으로 설치한다.
③ 물분무소화설비에 2 이상의 방사구역을 두는 경우에는 화재를 유효하게 소화할 수 있도록 인접하는 방사구역이 상호 중복되도록 한다.
④ 수원의 수위가 수평회전식 펌프보다 낮은 위치에 있는 가압송수장치의 물올림장치는 타설비와 겸용하여 설치한다.

해설

수원의 수위가 수평회전식 펌프보다 낮은 위치에 있는 가압송수장치의 물올림장치에는 전용의 물올림탱크를 설치해야 한다.

답 ④

31 위험물운송책임자의 감독 또는 지원의 방법으로 운송의 감독 또는 지원을 위하여 마련한 별도의 사무실에 운송책임자가 대기하면서 이행하는 사항에 해당하지 않는 것은 어느 것인가?

① 운송 후에 운송경로를 파악하여 관할 경찰관서에 신고하는 것
② 이동탱크저장소의 운전자에 대하여 수시로 안전확보상황을 확인하는 것
③ 비상시의 응급처치에 관하여 조언을 하는 것
④ 위험물의 운송 중 안전확보에 관하여 필요한 정보를 제공하고 감독 또는 지원하는 것

답 ①

32 과염소산에 대한 설명으로 틀린 것은 어느 것인가?

① 물과 접촉하면 발열한다.
② 불연성이지만 유독성이 있다.
③ 증기비중은 약 3.5이다.
④ 산화제이므로 쉽게 산화될 수 있다.

해설

과염소산은 산화성 액체로서 불연성 물질이므로 산화되지 않는다.

답 ④

33 제5류 위험물에 관한 내용으로 틀린 것은?

① $C_2H_5ONO_2$: 상온에서 액체이다.
② $C_6H_2OH(NO_2)_3$: 공기 중 자연분해가 매우 잘 된다.
③ $C_6H_3(NO_2)_2CH_3$: 담황색의 결정이다.
④ $C_3H_5(ONO_2)_3$: 혼산 중에 글리세린을 반응시켜 제조한다.

해설

$C_6H_2OH(NO_2)_3$은 트리니트로페놀로서 순수한 것은 무색이나 보통 공업용은 휘황색의 침전 결정이며 충격, 마찰에 둔감하고 자연분해하지 않으므로 장기저장해도 자연발화위험 없이 안정하다.

답 ②

34 이황화탄소 저장 시 물속에 저장하는 이유로 가장 옳은 것은?

① 공기 중 수소와 접촉하여 산화되는 것을 방지하기 위하여
② 공기와 접촉 시 환원하기 때문에
③ 가연성 증기 발생을 억제하기 위해서
④ 불순물을 제거하기 위하여

해설

물보다 무겁고 물에 녹기 어렵기 때문에 가연성 증기의 발생을 억제하기 위하여 물(수조) 속에 저장한다.

답 ③

35 1종 판매취급소에 설치하는 위험물 배합실의 기준으로 틀린 것은?

① 바닥면적은 $6m^2$ 이상 $15m^2$ 이하일 것
② 내화구조 또는 불연재료로 된 벽으로 구획할 것
③ 출입구는 수시로 열 수 있는 자동폐쇄식의 갑종방화문으로 설치할 것
④ 출입구 문턱의 높이는 바닥면으로부터 0.2m 이상일 것

해설

출입구 문턱의 높이는 바닥면으로 0.1m 이상으로 할 것

답 ④

36 과산화수소의 운반용기 외부에 표시하여야 하는 주의사항은?

① 화기주의
② 충격주의
③ 물기엄금
④ 가연물접촉주의

해설

과산화수소의 경우 제6류 위험물로서 가연물접촉주의를 표시해야 한다.

답 ④

37 나트륨 100kg을 저장하려 한다. 지정수량의 배수는 얼마인가?

① 5배
② 7배
③ 10배
④ 15배

해설

나트륨은 제3류 위험물로서 지정수량 10kg이다.

$$\text{지정수량 배수의 합} = \frac{\text{A품목 저장수량}}{\text{A품목 지정수량}} = \frac{100\text{kg}}{10\text{kg}} = 10$$

답 ③

38 다음 중 제4류 위험물에 대한 설명으로 가장 옳은 것은?

① 물과 접촉하면 발열하는 것
② 자기연소성 물질
③ 많은 산소를 함유하는 강산화제
④ 상온에서 액상인 가연성 액체

해설

제4류 위험물의 공통성질

㉮ 액체는 물보다 가볍고, 대부분 물에 잘 녹지 않는다.
㉯ 상온에서 액체이며 인화하기 쉽다.
㉰ 대부분의 증기는 공기보다 무겁다.
㉱ 착화온도(착화점, 발화온도, 발화점)가 낮을수록 위험하다.
㉲ 연소하한이 낮아 증기와 공기가 약간 혼합되어 있어도 연소한다.

답 ④

39 비중은 0.86이고 은백색의 무른 경금속으로 보라색 불꽃을 내면서 연소하는 제3류 위험물은?

① 칼슘
② 나트륨
③ 칼륨
④ 리튬

해설

금속칼륨의 일반적 성질

㉮ 은백색의 광택이 있는 경금속으로 흡습성, 조해성이 있고, 석유 등 보호액에 장기보존 시 표면에 K_2O, KOH, K_2CO_3가 피복되어 가라앉는다.
㉯ 녹는점 이상으로 가열하면 보라색 불꽃을 내면서 연소한다.
$4K+O_2 \rightarrow 2K_2O$
㉰ 물 또는 알코올과 반응하지만, 에테르와는 반응하지 않는다.
㉱ 비중 0.86, 융점 63.7℃, 비점 774℃

답 ③

40 1몰의 에틸알코올이 완전연소하였을 때 생성되는 이산화탄소는 몇 몰인가?

① 1몰 ② 2몰
③ 3몰 ④ 4몰

해설

에틸알코올의 연소반응식

$C_2H_5OH+3O_2 \rightarrow 2CO_2+3H_2O$
1몰의 에틸알코올이 완전연소하였을 경우 생성되는 이산화탄소는 2몰이다.

답 ②

41 제4류 위험물의 옥외저장탱크에 대기밸브부착 통기관을 설치할 때 몇 kPa 이하의 압력 차이로 작동하여야 하는가?

① 5kPa 이하
② 10kPa 이하
③ 15kPa 이하
④ 20kPa 이하

해설

옥외저장탱크 대기밸브부착 통기관의 경우 5kPa 이하의 압력 차이로 작동할 수 있어야 하며, 가는 눈의 구리망 등으로 인화방지장치를 설치할 것

답 ①

42 건성유에 해당되지 않는 것은?

① 들기름
② 동유
③ 아마인유
④ 피마자유

해설

요오드값 : 유지 100g에 부가되는 요오드의 g수, 불포화도가 증가할수록 요오드값이 증가하며, 자연발화위험이 있다.

㉮ 건성유 : 요오드값이 130 이상인 것
이중결합이 많아 불포화도가 높기 때문에 공기 중에서 산화되어 액 표면에 피막을 만드는 기름
예 아마인유, 들기름, 동유, 정어리기름, 해바라기유 등

㉯ 반건성유 : 요오드값이 100~130인 것
공기 중에서 건성유보다 얇은 피막을 만드는 기름
예 청어기름, 콩기름, 옥수수기름, 참기름, 면실유(목화씨유), 채종유 등
㉰ 불건성유 : 요오드값이 100 이하인 것
공기 중에서 피막을 만들지 않는 안정된 기름
예 올리브유, 피마자유, 야자유, 땅콩기름, 동백유 등

답 ④

43 규조토에 흡수시켜 다이너마이트를 제조할 때 사용되는 위험물은?

① 디니트로톨루엔
② 질산에틸
③ 니트로글리세린
④ 니트로셀룰로오스

해설

니트로글리세린은 다공질 물질 규조토에 흡수시켜 다이너마이트를 제조한다.

답 ③

44 제조소 등에서 위험물을 유출시켜 사람의 신체 또는 재산에 대하여 위험을 발생시킨 자에 대한 벌칙기준으로 옳은 것은?

① 1년 이상 3년 이하의 징역
② 1년 이상 5년 이하의 징역
③ 1년 이상 7년 이하의 징역
④ 1년 이상 10년 이하의 징역

답 ④

45 위험물안전관리법령상 제3류 위험물에 속하는 담황색의 고체로서 물속에 보관해야 하는 것은?

① 황린
② 적린
③ 유황
④ 니트로글리세린

해설

황린의 저장 및 취급 방법
㉮ 자연발화성이 있어 물속에 저장하며, 온도상승 시 물의 산성화가 빨라져서 용기를 부식시키므로 직사광선을 피하여 저장한다.
㉯ 맹독성이 있으므로 취급 시 고무장갑, 보호복, 보호안경을 착용한다.
㉰ 인화수소(PH_3)의 생성을 방지하기 위해 보호액은 약알칼리성 pH 9로 유지하기 위하여 알칼리제(석회 또는 소다회 등)로 pH를 조절한다.

답 ①

46 오황화린과 칠황화린이 물과 반응했을 때 공통으로 나오는 물질은 다음 중 어느 것인가?

① 이산화황
② 황화수소
③ 인화수소
④ 삼산화황

해설

$P_2S_5 + 8H_2O \rightarrow 5H_2S + 2H_3PO_4$
칠황화린은 더운 물에서 급격히 분해하여 황화수소(H_2S)를 발생한다.

답 ②

47 위험물안전관리법령상 제5류 위험물의 위험 등급에 대한 설명 중 틀린 것은 어느 것인가?

① 유기과산화물과 질산에스테르류는 위험 등급 I에 해당한다.
② 지정수량 100kg인 히드록실아민과 히드록실아민염류는 위험 등급 II에 해당한다.
③ 지정수량 200kg에 해당되는 품명은 모두 위험 등급 II에 해당한다.
④ 지정수량 100kg인 품명만 위험 등급 I에 해당된다.

해설

제5류 위험물의 품명과 지정수량

성질	위험등급	품명	지정수량
자기반응성 물질	Ⅰ	1. 유기과산화물	10kg
		2. 질산에스테르류	10kg
	Ⅱ	3. 니트로화합물	200kg
		4. 니트로소화합물	200kg
		5. 아조화합물	200kg
		6. 디아조화합물	200kg
		7. 히드라진유도체	200kg
		8. 히드록실아민(NH_2OH)	100kg
		9. 히드록실아민염류	100kg
		10. 그 밖의 행정안전부령이 정하는 것 ① 금속의 아지드화합물 ② 질산구아니딘	200kg

답 ④

48 과산화벤조일의 일반적인 성질로 옳은 것은 어느 것인가?

① 비중은 약 0.33이다.
② 무미, 무취의 고체이다.
③ 물에는 잘 녹지만 디에틸에테르에는 녹지 않는다.
④ 녹는점은 약 300℃이다.

해설

과산화벤조일의 일반적 성질

㉮ 무미, 무취의 백색분말 또는 무색의 결정성 고체로 물에는 잘 녹지 않으나 알코올 등에는 잘 녹는다.
㉯ 운반 시 30% 이상의 물을 포함시켜 풀 같은 상태로 수송된다.
㉰ 상온에서는 안정하나 산화작용을 하며, 가열하면 약 100℃ 부근에서 분해한다.
㉱ 비중 1.33, 융점 103~105℃, 발화온도 125℃

답 ②

49 다음은 위험물안전관리법령에 따른 이동탱크저장소에 대한 기준이다. (　) 안에 알맞은 수치를 차례대로 나열한 것은?

> 이동저장탱크는 그 내부에 (　)L 이하마다 (　)mm 이상의 강철판 또는 이와 동등 이상의 강도·내열성 및 내식성이 있는 금속성의 것으로 칸막이를 해야 한다.

① 2,500, 3.2　　② 2,500, 4.8
③ 4,000, 3.2　　④ 4,000, 4.8

답 ③

50 다음 중 위험물안전관리법령에서 정한 지정수량이 500kg인 것은?

① 황화린　　② 금속분
③ 인화성 고체　　④ 유황

해설

제2류 위험물의 품명과 지정수량

성질	위험등급	품명	지정수량
산화성 고체	Ⅱ	1. 황화린 2. 적린(P) 3. 황(S)	100kg
	Ⅲ	4. 철분(Fe) 5. 금속분 6. 마그네슘(Mg)	500kg
		7. 인화성고체	1,000kg

답 ②

51 알루미늄분의 위험성에 대한 설명 중 틀린 것은?

① 할로겐 원소와 접촉 시 자연발화의 위험성이 있다.
② 산과 반응하여 가연성 가스인 수소를 발생한다.
③ 발화하면 다량의 열이 발생한다.
④ 뜨거운 물과 격렬히 반응하여 산화알루미늄을 발생한다.

해설

물과 반응하면 수소가스를 발생한다.
$2Al + 6H_2O \rightarrow 2Al(OH)_3 + 3H_2$

답 ④

52 고정지붕구조를 가진 높이 15m의 원통종형 옥외위험물저장탱크 안의 탱크 상부로부터 아래로 1m 지점에 고정식 포방출구가 설치되어 있다. 이 조건의 탱크를 신설하는 경우 최대허가량은 얼마인가? (단, 탱크의 내부 단면적은 $100m^2$이고, 탱크 내부에는 별다른 구조물이 없으며, 공간용적 기준은 만족하는 것으로 가정한다.)

① $1,400m^3$
② $1,370m^3$
③ $1,350m^3$
④ $1,300m^3$

해설

위험물안전관리 세부기준 제25조(탱크의 내용적 및 공간용적)

㉮ 탱크의 공간용적은 탱크의 내용적의 100분의 5 이상 100분의 10 이하의 용적으로 한다. 다만, 소화설비(소화약제 방출구를 탱크 안의 윗부분에 설치하는 것에 한한다)를 설치하는 탱크의 공간용적은 당해 소화설비의 소화약제 방출구 아래의 0.3미터 이상 1미터 미만 사이의 면으로부터 윗부분의 용적으로 한다.
㉯ 암반탱크에 있어서는 당해 탱크 내에 용출하는 7일간의 지하수의 양에 상당하는 용적과 당해 탱크의 내용적의 100분의 1의 용적 중에서 보다 큰 용적을 공간용적으로 한다.
따라서, 원통의 부피=단면적×높이
최대량(0.3m) : $100m^2 \times (15-1-0.3)m$
$=1,370m^3$
최소량(1m) : $100m^2 \times (15-1-1)m$
$=1,300m^3$
탱크는 소화설비가 있는 설비의 경우 약제방출구로부터 0.3m에서 1m까지 경계선으로부터의 윗공간을 공간용적으로 본다.

답 ②

53 $NaClO_2$를 수납하는 운반용기의 외부에 표시하여야 할 주의사항으로 옳은 것은?

① "화기엄금" 및 "충격주의"
② "화기주의" 및 "물기엄금"
③ "화기 · 충격주의" 및 "가연물접촉주의"
④ "화기엄금" 및 "공기접촉엄금"

해설

$NaClO_2$는 제1류 위험물로서 운반용기의 외부에 표시하여야 할 주의사항은 "화기충격주의" 및 "가연물접촉주의"이다.

답 ③

54 과산화칼륨이 물 또는 이산화탄소와 반응할 경우 공통적으로 발생하는 물질은?

① 산소　② 과산화수소
③ 수산화칼륨　④ 수소

해설

과산화칼륨은 흡습성이 있으므로 물과 접촉하면 수산화칼륨(KOH)과 산소(O_2)를 발생한다.
$2K_2O_2 + 2H_2O \rightarrow 4KOH + O_2$
또한, 공기 중의 탄산가스를 흡수하여 탄산염이 생성된다.
$2K_2O_2 + CO_2 \rightarrow 2K_2CO_3 + O_2$

답 ①

55 다음 중 제3류 위험물에 대한 설명으로 옳지 않은 것은?

① 황린은 공기 중에 노출되면 자연발화하므로 물속에 저장하여야 한다.
② 나트륨은 물보다 무거우며 석유 등의 보호액 속에 저장하여야 한다.
③ 트리에틸알루미늄은 상온에서 액체상태로 존재한다.
④ 인화칼슘은 물과 반응하여 유독성의 포스핀을 발생한다.

해설

나트륨은 비중 0.97로서 물보다 가볍다.

답 ②

56 순수한 것은 무색, 투명한 기름상의 액체이고 공업용은 담황색인 위험물로 충격, 마찰에는 매우 예민하고 겨울철에는 동결할 우려가 있는 것은?

① 펜트리트 ② 트리니트로벤젠
③ 니트로글리세린 ④ 질산메틸

해설

니트로글리세린은 다이너마이트, 로켓, 무연화약의 원료로 순수한 것은 무색, 투명하나 공업용 시판품은 담황색이며 점화하면 즉시 연소하고 폭발력이 강하며, 겨울철에는 동결할 우려가 있다.

답 ③

57 위험물제조소에서 다음과 같이 위험물을 취급하고 있는 경우 각각의 지정수량 배수의 총합은 얼마인가?

- 브롬산나트륨 : 300kg
- 과산화나트륨 : 150kg
- 중크롬산나트륨 : 500kg

① 3.5 ② 4.0
③ 4.5 ④ 5.0

해설

지정수량 배수의 합

$$=\frac{\text{A품목 저장수량}}{\text{A품목 지정수량}}+\frac{\text{B품목 저장수량}}{\text{B품목 지정수량}}+\frac{\text{C품목 저장수량}}{\text{C품목 지정수량}}+\cdots$$

$$=\frac{300\text{kg}}{300\text{kg}}+\frac{150\text{kg}}{50\text{kg}}+\frac{500\text{kg}}{1,000\text{kg}}=4.5$$

답 ③

58 위험물안전관리법령은 위험물의 유별에 따른 저장, 취급상의 유의사항을 규정하고 있다. 이 규정에서 특히 과열, 충격, 마찰을 피하여야 할 류(類)에 속하는 위험물 품명을 옳게 나열한 것은?

① 히드록실아민, 금속의 아지화합물
② 금속의 산화물, 칼슘의 탄화물
③ 무기금속화합물, 인화성 고체
④ 무기과산화물, 금속의 산화물

해설

히드록실아민과 금속의 아지화합물은 제5류 위험물로서 자기반응성 물질이므로 특히, 과열, 충격, 마찰을 피하여야 한다.

답 ①

59 이황화탄소에 관한 설명으로 틀린 것은?

① 비교적 무거운 무색의 고체이다.
② 인화점이 0℃ 이하이다.
③ 약 100℃에서 발화할 수 있다.
④ 이황화탄소의 증기는 유독하다.

해설

① 무거운 무색의 액체이다.

이황화탄소의 일반적 성질

㉮ 순수한 것은 무색, 투명하고 클로로포름과 같은 약한 향기가 있는 액체지만 통상 불순물이 있기 때문에 황색을 띠며 불쾌한 냄새가 난다.
㉯ 물보다 무겁고 물에 녹지 않으나, 알코올, 에테르, 벤젠 등에는 잘 녹으며, 유지, 수지 등의 용제로 사용된다.
㉰ 독성이 있어 피부에 장시간 접촉하거나 증기흡입 시 인체에 유해하다.
㉱ 분자량(76), 비점(46℃), 인화점(−30℃), 제4류 위험물 중 발화점(90℃ or 100℃)이 가장 낮고 연소범위(1.3~50%)가 넓으며 증기압(300mmHg)이 높아 휘발성이 높고 인화성, 발화성이 강하다.

답 ①

60 액체위험물을 운반용기에 수납할 때 내용적의 몇 % 이하의 수납률로 수납하여야 하는가?

① 95 ② 96
③ 97 ④ 98

해설

고체 : 95%, 액체 : 98%

답 ④

과년도 출제문제

위험물기능사

01 다음 중 화재 원인에 대한 설명으로 틀린 것은?

① 연소대상물의 열전도율이 좋을수록 연소가 잘 된다.
② 온도가 높을수록 연소위험이 높아진다.
③ 화학적 친화력이 클수록 연소가 잘 된다.
④ 산소와 접촉이 잘 될수록 연소가 잘 된다.

해설

가연성 물질의 조건
㉮ 산소와의 친화력이 클 것
㉯ 열전도율이 적을 것
㉰ 활성화에너지가 적을 것
㉱ 연소열이 클 것
㉲ 크기가 작아 접촉면적이 클 것

답 ①

02 다음 고온체의 색깔을 낮은 온도부터 옳게 나열한 것은?

① 암적색 < 황적색 < 백적색 < 휘적색
② 휘적색 < 백적색 < 황적색 < 암적색
③ 휘적색 < 암적색 < 황적색 < 백적색
④ 암적색 < 휘적색 < 황적색 < 백적색

해설

온도에 따른 불꽃의 색상

불꽃의 온도	불꽃의 색깔
700℃	암적색
850℃	적색
950℃	휘적색
1,100℃	황적색
1,300℃	백적색
1,500℃	휘백색

답 ④

03 화재 시 이산화탄소를 사용하여 공기 중 산소의 농도를 21vol%에서 13vol%로 낮추려면 공기 중 이산화탄소의 농도는 약 몇 vol%가 되어야 하는가?

① 34.3
② 38.1
③ 42.5
④ 45.8

해설

CO_2의 최소소화농도(wt%)

$$=\frac{21-\text{한계산소농도}}{21}\times 100$$

$$=\frac{21-13}{21}\times 100$$

$$\fallingdotseq 38.09$$

답 ②

04 [보기]에서 소화기의 사용방법을 옳게 설명한 것을 모두 골라 나열한 것은?

[보기]
㉠ 적응화재에만 사용할 것
㉡ 불과 최대한 멀리 떨어져서 사용할 것
㉢ 바람을 마주보고 풍하에서 풍상 방향으로 사용할 것
㉣ 양옆으로 비로 쓸듯이 골고루 사용할 것

① ㉠, ㉡
② ㉠, ㉢
③ ㉠, ㉣
④ ㉠, ㉢, ㉣

해설

소화기의 사용방법
㉮ 각 소화기는 적응화재에만 사용할 것
㉯ 성능에 따라 화점 가까이 접근하여 사용할 것
㉰ 소화 시는 바람을 등지고 소화할 것
㉱ 소화작업은 좌우로 골고루 소화약제를 방사할 것

답 ③

05 폭발 시 연소파의 전파속도 범위에 가장 가까운 것은?

① 0.1~10m/s
② 100~1,000m/s
③ 2,000~3,500m/s
④ 5,000~10,000m/s

해설

연소파 : 0.1~10m/s, 폭굉파 : 1,000~3,500m/s

답 ①

06 위험물제조소의 안전거리 기준으로 틀린 것은?

① 초·중등교육법 및 고등교육법에 의한 학교－20m 이상
② 의료법에 의한 병원급 의료기관－30m 이상
③ 문화재보호법 규정에 의한 지정문화재－50m 이상
④ 사용전압이 35,000V를 초과하는 특고압가공전선－5m 이상

해설

제조소의 안전거리 기준

건축물	안전거리
사용전압 7,000V 초과 35,000V 이하의 특고압 가공전선	3m 이상
사용전압 35,000V 초과 특고압가공전선	5m 이상
주거용으로 사용되는 것(제조소가 설치된 부지 내에 있는 것 제외)	10m 이상
고압가스, 액화석유가스 또는 도시가스를 저장 또는 취급하는 시설	20m 이상
학교, 병원(종합병원, 치과병원, 한방·요양병원), 극장(공연장, 영화상영관, 수용인원 300명 이상 시설), 아동복지시설, 노인복지시설, 장애인복지시설, 모·부자복지시설, 보육시설, 성매매자를 위한 복지시설, 정신보건시설, 가정폭력피해자 보호시설, 수용인원 20명 이상의 다수인시설	30m 이상
유형문화재, 지정문화재	50m 이상

답 ①

07 위험물안전관리법상 위험물제조소 등에서 전기설비가 있는 곳에 적응하는 소화설비는 어느 것인가?

① 옥내소화전설비
② 스프링클러설비
③ 포소화설비
④ 할로겐화합물소화설비

해설

전기설비의 경우 기계장치 등을 손상시킬 수 있으므로 물로 인한 소화설비, 즉 옥내소화전설비, 스프링클러설비, 포소화설비는 사용할 수 없다.

답 ④

08 제5류 위험물의 화재 시 소화방법에 대한 설명으로 옳은 것은?

① 가연성 물질로서 연소속도가 빠르므로 질식소화가 효과적이다.
② 할로겐화합물 소화기가 적응성이 있다.
③ CO_2 및 분말소화기가 적응성이 있다.
④ 다량의 주수에 의한 냉각소화가 효과적이다.

해설

제5류 위험물은 자기반응성 물질로서 산소를 함유하고 있으므로 질식소화는 효과가 없고, 다량의 주수에 의한 냉각소화가 효과적이다.

답 ④

09 Halon 1301 소화약제에 대한 설명으로 틀린 것은?

① 저장용기에 액체상으로 충전한다.
② 화학식은 CF_3Br이다.
③ 비점이 낮아서 기화가 용이하다.
④ 공기보다 가볍다.

해설

할론 1301은 화학식이 CF_3Br으로서 증기비중이 5.17로 공기보다 무겁다.

답 ④

10 스프링클러설비의 장점이 아닌 것은 어느 것인가?

① 화재의 초기진압에 효율적이다.
② 사용약제를 쉽게 구할 수 있다.
③ 자동으로 화재를 감지하고 소화할 수 있다.
④ 다른 소화설비보다 구조가 간단하고 시설비가 적다.

해설

스프링클러설비의 장·단점

장점	단점
㉮ 초기진화에 특히 절대적인 효과가 있다. ㉯ 약제가 물이라서 값이 싸고 복구가 쉽다. ㉰ 오동작, 오보가 없다. (감지부가 기계적) ㉱ 조작이 간편하고 안전하다. ㉲ 야간이라도 자동으로 화재감지 경보, 소화할 수 있다.	㉮ 초기시설비가 많이 든다. ㉯ 시공이 다른 설비와 비교했을 때 복잡하다. ㉰ 물로 인한 피해가 크다.

답 ④

11 다음의 위험물 중에서 이동탱크저장소에 의하여 위험물을 운송할 때 운송책임자의 감독, 지원을 받아야 하는 위험물은 어느 것인가?

① 알킬리튬
② 아세트알데히드
③ 금속의 수소화물
④ 마그네슘

해설

알킬알루미늄과 알킬리튬은 운송책임자의 감독, 지원을 받아야 하는 위험물이다.

답 ①

12 산화제와 환원제를 연소의 4요소와 연관지어 연결한 것으로 옳은 것은?

① 산화제－산소공급원, 환원제－가연물
② 산화제－가연물, 환원제－산소공급원
③ 산화제－연쇄반응, 환원제－점화원
④ 산화제－점화원, 환원제－가연물

해설

산화제는 산소를 함유하고 있으므로 산소공급원에 해당되며, 환원제는 산소와의 결합력이 매우 좋은 가연물에 해당된다.

답 ①

13 포소화약제에 의한 소화방법으로 다음 중 가장 주된 소화효과는?

① 희석소화
② 질식소화
③ 제거소화
④ 자기소화

해설

공기 중의 산소공급을 차단하는 질식소화에 해당된다.

답 ②

14 다음 중 증발연소를 하는 물질이 아닌 것은?

① 황
② 석탄
③ 파라핀
④ 나프탈렌

해설

석탄은 분해연소를 하는 물질이다.

답 ②

15 위험물안전관리법상 옥내주유취급소의 소화난이도 등급은?

① Ⅰ　② Ⅱ
③ Ⅲ　④ Ⅳ

해설

옥내주유취급소와 제2종 판매취급소는 소화난이도 Ⅱ등급에 해당된다.

답 ②

16 위험물안전관리법령의 소화설비 설치기준에 의하면 옥외소화전설비의 수원의 수량은 옥외소화전 설치개수(설치개수가 4 이상인 경우에는 4)에 몇 m^3를 곱한 양 이상이 되도록 하여야 하는가?

① $7.5m^3$　② $13.5m^3$
③ $20.5m^3$　④ $25.5m^3$

해설

수원의 양
$Q(m^3) = N \times 13.5m^3$
(N, 4개 이상인 경우 4개)

답 ②

17 1몰의 이황화탄소와 고온의 물이 반응하여 생성되는 독성 기체 물질의 부피는 표준상태에서 얼마인가?

① 22.4L　② 44.8L
③ 67.2L　④ 134.4L

해설

$CS_2 + 2H_2O \rightarrow CO_2 + 2H_2S$

$$\frac{1mol-\cancel{CS_2}}{} \left| \frac{2mol-\cancel{H_2S}}{1mol-\cancel{CS_2}} \right| \frac{22.4L-H_2S}{1mol-\cancel{H_2S}}$$

$= 44.8L - H_2S$

답 ②

18 다음 중 알킬리튬에 대한 설명으로 틀린 것은?

① 제3류 위험물이고 지정수량은 10kg이다.
② 가연성의 액체이다.
③ 이산화탄소와는 격렬하게 반응한다.
④ 소화방법으로는 물로 주수는 불가하며 할로겐화합물 소화약제를 사용하여야 한다.

해설

알킬리튬의 경우 할로겐화합물과 반응하여 위험성이 높아진다.

답 ④

19 국소방출방식의 이산화탄소소화설비의 분사헤드에서 방출되는 소화약제의 방사기준으로 옳은 것은?

① 10초 이내에 균일하게 방사할 수 있을 것
② 15초 이내에 균일하게 방사할 수 있을 것
③ 30초 이내에 균일하게 방사할 수 있을 것
④ 60초 이내에 균일하게 방사할 수 있을 것

해설

국소방출방식의 이산화탄소소화설비의 분사헤드
㉮ 분사헤드는 방호대상물의 모든 표면이 분사헤드의 유효사정 내에 있도록 설치할 것
㉯ 소화약제의 방사에 의해서 위험물이 비산되지 않는 장소에 설치할 것
㉰ 소화약제의 양을 30초 이내에 균일하게 방사할 것

답 ③

20 다음 위험물의 화재 시 주수소화가 가능한 것은 어느 것인가?

① 철분　② 마그네슘
③ 나트륨　④ 황

해설

황은 제2류 위험물(가연성 고체)로서 주수소화가 가능하다.

답 ④

21 황화린에 대한 설명 중 옳지 않은 것은?

① 삼황화린은 황색결정으로 공기 중 약 100℃에서 발화할 수 있다.
② 오황화린은 담황색결정으로 조해성이 있다.
③ 오황화린은 물과 접촉하여 유독성 가스를 발생할 위험이 있다.
④ 삼황화린은 연소하여 황화수소가스를 발생할 위험이 있다.

해설

삼황화린은 연소하여 아황산가스를 발생한다.
$P_4S_3 + 8O_2 \rightarrow 2P_2O_5 + 3SO_2$

답 ④

22 위험물안전관리법령상 제조소 등의 정기점검대상에 해당하지 않는 것은?

① 지정수량 15배의 제조소
② 지정수량 40배의 옥내탱크저장소
③ 지정수량 50배의 이동탱크저장소
④ 지정수량 20배의 지하탱크저장소

해설

정기점검대상 제조소 등
㉮ 지정수량의 10배 이상의 위험물을 취급하는 제조소
㉯ 지정수량의 100배 이상의 위험물을 저장하는 옥외저장소
㉰ 지정수량의 150배 이상의 위험물을 저장하는 옥내저장소
㉱ 지정수량의 200배 이상의 위험물을 저장하는 옥외탱크저장소
㉲ 암반탱크저장소
㉳ 이송취급소
㉴ 지정수량의 10배 이상의 위험물을 취급하는 일반취급소
㉵ 지하탱크저장소
㉶ 이동탱크저장소
㉷ 제조소(지하탱크)·주유취급소 또는 일반취급소

답 ②

23 제조소 등의 소화설비 설치 시 소요단위 산정에 관한 내용으로 다음 ( ) 안에 알맞은 수치를 차례대로 나열한 것은?

> 제조소 또는 취급소의 건축물은 외벽이 내화구조인 것은 연면적 ( )m^2를 1소요단위로 하며, 외벽이 내화구조가 아닌 것은 연면적 ( )m^2를 1소요단위로 한다.

① 200, 100
② 150, 100
③ 150, 50
④ 100, 50

해설

소요단위 : 소화설비의 설치대상이 되는 건축물의 규모 또는 위험물 양에 대한 기준단위

1 단위	제조소 또는 취급소용 건축물의 경우	내화구조 외벽을 갖춘 연면적 100m^2
		내화구조 외벽이 아닌 연면적 50m^2
	저장소 건축물의 경우	내화구조 외벽을 갖춘 연면적 150m^2
		내화구조 외벽이 아닌 연면적 75m^2
	위험물의 경우	지정수량의 10배

답 ④

24 탄화칼슘의 취급방법에 대한 설명으로 옳지 않은 것은?

① 물, 습기와의 접촉을 피한다.
② 건조한 장소에 밀봉, 밀전하여 보관한다.
③ 습기와 작용하여 다량의 메탄이 발생하므로 저장 중에 메탄가스의 발생유무를 조사한다.
④ 저장용기에 질소가스 등 불활성 가스를 충전하여 저장한다.

해설

물과 접촉하여 아세틸렌가스를 발생한다.
$CaC_2 + 2H_2O \rightarrow Ca(OH)_2 + C_2H_2$

답 ③

25 등유의 지정수량에 해당하는 것은?

① 100L
② 200L
③ 1,000L
④ 2,000L

해설

등유는 제2석유류이면서 비수용성 액체로서 지정수량은 1,000L이다.

답 ③

26 위험물저장소에 해당하지 않는 것은?

① 옥외저장소 ② 지하탱크저장소
③ 이동탱크저장소 ④ 판매저장소

해설

판매저장소라는 말은 없으며, 판매취급소이다.

답 ④

27 벤젠 1몰을 충분한 산소가 공급되는 표준상태에서 완전연소시켰을 때 발생하는 이산화탄소의 양은 몇 L인가?

① 22.4 ② 134.4
③ 168.8 ④ 224.0

해설

$2C_6H_6 + 15O_2 \rightarrow 12CO_2 + 6H_2O$

1mol $-$ ~~C_6H_6~~	12mol $-$ ~~CO_2~~	22.4L $-$ CO_2
	2mol $-$ ~~C_6H_6~~	1mol $-$ ~~CO_2~~

$=134.4L - CO_2$

답 ②

28 지정과산화물을 저장 또는 취급하는 위험물 옥내저장소의 저장창고 기준에 대한 설명으로 틀린 것은?

① 서까래의 간격은 30cm 이하로 할 것
② 저장창고의 출입구에는 갑종방화문을 설치할 것
③ 저장창고의 외벽을 철근콘크리트조로 할 경우 두께를 10cm 이상으로 할 것
④ 저장창고의 창은 바닥면으로부터 2m 이상의 높이에 둘 것

해설

저장창고의 외벽을 철근콘크리트조로 할 경우 두께를 20cm 이상으로 할 것

답 ③

29 물과 접촉 시, 발열하면서 폭발위험성이 증가하는 것은?

① 과산화칼륨 ② 과망간산나트륨
③ 요오드산칼륨 ④ 과염소산칼륨

해설

과산화칼륨은 불연성이나 물과 접촉하면 발열하며, 대량일 경우에는 폭발한다.

답 ①

30 다음 중 벤젠증기의 비중에 가장 가까운 값은?

① 0.7 ② 0.9
③ 2.7 ④ 3.9

해설

벤젠의 분자량은 78g/mol이므로 공기의 평균분자량(28.84g/mol)으로 나누면 2.70이다.

답 ③

31 다음 중 니트로글리세린을 다공질의 규조토에 흡수시켜 제조한 물질은?

① 흑색화약
② 니트로셀룰로오스
③ 다이너마이트
④ 면화약

해설

니트로글리세린을 다공질 물질의 규조토에 흡수시켜서 다이너마이트를 제조한다.

답 ③

32 아염소산염류의 운반용기 중 적응성 있는 내장용기의 종류와 최대용적이나 중량을 옳게 나타낸 것은? (단, 외장용기의 종류는 나무상자 또는 플라스틱상자이고, 외장용기의 최대중량은 125kg으로 한다.)

① 금속제 용기 : 20L
② 종이포대 : 55kg
③ 플라스틱필름포대 : 60kg
④ 유리용기 : 10L

해설

아염소산염류는 산화성 고체로서 나무상자 또는 플라스틱상자이고, 외장용기의 최대중량이 125kg인 경우 유리용기 또는 플라스틱용기로 최대 10L까지 운반용기를 사용할 수 있다.

답 ④

33 아세트알데히드의 저장, 취급 시 주의사항으로 틀린 것은?

① 강산화제와의 접촉을 피한다.
② 취급설비에는 구리합금의 사용을 피한다.
③ 수용성이기 때문에 화재 시 물로 희석소화가 가능하다.
④ 옥외저장탱크에 저장 시 조연성 가스를 주입한다.

해설

탱크저장 시는 불활성 가스 또는 수증기를 봉입하고 냉각장치 등을 이용하여 저장온도를 비점 이하로 유지시켜야 한다.

답 ④

34 위험물 분류에서 제1석유류에 대한 설명으로 옳은 것은?

① 아세톤, 휘발유, 그 밖에 1기압에서 인화점이 섭씨 21도 미만인 것
② 등유, 경유, 그 밖의 액체로서 인화점이 섭씨 21도 이상 70도 미만의 것
③ 중유, 도료류로서 인화점이 섭씨 70도 이상 200도 미만의 것
④ 기계유, 실린더유, 그 밖의 액체로서 인화점이 섭씨 200도 이상 250도 미만인 것

답 ①

35 제2류 위험물의 일반적 성질에 대한 설명으로 가장 거리가 먼 것은?

① 가연성 고체 물질이다.
② 연소 시 연소열이 크고 연소속도가 빠르다.
③ 산소를 포함하여 조연성 가스의 공급이 없이 연소가 가능하다.
④ 비중이 1보다 크고 물에 녹지 않는다.

해설

③은 제1류 위험물(산화성 고체)에 대한 설명이다.

답 ③

36 위험물안전관리법령상 동·식물유류의 경우 1기압에서 인화점은 섭씨 몇 도 미만으로 규정하고 있는가?

① 150℃ ② 250℃
③ 450℃ ④ 600℃

해설

"동·식물유류"라 함은 동물의 지육 등 또는 식물의 종자나 과육으로부터 추출한 것으로서 1기압에서 인화점이 섭씨 250도 미만인 것을 말한다.

답 ②

37 과염소산칼륨과 아염소산나트륨의 공통성질이 아닌 것은?

① 지정수량이 50kg이다.
② 열분해 시 산소를 방출한다.
③ 강산화성 물질이며 가연성이다.
④ 상온에서 고체의 형태이다.

해설

제1류 위험물(산화성 고체)로서 불연성 물질이다.

답 ③

38 제5류 위험물의 일반적 성질에 관한 설명으로 옳지 않은 것은?

① 화재발생 시 소화가 곤란하므로 적은 양으로 나누어 저장한다.
② 운반용기 외부에 충격주의, 화기엄금의 주의사항을 표시한다.
③ 자기연소를 일으키며 연소속도가 대단히 빠르다.
④ 가연성 물질이므로 질식소화하는 것이 가장 좋다.

해설

제5류 위험물은 내부에 산소를 함유하고 있으므로 질식소화는 적절치 않으며, 다량의 주수에 의한 냉각소화가 효과적이다.

답 ④

39 다음 중 자연발화의 위험성이 가장 큰 물질은 어느 것인가?

① 아마인유
② 야자유
③ 올리브유
④ 피마자유

해설

요오드값이 클수록 자연발화의 위험이 커진다. 야자유, 피마자유, 올리브유는 불건성유로서 요오드값이 100 이하이며, 아마인유의 경우 건성유로 요오드값이 130 이상이다.

답 ①

40 운반을 위하여 위험물을 적재하는 경우에 차광성이 있는 피복으로 가려주어야 하는 것은?

① 특수인화물
② 제1석유류
③ 알코올류
④ 동·식물유류

해설

적재하는 위험물에 따른 피복방법

차광성이 있는 것으로 피복해야 하는 경우	방수성이 있는 것으로 피복해야 하는 경우
제1류 위험물 제3류 위험물 중 자연발화성 물질 제4류 위험물 중 특수인화물 제5류 위험물 제6류 위험물	제1류 위험물 중 알칼리금속의 과산화물 제2류 위험물 중 철분, 금속분, 마그네슘 제3류 위험물 중 금수성 물질

답 ①

41 위험물제조소 등에 옥내소화전설비를 설치하는 경우 옥내소화전이 가장 많이 설치된 층의 소화전의 개수가 4개일 때 확보하여야 할 수원의 수량은?

① $10.4m^3$ ② $20.8m^3$
③ $31.2m^3$ ④ $41.6m^3$

해설

수원의 수량은 옥내소화전이 가장 많이 설치된 층의 옥내소화전 설치개수(설치개수가 5개 이상인 경우는 5개)에 $7.8m^3$를 곱한 양 이상이 되도록 설치할 것
수원의 양(Q) : $Q(m^3) = N \times 7.8m^3$
(N, 5개 이상인 경우 5 개)
$4 \times 7.8m^3 = 31.2m^3$

답 ③

42 황린의 저장방법으로 옳은 것은?

① 물속에 저장한다.
② 공기 중에 보관한다.
③ 벤젠 속에 저장한다.
④ 이황화탄소 속에 보관한다.

해설

자연발화성이 있어 물속에 저장하며, 온도상승 시 물의 산성화가 빨라져서 용기를 부식시키므로 직사광선을 피하여 저장한다. 인화수소(PH_3)의 생성을 방지하기 위해 보호액은 약알칼리성 pH 9로 유지하기 위하여 알칼리제(석회 또는 소다회 등)로 pH를 조절한다.

답 ①

43 위험물안전관리법령상 지정수량이 다른 하나는?

① 인화칼슘 ② 루비듐
③ 칼슘 ④ 아염소산칼륨

해설

① 인화칼슘 – 제3류 위험물, 금속인화합물 300kg
② 루비듐 – 제3류 위험물, 알칼리금속류 50kg
③ 칼슘 – 제3류 위험물, 알칼리토금속류 50kg
④ 아염소산칼륨 – 제1류 위험물, 아염소산칼륨 50kg

답 ①

44 과염소산나트륨에 대한 설명으로 옳지 않은 것은?

① 가열하면 분해하여 산소를 방출한다.
② 환원제이며 수용액은 강한 환원성이 있다.
③ 수용성이며 조해성이 있다.
④ 제1류 위험물이다.

해설

과염소산나트륨은 제1류 위험물로서 산화성 고체이다.

답 ②

45 다음 중 질산메틸의 성질에 대한 설명으로 틀린 것은?

① 비점은 약 66℃이다.
② 증기는 공기보다 가볍다.
③ 무색 투명한 액체이다.
④ 자기반응성 물질이다.

해설

질산메틸은 자기반응성 물질로서 증기비중은 2.65로 공기보다 무겁다.

답 ②

46 옥외탱크저장소의 소화설비를 검토 및 적용할 때에 소화난이도 등급 Ⅰ에 해당되는지를 검토하는 탱크 높이의 측정기준으로서 적합한 것은?

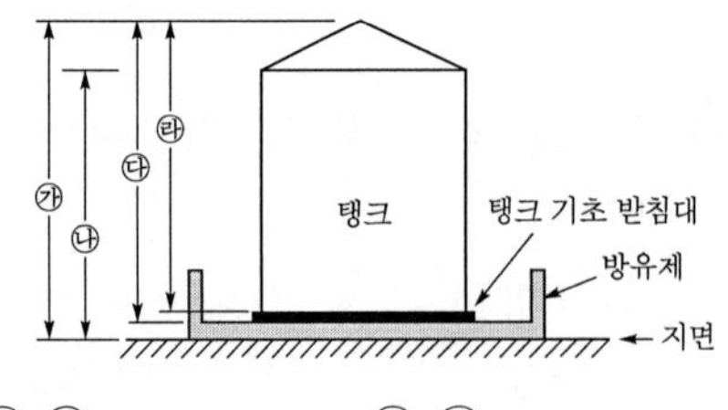

① ㉮ ② ㉯
③ ㉰ ④ ㉱

해설

옥외탱크 높이는 지붕을 제외한 본체 높이를 의미한다.

답 ②

47 다음에서 설명하는 위험물에 해당하는 것은 어느 것인가?

- 지정수량은 300kg이다.
- 산화성 액체위험물이다.
- 가열하면 분해하여 유독성 가스를 발생한다.
- 증기비중은 약 3.5이다.

① 브롬산칼륨
② 클로로벤젠
③ 질산
④ 과염소산

답 ④

48 다음 중 금속나트륨에 대한 설명으로 옳지 않은 것은?

① 물과 격렬히 반응하여 발열하고 수소가스를 발생한다.
② 에틸알코올과 반응하여 나트륨에틸라이트와 수소가스를 발생한다.
③ 할로겐화합물 소화약제는 사용할 수 없다.
④ 은백색의 광택이 있는 중금속이다.

해설

금속나트륨은 은백색의 광택이 있는 경금속이다.

답 ④

49 옥내저장소의 저장창고에 150m^2 이내마다 일정규격의 격벽을 설치하여 저장하여야 하는 위험물은?

① 제5류 위험물 중 지정과산화물
② 알킬알루미늄 등
③ 아세트알데히드 등
④ 히드록실아민 등

답 ①

50 염소산나트륨의 저장 및 취급 방법으로 옳지 않은 것은?

① 철제용기에 저장한다.
② 습기가 없는 찬 장소에 보관한다.
③ 조해성이 크므로 용기는 밀전한다.
④ 가열, 충격, 마찰을 피하고 점화원의 접근을 금한다.

해설

염소산나트륨은 흡습성이 좋아 강한 산화제로서 철제용기를 부식시킨다.

답 ①

51 위험물제조소 등의 허가에 관계된 설명으로 옳은 것은?

① 제조소 등을 변경하고자 하는 경우에는 언제나 허가를 받아야 한다.
② 위험물의 품명을 변경하고자 하는 경우에는 언제나 허가를 받아야 한다.
③ 농예용으로 필요한 난방시설을 위한 지정수량의 20배 이하의 저장소는 허가 대상이 아니다.
④ 저장하는 위험물의 변경으로 지정수량의 배수가 달라지는 경우는 언제나 허가대상이 아니다.

답 ③

52 황의 성질에 대한 설명 중 틀린 것은?

① 물에 녹지 않으나 이황화탄소에 녹는다.
② 공기 중에서 연소하여 아황산가스를 발생한다.
③ 전도성 물질이므로 정전기 발생에 유의하여야 한다.
④ 분진폭발의 위험성에 주의하여야 한다.

해설

황은 절연성으로 인해 정전기에 의한 발화가 가능하므로 정전기의 축적을 방지하고, 가열, 충격, 마찰을 피해야 한다.

답 ③

53 다음 중 증기의 밀도가 가장 큰 것은?

① 디에틸에테르
② 벤젠
③ 가솔린(옥탄 100%)
④ 에틸알코올

해설

밀도는 $\frac{분자량}{22.4L}$이므로 디에틸에테르$\left(\frac{74.12}{22.4}=3.308\right)$, 벤젠$\left(\frac{78}{22.4}=3.48\right)$, 가솔린의 증기비중은 약 3~4이므로 분자량은 대략 86.52~115.36이므로 적은 분자량을 기준으로 하면 증기밀도는 $\frac{86.52}{22.4}=3.86$이다.

에틸알코올$\left(\frac{46}{22.4}=2.05\right)$

그러므로 증기밀도가 가장 큰 것은 가솔린이다.

답 ③

54 과산화수소의 위험성으로 옳지 않은 것은?

① 산화제로서 불연성 물질이지만 산소를 함유하고 있다.
② 이산화망간 촉매하에서 분해가 촉진된다.
③ 분해를 막기 위해 히드라진을 안정제로 사용할 수 있다.
④ 고농도의 것은 피부에 닿으면 화상의 위험이 있다.

해설

일반 시판품은 30~40%의 수용액으로 분해하기 쉬워 인산(H_3PO_4), 요산($C_5H_4N_4O_3$) 등 안정제를 가하거나 약산성으로 만든다.

답 ③

55 위험물안전관리법령상 제조소 등에 대한 긴급 사용정지명령 등을 할 수 있는 권한이 없는 자는?

① 시 · 도지사　② 소방본부장
③ 소방서장　④ 소방청장

답 ④

56 위험물제조소 등에서 위험물안전관리법령상 안전거리 규제대상이 아닌 것은 어느 것인가?

① 제6류 위험물을 취급하는 제조소를 제외한 모든 제조소
② 주유취급소
③ 옥외저장소
④ 옥외탱크저장소

답 ②

57 제5류 위험물의 니트로화합물에 속하지 않는 것은?

① 니트로벤젠
② 테트릴
③ 트리니트로톨루엔
④ 피크린산

해설

니트로벤젠은 제4류 위험물 제3석유류에 속한다.

답 ①

58 위험물안전관리법에서 규정하고 있는 사항으로 옳지 않은 것은?

① 위험물저장소를 경매에 의해 시설의 전부를 인수한 경우에는 30일 이내에, 저장소의 용도를 폐지한 경우에는 14일 이내에 시・도지사에게 그 사실을 신고하여야 한다.
② 제조소 등의 위치, 구조 및 설비기준을 위반하여 사용한 때에는 시・도지사는 허가취소, 전부 또는 일부의 사용정지를 명할 수 있다.
③ 20,000L를 수산용 건조시설에 사용하는 경우에는 위험물법의 허가는 받지 아니하고 저장소를 설치할 수 있다.
④ 위치, 구조 또는 설비의 변경 없이 저장소에서 저장하는 위험물 지정수량의 배수를 변경하고자 하는 경우에는 변경하고자 하는 날의 1일 전까지 시・도지사에게 신고하여야 한다.

답 ②

59 과산화나트륨 78g과 충분한 양의 물이 반응하여 생성되는 기체의 종류와 생성량을 옳게 나타낸 것은?

① 수소, 1g
② 산소, 16g
③ 수소, 2g
④ 산소, 32g

해설

$2Na_2O_2+2H_2O \rightarrow 4NaOH+O_2$이므로

$78g-Na_2O_2$	$1mol-Na_2O_2$	$1mol-O_2$	$32g-O_2$
	$78g-Na_2O_2$	$2mol-Na_2O_2$	$1mol-O_2$

$=16g-O_2$

답 ②

60 옥내탱크저장소 중 탱크전용실을 단층건물 외의 건축물에 설치하는 경우 탱크전용실을 건축물 1층 또는 지하층에만 설치하여야 하는 위험물이 아닌 것은?

① 제2류 위험물 중 덩어리 유황
② 제3류 위험물 중 황린
③ 제4류 위험물 중 인화점이 38℃ 이상인 위험물
④ 제6류 위험물 중 질산

해설

제4류 위험물 중 인화점이 40℃ 이상인 위험물이다.

답 ③

1200제 제 12 회 과년도 출제문제

위험물기능사

01 다음 중 화재발생 시 물을 이용한 소화가 효과적인 물질은?

① 트리메틸알루미늄
② 황린
③ 나트륨
④ 인화칼슘

해설

황린의 경우 물과 반응하지 않으며, 오히려 물속에 보관해야 안전하다. 그 외 트리메틸알루미늄은 물과 반응 시 메탄가스 발생, 나트륨은 물과 반응하여 수소가스 발생, 인화칼슘은 물과 반응하여 포스핀 가스를 발생시킨다.

답 ②

02 위험물안전관리법령에 따른 대형 수동식 소화기의 설치기준에서 방호대상물의 각 부분으로부터 하나의 대형 수동식 소화기까지의 보행거리는 몇 m 이하가 되도록 설치하여야 하는가? (단 옥내소화전설비, 옥외소화전설비, 스프링클러설비 또는 물분무소화설비와 함께 설치하는 경우는 제외한다.)

① 10 ② 15
③ 20 ④ 30

해설

소화기는 각 층마다 설치하되, 특정소방대상물의 각 부분으로부터 1개의 소화기까지의 보행거리가 소형 소화기인 경우에는 20m 이내, 대형 소화기인 경우에는 30m 이내가 되도록 배치할 것

답 ④

03 다음 중 위험물안전관리법령상 스프링클러설비가 제4류 위험물에 대하여 적응성을 갖는 경우는?

① 연기가 충만할 우려가 없는 경우
② 방사밀도(살수밀도)가 일정수치 이상인 경우
③ 지하층의 경우
④ 수용성 위험물인 경우

해설

제4류 위험물에 대해서 스프링클러설비는 유효하지 않지만, 방사밀도가 일정수치 이상인 경우 적응성을 갖는 것으로 판단한다.

답 ②

04 위험물안전관리법령상 위험물의 품명이 다른 하나는?

① CH_3COOH
② C_6H_5Cl
③ $C_6H_5CH_3$
④ C_6H_5Br

해설

① CH_3COOH : 초산(제2석유류)
② C_6H_5Cl : 클로로벤젠(제2석유류)
③ $C_6H_5CH_3$: 톨루엔(제1석유류)
④ C_6H_5Br : 브로모벤젠(제2석유류)

답 ③

05 어떤 소화기에 "ABC"라고 표시되어 있다. 다음 중 사용할 수 없는 화재는?

① 금속화재
② 유류화재
③ 전기화재
④ 일반화재

해설

A급(일반화재), B급(유류화재), C급(전기화재)

답 ①

06 위험물안전관리법령에서 정한 소화설비의 소요단위 산정방법에 대한 설명 중 옳은 것은 어느 것인가?

① 위험물은 지정수량의 100배를 1소요단위로 한다.
② 저장소용 건축물 외벽이 내화구조인 것은 연면적 $100m^2$를 1소요단위로 한다.
③ 제조소용 건축물 외벽이 내화구조가 아닌 것은 연면적 $50m^2$를 1소요단위로 한다.
④ 저장소용 건축물 외벽이 내화구조가 아닌 것은 연면적 $25m^2$를 1소요단위로 한다.

해설

소요단위 : 소화설비의 설치대상이 되는 건축물의 규모 또는 위험물 양에 대한 기준단위

1 단위	제조소 또는 취급소용 건축물의 경우	내화구조 외벽을 갖춘 연면적 $100m^2$
		내화구조 외벽이 아닌 연면적 $50m^2$
	저장소 건축물의 경우	내화구조 외벽을 갖춘 연면적 $150m^2$
		내화구조 외벽이 아닌 연면적 $75m^2$
	위험물의 경우	지정수량의 10배

답 ③

07 다음 중 기체연료가 완전연소하기에 유리한 이유로 가장 거리가 먼 것은 어느 것인가?

① 활성화에너지가 크다.
② 공기 중에서 확산되기 쉽다.
③ 산소를 충분히 공급받을 수 있다.
④ 분자의 운동이 활발하다.

해설

활성화에너지가 크다는 것은 가연성 물질과 거리가 먼 사항이다.

답 ①

08 다음 중 위험물의 소화방법으로 적합하지 않은 것은?

① 적린은 다량의 물로 소화한다.
② 황화린의 소규모 화재 시에는 모래로 질식소화한다.
③ 알루미늄은 다량의 물로 소화한다.
④ 황의 소규모 화재 시에는 모래로 질식소화한다.

해설

알루미늄은 물과 반응 시 가연성의 수소가스를 발생한다.

$2Al+6H_2O \rightarrow 2Al(OH)_3+3H_2$

답 ③

09 위험물안전관리법령에서 정한 위험물의 유별 성질을 잘못 나타낸 것은?

① 제1류 : 산화성
② 제4류 : 인화성
③ 제5류 : 자기반응성
④ 제6류 : 가연성

해설

제6류는 산화성 액체이다.

답 ④

10 다음 중 주된 연소의 형태가 나머지 셋과 다른 하나는?

① 아연분
② 양초
③ 코크스
④ 목탄

해설

목탄, 코크스, 금속분 등은 표면연소(직접연소)로서 열분해에 의하여 가연성 가스를 발생치 않고 그 자체가 연소하는 형태로서 연소반응이 고체의 표면에서 이루어지는 형태이다. 반면 양초는 증발연소의 형태이다.

답 ②

11 금속은 덩어리상태보다 분말상태일 때 연소위험성이 증가하기 때문에 금속분을 제2류 위험물로 분류하고 있다. 연소위험성이 증가하는 이유로 잘못된 것은?

① 비표면적이 증가하여 반응면적이 증대되기 때문에
② 비열이 증가하여 열의 축적이 용이하기 때문에
③ 복사열의 흡수율이 증가하여 열의 축적이 용이하기 때문에
④ 대전성이 증가하여 정전기가 발생되기 쉽기 때문에

해설

비열이란 어떤 물질 1g을 1℃ 올리는 데 필요한 열량을 의미한다. 덩어리상태에서 분말상태로 된다고 해서 비열이 증가하지는 않는다.

답 ②

12 영하 20℃ 이하의 겨울철이나 한랭지에서 사용하기에 적합한 소화기는?

① 분무주수소화기
② 봉상주수소화기
③ 물주수소화기
④ 강화액소화기

해설

강화액소화기는 탄산칼륨 등의 수용액을 주성분으로 하며 강한 알칼리성(pH 12 이상)으로 비중은 1.35(15℃) 이상의 것을 말한다. 강화액은 −30℃에서도 동결되지 않으므로 한랭지에서도 보온의 필요가 없을 뿐만 아니라 탈수·탄화 작용으로 목재, 종이 등을 불연화하고 재연방지의 효과도 있어서 A급 화재에 대한 소화능력이 증가된다.

답 ④

13 다음 중 알칼리금속의 과산화물 저장창고에 화재가 발생하였을 때 가장 적합한 소화약제는?

① 마른모래 ② 물
③ 이산화탄소 ④ 할론 1211

해설

무기과산화물은 그 자체가 연소되는 것은 없으나, 유기물 등과 접촉하여 분해하여 산소를 방출하고, 특히 알칼리금속(리튬, 나트륨, 칼륨, 세슘, 루비듐)의 무기과산화물은 물과 격렬하게 발열반응하여 분해하고, 다량의 산소를 발생한다. 또한, 이산화탄소, 할론소화약제와도 반응하므로 화재를 확대시킬 수 있다. 소화방법으로는 탄산소다, 마른모래 등으로 덮어 행하나 소화는 대단히 곤란하다.

답 ①

14 위험물안전관리법령상 제5류 위험물에 적응성이 있는 소화설비는?

① 포소화설비
② 불활성가스소화설비
③ 할로겐화합물소화설비
④ 탄산수소염류소화설비

해설

소화설비 구분 \ 대상물 구분	건축물·그 밖의 공작물	전기설비	제1류 위험물: 알칼리금속과산화물 등	제1류 위험물: 그 밖의 것	제2류 위험물: 철분·금속분·마그네슘 등	제2류 위험물: 인화성고체	제2류 위험물: 그 밖의 것	제3류 위험물: 금수성물품	제3류 위험물: 그 밖의 것	제4류 위험물	제5류 위험물	제6류 위험물
옥내소화전 또는 옥외소화전설비	○			○		○	○		○		○	○
스프링클러설비	○			○		○	○		○	△	○	○
물분무 등 소화설비 – 물분무소화설비	○	○		○		○	○		○	○	○	○
물분무 등 소화설비 – 포소화설비	○			○		○	○		○	○	○	○
물분무 등 소화설비 – 불활성가스소화설비		○				○				○		
물분무 등 소화설비 – 할로겐화합물소화설비		○				○				○		
물분무 등 소화설비 – 분말소화설비 – 인산염류 등	○	○		○		○	○			○		○
물분무 등 소화설비 – 분말소화설비 – 탄산수소염류 등		○	○		○	○		○		○		
물분무 등 소화설비 – 분말소화설비 – 그 밖의 것			○		○			○				

답 ①

15 화재 시 이산화탄소를 방출하여 산소의 농도를 13vol%로 낮추어 소화를 하려면 공기 중의 이산화탄소는 몇 vol%가 되어야 하는가?

① 28.1 ② 38.1
③ 42.86 ④ 48.36

해설

CO_2의 최소소화농도(wt%)

$$= \frac{21 - \text{한계산소농도}}{21} \times 100$$

$$= \frac{21 - 13}{21} \times 100 \fallingdotseq 38.09$$

답 ②

16 소화전용 물통 3개를 포함한 수조 80L의 능력단위는?

① 0.3 ② 0.5
③ 1.0 ④ 1.5

해설

소방기구의 소화능력

소화설비	용량	능력단위
마른모래	50L (삽 1개 포함)	0.5
팽창질석, 팽창진주암	160L (삽 1개 포함)	1
소화전용 물통	8L	0.3
수조	190L (소화전용 물통 6개 포함)	2.5
	80L (소화전용 물통 3개 포함)	1.5

답 ④

17 탄화칼슘과 물이 반응하였을 때 발생하는 가연성 가스의 연소범위에 가장 가까운 것은?

① 2.1~9.5vol%
② 2.5~81vol%
③ 4.1~74.2vol%
④ 15.0~28vol%

해설

물과 심하게 반응하여 수산화칼슘과 아세틸렌을 만들며 공기 중 수분과 반응하여도 아세틸렌을 발생한다.

$CaC_2 + 2H_2O \rightarrow Ca(OH)_2 + C_2H_2$

답 ②

18 위험물제조소 등에 옥외소화전을 6개 설치할 경우 수원의 수량은 몇 m^3 이상이어야 하는가?

① $48m^3$ 이상 ② $54m^3$ 이상
③ $60m^3$ 이상 ④ $81m^3$ 이상

해설

수원의 양

$Q(m^3) = N \times 13.5m^3$($N$, 4개 이상인 경우 4개)

$= 4 \times 13.5m^3$

$= 54m^3$

답 ②

19 위험물안전관리법령상 제조소 등의 관계인은 제조소 등의 화재예방과 재해발생 시의 비상조치에 필요한 사항을 서면으로 작성하여 허가청에 제출하여야 한다. 이는 무엇에 관한 설명인가?

① 예방규정
② 소방계획서
③ 비상계획서
④ 화재영향평가서

해설

위험물안전관리법 제17조

대통령령이 정하는 제조소 등의 관계인은 당해 제조소 등의 화재예방과 화재 등 재해발생 시의 비상조치를 위하여 행정안전부령이 정하는 바에 따라 예방규정을 정하여 당해 제조소 등의 사용을 시작하기 전에 시·도지사에게 제출하여야 한다.

답 ①

20 위험물안전관리법령상 압력수조를 이용한 옥내소화전설비의 가압송수장치에 압력수조의 최소압력(MPa)은? (단 소방용 호스의 마찰손실수두압은 3MPa, 배관의 마찰손실수두압은 1MPa, 낙차의 환산수두압은 1.35MPa이다.)

① 5.35 ② 5.70
③ 6.00 ④ 6.35

해설

압력수조를 이용한 가압송수장치

$P = p_1 + p_2 + p_3 + 0.35\text{MPa}$

여기서, P : 필요한 압력(MPa)

p_1 : 소방용 호스의 마찰손실수두압(MPa)

p_2 : 배관의 마찰손실수두압(MPa)

p_3 : 낙차의 환산수두압(MPa)

답 ②

21 등유의 성질에 대한 설명 중 틀린 것은 어느 것인가?

① 증기는 공기보다 가볍다.
② 인화점이 상온보다 높다.
③ 전기에 대해 불량도체이다.
④ 물보다 가볍다.

해설

등유의 증기비중은 4~5이므로 공기보다 무겁다.

답 ①

22 다음 위험물 중 지정수량이 가장 작은 것은 어느 것인가?

① 니트로글리세린
② 과산화수소
③ 트리니트로톨루엔
④ 피크르산

해설

품목	니트로 글리세린	과산화 수소	트리 니트로 톨루엔	피크르산
지정수량	10kg	300kg	200kg	200kg

답 ①

23 적린의 일반적인 성질에 대한 설명으로 틀린 것은?

① 비금속 원소이다.
② 암적색의 분말이다.
③ 승화온도가 약 260℃이다.
④ 이황화탄소에 녹지 않는다.

해설

적린의 승화온도는 400℃이며, 조해성이 있고 물, 이황화탄소, 에테르, 암모니아 등에는 녹지 않는다. 또한, 암적색의 분말로 황린의 동소체이지만 자연발화의 위험이 없어 안전하며, 독성도 황린에 비하여 약하다.

답 ③

24 이황화탄소 기체는 수소 기체보다 20℃, 1기압에서 몇 배 더 무거운가?

① 11
② 22
③ 32
④ 38

해설

$$\frac{M_{CS_2}}{M_{H_2}} = \frac{76\text{g/mol}}{2\text{g/mol}} = 38$$

답 ④

25 다음 중 물과 반응하여 가연성 가스를 발생하지 않는 것은?

① 리튬
② 나트륨
③ 유황
④ 칼슘

해설

유황은 제2류(가연성 고체) 위험물로서 물과 반응하지 않고 주수에 의해 냉각소화하는 물질이다.

답 ③

26 벤젠에 대한 설명으로 옳은 것은?

① 휘발성이 강한 액체이다.
② 물에 매우 잘 녹는다.
③ 증기의 비중은 1.5이다.
④ 순수한 것의 융점은 30℃이다.

해설

벤젠은 제1석유류 비수용성 액체이다.

답 ①

27 위험물안전관리법에서 정의하는 다음 용어는 무엇인가?

> 인화성 또는 발화성 등의 성질을 가지는 것으로서 대통령령이 정하는 물품을 말한다.

① 위험물
② 인화성 물질
③ 자연발화성 물질
④ 가연물

해설

위험물안전관리법 제2조 "위험물"이라 함은 인화성 또는 발화성 등의 성질을 가지는 것으로서 대통령령이 정하는 물품을 말한다.

답 ①

28 다음 물질 중에서 위험물안전관리법상 위험물의 범위에 포함되는 것은?

① 농도가 40중량퍼센트인 과산화수소 350kg
② 비중이 1.40인 질산 350kg
③ 직경 2.5mm의 막대모양인 마그네슘 500kg
④ 순도가 55중량퍼센트인 유황 50kg

해설

① 과산화수소는 그 농도가 36중량퍼센트 이상인 것
② 질산은 그 비중이 1.49 이상인 것
③ 직경 2mm 이상인 막대모양의 것은 위험물에서 제외사항임
④ 유황은 순도가 60중량퍼센트 이상인 것

답 ①

29 질화면을 강면약과 약면약으로 구분하는 기준은?

① 물질의 경화도
② 수산기의 수
③ 질산기의 수
④ 탄소 함유량

해설

니트로셀룰로오스($[C_6H_7O_2(ONO_2)_3]_n$, 질화면)는 에테르(2)와 알코올(1)의 혼합액에 녹는 것을 약면약(약질화면), 녹지 않는 것을 강면약(강질화면)이라 한다.

답 ③

30 위험물 운반에 관한 사항 중 위험물안전관리법령에서 정한 내용과 틀린 것은?

① 운반용기에 수납하는 위험물이 디에틸에테르라면 운반용기 중 최대용적이 1L 이하라 하더라도 규정에 따라 품명, 주의사항 등 표시사항을 부착하여야 한다.
② 운반용기에 담아 적재하는 물품이 황린이라면 파라핀, 경유 등 보호액으로 채워 밀봉한다.
③ 운반용기에 담아 적재하는 물품이 알킬알루미늄이라면 운반용기의 내용적의 90% 이하의 수납률을 유지하여야 한다.
④ 기계에 의하여 하역하는 구조로 된 경질플라스틱제 운반용기는 제조된 때로부터 5년 이내의 것이어야 한다.

해설

황린의 경우 물속에 저장한다.

답 ②

31 비스코스레이온의 원료로서, 비중이 약 1.3, 인화점이 약 -30℃이고, 연소 시 유독한 아황산가스를 발생시키는 위험물은?

① 황린 ② 이황화탄소
③ 테레빈유 ④ 장뇌유

해설

휘발하기 쉽고 발화점이 낮아 백열등, 난방기구 등의 열에 의해 발화하며, 점화하면 청색을 내고 연소하는 데 연소생성물 중 SO_2는 유독성이 강하다.
$CS_2 + 3O_2 \rightarrow CO_2 + 2SO_2$

답 ②

32 위험물안전관리법령상 위험물 운송 시 제1류 위험물과 혼재가능한 위험물은? (단 지정수량의 10배를 초과하는 경우이다.)

① 제2류 위험물
② 제3류 위험물
③ 제5류 위험물
④ 제6류 위험물

해설

유별을 달리하는 위험물의 혼재기준

구분	제1류	제2류	제3류	제4류	제5류	제6류
제1류		×	×	×	×	○
제2류	×		×	○	○	×
제3류	×	×		○	×	×
제4류	×	○	○		○	×
제5류	×	○	×	○		×
제6류	○	×	×	×	×	

답 ④

33 위험물 옥외저장탱크 중 압력탱크에 저장하는 디에틸에테르 등의 저장온도는 몇 ℃ 이하이어야 하는가?

① 60
② 40
③ 30
④ 15

해설

위험물안전관리법 시행규칙 별표 18(제조소 등에서의 위험물 저장 및 취급에 관한 기준)
옥외저장탱크·옥내저장탱크 또는 지하저장탱크 중 압력탱크에 저장하는 아세트알데히드 등 또는 디에틸에테르 등의 온도는 40℃ 이하로 유지할 것

답 ②

34 주유취급소의 고정주유설비에서 펌프기기의 주유관 선단에서 최대토출량으로 틀린 것은?

① 휘발유는 분당 50리터 이하
② 경유는 분당 180리터 이하
③ 등유는 분당 50리터 이하
④ 제1석유류(휘발유 제외)는 분당 100리터 이하

해설

① 휘발유 : 50L/min 이하
② 경유 : 180L/min 이하
③ 등유 : 80L/min 이하

답 ④

35 다음 중 에틸렌글리콜의 성질로 옳지 않은 것은?

① 갈색의 액체로 방향성이 있고 쓴맛이 난다.
② 물, 알코올 등에 잘 녹는다.
③ 분자량은 약 62이고, 비중은 약 1.1이다.
④ 부동액의 원료로 사용된다.

해설

일반적 성질
㉮ 무색무취의 단맛이 나고 흡습성이 있는 끈끈한 액체로서 2가 알코올이다.
㉯ 물, 알코올, 에테르, 글리세린 등에는 잘 녹고 사염화탄소, 이황화탄소, 클로로포름에는 녹지 않는다.
㉰ 독성이 있으며, 무기산 및 유기산과 반응하여 에스테르를 생성한다.
㉱ 비중 1.1, 비점 197℃, 융점 −12.6℃, 인화점 111℃, 착화점 398℃

답 ①

36 다음 중 제2류 위험물의 종류에 해당되지 않는 것은?

① 마그네슘
② 고형알코올
③ 칼슘
④ 안티몬분

해설

칼슘은 알칼리토금속으로 제3류 위험물이다.

답 ③

37 위험물저장소에서 다음과 같이 제3류 위험물을 저장하고 있는 경우 지정수량의 몇 배가 보관되어 있는가?

- 칼륨 : 20kg
- 황린 : 40kg
- 칼슘의 탄화물 : 300kg

① 4
② 5
③ 6
④ 7

해설

위험물 지정수량의 배수
지정수량 배수의 합

$= \frac{\text{A품목 저장수량}}{\text{A품목 지정수량}} + \frac{\text{B품목 저장수량}}{\text{B품목 지정수량}} + \frac{\text{C품목 저장수량}}{\text{C품목 지정수량}} + \cdots$

$= \frac{20\text{kg}}{10\text{kg}} + \frac{40\text{kg}}{20\text{kg}} + \frac{300\text{kg}}{300\text{kg}}$

$= 5$

답 ②

38 다음 중 제5류 위험물이 아닌 것은?

① 니트로글리세린
② 니트로톨루엔
③ 니트로글리콜
④ 트리니트로톨루엔

해설

니트로톨루엔은 방향성 냄새가 나는 황색의 액체로서 물에 잘 녹지 않는다. 인화점은 o−니트로톨루엔이 106℃, m−니트로톨루엔이 101℃, p−니트로톨루엔이 106℃로 제4류 위험물로서 제3석유류에 속한다.

답 ②

39 위험물을 저장할 때 필요한 보호물질을 옳게 연결한 것은?

① 황린−석유
② 금속칼륨−에탄올
③ 이황화탄소−물
④ 금속나트륨−산소

해설

① 황린−물
② 금속칼륨, ④ 금속나트륨−석유

답 ③

40 다음 중 "인화점 50℃"의 의미를 가장 옳게 설명한 것은?

① 주변의 온도가 50℃ 이상이 되면 자발적으로 점화원 없이 발화한다.
② 액체의 온도가 50℃ 이상이 되면 가연성 증기를 발생하여 점화원에 의해 인화한다.
③ 액체를 50℃ 이상으로 가열하면 발화한다.
④ 주변의 온도가 50℃일 경우 액체가 발화한다.

해설

인화점(flash point)이란 가연성 액체를 가열하면서 액체의 표면에 점화원을 주었을 때 증기가 인화하는 액체의 최저온도를 인화점 혹은 인화온도라 하며 인화가 일어나는 액체의 최저의 온도를 의미한다.

답 ②

41 제1류 위험물 중의 과산화칼륨을 다음과 같이 반응시켰을 때 공통적으로 발생되는 기체는?

㉠ 물과 반응을 시켰다.
㉡ 가열하였다.
㉢ 탄산가스와 반응시켰다.

① 수소
② 이산화탄소
③ 산소
④ 이산화황

해설

㉮ 흡습성이 있으므로 물과 접촉하면 수산화칼륨(KOH)과 산소(O_2)를 발생한다.
$2K_2O_2+2H_2O \rightarrow 4KOH+O_2$
㉯ 가열하면 열분해하여 산화칼륨(K_2O)과 산소(O_2)를 발생한다.
$2K_2O_2 \rightarrow 2K_2O+O_2$
㉰ 공기 중의 탄산가스를 흡수하여 탄산염이 생성된다.
$2K_2O_2+CO_2 \rightarrow 2K_2CO_3+O_2$
따라서 공통으로 발생하는 가스는 산소가스이다.

답 ③

42 위험물 이동저장탱크의 외부도장 색상으로 적합하지 않은 것은?

① 제2류－적색
② 제3류－청색
③ 제5류－황색
④ 제6류－회색

해설

제1류-회색, 제2류-적색, 제3류-청색, 제5류-황색, 제6류-청색, 제4류는 적색을 권장한다.

답 ④

43 과망간산칼륨의 위험성에 대한 설명 중 틀린 것은?

① 진한황산과 접촉하면 폭발적으로 반응한다.
② 알코올, 에테르, 글리세린 등 유기물과 접촉을 금한다.
③ 가열하면 약 60℃에서 분해하여 수소를 방출한다.
④ 목탄, 황과 접촉 시 충격에 의해 폭발할 위험성이 있다.

해설

250℃에서 가열하면 과망간산칼륨, 이산화망간, 산소를 발생한다.
$2KMnO_4 \rightarrow K_2MnO_4+MnO_2+O_2$

답 ③

44 다음 중 제1류 위험물에 속하지 않는 것은?

① 질산구아니딘
② 과요오드산
③ 납 또는 요오드의 산화물
④ 염소화이소시아눌산

해설

질산구아니딘은 제5류 위험물이다.

답 ①

45 질산의 비중이 1.5일 때 1소요단위는 몇 L인가?

① 150 ② 200
③ 1,500 ④ 2,000

해설

위험물의 1소요단위는 지정수량의 10배이므로 질산의 경우 300kg×10=3,000kg이다.
따라서 비중이 1.5이므로 질산의 부피는
3,000kg÷1.5kg/L=2,000L

답 ④

46 질산메틸에 대한 설명 중 틀린 것은?

① 액체 형태이다.
② 물보다 무겁다.
③ 알코올에 녹는다.
④ 증기는 공기보다 가볍다.

해설

질산메틸의 분자량은 약 77, 비중은 1.2(증기비중 2.65), 비점은 66℃이며, 무색투명한 액체로서 향긋한 냄새가 있고 단맛이 있다.

답 ④

47 삼황화린의 연소 시 발생하는 가스에 해당하는 것은?

① 이산화황 ② 황화수소
③ 산소 ④ 인산

해설

$P_4S_3+8O_2 \rightarrow 2P_2O_5+3SO_2$

답 ①

48 다음 위험물 중 발화점이 가장 낮은 것은?

① 피크린산
② TNT
③ 과산화벤조일
④ 니트로셀룰로오스

해설

품목	피크린산	TNT	과산화벤조일	니트로 셀룰로오스
발화점	약 300℃	약 300℃	125℃	160~170℃

답 ③

49 건축물 외벽이 내화구조이며 연면적 300m² 인 위험물 옥내저장소의 건축물에 대하여 소화설비의 소화능력 단위는 최소한 몇 단위 이상이 되어야 하는가?

① 1단위 ② 2단위
③ 3단위 ④ 4단위

해설

소요단위 : 소화설비의 설치대상이 되는 건축물의 규모 또는 위험물 양에 대한 기준단위

1 단위	제조소 또는 취급소용 건축물의 경우	내화구조 외벽을 갖춘 연면적 $100m^2$
		내화구조 외벽이 아닌 연면적 $50m^2$
	저장소 건축물의 경우	내화구조 외벽을 갖춘 연면적 $150m^2$
		내화구조 외벽이 아닌 연면적 $75m^2$
	위험물의 경우	지정수량의 10배

답 ②

50 위험물안전관리법령상 위험물의 운반에 관한 기준에 따르면 알코올류의 위험 등급은 얼마인가?

① 위험 등급 Ⅰ ② 위험 등급 Ⅱ
③ 위험 등급 Ⅲ ④ 위험 등급 Ⅳ

해설

제4류 위험물 중 특수인화물(Ⅰ), 제1석유류, 알코올류(Ⅱ), 제2석유류, 제3석유류, 제4석유류, 동·식물유류(Ⅲ)

답 ②

51 다음 ( ) 안에 알맞은 수치를 차례대로 옳게 나열한 것은?

위험물은 암반탱크의 공간용적은 당해 탱크 내에 용출하는 ( )일간의 지하수 양에 상당하는 용적과 당해 탱크 내용적의 100분의 ( )의 용적 중에서 보다 큰 용적을 공간용적으로 한다.

① 1, 1 ② 7, 1
③ 1, 5 ④ 7, 5

해설

탱크의 공간용적은 탱크용적의 100분의 5 이상 100분의 10 이하로 한다. 다만, 소화설비(소화약제 방출구를 탱크 안의 윗부분에 설치하는 것에 한한다)를 설치하는 탱크의 공간용적은 당해 소화설비의 소화약제 방출구 아래의 0.3m 이상 1m 미만 사이의 면으로부터 윗부분의 용적으로 한다. 암반탱크에 있어서는 당해 탱크 내에 용출하는 7일간의 지하수의 양에 상당하는 용적과 당해 탱크의 내용적의 100분의 1의 용적 중에서 보다 큰 용적을 공간용적으로 한다.

답 ②

52 HNO_3에 대한 설명으로 틀린 것은?

① Al, Fe는 진한질산에서 부동태를 생성해 녹지 않는다.
② 질산과 염산을 3 : 1 비율로 제조한 것을 왕수라고 한다.
③ 부식성이 강하고 흡습성이 있다.
④ 직사광선에서 분해하여 NO_2를 발생한다.

해설

염산과 질산을 3부피와 1부피로 혼합한 용액을 왕수라 하며, 이 용액은 금과 백금을 녹이는 유일한 물질로 대단히 강한 혼합산이다.

답 ②

53 지정수량 20배 이상의 1류 위험물을 저장하는 옥내저장소에서 내화구조로 하지 않아도 되는 것은? (단, 원칙적인 경우에 한한다.)

① 바닥
② 보
③ 기둥
④ 벽

해설

저장창고의 벽·기둥 및 바닥은 내화구조로 하고, 보와 서까래는 불연재료로 하여야 한다.

답 ②

54 위험물안전관리법령상 다음 ( ) 안에 알맞은 수치는?

> 옥내저장소에서 위험물을 저장하는 경우 기계에 의하여 하역하는 구조로 된 용기만을 겹쳐 쌓는 경우에 있어서는 ( )미터 높이를 초과하여 용기를 겹쳐 쌓지 아니하여야 한다.

① 2　② 4
③ 6　④ 8

해설

옥내저장소에서 위험물을 저장하는 경우에는 다음의 규정에 의한 높이를 초과하여 용기를 겹쳐 쌓지 아니하여야 한다.

㉮ 기계에 의하여 하역하는 구조로 된 용기만을 겹쳐 쌓는 경우에 있어서는 6m
㉯ 제4류 위험물 중 제3석유류, 제4석유류 및 동·식물유류를 수납하는 용기만을 겹쳐 쌓는 경우에 있어서는 4m
㉰ 그 밖의 경우에 있어서는 3m

답 ③

55 칼륨의 화재 시 사용 가능한 소화제는?

① 물
② 마른모래
③ 이산화탄소
④ 사염화탄소

해설

칼륨의 금수성 물질로서 물, 할론소화약제 및 이산화탄소에 대해 적응성이 없다.

답 ②

56 위험물안전관리법령에 따른 제3류 위험물에 대한 화재예방 또는 소화의 대책으로 틀린 것은?

① 이산화탄소, 할로겐화합물, 분말소화약제를 사용하여 소화한다.
② 칼륨은 석유, 등유 등의 보호액 속에 저장한다.
③ 알킬알루미늄은 헥산, 톨루엔 등 탄화수소용제를 희석제로 사용한다.
④ 알킬알루미늄, 알킬리튬을 저장하는 탱크에는 불활성 가스의 봉입장치를 설치한다.

해설

제3류 위험물은 자연발화성 및 금수성 물질로서 이산화탄소, 할로겐화합물, 분말소화약제에 대해 적응성이 없다.

답 ①

57 위험물안전관리법령에 따라 위험물 운반을 위해 적재하는 경우 제4류 위험물과 혼재가 가능한 액체석유가스 또는 압축천연가스의 용기 내용적은 몇 L 미만인가?

① 120
② 150
③ 180
④ 200

해설

위험물안전관리에 관한 세부기준 제149조(위험물과 혼재가능한 고압가스)
내용적이 120L 미만인 용기에 충전한 액화석유가스 또는 압축천연가스는 4류 위험물과 혼재하는 경우로 한정한다.

답 ①

58 위험물을 유별로 정리하여 상호 1m 이상의 간격을 유지하는 경우에도 동일한 옥내저장소에 저장할 수 없는 것은?

① 제1류 위험물(알칼리금속의 과산화물 또는 이를 함유한 것을 제외한다)과 제5류 위험물
② 제1류 위험물과 제6류 위험물
③ 제1류 위험물과 제3류 위험물 중 황린
④ 인화성 고체를 제외한 제2류 위험물과 제4류 위험물

해설

유별을 달리하는 위험물은 동일한 저장소(내화구조의 격벽으로 완전히 구획된 실이 2 이상 있는 저장소에 있어서는 동일한 실)에 저장하지 아니하여야 한다. 다만, 옥내저장소 또는 옥외저장소에 있어서 다음의 규정에 의한 위험물을 저장하는 경우로서 위험물을 유별로 정리하여 저장하는 한편, 서로 1m 이상의 간격을 두는 경우에는 그러하지 아니하다.

㉮ 제1류 위험물(알칼리금속의 과산화물 또는 이를 함유한 것을 제외한다)과 제5류 위험물을 저장하는 경우
㉯ 제1류 위험물과 제6류 위험물을 저장하는 경우
㉰ 제1류 위험물과 제3류 위험물 중 자연발화성 물질(황린 또는 이를 함유한 것에 한한다)을 저장하는 경우
㉱ 제2류 위험물 중 인화성 고체와 제4류 위험물을 저장하는 경우
㉲ 제3류 위험물 중 알킬알루미늄 등과 제4류 위험물(알킬알루미늄 또는 알킬리튬을 함유한 것에 한한다)을 저장하는 경우
㉳ 제4류 위험물 중 유기과산화물 또는 이를 함유하는 것과 제5류 위험물 중 유기과산화물 또는 이를 함유한 것을 저장하는 경우

답 ④

59 위험물의 지정수량이 틀린 것은?

① 과산화칼륨 : 50kg
② 질산나트륨 : 50kg
③ 과망간산나트륨 : 1,000kg
④ 중크롬산암모늄 : 1,000kg

해설

질산나트륨은 질산염류로서 300kg이다.

답 ②

60 공기 중에서 산소와 반응하여 과산화물을 생성하는 물질은?

① 디에틸에테르 ② 이황화탄소
③ 에틸알코올 ④ 과산화나트륨

해설

디에틸에테르는 증기 누출이 용이하며 장기간 저장 시 공기 중에서 산화되어 구조 불명의 불안정하고 폭발성의 과산화물을 만드는데 이는 유기과산화물과 같은 위험성을 가지기 때문에 100℃로 가열하거나 충격, 압축으로 폭발한다.

답 ①

1200제 제 13 회

과년도 출제문제

위험물기능사

01 제조소 등의 소요단위 산정 시 위험물은 지정수량의 몇 배를 1소요단위로 하는가?

① 5배 ② 10배
③ 20배 ④ 50배

해설

소요단위 : 소화설비의 설치대상이 되는 건축물의 규모 또는 위험물 양에 대한 기준단위

1단위	제조소 또는 취급소용 건축물의 경우	내화구조 외벽을 갖춘 연면적 $100m^2$
		내화구조 외벽이 아닌 연면적 $50m^2$
	저장소 건축물의 경우	내화구조 외벽을 갖춘 연면적 $150m^2$
		내화구조 외벽이 아닌 연면적 $75m^2$
	위험물의 경우	지정수량의 10배

답 ②

02 다음 중 알킬알루미늄의 소화방법으로 가장 적합한 것은?

① 팽창질석에 의한 소화
② 알코올포에 의한 소화
③ 주수에 의한 소화
④ 산·알칼리 소화약제에 의한 소화

해설

알킬알루미늄은 자연발화성 및 금수성 물질이므로 수계약제에 의한 소화는 불가능하다.

답 ①

03 다음 물질 중 분진폭발의 위험이 가장 낮은 것은?

① 마그네슘가루 ② 아연가루
③ 밀가루 ④ 시멘트가루

해설

시멘트가루는 불연성 물질이므로 연소하지 않는다.

답 ④

04 위험물안전관리법령상 제5류 위험물의 화재발생 시 적응성이 있는 소화설비는?

① 분말소화설비
② 물분무소화설비
③ 이산화탄소소화설비
④ 할로겐화합물소화설비

해설

제5류 위험물은 자기반응성 물질로서 내부에 산소를 포함하고 있으므로 주수에 의한 냉각소화가 유효하며, 그 외 분말, 이산화탄소 및 할론에 의한 질식소화는 유효하지 않다.

답 ②

05 다음 중 제4류 위험물이 화재에 적응성이 없는 소화기는?

① 포소화기
② 봉상수소화기
③ 인산염류소화기
④ 이산화탄소소화기

해설

제4류 위험물은 인화성 액체로서 주수에 의한 냉각소화는 유효하지 않으며, 질식소화는 가능하다.

답 ②

06 위험물안전관리법령상 자동화재탐지설비의 경계구역 하나의 면적은 몇 m^2 이하이어야 하는가? (단, 원칙적인 경우에 한한다.)

① 250 ② 300
③ 400 ④ 600

해설

자동화재탐지설비의 하나의 경계구역의 면적은 $600m^2$ 이하로 하고 그 한 변의 길이는 50m(광전식 분리형 감지기를 설치할 경우에는 100m) 이하로 할 것. 다만, 당해 건축물, 그 밖의 공작물의 주요한 출입구에서 그 내부의 전체를 볼 수 있는 경우에 있어서는 그 면적을 $1,000m^2$ 이하로 할 수 있다.

답 ④

07 플래시오버(Flash Over)에 대한 설명으로 옳은 것은?

① 대부분 화재 초기(발화기)에 발생한다.
② 대부분 화재 중기(쇠퇴기)에 발생한다.
③ 내장재의 종류와 개구의 크기에 영향을 받는다.
④ 산소 공급의 주요 요인이 되어 발생한다.

해설

플래시오버(flash over) : 화재로 인하여 실내의 온도가 급격히 상승하여 가연물이 일시에 폭발적으로 착화현상을 일으켜 화재가 순간적으로 실내 전체에 확산되는 현상(=순발연소, 순간연소)
※ 실내온도 : 약 400~500℃

답 ③

08 충격이나 마찰에 민감하고 가수분해 반응을 일으키는 단점을 가지고 있어 이를 개선하여 다이너마이트를 발명하는 데 주원료로 사용한 위험물은?

① 셀룰로이드
② 니트로글리세린
③ 트리니트로톨루엔
④ 트리니트로페놀

해설

니트로글리세린은 다이너마이트, 로켓, 무연화약의 원료로 순수한 것은 무색 투명하나 공업용 시판품은 담황색이며 점화하면 즉시 연소하고 폭발력이 강하다.

$4C_3H_5(ONO_2)_3 \rightarrow 12CO_2 + 10H_2O + 6N_2 + O_2$

답 ②

09 다음은 어떤 화합물의 구조식인가?

```
    Cl
    |
H — C — H
    |
    Br
```

① 할론 1301
② 할론 1201
③ 할론 1011
④ 할론 2402

해설

Halon No.	분자식	구조식
할론 104	CCl_4	Cl–C(Cl)(Cl)–Cl
할론 1011	$CBrClH_2$	H–C(H)(Cl)–Br
할론 1211	CF_2ClBr	F–C(F)(Cl)–Br
할론 2402	$C_2F_4Br_2$	Br–C(F)(F)–C(F)(F)–Br
할론 1301	CF_3Br	F–C(F)(F)–Br

답 ③

10 위험물안전관리법령상 제4류 위험물 지정수량의 3천배 초과 4천배 이하로 저장하는 옥외탱크저장소의 보유공지는 얼마인가?

① 6m 이상
② 9m 이상
③ 12m 이상
④ 15m 이상

해설

보유공지

저장 또는 취급하는 위험물의 최대수량	공지의 너비
지정수량의 500배 이하	3m 이상
지정수량의 500배 초과 1,000배 이하	5m 이상
지정수량의 1,000배 초과 2,000배 이하	9m 이상
지정수량의 2,000배 초과 3,000배 이하	12m 이상
지정수량의 3,000배 초과 4,000배 이하	15m 이상
지정수량의 4,000배 초과	당해 탱크의 수평단면의 최대지름(횡형인 경우에는 긴 변)과 높이 중 큰 것과 같은 거리 이상. 다만, 30m 초과의 경우에는 30m 이상으로 할 수 있고, 15m 미만의 경우에는 15m 이상으로 하여야 한다.

답 ④

11 다음 중 분말소화약제를 방출시키기 위해 주로 사용하는 가압용 가스는?

① 산소 ② 질소
③ 헬륨 ④ 아르곤

해설

분말소화약제의 추진용 가스로는 질소 또는 이산화탄소가스를 사용하고 있다.

답 ②

12 연소의 연쇄반응을 차단 및 억제하여 소화하는 방법은?

① 냉각소화 ② 부촉매소화
③ 질식소화 ④ 제거소화

해설

연소의 4요소 중 연쇄반응을 차단하여 소화하는 것은 부촉매소화이다.

답 ②

13 위험물안전관리법령상 위험등급 Ⅰ의 위험물로 옳은 것은?

① 무기과산화물
② 황화린, 적린, 유황
③ 제1석유류
④ 알코올류

해설

②, ③, ④는 위험등급 Ⅱ에 속한다.

답 ①

14 소화기 속에 압축되어 있는 이산화탄소 1.1kg을 표준상태에서 분사하였다. 이산화탄소의 부피는 몇 m^3가 되는가?

① 0.56 ② 5.6
③ 11.2 ④ 24.6

해설

$$PV = \frac{w}{M}RT$$

$$\therefore V = \frac{w}{PM}RT$$

$$= \frac{1,100}{1 \times 44} \times 0.082 \times (0 + 273.15)$$

$= 559L$이므로 $0.56m^3$

답 ①

15 위험물안전관리법령상 자동화재탐지설비를 설치하지 않고 비상경보설비로 대신할 수 있는 것은?

① 일반취급소로서 연면적 $600m^2$인 것
② 지정수량 20배를 저장하는 옥내저장소로서 처마높이가 8m인 단층건물
③ 단층건물 외에 건축물에 설치된 지정수량 15배의 옥내탱크저장소로서 소화난이도 등급 Ⅱ에 속하는 것
④ 지정수량 20배를 저장, 취급하는 옥내주유취급소

답 ③

16 양초, 고급알코올 등과 같은 연료의 가장 일반적인 연소형태는?

① 분무연소 ② 증발연소
③ 표면연소 ④ 분해연소

해설

증발연소 : 가연성 액체를 외부에서 가열하거나 연소열이 미치면 그 액표면에 가연가스(증기)가 증발하여 연소되는 현상을 말한다. 예를 들어, 등유에 점화하면 등유의 상층 액면과 화염 사이에는 어느 정도의 간격이 생기는데, 이 간격은 바로 등유에서 발생한 증기의 층이다.

답 ②

17 BCF(BromoChlorodiFluoromehtane) 소화약제의 화학식으로 옳은 것은?

① CCl_4 ② CH_2ClBr
③ CF_3Br ④ CF_2ClBr

답 ④

18 제2류 위험물인 마그네슘에 대한 설명으로 옳지 않은 것은?

① 2mm 체를 통과한 것만 위험물에 해당된다.
② 화재 시 이산화탄소소화약제로 소화가 가능하다.
③ 가연성 고체로 산소와 반응하며 산화반응을 한다.
④ 주수소화를 하면 가연성의 수소가스가 발생한다.

해설

마그네슘은 금수성 물질로, 건조사에 의한 피복소화를 해야 한다.

답 ②

19 다음은 위험물안전관리법령에 따른 제2종 판매취급소에 대한 정의이다. ( )에 알맞은 말은?

> 제2종 판매취급소라 함은 점포에서 위험물을 용기에 담아 판매하기 위하여 지정수량의 (㉮)배 이하의 위험물을 (㉯)하는 정소

① ㉮ 20, ㉯ 취급 ② ㉮ 40, ㉯ 취급
③ ㉮ 20, ㉯ 저장 ④ ㉮ 40, ㉯ 저장

답 ②

20 취급하는 제4류 위험물의 수량이 지정수량의 30만 배인 일반취급소가 있는 사업장에 자체소방대를 설치함에 있어서 화학소방차는 몇 대 이상 두어야 하는가?

① 필수적인 것은 아니다.
② 1
③ 2
④ 3

해설

자체소방대에 두는 화학소방자동차 및 인원

사업소의 구분	화학소방자동차의 수	자체소방대원의 수
제조소 또는 일반취급소에서 취급하는 제4류 위험물의 최대수량의 합이 지정수량의 3천배 이상 12만배 미만인 사업소	1대	5인
제조소 또는 일반취급소에서 취급하는 제4류 위험물의 최대수량의 합이 지정수량의 12만배 이상 24만배 미만인 사업소	2대	10인
제조소 또는 일반취급소에서 취급하는 제4류 위험물의 최대수량의 합이 지정수량의 24만배 이상 48만배 미만인 사업소	3대	15인
제조소 또는 일반취급소에서 취급하는 제4류 위험물의 최대수량의 합이 지정수량의 48만배 이상인 사업소	4대	20인
옥외탱크저장소에 저장하는 제4류 위험물의 최대수량이 지정수량의 50만배 이상인 사업소	2대	10인

답 ④

21 다음 ( ) 안에 적합한 숫자를 차례대로 나열한 것은?

> 자연발화물질 중 알킬알루미늄 등은 운반용기의 내용적의 ( )% 이하의 수납률로 수납하되, 50℃의 온도에서 ( )% 이상의 공간용적을 유지하도록 할 것

① 90, 5 ② 90, 10
③ 95, 5 ④ 95, 10

해설

제3류 위험물의 운반용기 수납기준

㉮ 자연발화성 물질에 있어서는 불활성 기체를 봉입하여 밀봉하는 등 공기와 접하지 아니하도록 할 것
㉯ 자연발화성 물질 외의 물품에 있어서는 파라핀·경유·등유 등의 보호액으로 채워 밀봉하거나 불활성 기체를 봉입하여 밀봉하는 등 수분과 접하지 아니하도록 할 것
㉰ 자연발화성 물질 중 알킬알루미늄 등은 운반용기의 내용적의 90% 이하의 수납률로 수납하되, 50℃의 온도에서 5% 이상의 공간용적을 유지하도록 할 것

답 ①

22 정전기로 인한 재해방지 대책 중 틀린 것은?

① 접지를 한다.
② 실내를 건조하게 유지한다.
③ 공기 중 상대습도를 70% 이상으로 유지한다.
④ 공기를 이온화한다.

답 ②

23 다음 중 삼황화린의 연소생성물을 옳게 나열한 것은?

① P_2O_5, SO_2 ② P_2O_5, H_2S
③ H_3PO_4, SO_2 ④ H_3PO_4, H_2S

해설

$P_4S_3 + 8O_2 \rightarrow 2P_2O_5 + 3SO_2$

답 ①

24 다음 중 제3류 위험물에 해당하는 것은 어느 것인가?

① 유황
② 적린
③ 황린
④ 삼황화린

해설

①, ②, ④는 제2류 위험물에 속한다.

답 ③

25 제5류 위험물 중 니트로화합물의 지정수량을 옳게 나타낸 것은?

① 10kg
② 100kg
③ 150kg
④ 200kg

해설

성질	위험등급	품명	지정수량
자기반응성 물질	I	1. 유기과산화물	10kg
		2. 질산에스테르류	10kg
	II	3. 니트로화합물	200kg
		4. 니트로소화합물	200kg
		5. 아조화합물	200kg
		6. 디아조화합물	200kg
		7. 히드라진유도체	200kg
		8. 히드록실아민(NH_2OH)	100kg
		9. 히드록실아민염류	100kg
		10. 그 밖의 행정안전부령이 정하는 것 ① 금속의 아지드 화합물 ② 질산 구아니딘	200kg

답 ④

26 과염소산칼륨의 성질에 대한 설명 중 틀린 것은?

① 무색, 무취의 결정으로 물에 잘 녹는다.
② 화학식은 $KClO_4$이다.
③ 에탄올, 에테르에는 녹지 않는다.
④ 화약, 폭약, 섬광제 등에 쓰인다.

해설

과염소산칼륨은 물에 약간 녹으며, 알코올이나 에테르 등에는 녹지 않는다.

답 ①

27 0.99atm, 55℃에서 이산화탄소의 밀도는 약 몇 g/L인가?

① 0.62 ② 1.62
③ 9.65 ④ 12.65

해설

$$PV=\frac{w}{M}RT$$

$$\therefore \frac{w}{V}=\frac{PM}{RT}=\frac{0.99\times 44}{0.082\times(55+273.15)}=1.62$$

답 ②

28 위험물안전관리법령에서 정한 제5류 위험물 이동저장탱크의 외부도장 색상은?

① 황색 ② 회색
③ 적색 ④ 청색

해설

이동저장탱크의 외부도장

유별	도장의 색상	비 고
제1류	회색	1. 탱크의 앞면과 뒷면을 제외한 면적의 40% 이내의 면적은 다른 유별의 색상 외의 색상으로 도장하는 것이 가능하다. 2. 제4류에 대해서는 도장의 색상 제한이 없으나 적색을 권장한다.
제2류	적색	
제3류	청색	
제5류	황색	
제6류	청색	

답 ①

29 다음 중 제조소 등의 관계인이 예방규정을 정하여야 하는 제조소 등이 아닌 것은 어느 것인가?

① 지정수량 100배의 위험물을 저장하는 옥외탱크저장소
② 지정수량 150배의 위험물을 저장하는 옥내저장소
③ 지정수량 10배의 위험물을 취급하는 제조소
④ 지정수량 5배의 위험물을 취급하는 이송취급소

해설

예방규정을 정하여야 하는 제조소 등

관계인이 당해 제조소 등의 화재예방과 화재 등 재해발생 시의 비상조치

㉮ 지정수량의 10배 이상의 위험물을 취급하는 제조소
㉯ 지정수량의 100배 이상의 위험물을 저장하는 옥외저장소
㉰ 지정수량의 150배 이상의 위험물을 저장하는 옥내저장소
㉱ 지정수량의 200배 이상의 위험물을 저장하는 옥외탱크저장소
㉲ 암반탱크저장소
㉳ 이송취급소
㉴ 지정수량의 10배 이상의 위험물을 취급하는 일반취급소(다만, 제4류 위험물(특수인화물을 제외한다)만을 지정수량의 50배 이하로 취급하는 일반취급소(제1석유류·알코올류의 취급량이 지정수량의 10배 이하인 경우에 한한다)로서 다음의 어느 하나에 해당하는 것을 제외)
  ㉠ 보일러·버너 또는 이와 비슷한 것으로서 위험물을 소비하는 장치로 이루어진 일반취급소
  ㉡ 위험물을 용기에 옮겨 담거나 차량에 고정된 탱크에 주입하는 일반취급소

답 ①

30 위험물안전관리법령상 제5류 위험물의 공통된 취급방법으로 옳지 않은 것은?

① 용기의 파손 및 균열에 주의한다.
② 저장 시 과열, 충격, 마찰을 피한다.
③ 운반용기 외부에 주의사항으로 화기주의 및 물기엄금을 표기한다.
④ 불티, 불꽃, 고온체와의 접근을 피한다.

해설

③ 운반용기 외부에 주의사항으로 화기엄금 및 충격주의를 표기한다.

답 ③

31 다음 중 황 분말과 혼합하였을 때 가열 또는 충격에 의해서 폭발할 위험이 가장 높은 것은 어느 것인가?

① 질산암모늄
② 물
③ 이산화탄소
④ 마른모래

해설

황은 제2류 위험물, 질산암모늄은 제1류 위험물로서 혼재하면 연소 및 폭발위험이 커진다.

답 ①

32 다음은 위험물안전관리법령에서 정한 내용이다. (   ) 안에 알맞은 용어는?

(   )라 함은 고형알코올, 그 밖에 1기압에서 인화점이 섭씨 40도 미만인 고체를 말한다.

① 가연성 고체
② 산화성 고체
③ 인화성 고체
④ 자기반응성 고체

해설

제2류 위험물인 인화성 고체에 대한 설명이다.

답 ③

33 유별을 달리하는 위험물을 운반할 때 혼재할 수 있는 것은? (단, 지정수량의 1/10을 넘는 양을 운반하는 경우이다.)

① 제1류와 제3류 ② 제2류와 제4류
③ 제3류와 제5류 ④ 제4류와 제6류

해설

유별을 달리하는 위험물의 혼재기준

구분	제1류	제2류	제3류	제4류	제5류	제6류
제1류		×	×	×	×	○
제2류	×		×	○	○	×
제3류	×	×		○	×	×
제4류	×	○	○		○	×
제5류	×	○	×	○		×
제6류	○	×	×	×	×	

답 ②

34 그림의 원통형 종으로 설치된 탱크에서 공간용적을 내용적의 10%라고 하면 탱크용량(허가용량)은 약 얼마인가?

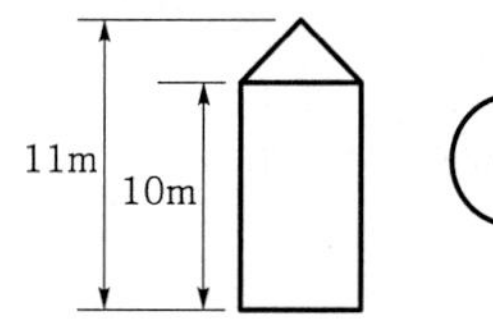

① 113.04 ② 124.34
③ 129.06 ④ 138.16

해설

종(수직)으로 설치한 것
$V=\pi r^2 l=\pi\times 2^2\times 10=125.66$이므로
$125.66\times 0.9=113.09$

답 ①

35 제4류 위험물에 속하지 않는 것은?

① 아세톤
② 실린더유
③ 트리니트로톨루엔
④ 니트로벤젠

해설

③은 제5류 위험물이다.

답 ③

36 자기반응성 물질인 제5류 위험물에 해당하는 것은?

① $CH_3(C_6H_4)NO_2$
② CH_3COCH_3
③ $C_6H_2(NO_3)_3OH$
④ $C_6H_5NO_5$

답 ③

37 경유 2,000L, 글리세린 2,000L를 같은 장소에 저장하려 했다. 지정수량의 배수의 합은 얼마인가?

① 2.5　　② 3.0
③ 3.5　　④ 4.0

해설

지정수량 배수의 합

$$= \frac{\text{A품목 저장수량}}{\text{A품목 지정수량}} + \frac{\text{B품목 저장수량}}{\text{B품목 지정수량}} + \frac{\text{C품목 저장수량}}{\text{C품목 지정수량}} + \cdots$$

$$= \frac{2{,}000\text{L}}{1{,}000\text{L}} + \frac{2{,}000\text{L}}{4{,}000\text{L}}$$

$= 2.5$

답 ①

38 제2석유류에 해당하는 물질로만 짝지어진 것은?

① 등유, 경유
② 등유, 중유
③ 글리세린, 기계유
④ 글리세린, 장뇌유

해설

"제2석유류"라 함은 등유, 경유, 그 밖의 1기압에서 인화점이 21℃ 이상 70℃ 미만인 것을 말한다. 다만, 도료류, 그 밖의 물품에 있어서 가연성 액체량이 40중량퍼센트 이하이면서 인화점이 40℃ 이상인 동시에 연소점이 60℃ 이상인 것은 제외한다.

답 ①

39 과망간산칼륨의 위험성에 대한 설명으로 틀린 것은?

① 황산과 격렬하게 반응한다.
② 유기물과 혼합 시 위험성이 증가한다.
③ 고온으로 가열하면 분해하여 산소와 수소를 방출한다.
④ 목탄, 황 등 환원성 물질과 격리하여 저장해야 한다.

해설

과망간산칼륨은 고온으로 가열하면 산소가스를 방출한다.

답 ③

40 다음 중 지정수량이 나머지 셋과 다른 물질은 어느 것인가?

① 황화린　　② 적린
③ 칼슘　　④ 유황

해설

황화린, 적린, 유황은 100kg이며, 칼슘은 50kg이다.

답 ③

41 위험물의 품명이 질산염류에 속하지 않는 것은?

① 질산메틸　　② 질산칼륨
③ 질산나트륨　　④ 질산암모늄

해설

질산메틸은 제5류 위험물로서 질산에스테르류에 속한다.

답 ①

42 위험물과 그 보호액 또는 안정제의 연결이 틀린 것은?

① 황린－물
② 인화석회－물
③ 금속칼륨－등유
④ 알킬알루미늄－헥산

해설

인화석회는 물과 반응하여 가연성이며 독성이 강한 인화수소(PH_3, 포스핀)가스를 발생한다.
$Ca_3P_2+6H_2O \rightarrow 3Ca(OH)_2+2PH_3$

답 ②

43 위험물안전관리법령상 염소화이소시아놀산은 제 몇 류 위험물인가?

① 제1류
② 제2류
③ 제3류
④ 제4류

해설

제1류 위험물의 품명 및 지정수량

성질	위험등급	품명	지정수량
산화성 고체	Ⅰ	1. 아염소산염류 2. 염소산염류 3. 과염소산염류 4. 무기과산화물류	50kg
	Ⅱ	5. 브롬산염류 6. 질산염류 7. 요오드산염류	300kg
	Ⅲ	8. 과망간산염류 9. 중크롬산염류	1,000kg
	Ⅰ~Ⅲ	10. 그 밖에 행정안전부령이 정하는 것 ① 과요오드산염류 ② 과요오드산 ③ 크롬, 납 또는 요오드의 산화물 ④ 아질산염류 ⑤ 차아염소산염류 ⑥ 염소화이소시아놀산 ⑦ 퍼옥소이황산염류 ⑧ 퍼옥소붕산염류 11. 1~10호의 하나 이상을 함유한 것	50kg, 300kg 또는 1,000kg

답 ①

44 경유에 대한 설명으로 틀린 것은?

① 물에 녹지 않는다.
② 비중은 1 이하이다.
③ 발화점이 인화점보다 높다.
④ 인화점은 상온 이하이다.

해설

경유의 인화점은 50~70℃이므로 상온보다 높다.

답 ④

45 다음은 위험물안전관리법령상 이동탱크저장소에 설치하는 게시판의 설치기준에 관한 내용이다. ( ) 안에 해당하지 않는 것은 어느 것인가?

> 이동저장탱크의 뒷면 중 보기 쉬운 곳에서는 해당탱크에 저장 또는 취급하는 위험물의 ( )·( )·( ) 및 적재중량을 게시한 게시판을 설치하여야 한다.

① 최대수량　② 품명
③ 유별　④ 관리자명

해설

게시판
㉮ 설치위치 : 탱크의 뒷면에 보기 쉬운 곳
㉯ 표시사항 : 유별, 품명, 최대수량 또는 적재중량

답 ④

46 다음 중 인화점이 0℃보다 작은 것은 모두 몇 개인가?

> $C_2H_5OC_2H_5$, CS_2, CH_3CHO

① 0개　② 1개
③ 2개　④ 3개

해설

이황화탄소(CS_2) : −30℃
디에틸에테르($C_2H_5OC_2H_5$) : −40℃
아세트알데히드(CH_3CHO) : −40℃

답 ④

47 니트로셀룰로오스의 저장방법으로 올바른 것은?

① 물이나 알코올로 습윤시킨다.
② 에탄올과 에테르 혼액에 침윤시킨다.
③ 수은염을 만들어 저장한다.
④ 산에 용해시켜 저장한다.

해설

폭발을 방지하기 위해 안전용제로 물(20%) 또는 알코올(30%)로 습윤시켜 저장한다.

답 ①

48 위험물안전관리법령상 옥내소화전설비의 설치기준에서 옥내소화전은 제조소 등의 건축물의 층마다 해당 층의 각 부분에서 하나의 호스접속구까지의 수평거리가 몇 m 이하가 되도록 설치하여야 하는가?

① 5
② 10
③ 15
④ 25

해설

옥내소화전은 제조소 등의 건축물의 층마다 당해 층의 각 부분에서 하나의 호스접속구까지의 수평거리가 25m 이하가 되도록 설치할 것. 이 경우 옥내소화전은 각층의 출입구 부근에 1개 이상 설치하여야 한다.

답 ④

49 유기과산화물의 저장 또는 운반 시 주의사항으로서 옳은 것은?

① 일광이 드는 건조한 곳에 저장한다.
② 가능한 한 대용량으로 저장한다.
③ 알코올류 등 제4류 위험물과 혼재하여 운반할 수 있다.
④ 산화제이므로 다른 강산화제와 같이 저장해도 좋다.

해설

유별을 달리하는 위험물의 혼재기준

구분	제1류	제2류	제3류	제4류	제5류	제6류
제1류		×	×	×	×	○
제2류	×		×	○	○	×
제3류	×	×		○	×	×
제4류	×	○	○		○	×
제5류	×	○	×	○		×
제6류	○	×	×	×	×	

유기과산화물은 제5류 위험물로서 제4류 위험물과 혼재하여 운반할 수 있다.

답 ③

50 지하탱크저장소에 대한 설명으로 옳지 않은 것은?

① 탱크전용실 벽의 두께는 0.3m 이상이어야 한다.
② 지하저장탱크의 윗부분은 지면으로부터 0.6m 이상 아래에 있어야 한다.
③ 지하저장탱크와 탱크전용실 안쪽과의 간격은 0.1m 이상의 간격을 유지한다.
④ 지하저장탱크에는 두께 0.1m 이상의 철근콘크리트조로 된 뚜껑을 설치한다.

해설

탱크전용실은 벽・바닥 및 뚜껑을 다음에 정한 기준에 적합한 철근콘크리트구조 또는 이와 동등 이상의 강도가 있는 구조로 설치하여야 한다.

㉮ 벽・바닥 및 뚜껑의 두께는 0.3m 이상일 것
㉯ 벽・바닥 및 뚜껑의 내부에는 직경 9mm부터 13mm까지의 철근을 가로 및 세로로 5cm부터 20cm까지의 간격으로 배치할 것
㉰ 벽・바닥 및 뚜껑의 재료에 수밀콘크리트를 혼입하거나 벽・바닥 및 뚜껑의 중간에 아스팔트층을 만드는 방법으로 적정한 방수조치를 할 것

답 ④

51 황린의 위험성에 대한 설명으로 틀린 것은?

① 공기 중에서 자연발화의 위험성이 있다.
② 연소 시 발생되는 증기는 유독하다.
③ 화학적 활성이 커서 CO_2, H_2O와 격렬히 반응한다.
④ 강알칼리 용액과 반응하여 독성 가스를 발생한다.

해설

황린은 자연발화성 물질로서 물과 반응하지 않는다.

답 ③

52 니트로셀룰로오스 5kg과 트리니트로페놀을 함께 저장하려고 한다. 이때 지정수량 1배로 저장하려면 트리니트로페놀을 몇 kg 저장하여야 하는가?

① 5
② 10
③ 50
④ 100

해설

지정수량 배수의 합

$$= \frac{\text{A품목 저장수량}}{\text{A품목 지정수량}} + \frac{\text{B품목 저장수량}}{\text{B품목 지정수량}} + \frac{\text{C품목 저장수량}}{\text{C품목 지정수량}} + \cdots$$

$$= \frac{5\text{kg}}{10\text{kg}} + \frac{x}{200\text{kg}} = 1$$이 되려면

$x = 100\text{kg}$이어야 한다.

답 ④

53 다음 중 위험물안전관리법령에서 정한 제3류 위험물 금수성 물질의 소화설비로 적응성이 있는 것은?

① 이산화탄소소화설비
② 할로겐화합물소화설비
③ 인산염류 등 분말소화설비
④ 탄산수소염류 등 분말소화설비

해설

소화설비의 적응성

소화설비의 구분 \ 대상물의 구분		건축물·그 밖의 공작물	전기설비	제1류 위험물		제2류 위험물			제3류 위험물		제4류 위험물	제5류 위험물	제6류 위험물
				알칼리금속과산화물 등	그 밖의 것	철분·금속분·마그네슘 등	인화성 고체	그 밖의 것	금수성 물품	그 밖의 것			
옥내소화전 또는 옥외소화전설비		○			○		○	○		○		○	○
스프링클러설비		○			○		○	○		○	△	○	○
물분무 등 소화설비	물분무소화설비	○	○		○		○	○		○	○	○	○
	포소화설비	○			○		○	○		○	○	○	○
	불활성가스소화설비		○				○				○		
	할로겐화합물소화설비		○				○				○		
	분말소화설비: 인산염류 등	○	○		○		○	○			○		○
	분말소화설비: 탄산수소염류 등		○	○		○	○		○		○		
	분말소화설비: 그 밖의 것			○		○			○				

답 ④

54 다음 설명 중 제2석유류에 해당하는 것은? (단, 1기압상태이다.)

① 착화점이 21℃ 미만인 것
② 착화점이 30℃ 이상 50℃ 미만인 것
③ 인화점이 21℃ 이상 70℃ 미만인 것
④ 인화점이 21℃ 이상 90℃ 미만인 것

해설

"제2석유류"라 함은 등유, 경유, 그 밖의 1기압에서 인화점이 21℃ 이상 70℃ 미만인 것을 말한다. 다만, 도료류, 그 밖의 물품에 있어서 가연성 액체량이 40중량퍼센트 이하이면서 인화점이 40℃ 이상인 동시에 연소점이 60℃ 이상인 것은 제외한다.

답 ③

55 질산암모늄의 일반적 성질에 대한 설명 중 옳은 것은?

① 불안정한 물질이고 물에 녹을 때는 흡열 반응을 나타낸다.
② 물에 대한 용해도 값이 매우 작아 물에 거의 불용이다.
③ 가열 시 분해하여 수소를 발생한다.
④ 과일향의 냄새가 나는 적갈색 비결정체이다.

해설

질산암모늄은 제1류 위험물로서 조해성과 흡습성이 있고, 물에 녹을 때 열을 대량 흡수하여 한제로 이용된다.(흡열반응)

답 ①

56 아염소산염류 500kg과 질산염류 3,000kg을 함께 저장하는 경우 위험물의 소요단위는 얼마인가?

① 2 ② 4
③ 6 ④ 8

해설

소요단위 : 소화설비의 설치대상이 되는 건축물의 규모 또는 위험물 양에 대한 기준단위

1 단위	제조소 또는 취급소용 건축물의 경우	내화구조 외벽을 갖춘 연면적 $100m^2$
		내화구조 외벽이 아닌 연면적 $50m^2$
	저장소 건축물의 경우	내화구조 외벽을 갖춘 연면적 $150m^2$
		내화구조 외벽이 아닌 연면적 $75m^2$
	위험물의 경우	지정수량의 10배

소요단위

$= \frac{\text{저장수량}}{\text{A위험물의 지정수량 10배}} + \frac{\text{저장수량}}{\text{B위험물의 지정수량 10배}}$

$= \frac{500kg}{50kg \times 10} + \frac{3,000kg}{300kg \times 10}$

$= 2$

답 ①

57 유황에 대한 설명으로 옳지 않은 것은?

① 연소 시 황색불꽃에서 보이며 유독한 이황화탄소를 발생한다.
② 미세한 분말상태에서 부유하면 분진폭발의 위험이 있다.
③ 마찰에 의해 정전기가 발생할 우려가 있다.
④ 고온에서 용융된 유황은 수소와 반응한다.

해설

공기 중에서 연소하면 푸른 빛을 내며 아황산가스(SO_2)를 발생한다.

답 ①

58 위험물의 저장 및 취급 방법에 대한 설명으로 틀린 것은?

① 적린은 화기와 멀리하고 가열, 충격이 가해지지 않도록 한다.
② 이황화탄소는 발화점이 낮으므로 물속에 저장한다.
③ 마그네슘은 산화제와 혼합되지 않도록 취급한다.
④ 알루미늄분은 분진폭발의 위험이 있으므로 분무주수하여 저장한다.

해설

알루미늄분말은 물과 반응하면 수소가스를 발생한다.
$2Al + 6H_2O \rightarrow 2Al(OH)_3 + 3H_2$

답 ④

59 과산화벤조일(벤조일퍼옥사이드)에 대한 설명 중 틀린 것은?

① 환원성 물질과 격리하여 저장한다.
② 물에 녹지 않으나 유기용제에 녹는다.
③ 희석제로 묽은 질산을 사용한다.
④ 결정성의 분말형태이다.

해설

상온에서는 안정하나 열, 빛, 충격, 마찰 등에 의해 폭발의 위험이 있으며, 수분이 흡수되거나 비활성 희석제(프탈산디메틸, 프탈산디부틸 등)가 첨가되면 폭발성을 낮출 수 있다.

답 ③

60 위험물안전관리법령에 따른 위험물의 운송에 관한 설명 중 틀린 것은?

① 알킬리튬과 알킬알루미늄 또는 이 중 어느 하나 이상을 함유한 것은 운송책임자의 감독·지원을 받아야 한다.
② 이동탱크저장소에 의하여 위험물을 운송할 때의 운송책임자에는 법정의 교육을 이수하고 관련 업무에 2년 이상 경력이 있는 자도 포함된다.
③ 서울에서 부산까지 금속의 인화물 300kg을 1명의 운전자가 휴식 없이 운송해도 규정위반이 아니다.
④ 운송책임자의 감독 또는 지원방법에는 동승하는 방법과 별도의 사무실에서 대기하면서 규정된 사항을 이행하는 방법이 있다.

해설

위험물운송자는 장거리(고속국도에 있어서는 340km 이상, 그 밖의 도로에 있어서는 200km 이상을 말한다)에 걸치는 운송을 하는 때에는 2명 이상의 운전자로 할 것. 다만, 다음의 어느 하나에 해당하는 경우에는 그러하지 아니하다.
㉮ 운송책임자를 동승시킨 경우
㉯ 운송하는 위험물이 제2류 위험물·제3류 위험물(칼슘 또는 알루미늄의 탄화물과 이것만을 함유한 것에 한한다) 또는 제4류 위험물(특수인화물을 제외한다)인 경우
㉰ 운송도중에 2시간 이내마다 20분 이상씩 휴식하는 경우

 ③

1200제 제14회

과년도 출제문제

위험물기능사

01 제3종 분말소화약제의 열분해 반응식을 옳게 나타낸 것은?

① $NH_4H_2PO_4 \rightarrow HPO_3 + NH_3 + H_2O$
② $2KNO_3 \rightarrow 2KNO_2 + O_2$
③ $KClO_4 \rightarrow KCl + 2O_2$
④ $2CaHCO_3 \rightarrow 2CaO + H_2CO_3$

해설

제3종 분말소화약제의 주성분은 제1인산암모늄으로 열분해에 의해 메타인산(HPO_3)을 생성한다.

답 ①

02 위험물안전관리법령상 제2류 위험물 중 지정수량이 500kg인 물질에 의한 화재는 어느 것인가?

① A급 화재
② B급 화재
③ C급 화재
④ D급 화재

해설

제2류 위험물의 품명 및 지정수량

성질	위험등급	품명	지정수량
가연성 고체	Ⅱ	1. 황화린 2. 적린(P) 3. 황(S)	100kg
	Ⅲ	4. 철분(Fe) 5. 금속분 6. 마그네슘(Mg)	500kg
		7. 인화성 고체	1,000kg

철분, 금속분, 마그네슘으로 인한 화재는 금속화재에 속하므로 D급 화재에 해당한다.

답 ④

03 다음 중 위험물제조소 등의 용도폐지 신고에 대한 설명으로 옳지 않은 것은 어느 것인가?

① 용도폐지 후 30일 이내에 신고하여야 한다.
② 완공검사필증을 첨부한 용도폐지 신고서를 제출하는 방법으로 신고한다.
③ 전자문서로 된 용도폐지 신고서를 제출하는 경우에도 완공검사필증을 제출하여야 한다.
④ 신고의무의 주체는 해당 제조소 등의 관계인이다.

해설

제조소 등의 폐지(위험물안전관리법 제11조) : 제조소 등의 관계인(소유자·점유자 또는 관리자를 말한다. 이하 같다)은 당해 제조소 등의 용도를 폐지(장래에 대하여 위험물시설로서의 기능을 완전히 상실시키는 것을 말한다)한 때에는 행정안전부령이 정하는 바에 따라 제조소 등의 용도를 폐지한 날부터 14일 이내에 시·도지사에게 신고하여야 한다.

답 ①

04 할로겐화합물의 소화약제 중 할론 2402의 화학식은?

① $C_2Br_4F_2$
② $C_2Cl_4F_2$
③ $C_2Cl_4Br_2$
④ $C_2F_4Br_2$

해설

할론 2402에서 2는 탄소의 개수, 4는 불소의 개수, 2는 취소의 개수이다.

답 ④

05 다음 중 수소, 아세틸렌과 같은 가연성 가스가 공기 중 누출되어 연소하는 형식에 가장 가까운 것은?

① 확산연소
② 증발연소
③ 분해연소
④ 표면연소

해설

확산연소(불균일연소) : 가연성 가스와 공기를 미리 혼합하지 않고 산소의 공급을 가스의 확산에 의하여 주위에 있는 공기와 혼합 연소하는 것

답 ①

06 위험물제조소 등에 설치하여야 하는 자동화재탐지설비의 설치기준에 대한 설명 중 틀린 것은?

① 자동화재탐지설비의 경계구역은 건축물, 그 밖의 공작물의 2 이상의 층에 걸치도록 할 것
② 하나의 경계구역에서 그 한 변의 길이는 50m(광전식 분리형 감지기를 설치할 경우에는 100m) 이하로 할 것
③ 자동화재탐지설비의 감지기는 지붕 또는 벽의 옥내에 면한 부분에 유효하게 화재의 발생을 감지할 수 있도록 설치할 것
④ 자동화재탐지설비에는 비상전원을 설치할 것

해설

자동화재탐지설비의 설치기준 : 자동화재탐지설비의 경계구역은 건축물, 그 밖의 공작물의 2 이상의 층에 걸치지 아니하도록 할 것. 다만, 하나의 경계구역의 면적이 $500m^2$ 이하이면서 당해 경계구역이 두 개의 층에 걸치는 경우이거나 계단·경사로·승강기의 승강로, 그 밖에 이와 유사한 장소에 연기감지기를 설치하는 경우에는 그러하지 아니하다.

답 ①

07 알코올류 20,000L에 대한 소화설비 설치 시 소요단위는?

① 5
② 10
③ 15
④ 20

해설

$$위험물의\ 소요단위 = \frac{저장수량}{위험물의\ 지정수량 \times 10} = \frac{20,000}{400 \times 10} = 5$$

답 ①

08 위험물안전관리법령상 분말소화설비의 기준에서 규정한 전역방출방식 또는 국소방출방식 분말소화설비의 가압용 또는 축압용 가스에 해당하는 것은?

① 네온가스
② 아르곤가스
③ 수소가스
④ 이산화탄소가스

해설

질소가스 또는 이산화탄소가스를 사용한다.

답 ④

09 과산화칼륨의 저장창고에서 화재가 발생하였다. 다음 중 가장 적합한 소화약제는 어느 것인가?

① 물
② 이산화탄소
③ 마른모래
④ 염산

해설

과산화칼륨은 제1류 위험물 중 금수성 물질에 해당한다. 모래 또는 소다재를 소화약제로 사용할 수 있다.

답 ③

10 위험물안전관리법령에 의해 옥외저장소에 저장을 허가받을 수 없는 위험물은?

① 제2류 위험물 중 유황(금속제 드럼에 수납)
② 제4류 위험물 중 가솔린(금속제 드럼에 수납)
③ 제6류 위험물
④ 국제해상위험물규칙(IMDG Code)에 적합한 용기에 수납된 위험물

해설

옥외저장소에 저장할 수 있는 위험물
㉮ 제2류 위험물 중 유황, 인화성 고체(인화점이 0℃ 이상인 것에 한함)
㉯ 제4류 위험물 중 제1석유류(인화점이 0℃ 이상인 것에 한함), 제2석유류, 제3석유류, 제4석유류, 알코올류, 동·식물유류
㉰ 제6류 위험물
※ 가솔린은 인화점이 −43℃이므로 해당사항 없음.

답 ②

11 플래시오버에 대한 설명으로 틀린 것은?

① 국소화재에서 실내의 가연물들이 연소하는 대화재로의 전이
② 환기지배형 화재에서 연료지배형 화재로의 전이
③ 실내의 천장쪽에 축적된 미연소 가연성 증기나 가스를 통한 화염의 급격한 전파
④ 내화건축물의 실내화재 온도상황으로 보아 성장기에서 최성기로의 진입

해설

최성기에는 열방출률이 최고가 되는 단계로서 여기서 연료지배형 화재와 환기지배형 화재로 나뉠 수 있다. 연료지배형 화재는 유리창이 깨지든지 하여 환기가 양호하여 연소에 필요한 산소가 충분히 공급되나 연료가 충분치 못하여 연료량에 의해 지배당하는 것을 뜻하며, 환기지배형 화재는 연료지배형 화재로서 환기상태가 원활하지 못하여 공기의 유입상태에 의해 화재가 제어되는 경우를 말한다. 따라서 플래시오버의 경우 연료지배형에서 환기지배형으로 전이되는 상태로 봐야 한다.

답 ②

12 위험물안전관리법령상 제3류 위험물 중 금수성 물질의 화재에 적응성이 있는 소화설비는?

① 탄산수소염류의 분말소화설비
② 이산화탄소소화설비
③ 할로겐화합물소화설비
④ 인산염류의 분말소화설비

해설

금수성 물질은 탄산수소염류의 분말소화설비에 대해 유효하다.

답 ①

13 제1종, 제2종, 제3종 분말소화약제의 주성분에 해당하지 않는 것은?

① 탄산수소나트륨 ② 황산마그네슘
③ 탄산수소칼륨 ④ 인산암모늄

해설

종류	주성분	화학식	착색	적응화재
제1종	탄산수소나트륨(중탄산나트륨)	$NaHCO_3$	−	B, C급 화재
제2종	탄산수소칼륨(중탄산칼륨)	$KHCO_3$	담회색	B, C급 화재
제3종	제1인산암모늄	$NH_4H_2PO_4$	담홍색 또는 황색	A, B, C급 화재
제4종	탄산수소칼륨+요소	$KHCO_3+CO(NH_2)_2$	−	B, C급 화재

답 ②

14 가연성 액화가스의 탱크 주위에서 화재가 발생한 경우에 탱크의 가열로 인하여 그 부분의 강도가 약해져 탱크가 파열됨으로 내부의 가열된 액화가스가 급속히 팽창하면서 폭발하는 현상은?

① 블레비(BLEVE) 현상
② 보일오버(Boil Over) 현상
③ 플래시백(Flash Back) 현상
④ 백드래프트(Back Draft) 현상

답 ①

15 소화효과에 대한 설명으로 틀린 것은?

① 기화잠열이 큰 소화약제를 사용할 경우 냉각소화효과를 기대할 수 있다.
② 이산화탄소에 의한 소화는 주로 질식소화로 화재를 진압한다.
③ 할로겐화합물소화약제는 주로 냉각소화를 한다.
④ 분말소화약제는 질식효과와 부촉매효과 등으로 화재를 진압한다.

해설

할로겐화합물소화약제는 부촉매효과로 인한 소화이다.

답 ③

16 건조사와 같은 불연성 고체로 가연물을 덮는 것은 어떤 소화에 해당하는가?

① 제거소화
② 질식소화
③ 냉각소화
④ 억제소화

해설

불연성 고체로 가연물을 덮으면 공기 중의 산소공급이 차단되어 질식소화를 하게 된다.

답 ②

17 금속칼륨과 금속나트륨은 다음 중 어떻게 보관하여야 하는가?

① 공기 중에 노출하여 보관
② 물속에 넣어서 밀봉하여 보관
③ 석유 속에 넣어서 밀봉하여 보관
④ 그늘지고 통풍이 잘 되는 곳에 산소 분위기에서 보관

해설

$2K + 2H_2O \rightarrow 2KOH + H_2$
$2Na + 2H_2O \rightarrow 2NaOH + H_2$
※ 금속칼륨과 금속나트륨은 석유 속에서 안정함.

답 ③

18 위험물제조소 등에 설치하는 고정식의 포소화설비의 기준에서 포헤드방식의 포헤드는 방호대상물의 표면적 몇 m^2당 1개 이상의 헤드를 설치하여야 하는가?

① 3
② 9
③ 15
④ 30

해설

포헤드방식의 포헤드 설치기준

㉮ 포헤드는 방호대상물의 모든 표면이 포헤드의 유효사정 내에 있도록 설치할 것
㉯ 방호대상물의 표면적(건축물의 경우에는 바닥면적. 이하 같다.) $9m^2$당 1개 이상의 헤드를, 방호대상물의 표면적 $1m^2$당의 방사량이 6.5L/min 이상의 비율로 계산한 양의 포수용액을 표준방사량으로 방사할 수 있도록 설치할 것
㉰ 방사구역은 $100m^2$ 이상(방호대상물의 표면적이 $100m^2$ 미만인 경우에는 당해 표면적)으로 할 것

답 ②

19 위험물안전관리법령에 따른 스프링클러헤드의 설치방법에 대한 설명으로 옳지 않은 것은?

① 개방형 헤드는 반사판으로부터 하방으로 0.45m, 수평방향으로 0.3m 공간을 보유할 것
② 폐쇄형 헤드는 가연성 물질 수납부분에 설치 시 반사판으로부터 하방으로 0.9m, 수평방향으로 0.4m의 공간을 확보할 것
③ 폐쇄형 헤드 중 개구부에 설치하는 것은 해당 개구부의 상단으로부터 높이 0.15m 이내의 벽면에 설치할 것
④ 폐쇄형 헤드 설치 시 급배기용 덕트의 긴 변의 길이가 1.2m를 초과하는 것이 있는 경우에는 해당 덕트의 윗부분에만 헤드를 설치할 것

해설

급배기용 덕트 등의 긴 변의 길이가 1.2m를 초과하는 것이 있는 경우에는 당해 덕트 등의 아랫면에도 스프링클러헤드를 설치할 것

답 ④

20 Mg, Na의 화재에 이산화탄소소화기를 사용하였다. 화재현장에서 발생되는 현상은?

① 이산화탄소가 부착면을 만들어 질식소화가 된다.
② 이산화탄소가 방출되어 냉각소화된다.
③ 이산화탄소가 Mg, Na과 반응하여 화재가 확대된다.
④ 부촉매효과에 의해 소화된다.

답 ③

21 위험물안전관리법령상의 제3류 위험물 중 금수성 물질에 해당하는 것은?

① 황린
② 적린
③ 마그네슘
④ 칼륨

답 ④

22 다음 중 위험성이 더욱 증가하는 경우는 어느 것인가?

① 황린을 수산화칼슘 수용액에 넣었다.
② 나트륨을 등유 속에 넣었다.
③ 트리에틸알루미늄 보관용기 내에 아르곤가스를 봉입시켰다.
④ 니트로셀룰로오스를 알코올 수용액에 넣었다.

해설

황린은 수산화칼륨 용액 등 강한 알칼리 용액과 반응하여 가연성, 유독성의 포스핀가스를 발생한다.
$P_4+3KOH+3H_2O \rightarrow PH_3+3KH_2PO_2$

답 ①

23 다음 중 적린의 성질에 대한 설명으로 옳지 않은 것은?

① 황린과 성분원소가 같다.
② 발화온도는 황린보다 낮다.
③ 물, 이황화탄소에 녹지 않는다.
④ 브롬화인에 녹는다.

해설

적린의 발화온도는 260℃, 황린의 발화온도는 34℃이다.

답 ②

24 과산화칼륨과 과산화마그네슘이 염산과 각각 반응했을 때 공통으로 나오는 물질의 지정수량은?

① 50L　　② 100kg
③ 300kg　　④ 1,000L

해설

$K_2O_2+2HCl \rightarrow 2KCl+H_2O_2$
$MgO_2+2HCl \rightarrow MgCl_2+H_2O_2$
공통으로 생성되는 물질은 과산화수소로서 제6류 위험물에 속한다.

답 ③

25 트리메틸알루미늄이 물과 반응 시 생성되는 물질은?

① 산화알루미늄
② 메탄
③ 메틸알코올
④ 에탄

해설

$(CH_3)_3Al+3H_2O \rightarrow Al(OH)_3+3CH_4$

답 ②

26 소화설비의 기준에서 용량 160L인 팽창질석의 능력단위는?

① 0.5　　② 1.0
③ 1.5　　④ 2.5

해설

소화설비	용량	능력단위
마른모래	50L (삽 1개 포함)	0.5
팽창질석, 팽창진주암	160L (삽 1개 포함)	1
소화전용 물통	8L	0.3
수조	190L (소화전용 물통 6개 포함)	2.5
	80L (소화전용 물통 3개 포함)	1.5

답 ②

27 위험물안전관리법령상 위험물 운반 시 차광성이 있는 피복으로 덮지 않아도 되는 것은 어느 것인가?

① 제1류 위험물
② 제2류 위험물
③ 제3류 위험물 중 자연발화성 물질
④ 제5류 위험물

해설

적재하는 위험물에 따라

차광성이 있는 것으로 피복해야 하는 경우	방수성이 있는 것으로 피복해야 하는 경우
제1류 위험물 제3류 위험물 중 자연발화성 물질 제4류 위험물 중 특수인화물 제5류 위험물 제6류 위험물	제1류 위험물 중 알칼리금속의 과산화물 제2류 위험물 중 철분, 금속분, 마그네슘 제3류 위험물 중 금수성 물질

답 ②

28 이동탱크저장소에 의한 위험물의 운송 시 준수하여야 하는 기준에서 다음 중 어떤 위험물을 운송할 때 위험물운송자는 위험물안전카드를 휴대하여야 하는가?

① 특수인화물 및 제1석유류
② 알코올류 및 제2석유류
③ 제3석유류 및 동·식물유류
④ 제4석유류

해설

위험물(제4류 위험물에 있어서는 특수인화물 및 제1석유류에 한한다)을 운송하게 하는 자는 위험물안전카드를 위험물운송자로 하여금 휴대하게 할 것

답 ①

29 다음 물질 중 제1류 위험물이 아닌 것은 어느 것인가?

① Na_2O_2
② $NaClO_3$
③ NH_4ClO_4
④ $HClO_4$

해설

$HClO_4$는 과염소산으로서 제6류 위험물에 속한다.

답 ④

30 흑색화약의 원료로 사용되는 위험물의 유별을 옳게 나타낸 것은?

① 제1류, 제2류
② 제1류, 제4류
③ 제2류, 제4류
④ 제4류, 제5류

해설

흑색화약=질산칼륨 75%+유황 10%+목탄 15%

답 ①

31 위험물안전관리법령상 행정안전부령으로 정하는 제1류 위험물에 해당하지 않는 것은?

① 과요오드산
② 질산구아니딘
③ 차아염소산염류
④ 염소화이소시아눌산

해설

제1류 위험물의 품명 및 지정수량

성질	위험등급	품명	지정수량
산화성 고체	Ⅰ	1. 아염소산염류 2. 염소산염류 3. 과염소산염류 4. 무기과산화물류	50kg
	Ⅱ	5. 브롬산염류 6. 질산염류 7. 요오드산염류	300kg
	Ⅲ	8. 과망간산염류 9. 중크롬산염류	1,000kg
	Ⅰ~Ⅲ	10. 그 밖에 행정안전부령이 정하는 것 ① 과요오드산염류 ② 과요오드산 ③ 크롬, 납 또는 요오드의 산화물 ④ 아질산염류 ⑤ 차아염소산염류 ⑥ 염소화이소시아눌산 ⑦ 퍼옥소이황산염류 ⑧ 퍼옥소붕산염류 11. 1~10호의 하나 이상을 함유한 것	50kg, 300kg 또는 1,000kg

답 ②

32 다음 중 소화난이도 등급 Ⅰ의 옥내저장소에 설치하여야 하는 소화설비에 해당하지 않는 것은?

① 옥외소화전설비
② 연결살수설비
③ 스프링클러설비
④ 물분무소화설비

해설

제조소 등의 구분		소화설비
옥내저장소	처마높이가 6m 이상인 단층건물 또는 다른 용도의 부분이 있는 건축물에 설치한 옥내저장소	스프링클러설비 또는 이동식 외의 물분무 등 소화설비
	그 밖의 것	옥외소화전설비, 스프링클러설비, 이동식 외의 물분무 등 소화설비 또는 이동식 포소화설비(포소화전을 옥외에 설치하는 것에 한한다.)

답 ②

33 적린의 위험성에 관한 설명 중 옳은 것은 어느 것인가?

① 공기 중에 방치하면 폭발한다.
② 산소와 반응하여 포스핀가스를 발생한다.
③ 연소 시 적색의 오산화인이 발생한다.
④ 강산화제와 혼합하면 충격·마찰에 의해 발화할 수 있다.

해설

적린은 제2류 위험물로서 염소산염류, 과염소산염류 등 강산화제와 혼합하면 불안정한 폭발물과 같이 되어 약간의 가열, 충격, 마찰에 의해 폭발한다.

답 ④

34 디에틸에테르에 대한 설명으로 옳은 것은 어느 것인가?

① 연소하면 아황산가스를 발생하고, 마취제로 사용한다.
② 증기는 공기보다 무거우므로 물속에 보관한다.
③ 에탄올을 진한황산을 이용해 축합반응시켜 제조할 수 있다.
④ 제4류 위험물 중 연소범위가 좁은 편에 속한다.

해설

에탄올은 140℃에서 진한황산과 반응해서 디에틸 에테르를 생성한다.

$$2C_2H_5OH \xrightarrow{c-H_2SO_4} C_2H_5OC_2H_5 + H_2O$$

답 ③

35 위험물제조소에 설치하는 안전장치 중 위험물의 성질에 따라 안전밸브의 작동이 곤란한 가압설비에 한하여 설치하는 것은 어느 것인가?

① 파괴판
② 안전밸브를 병용하는 경보장치
③ 감압측에 안전밸브를 부착한 감압밸브
④ 연성계

답 ①

36 트리니트로톨루엔의 성질에 대한 설명 중 옳지 않은 것은?

① 담황색의 결정이다.
② 폭약으로 사용된다.
③ 자연분해의 위험성이 적어 장기간 저장이 가능하다.
④ 조해성과 흡습성이 매우 크다.

해설

물에는 불용이며, 에테르, 아세톤 등에는 잘 녹고 알코올에는 가열하면 약간 녹는다.

답 ④

37 과산화나트륨이 물과 반응하면 어떤 물질과 산소를 발생하는가?

① 수산화나트륨 ② 수산화칼륨
③ 질산나트륨 ④ 아염소산나트륨

해설

흡습성이 있으므로 물과 접촉하면 발열 및 수산화나트륨($NaOH$)과 산소(O_2)를 발생한다.
$2Na_2O_2 + 2H_2O \rightarrow 4NaOH + O_2$

답 ①

38 다음 중 물에 녹고 물보다 가벼운 물질로 인화점이 가장 낮은 것은?

① 아세톤
② 이황화탄소
③ 벤젠
④ 산화프로필렌

해설

물질	아세톤	이황화탄소	벤젠	산화프로필렌
인화점	−18.5℃	−30℃	−11℃	−37℃

답 ④

39 과염소산칼륨과 가연성 고체위험물이 혼합되는 것은 위험하다. 그 주된 이유는 무엇인가?

① 전기가 발생하고 자연 가열되기 때문이다.
② 중합반응을 하여 열이 발생되기 때문이다.
③ 혼합하면 과염소산칼륨이 연소하기 쉬운 액체로 변하기 때문이다.
④ 가열, 충격 및 마찰에 의하여 발화·폭발위험이 높아지기 때문이다.

해설

과염소산칼륨은 제1류 위험물로서 제2류 위험물인 가연성 고체와 혼재되는 경우 위험성이 증가한다.

답 ④

40 유황의 성질을 설명한 것으로 옳은 것은?

① 전기의 양도체이다.
② 물에 잘 녹는다.
③ 연소하기 어려워 분진폭발의 위험성은 없다.
④ 높은 온도에서 탄소와 반응하여 이황화탄소가 생긴다.

해설

유황은 고온에서 탄소와 반응하여 이황화탄소(CS_2)를 생성하며, 금속이나 할로겐원소와 반응하여 황화합물을 만든다.

답 ④

41 위험물의 품명 분류가 잘못된 것은?

① 제1석유류 : 휘발유
② 제2석유류 : 경유
③ 제3석유류 : 포름산
④ 제4석유류 : 기어유

해설

포름산은 제2석유류로서 수용성이다.

답 ③

42 다음 중 발화점이 가장 낮은 것은 어느 것인가?

① 이황화탄소
② 산화프로필렌
③ 휘발유
④ 메탄올

해설

물질	이황화탄소	산화프로필렌	휘발유	메탄올
인화점	90℃	465℃	300℃	464℃

답 ①

43 제5류 위험물의 위험성에 대한 설명으로 옳지 않은 것은?

① 가연성 물질이다.
② 대부분 외부의 산소 없이도 연소하며, 연소속도가 빠르다.
③ 물에 잘 녹지 않으며, 물과의 반응위험성이 크다.
④ 가열, 충격, 타격 등에 민감하며 강산화제 또는 강산류와 접촉 시 위험하다.

해설

제5류 위험물은 주수에 의한 냉각소화가 유효하다.

답 ③

44 질산칼륨에 대한 설명 중 옳은 것은?

① 유기물 및 강산에 보관할 때 매우 안정하다.
② 열에 안정하여 1,000℃를 넘는 고온에서도 분해되지 않는다.
③ 알코올에는 잘 녹으나 물, 글리세린에는 잘 녹지 않는다.
④ 무색, 무취의 결정 또는 분말로서 화약원료로 사용된다.

답 ④

45 [보기]에서 설명하는 물질은 무엇인가?

[보기]
- 살균제 및 소독제로도 사용된다.
- 분해할 때 발생하는 발생기 산소[O]는 난분해성 유기물질을 산화시킬 수 있다.

① $HClO_4$　　② CH_3OH
③ H_2O_2　　④ H_2SO_4

답 ③

46 [보기]의 위험물 중 비중이 물보다 큰 것은 모두 몇 개인가?

[보기]
과염소산, 과산화수소, 질산

① 0　　② 1
③ 2　　④ 3

해설

과염소산=3.5, 과산화수소=1.46, 질산=1.49

답 ④

47 다음 중 위험물안전관리법령상 위험물제조소와의 안전거리가 가장 먼 것은?

① 고등교육법에서 정하는 학교
② 의료법에 따른 병원급 의료기관
③ 고압가스안전관리법에 의하여 허가를 받은 고압가스 제조시설
④ 문화재보호법에 의한 유형문화재와 기념물 중 지정문화재

해설

건축물	안전거리
사용전압 7,000V 초과 35,000V 이하의 특고압 가공전선	3m 이상
사용전압 35,000V 초과 특고압 가공전선	5m 이상
주거용으로 사용되는 것(제조소가 설치된 부지 내에 있는 것 제외)	10m 이상
고압가스, 액화석유가스 또는 도시가스를 저장 또는 취급하는 시설	20m 이상
학교, 병원(종합병원, 치과병원, 한방·요양병원), 극장(공연장, 영화상영관, 수용인원 300명 이상 시설), 아동복지시설, 노인복지시설, 장애인복지시설, 모·부자복지시설, 보육시설, 성매매자를 위한 복지시설, 정신보건시설, 가정폭력피해자 보호시설, 수용인원 20명 이상의 다수인 시설	30m 이상
유형문화재, 지정문화재	50m 이상

답 ④

48 칼륨을 물에 반응시키면 격렬한 반응이 일어난다. 이때 발생하는 기체는 무엇인가?

① 산소　② 수소
③ 질소　④ 이산화탄소

해설

물과 격렬히 반응하여 발열하고 수산화칼륨과 수소를 발생한다.

$2K + 2H_2O \rightarrow 2KOH + H_2$

답 ②

49 위험물안전관리법령상의 위험물 운반에 관한 기준에서 액체위험물은 운반용기 내용적의 몇 % 이하의 수납률로 수납하여야 하는가?

① 80　② 85
③ 90　④ 98

해설

고체 : 95%, 액체 : 98%

답 ④

50 메틸알코올의 위험성으로 옳지 않은 것은?

① 나트륨과 반응하여 수소기체를 발생한다.
② 휘발성이 강하다.
③ 연소범위가 알코올류 중 가장 좁다.
④ 인화점이 상온(25℃)보다 낮다.

해설

- 메틸알코올 : 6~36%
- 에틸알코올 : 3.3~19%
- 프로필알코올 : 2.1~13.5%

답 ③

51 위험물제조소의 건축물 구조기준 중 연소의 우려가 있는 외벽은 출입구 외의 개구부가 없는 내화구조의 벽으로 하여야 한다. 이때 연소의 우려가 있는 외벽은 제조소가 설치된 부지의 경계선에서 몇 m 이내에 있는 외벽을 말하는가? (단, 단층건물일 경우이다.)

① 3　② 4
③ 5　④ 6

답 ①

52 위험물안전관리법령상 제6류 위험물에 해당하는 것은?

① 황산
② 염산
③ 질산염류
④ 할로겐간화합물

해설

성질	위험등급	품명	지정수량
산화성 액체	I	1. 과염소산($HClO_4$)	300kg
		2. 과산화수소(H_2O_2)	
		3. 질산(HNO_3)	
		4. 그 밖의 행정안전부령이 정하는 것 – 할로겐간화합물 (BrF_3, IF_5 등)	

답 ④

53 질산이 직사일광에 노출될 때에는 어떻게 되는가?

① 분해되지는 않으나 붉은색으로 변한다.
② 분해되지는 않으나 녹색으로 변한다.
③ 분해되어 질소를 발생한다.
④ 분해되어 이산화질소를 발생한다.

해설

직사광선에 의해 분해되어 이산화질소(NO_2)를 생성시킨다.
$4HNO_3 \rightarrow 2H_2O+4NO_2+O_2$

답 ④

54 위험물안전관리법령상 제2류 위험물의 위험 등급에 대한 설명으로 옳은 것은?

① 제2류 위험물은 위험 등급 I에 해당되는 품명이 없다.
② 제2류 위험물 중 위험 등급 Ⅲ에 해당되는 품명은 지정수량이 500kg인 품명만 해당된다.
③ 제2류 위험물 중 황화린, 적린, 유황 등 지정수량이 100kg인 품명은 위험 등급 I에 해당한다.
④ 제2류 위험물 중 지정수량이 1,000kg인 인화성 고체는 위험 등급 Ⅱ에 해당한다.

해설

성질	위험등급	품명	지정수량
가연성 고체	Ⅱ	1. 황화린 2. 적린(P) 3. 황(S)	100kg
	Ⅲ	4. 철분(Fe) 5. 금속분 6. 마그네슘(Mg)	500kg
		7. 인화성 고체	1,000kg

답 ①

55 위험물저장탱크의 공간용적은 탱크 내용적의 얼마 이상, 얼마 이하로 하는가?

① $\frac{2}{100}$ 이상, $\frac{3}{100}$ 이하
② $\frac{2}{100}$ 이상, $\frac{5}{100}$ 이하
③ $\frac{5}{100}$ 이상, $\frac{10}{100}$ 이하
④ $\frac{10}{100}$ 이상, $\frac{20}{100}$ 이하

답 ③

56 칼륨이 에틸알코올과 반응할 때 나타나는 현상은 어느 것인가?

① 산소가스를 생성한다.
② 칼륨에틸레이트를 생성한다.
③ 칼륨과 물이 반응할 때와 동일한 생성물이 나온다.
④ 에틸알코올이 산화되어 아세트알데히드를 생성한다.

해설

알코올과 반응하여 칼륨에틸레이트와 수소가스를 발생한다.
$2K+2C_2H_5OH \rightarrow 2C_2H_5OK+H_2$

답 ②

57 지정수량 20배의 알코올류를 저장하는 옥외탱크저장소의 경우 펌프실 외의 장소에 설치하는 펌프설비의 기준으로 옳지 않은 것은?

① 펌프설비 주위에는 3m 이상의 공지를 보유한다.
② 펌프설비 그 직하의 지반면 주위에 높이 0.15m 이상의 턱을 만든다.
③ 펌프설비 그 직하의 지반면의 최저부에는 집유설비를 만든다.
④ 집유설비에는 위험물이 배수구에 유입되지 않도록 유분리장치를 만든다.

해설

펌프실 외에 설치하는 펌프설비의 바닥기준

㉮ 재질은 콘크리트, 기타 불침윤 재료로 한다.
㉯ 턱 높이는 0.15m 이상이다.
㉰ 당해 지반면은 위험물이 스며들지 아니하는 재료로 적당히 경사지게 하고 최저부에 집유설비를 설치한다.
㉱ 이 경우 제4류 위험물(온도 20℃의 물 100g에 용해되는 양이 1g 미만인 것에 한한다)을 취급하는 곳은 집유설비에 유분리장치를 설치한다.

따라서 문제에서 알코올류는 수용성에 해당하므로 집유설비에 유분리장치를 설치할 필요는 없다.

답 ④

58 제5류 위험물 중 유기과산화물 30kg과 히드록실아민 500kg을 함께 보관하는 경우 지정수량의 몇 배인가?

① 3배 ② 8배
③ 10배 ④ 18배

해설

지정수량 배수의 합 $= \frac{30kg}{10kg} + \frac{500kg}{100kg} = 8$

답 ②

59 위험물안전관리법령상 품명이 금속분에 해당하는 것은? (단, 150μm의 체를 통과하는 것이 50wt% 이상인 경우이다.)

① 니켈분 ② 마그네슘분
③ 알루미늄분 ④ 구리분

해설

"금속분"이라 함은 알칼리금속 · 알칼리토류금속 · 철 및 마그네슘 외의 금속분말을 말하고, 구리분 · 니켈분 및 150μm의 체를 통과하는 것이 50중량퍼센트 미만인 것은 제외한다.

답 ③

60 아세톤의 성질에 대한 설명으로 옳은 것은?

① 자연발화성 때문에 유기용제로서 사용할 수 없다.
② 무색, 무취이고, 겨울철에 쉽게 응고한다.
③ 증기비중은 약 0.79이고, 요오드포름 반응을 한다.
④ 물에 잘 녹으며, 끓는점이 60℃보다 낮다.

해설

아세톤의 끓는점 : 56℃

답 ④

1200제 제 15 회 과년도 출제문제 위험물기능사

01 위험물안전관리법에서 정한 정전기를 유효하게 제거할 수 있는 방법에 해당하지 않는 것은?

① 위험물 이송 시 배관 내 유속을 빠르게 하는 방법
② 공기를 이온화하는 방법
③ 접지에 의한 방법
④ 공기 중의 상대습도를 70% 이상으로 하는 방법

답 ①

02 다음 중 물이 소화약제로 쓰이는 이유로 가장 거리가 먼 것은?

① 쉽게 구할 수 있다.
② 제거소화가 잘된다.
③ 취급이 간편하다.
④ 기화잠열이 크다.

해설

물은 냉각소화에 해당한다.

답 ②

03 위험물안전관리법령상 전기설비에 적응성이 없는 소화설비는?

① 포소화설비
② 불활성가스소화설비
③ 할로겐화합물소화설비
④ 물분무소화설비

해설

전기설비에 유효한 소화설비 : 물분무소화설비, 불활성가스소화설비, 할로겐화합물소화설비, 인산염류 분말소화설비, 탄산수소염류 분말소화설비

답 ①

04 다음 중 가연물이 고체덩어리보다 분말가루일 때 화재 위험성이 더 큰 이유로 가장 옳은 것은 어느 것인가?

① 공기와의 접촉면적이 크기 때문이다.
② 열전도율이 크기 때문이다.
③ 흡열반응을 하기 때문이다.
④ 활성에너지가 크기 때문이다.

해설

분말인 경우 공기와의 비표면적이 넓어짐으로 인해 연소가 더 쉽다.

답 ①

05 다음 중 B, C급 화재뿐만 아니라 A급 화재까지도 사용이 가능한 분말소화약제는 어느 것인가?

① 제1종 분말소화약제
② 제2종 분말소화약제
③ 제3종 분말소화약제
④ 제4종 분말소화약제

해설

종류	주성분	화학식	착색	적응화재
제1종	탄산수소나트륨(중탄산나트륨)	$NaHCO_3$	−	B, C급 화재
제2종	탄산수소칼륨(중탄산칼륨)	$KHCO_3$	담회색	B, C급 화재
제3종	제1인산암모늄	$NH_4H_2PO_4$	담홍색 또는 황색	A, B, C급 화재
제4종	탄산수소칼륨+요소	$KHCO_3+CO(NH_2)_2$	−	B, C급 화재

답 ③

06 위험물안전관리법령에서 정한 자동화재탐지설비에 대한 기준으로 틀린 것은? (단, 원칙적인 경우에 한한다.)

① 경계구역은 건축물, 그 밖의 공작물의 2 이상의 층에 걸치지 아니하도록 할 것
② 하나의 경계구역의 면적은 $600m^2$ 이하로 할 것
③ 하나의 경계구역의 한 변의 길이는 30m 이하로 할 것
④ 자동화재탐지설비에는 비상전원을 설치할 것

해설

하나의 경계구역의 면적은 $600m^2$ 이하로 하고 그 한 변의 길이는 50m(광전식 분리형 감지기를 설치할 경우에는 100m) 이하로 할 것

답 ③

07 할론 1301의 증기비중은? (단, 불소의 원자량은 19, 브롬의 원자량은 80, 염소의 원자량은 35.5이고, 공기의 분자량은 29이다.)

① 2.14 ② 4.15
③ 5.14 ④ 6.15

해설

$$증기비중 = \frac{기체의\ 분자량}{공기의\ 평균분자량} = \frac{12+19\times3\times80}{29} = 5.14$$

답 ③

08 니트로셀룰로오스의 저장·취급 방법으로 틀린 것은?

① 직사광선을 피해 저장한다.
② 되도록 장기간 보관하여 안정화된 후에 사용한다.
③ 유기과산화물류, 강산화제와의 접촉을 피한다.
④ 건조상태에 이르면 위험하므로 습한상태를 유지한다.

해설

장시간 공기 중에 방치하면 산화반응에 의해 열분해하여 자연발화를 일으키는 경우도 있다.

답 ②

09 위험물안전관리법령상 제3류 위험물의 금수성 물질 화재 시 적응성이 있는 소화약제는?

① 탄산수소염류 분말
② 물
③ 이산화탄소
④ 할로겐화합물

해설

금수성 물질의 경우 탄산수소염류 분말 또는 팽창질석, 팽창진주암으로 소화가 가능하다.

답 ①

10 위험물안전관리법령에 따라 다음 ( ) 안에 알맞은 용어는?

> 주유취급소 중 건축물의 2층 이상의 부분을 점포·휴게음식점 또는 전시장의 용도로 사용하는 것에 있어서는 당해 건축물의 2층 이상으로부터 직접 주유취급소의 부지 밖으로 통하는 출입구와 당해 출입구로 통하는 통로·계단 및 출입구에 ( )을 설치하여야 한다.

① 피난사다리 ② 경보기
③ 유도등 ④ CCTV

답 ③

11 제5류 위험물의 화재 시 적응성이 있는 소화설비는?

① 분말소화설비
② 할로겐화합물소화설비
③ 물분무소화설비
④ 이산화탄소소화설비

해설

제5류 위험물은 자기반응성 물질이므로 냉각소화가 유효하다.

답 ③

12 가연성 물질과 주된 연소형태의 연결이 틀린 것은?

① 종이, 섬유－분해연소
② 셀룰로이드, TNT－자기연소
③ 목재, 석탄－표면연소
④ 유황, 알코올－증발연소

해설

목재와 석탄은 분해연소에 해당한다.

답 ③

13 20℃의 물 100kg이 100℃ 수증기로 증발하면 최대 몇 kcal의 열량을 흡수할 수 있는가? (단, 물의 증발잠열은 540cal/g이다.)

① 540　② 7,800
③ 62,000　④ 108,000

해설

$Q = mC\Delta T + \gamma \times m$
$= 100\text{kg} \times 1\text{kcal/kg} \cdot ℃ \times (100-20)℃ + 539\text{kcal/kg} \times 100\text{kg}$
$= 61,900\text{kcal}$
(여기서, Q : 열량, m : 질량, C : 비열, T : 온도, γ : 기화열)

답 ③

14 물과 접촉하면 열과 산소가 발생하는 것은?

① $NaClO_2$　② $NaClO_3$
③ $KMnO_4$　④ Na_2O_2

해설

과산화나트륨의 경우 흡습성이 있으므로 물과 접촉하면 수산화나트륨(NaOH)과 산소(O_2)를 발생한다.
$2Na_2O_2 + 2H_2O \rightarrow 4NaOH + O_2$

답 ④

15 유류화재 시 발생하는 이상현상인 보일오버(Boil over)의 방지대책으로 가장 거리가 먼 것은?

① 탱크하부에 배수관을 설치하여 탱크 저면의 수층을 방지한다.
② 적당한 시기에 모래나 팽창질석, 비등석을 넣어 물의 과열을 방지한다.
③ 냉각수를 대량 첨가하여 유류와 물의 과열을 방지한다.
④ 탱크 내용물의 기계적 교반을 통하여 에멀션상태로 하여 수층형성을 방지한다.

해설

보일오버 : 고온층(hot zone)이 형성된 유류화재의 탱크 밑면에 물이 고여 있는 경우, 화재의 진행에 따라 바닥의 물이 급격히 증발하여 불 붙은 기름을 분출시키는 위험현상이므로 냉각수를 대량 첨가하는 것은 오히려 위험성을 증대시키는 일이다.

답 ③

16 위험물제조소에서 국소방식의 배출설비 배출능력은 1시간당 배출장소 용적의 몇 배 이상인 것으로 하여야 하는가?

① 5　② 10
③ 15　④ 20

해설

제조소의 배출능력은 1시간당 배출장소 용적의 20배 이상인 것으로 하여야 한다.

답 ④

17 다음 중 산화성 물질이 아닌 것은?

① 무기과산화물
② 과염소산
③ 질산염류
④ 마그네슘

해설

마그네슘은 가연성 고체이며, 환원제에 해당한다.

답 ④

18 소화약제로 사용할 수 없는 물질은?

① 이산화탄소
② 제1인산암모늄
③ 탄산수소나트륨
④ 브롬산암모늄

해설

브롬산암모늄은 제1류 위험물에 해당한다.

답 ④

19 위험물안전관리법령상 간이탱크저장소에 대한 설명 중 틀린 것은?

① 간이저장탱크의 용량은 600리터 이하여야 한다.
② 하나의 간이탱크저장소에 설치하는 간이저장탱크는 5개 이하여야 한다.
③ 간이저장탱크는 두께 3.2mm 이상의 강판으로 흠이 없도록 제작하여야 한다.
④ 간이저장탱크는 70kPa의 압력으로 10분간의 수압시험을 실시하여 새거나 변형되지 않아야 한다.

해설

하나의 간이탱크저장소에 설치하는 탱크의 수는 3기 이하로 할 것(단, 동일한 품질의 위험물 탱크를 2기 이상 설치하지 말 것)

답 ②

20 식용유화재 시 제1종 분말소화약제를 이용하여 화재의 제어가 가능하다. 이때의 소화원리에 가장 가까운 것은?

① 촉매효과에 의한 질식소화
② 비누화반응에 의한 질식소화
③ 요오드화에 의한 냉각소화
④ 가수분해반응에 의한 냉각소화

해설

일반요리용 기름화재 시 기름과 제1종 분말소화약제인 중탄산나트륨이 반응하면 금속비누가 만들어져 거품을 생성하여 기름의 표면을 덮어서 질식소화효과 및 재발화억제방지 효과를 나타내는 비누화현상이 나타낸다.

답 ②

21 다음 위험물의 지정수량 배수의 총합은 얼마인가?

• 질산 : 150kg
• 과산화수소 : 420kg
• 과염소산 : 300kg

① 2.5　② 2.9
③ 3.4　④ 3.9

해설

지정수량의 배수$=\frac{150}{300}+\frac{420}{300}+\frac{300}{300}=2.9$배

답 ②

22 위험물안전관리법령상 해당하는 품명이 나머지 셋과 다른 하나는?

① 트리니트로페놀
② 트리니트로톨루엔
③ 니트로셀룰로오스
④ 테트릴

해설

니트로화합물류(지정수량 200kg)는 니트로기가 2개 이상인 화합물로 피크르산, 트리니트로톨루엔, 트리니트로벤젠, 테트릴, 디니트로나프탈렌 등이 있다. 니트로셀룰로오스는 질산에스테르류(지정수량 10kg)에 속한다.

답 ③

23 다음 중 위험물에 대한 설명으로 틀린 것은 어느 것인가?

① 적린은 연소하면 유독성 물질이 발생한다.
② 마그네슘은 연소하면 가연성의 수소가스가 발생한다.
③ 유황은 분진폭발의 위험이 있다.
④ 황화린에는 P_4S_3, P_2S_5, P_4S_7 등이 있다.

해설

마그네슘은 연소하면 산화마그네슘이 생성된다.
$2Mg + O_2 \rightarrow 2MgO$

답 ②

24 위험물안전관리법령상 혼재할 수 없는 위험물은? (단, 위험물은 지정수량의 1/10을 초과하는 경우이다.)

① 적린과 황린
② 질산염류와 질산
③ 칼륨과 특수인화물
④ 유기과산화물과 유황

해설

유별을 달리하는 위험물의 혼재 기준

구분	제1류	제2류	제3류	제4류	제5류	제6류
제1류		×	×	×	×	○
제2류	×		×	○	○	×
제3류	×	×		○	×	×
제4류	×	○	○		○	×
제5류	×	○	×	○		×
제6류	○	×	×	×	×	

적린은 제2류 위험물, 황린은 제3류 위험물로서 혼재할 수 없다.

답 ①

25 질산과 과염소산의 공통성질에 해당하지 않는 것은?

① 산소를 함유하고 있다.
② 불연성 물질이다.
③ 강산이다.
④ 비점이 상온보다 낮다.

해설

- 질산의 비점 : 86℃
- 과염소산의 비점 : 130℃

답 ④

26 위험물안전관리법령에서 정한 메틸알코올의 지정수량을 kg단위로 환산하면 얼마인가? (단, 메틸알코올의 비중은 0.8이다.)

① 200 ② 320
③ 400 ④ 460

해설

메틸알코올의 지정수량은 400L이므로
400L×0.8kg/L=320kg

답 ②

27 다음 반응식과 같이 벤젠 1kg이 연소할 때 발생되는 CO_2의 양은 약 몇 m^3인가? (단, 27℃, 750mmHg 기준이다.)

$$C_6H_6 + 7.5O_2 \rightarrow 6CO_2 + 3H_2O$$

① 0.72 ② 1.22
③ 1.92 ④ 2.42

해설

$C_6H_6 + 7.5O_2 \rightarrow 6CO_2 + 3H_2O$

$$\frac{1kg-C_6H_6}{} \left| \frac{10^3g-C_6H_6}{1kg-C_6H_6} \right| \frac{1mol-C_6H_6}{78g-C_6H_6} \left| \frac{6mol-CO_2}{1mol-C_6H_6} \right.$$

$=76.923mol-CO_2$

$PV=nRT,\ V=\frac{nRT}{P}$

$V=\frac{76.923\times0.082\times(27+273)}{750/760}$

$=1917.54L$

$≒1.92m^3$

답 ③

28 디에틸에테르의 성질에 대한 설명으로 옳은 것은?

① 발화온도는 400℃이다.
② 증기는 공기보다 가볍고, 액상은 물보다 무겁다.
③ 알코올에 용해되지 않지만 물에 잘 녹는다.
④ 연소범위는 1.9~48% 정도이다.

해설

발화온도는 180℃이며, 증기는 공기보다 무겁고, 알코올에는 잘 용해되며 물에는 잘 녹지 않는다.

답 ④

29 과염소산암모늄에 대한 설명으로 옳은 것은?

① 물에 용해되지 않는다.
② 청녹색의 침상결정이다.
③ 130℃에서 분해하기 시작하여 CO_2가스를 방출한다.
④ 아세톤, 알코올에 용해된다.

해설

물, 알코올, 아세톤에는 잘 녹으며, 무색무취의 결정 또는 백색분말로 조해성이 있는 불연성인 산화제이다. 상온에서는 비교적 안정하나 약 130℃에서 분해하기 시작하여 약 300℃ 부근에서 급격히 분해하여 폭발한다.

$2NH_4ClO_4 \rightarrow N_2 + Cl_2 + 2O_2 + 4H_2O$

답 ④

30 위험물의 품명과 지정수량이 잘못 짝지어진 것은?

① 황화린－50kg
② 마그네슘－500kg
③ 알킬알루미늄－10kg
④ 황린－20kg

해설

황화린은 제2류 위험물로서 지정수량 100kg이다.

답 ①

31 위험물안전관리법령상 특수인화물의 정의에 관한 내용이다. ( )에 알맞은 수치를 차례대로 나타낸 것은?

> "특수인화물"이라 함은 이황화탄소, 디에틸에테르, 그 밖에 1기압에서 발화점이 섭씨 100도 이하인 것 또는 인화점이 섭씨 영하 ( )도 이하이고, 비점이 섭씨 ( )도 이하인 것을 말한다.

① 40, 20　　② 20, 40
③ 20, 100　　④ 40, 100

답 ②

32 '자동화재탐지설비 일반점검표'의 점검내용이 "변형 · 손상의 유무, 표시의 적부, 경계구역 일람도의 적부, 기능의 적부"인 점검항목은?

① 감지기　　② 중계기
③ 수신기　　④ 발신기

답 ③

33 제4류 위험물을 저장 및 취급하는 위험물제조소에 설치한 "화기엄금" 게시판의 색상으로 올바른 것은?

① 적색바탕에 흑색문자
② 흑색바탕에 적색문자
③ 백색바탕에 적색문자
④ 적색바탕에 백색문자

답 ④

34 위험물안전관리법령에서 정한 아세트알데히드 등을 취급하는 제조소의 특례에 관한 내용이다. ( ) 안에 해당하는 물질이 아닌 것은?

> 아세트알데히드 등을 취급하는 설비는 ( ), ( ), ( ), ( ) 또는 이들을 성분으로 하는 합금으로 만들지 아니할 것

① 동　　② 은
③ 금　　④ 마그네슘

답 ③

35 1분자 내에 포함된 탄소의 수가 가장 많은 것은?

① 아세톤　　② 톨루엔
③ 아세트산　　④ 이황화탄소

해설

아세톤(CH_3COCH_3), 톨루엔($C_6H_5CH_3$), 아세트산(CH_3COOH), 이황화탄소(CS_2)

답 ②

36 휘발유의 일반적인 성질에 관한 설명으로 틀린 것은?

① 인화점이 0℃보다 낮다.
② 위험물안전관리법령상 제1석유류에 해당한다.
③ 전기에 대해 비전도성 물질이다.
④ 순수한 것은 청색이나 안전을 위해 검은색으로 착색해서 사용해야 한다.

해설

무색투명한 액상 유분으로 주성분은 C_5~C_9의 알칸 및 알켄이며, 비전도성으로 정전기를 발생, 축적시키므로 대전하기 쉽다.

답 ④

37 페놀을 황산과 질산의 혼산으로 니트로화하여 제조하는 제5류 위험물은?

① 아세트산
② 피크르산
③ 니트로글리콜
④ 질산에틸

해설

페놀은 진한황산에 녹여 질산으로 작용시켜 피크르산을 제조한다.

$$C_6H_5OH + 3HNO_3 \xrightarrow{H_2SO_4} C_6H_2(OH)(NO_2)_3 + 3H_2O$$

답 ②

38 과산화수소의 성질에 대한 설명으로 옳지 않은 것은?

① 산화성이 강한 무색투명한 액체이다.
② 위험물안전관리법령상 일정비중 이상일 때 위험물로 취급한다.
③ 가열에 의해 분해하면 산소가 발생한다.
④ 소독약으로 사용할 수 있다.

해설

과산화수소는 그 농도가 36중량퍼센트 이상인 것에 한한다.

답 ②

39 금속염을 불꽃반응 실험을 한 결과 노란색의 불꽃이 나타났다. 이 금속염에 포함된 금속은 무엇인가?

① Cu
② K
③ Na
④ Li

해설

나트륨은 은백색의 무른 금속으로 물보다 가볍고 노란색 불꽃을 내면서 연소한다.

답 ③

40 니트로셀룰로오스의 안전한 저장을 위해 사용하는 물질은?

① 페놀
② 황산
③ 에탄올
④ 아닐린

해설

폭발을 방지하기 위해 안전용제로 물(20%) 또는 알코올(30%)로 습윤시켜 저장한다.

답 ③

41 등유에 관한 설명으로 틀린 것은?

① 물보다 가볍다.
② 녹는점은 상온보다 높다.
③ 발화점은 상온보다 높다.
④ 증기는 공기보다 무겁다.

해설

비중 0.8(증기비중 4~5), 비점 140~320℃, 녹는점 −46℃, 인화점 39℃ 이상, 발화점 210℃, 연소범위 1.1~6.0%

답 ②

42 다음 중 벤조일퍼옥사이드에 대한 설명으로 틀린 것은?

① 무색, 무취의 투명한 액체이다.
② 가급적 소분하여 저장한다.
③ 제5류 위험물에 해당한다.
④ 품명은 유기과산화물이다.

해설

무미, 무취의 백색분말 또는 무색의 결정성 고체로 물에는 잘 녹지 않으나 알코올 등에는 잘 녹는다.

답 ①

43 위험물안전관리법령상 그림과 같이 횡으로 설치한 원형탱크의 용량은 약 몇 m^3인가? (단, 공간용적은 내용적의 $\frac{10}{100}$ 이다.)

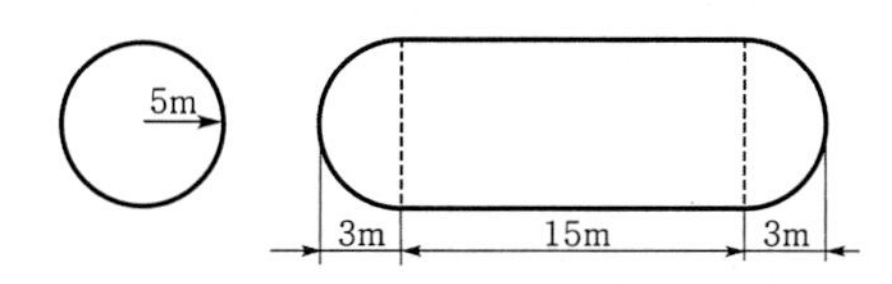

① 1690.9　　② 1335.1
③ 1268.4　　④ 1201.7

해설

횡(수평)으로 설치한 원형 탱크의 내용적

$$V = \pi r^2 \left[l + \frac{l_1 + l_2}{3} \right]$$

$$= \pi \times 5^2 \left[15 + \frac{3+3}{3} \right]$$

$$= 1335.1$$

공간용적이 $\frac{10}{100}$ 이므로

실제 내용적은 $1335.1 \times \frac{90}{100} = 1201.59$

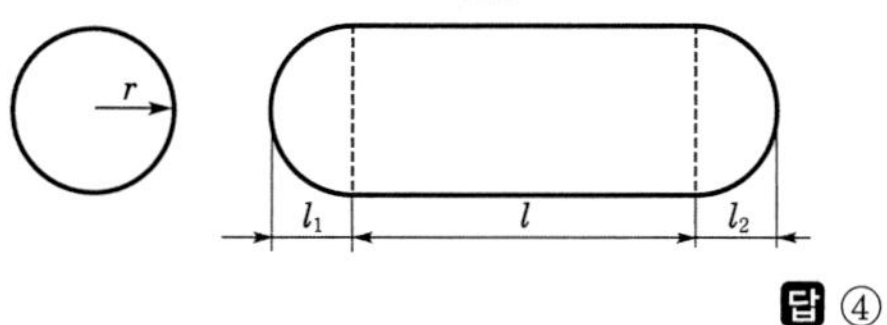

답 ④

44 다음 물질 중 위험물 유별에 따른 구분이 나머지 셋과 다른 하나는?

① 질산은
② 질산메틸
③ 무수크롬산
④ 질산암모늄

해설

질산은, 무수크롬산, 질산암모늄은 제1류 위험물이며, 질산메틸은 제5류 위험물에 해당한다.

답 ②

45 [보기]에서 나열한 위험물의 공통성질을 옳게 설명한 것은?

[보기]
나트륨, 황린, 트리에틸알루미늄

① 상온, 상압에서 고체의 형태를 나타낸다.
② 상온, 상압에서 액체의 형태를 나타낸다.
③ 금수성 물질이다.
④ 자연발화의 위험이 있다.

해설

구분	나트륨	황린	트리에틸알루미늄
상태	고체	고체	액체
금수성	○	×	○
자연발화성	○	○	○

답 ④

46 2가지 물질을 섞었을 때 수소가 발생하는 것은?

① 칼륨과 에탄올
② 과산화마그네슘과 염화수소
③ 과산화칼륨과 탄산가스
④ 오황화린과 물

해설

칼륨은 알코올과 반응하여 칼륨에틸레이트와 수소가스를 발생한다.

$2K + 2C_2H_5OH \rightarrow 2C_2H_5OK + H_2$

답 ①

47 다음 물질 중 인화점이 가장 낮은 것은 어느 것인가?

① CH_3COCH_3
② $C_2H_5OC_2H_5$
③ $CH_3(CH_2)_3OH$
④ CH_3OH

해설

구분	①	②	③	④
화학식	CH_3COCH_3	$C_2H_5OC_2H_5$	$CH_3(CH_2)_3OH$	CH_3OH
물질명	아세톤	디에틸에테르	부틸알코올	메탄올
인화점	−18.5℃	−40℃	37℃	11℃

답 ②

48 위험물안전관리법령에 의한 위험물에 속하지 않는 것은?

① CaC_2 ② S
③ P_2O_5 ④ K

해설

CaC_2는 탄화칼슘으로 제3류 위험물, S는 유황으로 제2류 위험물, K는 칼륨으로 제3류 위험물이다.

답 ③

49 톨루엔에 대한 설명으로 틀린 것은?

① 휘발성이 있고, 가연성 액체이다.
② 증기는 마취성이 있다.
③ 알코올, 에테르, 벤젠 등과 잘 섞인다.
④ 노란색 액체로 냄새가 없다.

해설

무색 투명하며, 벤젠향과 같은 독특한 냄새를 가진 액체로 진한질산과 진한황산을 반응시키면 니트로화하여 TNT의 제조에 이용된다.

답 ④

50 위험물안전관리법령상 지정수량 10배 이상의 위험물을 저장하는 제조소에 설치하여야 하는 경보설비의 종류가 아닌 것은?

① 자동화재탐지설비
② 자동화재속보설비
③ 휴대용 확성기
④ 비상방송설비

해설

지정수량 10배 이상의 위험물을 저장하는 제조소에 설치하여야 하는 경보설비의 종류는 자동화재탐지설비, 비상경보설비, 확성장치 또는 비상방송설비 중 1종 이상이다.

답 ②

51 위험물안전관리법령상 위험 등급 Ⅰ의 위험물에 해당하는 것은?

① 무기과산화물
② 황화린, 적린, 유황
③ 제1석유류
④ 알코올류

해설

위험 등급 Ⅰ의 위험물

㉮ 제1류 위험물 중 아염소산염류, 염소산염류, 과염소산염류, 무기 과산화물, 그 밖에 지정수량이 50kg인 위험물
㉯ 제3류 위험물 중 칼륨, 나트륨, 알킬알루미늄, 알킬리튬, 황린, 그 밖에 지정수량이 10kg인 위험물
㉰ 제4류 위험물 중 특수인화물
㉱ 제5류 위험물 중 유기과산화물, 질산에스테르류, 그 밖에 지정수량이 10kg인 위험물
㉲ 제6류 위험물

답 ①

52 위험물안전관리법령상 제3류 위험물에 해당하지 않는 것은?

① 적린
② 나트륨
③ 칼륨
④ 황린

해설

적린은 제2류 위험물에 해당한다.

답 ①

53 위험물안전관리법령상 옥내저장탱크와 탱크전용실 벽의 사이 및 옥내저장탱크의 상호간에는 몇 m 이상의 간격을 유지해야 하는가? (단, 탱크의 점검 및 보수에 지장이 없는 경우는 제외한다.)

① 0.5
② 1
③ 1.5
④ 2

해설

탱크와 탱크전용실과의 이격거리
㉮ 탱크와 탱크전용실 외벽(기둥 등 돌출한 부분은 제외) : 0.5m 이상
㉯ 탱크와 탱크 상호간 : 0.5m 이상(단, 탱크의 점검 및 보수에 지장이 없는 경우는 거리제한 없음)

답 ①

54 위험물안전관리법령상 제4류 위험물 운반용기의 외부에 표시해야 하는 사항이 아닌 것은?

① 규정에 의한 주의사항
② 위험물의 품명 및 위험 등급
③ 위험물의 관리자 및 지정수량
④ 위험물의 화학명

해설

제4류 위험물 운반용기의 외부에 표시사항
㉮ 위험물의 품명·위험 등급·화학명 및 수용성('수용성' 표시는 제4류 위험물로서 수용성인 것에 한한다.)
㉯ 위험물의 수량
㉰ 수납하는 위험물에 따라 규정에 의한 주의사항

답 ③

55 다음 중 산화성 액체인 질산의 분자식으로 옳은 것은?

① HNO_2　② HNO_3
③ NO_2　④ NO_3

답 ②

56 제4류 위험물의 옥외저장탱크에 설치하는 밸브 없는 통기관은 직경이 얼마 이상인 것으로 설치해야 하는가? (단, 압력탱크는 제외한다.)

① 10mm　② 20mm
③ 30mm　④ 40mm

해설

밸브 없는 통기관
㉮ 통기관의 직경 : 30mm 이상
㉯ 통기관의 선단은 수평으로부터 45° 이상 구부려 빗물 등의 침투를 막는 구조일 것
㉰ 인화점이 38℃ 미만인 위험물만을 저장·취급하는 탱크의 통기관에는 화염방지장치를 설치하고, 인화점이 38℃ 이상 70℃ 미만인 위험물을 저장·취급하는 탱크의 통기관에는 40mesh 이상의 구리망으로 된 인화방지장치를 설치할 것

답 ③

57 다음 중 위험물안전관리법령에 따라 정한 지정수량이 나머지 셋과 다른 것은?

① 황화린
② 적린
③ 유황
④ 철분

해설

황화린, 적린, 유황의 지정수량은 100kg이며, 철분은 500kg이다.

답 ④

58 다음 중 벤젠(C_6H_6)의 일반 성질로서 틀린 것은?

① 휘발성이 강한 액체이다.
② 인화점은 가솔린보다 낮다.
③ 물에 녹지 않는다.
④ 화학적으로 공명구조를 이루고 있다.

해설

벤젠의 인화점은 −11℃, 가솔린은 −43℃이므로 인화점은 벤젠보다 가솔린이 더 낮다.

답 ②

59 위험물안전관리법령상 제1류 위험물의 질산염류가 아닌 것은?

① 질산은 ② 질산암모늄
③ 질산섬유소 ④ 질산나트륨

해설

질산섬유소는 니트로셀룰로오스로서 제5류 위험물 질산에스테르류에 속한다.

답 ③

60 위험물안전관리법령상 운송책임자의 감독·지원을 받아 운송하여야 하는 위험물은?

① 알킬리튬 ② 과산화수소
③ 가솔린 ④ 경유

해설

알킬알루미늄, 알킬리튬은 운송책임자의 감독·지원을 받아 운송하여야 한다.

답 ①

1200제 제16회 과년도 출제문제

위험물기능사

01 과산화나트륨의 화재 시 물을 사용한 소화가 위험한 이유는?

① 수소와 열을 발생하므로
② 산소와 열을 발생하므로
③ 수소를 발생하고 이 가스가 폭발적으로 연소하므로
④ 산소를 발생하고 이 가스가 폭발적으로 연소하므로

해설

흡습성이 있으므로 물과 접촉하면 발열 및 수산화나트륨(NaOH)과 산소(O_2)를 발생한다.
$2Na_2O_2 + 2H_2O \rightarrow 4NaOH + O_2$

답 ②

02 위험물안전관리법령상 경보설비로 자동화재탐지설비를 설치해야 할 위험물제조소의 규모의 기준에 대한 설명으로 옳은 것은 어느 것인가?

① 연면적 $500m^2$ 이상인 것
② 연면적 $1,000m^2$ 이상인 것
③ 연면적 $1,500m^2$ 이상인 것
④ 연면적 $2,000m^2$ 이상인 것

해설

자동화재탐지설비를 설치해야 할 위험물제조소의 규모
㉮ 연면적 $500m^2$ 이상인 것
㉯ 옥내에서 지정수량의 100배 이상을 취급하는 것(고인화점 위험물만을 100℃ 미만의 온도에서 자동화재 취급하는 것은 제외)
㉰ 일반취급소로 사용되는 부분 외의 부분이 있는 건축물에 설치된 일반취급소(일반취급소와 일반취급소 외의 부분이 내화구조의 바닥 또는 벽으로 개구부 없이 구획된 것은 제외)

답 ①

03 $NH_4H_2PO_4$이 열분해하여 생성되는 물질 중 암모니아와 수증기의 부피 비율은?

① 1 : 1 ② 1 : 2
③ 2 : 1 ④ 3 : 2

해설

인산암모늄의 열분해 반응식
$NH_4H_2PO_4 \rightarrow NH_3 + H_2O + HPO_3$

답 ①

04 위험물안전관리법령에서 정한 탱크안전성능검사의 구분에 해당하지 않는 것은 어느 것인가?

① 기초 · 지반검사
② 충수 · 수압검사
③ 용접부검사
④ 배관검사

해설

탱크안전성능검사의 대상이 되는 탱크
㉮ 기초 · 지반검사 : 옥외탱크저장소의 액체위험물 탱크 중 그 용량이 100만 리터 이상인 탱크
㉯ 충수 · 수압검사 : 액체위험물을 저장 또는 취급하는 탱크
㉰ 용접부검사 : ㉮의 규정에 의한 탱크
㉱ 암반탱크검사 : 액체위험물을 저장 또는 취급하는 암반 내의 공간을 이용한 탱크

답 ④

05 제3류 위험물 중 금수성 물질에 적응성이 있는 소화설비는?

① 할로겐화합물소화설비
② 포소화설비
③ 이산화탄소소화설비
④ 탄산수소염류 등 분말소화설비

해설

금수성 물질의 경우 물, 할론, 이산화탄소소화설비는 적응력이 없다.

답 ④

06 제5류 위험물을 저장 또는 취급하는 장소에 적응성이 있는 소화설비는?

① 포소화설비
② 분말소화설비
③ 이산화탄소소화설비
④ 할로겐화합물소화설비

해설

제5류 위험물은 자기반응성 물질이므로 질식소화는 효과가 없다.

답 ①

07 화재의 종류와 가연물이 옳게 연결된 것은?

① A급－플라스틱 ② B급－섬유
③ A급－페인트 ④ B급－나무

답 ①

08 팽창진주암(삽 1개 포함)의 능력단위 1은 용량이 몇 L인가?

① 70 ② 100
③ 130 ④ 160

해설

능력단위 : 소방기구의 소화능력

소화설비	용량	능력단위
마른모래	50L (삽 1개 포함)	0.5
팽창질석, 팽창진주암	160L (삽 1개 포함)	1
소화전용 물통	8L	0.3
수조	190L (소화전용 물통 6개 포함)	2.5
	80L (소화전용 물통 3개 포함)	1.5

답 ④

09 위험물안전관리법령상 위험물을 유별로 정리하여 저장하면서 서로 1m 이상의 간격을 두면 동일한 옥내저장소에 저장할 수 있는 경우는?

① 제1류 위험물과 제3류 위험물 중 금수성 물질을 저장하는 경우
② 제1류 위험물과 제4류 위험물을 저장하는 경우
③ 제1류 위험물과 제6류 위험물을 저장하는 경우
④ 제2류 위험물 중 금속분과 제4류 위험물 중 동·식물유류를 저장하는 경우

해설

㉮ 제1류 위험물(알칼리금속의 과산화물 또는 이를 함유한 것을 제외)과 제5류 위험물을 저장하는 경우
㉯ 제1류 위험물과 제6류 위험물을 저장하는 경우
㉰ 제1류 위험물과 제3류 위험물 중 자연발화성 물질(황린 또는 이를 함유한 것에 한함)을 저장하는 경우
㉱ 제2류 위험물 중 인화성 고체와 제4류 위험물을 저장하는 경우
㉲ 제3류 위험물 중 알킬알루미늄 등과 제4류 위험물(알킬알루미늄 또는 알킬리튬을 함유한 것에 한함)을 저장하는 경우
㉳ 제4류 위험물과 제5류 위험물 중 유기과산화물 또는 이를 함유한 것을 저장하는 경우

답 ③

10 다음 중 제6류 위험물을 저장하는 장소에 적응성이 있는 소화설비가 아닌 것은 어느 것인가?

① 물분무소화설비
② 포소화설비
③ 이산화탄소소화설비
④ 옥내소화전설비

답 ③

11 피난설비를 설치하여야 하는 위험물제조소 등에 해당하는 것은?

① 건축물의 2층 부분을 자동차 정비소로 사용하는 주유취급소
② 건축물의 2층 부분을 전시장으로 사용하는 주유취급소
③ 건축물의 1층 부분을 주유사무소로 사용하는 주유취급소
④ 건축물의 1층 부분을 관계자의 주거시설로 사용하는 주유취급소

해설

피난설비 설치기준 : 주유취급소 중 건축물의 2층 이상의 부분을 점포·휴게음식점 또는 전시장의 용도로 사용하는 것에 있어서는 당해 건축물의 2층 이상으로부터 직접 주유취급소의 부지 밖으로 통하는 출입구와 당해 출입구로 통하는 통로·계단 및 출입구에 유도등을 설치하여야 한다.

답 ②

12 다음 중 제1종 분말소화약제의 적응화재 종류는 어느 것인가?

① A급
② BC급
③ AB급
④ ABC급

해설

- 제1종 : BC급
- 제2종 : BC급
- 제3종 : ABC급
- 제4종 : BC급

답 ②

13 다음 중 연소의 3요소를 모두 포함하는 것은 어느 것인가?

① 과염소산, 산소, 불꽃
② 마그네슘분말, 연소열, 수소
③ 아세톤, 수소, 산소
④ 불꽃, 아세톤, 질산암모늄

해설

연소의 3요소 : 가연물, 산소공급원, 점화원
① 과염소산이 불연성 물질이므로 가연성 물질 없음.
② 산소공급원에 해당하는 것이 없음.
③ 점화원이 없음.

답 ④

14 액화이산화탄소 1kg이 25℃, 2atm에서 방출되어 모두 기체가 되었다. 방출된 기체상의 이산화탄소 부피는 약 몇 L인가?

① 238
② 278
③ 308
④ 340

해설

이상기체 상태방정식

$$PV = nRT \rightarrow PV = \frac{wRT}{M}$$

$$V = \frac{wRT}{PM}$$

$$= \frac{1 \cdot 10^3\text{g} \cdot 0.082\text{atm} \cdot \text{L/K} \cdot \text{mol} \cdot (25+273.15)\text{K}}{2\text{atm} \cdot 44\text{g/mol}}$$

$\fallingdotseq 278\text{L}$

여기서, P : 압력(atm)
V : 부피(L)
n : 몰수(mol)
M : 분자량(g/mol)
w : 질량(g)
R : 기체상수(0.082atm·L/K·mol)
T : 절대온도(K)

답 ②

15 소화약제에 따른 주된 소화효과로 틀린 것은 어느 것인가?

① 수성막포소화약제 : 질식효과
② 제2종 분말소화약제 : 탈수탄화효과
③ 이산화탄소소화약제 : 질식효과
④ 할로겐화합물소화약제 : 화학억제효과

해설

제2종 분말소화약제는 질식 및 냉각 소화효과이다.

답 ②

16 위험물안전관리법령에서 정한 "물분무 등 소화설비"의 종류에 속하지 않는 것은?

① 스프링클러설비
② 포소화설비
③ 분말소화설비
④ 불활성가스소화설비

해설

물분무 등 소화설비 : 물분무소화설비, 포소화설비, 불활성가스소화설비, 할로겐화합물소화설비, 분말소화설비, 청정소화설비

답 ①

17 혼합물인 위험물이 복수의 성상을 가지는 경우에 적용하는 품명에 관한 설명으로 틀린 것은?

① 산화성 고체의 성상 및 가연성 고체의 성상을 가지는 경우 : 산화성 고체의 품명
② 산화성 고체의 성상 및 자기반응성 물질의 성상을 가지는 경우 : 자기반응성 물질의 품명
③ 가연성 고체의 성상과 자연발화성 물질의 성상 및 금수성 물질의 성상을 가지는 경우 : 자연발화성 물질 및 금수성 물질의 품명
④ 인화성 액체의 성상 및 자기반응성 물질의 성상을 가지는 경우 : 자기반응성 물질의 품명

해설

2가지 이상 포함하는 물품(이하 이 호에서 "복수성상 물품"이라 한다)이 속하는 품명

㉮ 1류(산화성 고체)+2류(가연성 고체)=2류(가연성 고체)
㉯ 1류(산화성 고체)+5류(자기반응성 물질)=5류(자기반응성 물질)
㉰ 2류(가연성 고체)+3류(자연발화성 및 금수성 물질)=3류(자연발화성 및 금수성 물질)
㉱ 3류(자연발화성 및 금수성 물질)+4류(인화성 액체)=3류(자연발화성 및 금수성 물질)
㉲ 4류(인화성 액체)+5류(자기반응성 물질)=5류(자기반응성 물질)

답 ①

18 위험물시설에 설치하는 자동화재탐지설비의 하나의 경계구역 면적과 그 한 변의 길이의 기준으로 옳은 것은? (단, 광전식 분리형 감지기를 설치하지 않은 경우이다.)

① $300m^2$ 이하, 50m 이하
② $300m^2$ 이하, 100m 이하
③ $600m^2$ 이하, 50m 이하
④ $600m^2$ 이하, 100m 이하

해설

자동화재탐지설비의 설치기준

㉮ 자동화재탐지설비의 경계구역(화재가 발생한 구역을 다른 구역과 구분하여 식별할 수 있는 최소단위의 구역을 말한다. 건축물, 그 밖의 공작물의 2 이상의 층에 걸치지 아니하도록 할 것. 다만, 하나의 경계구역의 면적이 $500m^2$ 이하이면서 당해 경계구역이 두 개의 층에 걸치는 경우이거나 계단·경사로·승강기의 승강로, 그 밖에 이와 유사한 장소에 연기감지기를 설치하는 경우에는 그러하지 아니하다.
㉯ 하나의 경계구역의 면적은 $600m^2$ 이하로 하고 그 한 변의 길이는 50m(광전식 분리형 감지기를 설치할 경우에는 100m) 이하로 할 것. 다만, 당해 건축물, 그 밖의 공작물의 주요한 출입구에서 그 내부의 전체를 볼 수 있는 경우에 있어서는 그 면적을 $1,000m^2$ 이하로 할 수 있다.
㉰ 자동화재탐지설비의 감지기는 지붕(상층이 있는 경우에는 상층의 바닥) 또는 벽의 옥내에 면한 부분(천장이 있는 경우에는 천장 또는 벽의 옥내에 면한 부분 및 천장의 뒷부분)에 유효하게 화재의 발생을 감지할 수 있도록 설치할 것
㉱ 자동화재탐지설비에는 비상전원을 설치할 것

답 ③

19 다음 위험물의 저장창고에 화재가 발생하였을 때 주수(注水)에 의한 소화가 오히려 더 위험한 것은?

① 염소산칼륨
② 과염소산나트륨
③ 질산암모늄
④ 탄화칼슘

해설

탄화칼슘은 물과 심하게 반응하여 수산화칼슘과 아세틸렌을 만들며 공기 중 수분과 반응하여도 아세틸렌을 발생한다.

$CaC_2 + 2H_2O \rightarrow Ca(OH)_2 + C_2H_2$

답 ④

20 옥외저장소에 덩어리상태의 유황만을 지반면에 설치한 경계표시의 안쪽에서 저장할 경우 하나의 경계표시의 내부 면적은 몇 m^2 이하이어야 하는가?

① 75　② 100
③ 150　④ 300

해설

옥외저장소 중 덩어리상태의 유황만을 지반면에 설치한 경계표시의 안쪽에서 저장 또는 취급하는 것에 대한 기준

㉮ 하나의 경계표시의 내부의 면적은 $100m^2$ 이하일 것
㉯ 2 이상의 경계표시를 설치하는 경우에 있어서는 각각의 경계표시 내부의 면적을 합산한 면적은 $1,000m^2$ 이하로 하고, 인접하는 경계표시와 경계표시와의 간격은 공지 너비의 2분의 1 이상으로 할 것. 다만, 저장 또는 취급하는 위험물의 최대수량이 지정수량의 200배 이상인 경우에는 10m 이상으로 하여야 한다.
㉰ 경계표시는 불연재료로 만드는 동시에 유황이 새지 아니하는 구조로 할 것
㉱ 경계표시의 높이는 1.5m 이하로 할 것
㉲ 경계표시에는 유황이 넘치거나 비산하는 것을 방지하기 위한 천막 등을 고정하는 장치를 설치하되, 천막 등을 고정하는 장치는 경계표시의 길이 2m마다 한 개 이상 설치할 것
㉳ 유황을 저장 또는 취급하는 장소의 주위에는 배수구와 분리장치를 설치할 것

답 ②

21 황의 성상에 관한 설명으로 틀린 것은?

① 연소할 때 발생하는 가스는 냄새를 가지고 있으나 인체에 무해하다.
② 미분이 공기 중에 떠 있을 때 분진폭발의 우려가 있다.
③ 용융된 황을 물에서 급랭하면 고무상황을 얻을 수 있다.
④ 연소할 때 아황산가스를 발생한다.

해설

공기 중에서 연소하면 푸른 빛을 내며 아황산가스를 발생하는데 아황산가스는 독성이 있다.

$S + O_2 \rightarrow SO_2$

답 ①

22 과산화수소의 성질에 대한 설명 중 틀린 것은 어느 것인가?

① 알칼리성 용액에 의해 분해될 수 있다.
② 산화제로 사용할 수 있다.
③ 농도가 높을수록 안정하다.
④ 열, 햇빛에 의해 분해될 수 있다.

해설

순수한 것은 농도가 높으면 모든 유기물과 폭발적으로 반응하고 알코올류와 혼합하면 심한 반응을 일으켜 발화 또는 폭발한다.

답 ③

23 다음 중 위험물안전관리법령상 위험물의 운송에 있어서 운송책임자의 감독 또는 지원을 받아 운송하여야 하는 위험물에 속하지 않는 것은?

① $Al(CH_3)_3$　② CH_3Li
③ $Cd(CH_3)_2$　④ $Al(C_4H_9)_3$

해설

알킬알루미늄, 알킬리튬은 운송책임자의 감독·지원을 받아 운송하여야 한다.

답 ③

24 무색의 액체로 융점이 −112℃이고 물과 접촉하면 심하게 발열하는 제6류 위험물은 어느 것인가?

① 과산화수소　② 과염소산
③ 질산　④ 오불화요오드

해설

과산화수소의 융점은 −0.89℃, 질산의 융점은 −50℃이다.

답 ②

25 위험물안전관리법령에서 정한 특수인화물의 발화점 기준으로 옳은 것은?

① 1기압에서 100℃ 이하
② 0기압에서 100℃ 이하
③ 1기압에서 25℃ 이하
④ 0기압에서 25℃ 이하

해설

"특수인화물"이라 함은 이황화탄소, 디에틸에테르, 그 밖에 1기압에서 발화점이 100℃ 이하인 것 또는 인화점이 −20℃ 이하이고 비점이 40℃ 이하인 것을 말한다.

답 ①

26 다음 중 알킬알루미늄 등 또는 아세트알데히드 등을 취급하는 제조소의 특례기준으로서 옳은 것은?

① 알킬알루미늄 등을 취급하는 설비에는 불활성 기체 또는 수증기를 봉입하는 장치를 설치한다.
② 알킬알루미늄 등을 취급하는 설비는 은·수은·동·마그네슘을 성분으로 하는 것으로 만들지 않는다.
③ 아세트알데히드 등을 취급하는 탱크에는 냉각장치 또는 보냉장치 및 불활성 기체 봉입장치를 설치한다.
④ 아세트알데히드 등을 취급하는 설비의 주위에는 누설범위를 국한하기 위한 설비와 누설되었을 때 안전한 장소에 설치된 저장실에 유입시킬 수 있는 설비를 갖춘다.

답 ③

27 그림의 시험장치는 제 몇 류 위험물의 위험성 판정을 위한 것인가? (단, 고체물질의 위험성 판정이다.)

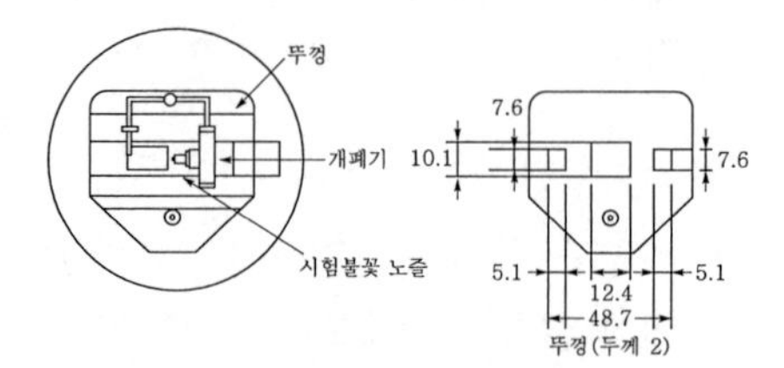

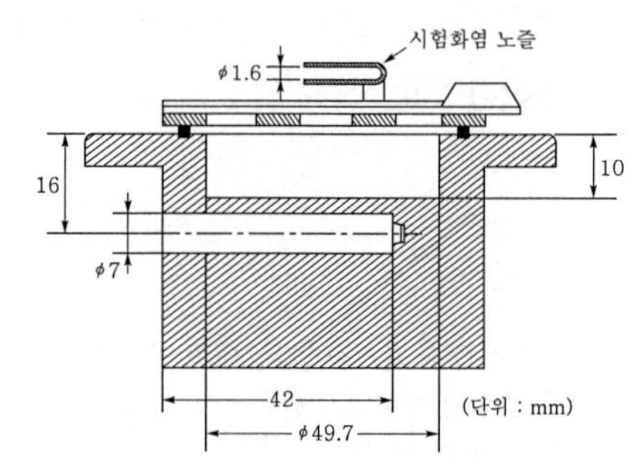

① 제1류 ② 제2류
③ 제3류 ④ 제5류

답 ②

28 디에틸에테르의 보관·취급에 관한 설명으로 틀린 것은?

① 용기는 밀봉하여 보관한다.
② 환기가 잘 되는 곳에 보관한다.
③ 정전기가 발생하지 않도록 취급한다.
④ 저장용기에 빈 공간이 없게 가득 채워 보관한다.

해설

직사광선에 의해 분해되어 과산화물을 생성하므로 갈색병을 사용하여 밀전하고 냉암소 등에 보관하며 용기의 공간용적은 2% 이상으로 해야 한다.

답 ④

29 과산화나트륨에 대한 설명 중 틀린 것은?

① 순수한 것은 백색이다.
② 상온에서 물과 반응하여 수소가스를 발생한다.
③ 화재발생 시 주수소화는 위험할 수 있다.
④ CO 및 CO_2 제거제를 제조할 때 사용한다.

해설

물과 접촉하면 발열 및 수산화나트륨(NaOH)과 산소(O_2)를 발생한다.
$2Na_2O_2 + 2H_2O \rightarrow 4NaOH + O_2$

답 ②

30 위험물안전관리법령상 품명이 "유기과산화물"인 것으로만 나열된 것은?

① 과산화벤조일, 과산화메틸에틸케톤
② 과산화벤조일, 과산화마그네슘
③ 과산화마그네슘, 과산화메틸에틸케톤
④ 과산화초산, 과산화수소

해설

- 과산화마그네슘 : 제1류 위험물
- 과산화수소 : 제6류 위험물

답 ①

31 염소산염류 250kg, 요오드산염류 600kg, 질산염류 900kg을 저장하고 있는 경우 지정수량의 몇 배가 보관되어 있는가?

① 5배 ② 7배
③ 10배 ④ 12배

해설

지정수량 배수의 합

$$= \frac{A품목\ 저장수량}{A품목\ 지정수량} + \frac{B품목\ 저장수량}{B품목\ 지정수량} + \frac{C품목\ 저장수량}{C품목\ 지정수량} + \cdots$$

$$= \frac{250kg}{50kg} + \frac{600kg}{300kg} + \frac{900kg}{300kg}$$

$= 10$

답 ③

32 옥외저장소에서 저장 또는 취급할 수 있는 위험물이 아닌 것은? (단, 국제해상위험물규칙에 적합한 용기에 수납된 위험물의 경우는 제외한다.)

① 제2류 위험물 중 유황
② 제1류 위험물 중 과염소산염류
③ 제6류 위험물
④ 제2류 위험물 중 인화점이 10℃인 인화성 고체

해설

옥외저장소에 저장할 수 있는 위험물

㉮ 제2류 위험물 중 유황, 인화성 고체(인화점이 0℃ 이상인 것에 한함)
㉯ 제4류 위험물 중 제1석유류(인화점이 0℃ 이상인 것에 한함), 제2석유류, 제3석유류, 제4석유류, 알코올류, 동·식물유류
㉰ 제6류 위험물

답 ②

33 히드라진에 대한 설명으로 틀린 것은 어느 것인가?

① 외관은 물과 같이 무색투명하다.
② 가열하면 분해하여 가스를 발생한다.
③ 위험물안전관리법령상 제4류 위험물에 해당한다.
④ 알코올, 물 등의 비극성 용매에 잘 녹는다.

해설

히드라진

㉮ 연소범위 4.7~100%, 인화점 38℃, 비점 113.5℃, 융점 1.4℃이며, 외형은 물과 같으나 무색의 가연성 고체로 원래 불안정한 물질이나 상온에서는 분해가 완만하다. 이때 Cu, Fe은 분해촉매로 작용한다.
㉯ 열에 불안정하여 공기 중에서 가열하면 약 180℃에서 암모니아, 질소를 발생한다. 밀폐용기를 가열하면 심하게 파열한다.
$2N_2H_4 \rightarrow 2NH_3 + N_2 + H_2$
㉰ 알코올과 물은 극성 용매에 해당한다.

답 ④

34 다음 중 제2석유류만으로 짝지어진 것은?

① 시클로헥산－피리딘
② 염화아세틸－휘발유
③ 시클로헥산－중 유
④ 아크릴산－포름산

해설

제4류 위험물의 품명 및 지정수량

성질	위험등급	품명		지정수량
인화성 액체	Ⅰ	특수인화물류(디에틸에테르, 이황화탄소, 아세트알데히드, 산화프로필렌)		50L
	Ⅱ	제1석유류	비수용성(가솔린, 벤젠, 톨루엔, 시클로헥산, 콜로디온, 메틸에틸케톤, 초산메틸, 초산에틸, 의산에틸, 헥산 등)	200L
			수용성(아세톤, 피리딘, 아크롤레인, 의산메틸, 시안화수소 등)	400L
		알코올류(메틸알코올, 에틸알코올, 프로필알코올, 이소프로필알코올)		400L
	Ⅲ	제2석유류	비수용성(등유, 경유, 스티렌, 자일렌(o-, m-, p-), 클로로벤젠, 장뇌유, 부틸알코올, 알릴알코올, 아밀알코올 등)	1,000L
			수용성(포름산, 초산, 히드라진, 아크릴산 등)	2,000L
		제3석유류	비수용성(중유, 크레오소트유, 아닐린, 니트로벤젠, 니트로톨루엔 등)	2,000L
			수용성(에틸렌글리콜, 글리세린 등)	4,000L
		제4석유류	기어유, 실린더유, 윤활유, 가소제	6,000L
		동·식물유류(아마인유, 들기름, 동유, 야자유, 올리브유 등)		10,000L

답 ④

35 시약(고체)의 명칭이 불분명한 시약병의 내용물을 확인하려고 뚜껑을 열어 시계접시에 소량을 담아놓고 공기 중에서 햇빛을 받는 곳에 방치하던 중 시계접시에서 갑자기 연소현상이 일어났다. 다음 물질 중 이 시약의 명칭으로 예상할 수 있는 것은?

① 황　　② 황린
③ 적린　　④ 질산암모늄

해설

황린은 자연발화성 물질로 발화점은 34℃이다.

답 ②

36 위험물제조소 및 일반취급소에 설치하는 자동화재탐지설비의 설치기준으로 틀린 것은 어느 것인가?

① 하나의 경계구역은 600m^2 이하로 하고, 한 변의 길이는 50m 이하로 한다.
② 주요한 출입구에서 내부 전체를 볼 수 있는 경우 경계구역은 1,000m^2 이하로 할 수 있다.
③ 광전식 분리형 감지기를 설치할 경우에는 하나의 경계구역을 1,000m^2 이하로 할 수 있다.
④ 비상전원을 설치하여야 한다.

해설

18번 해설 참조

답 ③

37 무기과산화물의 일반적인 성질에 대한 설명으로 틀린 것은?

① 과산화수소의 수소가 금속으로 치환된 화합물이다.
② 친화력이 강해 스스로 쉽게 산화한다.
③ 가열하면 분해되어 산소를 발생한다.
④ 물과의 반응성이 크다.

해설

무기과산화물은 제1류 위험물(산화성 고체)로서 더 이상 산화할 수 없다.

답 ②

38 다음 중 물과의 반응성이 가장 낮은 것은?

① 인화알루미늄
② 트리에틸알루미늄
③ 오황화린
④ 황린

해설

① 인화알루미늄
$AlP + 3H_2O \rightarrow Al(OH)_3 + PH_3$
② 트리에틸알루미늄
$(C_2H_5)_3Al + 3H_2O \rightarrow Al(OH)_3 + 3C_2H_6 +$ 발열
③ 오황화린
$P_2S_5 + 8H_2O \rightarrow 5H_2S + 2H_3PO_4$
④ 황린은 자연발화성이 있어 물속에 저장하며, 온도상승 시 물의 산성화가 빨라져서 용기를 부식시키므로 직사광선을 피하여 저장한다.

답 ④

39 다음 위험물 중 비중이 물보다 큰 것은 어느 것인가?

① 디에틸에테르 ② 아세트알데히드
③ 산화프로필렌 ④ 이황화탄소

해설

이황화탄소는 비중이 1.2로서 물보다 무겁다.

답 ④

40 위험물안전관리자를 해임할 때에는 해임한 날로부터 며칠 이내에 위험물안전관리자를 다시 선임하여야 하는가?

① 7일 ② 14일
③ 30일 ④ 60일

해설

안전관리자를 해임하거나 퇴직한 때에는 해임하거나 퇴직한 날부터 30일 이내에 다시 안전관리자를 선임한다.

답 ③

41 황린에 관한 설명 중 틀린 것은?

① 물에 잘 녹는다.
② 화재 시 물로 냉각소화할 수 있다.
③ 적린에 비해 불안정하다.
④ 적린과 동소체이다.

해설

황린은 물속에 저장한다.

답 ①

42 위험물 옥내저장소에 과염소산 300kg, 과산화수소 300kg을 저장하고 있다. 저장창고에는 지정수량의 몇 배의 위험물을 저장하고 있는가?

① 4
② 3
③ 2
④ 1

해설

지정수량 배수의 합

$$= \frac{\text{A품목 저장수량}}{\text{A품목 지정수량}} + \frac{\text{B품목 저장수량}}{\text{B품목 지정수량}} + \cdots$$

$$= \frac{300\text{kg}}{300\text{kg}} + \frac{300\text{kg}}{300\text{kg}} = 2$$

답 ③

43 금속나트륨, 금속칼륨 등을 보호액 속에 저장하는 이유를 가장 옳게 설명한 것은?

① 온도를 낮추기 위하여
② 승화하는 것을 막기 위하여
③ 공기와의 접촉을 막기 위하여
④ 운반 시 충격을 적게 하기 위하여

해설

공기와 접촉 시 발열 및 발화하므로 보호액 속에 저장해야 한다.

답 ③

44 위험물안전관리법령에서 정한 품명이 서로 다른 물질을 나열한 것은?

① 이황화탄소, 디에틸에테르
② 에틸알코올, 고형알코올
③ 등유, 경유
④ 중유, 크레오소트유

해설

34번 해설 참조.
에틸알코올은 제4류에 속하며, 고형알코올은 제2류 위험물 중 인화성 고체에 해당한다.

답 ②

45 다음 중 위험물안전관리법령에 의한 위험물 운송에 관한 규정으로 틀린 것은?

① 이동탱크저장소에 의하여 위험물을 운송하는 자는 당해 위험물을 취급할 수 있는 국가기술자격자 또는 안전교육을 받은 자이어야 한다.
② 안전관리자 · 탱크시험자 · 위험물운송자 등 위험물의 안전관리와 관련된 업무를 수행하는 자는 시 · 도지사가 실시하는 안전교육을 받아야 한다.
③ 운송책임자의 범위, 감독 또는 지원의 방법 등에 관한 구체적인 기준은 행정안전부령으로 정한다.
④ 위험물운송자는 이동탱크저장소에 의하여 위험물을 운송하는 때에는 행정안전부령으로 정하는 기준을 준수하는 등 당해 위험물의 안전확보를 위하여 세심한 주의를 기울여야 한다.

해설

위험물운송자는 이동탱크저장소에 의하여 위험물을 운송하는 때에는 해당 국가기술자격증을 지녀야 하며, 위험물의 안전확보에 유의한다.

답 ②

46 다음 아세톤의 완전연소반응식에서 ( ) 안에 알맞은 계수를 차례대로 옳게 나타낸 것은 어느 것인가?

$CH_3COCH_3 + (\quad)O_2 \rightarrow (\quad)CO_2 + 3H_2O$

① 3, 4　② 4, 3
③ 6, 3　④ 3, 6

답 ②

47 위험물 탱크의 용량은 탱크의 내용적에서 공간용적을 뺀 용적으로 한다. 이 경우 소화약제 방출구를 탱크 안의 윗부분에 설치하는 탱크의 공간용적은 당해 소화설비의 소화약제 방출구 아래의 어느 범위의 면으로부터 윗부분의 용적으로 하는가?

① 0.1m 이상~0.5m 미만 사이의 면
② 0.3m 이상~1m 미만 사이의 면
③ 0.5m 이상~1m 미만 사이의 면
④ 0.5m 이상~1.5m 미만 사이의 면

해설

탱크의 공간용적은 탱크 용적의 100분의 5 이상~100분의 10 이하로 한다. 다만, 소화설비(소화약제 방출구를 탱크 안의 윗부분에 설치하는 것에 한함)를 설치하는 탱크의 공간용적은 당해 소화설비의 소화약제 방출구 아래의 0.3m 이상~1m 미만 사이의 면으로부터 윗부분의 용적으로 한다. 암반탱크에 있어서는 당해 탱크 내에 용출하는 7일간의 지하수의 양에 상당하는 용적과 당해 탱크의 내용적의 100분의 1의 용적 중에서 보다 큰 용적을 공간용적으로 한다.

답 ②

48 다음 중 위험물의 지정수량이 잘못된 것은 어느 것인가?

① $(C_2H_5)_3Al$: 10kg
② Ca : 50kg
③ LiH : 300kg
④ Al_4C_3 : 500kg

해설

④는 탄화알루미늄으로 지정수량 300kg에 해당한다.

답 ④

49 다음 중 위험물안전관리법령상 에틸렌글리콜과 혼재하여 운반할 수 없는 위험물은 어느 것인가? (단, 지정수량이 10배일 경우이다.)

① 유황
② 과망간산나트륨
③ 알루미늄분
④ 트리니트로톨루엔

해설

유별을 달리하는 위험물의 혼재기준

구분	제1류	제2류	제3류	제4류	제5류	제6류
제1류		×	×	×	×	○
제2류	×		×	○	○	×
제3류	×	×		○	×	×
제4류	×	○	○		○	×
제5류	×	○	×	○		×
제6류	○	×	×	×	×	

에틸렌글리콜은 제4류 위험물이며, 과망간산나트륨은 제1류 위험물이므로 서로 혼재할 수 없다.

답 ②

50 다음 중 위험 등급 Ⅰ의 위험물이 아닌 것은 어느 것인가?

① 무기과산화물
② 적린
③ 나트륨
④ 과산화수소

해설

위험 등급 Ⅰ의 위험물

㉮ 제1류 위험물 중 아염소산염류, 염소산염류, 과염소산염류, 무기과산화물, 그 밖에 지정수량이 50kg인 위험물
㉯ 제3류 위험물 중 칼륨, 나트륨, 알킬알루미늄, 알킬리튬, 황린, 그 밖에 지정수량이 10kg인 위험물
㉰ 제4류 위험물 중 특수인화물
㉱ 제5류 위험물 중 유기과산화물, 질산에스테르류, 그 밖에 지정수량이 10kg인 위험물
㉲ 제6류 위험물

답 ②

51 탄소 80%, 수소 14%, 황 6%인 물질 1kg이 완전연소하기 위해 필요한 이론 공기량은 약 몇 kg인가? (단, 공기 중 산소는 23wt%이다.)

① 3.31　　② 7.05
③ 11.62　　④ 14.41

해설

탄소, 수소, 유황 각각 1kg의 연소 시 필요한 이론 산소량의 질량비

$$\frac{\text{C}-1\text{mol 연소 시 필요한 산소량}(32\text{g})}{\text{탄소의 1g 원자량}(12\text{g})} \fallingdotseq 2.67$$

$$\frac{\text{H}-1\text{mol 연소 시 필요한 산소량}(16\text{g})}{\text{수소의 1g 분자량}(2\text{g})} \fallingdotseq 8$$

$$\frac{\text{S}-1\text{mol 연소 시 필요한 산소량}(32\text{g})}{\text{황의 1g 원자량}(32\text{g})} \fallingdotseq 1$$

$$\text{이론 공기량}(A_o) = \frac{2.67\text{C}+8\text{H}+\text{S}}{0.23} = \frac{2.67\times0.8+8\times0.14+0.06}{0.23} \fallingdotseq 14.41$$

답 ④

52 다음 중 요오드값이 가장 낮은 것은?

① 해바라기유　　② 오동유
③ 아마인유　　④ 낙화생유

해설

낙화생유는 불건성유에 속하므로 요오드값이 가장 낮다.

답 ④

53 시클로헥산에 관한 설명으로 가장 거리가 먼 것은?

① 고리형 분자구조를 가진 방향족 탄화수소화합물이다.
② 화학식은 C_6H_{12}이다.
③ 비수용성 위험물이다.
④ 제4류 제1석유류에 속한다.

해설

시클로헥산은 지방족 탄화수소화합물에 속한다.

답 ①

54 제6류 위험물을 저장하는 옥내탱크저장소로서 단층건물에 설치된 것의 소화난이도 등급은?

① Ⅰ등급　　② Ⅱ등급
③ Ⅲ등급　　④ 해당 없음

해설

제6류 위험물을 저장하는 것 및 고인화점 위험물만을 100℃ 미만의 온도에서 저장하는 것은 소화난이도 등급에 해당하지 않는다.

답 ④

55 이황화탄소를 화재예방상 물속에 저장하는 이유는?

① 불순물을 물에 용해시키기 위해
② 가연성 증기의 발생을 억제하기 위해
③ 상온에서 수소가스를 발생시키기 때문에
④ 공기와 접촉하면 즉시 폭발하기 때문에

해설

물보다 무겁고 물에 녹기 어렵기 때문에 가연성 증기의 발생을 억제하기 위하여 물(수조) 속에 저장한다.

답 ②

56 위험물안전관리법령상 판매취급소에 관한 설명으로 옳지 않은 것은?

① 건축물의 1층에 설치하여야 한다.
② 위험물을 저장하는 탱크시설을 갖추어야 한다.
③ 건축물의 다른 부분과는 내화구조의 격벽으로 구획하여야 한다.
④ 제조소와 달리 안전거리 또는 보유공지에 관한 규제를 받지 않는다.

해설

탱크시설은 판매취급소에 설치하지 않는다.

답 ②

57 $C_6H_2CH_3(NO_2)_3$을 녹이는 용제가 아닌 것은?

① 물 ② 벤젠
③ 에테르 ④ 아세톤

해설

T.N.T로서 물에는 불용이며, 에테르, 아세톤 등에는 잘 녹고 알코올에는 가열하면 약간 녹는다.

답 ①

58 질산의 저장 및 취급 방법이 아닌 것은?

① 직사광선을 차단한다.
② 분해방지를 위해 요산, 인산 등을 가한다.
③ 유기물과의 접촉을 피한다.
④ 갈색병에 넣어 보관한다.

해설

제6류 위험물 중 과산화수소는 분해하기 쉬워 인산(H_3PO_4), 요산($C_5H_4N_4O_3$) 등 안정제를 가하거나 약산성으로 만든다.

답 ②

59 다음 중 위험물 운반용기의 외부에 "제4류"와 "위험 등급 Ⅱ"의 표시만 보이고 품명이 잘 보이지 않을 때 예상할 수 있는 수납 위험물의 품명은?

① 제1석유류 ② 제2석유류
③ 제3석유류 ④ 제4석유류

해설

위험 등급 Ⅱ의 위험물

㉮ 제1류 위험물 중 브롬산염류, 질산염류, 요오드산염류, 그 밖에 지정수량이 300kg인 위험물
㉯ 제2류 위험물 중 황화린, 적린, 유황, 그 밖에 지정수량이 100kg인 위험물
㉰ 제3류 위험물 중 알칼리금속(칼륨 및 나트륨을 제외) 및 알칼리토금속, 유기금속화합물(알킬알루미늄 및 알킬리튬을 제외), 그 밖에 지정수량이 50kg인 위험물
㉱ 제4류 위험물 중 제1석유류 및 알코올류
㉲ 제5류 위험물 중 제1호 라목에 정하는 위험물 외의 것

답 ①

60 과염소산의 성질로 옳지 않은 것은?

① 산화성 액체이다.
② 무기화합물이며 물보다 무겁다.
③ 불연성 물질이다.
④ 증기는 공기보다 가볍다.

해설

과염소산의 증기비중은 3.48이다.

답 ④

과년도 출제문제

위험물기능사

01 제조소의 옥외에 모두 3기의 휘발유 취급탱크를 설치하고 그 주위에 방유제를 설치하고자 한다. 방유제 안에 설치하는 각 취급탱크의 용량이 5만L, 3만L, 2만L일 때 필요한 방유제의 용량은 몇 L 이상인가?

① 66,000
② 60,000
③ 33,000
④ 30,000

해설

방유제의 용량

㉮ 하나의 취급탱크의 방유제의 용량 : 당해 탱크 용량의 50% 이상
㉯ 위험물제조소의 옥외에 있는 위험물 취급탱크의 방유제의 용량
 ㉠ 1기일 때 : 탱크용량×0.5(50%)
 ㉡ 2기 이상일 때 : 최대 탱크용량×0.5(50%) +(나머지 탱크용량 합계×0.1(10%))

취급하는 탱크가 2기 이상이므로
∴ 방유제 용량=(50,000L×0.5)(30,000L×0.1) +(20,000L×0.1) =30,000L

※ 옥외탱크저장소의 경우 2기 이상인 때에는 그 탱크 용량 중 용량이 최대인 것의 110% 이상으로 한다.

답 ④

02 위험물안전관리법령에 따라 위험물을 유별로 정리하여 서로 1m 이상의 간격을 두었을 때 옥내저장소에서 함께 저장하는 것이 가능한 경우가 아닌 것은?

① 제1류 위험물(알칼리금속의 과산화물 또는 이를 함유한 것을 제외한다)과 제5류 위험물을 저장하는 경우
② 제3류 위험물 중 알킬알루미늄과 제4류 위험물(알킬알루미늄 또는 알킬리튬을 함유한 것에 한한다)을 저장하는 경우
③ 제1류 위험물과 제3류 위험물 중 금수성 물질을 저장하는 경우
④ 제2류 위험물 중 인화성 고체와 제4류 위험물을 저장하는 경우

해설

제1류 위험물과 제3류 위험물 중 자연발화성 물질(황린 또는 이를 함유한 것에 한한다)을 저장하는 경우이다.

답 ③

03 다음 중 스프링클러설비의 소화작용으로 가장 거리가 먼 것은?

① 질식작용
② 희석작용
③ 냉각작용
④ 억제작용

해설

억제작용의 대표적인 소화설비는 할론 소화설비이다.

답 ④

04 다음 중 금속화재를 옳게 설명한 것은 어느 것인가?

① C급 화재이고, 표시색상은 청색이다.
② C급 화재이고, 별도의 표시색상은 없다.
③ D급 화재이고, 표시색상은 청색이다.
④ D급 화재이고, 별도의 표시색상은 없다.

해설

D급 화재(금속화재)는 무색 화재에 해당한다.

답 ④

05 위험물안전관리법령상 개방형 스프링클러헤드를 이용하는 스프링클러설비에서 수동식 개방밸브를 개방 조작하는 데 필요한 힘은 얼마 이하가 되도록 설치하여야 하는가?

① 5kg
② 10kg
③ 15kg
④ 20kg

해설

수동식 개방밸브를 개방 조작하는 데 필요한 힘은 15kg 이하가 되도록 설치할 것

답 ③

06 과산화바륨과 물이 반응하였을 때 발생하는 것은?

① 수소
② 산소
③ 탄산가스
④ 수성가스

해설

수분과의 접촉으로 수산화바륨과 산소를 발생한다.
$2BaO_2 + 2H_2O \rightarrow 2Ba(OH)_2 + O_2 +$ 발열

답 ②

07 다음 중 트리에틸알루미늄의 화재 시 사용할 수 있는 소화약제(설비)가 아닌 것은 어느 것인가?

① 마른모래
② 팽창질석
③ 팽창진주암
④ 이산화탄소

해설

트리에틸알루미늄의 경우 할론이나 CO_2와 반응하여 발열하므로 소화약제로 적당치 않으며, 저장용기가 가열되면 용기가 심하게 파열된다.

답 ④

08 다음 중 할로겐화합물소화약제의 주된 소화효과는?

① 부촉매효과 ② 희석효과
③ 파괴효과 ④ 냉각효과

해설

할로겐화합물은 유리기의 생성을 억제하는 부촉매소화가 주된 소화효과이다.

답 ①

09 가연물이 되기 쉬운 조건이 아닌 것은?

① 산소와 친화력이 클 것
② 열전도율이 클 것
③ 발열량이 클 것
④ 활성화에너지가 작을 것

해설

가연물의 경우 열전도율이 작아야 한다.

답 ②

10 위험물안전관리법령상 옥내주유취급소에 있어서 해당 사무소 등의 출입구 및 피난구와 당해 피난구로 통하는 통로·계단 및 출입구에 무엇을 설치해야 하는가?

① 화재감지기
② 스프링클러설비
③ 자동화재탐지설비
④ 유도등

해설

피난설비 설치기준

㉮ 주유취급소 중 건축물의 2층 이상의 부분을 점포·휴게음식점 또는 전시장의 용도로 사용하는 것에 있어서는 당해 건축물의 2층 이상으로부터 직접 주유취급소의 부지 밖으로 통하는 출입구와 당해 출입구로 통하는 통로·계단 및 출입구에 유도등을 설치하여야 한다.
㉯ 옥내주유취급소에 있어서는 당해 사무소 등의 출입구 및 피난구와 당해 피난구로 통하는 통로·계단 및 출입구에 유도등을 설치하여야 한다.
㉰ 유도등에는 비상전원을 설치하여야 한다.

답 ④

11 철분, 금속분, 마그네슘의 화재에 적응성이 있는 소화약제는?

① 탄산수소염류 분말
② 할로겐화합물
③ 물
④ 이산화탄소

해설

철분, 금속분, 마그네슘 화재의 경우 탄산수소염류 분말소화약제, 팽창질석 또는 팽창진주암, 건조사 등으로 소화한다.

답 ①

12 제1종 분말소화약제의 주성분으로 사용되는 것은?

① $KHCO_3$ ② H_2SO_4
③ $NaHCO_3$ ④ $NH_4H_2PO_4$

해설

종류	주성분	화학식	착색	적응화재
제1종	탄산수소나트륨 (중탄산나트륨)	$NaHCO_3$	–	B, C급 화재
제2종	탄산수소칼륨 (중탄산칼륨)	$KHCO_3$	담회색	B, C급 화재
제3종	제1인산암모늄	$NH_4H_2PO_4$	담홍색 또는 황색	A, B, C급 화재
제4종	탄산수소칼륨 +요소	$KHCO_3 + CO(NH_2)_2$	–	B, C급 화재

답 ③

13 소화설비의 설치기준에서 유기과산화물 1,000kg은 몇 소요단위에 해당하는가?

① 10 ② 20
③ 100 ④ 200

해설

소요단위

$$= \frac{\text{저장량}}{\text{지정수량} \times 10\text{배}} = \frac{1{,}000\text{kg}}{10\text{kg} \times 10\text{배}} = 10$$

답 ①

14 위험물안전관리법령상 주유취급소에서의 위험물 취급기준으로 옳지 않은 것은 어느 것인가?

① 자동차에 주유할 때에는 고정주유설비를 이용하여 직접 주유할 것
② 자동차에 경유 위험물을 주유할 때에는 자동차의 원동기를 반드시 정지시킬 것
③ 고정주유설비에는 당해 주유설비에 접속한 전용탱크 또는 간이탱크의 배관 외의 것을 통하여서는 위험물을 공급하지 아니할 것
④ 고정주유설비에 접속하는 탱크에 위험물을 주입할 때에는 당해 탱크에 접속된 고정주유설비의 사용을 중지할 것

해설

경유는 제2석유류로서 인화점이 50~70℃에 해당하므로 원동기를 반드시 정지할 필요는 없다. 다만, 인화점이 40℃ 미만인 위험물을 주유하는 경우 원동기를 정지시켜야 한다.

답 ②

15 위험물안전관리자에 대한 설명 중 옳지 않은 것은?

① 이동탱크저장소는 위험물안전관리자 선임대상에 해당하지 않는다.
② 위험물안전관리자가 퇴직한 경우 퇴직한 날부터 30일 이내에 다시 안전관리자를 선임하여야 한다.
③ 위험물안전관리자를 선임한 경우에는 선임한 날로부터 14일 이내에 소방본부장 또는 소방서장에게 신고하여야 한다.
④ 위험물안전관리자가 일시적으로 직무를 수행할 수 없는 경우에는 안전교육을 받고 6개월 이상 실무경력이 있는 사람을 대리자로 지정할 수 있다.

해설

안전관리자를 선임한 제조소 등의 관계인은 안전관리자가 여행·질병, 그 밖의 사유로 인하여 일시적으로 직무를 수행할 수 없거나 안전관리자의 해임 또는 퇴직과 동시에 다른 안전관리자를 선임하지 못하는 경우에는 국가기술자격법에 따른 위험물의 취급에 관한 자격취득자 또는 위험물안전에 관한 기본지식과 경험이 있는 자로서 행정안전부령이 정하는 자를 대리자(代理者)로 지정하여 그 직무를 대행하게 하여야 한다. 이 경우 대리자가 안전관리자의 직무를 대행하는 기간은 30일을 초과할 수 없다.

답 ④

16 주유취급소의 벽(담)에 유리를 부착할 수 있는 기준에 대한 설명으로 옳은 것은?

① 유리 부착위치는 주입구, 고정주유설비로부터 2m 이상 이격되어야 한다.
② 지반면으로부터 50센티미터를 초과하는 부분에 한하여 설치하여야 한다.
③ 하나의 유리판 가로의 길이는 2m 이내로 한다.
④ 유리의 구조는 기준에 맞는 강화유리로 하여야 한다.

해설

유리를 부착하는 방법

㉮ 주유취급소 내의 지반면으로부터 70cm를 초과하는 부분에 한하여 유리를 부착할 것
㉯ 하나의 유리판의 가로의 길이는 2m 이내일 것
㉰ 유리판의 테두리를 금속제의 구조물에 견고하게 고정하고 해당 구조물을 담 또는 벽에 견고하게 부착할 것
㉱ 유리의 구조는 접합유리(두 장의 유리를 두께 0.76mm 이상의 폴리비닐부티랄 필름으로 접합한 구조를 말한다)로 하되, 「유리 구획부분의 내화시험방법(KS F 2845)」에 따라 시험하여 비차열 30분 이상의 방화성능이 인정될 것

답 ③

17 Halon 1211에 해당하는 물질의 분자식은?

① CBr_2FCl　② CF_2ClBr
③ CCl_2FBr　④ FC_2BrCl

해설

할론소화약제 명명법

할론 XABCD

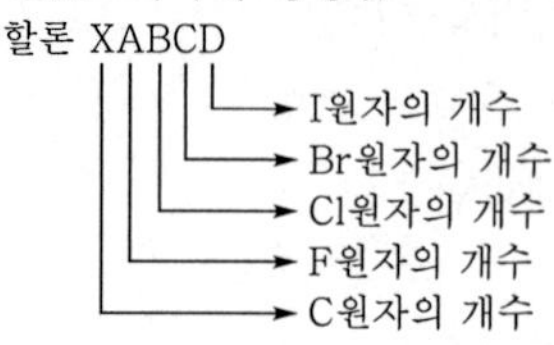

답 ②

18 다음 중 위험물안전관리법령에서 정한 지정수량이 나머지 셋과 다른 물질은?

① 아세트산　② 히드라진
③ 클로로벤젠　④ 니트로벤젠

해설

물질명	아세트산	히드라진	클로로벤젠	니트로벤젠
품명	제2석유류 (수용성)	제2석유류 (수용성)	제2석유류 (비수용성)	제3석유류 (비수용성)
지정수량	2,000L	2,000L	1,000L	2,000L

답 ③

19 제3류 위험물을 취급하는 제조소는 300명 이상을 수용할 수 있는 극장으로부터 몇 m 이상의 안전거리를 유지하여야 하는가?

① 5　② 10
③ 30　④ 70

해설

건축물	안전거리
사용전압 7,000V 초과 35,000V 이하의 특고압 가공전선	3m 이상
사용전압 35,000V 초과 특고압 가공전선	5m 이상
주거용으로 사용되는 것(제조소가 설치된 부지 내에 있는 것 제외)	10m 이상
고압가스, 액화석유가스 또는 도시가스를 저장 또는 취급하는 시설	20m 이상
학교, 병원(종합병원, 치과병원, 한방·요양병원), 극장(공연장, 영화상영관, 수용인원 300명 이상 시설), 아동복지시설, 노인복지시설, 장애인복지시설, 모·부자복지시설, 보육시설, 성매매자를 위한 복지시설, 정신보건시설, 가정폭력피해자 보호시설, 수용인원 20명 이상의 다수인시설	30m 이상
유형문화재, 지정문화재	50m 이상

답 ③

20 표준상태에서 탄소 1몰이 완전히 연소하면 몇 L의 이산화탄소가 생성되는가?

① 11.2　　② 22.4
③ 44.8　　④ 56.8

해설

$C+O_2 \rightarrow CO_2$

$$\frac{1\text{mol}-C}{}\left|\frac{1\text{mol}-CO_2}{1\text{mol}-C}\right|\frac{22.4\text{L}-CO_2}{1\text{mol}-CO_2}=22.4\text{L}-CO_2$$

답 ②

21 위험물안전관리법령에서 정한 알킬알루미늄 등을 저장 또는 취급하는 이동탱크저장소에 비치해야 하는 물품이 아닌 것은?

① 방호복
② 고무장갑
③ 비상조명등
④ 휴대용 확성기

해설

알킬알루미늄 등을 저장 또는 취급하는 이동탱크저장소에는 긴급 시의 연락처, 응급조치에 관하여 필요한 사항을 기재한 서류, 방호복, 고무장갑, 밸브 등을 죄는 결합공구 및 휴대용 확성기를 비치하여야 한다.

답 ③

22 제4류 위험물에 대한 일반적인 설명으로 옳지 않은 것은?

① 대부분 연소하한값이 낮다.
② 발생증기는 가연성이며 대부분 공기보다 무겁다.
③ 대부분 무기화합물이므로 정전기 발생에 주의한다.
④ 인화점이 낮을수록 화재위험성이 높다.

해설

제4류 위험물은 대부분 유기화합물이므로 정전기 발생에 주의한다.

답 ③

23 위험물안전관리법령에서 정한 아세트알데히드 등을 취급하는 제조소의 특례에 따라 다음 (　) 안에 해당하지 않는 것은 어느 것인가?

> "아세트알데히드 등을 취급하는 설비는 (　)·(　)·동·(　) 또는 이들을 성분으로 하는 합금으로 만들지 아니할 것"

① 금　　② 은
③ 수은　　④ 마그네슘

해설

아세트알데히드 등을 취급하는 제조소

㉮ 은·수은·동·마그네슘 또는 이들을 성분으로 하는 합금으로 만들지 아니할 것
㉯ 연소성 혼합기체의 생성에 의한 폭발을 방지하기 위한 불활성 기체 또는 수증기를 봉입하는 장치를 갖출 것
㉰ 아세트알데히드 등을 취급하는 탱크에는 냉각장치 또는 저온을 유지하기 위한 장치(이하 "보냉장치"라 한다) 및 연소성 혼합기체의 생성에 의한 폭발을 방지하기 위한 불활성 기체를 봉입하는 장치를 갖출 것

답 ①

24 위험물안전관리법령상 이동탱크저장소에 의한 위험물의 운송 시 장거리에 걸친 운송을 하는 때에는 2명 이상의 운전자로 하는 것이 원칙이다. 다음 중 예외적으로 1명의 운전자가 운송하여도 되는 경우의 기준으로 옳은 것은 어느 것인가?

① 운송도중에 2시간 이내마다 10분 이상씩 휴식하는 경우
② 운송도중에 2시간 이내마다 20분 이상씩 휴식하는 경우
③ 운송도중에 4시간 이내마다 10분 이상씩 휴식하는 경우
④ 운송도중에 4시간 이내마다 20분 이상씩 휴식하는 경우

해설

위험물운송자는 장거리(고속국도에 있어서는 340km 이상, 그 밖의 도로에 있어서는 200km 이상을 말한다)에 걸치는 운송을 하는 때에는 2명 이상의 운전자로 할 것. 다만, 다음의 어느 하나에 해당하는 경우에는 그러하지 아니하다.

㉮ 운송책임자를 동승시킨 경우
㉯ 운송하는 위험물이 제2류 위험물 · 제3류 위험물(칼슘 또는 알루미늄의 탄화물과 이것만을 함유한 것에 한한다) 또는 제4류 위험물(특수인화물을 제외한다)인 경우
㉰ 운송도중에 2시간 이내마다 20분 이상씩 휴식하는 경우

답 ②

25 다음 중 나트륨에 관한 설명으로 옳은 것은 어느 것인가?

① 물보다 무겁다.
② 융점이 100℃보다 높다.
③ 물과 격렬히 반응하여 산소를 발생시키고 발열한다.
④ 등유는 반응이 일어나지 않아 저장에 사용된다.

해설

나트륨의 경우 습기나 물에 접촉하지 않도록 보호액(석유, 벤젠, 파라핀 등) 속에 저장해야 한다.

답 ④

26 다음은 위험물을 저장하는 탱크의 공간용적 산정기준이다. ( )에 알맞은 수치로 옳은 것은?

> 암반탱크에 있어서는 당해 탱크 내에 용출하는 ( )일간의 지하수의 양에 상당하는 용적과 당해 탱크의 내용적의 ( )의 용적 중에서 보다 큰 용적을 공간용적으로 한다.

① 7, 1/100 ② 7, 5/100
③ 10, 1/100 ④ 10, 5/100

해설

탱크의 공간용적은 탱크용적의 100분의 5 이상 100분의 10 이하로 한다. 다만, 소화설비(소화약제 방출구를 탱크 안의 윗부분에 설치하는 것에 한한다)를 설치하는 탱크의 공간용적은 당해 소화설비의 소화약제 방출구 아래의 0.3미터 이상 1미터 미만 사이의 면으로부터 윗부분의 용적으로 한다. 암반탱크에 있어서는 당해 탱크 내에 용출하는 7일간의 지하수의 양에 상당하는 용적과 당해 탱크의 내용적의 100분의 1의 용적 중에서 보다 큰 용적을 공간용적으로 한다.

답 ①

27 위험물안전관리법령상 예방규정을 정하여야 하는 제조소 등의 관계인은 위험물제조소 등에 대하여 기술기준에 적합한지의 여부를 정기적으로 점검을 하여야 한다. 법적 최소 점검주기에 해당하는 것은? (단, 100만 리터 이상의 옥외탱크저장소는 제외한다.)

① 월 1회 이상
② 6개월 1회 이상
③ 연 1회 이상
④ 2년 1회 이상

해설

제조소 등의 관계인은 당해 제조소 등에 대하여 연 1회 이상

답 ③

28 $CH_3COC_2H_5$의 명칭 및 지정수량을 옳게 나타낸 것은?

① 메틸에틸케톤, 50L
② 메틸에틸케톤, 200L
③ 메틸에틸에테르, 50L
④ 메틸에틸에테르, 200L

해설

메틸에틸케톤으로 제1석유류 비수용성 액체에 해당하며, 지정수량은 200L이다.

답 ②

29 위험물안전관리법령상 제4석유류를 저장하는 옥내저장탱크의 용량은 지정수량의 몇 배 이하이어야 하는가?

① 20　② 40
③ 100　④ 150

해설

옥내저장탱크의 용량(동일한 탱크전용실에 옥내저장탱크를 2 이상 설치하는 경우에는 각 탱크의 용량의 합계를 말한다)은 지정수량의 40배(제4석유류 및 동·식물유류 외의 제4류 위험물에 있어서 해당 수량이 20,000L를 초과할 때에는 20,000L) 이하일 것

답 ②

30 위험물제조소의 환기설비 중 급기구는 급기구가 설치된 실의 바닥면적 몇 m^2마다 1개 이상으로 설치하여야 하는가?

① 100　② 150
③ 200　④ 800

해설

급기구는 해당 급기구가 설치된 실의 바닥면적 $150m^2$마다 1개 이상으로 하되, 급기구의 크기는 $800cm^2$ 이상으로 한다.

답 ②

31 위험물제조소 등의 종류가 아닌 것은?

① 간이탱크저장소　② 일반취급소
③ 이송취급소　④ 이동판매취급소

해설

판매취급소에는 1종 판매취급소와 2종 판매취급소가 있다.

답 ④

32 공기를 차단하고 황린을 약 몇 ℃로 가열하면 적린이 생성되는가?

① 60　② 100
③ 150　④ 260

해설

공기를 차단하고 약 260℃로 가열하면 적린이 된다.

답 ④

33 위험물안전관리법령상 정기점검대상인 제조소 등의 조건이 아닌 것은?

① 예방규정 작성대상인 제조소 등
② 지하탱크저장소
③ 이동탱크저장소
④ 지정수량 5배의 위험물을 취급하는 옥외탱크를 둔 제조소

해설

정기점검대상 제조소 등
㉮ 예방규정을 정하여야 하는 제조소 등
㉯ 지하탱크저장소
㉰ 이동탱크저장소
㉱ 제조소(지하탱크)·주유취급소 또는 일반취급소

답 ④

34 다음 중 지정수량이 가장 큰 것은?

① 과염소산칼륨　② 과염소산
③ 황린　④ 유황

해설

물질명	과염소산칼륨	과염소산	황린	유황
유별	제1류	제6류	제3류	제2류
품명	과염소산염류	과염소산	황린	유황
지정수량	50kg	300kg	20kg	100kg

답 ②

35 다음 중 제2류 위험물에 대한 설명으로 옳지 않은 것은?

① 대부분 물보다 가벼우므로 주수소화는 어려움이 있다.
② 점화원으로부터 멀리하고 가열을 피한다.
③ 금속분은 물과의 접촉을 피한다.
④ 용기 파손으로 인한 위험물의 누설에 주의한다.

해설

제2류 위험물은 가연성 고체로서 주수에 의해 냉각소화한다.

답 ①

36 다음 물질 중 물에 대한 용해도가 가장 낮은 것은?

① 아크릴산 ② 아세트알데히드
③ 벤젠 ④ 글리세린

해설

물질명	용해도
아크릴산	수용성 액체
아세트알데히드	수용성 액체
벤젠	비수용성 액체
글리세린	수용성 액체

답 ③

37 분자량이 약 110인 무기과산화물로 물과 접촉하여 발열하는 것은?

① 과산화마그네슘
② 과산화벤젠
③ 과산화칼슘
④ 과산화칼륨

해설

과산화칼륨(K_2O_2)

답 ④

38 다음 중 1차 알코올에 대한 설명으로 가장 적절한 것은?

① OH기의 수가 하나이다.
② OH기가 결합된 탄소원자에 붙은 알킬기의 수가 하나이다.
③ 가장 간단한 알코올이다.
④ 탄소의 수가 하나인 알코올이다.

해설

①은 1가 알코올을 의미한다.

답 ②

39 위험물안전관리법령상 산화성 액체에 대한 설명으로 옳은 것은?

① 과산화수소는 농도와 밀도가 비례한다.
② 과산화수소는 농도가 높을수록 끓는점이 낮아진다.
③ 질산은 상온에서 불연성이지만 고온으로 가열하면 스스로 발화한다.
④ 질산을 황산과 일정비율로 혼합하여 왕수를 제조할 수 있다.

해설

② 과산화수소는 농도가 높을수록 끓는점이 높아진다.
③ 질산은 제6류 위험물로서 불연성 물질이며 고온으로 가열한다고 발화하지 않는다.
④ 질산과 염산을 1 : 3의 부피비로 혼합하여 왕수를 제조할 수 있다.

답 ①

40 위험물안전관리법령상 제4류 위험물 운반용기의 외부에 표시하여야 하는 주의사항을 모두 옳게 나타낸 것은?

① 화기엄금 및 충격주의
② 가연물접촉주의
③ 화기엄금
④ 화기주의 및 충격주의

해설

유별	구분	주의사항
제1류 위험물 (산화성 고체)	알칼리금속의 무기과산화물	"화기·충격주의" "물기엄금" "가연물접촉주의"
	그 밖의 것	"화기·충격주의" "가연물접촉주의"
제2류 위험물 (가연성 고체)	철분·금속분·마그네슘	"화기주의" "물기엄금"
	인화성 고체	"화기엄금"
	그 밖의 것	"화기주의"
제3류 위험물 (자연발화성 및 금수성 물질)	자연발화성 물질	"화기엄금" "공기접촉엄금"
	금수성 물질	"물기엄금"

제4류 위험물 (인화성 액체)	–	"화기엄금"
제5류 위험물 (자기반응성 물질)	–	"화기엄금" 및 "충격주의"
제6류 위험물 (산화성 액체)	–	"가연물접촉주의"

답 ③

41 알루미늄분이 염산과 반응하였을 경우 생성되는 가연성 가스는?

① 산소
② 질소
③ 메탄
④ 수소

해설

알루미늄은 대부분의 산과 반응하여 수소를 발생한다(단, 진한질산 제외).

$2Al + 6HCl \rightarrow 2AlCl_3 + 3H_2$

답 ④

42 휘발유의 성질 및 취급 시의 주의사항에 관한 설명 중 틀린 것은?

① 증기가 모여 있지 않도록 통풍을 잘 시킨다.
② 인화점이 상온이므로 상온 이상에서는 취급 시 각별한 주의가 필요하다.
③ 정전기 발생에 주의해야 한다.
④ 강산화제 등과 혼촉 시 발화할 위험이 있다.

해설

휘발유의 인화점은 −43℃로서 상온 이하이다.

답 ②

43 위험물안전관리법령에서 정한 주유취급소의 고정주유설비 주위에 보유하여야 하는 주유공지의 기준은?

① 너비 10m 이상, 길이 6m 이상
② 너비 15m 이상, 길이 6m 이상
③ 너비 10m 이상, 길이 10m 이상
④ 너비 15m 이상, 길이 10m 이상

해설

주유공지 및 급유공지

㉮ 자동차 등에 직접 주유하기 위한 설비로서(현수식 포함) 너비 15m 이상 길이 6m 이상의 콘크리트 등으로 포장한 공지를 보유한다.
㉯ 공지의 기준
  ㉠ 바닥은 주위 지면보다 높게 한다.
  ㉡ 그 표면을 적당하게 경사지게 하여 새어나온 기름, 그 밖의 액체가 공지의 외부로 유출되지 아니하도록 배수구·집유설비 및 유분리장치를 한다.

답 ②

44 위험물안전관리법령상 벌칙의 기준이 나머지 셋과 다른 하나는?

① 제조소 등에 대한 긴급사용정지·제한 명령을 위반한 자
② 탱크시험자로 등록하지 아니하고 탱크시험자의 업무를 한 자
③ 저장소 또는 제조소 등이 아닌 장소에서 지정수량 이상의 위험물을 저장 또는 취급한 자
④ 제조소 등의 완공검사를 받지 아니하고 위험물을 저장·취급한 자

해설

④ 제조소 등의 완공검사를 받지 아니하고 위험물을 저장·취급한 자는 500만원 이하의 벌금에 해당한다.

1년 이하의 징역 또는 1천만원 이하의 벌금에 처하는 경우

㉮ 저장소 또는 제조소 등이 아닌 장소에서 지정수량 이상의 위험물을 저장 또는 취급한 자
㉯ 제조소 등의 설치허가를 받지 아니하고 제조소 등을 설치한 자
㉰ 탱크시험자로 등록하지 아니하고 탱크시험자의 업무를 한 자
㉱ 정기점검을 하지 아니하거나 점검기록을 허위로 작성한 관계인

㉮ 정기검사를 받지 아니한 관계인
㉯ 자체소방대를 두지 아니한 관계인
㉰ 운반용기에 대한 검사를 받지 아니하고 운반용기를 사용하거나 유통시킨 자
㉱ 명령을 위반하여 보고 또는 자료제출을 하지 아니하거나 허위의 보고 또는 자료제출을 한 자 또는 관계공무원의 출입·검사 또는 수거를 거부·방해 또는 기피한 자
㉲ 제조소 등에 대한 긴급사용정지·제한명령을 위반한 자

답 ④

45 위험물안전관리법령에서 정하는 위험 등급 Ⅱ에 해당하지 않는 것은?

① 제1류 위험물 중 질산염류
② 제2류 위험물 중 적린
③ 제3류 위험물 중 유기금속화합물
④ 제4류 위험물 중 제2석유류

해설

위험 등급 Ⅱ의 위험물
㉮ 제1류 위험물 중 브롬산염류, 질산염류, 요오드산염류, 그 밖에 지정수량이 300kg인 위험물
㉯ 제2류 위험물 중 황화린, 적린, 유황, 그 밖에 지정수량이 100kg인 위험물
㉰ 제3류 위험물 중 알칼리금속(칼륨 및 나트륨을 제외한다) 및 알칼리토금속, 유기금속화합물(알킬알루미늄 및 알킬리튬을 제외한다), 그 밖에 지정수량이 50kg인 위험물
㉱ 제4류 위험물 중 제1석유류 및 알코올류
㉲ 제5류 위험물 중 제1호 라목에 정하는 위험물 외의 것

답 ④

46 니트로셀룰로오스의 위험성에 대하여 옳게 설명한 것은?

① 물과 혼합하면 위험성이 감소된다.
② 공기 중에서 산화되지만 자연발화의 위험은 없다.
③ 건조할수록 발화의 위험성이 낮다.
④ 알코올과 반응하여 발화한다.

해설

폭발을 방지하기 위해 안전용제로 물(20%) 또는 알코올(30%)로 습윤시켜 저장한다.

답 ①

47 $C_6H_2(NO_2)_3OH$와 CH_3NO_3의 공통성질에 해당하는 것은?

① 니트로화합물이다.
② 인화성과 폭발성이 있는 액체이다.
③ 무색의 방향성 액체이다.
④ 에탄올에 녹는다.

해설

피크르산과 질산메틸로서 둘 다 에탄올에 잘 녹는다.

답 ④

48 위험물안전관리법령에서 정한 소화설비의 설치기준에 따라 다음 (　)에 알맞은 숫자를 차례대로 나타낸 것은?

> "제조소 등에 전기설비(전기배선, 조명기구 등은 제외한다)가 설치된 경우에는 당해 장소의 면적 (　)m^2마다 소형 수동식 소화기를 (　)개 이상 설치할 것"

① 50, 1　　② 50, 2
③ 100, 1　　④ 100, 2

답 ③

49 알루미늄분말의 저장방법 중 옳은 것은?

① 에틸알코올 수용액에 넣어 보관한다.
② 밀폐용기에 넣어 건조한 곳에 보관한다.
③ 폴리에틸렌병에 넣어 수분이 많은 곳에 보관한다.
④ 염산 수용액에 넣어 보관한다.

해설

알루미늄분말은 가연성 고체로서 밀폐용기에 넣어 건조한 곳에 보관한다.

답 ②

50 다음 중 산을 가하면 이산화염소를 발생시키는 물질로 분자량이 약 90.5인 것은 어느 것인가?

① 아염소산나트륨
② 브롬산나트륨
③ 옥소산칼륨(요오드산칼륨)
④ 중크롬산나트륨

해설

아염소산나트륨은 산과 접촉 시 이산화염소(ClO_2) 가스를 발생한다.
$3NaClO_2 + 2HCl \rightarrow 3NaCl + 2ClO_2 + H_2O_2$

답 ①

51 니트로글리세린에 관한 설명으로 틀린 것은 어느 것인가?

① 상온에서 액체상태이다.
② 물에는 잘 녹지만 유기용매에는 녹지 않는다.
③ 충격 및 마찰에 민감하므로 주의해야 한다.
④ 다이너마이트의 원료로 쓰인다.

해설

물에는 거의 녹지 않으나 메탄올, 벤젠, 클로로포름, 아세톤 등에는 녹는다.

답 ②

52 아세트산에틸의 일반 성질 중 틀린 것은 어느 것인가?

① 과일냄새를 가진 휘발성 액체이다.
② 증기는 공기보다 무거워 낮은 곳에 체류한다.
③ 강산화제와의 혼촉은 위험하다.
④ 인화점은 −20℃ 이하이다.

해설

인화점은 −4℃이다.

답 ④

53 위험물안전관리법령상 운송책임자의 감독, 지원을 받아 운송하여야 하는 위험물에 해당하는 것은?

① 알킬알루미늄, 산화프로필렌, 알킬리튬
② 알킬알루미늄, 산화프로필렌
③ 알킬알루미늄, 알킬리튬
④ 산화프로필렌, 알킬리튬

해설

알킬알루미늄, 알킬리튬은 운송책임자의 감독·지원을 받아 운송하여야 한다.

답 ③

54 위험물안전관리법령상 다음 ( )에 알맞은 수치를 모두 합한 값은?

- 과염소산의 지정수량은 ( )kg이다.
- 과산화수소는 농도가 ( )wt% 미만인 것은 위험물에 해당하지 않는다.
- 질산은 비중이 ( ) 이상인 것만 위험물로 규정한다.

① 349.36 ② 549.36
③ 337.49 ④ 537.49

해설

지정수량은 300kg, 농도는 36wt%, 질산의 비중은 1.49 이상인 것이므로
300+36+1.49=337.49

답 ③

55 살충제 원료로 사용되기도 하는 암회색 물질로 물과 반응하여 포스핀가스를 발생할 위험이 있는 물질은?

① 인화아연 ② 수소화나트륨
③ 칼륨 ④ 나트륨

해설

금속인화합물(인화칼슘 또는 인화아연)은 물과 반응하여 포스핀가스를 발생한다.

답 ①

56 유황의 특성 및 위험성에 대한 설명 중 틀린 것은?

① 산화성 물질이므로 환원성 물질과 접촉을 피해야 한다.
② 전기의 부도체이므로 전기절연체로 쓰인다.
③ 공기 중 연소 시 유해가스를 발생한다.
④ 분말상태인 경우 분진폭발의 위험성이 있다.

해설

유황은 강환원제로서 산화제와 접촉, 마찰로 인하여 착화되면 급격히 연소한다.

답 ①

57 과산화벤조일 취급 시 주의사항에 대한 설명 중 틀린 것은?

① 수분을 포함하고 있으면 폭발하기 쉽다.
② 가열, 충격, 마찰을 피해야 한다.
③ 저장용기는 차고 어두운 곳에 보관한다.
④ 희석제를 첨가하여 폭발성을 낮출 수 있다.

해설

유기과산화물로서 벤조일퍼옥사이드라고도 한다. 운반 시 30% 이상의 물을 포함시켜 풀 같은 상태로 수송된다.

답 ①

58 과염소산칼륨의 성질에 관한 설명 중 틀린 것은?

① 무색, 무취의 결정이다.
② 알코올, 에테르에 잘 녹는다.
③ 진한 황산과 접촉하면 폭발할 위험이 있다.
④ 400℃ 이상으로 가열하면 분해하여 산소가 발생할 수 있다.

해설

물에 약간 녹으며, 알코올이나 에테르 등에는 녹지 않는다.

답 ②

59 분말의 형태로서 150마이크로미터의 체를 통과하는 것이 50중량퍼센트 이상인 것만 위험물로 취급되는 것은?

① Zn ② Fe
③ Ni ④ Cu

해설

"금속분"이라 함은 알칼리금속 · 알칼리토류금속 · 철 및 마그네슘 외의 금속분말을 말하고, 구리분 · 니켈분 및 150마이크로미터의 체를 통과하는 것이 50중량퍼센트 미만인 것은 제외한다.

답 ①

60 다음 물질 중 인화점이 가장 높은 것은?

① 아세톤 ② 디에틸에테르
③ 메탄올 ④ 벤젠

해설

물질명	아세톤	디에틸에테르	메탄올	벤젠
품명	제1석유류	특수인화물	알코올류	제1석유류
인화점	−18.5℃	−40℃	11℃	−11℃

답 ③

1200제 제18회 과년도 출제문제 위험물기능사

01 연소가 잘 이루어지는 조건으로 거리가 먼 것은?

① 가연물의 발열량이 클 것
② 가연물의 열전도율이 클 것
③ 가연물과 산소와의 접촉표면적이 클 것
④ 가연물의 활성화에너지가 작을 것

해설

가연성 물질의 조건
㉮ 산소와의 친화력이 클 것
㉯ 열전도율이 적을 것
㉰ 활성화에너지가 작을 것
㉱ 연소열이 클 것
㉲ 크기가 작아 접촉면적이 클 것

답 ②

02 위험물안전관리법령상 위험 등급 Ⅰ의 위험물에 해당하는 것은?

① 무기과산화물
② 황화린
③ 제1석유류
④ 유황

해설

위험 등급 Ⅰ의 위험물
㉮ 제1류 위험물 중 아염소산염류, 염소산염류, 과염소산염류, 무기과산화물, 그 밖에 지정수량이 50kg인 위험물
㉯ 제3류 위험물 중 칼륨, 나트륨, 알킬알루미늄, 알킬리튬, 황린, 그 밖에 지정수량이 10kg인 위험물
㉰ 제4류 위험물 중 특수인화물
㉱ 제5류 위험물 중 유기과산화물, 질산에스테르류, 그 밖에 지정수량이 10kg인 위험물
㉲ 제6류 위험물

답 ①

03 위험물안전관리법령상 제6류 위험물에 적응성이 없는 것은?

① 스프링클러설비
② 포소화설비
③ 불활성가스소화설비
④ 물분무소화설비

해설

소화설비의 구분 \ 대상물의 구분	건축물·그 밖의 공작물	전기설비	제1류 위험물: 알칼리금속과산화물 등	제1류 위험물: 그 밖의 것	제2류 위험물: 철분·금속분·마그네슘 등	제2류 위험물: 인화성 고체	제2류 위험물: 그 밖의 것	제3류 위험물: 금수성 물품	제3류 위험물: 그 밖의 것	제4류 위험물	제5류 위험물	제6류 위험물
옥내소화전 또는 옥외소화전설비	○			○		○	○		○		○	○
스프링클러설비	○			○		○	○		○	△	○	○
물분무 등 소화설비: 물분무소화설비	○	○		○		○	○		○	○	○	○
물분무 등 소화설비: 포소화설비	○			○		○	○		○	○	○	○
물분무 등 소화설비: 불활성가스소화설비		○				○				○		
물분무 등 소화설비: 할로겐화합물소화설비		○				○				○		
물분무 등 소화설비: 분말소화설비: 인산염류 등	○	○		○		○	○			○		○
물분무 등 소화설비: 분말소화설비: 탄산수소염류 등		○	○		○	○		○		○		
물분무 등 소화설비: 분말소화설비: 그 밖의 것			○		○			○				

답 ③

04 피크르산의 위험성과 소화방법에 대한 설명으로 틀린 것은?

① 금속과 화합하여 예민한 금속염이 만들어질 수 있다.
② 운반 시 건조한 것보다는 물에 젖게 하는 것이 안전하다.
③ 알코올과 혼합된 것은 충격에 의한 폭발 위험이 있다.
④ 화재 시에는 질식소화가 효과적이다.

해설

피크르산은 제5류 위험물(자기반응성 물질)로서 산소를 함유하고 있으므로 다량의 주수소화를 해야 한다. 질식소화는 효과가 없다.
운반 시 10~20%의 물로 습윤시킨다.

답 ④

05 석유류가 연소할 때 발생하는 가스로 강한 자극적인 냄새가 나며 취급하는 장치를 부식시키는 것은?

① H_2 ② CH_4
③ NH_3 ④ SO_2

해설

황화합물은 장치를 부식시키는 역할을 한다.

답 ④

06 다음 중 연소의 3요소를 모두 갖춘 것은?

① 휘발유+공기+수소
② 적린+수소+성냥불
③ 성냥불+황+염소산암모늄
④ 알코올+수소+염소산암모늄

해설

연소의 3요소 : 성냥불(점화원), 황(가연물), 염소산암모늄(산소공급원)

답 ③

07 위험물을 취급함에 있어서 정전기를 유효하게 제거하기 위한 설비를 설치하고자 한다. 위험물안전관리법령상 공기 중의 상대습도를 몇 % 이상 되게 하여야 하는가?

① 50 ② 60
③ 70 ④ 80

해설

정전기 예방대책
㉮ 접지를 한다.
㉯ 공기 중의 상대습도를 70% 이상으로 한다.
㉰ 유속을 1m/s 이하로 유지한다.
㉱ 공기를 이온화시킨다.
㉲ 제진기를 설치한다.

답 ③

08 그림과 같이 횡으로 설치한 원통형 위험물 탱크에 대하여 탱크의 용량을 구하면 약 몇 m^3인가? (단, 공간용적은 탱크 내용적의 100분의 5로 한다.)

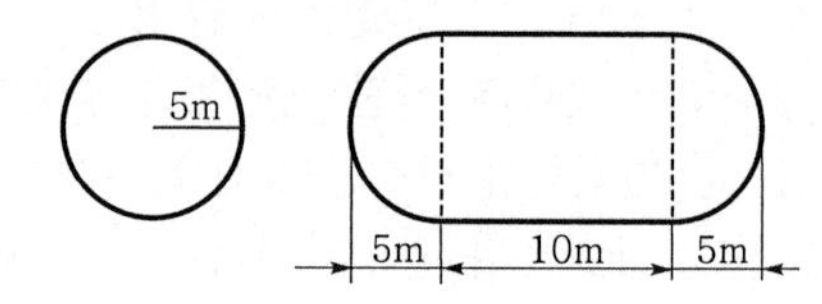

① 52.4 ② 261.6
③ 994.8 ④ 1047.5

해설

$$V=\pi r^2\left[l+\frac{l_1+l_2}{3}\right]$$
$$=\pi\times5^2\left[10+\frac{5+5}{3}\right]$$
$$=1,041.19\times0.95$$
$$=994.83\text{m}^3$$

답 ③

09 위험물제조소의 경우 연면적이 최소 몇 m^2이면 자동화재탐지설비를 설치해야 하는가? (단, 원칙적인 경우에 한한다.)

① 100 ② 300
③ 500 ④ 1,000

해설

제조소 및 일반취급소의 자동화재탐지설비 설치기준
㉮ 연면적 $500m^2$ 이상인 것
㉯ 옥내에서 지정수량의 100배 이상을 취급하는 것(고인화점 위험물만을 100℃ 미만의 온도에서 자동화재 취급하는 것을 제외)
㉰ 일반취급소로 사용되는 부분 외의 부분이 있는 건축물에 설치된 일반취급소(일반취급소와 일반취급소 외의 부분이 내화구조의 바닥 또는 벽으로 개구부 없이 구획된 것을 제외)

답 ③

10 제3종 분말소화약제의 열분해 시 생성되는 메타인산의 화학식은?

① H_3PO_4 ② HPO_3
③ $H_4P_2O_7$ ④ $CO(NH_2)_2$

해설

제3종 분말소화약제의 열분해 반응식
$NH_4H_2PO_4 \rightarrow NH_3 + H_2O + HPO_3$
(제1인산암모늄) (암모니아) (물) (메타인산)

답 ②

11 주된 연소형태가 증발연소인 것은?

① 나트륨 ② 코크스
③ 양초 ④ 니트로셀룰로오스

해설

증발연소 : 가연성 고체에 열을 가하면 융해되어 여기서 생긴 액체가 기화되고 이로 인한 연소가 이루어지는 형태이다.

답 ③

12 위험물안전관리법령상 제조소 등의 관계인은 예방규정을 정하여 누구에게 제출하여야 하는가?

① 소방청장 또는 행정자치부 장관
② 소방청장 또는 소방서장
③ 시·도지사 또는 소방서장
④ 한국소방안전협회장 또는 소방청장

해설

예방규정을 제정하거나 변경한 경우에는 예방규정 제출서에 제정 또는 변경한 예방규정 1부를 첨부하여 시·도지사 또는 소방서장에게 제출하여야 한다.

답 ③

13 금속화재에 마른모래를 피복하여 소화하는 방법은?

① 제거소화 ② 질식소화
③ 냉각소화 ④ 억제소화

답 ②

14 단층건물에 설치하는 옥내탱크저장소의 탱크전용실에 비수용성의 제2석유류 위험물을 저장하는 탱크 1개를 설치할 경우, 설치할 수 있는 탱크의 최대용량은?

① 10,000L ② 20,000L
③ 40,000L ④ 80,000L

해설

옥내저장탱크의 용량(동일한 탱크전용실에 옥내저장탱크를 2 이상 설치하는 경우에는 각 탱크의 용량의 합계를 말한다)은 지정수량의 40배(제4석유류 및 동·식물유류 외의 제4류 위험물에 있어서 해당 수량이 20,000L를 초과할 때에는 20,000L) 이하일 것

답 ②

15 메틸알코올 8,000리터에 대한 소화능력으로 삽을 포함한 마른모래를 몇 리터 설치하여야 하는가?

① 100 ② 200
③ 300 ④ 400

해설

능력단위 : 소방기구의 소화능력

소화설비	용량	능력단위
마른모래	50L (삽 1개 포함)	0.5
팽창질석, 팽창진주암	160L (삽 1개 포함)	1
소화전용 물통	8L	0.3
수조	190L (소화전용 물통 6개 포함)	2.5
	80L (소화전용 물통 3개 포함)	1.5

위험물의 경우 지정수량의 10배에 해당하므로 알코올류의 지정수량은 400L이다.

소요단위$=\frac{8,000}{400\times10}=2$단위이며, 마른모래의 경우 0.5단위당 50L이므로 2단위는 200L에 해당한다.

답 ②

16 위험물안전관리법령상 옥내저장소에서 기계에 의하여 하역하는 구조로 된 용기만을 겹쳐 쌓아 위험물을 저장하는 경우 그 높이는 몇 미터를 초과하지 않아야 하는가?

① 2 ② 4
③ 6 ④ 8

해설

옥내저장소에서 위험물을 저장하는 경우에는 다음의 규정에 의한 높이를 초과하여 용기를 겹쳐 쌓지 아니하여야 한다(옥외저장소에서 위험물을 저장하는 경우에 있어서도 본 규정에 의한 높이를 초과하여 용기를 겹쳐 쌓지 아니하여야 한다).
㉮ 기계에 의하여 하역하는 구조로 된 용기만을 겹쳐 쌓는 경우에 있어서는 6m
㉯ 제4류 위험물 중 제3석유류, 제4석유류 및 동·식물유류를 수납하는 용기만을 겹쳐 쌓는 경우에 있어서는 4m
㉰ 그 밖의 경우에 있어서는 3m

답 ③

17 위험물안전관리법령상 위험물의 운반에 관한 기준에서 적재 시 혼재가 가능한 위험물을 옳게 나타낸 것은? (단, 각각 지정수량의 10배 이상인 경우이다.)

① 제1류와 제4류 ② 제3류와 제6류
③ 제1류와 제5류 ④ 제2류와 제4류

해설

유별을 달리하는 위험물의 혼재기준

구분	제1류	제2류	제3류	제4류	제5류	제6류
제1류		×	×	×	×	○
제2류	×		×	○	○	×
제3류	×	×		○	×	×
제4류	×	○	○		○	×
제5류	×	○	×	○		×
제6류	○	×	×	×	×	

※ 이 표는 지정수량의 $\frac{1}{10}$ 이하의 위험물에 대하여는 적용하지 아니한다.

답 ④

18 지정수량의 몇 배 이상의 위험물을 취급하는 제조소에는 화재발생 시 이를 알릴 수 있는 경보설비를 설치하여야 하는가?

① 5 ② 10
③ 20 ④ 100

해설

지정수량의 10배 이상을 저장 또는 취급하는 것

답 ②

19 위험물제조소 표지 및 게시판에 대한 설명이다. 위험물안전관리법령상 옳지 않은 것은?

① 표지는 한 변의 길이를 0.3m, 다른 한 변의 길이를 0.6m 이상으로 하여야 한다.
② 표지의 바탕은 백색, 문자는 흑색으로 하여야 한다.
③ 취급하는 위험물에 따라 규정에 의한 주의사항을 표시한 게시판을 설치하여야 한다.
④ 제2류 위험물(인화성 고체 제외)은 "화기엄금" 주의사항 게시판을 설치하여야 한다.

해설

제2류 위험물은 인화성 고체의 경우 "화기엄금", 그 밖의 것은 "화기주의"이다.

답 ④

20 위험물안전관리법령상 위험물 옥외탱크저장소에 방화에 관하여 필요한 사항을 게시한 게시판에 기재하여야 하는 내용이 아닌 것은?

① 위험물의 지정수량의 배수
② 위험물의 저장 최대수량
③ 위험물의 품명
④ 위험물의 성질

해설

게시판 기재사항
㉮ 취급하는 위험물의 유별 및 품명
㉯ 저장 최대수량 및 취급 최대수량, 지정수량의 배수
㉰ 안전관리자의 성명 및 직명

답 ④

21 위험물안전관리법령상 자동화재탐지설비의 설치기준으로 옳지 않은 것은?

① 경계구역은 건축물의 최소 2개 이상의 층에 걸치도록 할 것
② 하나의 경계구역의 면적은 $600m^2$ 이하로 할 것
③ 감지기는 지붕 또는 벽의 옥내에 면한 부분에 유효하게 화재의 발생을 감지할 수 있도록 설치할 것
④ 비상전원을 설치할 것

해설

자동화재탐지설비의 설치기준

㉮ 자동화재탐지설비의 경계구역(화재가 발생한 구역을 다른 구역과 구분하여 식별할 수 있는 최소단위의 구역을 말한다. 이하 이 호 및 제2호에서 같다)은 건축물, 그 밖의 공작물의 2 이상의 층에 걸치지 아니하도록 할 것. 다만, 하나의 경계구역의 면적이 $500m^2$ 이하이면서 해당 경계구역이 두 개의 층에 걸치는 경우이거나 계단·경사로·승강기의 승강로, 그 밖에 이와 유사한 장소에 연기감지기를 설치하는 경우에는 그러하지 아니하다.
㉯ 하나의 경계구역의 면적은 $600m^2$ 이하로 하고 그 한 변의 길이는 50m(광전식 분리형 감지기를 설치할 경우에는 100m) 이하로 할 것. 다만, 해당 건축물, 그 밖의 공작물의 주요한 출입구에서 그 내부의 전체를 볼 수 있는 경우에 있어서는 그 면적을 $1,000m^2$ 이하로 할 수 있다.
㉰ 자동화재탐지설비의 감지기는 지붕(상층이 있는 경우에는 상층의 바닥) 또는 벽의 옥내에 면한 부분(천장이 있는 경우에는 천장 또는 벽의 옥내에 면한 부분 및 천장의 뒷부분)에 유효하게 화재의 발생을 감지할 수 있도록 설치할 것
㉱ 자동화재탐지설비에는 비상전원을 설치할 것

답 ①

22 연소할 때 연기가 거의 나지 않아 밝은 곳에서 연소상태를 잘 느끼지 못하는 물질로 독성이 매우 강해 먹으면 실명 또는 사망에 이를 수 있는 것은?

① 메틸알코올　　② 에틸알코올
③ 등유　　④ 경유

해설

메틸알코올은 독성이 강하여 먹으면 실명하거나 사망에 이른다. (30mL의 양으로도 치명적!)

답 ①

23 위험물안전관리법령상 옥내저장소 저장창고의 바닥은 물이 스며나오거나 스며들지 아니하는 구조로 하여야 한다. 다음 중 반드시 이 구조로 하지 않아도 되는 위험물은 어느 것인가?

① 제1류 위험물 중 알칼리금속의 과산화물
② 제4류 위험물
③ 제5류 위험물
④ 제2류 위험물 중 철분

해설

물이 스며나오거나 스며들지 아니하는 바닥 구조로 해야 하는 위험물

㉮ 제1류 위험물 중 알칼리금속의 과산화물 또는 이를 함유하는 것
㉯ 제2류 위험물 중 철분·금속분·마그네슘 또는 이 중 어느 하나 이상을 함유하는 것
㉰ 제3류 위험물 중 금수성 물질
㉱ 제4류 위험물

답 ③

24 위험물안전관리법령상 제조소에서 취급하는 제4류 위험물의 최대수량의 합이 지정수량의 12만 배 미만인 사업소에 두어야 하는 화학소방자동차 및 자체소방대원의 수의 기준으로 옳은 것은?

① 1대－5인
② 2대－10인
③ 3대－15인
④ 4대－20인

해설

자체소방대에 두는 화학소방자동차 및 인원

사업소의 구분	화학소방자동차의 수	자체소방대원의 수
제조소 또는 일반취급소에서 취급하는 제4류 위험물의 최대수량의 합이 지정수량의 3천배 이상 12만배 미만인 사업소	1대	5인
제조소 또는 일반취급소에서 취급하는 제4류 위험물의 최대수량의 합이 지정수량의 12만배 이상 24만배 미만인 사업소	2대	10인
제조소 또는 일반취급소에서 취급하는 제4류 위험물의 최대수량의 합이 지정수량의 24만배 이상 48만배 미만인 사업소	3대	15인
제조소 또는 일반취급소에서 취급하는 제4류 위험물의 최대수량의 합이 지정수량의 48만배 이상인 사업소	4대	20인
옥외탱크저장소에 저장하는 제4류 위험물의 최대수량이 지정수량의 50만배 이상인 사업소	2대	10인

답 ①

25 다음 중 가솔린의 연소범위(vol%)에 가장 가까운 것은?

① 1.2~7.6 ② 8.3~11.4
③ 12.5~19.7 ④ 22.3~32.8

해설

가솔린의 일반적 성질

액비중 0.65~0.8(증기비중 3~4), 비점 30~225℃, 인화점 −43℃, 발화점 300℃, 연소범위 1.2~7.6%로 다양한 연료로 이용되며 작은 점화원이나 정전기 스파크로 인화가 용이하다.

답 ①

26 위험물안전관리법령상 품명이 나머지 셋과 다른 하나는?

① 트리니트로톨루엔
② 니트로글리세린
③ 니트로글리콜
④ 셀룰로이드

해설

트리니트로톨루엔은 니트로화합물에 속하며, 나머지는 질산에스테르류에 해당한다.

답 ①

27 다음 중 위험물안전관리법에서 정의한 "제조소"의 의미로 가장 옳은 것은?

① "제조소"라 함은 위험물을 제조할 목적으로 지정수량 이상의 위험물을 취급하기 위하여 허가를 받은 장소이다.
② "제조소"라 함은 지정수량 이상의 위험물을 제조할 목적으로 위험물을 취급하기 위하여 허가를 받은 장소이다.
③ "제조소"라 함은 지정수량 이상의 위험물을 제조할 목적으로 지정수량 이상의 위험물을 취급하기 위하여 허가를 받은 장소이다.
④ "제조소"라 함은 위험물을 제조할 목적으로 위험물을 취급하기 위하여 허가를 받은 장소이다.

해설

용어 정의

㉮ "제조소"라 함은 위험물을 제조할 목적으로 지정수량 이상의 위험물을 취급하기 위하여 규정에 따른 허가 받은 장소를 말한다.
㉯ "저장소"라 함은 지정수량 이상의 위험물을 저장하기 위한 대통령령이 정하는 장소로서 규정에 따른 허가를 받은 장소를 말한다.
㉰ "취급소"라 함은 지정수량 이상의 위험물을 제조 외의 목적으로 취급하기 위한 대통령령이 정하는 장소로서 규정에 따른 허가를 받은 장소를 말한다.
㉱ "제조소 등"이라 함은 제조소·저장소 및 취급소를 말한다.

답 ①

28 위험물안전관리법령상 위험물 운반 시 방수성 덮개를 하지 않아도 되는 위험물은?

① 나트륨 ② 적린
③ 철분 ④ 과산화칼륨

해설

적재하는 위험물에 따라

차광성이 있는 것으로 피복해야 하는 경우	방수성이 있는 것으로 피복해야 하는 경우
제1류 위험물 제3류 위험물 중 자연발화성 물질 제4류 위험물 중 특수인화물 제5류 위험물 제6류 위험물	제1류 위험물 중 알칼리금속의 과산화물 제2류 위험물 중 철분, 금속분, 마그네슘 제3류 위험물 중 금수성 물질

답 ②

29 위험물안전관리법령상 운반차량에 혼재해서 적재할 수 없는 것은? (단, 각각의 지정수량은 10배인 경우이다.)

① 염소화규소화합물－특수인화물
② 고형 알코올－니트로화합물
③ 염소산염류－질산
④ 질산구아니딘－황린

해설

17번 해설 참조.
질산구아니딘은 제5류 위험물, 황린은 제3류 위험물이다.

답 ④

30 제4류 위험물의 화재예방 및 취급방법으로 옳지 않은 것은?

① 이황화탄소는 물속에 저장한다.
② 아세톤은 일광에 의해 분해될 수 있으므로 갈색병에 보관한다.
③ 초산은 내산성 용기에 저장하여야 한다.
④ 건성유는 다공성 가연물과 함께 보관한다.

해설

건성유는 헝겊 또는 종이 등에 스며들어 있는 상태로 방치하면 분자 속의 불포화 결합이 공기 중의 산소에 의해 산화중합반응을 일으켜 자연발화의 위험이 있다.

답 ④

31 위험물안전관리법령상 운송책임자의 감독·지원을 받아 운송하여야 하는 위험물에 해당하는 것은?

① 특수인화물
② 알킬리튬
③ 질산구아니딘
④ 히드라진 유도체

해설

알킬알루미늄, 알킬리튬은 운송책임자의 감독·지원을 받아 운송하여야 한다.

답 ②

32 산화성 고체 위험물에 속하지 않는 것은?

① Na_2O_2　② $HClO_4$
③ NH_4ClO_4　④ $KClO_3$

해설

$HClO_4$는 과염소산으로 제6류 위험물에 해당한다.

답 ②

33 질산암모늄에 대한 설명으로 옳은 것은?

① 물에 녹을 때 발열반응을 한다.
② 가열하면 폭발적으로 분해하여 산소와 암모니아를 생성한다.
③ 소화방법으로 질식소화가 좋다.
④ 단독으로도 급격한 가열, 충격으로 분해·폭발할 수 있다.

해설

질산암모늄은 급격한 가열이나 충격을 주면 단독으로 폭발한다.
$2NH_4NO_3 \rightarrow 4H_2O+2N_2+O_2$

답 ④

34 상온에서 액체인 물질로만 조합된 것은?

① 질산메틸, 니트로글리세린
② 피크린산, 질산메틸
③ 트리니트로톨루엔, 디니트로벤젠
④ 니트로글리콜, 테트릴

해설

질산메틸과 니트로글리세린은 제5류 위험물 중 질산에스테르류에 속하며, 지정수량은 10kg에 해당한다.

답 ①

35 위험물안전관리법령상 위험물 운반용기의 외부에 표시하여야 하는 사항에 해당하지 않는 것은?

① 위험물에 따라 규정된 주의사항
② 위험물의 지정수량
③ 위험물의 수량
④ 위험물의 품명

해설

위험물 운반용기의 외부 표시사항
㉮ 위험물의 품명·위험등급·화학명 및 수용성('수용성' 표시는 제4류 위험물로서 수용성인 것에 한한다.)
㉯ 위험물의 수량
㉰ 수납하는 위험물에 따른 주의사항

답 ②

36 다음 위험물 중 착화온도가 가장 높은 것은 어느 것인가?

① 이황화탄소　② 디에틸에테르
③ 아세트알데히드　④ 산화프로필렌

해설

위험물	착화온도
이황화탄소	100℃
디에틸에테르	180℃
아세트알데히드	175℃
산화프로필렌	465℃

답 ④

37 니트로화합물, 니트로소화합물, 질산에스테르류, 히드록실아민을 각각 50킬로그램씩 저장하고 있을 때 지정수량의 배수가 가장 큰 것은?

① 니트로화합물　② 니트로소화합물
③ 질산에스테르류　④ 히드록실아민

해설

지정수량 배수

$$\text{지정수량 배수} = \frac{\text{A품목 저장수량}}{\text{A품목 지정수량}}$$

① 니트로화합물 $= \frac{50\text{kg}}{200\text{kg}} = 0.25$

② 니트로소화합물 $= \frac{50\text{kg}}{200\text{kg}} = 0.25$

③ 질산에스테르류 $= \frac{50\text{kg}}{10\text{kg}} = 5$

④ 히드록실아민 $= \frac{50\text{kg}}{100\text{kg}} = 0.5$

답 ③

38 저장 또는 취급하는 위험물의 최대수량이 지정수량의 500배 이하일 때 옥외저장탱크의 측면으로부터 몇 m 이상의 보유공지를 유지하여야 하는가? (단, 제6류 위험물은 제외한다.)

① 1　② 2
③ 3　④ 4

해설

옥외탱크저장소의 보유공지

저장 또는 취급하는 위험물의 최대수량	공지의 너비
지정수량의 500배 이하	3m 이상
지정수량의 500배 초과 1,000배 이하	5m 이상
지정수량의 1,000배 초과 2,000배 이하	9m 이상
지정수량의 2,000배 초과 3,000배 이하	12m 이상
지정수량의 3,000배 초과 4,000배 이하	15m 이상

답 ③

39 적린이 연소하였을 때 발생하는 물질은?

① 인화수소　② 포스겐
③ 오산화인　④ 이산화황

해설

적린이 연소하면 황린이나 황화린과 같이 유독성이 심한 백색의 오산화인을 발생하며, 일부 포스핀도 발생한다.
$4P+5O_2 \rightarrow 2P_2O_5$

답 ③

40 니트로글리세린은 여름철(30℃)과 겨울철(0℃)에 어떤 상태인가?

① 여름－기체, 겨울－액체
② 여름－액체, 겨울－액체
③ 여름－액체, 겨울－고체
④ 여름－고체, 겨울－고체

답 ③

41 다음 중 동·식물유류에 대한 설명으로 틀린 것은?

① 연소하면 열에 의해 액온이 상승하여 화재가 커질 위험이 있다.
② 요오드값이 낮을수록 자연발화의 위험이 높다.
③ 동유는 건성유이므로 자연발화의 위험이 있다.
④ 요오드값이 100~130인 것을 반건성유라고 한다.

해설

요오드값 : 유지 100g에 부가되는 요오드의 g수, 불포화도가 증가할수록 요오드값이 증가하며 자연발화의 위험이 있다.

답 ②

42 다음 중 위험물의 인화점에 대한 설명으로 옳은 것은?

① 톨루엔이 벤젠보다 낮다.
② 피리딘이 톨루엔보다 낮다.
③ 벤젠이 아세톤보다 낮다.
④ 아세톤이 피리딘보다 낮다.

해설

위험물	톨루엔	벤젠	피리딘	아세톤
인화점	4℃	－11℃	20℃	－18.5℃

답 ④

43 위험물안전관리법령상 지정수량이 50kg인 것은?

① $KMnO_4$
② $KClO_2$
③ $NaIO_3$
④ NH_4NO_3

해설

① 과망간산칼륨 : 1,000kg
② 아염소산칼륨 : 50kg
③ 요오드산나트륨 : 300kg
④ 질산암모늄 : 300kg

답 ②

44 특수인화물 200L와 제4석유류 12,000L를 저장할 때 각각의 지정수량 배수의 합은 얼마인가?

① 3　　② 4
③ 5　　④ 6

해설

지정수량 배수의 합

$$=\frac{\text{A품목 저장수량}}{\text{A품목 지정수량}}+\frac{\text{B품목 저장수량}}{\text{B품목 지정수량}}$$
$$=\frac{200L}{50L}+\frac{12,000L}{6000L}$$
$$=4+2=6$$

답 ④

45 저장하는 위험물의 최대수량이 지정수량의 15배일 경우, 건축물의 벽·기둥 및 바닥이 내화구조로 된 위험물 옥내저장소의 보유공지는 몇 m 이상이어야 하는가?

① 0.5　　② 1
③ 2　　④ 3

해설

옥내저장소의 보유공지

저장 또는 취급하는 위험물의 최대수량	공지의 너비	
	벽·기둥 및 바닥이 내화구조로 된 건축물	그 밖의 건축물
지정수량의 5배 이하	-	0.5m 이상
지정수량의 5배 초과 10배 이하	1m 이상	1.5m 이상
지정수량의 10배 초과 20배 이하	2m 이상	3m 이상
지정수량의 20배 초과 50배 이하	3m 이상	5m 이상
지정수량의 50배 초과 200배 이하	5m 이상	10m 이상
지정수량의 200배 초과	10m 이상	15m 이상

답 ③

46 제조소 등의 위치·구조 또는 설비의 변경 없이 해당 제조소 등에서 저장하거나 취급하는 위험물의 품명·수량 또는 지정수량의 배수를 변경하고자 하는 자는 변경하고자 하는 날의 며칠 전까지 행정안전부령이 정하는 바에 따라 시·도지사에게 신고하여야 하는가?

① 1일
② 14일
③ 21일
④ 30일

해설

제조소 등의 위치·구조 또는 설비의 변경 없이 해당 제조소 등에서 저장하거나 취급하는 위험물의 품명·수량 또는 지정수량의 배수를 변경하고자 하는 자는 변경하고자 하는 날의 1일 전까지 행정안전부령이 정하는 바에 따라 시·도지사에게 신고하여야 한다.

답 ①

47 다음 중 위험물의 저장방법에 대한 설명으로 옳은 것은?

① 황화린은 알코올 또는 과산화물 속에 저장하여 보관한다.
② 마그네슘은 건조하면 분진폭발의 위험성이 있으므로 물에 습윤하여 저장한다.
③ 적린은 화재예방을 위해 할로겐 원소와 혼합하여 저장한다.
④ 수소화리튬은 저장용기에 아르곤과 같은 불활성 기체를 봉입한다.

해설

① 황화린은 산화제, 과산화물류, 알코올, 알칼리, 아민류, 유기산, 강산 등과의 접촉을 피하고, 용기는 차고 건조하며 통풍이 잘 되는 안전한 곳에 저장해야 한다.
② 마그네슘은 온수와 반응하여 많은 양의 열과 수소(H_2)를 발생한다.
$Mg + 2H_2O \rightarrow Mg(OH)_2 + H_2$
③ 적린은 강알칼리와 반응하여 포스핀을 생성하고 할로겐 원소 중 Br_2, I_2와 격렬히 반응하면서 혼촉발화한다.

답 ④

48 부틸리튬(n－Butyl lithium)에 대한 설명으로 옳은 것은?

① 무색의 가연성 고체이며 자극성이 있다.
② 증기는 공기보다 가볍고 점화원에 의해 산화의 위험이 있다.
③ 화재발생 시 이산화탄소소화설비는 적응성이 없다.
④ 탄화수소나 다른 극성의 액체에 용해가 잘 되며 휘발성은 없다.

해설

부틸리튬은 제3류 위험물로서 알킬리튬에 해당하며 이산화탄소소화설비에 대한 적응성은 없고, 무색의 가연성 액체이며, 증기는 공기보다 무겁다. 또한 자연발화의 위험이 있으므로 저장용기에 펜탄, 헥산, 헵탄 등의 안전희석용제를 넣고 불활성 가스를 봉입한다.

답 ③

49 과산화벤조일과 과염소산의 지정수량의 합은 몇 kg인가?

① 310 ② 350
③ 400 ④ 500

해설

과산화벤조일은 10kg, 과염소산은 300kg이므로 합은 310kg이다.

답 ①

50 질산과 과산화수소의 공통적인 성질을 옳게 설명한 것은?

① 물보다 가볍다.
② 물에 녹는다.
③ 점성이 큰 액체로서 환원제이다.
④ 연소가 매우 잘 된다.

해설

둘 다 제6류 위험물로서 물에 잘 녹는다.

답 ②

51 제3류 위험물 중 금수성 물질을 제외한 위험물에 적응성이 있는 소화설비가 아닌 것은?

① 분말소화설비
② 스프링클러설비
③ 옥내소화전설비
④ 포소화설비

해설

3번 해설 참조

답 ①

52 위험물안전관리법령상 "연소의 우려가 있는 외벽"은 기산점이 되는 선으로부터 3m(2층 이상의 층에 대해서는 5m) 이내에 있는 제조소 등의 외벽을 말하는데 이 기산점이 되는 선에 해당하지 않는 것은?

① 동일부지 내의 다른 건축물과 제조소 부지 간의 중심선
② 제조소 등에 인접한 도로의 중심선
③ 제조소 등이 설치된 부지의 경계선
④ 제조소 등의 외벽과 동일부지 내의 다른 건축물의 외벽 간의 중심선

답 ①

53 위험물에 대한 설명으로 틀린 것은?

① 과산화나트륨은 산화성이 있다.
② 과산화나트륨은 인화점이 매우 낮다.
③ 과산화바륨과 염산을 반응시키면 과산화수소가 생긴다.
④ 과산화바륨의 비중은 물보다 크다.

해설

과산화나트륨은 제1류 위험물로서 무기과산화물류에 해당하며, 산화성 고체에 해당한다.

답 ②

54 위험물안전관리법령에 명기된 위험물의 운반용기 재질에 포함되지 않는 것은?

① 고무류 ② 유리
③ 도자기 ④ 종이

해설

운반용기 재질 : 금속판, 강판, 삼, 합성섬유, 고무류, 양철판, 짚, 알루미늄판, 종이, 유리, 나무, 플라스틱, 섬유판

답 ③

55 염소산칼륨의 성질에 대한 설명으로 옳은 것은?

① 가연성 고체이다.
② 강력한 산화제이다.
③ 물보다 가볍다.
④ 열분해하면 수소를 발생한다.

해설

염소산칼륨은 제1류 위험물로서 산화성 고체에 해당한다.

답 ②

56 황가루가 공기 중에 떠 있을 때의 주된 위험성에 해당하는 것은?

① 수증기 발생
② 전기 감전
③ 분진폭발
④ 인화성 가스 발생

해설

황가루는 제2류 위험물로서 가연성 고체에 해당하며, 공기 중에 부유할 때 분진폭발의 위험이 있다.

답 ③

57 다음 중 위험물의 저장방법에 대한 설명으로 틀린 것은?

① 황린은 공기와의 접촉을 피해 물속에 저장한다.
② 황은 정전기의 축적을 방지하여 저장한다.
③ 알루미늄 분말은 건조한 공기 중에서 분진폭발의 위험이 있으므로 정기적으로 분무상의 물을 뿌려야 한다.
④ 황화린은 산화제와의 혼합을 피해 격리해야 한다.

해설

알루미늄 분말은 물과 반응하면 수소가스를 발생한다.

$2Al+6H_2O \rightarrow 2Al(OH)_3+3H_2$

답 ③

58 다음은 P_2S_5와 물의 화학반응이다. (　)에 알맞은 숫자를 차례대로 나열한 것은?

P_2S_5 + (　)H_2O → (　)H_2S + (　)H_3PO_4

① 2, 8, 5　　② 2, 5, 8
③ 8, 5, 2　　④ 8, 2, 5

해설

오황화린(P_2S_5) : 알코올이나 이황화탄소(CS_2)에 녹으며, 물이나 알칼리와 반응하면 분해하여 황화수소(H_2S)와 인산(H_3PO_4)으로 된다.

$P_2S_5+8H_2O \rightarrow 5H_2S+2H_3PO_4$

답 ③

59 정기점검대상 제조소 등에 해당하지 않는 것은?

① 이동탱크저장소
② 지정수량 120배의 위험물을 저장하는 옥외저장소
③ 지정수량 120배의 위험물을 저장하는 옥내저장소
④ 이송취급소

해설

정기점검대상 제조소 등

㉮ 예방규정을 정하여야 하는 제조소 등
　㉠ 지정수량의 10배 이상의 위험물을 취급하는 제조소
　㉡ 지정수량의 100배 이상의 위험물을 저장하는 옥외저장소
　㉢ 지정수량의 150배 이상의 위험물을 저장하는 옥내저장소
　㉣ 지정수량의 200배 이상의 위험물을 저장하는 옥외탱크저장소
　㉤ 암반탱크저장소
　㉥ 이송취급소
　㉦ 지정수량의 10배 이상의 위험물 취급하는 일반취급소
㉯ 지하탱크저장소
㉰ 이동탱크저장소
㉱ 제조소(지하탱크)·주유취급소 또는 일반취급소

답 ③

60 탄화칼슘의 성질에 대하여 옳게 설명한 것은?

① 공기 중에서 아르곤과 반응하여 불연성 기체를 발생한다.
② 공기 중에서 질소와 반응하여 유독한 기체를 낸다.
③ 물과 반응하면 탄소가 생성된다.
④ 물과 반응하여 아세틸렌가스가 생성된다.

해설

물과 심하게 반응하여 수산화칼슘과 아세틸렌을 만들며, 공기 중 수분과 반응하여도 아세틸렌을 발생한다.

$CaC_2+2H_2O \rightarrow Ca(OH)_2+C_2H_2$

답 ④

1200제 제19회 과년도 출제문제

위험물기능사

01 다음 중 제4류 위험물의 화재 시 물을 이용한 소화를 시도하기 전에 고려해야 하는 위험물의 성질로 가장 옳은 것은?

① 수용성, 비중
② 증기비중, 끓는점
③ 색상, 발화점
④ 분해온도, 녹는점

해설

제4류 위험물은 인화성 액체로서 수용성과 비중에 따라 소화방법이 달라질 수 있다.

답 ①

02 다음 점화에너지 중 물리적 변화에서 얻어지는 것은?

① 압축열
② 산화열
③ 중합열
④ 분해열

해설

압축열은 기계적 에너지원이며, 나머지 산화열, 중합열, 분해열은 화학적 에너지원에 해당한다.

답 ①

03 금속분의 연소 시 주수소화하면 위험한 원인으로 옳은 것은?

① 물에 녹아 산이 된다.
② 물과 작용하여 유독가스를 발생한다.
③ 물과 작용하여 수소가스를 발생한다.
④ 물과 작용하여 산소가스를 발생한다.

해설

금속분의 경우 물과 접촉하면 가연성의 수소가스를 발생한다.

예를 들어, 알루미늄이 물과 반응하는 경우의 반응식은 다음과 같다.

$2Al + 6H_2O \rightarrow 2Al(OH)_3 + 3H_2$

답 ③

04 다음 중 유류저장탱크화재에서 일어나는 현상으로 거리가 먼 것은?

① 보일오버
② 플래시오버
③ 슬롭오버
④ BLEVE

해설

① 보일오버 : 연소유면으로부터 100℃ 이상의 열파가 탱크 저부에 고여 있는 물을 비등하게 하면서 연소유를 탱크 밖으로 비산시키며 연소하는 현상
② 플래시오버 : 화재로 인하여 실내의 온도가 급격히 상승하여 가연물이 일시에 폭발적으로 착화현상을 일으켜 화재가 순간적으로 실내 전체에 확산되는 현상(=순발연소, 순간연소)
③ 슬롭오버 : 물이 연소유의 뜨거운 표면에 들어갈 때 기름 표면에서 화재가 발생하는 현상
④ BLEVE : 액화가스탱크 주위에서 화재 등이 발생하여 기상부의 탱크 강판이 국부적으로 가열되면 그 부분의 강도가 약해져 그로 인해 탱크가 파열된다. 이때 내부에서 가열된 액화가스가 급격히 유출, 팽창되어 화구(fire ball)를 형성하며 폭발하는 형태

답 ②

05 다음 중 정전기 방지대책으로 가장 거리가 먼 것은?

① 접지를 한다.
② 공기를 이온화한다.
③ 21% 이상의 산소농도를 유지하도록 한다.
④ 공기의 상대습도를 70% 이상으로 한다.

답 ③

06 폭발의 종류에 따른 물질이 잘못 짝지어진 것은?

① 분해폭발－아세틸렌, 산화에틸렌
② 분진폭발－금속분, 밀가루
③ 중합폭발－시안화수소, 염화비닐
④ 산화폭발－히드라진, 과산화수소

해설

분해폭발 : 아세틸렌, 에틸렌, 히드라진, 메틸아세틸렌 등과 같은 유기화합물은 다량의 열을 발생하며 분해(분해열)한다. 이때, 이 분해열은 분해가스를 열팽창시켜 용기의 압력상승으로 폭발이 발생한다.

답 ④

07 착화온도가 낮아지는 원인과 가장 관계가 있는 것은?

① 발열량이 적을 때
② 압력이 높을 때
③ 습도가 높을 때
④ 산소와의 결합력이 나쁠 때

답 ②

08 제5류 위험물의 화재예방상 유의사항 및 화재 시 소화방법에 관한 설명으로 옳지 않은 것은?

① 대량의 주수에 의한 소화가 좋다.
② 화재초기에는 질식소화가 효과적이다.
③ 일부 물질의 경우 운반 또는 저장 시 안정제를 사용해야 한다.
④ 가연물과 산소공급원이 같이 있는 상태이므로 점화원의 방지에 유의하여야 한다.

해설

제5류 위험물은 자기반응성 물질로서 자체 내에 산소를 함유하고 있으므로 질식소화는 효과가 없다.

답 ②

09 15℃의 기름 100g에 8,000J의 열량을 주면 기름의 온도는 몇 ℃가 되겠는가? (단, 기름의 비열은 2J/g · ℃이다.)

① 25
② 45
③ 50
④ 55

해설

$Q = mc\Delta T = mc(T_2 - T_1)$에서

$$T_2 = \frac{8{,}000\text{J}}{100\text{g}} \times \frac{\text{g} \cdot ℃}{2\text{J}} + 15℃ = 55℃$$

답 ④

10 제6류 위험물의 화재에 적응성이 없는 소화설비는?

① 옥내소화전설비
② 스프링클러설비
③ 포소화설비
④ 불활성가스소화설비

해설

소화설비의 구분 \ 대상물의 구분	건축물 · 그 밖의 공작물	전기설비	제1류 위험물		제2류 위험물			제3류 위험물		제4류 위험물	제5류 위험물	제6류 위험물
			알칼리금속과산화물 등	그 밖의 것	철분 · 금속분 · 마그네슘 등	인화성 고체	그 밖의 것	금수성 물품	그 밖의 것			
옥내소화전 또는 옥외소화전설비	○			○		○	○		○		○	○
스프링클러설비	○			○		○	○		○	△	○	○
물분무 등 소화설비 - 물분무소화설비	○	○		○		○	○		○	○	○	○
물분무 등 소화설비 - 포소화설비	○			○		○	○		○	○	○	○
물분무 등 소화설비 - 불활성가스소화설비		○				○				○		
물분무 등 소화설비 - 할로겐화합물소화설비		○				○				○		
물분무 등 소화설비 - 분말소화설비 - 인산염류 등	○	○		○		○	○			○		○
물분무 등 소화설비 - 분말소화설비 - 탄산수소염류 등		○	○		○	○		○		○		
물분무 등 소화설비 - 분말소화설비 - 그 밖의 것			○		○			○				

답 ④

11 과염소산의 화재예방에 요구되는 주의사항에 대한 설명으로 옳은 것은?

① 유기물과 접촉 시 발화의 위험이 있기 때문에 가연물과 접촉시키지 않는다.
② 자연발화의 위험이 높으므로 냉각시켜 보관한다.
③ 공기 중 발화하므로 공기와의 접촉을 피해야 한다.
④ 액체상태는 위험하므로 고체상태로 보관한다.

해설

과염소산은 제6류 위험물(산화성 액체)로서 순수한 것은 농도가 높으면 모든 유기물과 폭발적으로 반응하고 알코올류와 혼합하면 심한 반응을 일으켜 발화 또는 폭발한다.

답 ①

12 소화약제로서 물의 단점인 동결현상을 방지하기 위하여 주로 사용되는 물질은?

① 에틸알코올
② 글리세린
③ 에틸렌글리콜
④ 탄산칼슘

해설

동결방지제 : 에틸렌글리콜, 염화칼슘, 염화나트륨, 프로필렌글리콜

답 ③

13 다음 중 D급 화재에 해당하는 것은?

① 플라스틱화재
② 나트륨화재
③ 휘발유화재
④ 전기화재

해설

D급 화재는 금속화재를 의미하므로 나트륨화재가 해당된다.

답 ②

14 위험물안전관리법령상 철분, 금속분, 마그네슘에 적응성이 있는 소화설비는 다음 중 어느 것인가?

① 불활성가스소화설비
② 할로겐화합물소화설비
③ 포소화설비
④ 탄산수소염류소화설비

해설

10번 해설 참조

답 ④

15 위험물안전관리법령상 제4류 위험물에 적응성이 없는 소화설비는?

① 옥내소화전설비
② 포소화설비
③ 불활성가스소화설비
④ 할로겐화합물소화설비

해설

10번 해설 참조

답 ①

16 물은 냉각소화가 주된 대표적인 소화약제이다. 물의 소화효과를 높이기 위하여 무상주수를 함으로써 부가적으로 작용하는 소화효과로 이루어진 것은?

① 질식소화작용, 제거소화작용
② 질식소화작용, 유화소화작용
③ 타격소화작용, 유화소화작용
④ 타격소화작용, 피복소화작용

해설

물소화약제 : 인체에 무해하며 다른 약제와 혼합사용이 가능하고, 가격이 저렴하며, 장기보존이 가능하다. 모든 소화약제 중에서 가장 많이 사용되고 있으며, 냉각의 효과가 우수하고, 무상주수일 때는 질식, 유화효과가 있다.

답 ②

17 다음 중 소화약제 강화액의 주성분에 해당하는 것은?

① K_2CO_3
② K_2O_2
③ CaO_2
④ $KBrO_3$

해설

강화액 소화약제는 물소화약제의 성능을 강화시킨 소화약제로서 물에 탄산칼륨(K_2CO_3)을 용해시킨 소화약제이다.

답 ①

18 다음 중 공기포소화약제가 아닌 것은 어느 것인가?

① 단백포소화약제
② 합성계면활성제포소화약제
③ 화학포소화약제
④ 수성막포소화약제

해설

- **화학포소화약제** : 화학물질을 반응시켜 이로 인해 나오는 기체가 포 형성
- **공기포(기계포)소화약제** : 기계적 방법으로 공기를 유입시켜 공기로 포 형성

답 ③

19 다음은 위험물안전관리법령상 소화설비의 적응성에 관한 내용이다. 옳은 것은 어느 것인가?

① 마른모래는 대상물 중 제1류~제6류 위험물에 적응성이 있다.
② 팽창질석은 전기설비를 포함한 모든 대상물에 적응성이 있다.
③ 분말소화약제는 셀룰로이드류의 화재에 가장 적당하다.
④ 물분무소화설비는 전기설비에 사용할 수 없다.

해설

소화설비의 구분 \ 대상물의 구분		건축물·그 밖의 공작물	전기설비	제1류 위험물: 알칼리금속과산화물 등	제1류 위험물: 그 밖의 것	제2류 위험물: 철분·금속분·마그네슘 등	제2류 위험물: 인화성 고체	제2류 위험물: 그 밖의 것	제3류 위험물: 금수성 물품	제3류 위험물: 그 밖의 것	제4류 위험물	제5류 위험물	제6류 위험물
옥내소화전 또는 옥외소화전설비		○			○		○	○		○		○	○
스프링클러설비		○			○		○	○		○	△	○	○
물분무 등 소화설비	물분무소화설비	○	○		○		○	○		○	○	○	○
	포소화설비	○			○		○	○		○	○	○	○
	불활성가스소화설비		○				○				○		
	할로겐화합물소화설비		○				○				○		
	분말소화설비: 인산염류 등	○	○		○		○	○			○		○
	분말소화설비: 탄산수소염류 등		○	○		○	○		○		○		
	분말소화설비: 그 밖의 것			○		○			○				
기타	물통 또는 수조	○			○		○	○		○		○	○
	건조사			○	○	○	○	○	○	○	○	○	○
	팽창질석 또는 팽창진주암			○	○	○	○	○	○	○	○	○	○

답 ①

20 분말소화약제 중 제1종과 제2종 분말이 각각 열분해될 때 공통적으로 생성되는 물질로 맞는 것은?

① N_2, CO_2
② N_2, O_2
③ H_2O, CO_2
④ H_2O, N_2

해설

- **제1종 분말소화약제의 열분해반응식**
  $2NaHCO_3 \rightarrow Na_2CO_3 + H_2O + CO_2$
- **제2종 분말소화약제의 열분해반응식**
  $2KHCO_3 \rightarrow K_2CO_3 + H_2O + CO_2$

답 ③

21 다음 중 포름산에 대한 설명으로 옳지 않은 것은 어느 것인가?

① 물, 알코올, 에테르에 잘 녹는다.
② 개미산이라고도 한다.
③ 강한 산화제이다.
④ 녹는점이 상온보다 낮다.

답 ③

22 제3류 위험물에 해당하는 것은?

① NaH
② Al
③ Mg
④ P_4S_3

해설

①은 수소화나트륨으로서 제3류 위험물에 해당한다.

답 ①

23 다음 중 지방족 탄화수소가 아닌 것은 어느 것인가?

① 톨루엔
② 아세트알데히드
③ 아세톤
④ 디에틸에테르

해설

① 톨루엔은 방향족 탄화수소에 해당한다.

답 ①

24 위험물안전관리법령상 위험물의 지정수량으로 옳지 않은 것은?

① 니트로셀룰로오스 : 10kg
② 히드록실아민 : 100kg
③ 아조벤젠 : 50kg
④ 트리니트로페놀 : 200kg

해설

아조화합물은 제5류 위험물로서 지정수량은 200kg에 해당하며, 아조기(−N=N−)가 주성분으로 함유된 물질을 말하고 아조디카르본아미드, 아조비스이소부티로니트릴, 아조벤젠, 히드록시아조벤젠, 아미노아조벤젠, 히드라조벤젠 등이 있다.

답 ③

25 다음 중 셀룰로이드에 대한 설명으로 옳은 것은?

① 질소가 함유된 무기물이다.
② 질소가 함유된 유기물이다.
③ 유기의 염화물이다.
④ 무기의 염화물이다.

해설

셀룰로이드는 질산에스테르류에 속하며 니트로셀룰로오스와 장뇌의 균일한 콜로이드 분산액으로부터 개발한 최초의 합성플라스틱 물질이다.

답 ②

26 에틸알코올의 증기비중은 약 얼마인가?

① 0.72
② 0.91
③ 1.13
④ 1.59

해설

에틸알코올(C_2H_5OH)의 분자량은 46이며, 증기비중은 $46/28.84=1.595$이다.

답 ④

27 과염소산나트륨의 성질이 아닌 것은?

① 물과 급격히 반응하여 산소를 발생한다.
② 가열하면 분해되어 조연성 가스를 방출한다.
③ 융점은 400℃보다 높다.
④ 비중은 물보다 무겁다.

해설

과염소산나트륨은 물, 알코올, 아세톤에 잘 녹으나 에테르에는 녹지 않는다. 또한 과염소산나트륨으로 인해 화재 시 주수에 의한 냉각소화가 유효하다.

답 ①

28 인화칼슘이 물과 반응할 경우에 대한 설명 중 틀린 것은?

① 발생가스는 가연성이다.
② 포스겐가스가 발생한다.
③ 발생가스는 독성이 강하다.
④ $Ca(OH)_2$가 생성된다.

해설

물과 반응하여 가연성이며, 독성이 강한 인화수소(PH_3, 포스핀)가스가 발생한다.
$Ca_3P_2+6H_2O \rightarrow 3Ca(OH)_2+2PH_3$

답 ②

29 화학적으로 알코올을 분류할 때 3가 알코올에 해당하는 것은?

① 에탄올
② 메탄올
③ 에틸렌글리콜
④ 글리세린

해설

3가 알코올은 $-OH$가 3개인 것을 말한다.
글리세린($C_3H_5(OH)_3$)

```
   H   H   H
   |   |   |
H—C—C—C—H
   |   |   |
  OH  OH  OH
```

답 ④

30 위험물안전관리법령상 다음 중 품명이 다른 하나는?

① 니트로글리콜
② 니트로글리세린
③ 셀룰로이드
④ 테트릴

해설

①, ②, ③은 질산에스테르류에 해당하며, ④ 테트릴은 니트로화합물에 해당한다.

답 ④

31 주수소화를 할 수 없는 위험물은?

① 금속분 ② 적린
③ 유황 ④ 과망간산칼륨

해설

금속분은 물과 접촉 시 가연성의 수소가스가 발생한다.

답 ①

32 제1류 위험물 중 흑색화약의 원료로 사용되는 것은?

① KNO_3 ② $NaNO_3$
③ BaO_2 ④ NH_4NO_3

해설

흑색화약=질산칼륨 75%+유황 10%+목탄 15%

답 ①

33 다음 중 제6류 위험물에 해당하는 것은?

① IF_5 ② $HClO_3$
③ NO_3 ④ H_2O

해설

성질	위험등급	품명	지정수량
산화성 액체	I	㉮ 과염소산($HClO_4$) ㉯ 과산화수소(H_2O_2) ㉰ 질산(HNO_3) ㉱ 그 밖의 행정안전부령이 정하는 것 – 할로겐간화합물 (BrF_3, IF_5 등)	300kg

답 ①

34 다음 중 제4류 위험물에 해당하는 것은?

① $Pb(NO_3)_2$ ② CH_3ONO_2
③ N_2H_4 ④ NH_2OH

해설

히드라진(N_2H_4)은 제4류 위험물로서 제2석유류에 해당한다.

답 ③

35 다음의 분말은 모두 150마이크로미터의 체를 통과하는 것이 50중량퍼센트 이상이 된다. 이들 분말 중 위험물안전관리법령상 품명이 "금속분"으로 분류되는 것은?

① 철분
② 구리분
③ 알루미늄분
④ 니켈분

해설

"금속분"이라 함은 알칼리금속 · 알칼리토류금속 · 철 및 마그네슘 외의 금속의 분말을 말하고, 구리분 · 니켈분 및 150마이크로미터의 체를 통과하는 것이 50중량퍼센트 미만인 것은 제외한다.

답 ③

36 다음 중 분자량이 가장 큰 위험물은?

① 과염소산 ② 과산화수소
③ 질산 ④ 히드라진

해설

① $HClO_4$: $1\times1+35.5\times1+16\times4=100.5$
② H_2O_2 : $1\times2+16\times2=34$
③ HNO_3 : $1\times1+14\times1+16\times3=63$
④ N_2H_4 : $14\times2+1\times4=28+4=32$

답 ①

37 인화칼슘, 탄화알루미늄, 나트륨이 물과 반응하였을 때 발생하는 가스에 해당하지 않는 것은?

① 포스핀가스 ② 수소
③ 이황화탄소 ④ 메탄

해설

- 인화칼슘
  $Ca_3P_2+6H_2O \rightarrow 3Ca(OH)_2+2PH_3$(포스핀)
- 탄화알루미늄
  $Al_4C_3+12H_2O \rightarrow 4Al(OH)_3+3CH_4$(메탄)
- 나트륨
  $2Na+2H_2O \rightarrow 2NaOH+H_2$(수소)

답 ③

38 다음 중 연소 시 발생하는 가스를 옳게 나타낸 것은?

① 황린－황산가스
② 황－무수인산가스
③ 적린－아황산가스
④ 삼황화사인(삼황화린)－아황산가스

해설

① $P_4+5O_2 \rightarrow 2P_2O_5$
② $S+O_2 \rightarrow SO_2$
③ $4P+5O_2 \rightarrow 2P_2O_5$
④ $P_4S_3+8O_2 \rightarrow 2P_2O_5+3SO_2$

답 ④

39 다음 중 염소산나트륨에 대한 설명으로 틀린 것은?

① 조해성이 크므로 보관용기는 밀봉하는 것이 좋다.
② 무색, 무취의 고체이다.
③ 산과 반응하여 유독성의 이산화나트륨 가스가 발생한다.
④ 물, 알코올, 글리세린에 녹는다.

해설

산과 접촉 시 이산화염소(ClO_2)가스가 발생한다.
$2NaClO_3+2HCl \rightarrow 2NaCl+2ClO_2+H_2O_2$

답 ③

40 질산칼륨을 약 400℃에서 가열하여 열분해시킬 때 주로 생성되는 물질은?

① 질산과 산소
② 질산과 칼륨
③ 아질산칼륨과 산소
④ 아질산칼륨과 질소

해설

약 400℃로 가열하면 분해하여 아질산칼륨(KNO_2)과 산소(O_2)가 발생하는 강산화제
$2KNO_3 \rightarrow 2KNO_2+O_2$

답 ③

41 위험물안전관리법령에서 정한 피난설비에 관한 내용이다. ( )에 알맞은 것은 어느 것인가?

> 주유취급소 중 건축물의 2층 이상의 부분을 점포·휴게음식점 또는 전시장의 용도로 사용하는 것에 있어서는 해당 건축물의 2층 이상으로부터 주유취급소의 부지 밖으로 통하는 출입구와 해당 출입구로 통하는 통로·계단 및 출입구에 ( )을(를) 설치하여야 한다.

① 피난사다리 ② 유도등
③ 공기호흡기 ④ 시각경보기

답 ②

42 옥내저장소에 제3류 위험물인 황린을 저장하면서 위험물안전관리법령에 의한 최소한의 보유공지로 3m를 옥내저장소 주위에 확보하였다. 이 옥내저장소에 저장하고 있는 황린의 수량은? (단, 옥내저장소의 구조는 벽·기둥 및 바닥이 내화구조로 되어 있고 그 외의 다른 사항은 고려하지 않는다.)

① 100kg 초과 500kg 이하
② 400kg 초과 1,000kg 이하
③ 500kg 초과 5,000kg 이하
④ 1,000kg 초과 40,000kg 이하

해설

저장 또는 취급하는 위험물의 최대수량	공지의 너비	
	벽·기둥 및 바닥이 내화구조로 된 건축물	그 밖의 건축물
지정수량의 5배 이하	–	0.5m 이상
지정수량의 5배 초과 10배 이하	1m 이상	1.5m 이상
지정수량의 10배 초과 20배 이하	2m 이상	3m 이상
지정수량의 20배 초과 50배 이하	3m 이상	5m 이상
지정수량의 50배 초과 200배 이하	5m 이상	10m 이상
지정수량의 200배 초과	10m 이상	15m 이상

황린은 제3류 위험물로서 지정수량은 20kg이다. 따라서, 보유공지가 3m 이상인 경우는 20배 초과 50배 이하이므로
20kg×20배~20kg×50배=400kg 초과 1,000kg 이하에 해당한다.

답 ②

43 위험물안전관리법령상 이동탱크저장소에 의한 위험물운송 시 위험물운송자는 장거리에 걸치는 운송을 하는 때에는 2명 이상의 운전자로 하여야 한다. 다음 중 그러하지 않아도 되는 경우가 아닌 것은?

① 적린을 운송하는 경우
② 알루미늄의 탄화물을 운송하는 경우
③ 이황화탄소를 운송하는 경우
④ 운송도중에 2시간 이내마다 20분 이상씩 휴식하는 경우

해설

위험물운송자는 장거리(고속국도에 있어서는 340km 이상, 그 밖의 도로에 있어서는 200km 이상을 말한다)에 걸치는 운송을 하는 때에는 2명 이상의 운전자로 할 것. 다만, 다음의 어느 하나에 해당하는 경우에는 그러하지 아니하다.

㉮ 운송책임자를 동승시킨 경우
㉯ 운송하는 위험물이 제2류 위험물·제3류 위험물(칼슘 또는 알루미늄의 탄화물과 이것만을 함유한 것에 한한다) 또는 제4류 위험물(특수인화물을 제외한다)인 경우
㉰ 운송도중에 2시간 이내마다 20분 이상씩 휴식하는 경우

답 ③

44 각각 지정수량의 10배인 위험물을 운반할 경우 제5류 위험물과 혼재가능한 위험물에 해당하는 것은?

① 제1류 위험물 ② 제2류 위험물
③ 제3류 위험물 ④ 제6류 위험물

해설

유별을 달리하는 위험물의 혼재기준

구분	제1류	제2류	제3류	제4류	제5류	제6류
제1류		×	×	×	×	○
제2류	×		×	○	○	×
제3류	×	×		○	×	×
제4류	×	○	○		○	×
제5류	×	○	×	○		×
제6류	○	×	×	×	×	

답 ②

45 위험물안전관리법령상 옥외탱크저장소의 기준에 따라 다음의 인화성 액체위험물을 저장하는 옥외저장탱크 1~4호를 동일의 방유제 내에 설치하는 경우 방유제에 필요한 최소용량으로서 옳은 것은? (단, 암반탱크 또는 특수액체위험물 탱크의 경우는 제외한다.)

- 1호 탱크-등유 1,500kL
- 2호 탱크-가솔린 1,000kL
- 3호 탱크-경유 500kL
- 4호 탱크-중유 250kL

① 1,650kL
② 1,500kL
③ 500kL
④ 250kL

해설

방유제의 용량 : 방유제 안에 설치된 탱크가 하나인 때에는 그 탱크용량의 110% 이상, 2기 이상인 때에는 그 탱크용량 중 용량이 최대인 것의 용량의 110% 이상으로 한다. 다만, 인화성이 없는 액체위험물의 옥외저장탱크의 주위에 설치하는 방유제는 "110%"를 "100%"로 본다.
따라서 본 문제에서는 최대용량이 1,500kL이므로 방유제에 필요한 최소용량은
1,500kL×1.1=1,650kL이다.

답 ①

46 위험물안전관리법령상 사업소의 관계인이 자체소방대를 설치하여야 할 제조소 등의 기준으로 옳은 것은?

① 제4류 위험물을 지정수량의 3천배 이상 취급하는 제조소 또는 일반취급소와 50만배 이상 저장하는 옥외탱크저장소
② 제4류 위험물을 지정수량의 5천배 이상 취급하는 제조소 또는 일반취급소
③ 제4류 위험물 중 특수인화물을 지정수량의 3천배 이상 취급하는 제조소 또는 일반취급소
④ 제4류 위험물 중 특수인화물을 지정수량의 5천배 이상 취급하는 제조소 또는 일반취급소

해설

자체소방대 설치대상 : 제4류 위험물을 지정수량의 3천배 이상 취급하는 제조소 또는 일반취급소와 50만배 이상 저장하는 옥외탱크저장소에 설치

답 ①

47 소화난이도 등급 Ⅱ의 제조소에 소화설비를 설치할 때 대형 수동식 소화기와 함께 설치하여야 하는 소형 수동식 소화기 등의 능력단위에 관한 설명으로 옳은 것은 어느 것인가?

① 위험물의 소요단위에 해당하는 능력단위의 소형 수동식 소화기 등을 설치할 것
② 위험물의 소요단위의 1/2 이상에 해당하는 능력단위의 소형 수동식 소화기 등을 설치할 것
③ 위험물의 소요단위의 1/5 이상에 해당하는 능력단위의 소형 수동식 소화기 등을 설치할 것
④ 위험물의 소요단위의 10배 이상에 해당하는 능력단위의 소형 수동식 소화기 등을 설치할 것

해설

소화난이도 등급 II의 제조소 등에 설치하여야 하는 소화설비

제조소 등의 구분	소화설비
제조소, 옥내저장소, 옥외저장소, 주유취급소, 판매취급소, 일반취급소	방사능력범위 내에 해당 건축물, 그 밖의 공작물 및 위험물이 포함되도록 대형 수동식 소화기를 설치하고, 해당 위험물의 소요단위의 1/5 이상에 해당되는 능력단위의 소형 수동식 소화기 등을 설치할 것
옥외탱크저장소, 옥내탱크저장소	대형 수동식 소화기 및 소형 수동식 소화기 등을 각각 1개 이상 설치할 것

답 ③

48 다음 중 위험물안전관리법이 적용되는 영역은 어느 것인가?

① 항공기에 의한 대한민국 영공에서의 위험물의 저장, 취급 및 운반
② 궤도에 의한 위험물의 저장, 취급 및 운반
③ 철도에 의한 위험물의 저장, 취급 및 운반
④ 자가용 승용차에 의한 지정수량 이하의 위험물의 저장, 취급 및 운반

해설

항공기, 선박, 철도, 궤도에 의한 위험물의 저장, 취급 및 운반은 위험물안전관리법의 적용을 받지 않는다.

답 ④

49 위험물안전관리법령상 위험물의 운반 시 운반용기는 다음의 기준에 따라 수납 적재하여야 한다. 다음 중 틀린 것은 어느 것인가?

① 수납하는 위험물과 위험한 반응을 일으키지 않아야 한다.
② 고체위험물은 운반용기 내용적의 95% 이하로 수납하여야 한다.
③ 액체위험물은 운반용기 내용적의 95% 이하로 수납하여야 한다.
④ 하나의 외장용기에는 다른 종류의 위험물을 수납하지 않는다.

해설

액체위험물은 운반용기 내용적의 98% 이하의 수납률로 수납하되, 55℃의 온도에서 누설되지 아니하도록 충분한 공간용적을 유지하도록 한다.

답 ③

50 위험물안전관리법령상 위험물을 운반하기 위해 적재할 때 예를 들어 제6류 위험물은 한 가지 유별(제1류 위험물)하고만 혼재할 수 있다. 다음 중 가장 많은 유별과 혼재가 가능한 것은? (단, 지정수량의 $\frac{1}{10}$ 을 초과하는 위험물이다.)

① 제1류
② 제2류
③ 제3류
④ 제4류

해설

유별을 달리하는 위험물의 혼재기준

구분	제1류	제2류	제3류	제4류	제5류	제6류
제1류		×	×	×	×	○
제2류	×		×	○	○	×
제3류	×	×		○	×	×
제4류	×	○	○		○	×
제5류	×	○	×	○		×
제6류	○	×	×	×	×	

답 ④

51 다음 위험물 중에서 옥외저장소에서 저장·취급할 수 없는 것은? (단, 특별시·광역시 또는 도의 조례에서 정하는 위험물과 IMDG Code에 적합한 용기에 수납된 위험물의 경우는 제외한다.)

① 아세트산
② 에틸렌글리콜
③ 크레오소트유
④ 아세톤

해설

옥외저장소에 저장할 수 있는 위험물
㉮ 제2류 위험물 중 유황, 인화성 고체(인화점이 0℃ 이상인 것에 한함)
㉯ 제4류 위험물 중 제1석유류(인화점이 0℃ 이상인 것에 한함), 제2석유류, 제3석유류, 제4석유류, 알코올류, 동·식물유류
㉰ 제6류 위험물
㉱ 아세트산 : 제2석유류, 에틸렌글리콜 : 제3석유류, 크레오소트유 : 제3석유류

아세톤은 제1석유류에 해당하지만, 인화점이 -18℃에 해당하므로 옥외저장소에서 저장·취급할 수 없다.

답 ④

52 다음 중 디에틸에테르에 대한 설명으로 틀린 것은?

① 일반식은 R-CO-R′이다.
② 연소범위는 약 1.9~48%이다.
③ 증기비중 값이 비중 값보다 크다.
④ 휘발성이 높고 마취성을 가진다.

해설

디에틸에테르($C_2H_5OC_2H_5$)는 R-O-R′에 해당한다.

답 ①

53 위험물안전관리법령상 지하탱크저장소 탱크전용실의 안쪽과 지하저장탱크와의 사이는 몇 m 이상의 간격을 유지하여야 하는가?

① 0.1　② 0.2
③ 0.3　④ 0.5

해설

탱크전용실은 지하의 가장 가까운 벽·피트·가스관 등의 시설물 및 대지경계선으로부터 0.1m 이상 떨어진 곳에 설치하고, 지하저장탱크와 탱크전용실의 안쪽과의 사이는 0.1m 이상의 간격을 유지하도록 하며, 해당 탱크의 주위에 마른모래 또는 습기 등에 의하여 응고되지 아니하는 입자지름 5mm 이하의 마른 자갈분을 채워야 한다.

답 ①

54 다음 (　) 안에 들어갈 수치를 순서대로 올바르게 나열한 것은? (단, 제4류 위험물에 적응성을 갖기 위한 살수밀도기준을 적용하는 경우를 제외한다.)

> 위험물제조소 등에 설치하는 폐쇄형 헤드의 스프링클러설비는 30개의 헤드를 동시에 사용할 경우 각 선단의 방사압력이 (　)kPa 이상이고 방수량이 1분당 (　)L 이상이어야 한다.

① 100, 80　② 120, 80
③ 100, 100　④ 120, 100

해설

위험물제조소 등에 설치하는 폐쇄형 헤드의 스프링클러설비는 30개의 헤드를 동시에 사용할 경우 각 선단의 방사압력이 100kPa 이상이고 방수량이 1분당 80L 이상이어야 한다.

답 ①

55 위험물안전관리법령상 제조소 등의 위치·구조 또는 설비 가운데 행정안전부령이 정하는 사항을 변경허가를 받지 아니하고 제조소 등의 위치·구조 또는 설비를 변경한 때 1차 행정처분기준으로 옳은 것은 다음 중 어느 것인가?

① 사용정지 15일
② 경고 또는 사용정지 15일
③ 사용정지 30일
④ 경고 또는 업무정지 30일

해설

제조소 등에 대한 행정처분기준

위반사항	행정처분기준		
	1차	2차	3차
제조소 등의 위치 · 구조 또는 설비를 변경한 때	경고 또는 사용정지 15일	사용정지 60일	허가 취소
완공검사를 받지 아니하고 제조소 등을 사용한 때	사용정지 15일	사용정지 60일	허가 취소
수리 · 개조 또는 이전의 명령에 위반한 때	사용정지 30일	사용정지 90일	허가 취소
위험물안전관리자를 선임하지 아니한 때	사용정지 15일	사용정지 60일	허가 취소
대리자를 지정하지 아니한 때	사용정지 10일	사용정지 30일	허가 취소
정기점검을 하지 아니한 때	사용정지 10일	사용정지 30일	허가 취소
정기검사를 받지 아니한 때	사용정지 10일	사용정지 30일	허가 취소
저장 · 취급기준 준수명령을 위반한 때	사용정지 30일	사용정지 60일	허가 취소

답 ②

56 위험물안전관리법령상 제조소 등의 관계인이 정기적으로 점검하여야 할 대상이 아닌 것은 어느 것인가?

① 지정수량의 10배 이상의 위험물을 취급하는 제조소
② 지하탱크저장소
③ 이동탱크저장소
④ 지정수량의 100배 이상의 위험물을 취급하는 옥외탱크저장소

해설

정기점검대상 제조소 등

㉮ 예방규정을 정하여야 하는 제조소 등
　㉠ 지정수량의 10배 이상의 위험물을 취급하는 제조소
　㉡ 지정수량의 100배 이상의 위험물을 저장하는 옥외저장소
　㉢ 지정수량의 150배 이상의 위험물을 저장하는 옥내저장소
　㉣ 지정수량의 200배 이상의 위험물을 저장하는 옥외탱크저장소
　㉤ 암반탱크저장소
　㉥ 이송취급소
　㉦ 지정수량의 10배 이상의 위험물 취급하는 일반취급소
㉯ 지하탱크저장소
㉰ 이동탱크저장소
㉱ 제조소(지하탱크) · 주유취급소 또는 일반취급소

답 ④

57 위험물안전관리법령상 위험물제조소의 옥외에 있는 하나의 액체위험물 취급탱크 주위에 설치하는 방유제의 용량은 해당 탱크용량의 몇 % 이상으로 하여야 하는가?

① 50%　　② 60%
③ 100%　　④ 110%

해설

하나의 취급탱크 주위에 설치하는 방유제의 용량은 해당 탱크용량의 50% 이상으로 하고, 2 이상의 취급탱크 주위에 하나의 방유제를 설치하는 경우 그 방유제의 용량은 해당 탱크 중 용량이 최대인 것의 50%에 나머지 탱크용량 합계의 10%를 가산한 양 이상이 되게 할 것

답 ①

58 위험물안전관리법령상 이송취급소에 설치하는 경보설비의 기준에 따라 이송기지에 설치하여야 하는 경보설비로만 이루어진 것은?

① 확성장치, 비상벨장치
② 비상방송설비, 비상경보설비
③ 확성장치, 비상방송설비
④ 비상방송설비, 자동화재탐지설비

해설

이송취급소에는 다음의 기준에 의하여 경보설비를 설치하여야 한다.
㉮ 이송기지에는 비상벨장치 및 확성장치를 설치할 것
㉯ 가연성 증기를 발생하는 위험물을 취급하는 펌프실 등에는 가연성 증기 경보설비를 설치할 것

답 ①

59 위험물안전관리법령상 위험물의 탱크 내용적 및 공간용적에 관한 기준으로 틀린 것은?

① 위험물을 저장 또는 취급하는 탱크의 용량은 해당 탱크의 내용적에서 공간용적을 뺀 용적으로 한다.
② 탱크의 공간용적은 탱크의 내용적의 100분의 5 이상 100분의 10 이하의 용적으로 한다.
③ 소화설비(소화약제 방출구를 탱크 안의 윗부분에 설치하는 것에 한한다)를 설치하는 탱크의 공간용적은 해당 소화설비의 소화약제 방출구 아래의 0.3m 이상 1m 미만 사이의 면으로부터 윗부분의 용적으로 한다.
④ 암반탱크에 있어서는 해당 탱크 내에 용출하는 30일간의 지하수의 양에 상당하는 용적과 해당 탱크의 내용적의 100분의 1의 용적 중에서 보다 큰 용적을 공간용적으로 한다.

해설

탱크의 공간용적은 탱크용적의 100분의 5 이상 100분의 10 이하로 한다. 다만, 소화설비(소화약제 방출구를 탱크 안의 윗부분에 설치하는 것에 한한다)를 설치하는 탱크의 공간용적은 해당 소화설비의 소화약제 방출구 아래의 0.3m 이상 1m 미만 사이의 면으로부터 윗부분의 용적으로 한다. 암반탱크에 있어서는 해당 탱크 내에 용출하는 7일간의 지하수의 양에 상당하는 용적과 해당 탱크의 내용적의 100분의 1의 용적 중에서 보다 큰 용적을 공간용적으로 한다.

답 ④

60 위험물안전관리법령상 위험 등급의 종류가 나머지 셋과 다른 하나는?

① 제1류 위험물 중 중크롬산염류
② 제2류 위험물 중 인화성 고체
③ 제3류 위험물 중 금속의 인화물
④ 제4류 위험물 중 알코올류

해설

① 제1류 위험물 중 중크롬산염류 : Ⅲ
② 제2류 위험물 중 인화성 고체 : Ⅲ
③ 제3류 위험물 중 금속의 인화물 : Ⅲ
④ 제4류 위험물 중 알코올류 : Ⅱ

답 ④

1200제 제20회 과년도 출제문제

위험물기능사

01 다음과 같은 반응에서 5m³의 탄산가스를 만들기 위해 필요한 탄산수소나트륨의 양은 약 몇 kg인가? (단, 표준상태이고, 나트륨의 원자량은 23이다.)

$$2NaHCO_3 \rightarrow Na_2CO_3 + CO_2 + H_2O$$

① 18.75　　② 37.5
③ 56.25　　④ 75

해설

$$\frac{5m^3-CO_2}{} \left| \frac{1mol-CO_2}{22.4m^3-CO_2} \right| \frac{2mol-NaHCO_3}{1mol-CO_2} \left| \frac{84g-NaHCO_3}{1mol-NaHCO_3} \right| =37.5g-NaHCO_3$$

답 ②

02 연소의 3요소인 산소의 공급원이 될 수 없는 것은?

① H_2O_2　　② KNO_3
③ HNO_3　　④ CO_2

해설

① 과산화수소(산화성 액체)
② 질산칼륨(산화성 고체)
③ 질산(산화성 액체)

답 ④

03 탄화칼슘은 물과 반응 시 위험성이 증가하는 물질이다. 주수소화 시 물과 반응하면 어떤 가스가 발생하는가?

① 수소　　② 메탄
③ 에탄　　④ 아세틸렌

해설

물과 심하게 반응하여 수산화칼슘과 아세틸렌을 만들며 공기 중 수분과 반응하여도 아세틸렌을 발생한다.

$$CaC_2+2H_2O \rightarrow Ca(OH)_2+C_2H_2$$

답 ④

04 위험물의 자연발화를 방지하는 방법으로 가장 거리가 먼 것은?

① 통풍을 잘 시킬 것
② 저장실의 온도를 낮출 것
③ 습도가 높은 곳에 저장할 것
④ 정촉매 작용을 하는 물질과의 접촉을 피할 것

해설

습도가 높은 경우 열의 축적이 용이하다.

답 ③

05 다음 중 공기 중의 산소농도를 한계산소량 이하로 낮추어 연소를 중지시키는 소화방법은 어느 것인가?

① 냉각소화　　② 제거소화
③ 억제소화　　④ 질식소화

해설

공기 중의 산소농도를 12~15% 이하로 낮추는 경우 질식소화 가능

답 ④

06 다음 중 제5류 위험물의 화재 시 가장 적당한 소화방법은?

① 물에 의한 냉각소화
② 질소에 의한 질식소화
③ 사염화탄소에 의한 부촉매소화
④ 이산화탄소에 의한 질식소화

해설

제5류 위험물은 자기반응성 물질로서 주수에 의한 냉각소화가 유효하다.

답 ①

07 인화칼슘이 물과 반응하였을 때 발생하는 가스는?

① 수소 ② 포스겐
③ 포스핀 ④ 아세틸렌

해설

물 또는 약산과 반응하여 가연성이며 독성이 강한 인화수소(PH_3, 포스핀)가스를 발생한다.
$Ca_3P_2 + 6H_2O \rightarrow 3Ca(OH)_2 + 2PH_3$

답 ③

08 위험물안전관리법령상 제3류 위험물 중 금수성 물질의 제조소에 설치하는 주의사항 게시판의 바탕색과 문자색을 옳게 나타낸 것은?

① 청색바탕에 황색문자
② 황색바탕에 청색문자
③ 청색바탕에 백색문자
④ 백색바탕에 청색문자

해설

물기엄금에 해당하므로 청색바탕에 백색문자이다.

답 ③

09 폭굉유도거리(DID)가 짧아지는 경우는?

① 정상연소속도가 작은 혼합가스일수록 짧아진다.
② 압력이 높을수록 짧아진다.
③ 관 지름이 넓을수록 짧아진다.
④ 점화원 에너지가 약할수록 짧아진다.

해설

폭굉유도거리는 관 내에 폭굉성 가스가 존재할 경우 최초의 완만한 연소가 격렬한 폭굉으로 발전할 때까지의 거리이다. 일반적으로 짧아지는 경우는 다음과 같다.
㉠ 정상연소속도가 큰 혼합가스일수록
㉡ 관 속에 방해물이 있거나 관 지름이 가늘수록
㉢ 압력이 높을수록
㉣ 점화원 에너지가 강할수록

답 ②

10 다음 중 연소에 대한 설명으로 옳지 않은 것은 어느 것인가?

① 산화되기 쉬운 것일수록 타기 쉽다.
② 산소와의 접촉면적이 큰 것일수록 타기 쉽다.
③ 충분한 산소가 있어야 타기 쉽다.
④ 열전도율이 큰 것일수록 타기 쉽다.

해설

열전도율이 큰 경우 열의 축적이 용이하지 않으므로 타기 어렵다.

답 ④

11 위험물안전관리법령상 제4류 위험물에 적응성이 있는 소화기가 아닌 것은 어느 것인가?

① 이산화탄소소화기
② 봉상강화액소화기
③ 포소화기
④ 인산염류분말소화기

해설

소화설비의 구분 \ 대상물의 구분	건축물·그 밖의 공작물	전기설비	제1류 위험물: 알칼리금속과산화물 등	제1류 위험물: 그 밖의 것	제2류 위험물: 철분·금속분·마그네슘 등	제2류 위험물: 인화성 고체	제2류 위험물: 그 밖의 것	제3류 위험물: 금수성 물품	제3류 위험물: 그 밖의 것	제4류 위험물	제5류 위험물	제6류 위험물
옥내소화전 또는 옥외소화전설비	○			○		○	○		○		○	○
스프링클러설비	○			○		○	○		○	△	○	○
물분무등소화설비: 물분무소화설비	○	○		○		○	○		○	○	○	○
물분무등소화설비: 포소화설비	○			○		○	○		○	○	○	○
물분무등소화설비: 불활성가스소화설비		○				○				○		
물분무등소화설비: 할로겐화합물소화설비		○				○				○		
물분무등소화설비: 분말소화설비: 인산염류 등	○	○		○		○	○			○		○
물분무등소화설비: 분말소화설비: 탄산수소염류 등		○	○		○	○		○		○		
물분무등소화설비: 분말소화설비: 그 밖의 것			○		○			○				

대형·소형 수동식 소화기		봉상수(棒狀水)소화기	○			○		○	○		○		○	○
		무상수(霧狀水)소화기	○	○		○		○	○		○		○	○
		봉상강화액소화기	○			○		○	○		○		○	○
		무상강화액소화기	○	○		○		○	○		○	○	○	○
		포소화기	○			○		○	○		○	○	○	○
		이산화탄소소화기		○				○				○		△
		할로겐화합물소화기		○				○				○		○
	분말소화설비	인산염류소화기	○	○		○		○	○			○		
		탄산수소염류소하기		○	○		○	○		○		○		
		그 밖의 것			○		○			○		○		
기타		물통 또는 수조	○			○		○	○		○		○	○
		건조사			○	○	○	○	○	○	○	○	○	○
		팽창질석 또는 팽창진주암			○	○	○	○	○	○	○	○	○	○

답 ②

12 다음 중 위험물안전관리법령상 알칼리금속과산화물에 적응성이 있는 소화설비는 어느 것인가?

① 할로겐화합물소화설비
② 탄산수소염류분말소화설비
③ 물분무소화설비
④ 스프링클러설비

해설

11번 해설 참조

답 ②

13 다음 중 수성막포소화약제에 사용되는 계면활성제는?

① 염화단백포 계면활성제
② 산소계 계면활성제
③ 황산계 계면활성제
④ 불소계 계면활성제

해설

불소계 계면활성제포(수성막포) 소화약제

㉮ AFFF(Aqueous Film Forming Foam)라고도 하며, 저장탱크나 그 밖의 시설물을 부식시키지 않는다.
㉯ 피연소물질의 피해를 최소화할 수 있는 장점이 있으며, 방사 후의 처리도 용이하다.
㉰ 유류화재에 탁월한 소화성능이 있으며, 3%형과 6%형이 있다.
㉱ 분말소화약제와 병행사용 시 소화효과가 배가 된다(twin agent system).

답 ④

14 다음 중 강화액소화약제의 주된 소화원리에 해당하는 것은?

① 냉각소화
② 절연소화
③ 제거소화
④ 발포소화

해설

강화액소화약제는 물소화약제의 성능을 강화시킨 소화약제로서 물에 탄산칼륨(K_2CO_3)을 용해시킨 소화약제이다.

답 ①

15 Halon 1001의 화학식에서 수소원자의 수는?

① 0　　② 1
③ 2　　④ 3

해설

할론소화약제 명명법

할론 XABCD

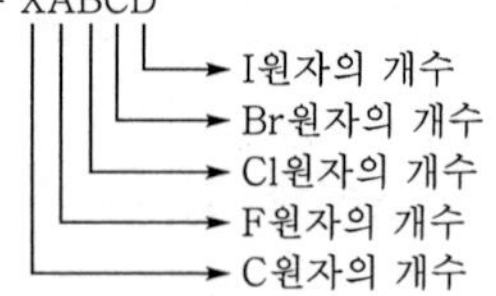

답 ④

16 질소와 아르곤과 이산화탄소의 용량비가 52 대40대8인 혼합물 소화약제에 해당하는 것은 어느 것인가?

① IG－541
② HCFC BLEND A
③ HFC－125
④ HFC－23

해설

불활성가스 소화약제의 종류

소화약제	화학식
IG−01	Ar
IG−100	N_2
IG−541	N_2 : 52%, Ar : 40%, CO_2 : 8%
IG−55	N_2 : 50%, Ar : 50%

답 ①

17 다음 중 탄산칼륨을 물에 용해시킨 강화액 소화약제의 pH에 가장 가까운 값은?

① 1
② 4
③ 7
④ 12

해설

탄산칼륨 수용액은 알칼리성이므로 pH는 7보다 커야 한다.

답 ④

18 이산화탄소소화약제에 관한 설명 중 틀린 것은?

① 소화약제에 의한 오손이 없다.
② 소화약제 중 증발잠열이 가장 크다.
③ 전기절연성이 있다.
④ 장기간 저장이 가능하다.

해설

소화약제 중 증발잠열이 가장 큰 것은 물로서 539cal/g이다.

답 ②

19 불활성가스청정소화약제의 기본 성분이 아닌 것은?

① 헬륨
② 질소
③ 불소
④ 아르곤

해설

16번 해설 참조.
불소는 할로겐족 원소에 해당한다.

답 ③

20 물과 친화력이 있는 수용성 용매의 화재에 보통의 포소화약제를 사용하면 포가 파괴되기 때문에 소화효과를 잃게 된다. 이와 같은 단점을 보완한 소화약제로 가연성인 수용성 용매의 화재에 유효한 효과를 가지고 있는 것은?

① 알코올형포소화약제
② 단백포소화약제
③ 합성계면활성제포소화약제
④ 수성막포소화약제

해설

수용성 가연성 액체용 포소화약제(알코올형포소화약제) : 알코올류, 케톤류, 에스테르류, 아민류, 초산글리콜류 등과 같이 물에 용해되면서 불이 잘 붙는 물질, 즉 수용성 가연성 액체의 소화용 소화약제를 말하며, 이러한 물질의 화재에 포소화약제의 거품이 닿으면 거품이 순식간에 소멸되므로 이런 화재에는 특별히 제조된 포소화약제가 사용되는데 이것을 알코올포(alcohol foam)라고도 한다.

답 ①

21 질산과 과염소산의 공통성질이 아닌 것은?

① 가연성이며 강산화제이다.
② 비중이 1보다 크다.
③ 가연물과의 혼합으로 발화위험이 있다.
④ 물과 접촉하면 발열한다.

해설

질산과 과염소산은 산화성 액체에 해당하며, 불연성 물질이다.

답 ①

22 물과 반응하여 가연성 가스를 발생하지 않는 것은?

① 칼륨
② 과산화칼륨
③ 탄화알루미늄
④ 트리에틸알루미늄

해설

과산화칼륨은 흡습성이 있으므로 물과 접촉하면 발열하며 수산화칼륨(KOH)과 산소(O_2)를 발생한다.
$2K_2O_2 + 2H_2O \rightarrow 4KOH + O_2$

답 ②

23 위험물안전관리법령에서는 특수인화물을 1기압에서 발화점이 100℃ 이하인 것 또는 인화점은 얼마 이하이고 비점이 40℃ 이하인 것으로 정의하는가?

① −10℃
② −20℃
③ −30℃
④ −40℃

해설

"특수인화물"이라 함은 이황화탄소, 디에틸에테르, 그 밖에 1기압에서 발화점이 100℃ 이하인 것 또는 인화점이 −20℃ 이하이고 비점이 40℃ 이하인 것을 말한다.

답 ②

24 다음 중 제6류 위험물이 아닌 것은?

① 할로겐간화합물
② 과염소산
③ 아염소산
④ 과산화수소

해설

아염소산은 제1류 위험물로서 산화성 고체에 해당한다.

답 ③

25 제1류 위험물에 해당되지 않는 것은?

① 염소산칼륨
② 과염소산암모늄
③ 과산화바륨
④ 질산구아니딘

해설

질산구아니딘은 제5류 위험물에 해당한다.

답 ④

26 니트로글리세린에 대한 설명으로 옳은 것은?

① 물에 매우 잘 녹는다.
② 공기 중에서 점화하면 연소하나 폭발의 위험은 없다.
③ 충격에 대하여 민감하여 폭발을 일으키기 쉽다.
④ 제5류 위험물의 니트로화합물에 속한다.

해설

니트로글리세린은 점화, 가열, 충격, 마찰에 대단히 민감하고 타격 등에 의해 폭발하며, 강산류와 혼합 시 자연분해를 일으켜 폭발할 위험이 있고 겨울철에는 동결할 우려가 있다.

답 ③

27 과산화나트륨에 대한 설명으로 틀린 것은?

① 알코올에 잘 녹아서 산소와 수소를 발생시킨다.
② 상온에서 물과 격렬하게 반응한다.
③ 비중이 약 2.8이다.
④ 조해성 물질이다.

해설

과산화나트륨의 경우 알코올에는 잘 녹지 않는다.

답 ①

28 다음 위험물 중 지정수량이 나머지 셋과 다른 하나는?

① 마그네슘
② 금속분
③ 철분
④ 유황

해설

제2류 위험물의 품명 및 지정수량

성질	위험등급	품명	지정수량
가연성 고체	Ⅱ	1. 황화린 2. 적린(P) 3. 유황(S)	100kg
	Ⅲ	4. 철분(Fe) 5. 금속분 6. 마그네슘(Mg)	500kg
		7. 인화성 고체	1,000kg

답 ④

29 제4류 위험물의 일반적인 성질에 대한 설명 중 틀린 것은?

① 대부분 유기화합물이다.
② 액체상태이다.
③ 대부분 물보다 가볍다.
④ 대부분 물에 녹기 쉽다.

해설

제4류 위험물의 경우 대부분 물에 녹기 어렵다.

답 ④

30 다음 물질 중 과염소산칼륨과 혼합했을 때 발화폭발의 위험이 가장 높은 것은?

① 석면
② 금
③ 유리
④ 목탄

해설

과염소산칼륨은 금속분, 유황, 강환원제, 에테르, 목탄 등의 가연물과 혼합된 경우 착화에 의해 급격히 연소를 일으키며 충격, 마찰 등에 의해 폭발한다.

답 ④

31 피리딘의 일반적인 성질에 대한 설명 중 틀린 것은?

① 순수한 것은 무색액체이다.
② 약알칼리성을 나타낸다.
③ 물보다 가볍고, 증기는 공기보다 무겁다.
④ 흡습성이 없고, 비수용성이다.

해설

피리딘은 수용성 액체에 해당한다.

답 ④

32 메틸리튬과 물의 반응 생성물로 옳은 것은?

① 메탄, 수소화리튬
② 메탄, 수산화리튬
③ 에탄, 수소화리튬
④ 에탄, 수산화리튬

해설

메틸리튬은 알킬리튬으로서 물과 반응하면 메탄과 수산화리튬이 생성된다.

$CH_3Li + H_2O \rightarrow LiOH + CH_4$

답 ②

33 위험물의 성질에 대한 설명 중 틀린 것은?

① 황린은 공기 중에서 산화할 수 있다.
② 적린은 $KClO_3$와 혼합하면 위험하다.
③ 황은 물에 매우 잘 녹는다.
④ 황화린은 가연성 고체이다.

해설

황은 물, 산에는 녹지 않으며, 알코올에는 약간 녹고, 이황화탄소(CS_2)에는 잘 녹는다(단, 고무상황은 녹지 않는다).

답 ③

34 다음 중 인화점이 가장 높은 것은?

① 등유
② 벤젠
③ 아세톤
④ 아세트알데히드

해설

① 등유 : 39℃ 이상
② 벤젠 : −11℃
③ 아세톤 : −18.5℃
④ 아세트알데히드 : −40℃

답 ①

35 다음 위험물 중 물보다 가벼운 것은?

① 메틸에틸케톤 ② 니트로벤젠
③ 에틸렌글리콜 ④ 글리세린

해설

메틸에틸케톤은 아세톤과 유사한 냄새를 가지는 무색의 휘발성 액체로 유기용제로 이용된다. 화학적으로 수용성이지만 위험물안전관리에 관한 세부기준 판정기준으로는 비수용성 위험물로 분류된다. 분자량 72, 액비중 0.806(증기비중 2.44), 비점 80℃, 인화점 −9℃, 발화점 516℃, 연소범위 1.4~11.4%이다.

답 ①

36 트리니트로톨루엔의 작용기에 해당하는 것은?

① $-NO$ ② $-NO_2$
③ $-NO_3$ ④ $-NO_4$

해설

니트로기가 수소 대신 치환되었다.

답 ②

37 제5류 위험물로만 나열되지 않은 것은?

① 과산화벤조일, 질산메틸
② 과산화초산, 디니트로벤젠
③ 과산화요소, 니트로글리콜
④ 아세토니트릴, 트리니트로톨루엔

해설

아세토니트릴(CH_3CN)은 제4류 위험물 중 제1석유류에 해당하며, 인화점 20℃, 발화점 524℃, 연소범위 3~16vol%이다.

답 ④

38 제4류 위험물인 클로로벤젠의 지정수량으로 옳은 것은?

① 200L
② 400L
③ 1,000L
④ 2,000L

해설

클로로벤젠은 제2석유류에 해당하며, 비수용성 액체이다.

답 ③

39 알루미늄분의 성질에 대한 설명으로 옳은 것은?

① 금속 중에서 연소열량이 가장 작다.
② 끓는 물과 반응해서 수소를 발생한다.
③ 수산화나트륨 수용액과 반응해서 산소를 발생한다.
④ 안전한 저장을 위해 할로겐원소와 혼합한다.

해설

물과 반응하면 수소가스를 발생한다.
$2Al+6H_2O \rightarrow 2Al(OH)_3+3H_2$

답 ②

40 아조화합물 800kg, 히드록실아민 300kg, 유기과산화물 40kg의 총 양은 지정수량의 몇 배에 해당하는가?

① 7배
② 9배
③ 10배
④ 11배

해설

지정수량 배수의 합

$= \frac{\text{A품목 저장수량}}{\text{A품목 지정수량}} + \frac{\text{B품목 저장수량}}{\text{B품목 지정수량}} + \frac{\text{C품목 저장수량}}{\text{C품목 지정수량}} + \cdots$

$= \frac{800kg}{200kg} + \frac{300kg}{100kg} + \frac{40kg}{10kg}$

$= 11$

답 ④

41 위험물안전관리법령상 위험물제조소에 설치하는 배출설비에 대한 내용으로 틀린 것은 어느 것인가?

① 배출설비는 예외적인 경우를 제외하고는 국소방식으로 하여야 한다.
② 배출설비는 강제배출 방식으로 한다.
③ 급기구는 낮은 장소에 설치하고, 인화방지망을 설치한다.
④ 배출구는 지상 2m 이상 높이에 연소의 우려가 없는 곳에 설치한다.

해설

급기구는 높은 곳에 설치하고, 가는 눈의 구리망 등으로 인화방지망을 설치할 것

답 ③

42 위험물안전관리법령상 주유취급소 중 건축물의 2층을 휴게음식점의 용도로 사용하는 것에 있어 해당 건축물의 2층으로부터 직접 주유취급소의 부지 밖으로 통하는 출입구와 해당 출입구로 통하는 통로·계단에 설치하여야 하는 것은 어느 것인가?

① 비상경보설비
② 유도등
③ 비상조명등
④ 확성장치

해설

주유취급소 중 건축물의 2층 이상의 부분을 점포·휴게음식점 또는 전시장의 용도로 사용하는 것에 있어서는 해당 건축물의 2층 이상으로부터 직접 주유취급소의 부지 밖으로 통하는 출입구와 해당 출입구로 통하는 통로·계단 및 출입구에 유도등을 설치하여야 한다.

답 ②

43 다음 중 아염소산나트륨의 저장 및 취급 시 주의사항으로 가장 거리가 먼 것은 어느 것인가?

① 물속에 넣어 냉암소에 저장한다.
② 강산류와의 접촉을 피한다.
③ 취급 시 충격, 마찰을 피한다.
④ 가연성 물질과 접촉을 피한다.

해설

아염소산나트륨은 건조한 냉암소에 저장, 습기에 주의하며 용기는 밀봉한다.

답 ①

44 인화점이 21℃ 미만인 액체위험물의 옥외저장탱크 주입구에 설치하는 "옥외저장탱크 주입구"라고 표시한 게시판의 바탕 및 문자색을 옳게 나타낸 것은?

① 백색바탕 – 적색문자
② 적색바탕 – 백색문자
③ 백색바탕 – 흑색문자
④ 흑색바탕 – 백색문자

답 ③

45 위험물의 운반에 관한 기준에서 다음 ( )에 알맞은 온도는 몇 ℃인가?

> 적재하는 제5류 위험물 중 ( )℃ 이하의 온도에서 분해될 우려가 있는 것은 보냉컨테이너에 수납하는 등 적정한 온도관리를 유지하여야 한다.

① 40　　② 50
③ 55　　④ 60

답 ③

46 위험물안전관리법령상 배출설비를 설치하여야 하는 옥내저장소의 기준에 해당하는 것은?

① 가연성 증기가 액화할 우려가 있는 장소
② 모든 장소의 옥내저장소
③ 가연성 미분이 체류할 우려가 있는 장소
④ 인화점이 70℃ 미만인 위험물의 옥내저장소

답 ④

47 위험물안전관리법령상 연면적이 $450m^2$인 저장소의 건축물 외벽이 내화구조가 아닌 경우 이 저장소의 소화기 소요단위는?

① 3　② 4.5
③ 6　④ 9

해설

$\frac{450}{75}=6$

소요단위 : 소화설비의 설치대상이 되는 건축물의 규모 또는 위험물 양에 대한 기준단위		
1단위	제조소 또는 취급소용 건축물의 경우	내화구조 외벽을 갖춘 연면적 $100m^2$
		내화구조 외벽이 아닌 연면적 $50m^2$
	저장소 건축물의 경우	내화구조 외벽을 갖춘 연면적 $150m^2$
		내화구조 외벽이 아닌 연면적 $75m^2$
	위험물의 경우	지정수량의 10배

답 ③

48 위험물안전관리법령상 위험물안전관리자의 책무에 해당하지 않는 것은?

① 화재 등의 재난이 발생할 경우 소방관서 등에 대한 연락업무
② 화재 등의 재난이 발생한 경우 응급조치
③ 위험물의 취급에 관한 일지의 작성·기록
④ 위험물안전관리자의 선임·신고

해설

④는 제조소 등의 관계인이 해야 한다.

답 ④

49 위험물안전관리법령상 옥내소화전설비의 기준에 따르면 펌프를 이용한 가압송수장치에서 펌프의 토출량은 옥내소화전의 설치개수가 가장 많은 층에 대해 해당 설치개수(5개 이상인 경우에는 5개)에 얼마를 곱한 양 이상이 되도록 하여야 하는가?

① 260L/min　② 360L/min
③ 460L/min　④ 560L/min

해설

옥내소화전 수원의 수량은 옥내소화전이 가장 많이 설치된 층의 옥내소화전 설치개수(설치개수가 5개 이상인 경우는 5개)에 $7.8m^3$를 곱한 양 이상이 되도록 설치할 것

수원의 양(Q) : $Q(m^3)=N\times7.8m^3$ (N, 5개 이상인 경우 5개)

즉, $7.8m^3$란 법정 방수량 260L/min으로 30min 이상 기동할 수 있는 양

답 ①

50 위험물안전관리법령상 주유취급소에 설치·운영할 수 없는 건축물 또는 시설은?

① 주유취급소를 출입하는 사람을 대상으로 하는 그림전시장
② 주유취급소를 출입하는 사람을 대상으로 하는 일반음식점
③ 주유원 주거시설
④ 주유취급소를 출입하는 사람을 대상으로 하는 휴게음식점

해설

주유취급소에 설치할 수 있는 건축물

㉮ 주유 또는 등유·경유를 옮겨 담기 위한 작업장
㉯ 주유취급소의 업무를 행하기 위한 사무소
㉰ 자동차 등의 점검 및 간이정비를 위한 작업장
㉱ 자동차 등의 세정을 위한 작업장
㉲ 주유취급소에 출입하는 사람을 대상으로 한 점포·휴게음식점 또는 전시장
㉳ 주유취급소의 관계자가 거주하는 주거시설
㉴ 전기자동차용 충전설비(전기를 동력원으로 하는 자동차에 직접 전기를 공급하는 설비를 말한다. 이하 같다)

㉳ 그 밖의 소방청장이 정하여 고시하는 건축물 또는 시설

㉴ 위의 ㉯, ㉰ 및 ㉲의 용도에 제공하는 부분의 면적의 합은 1,000m^2를 초과할 수 없다.

답 ②

51 제2류 위험물 중 인화성 고체의 제조소에 설치하는 주의사항 게시판에 표시할 내용을 옳게 나타낸 것은?

① 적색바탕에 백색문자로 "화기엄금" 표시
② 적색바탕에 백색문자로 "화기주의" 표시
③ 백색바탕에 적색문자로 "화기엄금" 표시
④ 백색바탕에 적색문자로 "화기주의" 표시

해설

유별	구분	표시사항
제1류 위험물 (산화성 고체)	알칼리금속의 과산화물	"화기·충격주의" "물기엄금" "가연물접촉주의"
	그 밖의 것	"화기·충격주의" "가연물접촉주의"
제2류 위험물 (가연성 고체)	철분·금속분·마그네슘	"화기주의" "물기엄금"
	인화성 고체	"화기엄금"
	그 밖의 것	"화기주의"
제3류 위험물 (자연발화성 및 금수성 물질)	자연발화성 물질	"화기엄금" "공기접촉엄금"
	금수성 물질	"물기엄금"
제4류 위험물 (인화성 액체)		"화기엄금"
제5류 위험물 (자기반응성 물질)		"화기엄금" 및 "충격주의"
제6류 위험물 (산화성 액체)		"가연물접촉주의"

답 ①

52 위험물안전관리법령상 옥내탱크저장소의 기준에서 옥내저장탱크 상호간에는 몇 m 이상의 간격을 유지하여야 하는가?

① 0.3 ② 0.5
③ 0.7 ④ 1.0

해설

옥내저장탱크와 탱크전용실의 벽과의 사이 및 옥내저장탱크의 상호간에는 0.5m 이상의 간격을 유지할 것

답 ②

53 위험물안전관리법령상 소화전용 물통 8L의 능력단위는?

① 0.3 ② 0.5
③ 1.0 ④ 1.5

해설

소화설비	용량	능력단위
마른모래	50L (삽 1개 포함)	0.5
팽창질석, 팽창진주암	160L (삽 1개 포함)	1
소화전용 물통	8L	0.3
수조	190L (소화전용 물통 6개 포함)	2.5
	80L (소화전용 물통 3개 포함)	1.5

답 ①

54 위험물안전관리법령상 제4류 위험물의 품명에 따른 위험 등급과 옥내저장소 하나의 저장창고 바닥면적 기준을 옳게 나열한 것은? (단, 전용의 독립된 단층건물에 설치하며, 구획된 실이 없는 하나의 저장창고인 경우에 한한다.)

① 제1석유류 : 위험 등급 Ⅰ, 최대 바닥면적 1,000m^2
② 제2석유류 : 위험 등급 Ⅰ, 최대 바닥면적 2,000m^2
③ 제3석유류 : 위험 등급 Ⅱ, 최대 바닥면적 2,000m^2
④ 알코올류 : 위험 등급 Ⅱ, 최대 바닥면적 1,000m^2

해설

위험물을 저장하는 창고	바닥면적
㉮ 제1류 위험물 중 아염소산염류, 염소산염류, 과염소산염류, 무기과산화물, 그 밖에 지정수량이 50kg인 위험물 ㉯ 제3류 위험물 중 칼륨, 나트륨, 알킬알루미늄, 알킬리튬, 그 밖에 지정수량이 10kg인 위험물 및 황린 ㉰ 제4류 위험물 중 특수인화물, 제1석유류 및 알코올류 ㉱ 제5류 위험물 중 유기과산화물, 질산에스테르류, 그 밖에 지정수량이 10kg인 위험물 ㉲ 제6류 위험물	1,000m^2 이하
㉮~㉲ 외의 위험물을 저장하는 창고	2,000m^2 이하
내화구조의 격벽으로 완전히 구획된 실에 각각 저장하는 창고	1,500m^2 이하

답 ④

55 위험물옥외저장탱크의 통기관에 관한 사항으로 옳지 않은 것은?

① 밸브 없는 통기관의 직경은 30mm 이상으로 한다.

② 대기밸브부착 통기관은 항시 열려 있어야 한다.

③ 밸브 없는 통기관의 선단은 수평면보다 45도 이상 구부려 빗물 등의 침투를 막는 구조로 한다.

④ 대기밸브부착 통기관은 5kPa 이하의 압력차이로 작동할 수 있어야 한다.

해설

대기밸브부착 통기관은 5kPa 이하의 압력차이로 작동할 수 있어야 한다.

답 ②

56 다음 중 위험물안전관리법령상 지정수량의 1/10을 초과하는 위험물을 운반할 때 혼재할 수 없는 경우는?

① 제1류 위험물과 제6류 위험물

② 제2류 위험물과 제4류 위험물

③ 제4류 위험물과 제5류 위험물

④ 제5류 위험물과 제3류 위험물

해설

유별을 달리하는 위험물의 혼재기준

구분	제1류	제2류	제3류	제4류	제5류	제6류
제1류		×	×	×	×	○
제2류	×		×	○	○	×
제3류	×	×		○	×	×
제4류	×	○	○		○	×
제5류	×	○	×	○		×
제6류	○	×	×	×	×	

※ 이 표는 지정수량의 $\frac{1}{10}$ 이하의 위험물에 대하여는 적용하지 아니한다.

답 ④

57 이동저장탱크에 알킬알루미늄을 저장하는 경우에 불활성 기체를 봉입하는데 이때의 압력은 몇 kPa 이하이어야 하는가?

① 10

② 20

③ 30

④ 40

해설

상용압력은 20kPa 이하이어야 한다.

답 ②

58 위험물 옥외저장소에서 지정수량 200배 초과의 위험물을 저장할 경우 경계표시 주위의 보유공지 너비는 몇 m 이상으로 하여야 하는가? (단, 제4류 위험물과 제6류 위험물이 아닌 경우이다.)

① 0.5　　② 2.5

③ 10　　④ 15

해설

옥외저장소 보유공지

저장 또는 취급하는 위험물의 최대수량	공지의 너비
지정수량의 10배 이하	3m 이상
지정수량의 10배 초과 20배 이하	5m 이상
지정수량의 20배 초과 50배 이하	9m 이상
지정수량의 50배 초과 200배 이하	12m 이상
지정수량의 200배 초과	15m 이상

제4류 위험물 중 제4석유류와 제6류 위험물을 저장 또는 취급하는 보유공지는 공지너비의 $\frac{1}{3}$ 이상으로 할 수 있다.

답 ④

59 위험물안전관리법령상 옥외저장소 중 덩어리상태의 유황만을 지반면에 설치한 경계표시의 안쪽에서 저장 또는 취급할 때 경계표시의 높이는 몇 m 이하로 하여야 하는가?

① 1　② 1.5
③ 2　④ 2.5

해설

옥외저장소 중 덩어리상태의 유황만을 지반면에 설치한 경계표시의 안쪽에서 저장 또는 취급하는 것에 대한 기준

㉮ 하나의 경계표시의 내부의 면적은 $100m^2$ 이하일 것
㉯ 2 이상의 경계표시를 설치하는 경우에 있어서는 각각의 경계표시 내부의 면적을 합산한 면적은 $1,000m^2$ 이하로 하고, 인접하는 경계표시와 경계표시와의 간격은 공지 너비의 2분의 1 이상으로 할 것. 다만, 저장 또는 취급하는 위험물의 최대수량이 지정수량의 200배 이상인 경우에는 10m 이상으로 하여야 한다.
㉰ 경계표시는 불연재료로 만드는 동시에 유황이 새지 아니하는 구조로 할 것
㉱ 경계표시의 높이는 1.5m 이하로 할 것
㉲ 경계표시에는 유황이 넘치거나 비산하는 것을 방지하기 위한 천막 등을 고정하는 장치를 설치하되, 천막 등을 고정하는 장치는 경계표시의 길이 2m마다 한 개 이상 설치할 것
㉳ 유황을 저장 또는 취급하는 장소의 주위에는 배수구와 분리장치를 설치할 것

답 ②

60 그림과 같은 위험물 저장탱크의 내용적은 약 몇 m^3인가?

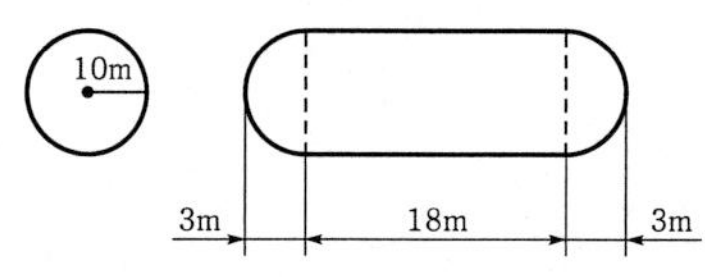

① 4,681　② 5,482
③ 6,283　④ 7,080

해설

횡(수평)으로 설치한 것

$V=\pi r^2\left[l+\frac{l_1+l_2}{3}\right]$

$=\pi\times10^2\left[18+\frac{3+3}{3}\right]$

$=6,283m^3$

답 ③

길을 가다가 돌이 나타나면
약자는 그것을 걸림돌이라고 말하고,
강자는 그것을 디딤돌이라고 말한다.

-토마스 칼라일(Thomas Carlyle)-

☆

같은 돌이지만 바라보는 시각에 따라 그리고 마음가짐에 따라
걸림돌이 되기도 하고 디딤돌이 되기도 합니다.
자기에게 주어진 상황을 활용할 줄 아는 자만이
성공의 문에 도달할 수 있습니다. ^^

PART 3

CBT 핵심기출 100선

위험물기능사 필기 

핵심문제 풀이

위험물기능사 필기시험이 2016년 5회부터 CBT 방식으로 시행됨에 따라, CBT 시행 이후 시험에 자주 출제되는 중요한 문제 100개를 선별하여 「CBT 핵심기출 100선」을 구성하였습니다.

위험물기능사 필기
www.cyber.co.kr

CBT 핵심기출 100선

01 A·B·C급에 모두 적용할 수 있는 분말소화약제는?

① 제1종 분말　② 제2종 분말
③ 제3종 분말　④ 제4종 분말

해설

분말소화약제

종류	주성분	분자식	착색	적응화재
제1종	탄산수소나트륨 (중탄산나트륨)	$NaHCO_3$	–	B, C급
제2종	탄산수소칼륨 (중탄산칼륨)	$KHCO_3$	담회색	B, C급
제3종	제1인산암모늄	$NH_4H_2PO_4$	담홍색 또는 황색	A, B, C급
제4종	탄산수소칼륨 +요소	$KHCO_3$+ $CO(NH_2)_2$	–	B, C급

답 ③

02 할로겐화합물의 소화약제 중 할론 2402의 화학식은?

① $C_2Br_4F_2$　② $C_2Cl_4F_2$
③ $C_2Cl_4Br_2$　④ $C_2F_4Br_2$

해설

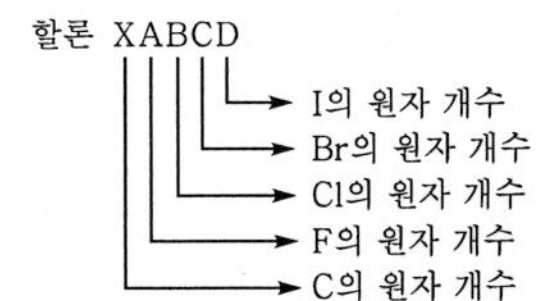

할론소화약제	화학식	화학명
할론 104	CCl_4	사염화탄소
할론 1301	CF_3Br	브로모트리플루오로메탄
할론 1211	CF_2ClBr	브로모클로로디플루오로메탄
할론 2402	$C_2F_4Br_2$	1,2-디브로모-1,1,2,2-테트라플루오로에탄

답 ④

03 제3종 분말소화약제의 열분해반응식을 옳게 나타낸 것은?

① $NH_4H_2PO_4 \rightarrow HPO_3+NH_3+H_2O$
② $2KNO_3 \rightarrow 2KNO_2+O_2$
③ $KClO_4 \rightarrow KCl+2O_2$
④ $2CaHCO_3 \rightarrow 2CaO+H_2CO_3$

해설

- 제1종 분말소화약제
  $2NaHCO_3 \rightarrow Na_2CO_3+H_2O+CO_2$
- 제2종 분말소화약제
  $2KHCO_3 \rightarrow K_2CO_3+H_2O+CO_2$
- 제3종 분말소화약제
  $NH_4H_2PO_4 \rightarrow NH_3+H_2O+HPO_3$
- 제4종 분말소화약제
  $2KHCO_3+CO(NH_2)_2 \rightarrow K_2CO_3+NH_3+CO_2$

답 ①

04 위험물은 지정수량의 몇 배를 1소요단위로 하는가?

① 1　② 10
③ 50　④ 100

해설

소요단위 : 소화설비의 설치대상이 되는 건축물의 규모 또는 위험물 양에 대한 기준단위

1단위	제조소 또는 취급소용 건축물의 경우	내화구조 외벽을 갖춘 연면적 $100m^2$
		내화구조 외벽이 아닌 연면적 $50m^2$
	저장소 건축물의 경우	내화구조 외벽을 갖춘 연면적 $150m^2$
		내화구조 외벽이 아닌 연면적 $75m^2$
	위험물의 경우	지정수량의 10배

답 ②

05 운송책임자의 감독 · 지원을 받아 운송하여야 하는 위험물에 해당하는 것은?

① 칼륨, 나트륨
② 알킬알루미늄, 알킬리튬
③ 제1석유류, 제2석유류
④ 니트로글리세린, 트리니트로톨루엔

해설

운송책임자의 감독지원을 받아 운송하여야 하는 것으로 대통령령이 정하는 위험물
㉮ 알킬알루미늄
㉯ 알킬리튬
㉰ 알킬알루미늄, 알킬리튬을 함유하는 위험물

답 ②

06 위험물의 운반에 관한 기준에서 다음 위험물 중 혼재가능한 것끼리 연결된 것은? (단, 지정수량의 10배이다.)

① 제1류－제6류 ② 제2류－제3류
③ 제3류－제5류 ④ 제5류－제1류

해설

유별 위험물의 혼재기준

구분	제1류	제2류	제3류	제4류	제5류	제6류
제1류		×	×	×	×	○
제2류	×		×	○	○	×
제3류	×	×		○	×	×
제4류	×	○	○		○	×
제5류	×	○	×	○		×
제6류	○	×	×	×	×	

답 ①

07 위험물저장소에서 다음과 같이 제4류 위험물을 저장하고 있는 경우 지정수량의 몇 배가 보관되어 있는가?

㉠ 디에틸에테르 : 50L
㉡ 이황화탄소 : 150L
㉢ 아세톤 : 800L

① 4배 ② 5배
③ 6배 ④ 8배

해설

지정수량 배수의 합

$$= \frac{\text{A품목의 저장수량}}{\text{A품목의 지정수량}} + \frac{\text{B품목의 저장수량}}{\text{B품목의 지정수량}} + \cdots$$

지정수량
- 디에틸에테르 : 50L
- 이황화탄소 : 50L
- 아세톤 : 400L

$$\therefore \text{지정수량의 배수} = \frac{50}{50} + \frac{150}{50} + \frac{800}{400} = 6\text{배}$$

답 ③

08 자연발화의 방지법이 아닌 것은?

① 습도를 높게 유지할 것
② 저장실의 온도를 낮출 것
③ 퇴적 및 수납 시 열축적이 없을 것
④ 통풍을 잘 시킬 것

해설

자연발화의 방지방법
㉮ 습도를 낮게 유지한다.
㉯ 저장실의 온도를 저온으로 유지한다.
㉰ 통풍이 잘 되게 한다.
㉱ 불활성 가스를 주입하여 공기와의 접촉을 피한다.

답 ①

09 다음 중 분진폭발의 원인물질로 작용할 위험성이 가장 낮은 것은?

① 마그네슘 분말
② 밀가루
③ 담배 분말
④ 시멘트 분말

해설

분진폭발은 가연성 분진이 공기 중에 부유하다 점화원을 만나면서 폭발하는 현상이다.
분진폭발의 위험성이 없는 물질
㉮ 생석회(CaO)(시멘트의 주성분)
㉯ 석회석 분말
㉰ 시멘트
㉱ 수산화칼슘(소석회 : $Ca(OH)_2$)

답 ④

10 팽창질석(삽 1개 포함) 160L의 소화능력 단위는?

① 0.5
② 1.0
③ 1.5
④ 2.0

해설

소화기구의 소화능력

소화설비	용량	능력단위
마른모래	50L (삽 1개 포함)	0.5
팽창질석, 팽창진주암	160L (삽 1개 포함)	1
소화전용 물통	8L	0.3
수조	190L (소화전용 물통 6개 포함)	2.5
	80L (소화전용 물통 3개 포함)	1.5

답 ②

11 위험물제조소 등에 경보설비를 설치해야 하는 경우가 아닌 것은? (단, 지정수량의 10배 이상을 저장 또는 취급하는 경우이다.)

① 이동탱크저장소
② 단층건물로 처마높이가 6m인 옥내저장소
③ 단층건물 외의 건축물에 설치된 옥내탱크저장소로서 소화난이도 등급 Ⅰ에 해당하는 것
④ 옥내주유취급소

해설

제조소 등의 구분	제조소 등의 규모, 저장 또는 취급하는 위험물의 종류 및 최대수량 등	경보설비
제조소 및 일반취급소	• 연면적 500m^2 이상인 것 • 옥내에서 지정수량의 100배 이상을 취급하는 것 • 일반취급소로 사용되는 부분 외의 부분이 있는 건축물에 설치된 일반취급소	자동화재탐지설비
옥내저장소	• 지정수량의 100배 이상을 저장 또는 취급하는 것 • 저장창고의 연면적이 150m^2를 초과하는 것 [당해 저장창고가 연면적 15m^2 이내마다 불연재료의 격벽으로 개구부 없이 완전히 구획된 것과 제2류 또는 제4류의 위험물(인화성 고체 및 인화점이 70℃ 미만인 제4류 위험물을 제외한다)만을 저장 또는 취급하는 것에 있어서는 저장창고의 연면적이 500m^2 이상의 것에 한한다.] • 처마높이가 6m 이상인 단층건물의 것 • 옥내저장소로 사용되는 부분 외의 부분이 있는 건축물에 설치된 옥내저장소[옥내저장소와 옥내저장소 외의 부분이 내화구조의 바닥 또는 벽으로 개구부 없이 구획된 것과 제2류 또는 제4류 위험물(인화성 고체 및 인화점이 70℃ 미만인 제4류 위험물을 제외한다)만을 저장 또는 취급하는 것을 제외한다.]	자동화재탐지설비
옥내탱크저장소	단층건물 외의 건축물에 설치된 옥내탱크저장소로서 소화난이도 등급 Ⅰ에 해당하는 것	
주유취급소	옥내주유취급소	

답 ①

12 다음은 위험물 탱크의 공간용적에 관한 내용이다. ( ) 안에 숫자를 차례대로 올바르게 나열한 것은? (단, 소화설비를 설치하는 경우와 암반탱크는 제외한다.)

> 탱크의 공간용적은 탱크 내용적의 100분의 ( ) 이상 100분의 ( ) 이하의 용적으로 한다.

① 5, 10
② 5, 15
③ 10, 15
④ 10, 20

해설

위험물안전관리에 관한 세부기준 제25조(탱크의 내용적 및 공간용적)

㉮ 탱크의 공간용적은 탱크의 내용적의 100분의 5 이상 100분의 10 이하의 용적으로 한다. 다만, 소화설비를 설치하는 탱크의 공간용적은 당해 소화설비의 소화약제방출구 아래의 0.3미터 이상 1미터 사이의 면으로부터 윗부분의 용적으로 한다.
㉯ ㉮의 규정에 불구하고 암반탱크에 있어서는 당해 탱크 내에 용출하는 7일간의 지하수의 양에 상당하는 용적과 당해탱크의 내용적의 100분의 1의 용적 중에서 보다 큰 용적을 공간용적으로 한다.

답 ①

13 물과 접촉하면 위험성이 증가하므로 주수소화를 할 수 없는 물질은?

① $KClO_3$　② $NaNO_3$
③ Na_2O_2　④ $(C_6H_5CO)_2O_2$

해설

제1류 위험물(산화성 고체) 중 무기과산화물은 분자 내에 불안정한 과산화물(-O-O-)을 가지고 있기 때문에 물과 쉽게 반응하여 산소가스(O_2)를 방출하며 발열을 동반한다.(주수소화 불가)

답 ③

14 위험물제조소에 설치하는 안전장치 중 위험물의 성질에 따라 안전밸브의 작동이 곤란한 가압설비에 한하여 설치하는 것은?

① 파괴판
② 안전밸브를 병용하는 경보장치
③ 감압측에 안전밸브를 부착한 감압밸브
④ 연성계

해설

위험물안전관리법 시행규칙 제28조 별표 4(제조소의 위치·구조 및 설비의 기준)

㉮ 자동적으로 압력의 상승을 정지시키는 장치
㉯ 감압측에 안전밸브를 부착한 감압밸브
㉰ 안전밸브를 병용하는 경보장치
㉱ 파괴판(위험물의 성질에 따라 안전밸브의 작동이 곤란한 가압설비에 한한다.)

답 ①

15 위험물안전관리법령에 따라 다음 ( ) 안에 알맞은 용어는?

> 주유취급소 중 건축물의 2층 이상의 부분을 점포·휴게음식점 또는 전시장의 용도로 사용하는 것에 있어서는 당해 건축물의 2층 이상으로부터 직접 주유취급소의 부지 밖으로 통하는 출입구와 당해 출입구로 통하는 통로·계단 및 출입구에 ( )을(를) 설치하여야 한다.

① 피난사다리　② 경보기
③ 유도등　④ CCTV

해설

위험물안전관리법 시행규칙 별표 17(피난설비의 기준)

㉮ 주유취급소 중 건축물의 2층 이상의 부분을 점포·휴게음식점 또는 전시장의 용도로 사용하는 것에 있어서는 당해 건축물의 2층 이상으로부터 직접 주유취급소의 부지 밖으로 통하는 출입구와 당해 출입구로 통하는 통로·계단 및 출입구에 유도등을 설치하여야 한다.
㉯ 옥내주유취급소에 있어서는 당해 사무소 등의 출입구 및 피난구와 당해 피난구로 통하는 통로·계단 및 출입구에 유도등을 설치하여야 한다.
㉰ 유도등에는 비상전원을 설치하여야 한다.

답 ③

16 위험물의 운반에 관한 기준에서 적재방법 기준으로 틀린 것은?

① 고체위험물은 운반용기의 내용적 95% 이하의 수납률로 수납할 것
② 액체위험물은 운반용기의 내용적 98% 이하의 수납률로 수납할 것
③ 알킬알루미늄은 운반용기 내용적 95% 이하의 수납률로 수납하되, 50℃의 온도에서 5% 이상의 공간용적을 유지할 것
④ 제3류 위험물 중 자연발화성 물질에 있어서는 불활성 기체를 봉입하여 밀봉하는 등 공기와 접하지 아니하도록 할 것

해설

알킬알루미늄 등은 운반용기의 내용적 90% 이하의 수납률로 수납하되, 50℃의 온도에서 5% 이상의 공간용적을 유지하도록 할 것

답 ③

17 다음 중 서로 반응할 때 수소가 발생하지 않는 것은?

① 리튬+염산
② 탄화칼슘+물
③ 수소화칼슘+물
④ 루비듐+물

해설

- 리튬 : $2Li+2HCl \rightarrow 2LiCl+H_2$
- 탄화칼슘 : $CaC_2+2H_2O \rightarrow Ca(OH)_2+C_2H_2$
- 수소화칼슘 : $CaH_2+2H_2O \rightarrow Ca(OH)_2+2H_2$
- 루비듐 : $2Rb+2H_2O \rightarrow 2RbOH+H_2$

답 ②

18 메탄올과 비교한 에탄올의 성질에 대한 설명 중 틀린 것은?

① 인화점이 낮다.
② 발화점이 낮다.
③ 증기비중이 크다.
④ 비점이 높다.

해설

메탄올과 에탄올의 비교

물질	분자량	증기비중	인화점
메탄올(CH_3OH)	32g/mol	1.10	11℃
에탄올(C_2H_5OH)	46g/mol	1.59	13℃

메탄올의 인화점이 더 낮다.

답 ①

19 다음 중 위험물안전관리법상 위험물에 해당하는 것은?

① 아황산
② 비중이 1.41인 질산
③ 53μm의 표준체를 통과하는 것이 50wt% 이상인 철의 분말
④ 농도가 15wt%인 과산화수소

해설

위험물의 한계기준

유별	구분	기준
제2류 위험물 (가연성 고체)	유황 (S)	순도 60% 이상인 것
	철분 (Fe)	53μm를 통과하는 것이 50wt% 이상인 것
	마그네슘 (Mg)	2mm의 체를 통과하지 아니하는 덩어리상태의 것과 직경 2mm 이상의 막대모양의 것은 제외
제6류 위험물 (산화성 액체)	과산화수소 (H_2O_2)	농도 36wt% 이상인 것
	질산 (HNO_3)	비중 1.49 이상인 것

답 ③

20 정기점검대상 제조소 등에 해당하지 않는 것은?

① 이동탱크저장소
② 지정수량 100배 이상의 위험물 옥외저장소
③ 지정수량 100배 이상의 위험물 옥내저장소
④ 이송취급소

해설

정기점검대상 제조소 등

㉮ 예방규정대상 제조소 등
 ㉠ 지정수량의 10배 이상의 위험물을 취급하는 제조소, 일반취급소
 ㉡ 지정수량의 100배 이상의 위험물을 저장하는 옥외저장소
 ㉢ 지정수량의 150배 이상의 위험물을 저장하는 옥내저장소
 ㉣ 지정수량의 200배 이상의 위험물을 저장하는 옥외탱크저장소
 ㉤ 암반탱크저장소
 ㉥ 이송취급소
㉯ 지하탱크저장소
㉰ 이동탱크저장소
㉱ 위험물을 취급하는 탱크로서 지하에 매설된 탱크가 있는 제조소, 주유취급소 또는 일반취급소

답 ③

21 칼륨의 저장 시 사용하는 보호물질로 다음 중 가장 적합한 것은?

① 에탄올
② 사염화탄소
③ 등유
④ 이산화탄소

해설

칼륨(K)은 제3류 위험물(자연발화성 및 금수성 물질)로 보호액으로는 산소원자(O)가 없는 석유류(등유, 경유, 휘발유 등)에 보관한다.

답 ③

22 액화이산화탄소 1kg이 25℃, 2atm에서 방출되어 모두 기체가 되었다. 방출된 기체상의 이산화탄소 부피는 약 몇 L인가?

① 278
② 556
③ 1,111
④ 1,985

해설

이상기체 상태방정식

$PV=nRT \rightarrow PV=\frac{wRT}{M}$

$V=\frac{wBT}{PM}$

$=\frac{1\times10^3\text{g}\cdot0.082\text{atm}\cdot\text{L/K}\cdot\text{mol}(25+273.15)\text{K}}{2\text{atm}\cdot44\text{g/mol}}$

$\fallingdotseq 278\text{L}$

답 ①

23 제조소의 옥외에 모두 3기의 휘발유 취급탱크를 설치하고 그 주위에 방유제를 설치하고자 한다. 방유제 안에 설치하는 각 취급탱크의 용량이 5만L, 3만L, 2만L일 때 필요한 방유제의 용량은 몇 L 이상인가?

① 66,000
② 60,000
③ 33,000
④ 30,000

해설

방유제의 용량

㉮ 하나의 취급탱크의 방유제 : 당해 탱크용량의 50% 이상
㉯ 위험물제조소의 옥외에 있는 위험물 취급탱크의 방유제
- 1기일 때 : 탱크용량×0.5(50%)
- 2기 이상일 때 : 최대탱크용량×0.5+(나머지 탱크용량 합계×0.1)

취급하는 탱크가 2기 이상이므로

∴ 방유제 용량
=(50,000L×0.5)+(30,000×0.1)
+(20,000L×0.1)
=30,000L

답 ④

24 위험물을 취급함에 있어서 정전기가 발생할 우려가 있는 설비에 정전기를 유효하게 제거할 수 있는 방법에 해당하지 않는 것은 어느 것인가?

① 위험물의 유속을 높이는 방법
② 공기를 이온화하는 방법
③ 공기 중의 상대습도를 70% 이상으로 하는 방법
④ 접지에 의한 방법

해설

정전기를 유효하게 제거하는 방법

㉮ 공기를 이온화한다.
㉯ 접지한다.
㉰ 상대습도를 70% 이상 유지한다.

답 ①

25 그림과 같은 위험물저장탱크의 내용적은 약 몇 m^3인가?

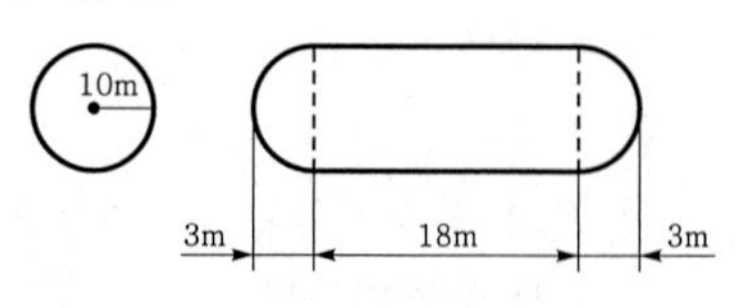

① 4,681
② 5,482
③ 6,283
④ 7,080

해설

탱크의 내용적

$$Q=\pi r^2\left(l+\frac{l_1+l_2}{3}\right)$$
$$=\pi\times10^2\times\left(18+\frac{3+3}{3}\right)$$
$$\fallingdotseq 6,283\mathrm{m}^3$$

답 ③

26 이동탱크저장소에 의한 위험물의 운송 시 준수하여야 하는 기준에서 다음 중 어떤 위험물을 운송할 때 위험물운송자는 위험물안전카드를 휴대하여야 하는가?

① 특수인화물 및 제1석유류
② 알코올류 및 제2석유류
③ 제3석유류 및 동·식물유류
④ 제4석유류

해설

위험물(제4류 위험물에 있어서는 특수인화물 및 제1석유류에 한한다)을 운송하게 하는 자는 별지 제48호 서식의 위험물안전카드를 위험물운송자로 하여금 휴대하게 할 것

답 ①

27 제조소의 게시판 사항 중 위험물의 종류에 따른 주의사항이 옳게 연결된 것은?

① 제2류 위험물(인화성 고체 제외) - 화기엄금
② 제3류 위험물 중 금수성 물질 - 물기엄금
③ 제4류 위험물 - 화기주의
④ 제5류 위험물 - 물기엄금

해설

취급하는 위험물의 종류에 따른 주의사항

유별	구분	표시사항
제1류 위험물 (산화성 고체)	알칼리금속의 과산화물	화기·충격주의, 물기엄금 및 가연물접촉주의
	그 밖의 것	화기·충격주의 및 가연물접촉주의
제2류 위험물 (가연성 고체)	철분·금속분·마그네슘	화기주의 및 물기엄금
	인화성 고체	화기엄금
	그 밖의 것	화기주의
제3류 위험물 (자연발화성 및 금수성 물질)	자연발화성 물질	화기엄금 및 공기접촉엄금
	금수성 물질	물기엄금
제4류 위험물 (인화성 액체)	인화성 액체	화기엄금
제5류 위험물 (자기반응성 물질)	자기반응성 물질	화기엄금 및 충격주의
제6류 위험물 (산화성 액체)	산화성 액체	가연물접촉주의

답 ②

28 위험물의 유별에 따른 성질과 해당 품명의 예가 잘못 연결된 것은?

① 제1류 : 산화성 고체 - 무기과산화물
② 제2류 : 가연성 고체 - 금속분
③ 제3류 : 자연발화성 물질 및 금수성 물질 - 황화린
④ 제5류 : 자기반응성 물질 - 히드록실아민염류

해설

③ 황화린 : 제2류 위험물(가연성 고체)

답 ③

29 다음 중 황린에 대한 설명으로 옳지 않은 것은?

① 연소하면 악취가 있는 검은색 연기를 낸다.
② 공기 중에서 자연발화할 수 있다.
③ 수중에 저장하여야 한다.
④ 자체 증기도 유독하다.

해설

황린(P_4) : 제3류 위험물(자연발화성 및 금수성 물질)로서 백색 또는 담황색의 고체이다.

㉮ 공기 중 약 30~40℃에서 자연발화한다.
㉯ 제3류 위험물 중 유일하게 금수성이 없고 자연발화를 방지하기 위하여 물속에 저장한다.
㉰ 공기 중에서 연소하면 유독성이 강한 백색의 연기 오산화인(P_2O_5)이 발생한다.

$4P + 5O_2 \rightarrow 2P_2O_5$
(황린) (산소가스) (오산화인(백색))

답 ①

30 다음 중 이황화탄소의 성질에 대한 설명으로 틀린 것은?

① 연소할 때 주로 황화수소를 발생한다.
② 증기비중은 약 2.6이다.
③ 보호액으로 물을 사용한다.
④ 인화점은 약 -30℃이다.

해설

이황화탄소(CS_2)는 제4류 위험물(인화성 액체) 중 특수인화물류로서 인화점 -30℃, 착화점 100℃이다(제4류 위험물 중 착화점이 가장 낮다). 또한 가연성 증기의 발생을 억제하기 위하여 물속에 저장한다(물에 녹지 않고 물보다 무겁기 때문에 물속에 저장이 가능하다).
공기 중에서 연소할 때 푸른색 불꽃을 내며 자극성의 이산화황(SO_2)을 발생한다.

$CS_2 + 3O_2 \rightarrow CO_2 + 2SO_2$
이황화탄소 산소가스 이산화탄소 이산화황(아황산가스)

답 ①

31 위험물 옥외저장탱크의 통기관에 관한 사항으로 옳지 않은 것은?

① 밸브 없는 통기관의 직경은 30mm 이상으로 한다.
② 대기밸브부착 통기관은 항시 열려 있어야 한다.
③ 밸브 없는 통기관의 선단은 수평면보다 45° 이상 구부려 빗물 등의 침투를 막는 구조로 한다.
④ 대기밸브부착 통기관은 5kPa 이하의 압력 차이로 작동할 수 있어야 한다.

해설

대기밸브부착 통기관은 평상시에는 닫혀 있고 설정압력(5kPa)에서 자동으로 개방되는 구조로 할 것

위험물안전관리법 시행규칙 별표 6(옥외탱크저장소의 위치·구조 및 설비의 기준)

㉮ 밸브 없는 통기관
  ㉠ 직경은 30mm 이상일 것
  ㉡ 선단은 수평면보다 45도 이상 구부려 빗물 등의 침투를 막는 구조로 할 것
  ㉢ 가는 눈의 구리망 등으로 인화방지장치를 할 것. 다만, 인화점 70℃ 이상의 위험물만을 해당 위험물의 인화점 미만의 온도로 저장 또는 취급하는 탱크에 설치하는 통기관에 있어서는 그러하지 아니하다.
  ㉣ 가연성의 증기를 회수하기 위한 밸브를 통기관에 설치하는 경우에 있어서는 당해 통기관의 밸브는 저장탱크에 위험물을 주입하는 경우를 제외하고는 항상 개방되어 있는 구조로 하는 한편, 폐쇄하였을 경우에 있어서는 10kPa 이하의 압력에서 개방되는 구조로 할 것. 이 경우 개방된 부분의 유효단면적은 777.15mm^2 이상이어야 한다.
㉯ 대기밸브부착 통기관
  ㉠ 5kPa 이하의 압력차이로 작동할 수 있을 것
  ㉡ ㉮의 ㉢ 기준에 적합할 것

답 ②

32 다음 중 적린에 관한 설명으로 틀린 것은 어느 것인가?

① 물에 잘 녹는다.
② 화재 시 물로 냉각소화할 수 있다.
③ 황린에 비해 안정하다.
④ 황린과 동소체이다.

해설

적린은 조해성이 있으며, 물, 이황화탄소, 에테르, 암모니아 등에는 녹지 않는다.

답 ①

33 다음 중 산을 가하면 이산화염소를 발생시키는 물질은?

① 아염소산나트륨
② 브롬산나트륨
③ 옥소산칼륨(요오드산칼륨)
④ 중크롬산나트륨

해설

아염소산나트륨은 산과 접촉 시 이산화염소(ClO_2) 가스를 발생시킨다.
$2NaClO_2 + 2HCl \rightarrow 2NaCl + 2ClO_2 + H_2O_2$

답 ①

34 다음 중 유류화재의 급수로 옳은 것은?

① A급 ② B급
③ C급 ④ D급

해설

분류	등급	소화방법
일반화재	A급	냉각소화
유류화재	B급	질식소화
전기화재	C급	질식소화
금속화재	D급	피복소화

답 ②

35 위험물안전관리법령에 따른 자동화재탐지설비의 설치기준에서 하나의 경계구역의 면적은 얼마 이하로 하여야 하는가? (단, 해당 건축물, 그 밖의 공작물의 주요한 출입구에서 그 내부의 전체를 볼 수 없는 경우이다.)

① $500m^2$
② $600m^2$
③ $800m^2$
④ $1,000m^2$

해설

하나의 경계구역의 면적은 $600m^2$ 이하로 하여야 한다.

답 ②

36 물과 접촉하면 위험성이 증가하므로 주수소화를 할 수 없는 물질은?

① $C_6H_2CH_3(NO_2)_3$
② $NaNO_3$
③ $(C_2H_5)_3Al$
④ $(C_6H_5CO)_2O_2$

해설

트리에틸알루미늄($(C_2H_5)_3Al$)은 제3류 위험물(자연발화성 및 금수성 물질)로 물과 반응하여 가연성 가스인 에탄가스가 발생한다.
$(C_2H_5)_3Al + 3H_2O \rightarrow Al(OH)_3 + 3C_2H_6$ + 발열

구분	물질명	유별	소화방법
$C_6H_2CH_3(NO_2)_3$	트리니트로톨루엔	제5류 위험물(자기반응성 물질)	주수에 의한 냉각소화
$NaNO_3$	질산나트륨	제1류 위험물(산화성 고체)	주수에 의한 냉각소화
$(C_2H_5)_3Al$	트리에틸알루미늄	제3류 위험물(자연발화성 및 금수성 물질)	팽창질석, 팽창진주암 등으로 질식소화(주수소화 절대엄금)
$(C_6H_5CO)_2O_2$	과산화벤조일	제5류 위험물(자기반응성 물질)	주수에 의한 냉각소화

답 ③

37 연면적이 $1,000m^2$이고 지정수량의 100배의 위험물을 취급하며 지반면으로부터 6m 높이에 위험물 취급설비가 있는 제조소의 소화난이도 등급은?

① 소화난이도 등급 Ⅰ
② 소화난이도 등급 Ⅱ
③ 소화난이도 등급 Ⅲ
④ 제시된 조건으로 판단할 수 없음

해설

소화난이도 등급 Ⅰ에 해당하는 제조소
㉮ 연면적 $1,000m^2$ 이상인 것
㉯ 지정수량의 100배 이상인 것(고인화점위험물만을 100℃ 미만의 온도에서 취급하는 것 및 화약류에 해당하는 위험물을 저장하는 것은 제외)
㉰ 지반면으로부터 6m 이상의 높이에 위험물 취급설비가 있는 것(고인화점위험물만을 100℃ 미만의 온도에서 취급하는 것은 제외)
㉱ 일반취급소로 사용되는 부분 외의 부분을 갖는 건축물에 설치된 것(내화구조로 개구부 없이 구획된 것 및 고인화점위험물만을 100℃ 미만의 온도에서 취급하는 것은 제외)

답 ①

38 위험물안전관리법령에서 제3류 위험물에 해당하지 않는 것은?

① 알칼리금속
② 칼륨
③ 황화린
④ 황린

해설

성질	위험등급	품명	지정수량
자연발화성 물질 및 금수성 물질	I	1. 칼륨(K) 2. 나트륨(Na) 3. 알킬알루미늄 4. 알킬리튬	10kg
		5. 황린(P_4)	20kg
	II	6. 알칼리금속류(칼륨 및 나트륨 제외) 및 알칼리토금속 7. 유기금속화합물(알킬알루미늄 및 알킬리튬 제외)	50kg
	III	8. 금속의 수소화물 9. 금속의 인화물 10. 칼슘 또는 알루미늄의 탄화물	300kg
		11. 그 밖에 행정안전부령이 정하는 것 염소화규소 화합물	300kg

황화린은 제2류 위험물이다.

답 ③

39 벤젠의 저장 및 취급 시 주의사항에 대한 설명으로 틀린 것은?

① 정전기 발생에 주의한다.
② 피부에 닿지 않도록 주의한다.
③ 증기는 공기보다 가벼워 높은 곳에 체류하므로 환기에 주의한다.
④ 통풍이 잘되는 서늘하고 어두운 곳에 저장한다.

해설

벤젠의 증기비중은 2.7로서 공기보다 무겁다.

답 ③

40 인화점이 낮은 것부터 높은 순서로 나열된 것은?

① 톨루엔 · 아세톤 · 벤젠
② 아세톤 · 톨루엔 · 벤젠
③ 톨루엔 · 벤젠 · 아세톤
④ 아세톤 · 벤젠 · 톨루엔

해설

- 톨루엔 4℃
- 아세톤 −18℃
- 벤젠 −11℃

답 ④

41 위험물안전관리법령에 근거하여 자체소방대에 두어야 하는 제독차의 경우 가성소다 및 규조토를 각각 몇 kg 이상 비치하여야 하는가?

① 30 ② 50
③ 60 ④ 100

해설

화학소방자동차에 갖추어야 하는 소화 능력 및 설비의 기준

화학소방자동차의 구분	소화 능력 및 설비의 기준
포수용액 방사차	포수용액의 방사능력이 2,000L/분 이상일 것
	소화약액탱크 및 소화약액혼합장치를 비치할 것
	10만L 이상의 포수용액을 방사할 수 있는 양의 소화약제를 비치할 것
분말 방사차	분말의 방사능력이 35kg/초 이상일 것
	분말탱크 및 가압용 가스설비를 비치할 것
	1,400kg 이상의 분말을 비치할 것
할로겐화합물 방사차	할로겐화합물의 방사능력이 40kg/초 이상일 것
	할로겐화합물 탱크 및 가압용 가스설비를 비치할 것
	1,000kg 이상의 할로겐화합물을 비치할 것

이산화탄소 방사차	이산화탄소의 방사능력이 40kg/초 이상일 것
	이산화탄소 저장용기를 비치할 것
	3,000kg 이상의 이산화탄소를 비치할 것
제독차	가성소다 및 규조토를 각각 50kg 이상 비치할 것

답 ②

42 화재 시 이산화탄소를 방출하여 산소의 농도를 12.5%로 낮추어 소화하려면 공기 중의 이산화탄소 농도는 약 몇 vol%로 해야 하는가?

① 30.7
② 32.8
③ 40.5
④ 68.0

해설

이산화탄소 소화농도(vol%)

$$= \frac{21 - 한계산소농도}{21} \times 100$$

$$= \frac{21 - 12.5}{21} \times 100$$

$$= 40.47$$

답 ③

43 위험물 옥외탱크저장소와 병원과는 안전거리를 얼마 이상 두어야 하는가?

① 10m ② 20m
③ 30m ④ 50m

해설

구분	안전거리
사용전압 7,000V 초과 35,000V 이하의 특고압가공전선	3m 이상
사용전압 35,000V를 초과하는 특고압가공전선	5m 이상
주거용으로 사용되는 것	10m 이상
고압가스, 액화석유가스, 도시가스 저장·취급 시설	20m 이상
학교·병원·극장	30m 이상
유형문화재, 지정문화재	50m 이상

답 ③

44 위험물안전관리법령상 지하탱크저장소의 위치·구조 및 설비의 기준에 따라 다음 ( ) 안에 들어갈 수치로 옳은 것은?

> 탱크전용실은 지하의 가장 가까운 벽·피트·가스관 등의 시설물 및 대지경계선으로부터 (㉮)m 이상 떨어진 곳에 설치하고, 지하저장탱크와 탱크전용실의 안쪽과의 사이는 (㉯)m 이상의 간격을 유지하도록 하며, 당해 탱크의 주위에 마른모래 또는 습기 등에 의하여 응고되지 아니하는 입자 지름 (㉰)mm 이하의 마른자갈분을 채워야 한다.

① ㉮ : 0.1, ㉯ : 0.1, ㉰ : 5
② ㉮ : 0.1, ㉯ : 0.3, ㉰ : 5
③ ㉮ : 0.1, ㉯ : 0.1, ㉰ : 10
④ ㉮ : 0.1, ㉯ : 0.3, ㉰ : 10

해설

위험물안전관리법 시행규칙 별표 8(지하탱크저장소의 위치·구조 및 설비의 기준)
탱크전용실은 지하의 가장 가까운 벽·피트·가스관 등의 시설물 및 대지경계선으로부터 0.1m 이상 떨어진 곳에 설치하고, 지하저장탱크와 탱크전용실의 안쪽과의 사이는 0.1m 이상의 간격을 유지하도록 하며, 당해 탱크의 주위에 마른모래 또는 습기 등에 의하여 응고되지 아니하는 입자지름 5mm 이하의 마른자갈분을 채워야 한다.

답 ①

45 주유취급소에서 자동차 등에 위험물을 주유할 때에 자동차 등의 원동기를 정지시켜야 하는 위험물의 인화점 기준은? (단, 연료탱크에 위험물을 주유하는 동안 방출되는 가연성 증기를 회수하는 설비가 부착되지 않은 고정주유설비에 의하여 주유하는 경우이다.)

① 20℃ 미만 ② 30℃ 미만
③ 40℃ 미만 ④ 50℃ 미만

해설

자동차 등에 인화점 40℃ 미만의 위험물을 주유할 때에는 자동차 등의 원동기를 정지시킬 것. 다만, 연료탱크에 위험물을 주유하는 동안 방출되는 가연성 증기를 회수하는 설비가 부착된 고정주유설비에 의하여 주유하는 경우에는 그러하지 아니한다.

답 ③

46 다음 중 위험물안전관리법령에 따른 위험물의 적재방법에 대한 설명으로 옳지 않은 것은 어느 것인가?

① 원칙적으로는 운반용기를 밀봉하여 수납할 것
② 고체위험물은 용기 내용적의 95% 이하의 수납률로 수납할 것
③ 액체위험물은 용기 내용적의 99% 이상의 수납률로 수납할 것
④ 하나의 외장용기에는 다른 종류의 위험물을 수납하지 않을 것

해설

액체위험물은 용기 내용적의 98% 이하의 수납률로 수납하되, 55℃의 온도에서 누설되지 아니하도록 충분한 공간용적을 유지하도록 한다.

답 ③

47 위험물제조소에 옥외소화전이 5개가 설치되어 있다. 이 경우 확보하여야 하는 수원의 법정 최소량은 몇 m^3인가?

① 28
② 35
③ 54
④ 67.5

해설

수원의 양 $Q = N \times 13.5\,m^3$(N : 설치개수가 4개 이상인 경우는 4개의 옥외소화전)이므로
$4 \times 13.5 = 54m^3$

답 ③

48 위험물안전관리법령상 예방규정을 정하여야 하는 제조소 등에 해당하지 않는 것은?

① 지정수량 10배 이상의 위험물을 취급하는 제조소
② 이송취급소
③ 암반탱크저장소
④ 지정수량의 200배 이상의 위험물을 저장하는 옥내탱크저장소

해설

옥내탱크저장소의 경우 예방규정을 정해야 하는 장소가 아니다.

위험물안전관리법 시행령 제15조(관계인이 예방규정을 정하여야 하는 제조소 등)

㉮ 지정수량의 10배 이상의 위험물을 취급하는 제조소
㉯ 지정수량의 100배 이상의 위험물을 저장하는 옥외저장소
㉰ 지정수량의 150배 이상의 위험물을 저장하는 옥내저장소
㉱ 지정수량의 200배 이상의 위험물을 저장하는 옥외탱크저장소
㉲ 암반탱크저장소
㉳ 이송취급소
㉴ 지정수량의 10배 이상의 위험물을 취급하는 일반취급소. 다만, 제4류 위험물(특수인화물을 제외한다)만을 지정수량의 50배 이하로 취급하는 일반취급소(제1석유류·알코올류의 취급량이 지정수량의 10배 이하인 경우에 한한다)로서 다음의 어느 하나에 해당하는 것을 제외한다.
  ㉠ 보일러·버너 또는 이와 비슷한 것으로서 위험물을 소비하는 장치로 이루어진 일반취급소
  ㉡ 위험물을 용기에 옮겨 담거나 차량에 고정된 탱크에 주입하는 일반취급소

답 ④

49 주된 연소형태가 표면연소인 것을 옳게 나타낸 것은?

① 중유, 알코올
② 코크스, 숯
③ 목재, 종이
④ 석탄, 플라스틱

해설

표면연소(직접연소) : 열분해에 의하여 가연성 가스를 발생치 않고 그 자체가 연소하는 형태로서 연소반응이 고체의 표면에서 이루어지는 형태
(예 목탄, 코크스, 금속분 등)

답 ②

50 위험물제조소에서 지정수량 이상의 위험물을 취급하는 건축물(시설)에는 원칙상 최소 몇 m 이상의 보유공지를 확보하여야 하는가? (단, 최대수량은 지정수량의 10배이다.)

① 1m 이상 ② 3m 이상
③ 5m 이상 ④ 7m 이상

해설

위험물을 취급하는 건축물 및 기타 시설의 주위에서 화재 등이 발생하는 경우 화재 시에 상호연소 방지는 물론 초기소화 등 소화활동공간과 피난상 확보해야 할 절대공지를 말한다.

취급하는 위험물의 최대수량	공지의 너비
지정수량의 10배 이하	3m 이상
지정수량의 10배 초과	5m 이상

답 ③

51 다음은 위험물안전관리법령에 따른 이동저장탱크의 구조에 관한 기준이다. ( ) 안에 알맞은 수치는?

> 이동저장탱크는 그 내부에 (㉮)L 이하마다 (㉯)mm 이상의 강철판 또는 이와 동등 이상의 강도, 내열성 및 내식성이 있는 금속성의 것으로 칸막이를 설치하여야 한다. 다만, 고체인 위험물을 저장하거나 고체인 위험물을 가열하여 액체상태로 저장하는 경우에는 그러하지 아니하다.

① ㉮ : 2,000, ㉯ 1.6
② ㉮ : 2,000, ㉯ 3.2
③ ㉮ : 4,000, ㉯ 1.6
④ ㉮ : 4,000, ㉯ 3.2

해설

이동저장탱크는 그 내부에 4,000L 이하마다 3.2mm 이상의 강철판 또는 이와 동등 이상의 강도·내열성 및 내식성이 있는 금속성의 것으로 칸막이를 설치하여야 한다. 다만, 고체인 위험물을 저장하거나 고체인 위험물을 가열하여 액체상태로 저장하는 경우에는 그러하지 아니하다.

답 ④

52 황린과 적린의 성질에 대한 설명으로 가장 거리가 먼 것은?

① 황린과 적린은 이황화탄소에 녹는다.
② 황린과 적린은 물에 불용이다.
③ 적린은 황린에 비하여 화학적으로 활성이 작다.
④ 황린과 적린을 각각 연소시키면 P_2O_5이 생성된다.

해설

적린은 물, 이황화탄소에 녹지 않는다.

답 ①

53 위험물 관련 신고 및 선임에 관한 사항으로 옳지 않은 것은?

① 제조소 위치·구조 변경 없이 위험물의 품명 변경 시는 변경한 날로부터 7일 이내에 신고하여야 한다.
② 제조소 설치자의 지위를 승계한 자는 승계한 날로부터 30일 이내에 신고하여야 한다.
③ 위험물안전관리자가 퇴직한 경우는 퇴직일로부터 14일 이내에 신고하여야 한다.
④ 위험물안전관리자가 퇴직한 경우는 퇴직일로부터 30일 이내에 선임하여야 한다.

해설

① 1일 이내가 아니라 1일 전까지이다.

위험물안전관리법 제6조(위험물시설의 설치 및 변경 등)

㉮ 제조소 등을 설치하고자 하는 자는 대통령령이 정하는 바에 따라 그 설치장소를 관할하는 특별시장·광역시장 또는 도지사(이하 "시·도지사"라 한다)의 허가를 받아야 한다.
㉯ 제조소 등의 위치·구조 또는 설비의 변경없이 당해 제조소 등에서 저장하거나 취급하는 위험물의 품명·수량 또는 지정수량의 배수를 변경하고자 하는 자는 변경하고자 하는 날의 1일 전까지 행정안전부령이 정하는 바에 따라 시·도지사에게 신고하여야 한다.

답 ①

54 다음 중 옥내저장소의 동일한 실에 서로 1m 이상의 간격을 두고 저장할 수 없는 것은?

① 제1류 위험물과 제3류 위험물 중 자연발화성 물질(황린 또는 이를 함유한 것에 한한다.)
② 제4류 위험물과 제2류 위험물 중 인화성 고체
③ 제1류 위험물과 제4류 위험물
④ 제1류 위험물과 제6류 위험물

해설

유별을 달리하는 위험물은 동일한 저장소(내화구조의 격벽으로 완전히 구획된 실이 2 이상 있는 저장소에 있어서는 동일한 실)에 저장하지 아니하여야 한다. 다만, 옥내저장소 또는 옥외저장소에 있어서 다음의 규정에 의한 위험물을 저장하는 경우로서 위험물을 유별로 정리하여 저장하는 한편 서로 1m 이상의 간격을 두는 경우에는 그러하지 아니하다(중요기준).

㉮ 제1류 위험물(알칼리금속의 과산화물 또는 이를 함유한 것을 제외한다)과 제5류 위험물을 저장하는 경우
㉯ 제1류 위험물과 제6류 위험물을 저장하는 경우
㉰ 제1류 위험물과 제3류 위험물 중 자연발화성 물질(황린 또는 이를 함유한 것에 한한다)을 저장하는 경우
㉱ 제2류 위험물 중 인화성 고체와 제4류 위험물을 저장하는 경우
㉲ 제3류 위험물 중 알킬알루미늄 등과 제4류 위험물(알킬알루미늄 또는 알킬리튬을 함유한 것에 한한다)을 저장하는 경우
㉳ 제4류 위험물 중 유기과산화물 또는 이를 함유하는 것과 제5류 위험물 중 유기과산화물 또는 이를 함유한 것을 저장하는 경우

답 ③

55 15℃의 기름 100g에 8,000J의 열량을 주면 기름의 온도는 몇 ℃가 되겠는가? (단, 기름의 비열은 2J/g · ℃이다.)

① 25
② 45
③ 50
④ 55

해설

$Q = mC(T_2 - T_1)$
$8,000\text{J} = 100\text{g} \times 2\text{J/g} \cdot ℃ \times \Delta T$ 에서
$8,000 \times 200\Delta T$
$\Delta T = 40℃$
그러므로, 최종 기름의 온도는 15℃+40℃=55℃

답 ④

56 다음 중 톨루엔에 대한 설명으로 틀린 것은 어느 것인가?

① 벤젠의 수소원자 하나가 메틸기로 치환된 것이다.
② 증기는 벤젠보다 가볍고 휘발성은 더 높다.
③ 독특한 향기를 가진 무색의 액체이다.
④ 물에 녹지 않는다.

해설

② 톨루엔의 증기가 벤젠보다 무겁다.
벤젠(C_6H_6)의 증기비중=78/28.84=2.70
톨루엔($C_6H_5CH_3$)의 증기비중=92/28.84=3.19

답 ②

57 위험물안전관리법령상 유별이 같은 것으로만 나열된 것은?

① 금속의 인화물, 칼슘의 탄화물, 할로겐간화합물
② 아조벤젠, 염산히드라진, 질산구아니딘
③ 황린, 적린, 무기과산화물
④ 유기과산화물, 질산에스테르류, 알킬리튬

해설

① 금속의 인화물(제3류), 칼슘의 탄화물(제3류), 할로겐간화합물(제6류)
② 아조벤젠, 염산히드라진, 질산구아니딘(제5류)
③ 황린(제3류), 적린(제2류), 무기과산화물(제1류)
④ 유기과산화물(제5류), 질산에스테르류(제5류), 알킬리튬(제3류)

답 ②

58 휘발유에 대한 설명으로 옳은 것은?

① 가연성 증기를 발생하기 쉬우므로 주의한다.
② 발생된 증기는 공기보다 가벼워서 주변으로 확산하기 쉽다.
③ 전기가 잘 통하는 도체이므로 정전기를 발생시키지 않도록 조치한다.
④ 인화점이 상온보다 높으므로 여름철에 각별한 주의가 필요하다.

해설

휘발유는 증기비중이 3~4로서 공기보다 무거우며, 전기에 대한 부도체이고, 인화점은 −43~−20℃에 해당하는 인화점이 낮은 물질이다.

답 ①

59 다음 중 위험물안전관리법령에 의한 지정수량이 가장 작은 품명은?

① 질산염류
② 인화성 고체
③ 금속분
④ 질산에스테르류

해설

① 질산염류 : 300kg
② 인화성 고체 : 1,000kg
③ 금속분 : 500kg
④ 질산에스테르류 : 10kg

답 ④

60 가솔린의 연소범위에 가장 가까운 것은?

① 1.2~7.6%
② 2.0~23.0%
③ 1.8~36.5%
④ 1.0~50.0%

해설

가솔린의 연소범위 : 1.2~7.6%

답 ①

61 제조소에서 취급하는 제4류 위험물의 최대수량의 합이 지정수량의 24만배 이상 48만배 미만인 사업소의 자체소방대에 두는 화학소방자동차 수와 소방대원의 인원 기준으로 옳은 것은?

① 2대, 4인　　② 2대, 12인
③ 3대, 15인　　④ 3대, 24인

해설

자체소방대에 두는 화학소방자동차 및 인원

사업소의 구분	화학소방자동차의 수	자체소방대원의 수
제조소 또는 일반취급소에서 취급하는 제4류 위험물의 최대수량의 합이 지정수량의 3천배 이상 12만배 미만인 사업소	1대	5인
제조소 또는 일반취급소에서 취급하는 제4류 위험물의 최대수량의 합이 지정수량의 12만배 이상 24만배 미만인 사업소	2대	10인
제조소 또는 일반취급소에서 취급하는 제4류 위험물의 최대수량의 합이 지정수량의 24만배 이상 48만배 미만인 사업소	3대	15인
제조소 또는 일반취급소에서 취급하는 제4류 위험물의 최대수량의 합이 지정수량의 48만배 이상인 사업소	4대	20인
옥외탱크저장소에 저장하는 제4류 위험물의 최대수량이 지정수량의 50만배 이상인 사업소	2대	10인

답 ③

62 다음 중 제6류 위험물을 저장하는 제조소 등에 적응성이 없는 소화설비는 어느 것인가?

① 옥외소화전설비
② 탄산수소염류 분말소화설비
③ 스프링클러설비
④ 포소화설비

해설

제6류 위험물의 경우 탄산수소염류의 분말에 의한 소화효과는 없다.

소화설비 구분 \ 대상물 구분			건축물·그 밖의 공작물	전기설비	제1류 위험물		제2류 위험물			제3류 위험물		제4류 위험물	제5류 위험물	제6류 위험물
					알칼리금속과산화물 등	그 밖의 것	철분·금속분·마그네슘 등	인화성고체	그 밖의 것	금수성물품	그 밖의 것			
옥내소화전 또는 옥외소화전설비			○			○		○	○		○		○	○
스프링클러설비			○			○		○	○		○	△	○	○
물분무 등 소화설비	물분무소화설비		○	○		○		○	○		○	○	○	○
	포소화설비		○			○		○	○		○	○	○	○
	불활성가스소화설비			○				○				○		
	할로겐화합물소화설비			○				○				○		
	분말소화설비	인산염류 등	○	○		○		○	○			○		○
		탄산수소염류 등		○	○		○	○		○		○		
		그 밖의 것			○		○			○				

답 ②

63 위험물제조소 등에 설치하는 이산화탄소소화설비의 소화약제 저장용기 설치장소로 적합하지 않은 곳은?

① 방호구역 외의 장소
② 온도가 40℃ 이하이고 온도변화가 적은 장소
③ 빗물이 침투할 우려가 적은 장소
④ 직사일광이 잘 들어오는 장소

해설

이산화탄소소화설비 저장용기의 설치기준

㉮ 방호구역 외의 장소에 설치할 것
㉯ 온도가 40℃ 이하이고 온도변화가 적은 장소에 설치할 것
㉰ 직사일광 및 빗물이 침투할 우려가 적은 장소에 설치할 것
㉱ 저장용기에는 안전장치를 설치할 것

답 ④

64 염소산나트륨의 저장 및 취급 시 주의할 사항으로 틀린 것은?

① 철제용기에 저장은 피해야 한다.
② 열분해 시 이산화탄소가 발생하므로 질식에 유의한다.
③ 조해성이 있으므로 방습에 유의한다.
④ 용기에 밀전(密栓)하여 보관한다.

해설

염소산나트륨은 300℃에서 가열분해하여 염화나트륨과 산소가 발생한다.

$2NaClO_3 \rightarrow 2NaCl + 3O_2$

답 ②

65 이황화탄소 저장 시 물속에 저장하는 이유로 가장 옳은 것은?

① 공기 중 수소와 접촉하여 산화되는 것을 방지하기 위하여
② 공기와 접촉 시 환원하기 때문에
③ 가연성 증기 발생을 억제하기 위해서
④ 불순물을 제거하기 위하여

해설

물보다 무겁고 물에 녹기 어렵기 때문에 가연성 증기의 발생을 억제하기 위하여 물(수조) 속에 저장한다.

답 ③

66 건성유에 해당되지 않는 것은?

① 들기름
② 동유
③ 아마인유
④ 피마자유

해설

요오드값 : 유지 100g에 부가되는 요오드의 g수, 불포화도가 증가할수록 요오드값이 증가하며, 자연발화위험이 있다.

㉮ 건성유 : 요오드값이 130 이상인 것
이중결합이 많아 불포화도가 높기 때문에 공기 중에서 산화되어 액 표면에 피막을 만드는 기름

예 아마인유, 들기름, 동유, 정어리기름, 해바라기유 등

㉯ 반건성유 : 요오드값이 100~130인 것
공기 중에서 건성유보다 얇은 피막을 만드는 기름
예 청어기름, 콩기름, 옥수수기름, 참기름, 면실유(목화씨유), 채종유 등

㉰ 불건성유 : 요오드값이 100 이하인 것
공기 중에서 피막을 만들지 않는 안정된 기름
예 올리브유, 피마자유, 야자유, 땅콩기름, 동백유 등

답 ④

67 오황화린과 칠황화린이 물과 반응했을 때 공통으로 나오는 물질은 다음 중 어느 것인가?

① 이산화황
② 황화수소
③ 인화수소
④ 삼산화황

해설

$P_2S_5+8H_2O \rightarrow 5H_2S+2H_3PO_4$
칠황화린은 더운 물에서 급격히 분해하여 황화수소(H_2S)를 발생한다.

답 ②

68 다음 고온체의 색깔을 낮은 온도부터 옳게 나열한 것은?

① 암적색 < 황적색 < 백적색 < 휘적색
② 휘적색 < 백적색 < 황적색 < 암적색
③ 휘적색 < 암적색 < 황적색 < 백적색
④ 암적색 < 휘적색 < 황적색 < 백적색

해설

온도에 따른 불꽃의 색상

불꽃의 온도	불꽃의 색깔	불꽃의 온도	불꽃의 색깔
700℃	암적색	1,100℃	황적색
850℃	적색	1,300℃	백적색
950℃	휘적색	1,500℃	휘백색

답 ④

69 [보기]에서 소화기의 사용방법을 옳게 설명한 것을 모두 골라 나열한 것은?

[보기]
㉠ 적응화재에만 사용할 것
㉡ 불과 최대한 멀리 떨어져서 사용할 것
㉢ 바람을 마주보고 풍하에서 풍상 방향으로 사용할 것
㉣ 양옆으로 비로 쓸듯이 골고루 사용할 것

① ㉠, ㉡
② ㉠, ㉢
③ ㉠, ㉣
④ ㉠, ㉢, ㉣

해설

소화기의 사용방법
㉮ 각 소화기는 적응화재에만 사용할 것
㉯ 성능에 따라 화점 가까이 접근하여 사용할 것
㉰ 소화 시는 바람을 등지고 소화할 것
㉱ 소화작업은 좌우로 골고루 소화약제를 방사할 것

답 ③

70 Halon 1301 소화약제에 대한 설명으로 틀린 것은?

① 저장용기에 액체상으로 충전한다.
② 화학식은 CF_3Br이다.
③ 비점이 낮아서 기화가 용이하다.
④ 공기보다 가볍다.

해설

할론 1301은 화학식이 CF_3Br으로서 증기비중이 5.17로 공기보다 무겁다.

답 ④

71 스프링클러설비의 장점이 아닌 것은 어느 것인가?

① 화재의 초기진압에 효율적이다.
② 사용약제를 쉽게 구할 수 있다.
③ 자동으로 화재를 감지하고 소화할 수 있다.
④ 다른 소화설비보다 구조가 간단하고 시설비가 적다.

해설

스프링클러설비의 장·단점

장점	단점
㉮ 초기진화에 특히 절대적인 효과가 있다. ㉯ 약제가 물이라서 값이 싸고 복구가 쉽다. ㉰ 오동작, 오보가 없다. (감지부가 기계적) ㉱ 조작이 간편하고 안전하다. ㉲ 야간이라도 자동으로 화재감지 경보, 소화할 수 있다.	㉮ 초기시설비가 많이 든다. ㉯ 시공이 다른 설비와 비교했을 때 복잡하다. ㉰ 물로 인한 피해가 크다.

답 ④

72 탄화칼슘의 취급방법에 대한 설명으로 옳지 않은 것은?

① 물, 습기와의 접촉을 피한다.
② 건조한 장소에 밀봉, 밀전하여 보관한다.
③ 습기와 작용하여 다량의 메탄이 발생하므로 저장 중에 메탄가스의 발생유무를 조사한다.
④ 저장용기에 질소가스 등 불활성 가스를 충전하여 저장한다.

해설

물과 접촉하여 아세틸렌가스를 발생한다.
$CaC_2 + 2H_2O \rightarrow Ca(OH)_2 + C_2H_2$

답 ③

73 벤젠 1몰을 충분한 산소가 공급되는 표준상태에서 완전연소시켰을 때 발생하는 이산화탄소의 양은 몇 L인가?

① 22.4　　② 134.4
③ 168.8　　④ 224.0

해설

$2C_6H_6 + 15O_2 \rightarrow 12CO_2 + 6H_2O$

$1mol - C_6H_6$	$12mol - CO_2$	$22.4L - CO_2$
	$2mol - C_6H_6$	$1mol - CO_2$

$= 134.4L - CO_2$

답 ②

74 지정과산화물을 저장 또는 취급하는 위험물 옥내저장소의 저장창고 기준에 대한 설명으로 틀린 것은?

① 서까래의 간격은 30cm 이하로 할 것
② 저장창고의 출입구에는 갑종방화문을 설치할 것
③ 저장창고의 외벽을 철근콘크리트조로 할 경우 두께를 10cm 이상으로 할 것
④ 저장창고의 창은 바닥면으로부터 2m 이상의 높이에 둘 것

해설

저장창고의 외벽을 철근콘크리트조로 할 경우 두께를 20cm 이상으로 할 것

답 ③

75 운반을 위하여 위험물을 적재하는 경우에 차광성이 있는 피복으로 가려주어야 하는 것은?

① 특수인화물
② 제1석유류
③ 알코올류
④ 동·식물유류

해설

적재하는 위험물에 따른 피복방법

차광성이 있는 것으로 피복해야 하는 경우	방수성이 있는 것으로 피복해야 하는 경우
제1류 위험물 제3류 위험물 중 자연발화성 물질 제4류 위험물 중 특수인화물 제5류 위험물 제6류 위험물	제1류 위험물 중 알칼리금속의 과산화물 제2류 위험물 중 철분, 금속분, 마그네슘 제3류 위험물 중 금수성 물질

답 ①

76 위험물안전관리법에서 정의하는 다음 용어는 무엇인가?

> 인화성 또는 발화성 등의 성질을 가지는 것으로서 대통령령이 정하는 물품을 말한다.

① 위험물
② 인화성 물질
③ 자연발화성 물질
④ 가연물

해설

위험물안전관리법 제2조 "위험물"이라 함은 인화성 또는 발화성 등의 성질을 가지는 것으로서 대통령령이 정하는 물품을 말한다.

답 ①

77 다음 물질 중에서 위험물안전관리법상 위험물의 범위에 포함되는 것은?

① 농도가 40중량퍼센트인 과산화수소 350kg
② 비중이 1.40인 질산 350kg
③ 직경 2.5mm의 막대모양인 마그네슘 500kg
④ 순도가 55중량퍼센트인 유황 50kg

해설

① 과산화수소는 그 농도가 36중량퍼센트 이상인 것
② 질산은 그 비중이 1.49 이상인 것
④ 유황은 순도가 60중량퍼센트 이상인 것

답 ①

78 주유취급소의 고정주유설비에서 펌프기기의 주유관 선단에서 최대토출량으로 틀린 것은?

① 휘발유는 분당 50리터 이하
② 경유는 분당 180리터 이하
③ 등유는 분당 80리터 이하
④ 제1석유류(휘발유 제외)는 분당 100리터 이하

해설

① 휘발유 : 50L/min 이하
② 경유 : 180L/min 이하
③ 등유 : 80L/min 이하

답 ④

79 위험물을 저장할 때 필요한 보호물질을 옳게 연결한 것은?

① 황린－석유
② 금속칼륨－에탄올
③ 이황화탄소－물
④ 금속나트륨－산소

해설

① 황린–물
② 금속칼륨, ④ 금속나트륨–석유

답 ③

80 다음 ( ) 안에 알맞은 수치를 차례대로 옳게 나열한 것은?

> 위험물은 암반탱크의 공간용적은 당해 탱크 내에 용출하는 ( )일간의 지하수 양에 상당하는 용적과 당해 탱크 내용적의 100분의 ( )의 용적 중에서 보다 큰 용적을 공간용적으로 한다.

① 1, 1　　② 7, 1
③ 1, 5　　④ 7, 5

해설

탱크의 공간용적은 탱크용적의 100분의 5 이상 100분의 10 이하로 한다. 다만, 소화설비(소화약제 방출구를 탱크 안의 윗부분에 설치하는 것에 한한다)를 설치하는 탱크의 공간용적은 당해 소화설비의 소화약제 방출구 아래의 0.3m 이상 1m 미만 사이의 면으로부터 윗부분의 용적으로 한다. 암반탱크에 있어서는 당해 탱크 내에 용출하는 7일간의 지하수의 양에 상당하는 용적과 당해 탱크의 내용적의 100분의 1의 용적 중에서 보다 큰 용적을 공간용적으로 한다.

답 ②

81 HNO_3에 대한 설명으로 틀린 것은?

① Al, Fe는 진한질산에서 부동태를 생성해 녹지 않는다.
② 질산과 염산을 3 : 1 비율로 제조한 것을 왕수라고 한다.
③ 부식성이 강하고 흡습성이 있다.
④ 직사광선에서 분해하여 NO_2를 발생한다.

해설

염산과 질산을 3부피와 1부피로 혼합한 용액을 왕수라 하며, 이 용액은 금과 백금을 녹이는 유일한 물질로 대단히 강한 혼합산이다.

답 ②

82 위험물안전관리법령에서 정한 제5류 위험물 이동저장탱크의 외부도장 색상은?

① 황색 ② 회색
③ 적색 ④ 청색

해설

이동저장탱크의 외부도장

유별	도장의 색상	비고
제1류	회색	1. 탱크의 앞면과 뒷면을 제외한 면적의 40% 이내의 면적은 다른 유별의 색상 외의 색상으로 도장하는 것이 가능하다. 2. 제4류에 대해서는 도장의 색상 제한이 없으나 적색을 권장한다.
제2류	적색	
제3류	청색	
제5류	황색	
제6류	청색	

답 ①

83 자기반응성 물질인 제5류 위험물에 해당하는 것은?

① $CH_3(C_6H_4)NO_2$
② CH_3COCH_3
③ $C_6H_2(NO_3)_3OH$
④ $C_6H_5NO_5$

답 ③

84 다음 설명 중 제2석유류에 해당하는 것은? (단, 1기압상태이다.)

① 착화점이 21℃ 미만인 것
② 착화점이 30℃ 이상 50℃ 미만인 것
③ 인화점이 21℃ 이상 70℃ 미만인 것
④ 인화점이 21℃ 이상 90℃ 미만인 것

해설

"제2석유류"라 함은 등유, 경유, 그 밖의 1기압에서 인화점이 21℃ 이상 70℃ 미만인 것을 말한다. 다만, 도료류, 그 밖의 물품에 있어서 가연성 액체량이 40중량퍼센트 이하이면서 인화점이 40℃ 이상인 동시에 연소점이 60℃ 이상인 것은 제외한다.

답 ③

85 위험물안전관리법령에 따른 위험물의 운송에 관한 설명 중 틀린 것은?

① 알킬리튬과 알킬알루미늄 또는 이 중 어느 하나 이상을 함유한 것은 운송책임자의 감독·지원을 받아야 한다.
② 이동탱크저장소에 의하여 위험물을 운송할 때의 운송책임자에는 법정의 교육을 이수하고 관련 업무에 2년 이상 경력이 있는 자도 포함된다.
③ 서울에서 부산까지 금속의 인화물 300kg을 1명의 운전자가 휴식 없이 운송해도 규정위반이 아니다.
④ 운송책임자의 감독 또는 지원방법에는 동승하는 방법과 별도의 사무실에서 대기하면서 규정된 사항을 이행하는 방법이 있다.

해설

위험물운송자는 장거리(고속국도에 있어서는 340km 이상, 그 밖의 도로에 있어서는 200km 이상을 말한다)에 걸치는 운송을 하는 때에는 2명 이상의 운전자로 할 것. 다만, 다음의 어느 하나에 해당하는 경우에는 그러하지 아니하다.

㉮ 운송책임자를 동승시킨 경우
㉯ 운송하는 위험물이 제2류 위험물·제3류 위험물(칼슘 또는 알루미늄의 탄화물과 이것만을 함유한 것에 한한다) 또는 제4류 위험물(특수인화물을 제외한다)인 경우
㉰ 운송도중에 2시간 이내마다 20분 이상씩 휴식하는 경우

답 ③

86 할로겐화합물의 소화약제 중 할론 2402의 화학식은?

① $C_2Br_4F_2$ ② $C_2Cl_4F_2$
③ $C_2Cl_4Br_2$ ④ $C_2F_4Br_2$

해설

할론 2402에서 2는 탄소의 개수, 4는 불소의 개수, 2는 취소의 개수이다.

답 ④

87 디에틸에테르에 대한 설명으로 옳은 것은 어느 것인가?

① 연소하면 아황산가스를 발생하고, 마취제로 사용한다.
② 증기는 공기보다 무거우므로 물속에 보관한다.
③ 에탄올을 진한황산을 이용해 축합반응시켜 제조할 수 있다.
④ 제4류 위험물 중 연소범위가 좁은 편에 속한다.

해설

에탄올은 140℃에서 진한황산과 반응해서 디에틸에테르를 생성한다.

$$2C_2H_5OH \xrightarrow{c-H_2SO_4} C_2H_5OC_2H_5 + H_2O$$

답 ③

88 제5류 위험물의 위험성에 대한 설명으로 옳지 않은 것은?

① 가연성 물질이다.
② 대부분 외부의 산소 없이도 연소하며, 연소속도가 빠르다.
③ 물에 잘 녹지 않으며, 물과의 반응위험성이 크다.
④ 가열, 충격, 타격 등에 민감하며 강산화제 또는 강산류와 접촉 시 위험하다.

해설

제5류 위험물은 주수에 의한 냉각소화가 유효하다.

답 ③

89 할론 1301의 증기비중은? (단, 불소의 원자량은 19, 브롬의 원자량은 80, 염소의 원자량은 35.5이고, 공기의 분자량은 29이다.)

① 2.14
② 4.15
③ 5.14
④ 6.15

해설

$$\text{증기비중} = \frac{\text{기체의 분자량}}{\text{공기의 평균분자량}} = \frac{12+19\times3\times80}{29} = 5.14$$

답 ③

90 위험물제조소에서 국소방식의 배출설비 배출능력은 1시간당 배출장소 용적의 몇 배 이상인 것으로 하여야 하는가?

① 5
② 10
③ 15
④ 20

해설

제조소의 배출능력은 1시간당 배출장소 용적의 20배 이상인 것으로 하여야 한다.

답 ④

91 위험물안전관리법령상 특수인화물의 정의에 관한 내용이다. ( )에 알맞은 수치를 차례대로 나타낸 것은?

> "특수인화물"이라 함은 이황화탄소, 디에틸에테르, 그 밖에 1기압에서 발화점이 섭씨 100도 이하인 것 또는 인화점이 섭씨 영하 ( )도 이하이고, 비점이 섭씨 ( )도 이하인 것을 말한다.

① 40, 20 ② 20, 40
③ 20, 100 ④ 40, 100

답 ②

92 제4류 위험물을 저장 및 취급하는 위험물제조소에 설치한 "화기엄금" 게시판의 색상으로 올바른 것은?

① 적색바탕에 흑색문자
② 흑색바탕에 적색문자
③ 백색바탕에 적색문자
④ 적색바탕에 백색문자

답 ④

93 위험물안전관리법령에서 정한 아세트알데히드 등을 취급하는 제조소의 특례에 관한 내용이다. ( ) 안에 해당하는 물질이 아닌 것은?

> 아세트알데히드 등을 취급하는 설비는 ( ), ( ), ( ), ( ) 또는 이들을 성분으로 하는 합금으로 만들지 아니할 것

① 동　② 은
③ 금　④ 마그네슘

답 ③

94 위험물안전관리법령상 판매취급소에 관한 설명으로 옳지 않은 것은?

① 건축물의 1층에 설치하여야 한다.
② 위험물을 저장하는 탱크시설을 갖추어야 한다.
③ 건축물의 다른 부분과는 내화구조의 격벽으로 구획하여야 한다.
④ 제조소와 달리 안전거리 또는 보유공지에 관한 규제를 받지 않는다.

해설

탱크시설은 판매취급소에 설치하지 않는다.

답 ②

95 과염소산의 성질로 옳지 않은 것은?

① 산화성 액체이다.
② 무기화합물이며 물보다 무겁다.
③ 불연성 물질이다.
④ 증기는 공기보다 가볍다.

해설

과염소산의 증기비중은 3.48이다.

답 ④

96 Halon 1211에 해당하는 물질의 분자식은?

① CBr_2FCl
② CF_2ClBr
③ CCl_2FBr
④ FC_2BrCl

해설

할론소화약제 명명법

할론 XABCD
- X: C원자의 개수
- A: F원자의 개수
- B: Cl원자의 개수
- C: Br원자의 개수
- D: I원자의 개수

답 ②

97 위험물안전관리법령에서 정하는 위험 등급 II에 해당하지 않는 것은?

① 제1류 위험물 중 질산염류
② 제2류 위험물 중 적린
③ 제3류 위험물 중 유기금속화합물
④ 제4류 위험물 중 제2석유류

해설

위험 등급 II의 위험물

㉮ 제1류 위험물 중 브롬산염류, 질산염류, 요오드산염류, 그 밖에 지정수량이 300kg인 위험물
㉯ 제2류 위험물 중 황화린, 적린, 유황, 그 밖에 지정수량이 100kg인 위험물
㉰ 제3류 위험물 중 알칼리금속(칼륨 및 나트륨을 제외한다) 및 알칼리토금속, 유기금속화합물(알킬알루미늄 및 알킬리튬을 제외한다), 그 밖에 지정수량이 50kg인 위험물
㉱ 제4류 위험물 중 제1석유류 및 알코올류
㉲ 제5류 위험물 중 제1호 라목에 정하는 위험물 외의 것

답 ④

98 다음 물질 중 인화점이 가장 높은 것은?

① 아세톤　② 디에틸에테르
③ 메탄올　④ 벤젠

해설

물질명	아세톤	디에틸에테르	메탄올	벤젠
품명	제1석유류	특수인화물	알코올류	제1석유류
인화점	−18.5℃	−40℃	11℃	−11℃

답 ③

99 위험물안전관리법령상 옥내저장소에서 기계에 의하여 하역하는 구조로 된 용기만을 겹쳐 쌓아 위험물을 저장하는 경우 그 높이는 몇 미터를 초과하지 않아야 하는가?

① 2　② 4
③ 6　④ 8

해설

옥내저장소에서 위험물을 저장하는 경우에는 다음의 규정에 의한 높이를 초과하여 용기를 겹쳐 쌓지 아니하여야 한다(옥외저장소에서 위험물을 저장하는 경우에 있어서도 본 규정에 의한 높이를 초과하여 용기를 겹쳐 쌓지 아니하여야 한다).

㉮ 기계에 의하여 하역하는 구조로 된 용기만을 겹쳐 쌓는 경우에 있어서는 6m
㉯ 제4류 위험물 중 제3석유류, 제4석유류 및 동・식물유류를 수납하는 용기만을 겹쳐 쌓는 경우에 있어서는 4m
㉰ 그 밖의 경우에 있어서는 3m

답 ③

100 위험물안전관리법령상 위험물 운반 시 방수성 덮개를 하지 않아도 되는 위험물은?

① 나트륨
② 적린
③ 철분
④ 과산화칼륨

해설

적재하는 위험물에 따라

차광성이 있는 것으로 피복해야 하는 경우	방수성이 있는 것으로 피복해야 하는 경우
제1류 위험물 제3류 위험물 중 자연발화성 물질 제4류 위험물 중 특수인화물 제5류 위험물 제6류 위험물	제1류 위험물 중 알칼리금속의 과산화물 제2류 위험물 중 철분, 금속분, 마그네슘 제3류 위험물 중 금수성 물질

답 ②

단기완성

위험물기능사 필기

2019. 1. 10. 초 판 1쇄 발행
2020. 1. 5. 개정증보 1판 1쇄 발행
2021. 1. 5. 개정증보 2판 1쇄 발행
2022. 1. 5. 개정증보 3판 1쇄 발행
2023. 1. 11. 개정증보 4판 1쇄 발행
2023. 5. 3. 개정증보 4판 2쇄 발행

지은이 | 현성호
펴낸이 | 이종춘
펴낸곳 | BM ㈜도서출판 성안당
주소 | 04032 서울시 마포구 양화로 127 첨단빌딩 3층(출판기획 R&D 센터)
10881 경기도 파주시 문발로 112 파주 출판 문화도시(제작 및 물류)
전화 | 02) 3142-0036
031) 950-6300
팩스 | 031) 955-0510
등록 | 1973. 2. 1. 제406-2005-000046호
출판사 홈페이지 | www.cyber.co.kr
ISBN | 978-89-315-3440-5 (13570)
정가 | 23,000원

이 책을 만든 사람들
책임 | 최옥현
진행 | 이용화, 곽민선
교정 | 곽민선
전산편집 | 이다혜
표지 디자인 | 박원석
홍보 | 김계향, 유미나, 이준영, 정단비
국제부 | 이선민, 조혜란
마케팅 | 구본철, 차정욱, 오영일, 나진호, 강호묵
마케팅 지원 | 장상범
제작 | 김유석